The HayWired Earthquake Scenario — Engineering Implications

海沃德地震情景构建——工程影响

Shane T. Detweiler   Anne M. Wein   编

孙柏涛   等   编译

地震出版社

图书在版编目（CIP）数据

海沃德地震情景构建：工程影响/孙柏涛等编译. —北京：地震出版社，2022.5
ISBN 978-7-5028-5307-5

Ⅰ.①海… Ⅱ.①孙… Ⅲ.①地震序列—研究 Ⅳ.①P315.4

中国版本图书馆 CIP 数据核字（2022）第 079446 号

地震版 XM4842/P（6267）

The HayWired Earthquake Scenario — Engineering Implications
海沃德地震情景构建——工程影响

Shane T. Detweiler　　Anne M. Wein　　编

孙柏涛　等　编译

责任编辑：王　伟
责任校对：凌　樱

出版发行：**地 震 出 版 社**

北京市海淀区民族大学南路 9 号　　　　　邮编：100081
销售中心：68423031　68467991　　　　传真：68467991
总 编 办：68462709　68423029
编辑二部（原专业部）：68721991
http://seismologicalpress.com
E-mail：68721991@sina.com

经销：全国各地新华书店
印刷：河北文盛印刷有限公司

版（印）次：2022 年 5 月第一版　2022 年 5 月第一次印刷
开本：787×1092　1/16
字数：928 千字
印张：36.25
书号：ISBN 978-7-5028-5307-5
定价：300.00 元

《海沃德地震情景构建——工程影响》
编　委　会

主　　编：孙柏涛

副主编：陈洪富　张桂欣　陈相兆

编　　委：闫佳琦　王　皓　齐立芳　王　楠　武继双

　　　　　史建鑫　孙彦宇　魏　珂　刘　鹏　唐泽人

　　　　　姜鹏飞　高木梓　王现伟　赵才煜　杨守猛

《科学调查报告 2017-5013-I-Q》（Scientific Investigations Report 2017-5013-I-Q）

美国地质调查局　美国内政部　Ryan K. Zinke，部长

美国地质调查局　William H. Werkheiser，副局长，代行局长权力

美国地质调查局　弗吉尼亚州，雷斯顿，2018 年

关于美国地质调查局的更多信息（包括地球、自然和生物资源、自然灾害和环境等方面），请访问 https：//www. usgs. gov 或致电 1-888-ASK-USGS（1-888-275-8747）
关于 USGS 信息产品的详细介绍（包括地图、图像和出版物），请访问 https：//store. usgs. gov

建议引文：
Detweiler S T and Wein A M eds., 2018, The HayWired earthquake scenario — Engineering implications：U. S. Geological Survey Scientific Investigations Report 2017-5013-I-Q, 429 p., https：//doi. org/10. 3133/sir20175013v2.

ISSN 2328-0328（online）

译　序

自有人类历史以来，减轻自然灾害一直是我们共同的主题。由于对自然灾害成灾机理认知的逐步提升，我们在每一个历史阶段对减轻灾害的方法和手段都在进步，而且很大程度上是沿袭着继承和发展的脉络进行的。

地震灾害情景构建是在继承前人震害预测和防震减灾对策等研究基础上，对防震减灾工作内容和范围的深化和拓展，目前已成为地震灾害风险防治领域研究和实践的热点。那么，地震灾害情景构建到底是什么呢？首先，是探究出未来几十年甚或更长一段时间将会引起大灾害的地震风险在哪里；然后，是研究在这样的地震影响下工程结构承灾体会造成什么样的破坏，从而评估出人员伤亡和经济损失的灾害后果；再者，政府和民众对可能造成的人员伤亡和经济损失后果的风险是否能承受，反之，采取有效的措施去减轻它；专家对各种减灾措施的投入和减灾后果所产出的效益进行对比分析，目的是为政府和民众对所要采取的减灾措施需要的投入提供科学决策依据。因为，减灾决策并非只是无节制的投入，它是随着当地社会的政治、经济、科技和伦理等发展水平而不断变化和发展的。

地震灾害情景构建是针对特定区域的未来地震风险与承灾体可能造成灾害后果的有机结合，是服务于政府和民众对减灾决策的工具。具体而言，它是指基于对地震发生和致灾过程的科学认识，采用大规模数值模拟的手段，对地震危险性、传播过程、各类工程结构（设施）的地震反应及破坏形态进行全过程再现，并在此基础上分析地震次生灾害和衍生灾害的发生、演化过程和相互作用，继而进一步分析地震灾害可能对社会、经济平稳运行造成的影响，为提升城乡抗震韧性、减灾大震巨灾风险提供支撑。

众所周知，美国西部地区共有7条断层交会于旧金山湾区，2014年美国地质调查局（USGS）研究发现未来30年内该区域发生超过6.7级地震的概率为72%，其中包括著名的圣安地列斯（San Andreas）大断层、海沃德（HayWired）

断层危险性较高。而且，经研究发现海沃德断层的地震危险性远高于圣安地列斯断层，并且海沃德断层穿越的区域人口稠密、经济发达、高楼林立，因而海沃德断层上发生地震所造成重大地震灾害风险值得高度关注。

为此，美国地质调查局（USGS）和地震工程研究所（EERI）建立了一系列地震情景，其中在国际上具有较大影响的包括 ShakeOut 情景（2008 年）和海沃德（HayWired）情景（2017 年）。ShakeOut 地震情景（2008 年），是以 1906 年美国旧金山 M_W7.8 大地震为地震背景，设定位于加州西海岸的圣安地列斯断层南端发生 M_W7.8 地震，对旧金山湾区可能直接造成的工程影响，长期的社会、文化和经济影响等灾害后果开展了较为系统的研究。

近年来，美国地质调查局主导构建了海沃德地震情景（2017 年），对发生在海沃德断层上的大地震造成的影响和后果进行了迄今为止最为深入的研究。该断层在 1868 年曾发生过 M_W6.8 地震，此次研究是设定加州旧金山湾区东部的海沃德断层上发生主震为 M_W7.0 地震和一系列的强余震作用下，从地震危险性、工程影响以及社会经济损失三个方面展开详细研究。《海沃德地震情景构建——工程影响（The HayWired earthquake scenario — Engineering implications）》是美国地质调查局主编的《科学调查报告（SIR）2017-5013》三卷中的第二卷，本卷（SIR 2017-5013-I-Q）介绍了海沃德情景设定地震可能造成的工程影响，包含地震造成的房屋建筑和供水管网等生命线工程设施地震破坏、直接经济损失以及功能中断损失如何？现行建筑抗震规范设防标准是否合理？新建建筑抗震性能目标如何设定？此外，还建立了城市搜救模型、次生火灾分析模型和地震预警效益模型等，对于全面理解工程结构的地震灾害风险是十分有借鉴意义的科技文献资料。第一卷（SIR 2017-5013-A-H）描述了发生在海沃德断层上的 7.0 级主震、余震序列和其引起的地质灾害。第三卷（SIR 2017-5013-R-W）描述海沃德地震情景方案对该地区的可能产生的环境、社会和经济影响（包括对电子通信以及互联网的影响）。

译者在翻译过程中查阅了大量相关文献，更正了原文中的一些文字上的疏漏和错误。

本书在选题和翻译过程中得到了应急管理部地震和地质灾害救援司、中国地震局震害防御司等行业主管部门的鼎力支持，在此一并致谢。同时，感谢高孟潭研究员对本书原著的大力推荐。

本书得到了国家重点研发计划项目（项目编号：2019YFC1509300）、中国地震局地震工程与工程振动重点实验室重点专项（项目编号：2019EEEVL0103、2021EEEVL0203、2021EEEVL0210）的资助，特此说明。

译者水平之限，难免出现一些谬误和疏漏，欢迎读者批评以备再版时予以更正。

2022 年 1 月于哈尔滨

前　言

　　在汲取 1906 年旧金山大地震（$M_W7.8$）和 1989 年洛马普里塔地震（$M_W6.9$）灾害的教训后，旧金山湾区的建筑普遍采取了抗震措施。自洛马普里塔地震以后，旧金山湾区的社区、政府和基础设施管理部门已经投入数百亿美元用于老旧建筑和基础设施的抗震加固、改造及重建。同时，旧金山湾区采用了更为科学、前沿的工程技术（如新一代地震灾害风险评估方法），致力于提升建筑的抗震韧性。但是，只要我们身处的建筑或依赖的基础设施仍存在地震安全隐患，建构筑物防震减灾的道路就依然任重而道远。

　　鉴于此，美国地质调查局（USGS）及其合作伙伴构建了海沃德地震情景，并利用其研究结果来指导震前如何科学的防震减灾，以减轻下一次破坏性地震发生时所造成的灾害后果。我们通过模拟并对比"既有建筑"和"抗震性能提升后建筑"的地震灾害后果，以敦促政府和民众采取更有效的抗震措施。上述工作无论是对于指导震前应急演练和震后应急响应，还是推动减灾措施实施都有益于减轻未来的灾害风险。

　　假设像 1868 年一样，位于旧金山湾区东部的海沃德断层再次破裂，我们针对其可能产生的潜在影响，构建了海沃德地震灾害情景。在重现情景中，旧金山东湾沿线城市里士满（Richmond）、奥克兰（Oakland）和费利蒙特（Fremont corridor）等将会受到地面震动、地表破裂、余震和断层余滑的严重冲击，上述影响会波及整个湾区甚至更远。同时，海沃德情景研究成果反映了现今我们对互联网和通信产业的依赖程度越来越高，揭示了基础设施、社会和经济之间存在着密不可分的联系。那么，海沃德断层的再次破裂将会造成什么样的影响呢？由于本次设定地震的震中距离硅谷较近，其产生的影响及造成破坏的规模将是前所未有的。

　　1868 年，在海沃德断层上，现在的康特拉科斯塔县（Contra Costa）、阿拉米达县（Alameda）和圣克拉拉县（Santa Clara）曾发生过 $M_W6.8$ 地震。尽管当时人口稀少，但仍有约 30 人丧生，并造成大量的财产损失。这样的地震放在当前情境下会造成什么样的后果此前已经进行过研究，我们现将该地震在海沃德情景中进行重新审视。科学家们已经考证了一系列发生在海沃德断层上的历史地震，认为此类地震随时可能会发生，并且海沃德地震情景设定的风险隐患是真实存在的。为此，海沃德地震灾害情景构建团队提出了经过改进的新方法并评估了此类地震的危险性、影响及后果。海沃德情景还考虑了此类地震诱发的大规模砂土液化和滑坡，对其影响的评估相较于以往更加全面、细致。此外，本研究还讨论了当前 ShakeAlert 地震预警系统是如何自动触发并提供公共预警服务的。

美国地质调查局（USGS）牵头研究并发布了本项研究的《科学调查报告》（2017-5013）和相应数据，但主体工作是由一个庞大的团队联合完成的，其中包括海沃德地震灾害情景构建联盟的合作伙伴（请参阅章节 A 章）。海沃德情景研究成果已经得到应用。从 2017 年 4 月开始，研究团队经过一年多的密切协作，对发生在海沃德断层上的大地震造成的影响和后果进行了迄今为止最为深入的研究。基于海沃德情景研究成果，我们鼓励和支持旧金山湾区全社会长期积极参与，并提供自然科学、工程、经济和社会科学方面的基础数据，以便在未来的应急演练和防灾减灾规划中应用。

David Applegate
美国地质调查局自然灾害部门副主管，主持工作

海沃德审查小组

　　海沃德审查小组具有丰富的专业知识，他们对海沃德情景构建这一项目的总体目标以及方法的科学性进行了评估，并审查了本书中每个章节的。审查组成员包括 Jack Boatwright（美国地质调查局，USGS），Arrietta Chakos（城市韧性策略部门），Mary Comerio（加州大学伯克利分校），Douglas Dreger（加州大学伯克利分校），Erol Kalkan（USGS），Roberts McMullin（东湾市政公共事业区，EBMUD），Andrew Michael（主席，USGS），David Schwartz（USGS）和 Mary Lou Zoback（Build Change，斯坦福大学）。

海沃德联盟伙伴

阿拉米达县市长会议	Alameda County Mayors Conference
阿拉米达县警长办公室，美国红十字会紧急服务办公室	Alameda County Sheriff's Office, Office of Emergency Services American Red Cross
艺术中心设计学院	Art Center College of Design
奥雅纳全球公司——设计和工程顾问	ARUP—Design and Engineering Consultants
湾区政府协会——大都市交通委员会	Association of Bay Area Governments—Metropolitan Transportation Commission
澳昱冠	Aurecon
湾区受灾恢复中心	Bay Area Center for Regional Disaster Resilience
湾区捷运	Bay Area Rapid Transit Authority
旧金山湾区委员会	Bay Area Council
旧金山湾区城市区域安全倡议部门	Bay Area Urban Area Security Initiative
海湾规划联盟	Bay Planning Coalition
波士顿大学	Boston University
业务恢复经理协会	Business Recovery Managers Association
加州商业，消费者服务和住房公共部	California Business, Consumer Services, and Housing Agency
加州公共卫生部	California Department of Public Health
加州交通运输部	California Department of Transportation
加州地震管理局	California Earthquake Authority
加州地震清算所	California Earthquake Clearinghouse
加州地质调查局	California Geological Survey
加州州长商务与经济发展办公室	California Governor's Office of Business and Economic Development
加州州长紧急服务办公室	California Governor's Office of Emergency Services
加利福尼亚独立石油营销商协会	California Independent Oil Marketers Association
加州国际标准化组织	California ISO
加州公用事业委员会	California Public Utilities Commission
加州韧性联盟	California Resiliency Alliance
加州地震安全委员会	California Seismic Safety Commission
卡耐基梅隆大学硅谷校区	Carnegie Melon University Silicon Valley

旧金山市和县	alley City and County of San Francisco
伯克利市	City of Berkeley
弗里蒙特市	City of Fremont
海沃德市	City of Hayward
奥克兰市	City of Oakland
奥克兰市消防局	City of Oakland, Fire Department
旧金山市应急管理部	City of San Francisco, Department of Emergency Management
核桃溪	City of Walnut Creek
康特拉科斯塔县市长会议	Contra Costa County Mayors' Conference
国家地震联盟	Earthquake Country Alliance
地震工程研究所	Earthquake Engineering Research Institute
东湾市政公用事业区	East Bay Municipal Utility District
美国联邦应急管理署	Federal Emergency Management Agency
合资企业硅谷	Joint Venture Silicon Valley
劳里约翰逊咨询|研究	Laurie Johnson Consulting| Research
3月工作室	March Studios
马林经济咨询公司	Marin Economic Consulting
MMI 工程	MMI Engineering
旧金山市县市长办公室	Office of the Mayor, City and County of San Francisco
太平洋地震工程研究中心	Pacific Earthquake Engineering Research Center
太平洋煤气电力公司	Pacific Gas and Electric
帕洛阿尔托大学	Palo Alto University
美国南加州大学公共政策价格学院和恐怖主义事件风险及经济分析中心	Price School of Public Policy and Center for Risk and Economic Analysis of Terrorism Events, University of Southern California
洛克菲勒基金会——100个韧性城市	Rockefeller Foundation—100 Resilient Cities
圣何塞自来水公司	San Jose Water Company
南加州地震中心	Southern California Earthquake Center
SPA 风险有限责任公司	SPA Risk LLC
旧金山城市规划研究所	SPUR：San Francisco Bay Area Planning and Urban Research Association
战略经济	Strategic Economics
结构工程师协会	Structural Engineers Association of Northern California

布拉谢集团有限责任公司	The Brashear Group LLC
伯克利大学地震实验室	University of California Berkeley Seismological Laboratory
科罗拉多大学博尔德分校	University of Colorado Boulder
南加州大学	University of Southern California
美国国土安全部	U. S. Department of Homeland Security
美国地质调查局	U. S. Geological Survey
富国银行	Wells Fargo

单位转换

美制单位	公制单位	美制-公制	公制-美制
长度 Length			
inch（in） 英寸	centimeter 厘米（cm）	1in = 2.54cm	1cm = 0.3937in
inch（in） 英寸	millimeter 毫米（mm）	1in = 25.4mm	1mm = 0.03937in
foot（ft） 英尺	meter 米（m）	1ft = 0.3048m	1m = 3.281ft
mile（mi） 英里	kilometer 千米（km）	1mi = 1.609km	1km = 0.6214mi
面积 Area			
acre 英亩	square meter 平方米（m^2）	1acre = 4047m^2	1m^2 = 0.0002471acre
acre 英亩	hectare 公顷（ha）	1acre = 0.4047ha	1ha = 2.471acre
acre 英亩	square kilometer 平方千米（km^2）	1acre = 0.004047km^2	1km^2 = 247.1acre
square foot（ft^2） 平方英尺	square meter 平方米（m^2）	1ft^2 = 0.09290m^2	1m^2 = 10.76ft^2
square mile（mi^2） 平方英里	square kilometer 平方千米（km^2）	1mi^2 = 2.590km^2	1km^2 = 0.3861mi^2
体积 Volume			
gallon（gal） 加仑	liter 公升（L）	1gal = 3.785L	1L = 0.2462gal
压强 Pressure			
pound per square inch （lb/in^2） 磅/平方英寸	kilopascal 千帕（kPa）	1 lb/in^2 = 6.895kPa	1kPa = 0.1450377 lb/in^2
kilopoundsper square inch （lb/in^2） 千磅/平方英寸	megapascal 兆帕（lb/in^2）	1 lb/in^2 = 6.895MPa	1MPa = 0.1450377 lb/in^2
应力 Coheesion			
pound per square inch （lb/ft^2） 磅/平方英尺	kilopascal 千帕（kPa）	1 lb/ft^2 = 0.04788kPa	1kPa = 20.88555 lb/ft^2

美制单位	公制单位	美制-公制	公制-美制
速度 Velocity			
mile per hr（mi/hr） 英里/小时	kilometer per hour 千米/时（km/hr）	1mi/hr=1.60934km/hr	1km/hr=0.621371mi/hr
inchper hr（in/s） 英寸/秒	centimeter per second 厘米/秒（cm/s）	1in/s=2.540cm/s	1cm/s=0.3937in/s
foot per second（ft/s） 英尺/秒	meter per second 米/秒（m/s）	1ft/s=0.3048m/s	1m/s=3.281ft/s
mile per hr（mi/hr） 英里/小时	centimeter per second 厘米/秒（cm/s）	1mi/hr=44.703923cm/s	1cm/s=0.0223694mi/hr
mile per hr（mi/hr） 英里/小时	meter per second 米/秒（m/s）	1mi/hr=0.4470393m/s	1m/s=2.23694mi/hr
角度 Angle			
degree（°）　度	radian　弧度（rad）	1°=0.0174533rad	1rad=57.2958°

基准

纵坐标信息请参考 1988 北美高程基准（NAVD88）；

横坐标信息请参考 1983 北美基准面（NAD83）。

缩略词和简称

1D	one dimensional	一维
2D	two dimensional	二维
3D	three dimensional	三维
ABAG	Association of Bay Area Governments	旧金山湾区政府协会
AIS	abbreviated injury scale	简明创伤定级标准
ASCE	American Society of Civil Engineers	美国土木工程师协会
ATC	Applied Technology Council	美国应用技术委员会
BAREPP	Bay Area Regional Earthquake Preparedness Project	湾区区域防震减灾工程
BART	Bay Area Rapid Transit	湾区捷运
BORP	Building Occupancy Resumption Program	建筑物占用恢复计划
BSSC	Building Seismic Safety Council	建筑抗震安全委员会
Cal OES	California Governor's Office of Emergency Services	加利福尼亚州州长紧急服务办公室
Caltrans	California Department of Transportation	加利福尼亚州交通运输部
CalWARN	California Water/Wastewater Agency Response Network	加利福尼亚州供水/废水机构的应急反应网络
CAPSS	Citizens Advisory Panel on Seismic Safety or Community Action Plan for Seismic Safety	旧金山地震安全社区行动计划
CDC	Centers for Disease Control and Prevention	美国疾病控制和预防中心
CERT	community emergency response team	社区应急响应小组
CGS	California Geological Survey	加利福尼亚州地质调查局
CPT	cone penetration test	静力触探试验
CUREE	ConsortiumofUniversitiesfor Research in Earthquake Engineering	地震工程研究大学联合会
DBE	design-basis earthquake	设计基本地震
DCHO	drop, cover, and hold on	伏地、遮挡、手抓牢
DDR	demand-to-design ratio	需求设计比
DDR_1	1-second DDR	1s 周期需求设计比
DDR_s	short-period DDR	短周期需求设计比
DEM	digital elevation model	数字高程模型

EBMUD	East Bay Municipal Utility District	东湾市政公共事业区
EDP	engineering-demand parameter	工程需求参数
EERI	Earthquake Engineering ResearchInstitute	地震工程研究所
EEW	Earthquake early warning	地震预警
EQE	EQE International	EQE 国际
ESIP	Earthquake Safety Improvements Program	地震安全改进计划
ETAS	epidemic type aftershock sequence	流行类型的余震序列
F_A	amplification factor	放大系数
FEMA	Federal Emergency Management Agency	美国联邦应急管理局
F_V	site coefficient	场地影响系数
g	acceleration due to gravity	重力加速度
GMPE	ground-motion prediction equation	地面运动预测方程
GMPGV	geometric mean of the peak ground velocity	地面峰值速度的几何平均值
hr	hour	小时
IBC	International Building Code	《国际建筑规范》
ICC	International Code Council	国际规范委员会
IDR	interstory drift ratio	层间位移角
I_e	seismic importance factor	抗震重要系数
IRB	institution review board	内部审查委员会
LA BOMA	Los Angeles Building Owners and Managers Association	洛杉矶建筑业主与经理人协会
LADWP	Los Angeles Department of Water and Power	洛杉矶水电局
LLEQE	Life Line Earthquake Engineering software	生命线地震工程软件
LPI	liquefaction potential index	液化指数
LRFD	load-and resistance-factor design	荷载抗力分项系数设计
M	magnitude	震级
Ma	mega-annumor millions of years ago	百万年前
MCE	maximum considered earthquake	最大考虑地震
MCE_R	risk-adjusted maximum considered earthquake	基于目标风险的最大考虑地震
MEP	mechanical, electrical, and plumbing	机电和管路系统
MMI	Modified Mercalli Intensity	修正麦卡利烈度
MRF	moment-resisting frame	抗弯框架

MSA	metropolitan statistical area	都市统计区
M_W	moment magnitude	矩震级
NAD83	North American Datum of 1983	1983 北美基准面
NED	National Elevation Dataset	美国国家高程数据库
NEHRP	National Earthquake Hazards Reduction Program	美国国家地震减灾计划
NGA-West$_2$	Next Generation Attenuation Relationships for Western United States	美国西部下一代衰减关系
NIBS	National Institute of Building Sciences	美国国家建筑科学研究所
NISEE	National Information Service for Earthquake Engineering	美国国家地震工程信息服务电子图书馆系统
NIST	National Institute of Standards and Technology	美国国家标准与技术研究所
NISTIR	National Institute of Standards and Technology Interagency Reports	美国国家标准与技术研究所联合报告
NLRHA	nonlinear response-history analysis	非线性时程分析
NMSZ	New Madrid Seismic Zone	新马德里地震带
NRC	National Research Council	美国国家科学研究委员会
P	probability	概率
PACT	Performance Assessment Calculation Tool	性能评估计算工具
PBEE	performance-based earthquake engineering	基于性能的地震工程
PBEE-2	second generation Performance-based earthquake engineering	第二代基于性能的地震工程
PDT	Pacific Daylight Time	太平洋夏令时间
PEER	Pacific Earthquake Engineering Research Center	太平洋地震工程研究中心
PG&E	Pacific Gas and Electric Company	太平洋瓦斯与电力公司
PGA	peak ground acceleration	地面峰值加速度
PGD	permanent ground displacement	地面永久位移
PGV	peak ground velocity	地面峰值速度
PHS	U. S. Public Health Service	美国公共卫生局
PSA or pSa	pseudo-spectral acceleration	伪谱加速度
PSA03	short-period (0.3-second) pseudo-spectral-acceleration response	短周期（0.3s）伪谱加速度反应
PSA10	long-period (1-second) pseudo-spectral-acceleration response	长周期（1s）伪谱加速度反应
PST	Pacific Standard Time	太平洋标准时间

PVC	polyvinyl chloride	聚氯乙烯
PWSS	portable water-supply system	便携式供水系统
R^2	coefficient of determination	决定系数
REDi[TM]	Resilience-based Earthquake Design Initiative for the Next Generation of Buildings	建筑抗震韧性评价体系
RIDR	residual interstory drift ratio	层间残余位移角
SA	spectral acceleration	谱加速度
S_a	spectral-acceleration response	谱加速度反应
SAFRR	USGS Science Application for Risk Reduction project	降低风险的科学应用
SCEC	Southern California Earthquake Center	南加州地震中心
SDC	seismic-design categories	地震设计类别
SEAOC	Structural Engineers Association of California	加州结构工程师协会
SEAONC	Structural Engineers Association of Northern California	北加州结构工程师协会
SEI	Structural Engineering Institute	美国结构工程学会
SHZ	seismic hazard zone	地震危险区
SIP	seismic improvement programs	抗震改进方案
SJWC	San Jose Water Company	圣何塞自来水公司
SLE	serviceability-level earthquakes	地震基本烈度
S_{M1}	1-second spectral response acceleration parameter	1s 谱响应加速度参数
S_{MS}	short-period spectral acceleration response parameter	短周期谱响应加速度参数
SPUR	San Francisco Bay Area Planning and Urban Research Association	旧金山城市规划研究所
S_S	short-period spectral acceleration response at MCE_R shaking	MCE_R 作用下短周期谱加速度响应
T	period	周期
UCERF3	Uniform California Earthquake Rupture Forecast, version 3	加利福尼亚州统一地震破裂预测
UPS	uninterruptible power supply	不间断电源
URM	unreinforced masonry	无筋砌体
USAR	urban search and rescue team	城市搜救队伍
USD	U. S. Dollars	美元
USGS	U. S. Geological Survey	美国地质调查局

V_{S30}	time-averaged shear-wave velocity to a depth of 30 meters	30m 深度的平均剪切波速度
WGS84	World Geodetic Survey 1984	世界大地测量系统 1984
ρ	correlation coefficient	相关系数
Φ	standard normal cumulative distribution function	标准正态累积分布函数

目　　录

第I章 海沃德地震情景构建——工程影响概述

Keith A. Porter[*]

一、引言

海沃德地震情景是基于美国旧金山湾区东部若发生以 $M_W7.0$ 地震为主震的序列地震的灾害情景构建,设定主震于 2018 年 4 月 18 日下午 4 点 18 分发生在加利福尼亚州旧金山湾区东湾海沃德断层上。该情景设定的地震背景是具有科学依据和现实意义的。设定的主震震中位于奥克兰(Oakland)市,在主震作用下海沃德断层的破裂长度达 83km(约 52 英里)。地震引起的强烈地面震动将对大湾区造成广泛且严重的影响,并对生活或工作于该地区的民众的生命安全造成严重威胁。

《海沃德地震情景构建——工程影响》是美国地质调查局(U.S. Geological Survey,USGS)《科学调查报告(Scientific Investigations Report,SIR)2017-5013》三卷中的第二卷。本项工作的第一卷(SIR 2017-5013-A-H;Detweiler and Wein,2017)描述了发生在海沃德断层上的 $M_W7.0$ 主震、余震序列及其引起的地质灾害。本卷(SIR 2017-5013-I-Q)介绍了海沃德情景可能造成的工程影响。第三卷将描述海沃德地震情景对该地区可能造成的环境、社会和经济影响(包括对电子通信以及互联网的影响)。这三卷报告由美国地质调查局(USGS)及其合作伙伴共同编撰,完整地描述了海沃德地震情景的一系列研究成果。

本卷讨论了 $M_W7.0$ 主震及余震对工程结构产生的影响,包含以下研究内容:

(1)采用联邦应急事务管理局(Federal Emergency Agency,FEMA)的 Hazus-MH 软件,评估了震后人员伤亡与经济损失情况。所得结果表明,海沃德情景设定的地震可能导致 800 人死亡和 16000 人受伤(仅由地震动造成的),财产损失和商业中断直接损失超过 820 亿美元(包括由于地震动、砂土液化和滑坡等灾害造成的)。

(2)开展了关于《国际建筑规范》(International Building Code,IBC)中新建建筑抗震性能目标的社会影响研究。研究结果表明,尽管新建建筑满足现行抗震设计规范中的"生命安全"性能目标,但是在大地震后这些建筑中仍有数以万计可能被标记为红色(进入或使用不安全)或黄色(仅在有限范围内使用安全)。也就是说,即使旧金山湾区的建筑物都是新建的并符合抗震设防标准的,但在地震发生后,它们中仍有相当一部分(大约四分之一)可能无法继续使用或被限制使用。进而,为解决这一问题,我们可以通过增加 1%~3% 的建筑成本使各类建筑物的抗震韧性得以提升,从而保障 95% 的住宅和工作场所在强震后能够正常使用。

---

* 科罗拉多大学博尔德分校。

（3）首次面向社会公众开展了对提升建筑抗震韧性与增加建筑成本之间的意愿问卷调查。调查结果表明，绝大多数受访者愿意为抗震韧性高的建筑承担额外费用。

（4）建立了震后城市人员搜救新模型。应用该模型计算得出：①该地区将有超过22000人被困于电梯，需要消防部门的救援；②将有超过2400人由于建筑物倒塌而被压埋，并需要救援。

（5）建立了通用的供水系统韧性评估新模型。该模型考虑了在整个地震序列作用下生命线系统相互作用（例如交通基础设施对埋地管网的影响）以及维修资源短缺等因素对供水系统恢复的影响，并评估了两种减灾方案在快速恢复服务中的效益。评估结果表明，在海沃德情景下东湾区居民停水时长平均为6周，有些甚至长达6个月。

（6）基于性能的地震工程最新研究成果表明，海沃德情景设定主震作用下，奥克兰（Oakland）和旧金山（San Francisco）市中心地区的典型建筑（结构规整的老式钢框架和新型钢筋混凝土核心筒高层建筑）发生了一定程度的破坏，并且其功能中断会长达10个月。

（7）针对震后火灾的相关研究表明，海沃德主震可能导致位于海沃德断层破裂带附近的多个县发生约450起大型火灾，烧毁的建筑面积相当于52000余户独立住宅，造成数百人死亡以及近300亿美元的总经济损失（建筑及室内物品损失）。此外，旧金山湾区的消防站首次采用便携式消防供水系统（Portable Firefighting Water-supply Systems，PWSS）进行了联合演习。

（8）首次通过问卷调查评估了"伏地、遮挡、手抓牢"（"Drop，Cover，and Hold On"，DCHO）所需的完成时间，并研究了地震预警（Earthquake Early Warning，EEW）与DCHO措施相结合的减灾效益。研究表明：考虑地震动和液化风险，海沃德地震造成约18000人受伤，地震预警可使其中1500人在强震到达前因采取DCHO措施而避免受伤，由此避免的损失约为3亿美元。

二、《地震危险性》卷回顾

《海沃德地震情景构建——地震危险性》（Detweiler and Wein，2017）为本卷研究海沃德地震情景的工程影响提供了地震背景。海沃德断层可以说是美国活动断层影响区中对城市影响最大的断层。因此，本情景可为研究大地震对现代美国大都市区域的影响提供详实的案例。《地震危险性》卷描述了设定的 $M_W 7.0$ 主震，以及断层破裂的级联灾害、余震（主震后发生的一系列地震）、震后余滑（断层在主震后的一系列活动）、滑坡和砂土液化（土壤在振动过程中变成液态）等一系列灾害。

此外，《地震危险性》卷还描述了在海沃德断层主震发生时的地面运动物理模型。该模型采用了基于运动学震源破裂的地震波传播物理模型。由该模型的计算分析结果可知，设定的地震情景在Ⅵ度及以上（即修正麦卡利烈度，Modified Mercalli Intensities，MMI）影响区域的面积约为 $5×10^4 km^2$（约 $1.9×10^4$ 平方英里），其中由西向东（从太平洋海岸到内华达山脉）170km（约105英里），由北向南300km（约185英里），几乎涵盖了旧金山湾沿岸的9个县和圣克鲁斯（Santa Cruz）县南部的所有城区。同时，本卷还分析了该模型与传统地震动预测方法之间的差异，并解释了海沃德情景使用该模型而不是传统模型的原因，是由于传统模型给出的烈度圈范围小于地面运动物理模型给出的结果，往往会低估震后破坏和损失。

海沃德情景的一系列地震中，其同震滑移（主震时的断层滑动）和之后的余滑会造成长达 2m（约 6.5 英尺）的断层错位。余震序列包括主震后两年内发生在海沃德断层 50km 范围内的 16 次 M_W5.0 及以上强余震。在某些局部地区，其余震的烈度可能会高于主震作用在该地区的烈度。此外，由主震引起的砂土液化和滑坡将进一步威胁到旧金山湾区各县的人民生命财产安全和生命线基础设施安全。

三、《工程影响》卷概要

《海沃德地震情景构建——工程影响》（本卷）研究了海沃德情景中的地震序列对建筑物、供水管网及其他基础设施的影响，之前也有研究人员就海沃德断层相关地震所造成的工程影响开展过类似研究。此外，本系列书籍还针对旧金山湾区历史地震进行过相关研究（Hudnut 等，2017），详见《地震危险性》卷第 A 章。在此之前，研究人员还开展过以 ShakeOut 情景为代表的经典情景构建工作。ShakeOut 情景设定在南加州圣安德烈亚斯断层上发生 M_W7.8 地震，并采用 Hazus-MH 对 18 个特殊工程主题进行了分析。本卷海沃德情景对工程影响研究略去了那些必要但已经经过充分研究的主题，相比 ShakeOut 这类情景的研究广度更小，例如略去了对含薄弱层的建筑和非延性混凝土建筑的研究。但本研究创造性地探索了旧金山湾区工程结构与基础设施在遭遇地震时的响应，并且这方面的内容无论是在海沃德断层地区还是其他地区的地震研究中都未曾涉及。

1. Hazus-MH 主余震损失评估

第 J 章（Seligson 等）采用了 FEMA 开发的公共灾害风险分析软件 Hazus-MH（FEMA，2012a）来评估海沃德情景主震可能造成旧金山湾区的破坏和损失情况。以海沃德情景为研究背景，该软件使用了基于设定主震地震动数据开发的特定液化和滑坡发生概率。且与经典的 Hazus 缺省分析方法相比，本研究方法基于城市建成区域开展分析，这样就地限定了砂土液化和滑坡灾害对既有建筑的影响区域。例如，基于多个滑坡发生概率水平针对旧金山湾区中人口稠密的城市建成区量化分析了地震滑坡可能产生的一系列影响。第 J 章研究还对设定的 16 次 M_W5.0 以上余震进行 Hazus-MH 分析，评估了余震造成的累积破坏，研究了未加固的砌体结构和震损建筑在余震中的易损性，尤其是标定了余震所造成的损失大于主震损失的地区，并评估了余震作用下再液化造成的额外损失。评估结果显示，海沃德情景设定地震序列作用下，仅地震动就可能导致 800 人死亡和约 16000 人受伤。如果某栋高层建筑物发生倒塌，将会大大增加伤亡人数。海沃德地震序列所造成建筑物相关的直接经济损失超过 820 亿美元，其中还不包括震后火灾造成的损失，并且这些受灾建筑中只有极少数进行过投保。Hazus-MH 计算得出的损失结果如下：

（1）建筑损失（维修费用）达 530 亿美元；

（2）室内财产和商品库存损失达 170 亿美元；

（3）商业中断直接损失达 120 亿美元，包括与建筑破坏相关的商业收入损失及业主额外支出。

在海沃德情景分析中，这些损失中的大部分是由于地震动造成的（约 86%），其余归因于砂土液化和滑坡。在由地震动造成的损失中，约有 80% 是由 M_W7.0 主震造成的，有 12% 分别是 3 次 M_W6.0~6.4 余震造成的，剩下的 8% 分别为 13 次 M_W5.1~5.9 余震造成的。如图 I-1 所示，主余震作用下阿拉米达（Alameda）县的建筑损失率最高（超过 10%），其次是康特拉科斯塔（Contra Costa）和圣克拉拉（Santa Clara）县。还由图可知，整个海湾的其他地区建筑损失率至少为 0.5%。

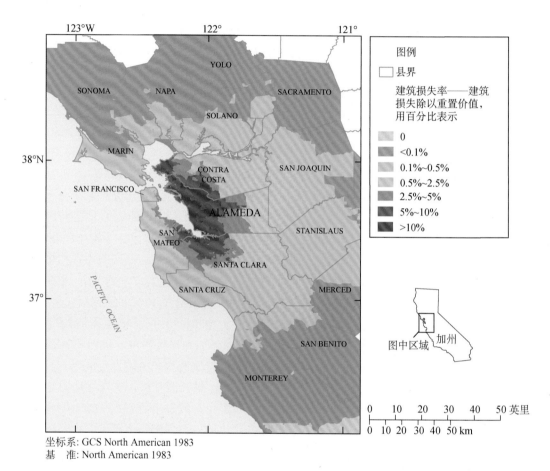

坐标系: GCS North American 1983
基　准: North American 1983

图 I-1　加州旧金山湾区在海沃德情景 M_W7.0 设定主震和余震作用下建筑损失率

建筑损失率为建筑损失占建筑物重置价值的百分比；使用公共灾害风险分析软件 Hazus-MH（FEMA，2012a）计算建筑损失，并考虑地震动、液化（振动过程中土壤变成液态）和滑坡灾害。（Seligson 等）

ALAMEDA：阿拉米达；CONTRA COSTA：康特拉科斯塔；MARIN：马林；MERCED：默塞德；
MONTEREY：蒙特雷；NAPA：纳帕；PACIFIC OCEAN：太平洋；SACRAMENTO：萨克拉门托；
SAN BENITO：圣贝尼托；SAN FRANCISCO：旧金山；SAN JOAQUIN：圣华金；
SAN MATEO：圣马特奥；SANTA CLARA：圣克拉拉；SANTA CRUZ：圣克鲁斯；
SOLANO：索拉诺；SONOMA：索诺马；STANISLAUS：斯坦尼斯劳斯；YOLO：优洛

2. 现行建筑规范抗震性能目标的社会影响

研究利用 Hazus-MH 软件分析了海沃德情景下旧金山湾区既有建筑物在遭受强烈地震时将会受到的影响。之前，就有许多学者就地震对建筑物的潜在影响进行过研究（例如，Jones 等，2008）。地震经常造成惊人的建筑破坏损失，某些类型既有建筑的损失占所有类型建筑总损失的比例较大，例如老式无筋砌体建筑、非延性混凝土建筑或者老式焊接钢框架建筑。在第 K 章（Porter）研究中，作者透过灾害情景模拟审视了新建建筑的抗震性能。

加利福尼亚州建筑规范（California Building Code，CBC）是依据国际建筑规范（International Building Code，IBC）编制的，旨在确保建筑物在 50 年的设计使用期限内，由地震引起的建筑物倒塌率不超过 1%，从而保护人们的生命安全。但是，地震对于建筑物的破坏是不同于交通事故的，后者每次只影响一个或几个人。如果地震发生在大型城市，可能会同时影响到数百万人口和数十万栋建筑物。因此，当城市地区发生强烈的地震时，建筑物倒塌概率约为 1%，其余建筑物也会不同程度受损。震后许多震损建筑将无法继续使用，甚至无法经济地修复。

第 K 章使用了 1989 年洛马普里塔（Loma Prieta）$M_W6.9$ 地震和 1994 年加利福尼亚州北岭（Northridge）$M_W6.7$ 地震的调查数据，在其中标有禁止使用（红色标签）或限制使用（黄色标签）的建筑数量大约是倒塌建筑数量的 60 倍，很多震损建筑的修复费用达数万美元，这往往超出了业主们可承受的范围。我们将这些后果间接归结于 IBC 对新建建筑抗震性能目标的设定存在问题，也就是说，根据当前规范设定的抗震性能目标，以 50 年（2067年）甚至 100 年（2117 年）设计使用年限的加州既有建筑群体为例，如果发生类似海沃德情景设定地震，当地政府财政和人民生活状况将受到严重威胁，建筑业主经济的稳定也会受到影响。图 I‑2 展示了海沃德情景主震发生后旧金山湾区既有建筑（符合现行规范设计要求）的受损情况。第 K 章表明，若建筑的建造成本提高大约 1%～3%（低于大多数建筑物重新盖一个屋顶的费用），建筑结构的抗震韧性将更高，同时可使海沃德地震情景中震损建筑（倒塌、红色标记和黄色）的损失减少 75%

3. 社会公众对新建建筑抗震性能提升可接受成本的意愿调查

《国际建筑规范》（IBC）致力于在结构性能和建筑成本之间寻求平衡，但是社会公众更看重这两者中的哪一个呢？第 L 章（Porter）首次公布了对于新建建筑抗震性能提升可接受成本的公众意愿调查结果。调查结果表明，现行建筑规范的性能目标似乎与社会公众意愿有所不同。一项针对 800 人的问卷调查（400 人来自加利福尼亚州，另外 400 人来自美国中部新马德里地震带区域的密苏里州圣路易斯和田纳西州孟菲斯两个大都市统计区）表明，大多数公众希望新建建筑在大地震后可以继续居住或使用，而不是仅仅能够保证业主的生命安全。被调查者表示愿意额外支付至少 1% 的建筑费用，使新建建筑能够达到他们期望的抗震性能水平（图 I‑3）。由此可见，人们愿意为抗震韧性高的建筑支付更高的建造费用，并且该观点与受访者的生活地区、经济收入和受教育水平关联不大。换句话说，受访者无论是来自美国中部地区还是加利福尼亚州，其家庭收入及受教育程度高还是低，对待这个问题的观点似乎都是一致的。

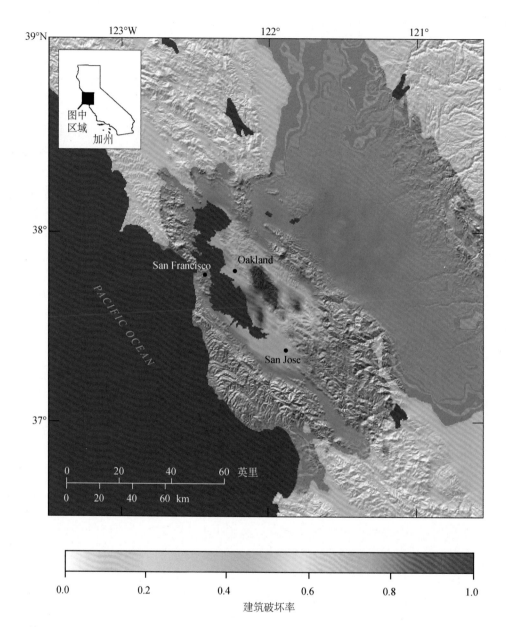

图 I-2 加州旧金山湾区海沃德情景 M_W7.0 主震造成的既有建筑物
（满足现行建筑规范要求）破坏率

破坏建筑物包括倒塌、禁止使用和限制使用建筑。暖色表示破坏建筑密集的地区。即使湾区的所有建筑都符合现行建筑规范的设计要求，地震也可能造成 0.4% 的建筑倒塌，5% 的建筑禁止使用，19% 的建筑限制使用。而只需增加小部分建筑成本可提升建筑物抗震韧性，并且使得 95% 的住宅和工作场所在强震后仍能够正常使用（第 K 章，Porter）

Oakland：奥克兰；PACIFIC OCEAN：太平洋；San Francisco：旧金山；San Jose：圣何塞

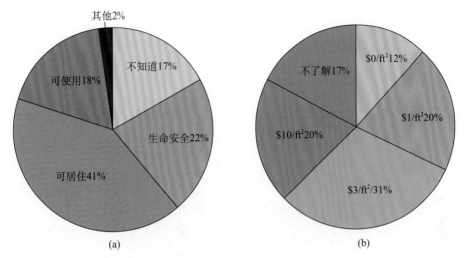

图 I-3　基于 800 人问卷调查得出的公众对新建建筑抗震性能提升可接受成本的意愿饼状图

(a) 多数人希望新建建筑在大地震后可以继续居住或使用；

(b) 多数人愿意为更坚固的建筑额外承担每平方英尺（ft²）3 美元以上的建筑费用

400 人来自加利福尼亚州，另外 400 人来自美国中部新马德里地震带区域的密苏里州圣路易斯和
田纳西州孟菲斯两个大都市统计区;%，即受访者的百分比。（改自第 L 章，Poter）

4. 震后应急城市搜救

地震中建筑物发生倒塌对于震后城市搜救（urban search and rescue，USAR）队伍的需求量有着怎样的影响？在该问题的研究中，倒塌定义为至少部分建筑结构体系的竖向承载能力丧失，但其不一定会造成建筑物内人员或路人被压埋。第 M 章（Porter）使用一种新模型来估算地震作用下建筑倒塌造成的人员压埋人数，该模型参考了过去 50 年间在加州地区因地震导致建筑物倒塌的震害图片。此项研究表明，当加州地区的建筑物发生部分倒塌时（即平均有 25% 的使用面积发生倒塌），便会造成建筑内人员的压埋。像海沃德情景主震这样的地震，可能导致 5000 栋建筑倒塌以及 2500 人被困（此处倒塌的建筑物数量大于被困人数，是因为并非每座建筑物的倒塌都会导致人员被困）。

第 M 章还研究了在旧金山湾区发生的地震（例如海沃德情景主震）中，有多少人被困于停止运行的电梯中等待救援。ShakeOut 情景曾提出，当大都市全域因地震而发生电力中断时，会有许多人可能被困在停止运行的电梯中（Schiff，2008），但当时并未对该问题进行量化研究。第 M 章基于旧金山湾区建筑物建造年代的分布情况和电梯配备应急电源相关要求的历史信息，分析得出旧金山湾区约有 25000 部电梯没有配备应急电源，因而在地震发生后无法短时间内启动电梯，甚至无法将电梯移动到最近的楼层打开梯门使乘客脱险。同时有证据表明，公共基础设施运营部门为保护发电机和输电系统，在地震发生时就会采取措施，中断整个地区的电力供应，从而导致在地震动到达建筑之前许多建筑便会出现电力中断。因此，电梯的地震安全装置（地震开关或所谓的"ring-and-string"装置）将不会被触发，进而可能导致约 22000 人被困于约 4600 部停运的电梯中，需要等待 USAR 人员（通常是消防

员）的救援（图 I-4）。综上，旧金山湾区为从 4600 部停止运行的电梯中解救 22000 余名被困人员大约需要 19000 名消防员，从 5000 栋倒塌的建筑物中解救约 2400 人，与此同时，他们还需要扑救由地震引起的火灾。

图 I-4　消防员开展电梯被困人员解救演练

消防员是城市搜救队伍的主体，在发生海沃德情景 $M_W7.0$ 设定主震或类似地震后，
他们承担着拯救成千上万被困于停运电梯以及倒塌建筑物中居民的使命，同时他们
还需要扑救由地震引起的火灾（美国空军高级飞行员 Preston Webb 摄；第 M 章）

5. 供水系统抗震韧性评估

目前，已有许多学者就地震作用对供水系统的影响进行了相关研究。第 N 章（Porter）提供了一个综合考虑多种因素影响的供水管网抗震韧性评估新模型，该模型直接模拟了生命线系统的相互作用，即一个单项维修的进度是如何受其他生命线系统、人力资源以及维修资源制约的。同时，量化了整个地震序列（包括主震、余震及震后余滑）作用下供水系统的破坏情况和恢复能力。进而，提出了一个基于管道维修次数与供水系统功能恢复对应关系的经验模型（以往的水力分析模型虽然更加精确，但计算量大）。供水公司的工作人员通过地理信息系统（GIS）和电子表格便可以实现该模型，并不需要借助其他专用软件（如 Hazus-MH）。该模型既可以用于确定性评估（不考虑随机性），也可用于概率评估（仅考虑主要的不确定性来源），这意味着能够熟练掌握该软件的用户就可以量化分析不确定性，即便有些情况下不确定性分析不是必要的。但是另一方面，该模型不需要对破坏的或维修过程中的供水系统进行水力分析，因而这样的简化分析流程必然会影响研究人员对整个系统中水压变化的把握。该模型给出了考虑地震序列与生命线系统相互作用的一个新的调整步骤，并对 Hazus-MH 中在受灾期间可用维修人员的默认值进行了修正，因而改进了由 Hazus-MH 计算得到的修复估计值。

第 N 章提出了供水系统抗震韧性评估新模型，对海沃德情景设定地震作用下两个供水公司服务区的供水系统损坏和恢复情况进行了评估（图 I-5）。这两个供水系统分别隶属于圣何塞自来水公司（San Jose Water Company，SJWC）和东湾市政公共事业区（East Bay Municipal Utility District，EBMUD）。其中由于 EBMUD 距离海沃德断层更近，所以该公司服务区的供水管网可能受损会较为严重。在海沃德主余震作用下，EBMUD 的 4162 英里

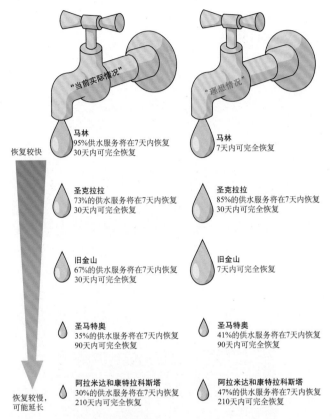

图 I-5 海沃德情景 M_W7.0 设定主震作用下加州旧金山湾区各县的供水服务恢复时间

左图显示了"当前实际情况"下供水系统恢复时间，右图显示了"理想情况"（在地震发生前，所有
石棉水泥管和铸铁管都被更换为球墨铸铁管或塑料管，且已实施能源供给方案）下供水系统恢复时间
（Hudnut 等，2018，https://doi.org/10.3133/fs20183016；数据来自第 N 章，Porter）

（6698km）供水主干网发生了约 1800 次破裂和 3900 次渗漏，相当于每英里管道需维修 1.4
次（每千米管道需维修 0.85 次）。此外，管道破坏的原因主要包括地面震动（60%）、砂土
液化（29%）、滑坡（3%）、同震滑移（4%）以及震后余滑（4%），其中由于地面震动造
成的管道损坏数量占一半以上。新模型评估结果表明，在海沃德情景下，EBMUD 的客户停
水时长平均为 6 周，有些甚至长达 6 个月，总损失达 1900 万个单位服务时长（每个用户停
水的天数）。如果目前更换老旧、脆性管道的计划在下一次大地震发生之前实施完成，则该
损失可以减少一半。这主要是因为此类管道容易遭到地震破坏，更换这些管道不仅可以减少
破坏，并能够减少供水系统修复时间。另外，若 EBMUD 减少或不再依赖商业能源的供应，
则可以减少 2 万个单位服务时长的损失。在海沃德情景下，SJWC 的供水系统遭受的破坏较
轻，其中约 70% 的破坏表征为渗漏，其余的则是管道破裂，需要进行 1000 次管道维修，损
失的单位服务时长折合经济损失约 100 万美元。供水公司若通过在服务中心安装燃料储存罐
或其他方式，以确保管道维修过程不受燃料供应问题的制约，则可减少在灾难来临时管道维
修工作对商业燃料供应的依赖。若采用上述能源供应方式，SJWC 将减少约 25% 的损失。如

果 SJWC 在地震发生之前能完成所有脆性铸铁管道和石棉水泥管道的更换（按当前的更换速度大约需要 25 年），则损失将减少一半左右。

6. 高层建筑的维修成本和功能中断期

自 ShakeOut 地震情景（Jones 等，2008）研发以来，出现的新兴地震工程研究手段实现了特定震损单体建筑的维修费用和功能中断时间的评估。若旧金山湾区一栋可容纳 1000 多人和数十家企业的高层建筑在地震中受损，这将对该地区民众的生命及生活造成巨大的威胁，如图 I-6 所示。故而，第 O 章采用第二代基于性能的地震工程方法（Almufti 等，本卷），针对高层建筑这一值得关心的建筑群体，特别选取位于旧金山和奥克兰两市的三类典型高层建筑，在 10 个典型地震动输入工况下予以性能评估。评估结果表明，若发生类似于海沃德情景 $M_W7.0$ 设定主震这样的地震，可能会使上述地区的高层钢框架办公楼的焊接节点（具有 1994 年北岭（Northridge）地震之前的焊接构造特征）发生破坏，并且震后需要 6~13 个月才能使其达到"基本功能"这一修复目标，所需维修费用为其重置费用的 7%~21%，主要破坏形式为非结构性破坏。在如此强度的地震作用下，即便是一栋新型钢筋混凝土高层住宅楼，也需要 4~7 个月的时间维修才能重新恢复使用，并且要花费其重置成本 3%~6%来修复受损的非结构构件。但是，上述结论并不代表旧金山湾区或别的地区的其他类型高层建筑不会发生倒塌。

图 I-6　加州旧金山湾区典型高层建筑图

此类高层建筑可容纳数千余人和数十家企业，其总建筑面积约占旧金山湾区建筑物总建筑面积的 3%。奥克兰或旧金山市中心地区的这类建筑在强度类似海沃德情景 $M_W7.0$ 设定主震的地震作用下发生倒塌的可能性很小（Ken Lund 摄，Creative Commons 3.0，https://www.flickr.com/photos/kenlund/10753946294；Almufti 等）

7. 震后火灾分析

第 P 章（Scawthorn）介绍了应用于海沃德地震情景的震后火灾评估标准模型。海沃德情景的设定主震可能导致约 670 起需要消防救援的火灾，其中 90% 将发生在阿拉米达（Alameda）、康特拉科斯塔（Contra Costa）和圣克拉拉（Santa Clara Counties）地区。其中预计450 起"大型火灾"无法立即得到控制，这些大型火灾可能会合并形成多个更大的火灾，摧毁数十个城市街区。预计发生的这 450 起大型火灾最终将烧毁约 7900 万平方英尺（约 730×$10^4 \mathrm{m}^2$）的建筑面积，相当于 52000 个单户住宅。同时，这些大火将造成数百人死亡，并将造成近 300 亿美元的总经济损失（建筑物和室内物品）。以上所损失的财产几乎已全部投保，因此海沃德情景设定地震引起的震后火灾赔付将成为保险业历史上最大的单次损失赔付之一。

震后火灾还可能造成的其他经济损失，包括将近 10 亿美元的地方税收损失。政府可采取多种措施来减少震后火灾损失，例如在建筑密集地区大幅增加震后消防用水的供应、强制安装使用燃气自动切断阀或其他地震切断装置，以及使用便携式供水系统进行震后供水。为此，作为海沃德地震情景研究的一部分，旧金山湾区的消防站首次采用便携式消防供水系统（PWSS）进行了联合演习（图 I - 7）。

8. 地震预警与"伏地、遮挡、手抓牢"措施相结合的潜在效益

《ShakeOut 地震情景》（Jones 等，2008）报告出版后，ShakeOut 地震演练得到进一步推广，全世界每年有数百万人参与"伏地、遮挡、手抓牢"（DCHO）地震自我保护演练（https：// www. Shakeout. org/）。与此同时，地震预警（EEW）系统得到了实际应用（例如，日本研发的适用于 Android 和 iOS 设备的地震预警（EEW）应用程序 Yurekuru Call），可以在强地震动到达前的数秒向人们发出地震预警信息。第 Q 章（Porter 和 Jones）中，作者对于 EEW 和 DCHO 相结合的潜在效益进行了一项新研究。该研究以"可避免的伤害"和"为了避免伤害产生的可接受成本"来表征 EEW 和 DCHO 相结合的效益。该项研究招募了 500名志愿者参与调研，他们在接受 DCHO 培训后，记录并上报完成 DCHO 动作的时间。基于调查数据和 EEW 系统向旧金山湾区居民提供的提前预警信息（长达 25s），对效益进行了评估。结果表明海沃德情景主震预期造成约 18000 人受伤（由震动和砂土液化造成），其中1500 人可以在强震到来前因采取 DCHO 措施而避免受伤。按照美国政府给定的因避免伤害产生的可接受成本标准估计，在一次类似海沃德情景主震这样的海湾地区地震作用下，EEW和 DCHO 将有效减少地震造成的人员伤亡，由此避免的损失约为3 亿美元。

9. 展望

此前，针对海沃德断层的相关问题已有人开展过研究，由于"大地震对城市工程影响"这一主题涉及问题众多，难以面面俱到。鉴于上述原因，本项工作仅针对一些重要的问题进行了系统研究。但海沃德情景尚有许多关键问题亟待解决，其中包括：

（1）采用 ATC-20（美国应用技术委员会，ATC）进行建筑物震后安全鉴定工作的效率和经济效益问题。1994 年北岭（Northridge）大地震后，美国依据 ATC-20 对 10 万栋建筑物进行了震后安全鉴定（ATC，2005）。海沃德设定主震比北岭主震强度更高，且发生在人口更稠密的城市地区，这意味着震后有更多的建筑需要依据 ATC-20 进行鉴定。加利福尼亚州

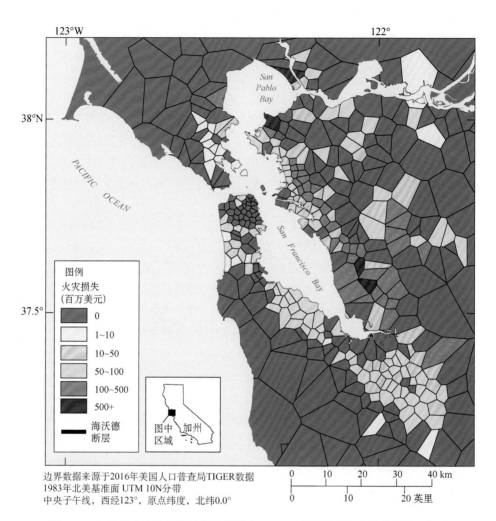

图 I-7　加州旧金山湾区海沃德情景设定 $M_W7.0$ 主震震后火灾最终的地区损失

暖色表示损失较大的区域（以"百万美元"为单位）。区域（多边形）划定是根据同最近消防站的
距离而确定。黑线表示海沃德情景中的断层长度（Scawthorn）

PACIFIC OCEAN：太平洋；San Francisco Bay：旧金山湾；San Pablo Bay：圣巴勃罗湾

约有 6000 名具有资质的安全鉴定工程师，另外有 4000 名居住在美国其他地方（Jim Barnes，加利福尼亚州州长紧急事务办公室（CGOES），内部交流，2017 年 9 月 29 日）。这些安全鉴定工程师中大多并非专职人员，因此他们只能利用很短的志愿服务时间按照 ATC-20 来进行建筑震后安全鉴定。故而在海沃德情景中，完成必要的 ATC-20 建筑震后安全鉴定可能需要数周甚至更长的时间，许多居民在等待鉴定结果的期间将不得不暂时搬离他们居住或工作的大楼。那么，针对上述问题导致安全鉴定工作不能及时完成的问题该如何考虑？若使用 FEMA 研发的易损性快速评估与风险评估（ROVER）软件（FEMA，2013）进行自动化震后鉴定，那么又可以减少多少时间和经济的投入呢？这是值得进一步探索的问题。

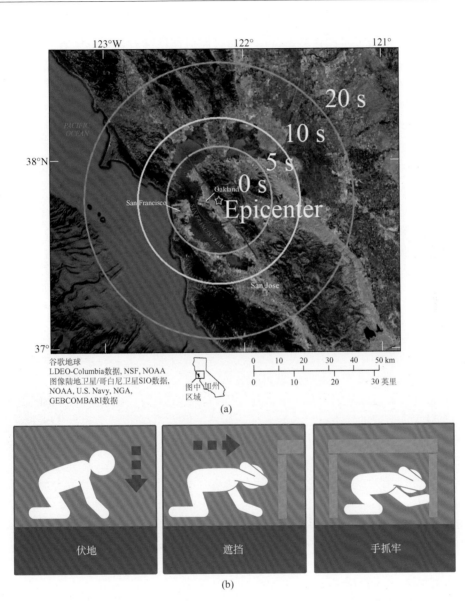

(a)

(b)

图 I-8 加州旧金山湾区海沃德情景 M_w7.0 设定主震作用下地震预警（EEW）和
"伏地、遮挡、手抓牢"（DCHO）自我保护措施

（a）卫星图像，海沃德主震作用的地震预警（EEW）时间（以秒（s）为单位）；

（b）如何进行 DCHO（由 ShakeOut. org 提供）

红线表示情景中断层的破裂长度，震中（五角星）位于奥克兰市下方（来自 Google Earth 的卫星图像）；海沃德情景主震预期造成约18000人受伤（由震动和砂土液化造成），其中1500人可以在强震到来前采取 DCHO 措施而避免受伤，其经济效益约为3亿美元

Epicenter：震中；Oakland：奥克兰；PACIFIC OCEAN：太平洋；San Francisco：旧金山；
SAN FRANCISCO BAY：旧金山湾；San Jose：圣何塞

（2）"伏地、遮挡、手抓牢"（DCHO）措施对于避免震时人员受伤的有效性。人们认为 DCHO 措施对于减轻人员伤亡是有效的，那么如何评估其有效性？针对上述问题的研究有助于评估进一步降低非结构构件破坏风险的效益比，以及震后紧急医疗的需求。但是目前还少有关于地震造成人身伤害（如 DCHO 自我保护措施有效性）的公开研究。

（3）采用震后燃气自动切断阀的成本效益。具体来说，震后燃气自动切断阀可以减少震后发生火灾的风险，但是它也增加了相关成本，即前期建设安装成本和震后阀门复位费用。而在什么条件下为此投入多少成本是合理的？这一问题目前也有待研究。

（4）电力设施损坏和恢复模型。电力设施在地震作用下的损坏以及震后恢复受限于电网的稳定性，同时也取决于震后发电设施、输/配电线路、变电站以及安装在居民区的柱式变压器等硬件损坏情况。可参考第 N 章的内容，建立一个电力系统韧性评估模型（无需单独开发一项专用软件）。该模型需要具备以下内容：在不需要电力部门提供敏感性数据的情况下，结合前述供电设施的材料特性和工程特性，考虑生命线系统相互作用以及震后人力和其他社会公共资源的限制因素对电力设施系统损坏情况和恢复时间进行评估。

四、结论

本章概述了在海沃德断裂带（可能是美国活动断层影响区中对城市影响最大的）上发生设定地震的工程影响。它并不代表影响最轻、最重或平均意义上的场景，而只是对一个值得研究的地震情景进行模拟。本项情景研究显示，如若发生海沃德情景设定的序列地震，其可能造成超过 820 亿美元的财产损失和商业中断直接经济损失，以及另外 300 亿美元的由主震引发的震后火灾造成的经济（建筑物和室内财产）损失。

由于本卷着眼于研究深度而不是广度，因此大致忽略了一些具有研究意义的主题，而这些主题已经在其他项目得到了很好的研究。例如：

（1）既有高风险建筑的研究。有兴趣的读者可以参考旧金山地震安全社区行动计划（SanFrancisco Community Action Plan for Seismic Safety，CAPSS）和地震安全提升计划（Earthquake Safety Improvement Program，ESIP）（请参阅 http：//sfgov. org/esip/program/）或圣莫尼卡市综合抗震加固计划（the City of Santa Monica's comprehensive seismicretrofit program）（请参见 https：//www. smgov. net/Departments/PCD/Programs/Seismic-Retrofit/），以获取有关该主题的宝贵指导。

（2）非结构建筑构件的研究。有兴趣的读者可以查看 FEMA 的 E-74 文件（FEMA，2012b）。

（3）电力工程和天然气工程的研究。有兴趣的读者可以参考太平洋天然气和电力公司（Pacific Gas and ElectricCompany）有关住宅和商业建筑抗震应急准备工作的网页（https：//www. pge. com/en _ US/safety/emergency-preparedness/natural-disaster/earthquakes/earthquakes. page）。

海沃德情景的研究者希望，无论是通过加强基础设施建设以更好地抵御地震，还是通过改进震后救灾方案以期在震后更快地恢复，使得本卷和其他海沃德情景研究卷中的研究成果能够为读者提供有关帮助。海沃德地震情景研究的目的在于帮助提升个人及社区在未来面临地震灾难时的应变能力。

　　海沃德地震情景第三卷将描述海沃德地震情景中工程与社会经济影响交叉领域的相关研究成果。除此之外，由政府及社会各界人士组成的海沃德联盟（Hay Wired Coalition）（请参阅《地震危险性》卷第 A 章；Hudnut 等，2017，2018）将基于此工作基础在未来继续开展一系列规划和研究。海沃德情景研究发布后，相关工作可在 https：//doi. org/10. 3133/sir20175013 网页上查看。

参 考 文 献

Applied Technology Council, 2005, ATC20-1—Field handbook—Procedures for postearthquake safety evaluation of buildings：Redwood City, Calif., Applied Technology Council, 144p

Detweiler S T and Wein A M, eds., 2017, The HayWired earthquake scenario—Earthquake hazards：U. S. Geological Survey Scientific Investigations Report 2017-5013-A-H, 126p, accessed September 13, 2017, at https：//doi. org/10. 3133/sir20175013v1

Federal Emergency Management Agency, 2012a, Hazus multi-hazard loss estimation methodology, earthquake model, Hazus® -MH 2. 1 technical manual：Federal Emergency Management Agency, Mitigation Division, 718p, accessed September 13, 2017, at https：//www. fema. gov/media-library-data/20130726 - 1820 - 25045-6286/hzmh2_1_eq_tm. pdf

Federal Emergency Management Agency, 2012b, Reducing the risks of nonstructural earthquake damage—A practical guide：Federal Emergency Management Agency, FEMA E-74, 885p, accessed September 13, 2017, at https：//www. fema. gov/fema-e-74-reducing-risks-nonstructural-earthquake-damage

Federal Emergency Management Agency, 2013, ROVER, end-to-end mobile software for managing seismic risk：Federal Emergency Management Agency flyer, 1p, accessed September 13, 2017, at https：//www. fema. gov/media-library/assets/documents/21350

Hudnut K W, Wein A M, Cox D A, Perry S C, Porter K A, Johnson L A and Strauss J A, 2017, The HayWired scenario—How can the San Francisco Bay region bounce back from or avert an earthquake disaster in an interconnected world? chap. A of Detweiler S T and Wein A M, eds., The HayWired earthquake scenario—Earthquake hazards：U. S. Geological Survey Scientific Investigations Report 2017-5013-A-H, 126p, accessed September 13, 2017, at https：//doi. org/10. 3133/sir20175013v1

Hudnut K W, Wein A M, Cox D A, Porter K A, Johnson L A, Perry S C, Bruce J L and LaPointe D, 2018, The HayWired earthquake scenario—We can outsmart disaster：U. S. Geological Survey Fact Sheet 2018-3016, 6p, https：//doi. org/10. 3133/fs20183016

Jones L M, Bernknopf R, Cox D, Goltz J, Hudnut K, Mileti D, Perry S, Ponti D, Porter K, Reichle M, Seligson H, Shoaf K, Treiman J and Wein A, 2008, The ShakeOut scenario：U. S. Geological Survey Open-File Report 2008-1150 and California Geological Survey Preliminary Report 25, 312p and appendixes, accessed September 13, 2017, at https：//pubs. usgs. gov/of/2008/1150/

Schiff A, 2008, The ShakeOut scenario supplemental study—Elevators：Denver, Colo., SPA Risk LLC, accessed September 13, 2017, at http：//www. sparisk. com/pubs/ShakeOutScenarioElevatorsSchiff. pdf

第 J 章 海沃德情景——基于 Hazus 的主余震分析

Hope A. Seligson[①]　Anne M. Wein[②]　Jamie L. Jones[②]

一、摘要

　　海沃德地震情景是设定在 2018 年 4 月 18 日下午 4 点 18 分，位于加利福尼亚州旧金山湾区的东湾海沃德断层上发生 M_W7.0 地震（主震）。本章利用美国联邦应急管理局（Federal Emergency Management Agency，FEMA）主持研发的基于 GIS 的 Hazus 多灾种损失评估系统（Hazus-MH），分析了主、余震作用下的建筑物破坏状况和直接经济损失。之前，针对海沃德情景主震的灾害初步研究（Aagaard 等，2017）是由美国联邦应急管理局（FEMA）基于"纪念 1906 年旧金山地震 100 周年地震大会"上发布的更新版建筑承灾体数据库，利用 Hazus-MH（V2.1）的缺省流程和方法完成的。本研究在此基础上，利用海沃德情景特定的滑坡发生概率、位移和液化发生概率对海沃德情景设定主震进行了进一步评估分析。同时还利用美国地质调查局（U. S. Geological Survey，USGS）已有的地下水位深度数据，对评估地震动与砂土液化的标准 Hazus 缺省分析流程进行了修正。

　　此外，美国地质调查局（USGS）通过统计分析给出了海沃德地震情景的余震序列，每条余震记录包含日期/时间、震级、位置和震源深度信息，并对其中 5 级及以上的 16 次余震采用类似于主震分析相同的做法，基于建筑承灾体数据库中更新的数据进行了 Hazus 分析。主要工作如下：①介绍了模型修正前后主震（进行地震动、液化和滑坡灾害分析）、余震（在选取的余震事件中，进行地震动和 Hazus 缺省液化灾害分析）的 Hazus 分析结果；②评估了液化和再液化的潜在影响；③总结了无筋砌体结构（URM）在不同地震作用下的预期性能；④分别基于缺省参数和基于南加州 ShakeOut 情景开发的特定参数，评估了震后失去住所人数和避难场所需求量，并对所得结果进行了对比分析；⑤对比分析了各种灾害风险组合下主余震作用造成的损失；⑥分析了当前认知和研究的局限性。

　　由评估结果可知，主震作用造成的建筑损失按 2005 年美元可比价为 352 亿美元（2016 年美元可比价为 433 亿美元）。其中，由地震动造成的损失按 2005 年美元可比价为 303 亿美元（2016 年美元可比价为 373 亿美元），由液化造成的损失按 2005 年美元可比价为 46 亿美元（2016 年美元可比价为 57 亿美元），由滑坡造成的损失按 2005 年美元可比价为 3 亿美元（2016 年美元可比价为 3.6 亿美元）。由整个海沃德地震序列（主、余震）造成的直接经济损失总额按 2005 年美元可比价为 670 亿美元（2016 年美元可比价为 826 亿美元），详情如下：

---

　　①　Seligson 咨询公司，在 MMI 工程公司时开展了主要的工作。
　　②　美国地质调查局。

（1）建筑损失按 2005 年美元可比价为 433 亿美元（2016 年美元可比价为 533 亿美元）。本研究在数据完备的地区，使用 USGS 液化和滑坡灾害模型及其发生概率数据对主震进行分析，在其他地区则使用 Hazus 缺省液化模型对主震和选取的 3 次余震（M5.98 山景城（Mountain View）地震，M6.4 库比蒂诺（Cupertino）地震，M5.42 奥克兰（Oakland）地震）进行分析。对于其他的余震分析则仅考虑地震动造成的损失。

（2）室内财产和商品库存的损失按 2005 年美元可比价为 138 亿美元（2016 年美元可比价为 170 亿美元）。其中，对于主震和选取的三次余震进行分析时考虑了地震动和液化（采用 Hazus 缺省液化模型）造成的损失，而其他余震则仅考虑地震动造成的损失。

（3）与建筑破坏相关的收支损失（例如，搬迁费用、租金损失等）按 2005 年美元可比价为 100 亿美元（2016 年美元可比价为 123 亿美元），其与"室内财产和商品库存损失评估"采用相同的评估模型。

在设定的地震序列作用下，约 80% 的损失由 M_W7.0 主震造成，12% 的损失由 M_W6.0~6.4 的三次最大的余震造成，8% 的损失由 M_W5.0~5.9 的其余 13 次余震造成。基于 2000 年美国人口普查数据中的旧金山湾区人口数据，在最小的余震作用下有几十户家庭失去住所，在最大的余震作用下则有几百户，而在主震作用下这一数字将达到几万户（大约77000~153000 户）。

二、引言

海沃德地震情景设定在 2018 年 4 月 18 日下午 4 点 18 分，位于加利福尼亚州旧金山湾区东湾的海沃德断层上发生 M_W7.0 地震（主震）。设定的断层破裂始于奥克兰市（Oakland），向北延伸至圣巴勃罗湾（San Pablo Bay），向南延伸至弗里蒙特市（Aagaard 等，2017）。Aagaard 等（2017）使用三维模型模拟得到主震的地震动时程数据，并将该数据直接导入 Hazus（FEMA，2012）地震破坏与损失评估模块中开展分析。同时，海沃德主震的地震动时程数据也应用于：

（1）液化概率分析（Jones 等，2017）；

（2）滑坡概率及其位移分析（McCrink 和 Perez，2017）。

海沃德情景 M_W7.0 设定主震模拟序列中包含数千次余震（Wein 等，2017），表 J-1 列出了其中 16 次较大余震（$[M]$>5 级）的相关信息，图 J-1 标记了余震震中位置。由表可知在主震发生后的两年内，发生了 2 次震级大于 6 级（$[M]$>6 级）（一次在帕罗奥图（Palo Alto），一次在库比蒂诺（Cupertino））的余震。考虑可能发生的余震，研究还基于上述 16 次较大余震的地震动时程（USGS，2015）进行 Hazus 地震破坏与损失评估分析。

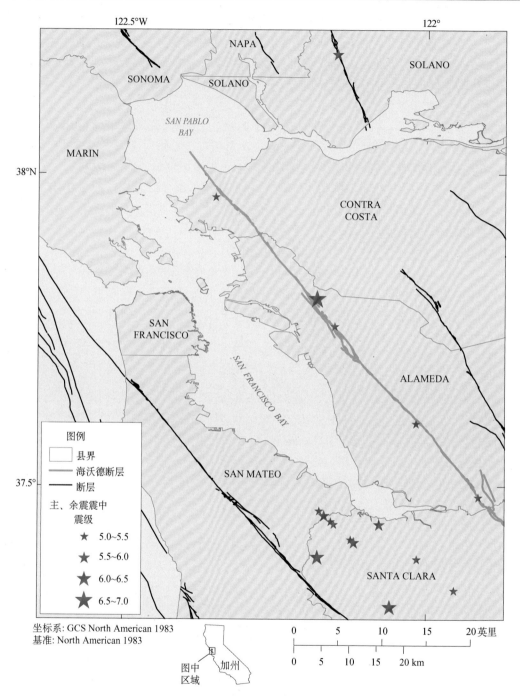

图 J-1　加州旧金山湾区海沃德情景设定地震的主震震中（最大的红星）位置
和［M］>5 的余震震中位置

ALAMEDA：阿拉米达；CONTRA COSTA：康特拉科斯塔；MARIN：马林；NAPA：纳帕；
SAN FRANCISCO：旧金山；SAN FRANCISCO BAY：旧金山湾；SAN MATEO：圣马特奥；
SAN PABLO BAY：圣巴勃罗湾；SANTA CLARA：圣克拉拉；SOLANO：索拉诺；SONOMA：索诺马

表 J - 1　加州旧金山湾区海沃德地震情景中震级 [M] >5 的余震序列

编号	日期	震后时长（天）	时间（PDT）	纬度（°）	经度（°）	位置	震源深度（km）	震级 M	简称
1	04/18/2018	1	下午 4：49	37.6008	122.0172	UnionCity	2.60	5.23	UC523
2	04/19/2018	2	凌晨 4：16	37.9630	122.3473	SanPablo	2.60	5.04	SP504
3	04/29/2018	12	晚上 11：13	38.1916	122.1483	Fairfield	11.05	5.58	FF558
4	05/02/2018	15	下午 8：44	37.4829	121.9146	Fremont	7.15	5.10	FR510
5	05/20/2018	33	上午 8：37	37.7561	122.1508	Oakland	8.45	5.42	OK542
6	05/28/2018	41	凌晨 4：47	37.3867	122.1780	PaloAlto	15.97	6.20	PA62
7	05/28/2018	41	上午 8：11	37.4528	122.1671	MenloPark	7.26	5.52	MP552
8	05/28/2018	41	下午 6：22	37.4604	122.1753	Atherton	7.91	5.11	AT511
9	05/28/2018	41	晚上 11：53	37.4099	122.1184	PaloAlto	8.36	5.69	PA569
10	06/23/2018	67	下午 8：27	37.4391	122.1511	PaloAlto	2.85	5.22	PA522
11	07/01/2018	75	上午 11：19	37.4435	122.1561	PaloAlto	8.69	5.26	PA526
12	09/30/2018	166	下午 8：16	37.4386	122.0770	UnionCity	11.29	5.98	MV598
13	10/01/2018	167	上午 12：33	37.3068	122.0592	SanPablo	14.45	6.40	CU64
14	10/01/2018	167	凌晨 2：24	37.3835	122.0153	Fairfield	18.89	5.35	SV535
15	10/01/2018	167	上午 6：10	37.3334	121.9541	Fremont	7.00	5.09	SC509
16	08/22/2019	492	晚上 10：45	37.4145	122.1235	Oakland	11.98	5.01	PA501

注：数据来自美国地质调查局（2014）。数据格式："日期"以"月/日/年"表示；"震后时长"是相对
　　于海沃德主震发生时间的天数，2018 年 4 月 18 日计为第"1"天；"纬度"以十进制下的北纬为单
　　位；"经度"以十进制下的西经为单位；"震源深度"是余震震源距其垂直地表部位的距离；"编
　　号"是余震事件的序号；"PDT"是太平洋夏令时间；"简称"是余震事件的简写。

三、建筑承灾体数据库

FEMA 研究人员（Doug Bausch，来自 FEMA 第八处室）基于海沃德情景设定主震的地震
动时程（USGS，2014 年）和更新版的 Hazus 建筑承灾体数据库，使用 Hazus-MH 2.1 对海沃德
主震进行了初步分析。其中，此次 Hazus 建筑承灾体数据库中的更新内容来自"纪念 1906 年
旧金山地震 100 周年地震大会"的部分模型成果（Kircher 等，2006）。该成果开发于 2005 ~
2006 年，具体内容包括：开发了加固改造后的无筋砌体结构、非延性混凝土结构和含薄弱层
木框架结构房屋的基础数据*；考虑了重置费用的增值因素，以更好地反映既有建筑物的实际
价值；更新了默认的典型建筑类型（MBTs）同建筑用途的映射关系（在 Hazus 中这种映射关
系以各典型建筑类型对应不同用途的结构面积之比表征）。即在旧金山（San Francisco）湾区

---

* 在 Hazus 中，非延性混凝土结构一般指的是非抗震设计的混凝土框架结构（典型建筑类别为 C1 型）和带无筋砌体填
充墙的混凝土框架结构（C3 型）。带有混凝土剪力墙的、非抗震设计的预制装配式框架-钢混剪力墙结构（PC2 型）也视为
非延性混凝土结构。含薄弱层的木框架同样指的是非抗震设计的木框架结构（W1 和 W2 型）。

以人口普查区为县级以下基本地理单元，总共建立了 22 个特定的映射关系，以反映建筑的不同龄期、高度特征以及区域建筑密度。值得注意的是，本研究在旧金山（San Francisco）和阿拉米达（Alameda）两个地区采用了一套独立的映射关系，以反映高楼林立的城市核心区的建筑高度特征，这是对 Hazus 默认映射关系的重大改进，因为原 Hazus 映射关系中所有建筑均默认为低层建筑。

此外，基于上述更新版的承灾体数据库，本章还基于海沃德情景的特定液化和滑坡数据以及余震地震动时程数据开展了 Hazus 分析。表 J-2、表 J-3 和表 J-4 分别显示了基于各县、不同建筑用途和典型建筑类型归纳的更新版建筑承灾体数据库。需要注意的是，由于数据处理时采用了四舍五入的进位方式，故而各分项数据总和与总计结果可能不完全相等。在 Hazus 分析时，湾区建筑承灾体价值（及其损失评估结果）按 2005 年美元可比价计算，根据消费价格指数（Consumer Price Index，CPI）可折算为 2016 年美元可比价（详见 https：//www.bls.gov/cpi/data.htm）。这里，美国消费价格指数 2016 年对 2005 年的比率约为 1.23。

表 J-2　Hazus 分析中基于各县归纳的加州旧金山湾区海沃德情景设定主震及
余震序列的更新版承灾体数据库

县	建筑数量	建筑面积 （×10³ 平方英尺）	承灾体总价值 （×10³ 美元）
Alameda	413505	1134537	155699818
ContraCosta	321281	717509	102806780
Marin	93195	237269	36050257
Merced	56678	117942	12901176
Monterey	109838	271611	33772799
Napa	45053	111729	14579197
Sacramento	378791	890201	110561701
SanBenito	16279	32842	4135710
SanFrancisco	172931	671672	100178548
SanJoaquin	159215	358055	42755589
SanMateo	219815	557525	84301336
SantaClara	495282	1263479	183312185
SantaCruz	90140	208512	28382925
Solano	120823	265812	34820221
Sonoma	169235	385085	50857518
Stanislaus	130688	287260	33827997
Yolo	46049	120019	14478828
总计	3038798	7631059	1043422585

注：承灾体价值按 2005 年美元可比价给出；美国消费价格指数 2016 年对 2005 年的比率约为 1.23。

表 J - 3 **Hazus** 分析中基于建筑用途归纳的加州旧金山湾区海沃德情景设定主震和
余震序列的更新版承灾体数据库

Hazus 建筑用途	建筑数量	建筑面积 ($\times10^3$ 平方英尺)	承灾体总价值 ($\times10^3$ 美元)
RES1（独立住宅）	2702528	4324156	610850583
RES2（工厂预制住房）	108696	117362	4151673
RES3A（多户住宅：二层复式结构）	60464	193083	18451037
RES3B（多户住宅：三层/四层复式结构）	52642	171161	17701795
RES3C（多户住宅：5~9 个单元组成）	16195	163087	29271495
RES3D（多户住宅：10~19 个单元组成）	7588	127115	20470095
RES3E（多户住宅：20~49 个单位组成）	1447	118537	18794663
RES3F（多户住宅：50 个以上单元组成）	1781	189909	29180378
RES4（酒店/旅馆）	57	22169	3395429
RES5（宿舍/公寓）	4157	116399	20146620
RES6（疗养院）	184	5184	773093
COM1（零售贸易用房）	1569	396411	38858298
COM2（批发贸易用房）	6379	227375	20214758
COM3（个体户用房）	15791	174448	21226826
COM4（办公室）	4125	473123	70944986
COM5（银行用房）	5524	22853	4975356
COM6（医院用房）	420	25336	6678754
COM7（医疗机构/诊所）	9710	72953	13915026
COM8（娱乐场所）	23845	120160	24748686
COM9（剧院）	231	3860	559818
COM10（停车场/车库）	0	0	0
ND1（重工业厂房）	3154	104632	10793540
IND2（轻工业厂房）	2992	107895	9631660
IND3（食品/药品/化学品厂房）	903	49298	8382266
IND4（金属/矿物加工厂房）	99	6115	1035700
IND5（高科技企业用房）	628	30336	5166822
IND6（建造业用房）	1478	82533	7333744
AGR1（农业用房）	611	34953	3068518
REL1（教堂）	2654	64015	10457728

Hazus 建筑用途	建筑数量	建筑面积 （×10³ 平方英尺）	承灾体总价值 （×10³ 美元）
GOV1（政府综合服务机构用房）	2326	26109	3279910
GOV2（政府紧急响应机构用房）	231	2826	547978
EDU1（非高校用房）	44	38997	5277262
EDU2（高校用房）	345	18668	3138088
总计	3038798	7631058	1043422585

注：承灾体价值按 2005 年美元可比价给出；美国消费价格指数 2016 年对 2005 年的比率约为 1.23。

表 J - 4　Hazus 分析中基于典型建筑类型归纳的加州旧金山湾区海沃德情景设定主震和余震序列的更新版承灾体数据库

Hazus 典型建筑类型	建筑数量	建筑面积 （×10³ 平方英尺）	承灾体总价值 （×10³ 美元）
W1（木材，轻型框架，≤5000ft²）	2734372	4540623	634173432
W2（木材，商业和工业用房，> 5000 ft²）	22888	602193	87505195
S1L（钢框架结构，低层）	7491	123223	16882881
S1M（钢框架结构，多层）	4747	68584	9587560
S1H（钢框架结构，高层）	9109	109743	16598964
S2L（钢框架-支撑结构，低层）	4900	90922	11632242
S2M（钢框架-支撑结构，多层）	3842	52920	7014666
S2H（钢框架-支撑结构，高层）	2565	33002	5042406
S3（轻钢框架结构）	3779	76168	8909731
S4L（钢框架-现浇钢混剪力墙结构，低层）	2529	46719	6328477
S4M（钢框架-现浇钢混剪力墙结构，多层）	2936	33876	5096293
S4H（钢框架-现浇钢混剪力墙结构，高层）	1352	22107	3442221
S5L（钢框架-无筋砌体填充墙结构，低层）	4796	89765	11334447
C1L（混凝土框架结构，低层）	755	25034	3225732
C1M（混凝土框架结构，多层）	3031	33257	5193239
C1H（混凝土框架结构，高层）	2865	30933	4649490
C2L（混凝土剪力墙结构，低层）	13796	270262	36497177
C2M（混凝土剪力墙结构，多层）	9991	127918	17573591
C2H（混凝土剪力墙结构，高层）	5087	49514	7368727

续表

Hazus 典型建筑类型	建筑数量	建筑面积 （×10³ 平方英尺）	承灾体总价值 （×10³ 美元）
C3L（混凝土框架-无筋砌体填充墙结构，低层）	3424	46946	6464956
C3M（混凝土框架-无筋砌体填充墙结构，多层）	3466	53021	6354659
C3H（混凝土框架-无筋砌体填充墙结构，高层）	1890	18651	2799477
PC1（预制装配式 Tilt-up 墙板结构）	5370	182812	20193977
PC2L（预制装配式框架-钢混剪力墙结构，低层）	1060	30568	3620206
PC2M（预制装配式框架-钢混剪力墙结构，多层）	622	7900	1022077
PC2H（预制装配式框架-钢混剪力墙结构，高层）	757	6612	963776
RM1L（含木或金属隔墙的约束砌体承重墙结构，低层）	46314	396562	54177952
RM1M（含木或金属隔墙的约束砌体承重墙结构，多层）	5094	72129	9448147
RM2L（含预制混凝土隔墙的约束砌体承重墙结构，低层）	1747	39094	5205624
RM2M（含预制混凝土隔墙的约束砌体承重墙结构，多层）	1255	19765	2592305
RM2H（含预制混凝土隔墙的约束砌体承重墙结构，高层）	382	3772	559241
URML（无筋砌体承重墙结构，低层）	10965	148408	19899424
URMM（无筋砌体承重墙结构，多层）	3919	31261	4262510
MH（可移动式房屋）	111702	146792	7801366
总计	3038798	7631056	1043422168

注：承灾体价值按 2005 年美元可比价给出；美国消费价格指数 2016 年对 2005 年的比率约为 1.23；
　　ft²：平方英尺；CIP（Cast In Place）：现浇；PC（precast）：预制；RM（reinforced masonry）：约束砌体；URM（unreinforced masonry）：无筋砌体。

四、海沃德主震损失评估结果

在对海沃德情景主震的初步研究分析中，美国联邦应急管理局（FEMA）利用美国地质调查局（USGS）等机构开发的区域液化敏感性数据（Knudsen 等，2000；如图 J-2 所示），基于 Hazus 液化位移及其发生概率的缺省计算方法和浅层地下水位均匀分布的默认假设，给出了标准 Hazus 缺省分析流程。

作为海沃德地震情景灾害研究的一部分，本章研究针对阿拉米达（Alameda）和圣克拉拉（Santa Clara）地区进行了更精细的主震作用下液化概率计算分析（Jones 等，2017），同样还针对整个湾区进行了更精细的主震作用下滑坡概率及其位移计算分析（McCrink 和 Perez，2017）。此外，本研究基于精细化液化研究结果，进一步修改了标准 Hazus 缺省分析流程，在不同地区假设不同的地下水位深度（圣克拉拉（Santa Clara）县西部为 16 英尺，其他地方为 5 英尺）。

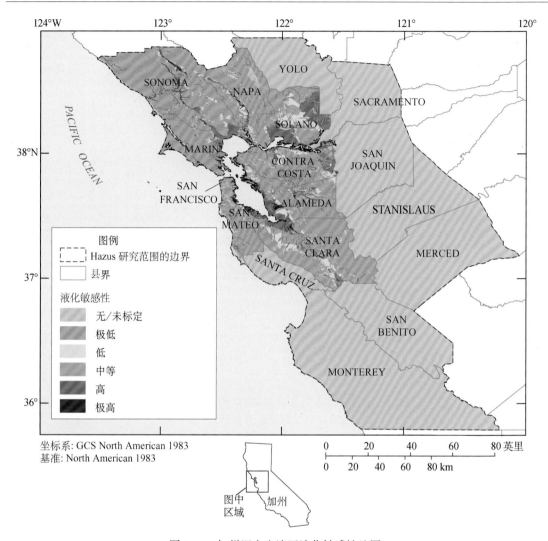

图 J-2　加州旧金山湾区液化敏感性地图

数据来自美国地质调查局（根据 Knudsen 等（2000））

ALAMEDA：阿拉米达；CONTRA COSTA：康特拉科斯塔；MARIN：马林；MERCED：默塞德；

MONTEREY：蒙特雷；NAPA：纳帕；PACIFIC OCEAN：太平洋；SACRAMENTO：萨克拉门托；

SAN BENITO：圣贝尼托；SAN FRANCISCO：旧金山；SAN JOAQUIN：圣华金；SAN MATEO：圣马特奥；

SANTA CLARA：圣克拉拉；SANTA CRUZ：圣克鲁斯；SOLANO：索拉诺；SONOMA：索诺马；

STANISLAUS：斯坦尼斯劳斯；YOLO：优洛

海沃德主震作用下的特定液化和滑坡数据在导入 Hazus 软件时，需对缺省 Hazus 分析流程采取特别调整措施。针对这一问题，以下各节在讨论海沃德主震造成的损失之前，会首先说明调整措施的具体内容。

1. 基于 Hazus 的海沃德情景液化分析

根据 Holzer 等（2008，2010，2011）的方法，本研究得出了圣克拉拉（Santa Clara）和阿拉米达（Alameda）大部分地区在海沃德主震作用下的液化概率（Jones 等，2017），并在整个研究区域内以 50m 为一个像素单元得出了液化概率分布情况。

在 Hazus 中导入上述液化概率数据时，需要创建以人口普查区为基本地理单元的液化概率数据。为得到上述数据，本研究以美国国土覆盖数据（National Land Cover Data，NLCD；Homer 等，2015）作为底图，并对其城市建成区进行标定（包括低、中或高三种土地开发程度），如图 J - 3 所示。基于标定的建成区，叠加像素尺度的液化概率数据，并在各人口普查区内对其液化概率非零的像素取均值，计算得到以人口普查区为基本地理单位的液化概率。这样计算的优势有两点：

（1）未开发地区的液化概率不会影响损失计算结果；

（2）由此得到液化产生的损失估值在各人口普查区内为平均值（与 Hazus 方法一致），并可按比例（建成区液化概率非零的面积占全体建成区的比例）进行缩小调整。

此外，由于 Holzer 等的方法没有提供液化相关位移数据，因此需要通过 Hazus 软件分析得到液化相关位移。而在 Hazus 中计算液化引起的滑移和沉陷位移以及液化概率时，需要输入地震动图、液化敏感性和地下水位深度等数据。计算过程中，Hazus 液化敏感性数据的默认取值方式是取人口普查区的“多边形角点”中心值，而为了与 Holzer 等提供的既有液化概率数据相匹配，取值方式修改为非零液化概率区域的液化敏感性等级加权（按概率）平均值。需要指出的是，提供上述数据的液化敏感性地图（用于 Hazus 液化相关位移计算）和 Holzer 等人的方法都是基于同一第四纪地质图。本项研究除了改变液化敏感性数据输入的方式外，还修改了浅层地下水位深度均匀分布的（5 英尺）假设，以更好地利用加州地质调查局（California Geological Survey）提供的地下水位等高线数据来评估液化概率（Jones 等，2017）。因此，设定圣克拉拉（Santa Clara）县西部地下水位深度为 16 英尺。

由于仅部分研究区域有特定的液化概率数据，这些研究区域以外的其余地区只能通过 Hazus 缺省液化分析流程得到液化概率，这导致液化损失分析需要按以下步骤开展：

（1）在特定的液化研究区域内进行第一次 Hazus 分析，基于特定（加权）液化敏感性数据得到适用的液化相关位移数据；

（2）再次进行 Hazus 运行分析，导入特定的液化概率数据（直接覆盖 Hazus 结构化查询语言（Structured Query Language，SQL）表中 Hazus 原本计算得到的液化概率），并中断 Hazus 的计算流程以避免覆盖各类液化危险性数据表单。然后将第二次运行得到的建筑破坏情况，按液化概率为非零的建成区比例进行人为缩减，得出建成区的最终损失。值得注意的是，由于调整后的分析流程中部分分析脱离了 Hazus 软件，所以一般认为 Hazus 的输出结果具有一定的局限性。也就是说，我们虽然利用特定的液化概率数据估计了建筑物破坏情况和相关经济损失，但基于特定数据得出的液化评估结果却无法进一步得到诸如人员伤亡人数和避难场所需求量等具有承接关系的评估结果。

2. 基于 Hazus 的海沃德情景滑坡分析

以 10m 为一个像素精度，McCrink 和 Perez（2017）给出了旧金山湾区 9 个县级行政单位在海沃德主震作用下的滑坡相关位移及其发生概率的数据。这 9 个县分别为阿拉米达（Alameda）、康特拉科斯塔（Contra Costa）、马林（Marin）、纳帕（Napa）、旧金山（San Francisco）、圣马特奥（San Mateo）、圣克拉拉（Santa Clara）、索拉诺（Solano）和索诺马（Sonoma）。滑坡概率是根据滑坡位移得出的，其分级见表 J - 5。

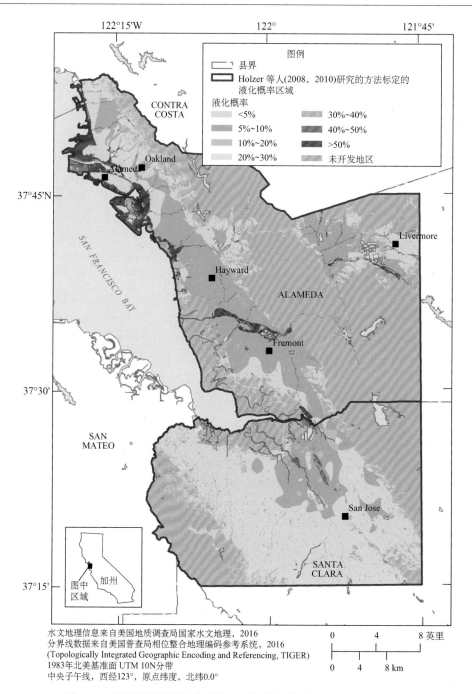

图 J-3　海沃德情景设定主震作用下加州阿拉米达（Alameda）和
圣克拉拉（Santa Clara）建成区内的液化概率

数据修改自 Jones 等（2017）；方法来自 Holzer 等（2008，2010）

Alameda：阿拉米达；ALAMEDA：阿拉米达；CONTRA COSTA：康特拉科斯塔；Fremont：费利蒙；

Hayward：海沃德；Livermore：利弗莫尔；Oakland：奥克兰；SAN FRANCISCO BAY：旧金山湾；

San Jose：圣何塞；SAN MATEO：圣马特奥；SANTA CLARA：圣克拉拉

表 J-5　海沃德情景设定主震作用下的滑坡位移类别及其相关概率范围

位移范围 （cm）	位移范围 （英寸）	计算滑坡位移 （英寸）	滑坡概率等级	概率范围	计算设定概率
0~1	0.0~0.4	0.2	L	0.0~0.016	0.008
1~5	0.4~2.0	1.2	M	0.016~0.15	0.08
5~15	2.0~6.0	4.0	H	0.15~0.323	0.237
15~30	6.0~12.0	9.0	VH	0.323~0.335	0.329
30~100	12.0~39.0	25.5	VH	0.335	0.335
100+	39.0~196	117.5	VH	0.335	0.335

注：数据由 McCrink 和 Perez 修改，2017。L：低水准；M：中等水准；H：高水准；VH：极高水准。

滑坡灾害往往发生在局部地区，因此在各人口普查区上开展的研究不能够充分地反映灾害发生的高度不确定性和局部性特点。针对这一问题本研究采取了一种替代方法，即设定多级滑坡位移/概率区间，进行多次 Hazus 运行分析，并将像素精度层面的精细化数据导入 Hazus 分析中对以人口普查区为基本地理单元的输出结果进行赋权，具体过程如下所述：

表 J-5 列出了 Hazus 运行分析中的 6 级滑坡位移/概率区间，针对各级区间进行运算时，本研究采用位移和发生概率的区间中值来计算各人口普查区的滑坡损失。按照前述美国国土覆盖数据（NLCD）的定义（Homer 等，2015），假定 Hazus 建筑承灾体数据库中的工程结构在建成区的各人口普查区（以及组成人口普查区的像素）内均匀分布。基于此假定，研究针对每个滑坡位移/概率区间内位于建成区的像素数量进行了统计（阿拉米达（Alameda）、马林（Marin）和圣克拉拉（Santa Clara）等县建成区的滑坡相关位移及发生概率见图 J-4）。然后，将该区间内以人口普查区为基本地理单元的 Hazus 损失评估结果乘以该区间的像素数量，再除以该人口普查区内建成区像素的总数，即可得到每个区间单位像素下的损失。最后将各人口普查区的滑坡损失相加，得出海沃德情景滑坡造成的建筑损失。在工程建筑均匀分布的前提下（与 Hazus 方法一致），这种方法避免了尚未开发地区较高的滑坡位移估值对最终结果的影响。然而，应当注意的是，本研究中滑坡数据仅是针对滑坡始发部位的，而不考虑滑坡下游地区的损失情况。

由于滑坡损失评估分析中采用了与特定液化分析相同的数据处理方式，即部分分析流程脱离了 Hazus 软件，故而也认为本输出结果具有一定局限性。

3. 基于 Hazus 的海沃德情景主震分析结果汇总

Hazus 主震损失评估结果可按如下三种情形给出：

（1）由地震动造成的损失；

（2）由地震动和液化（缺省分析）造成的损失，分析过程中修正了地下水位深度假设（修改了标准 Hazus 缺省分析流程）；

（3）由地震动、液化和滑坡造成的损失（采用修改后的分析流程并考虑了不同灾害风险组合）。

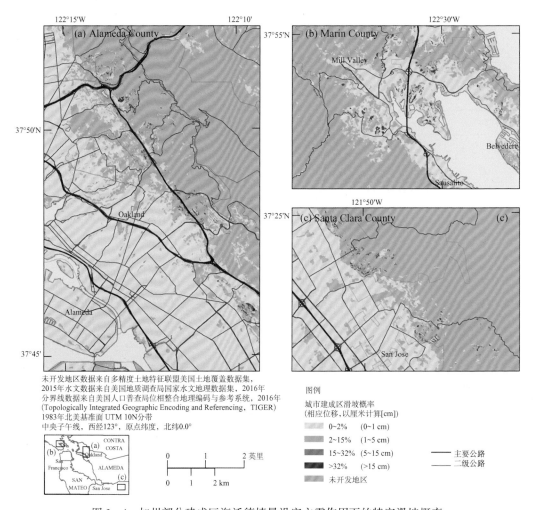

图 J-4　加州部分建成区海沃德情景设定主震作用下的特定滑坡概率

(a) 阿拉米达；(b) 马林；(c) 圣克拉拉

数据修改自 McCrink 和 Perez（2017）

Alameda：阿拉米达；Belvedere：贝尔韦代雷；Mill Valley：米尔谷；Oakland：奥克兰；San Jose：圣何塞

　　表 J-6 给出了各县液化和滑坡数据的收集情况。由表可知，有 7 个偏远县没有液化或滑坡数据，其中包括：默塞德（Merced）、蒙特雷（Monterey）、萨克拉门托（Sacramento）、圣贝尼托（San Benito）、圣华金（San Joaquin）、斯坦尼斯劳斯（Stanislaus）和优洛（Yolo）等县。图 J-5 显示了各人口普查区最终造成建筑损失的灾害的地理分布位置。值得注意的是，特定的液化数据并没有完全覆盖阿拉米达（Alameda）和圣克拉拉（Santa Clara）地区所有的人口普查区（图 J-3、图 J-5），因此在没有特定液化数据的人口普查区内使用 Hazus 缺省液化分析结果。

表 J-6　加州旧金山湾区各县的液化和滑坡数据的收集情况

县	液化（缺省条件）	液化（特定条件）	滑坡
Alameda	Y*	Y	Y
Contra Costa	Y		Y
Marin	Y		Y
Merced			
Monterey			
Napa	Y		Y
Sacramento			
San Benito			
San Francisco	Y		Y
San Joaquin			
San Mateo	Y		Y
Santa Clara	Y*	Y	Y
Santa Cruz			Y
Solano	Y		Y
Sonoma	Y		Y
Stanislaus			
Yolo			

注：＊在阿拉米达（Alameda）县和圣克拉拉（Santa Clara）地区没有特定液化数据的人口普查区内采用缺省液化分析结果。

　　Y：有相关数据。标记为阴影的县表示该县没有液化或滑坡数据。

　　基于图 J-5 给出的不同灾害风险组合及 Hazus 方法，分别计算得出了海沃德情景主震造成的各县建筑在不同破坏等级下的损失评估结果，详见表 J-7、表 J-8 和表 J-9。需要注意的是，表 J-7 和表 J-8 中的数据直接取自 Hazus，而表 J-9 中的建筑物损失则是由不同破坏等级的总建筑面积（平方英尺）乘以平均损失率（Hazus）和重置费用得到的。地震动和缺省液化下的最佳估计值直接取自 Hazus（表 J-7、表 J-8），而特定液化及滑坡分析下的最佳估计值，是基于表 J-9 中两种次生灾害影响的建筑面积分布近似得到的（表 J-8 与表 J-9 中由地震动和缺省液化造成的损失评估结果不完全一致，直接取自 Hazus 的分析结果同基于破坏等级对应面积得出的分析结果在各县范围内的差距平均为 4%）。表 J-10 给出了各县在不同灾害风险组合下的建筑损失最佳评估值。

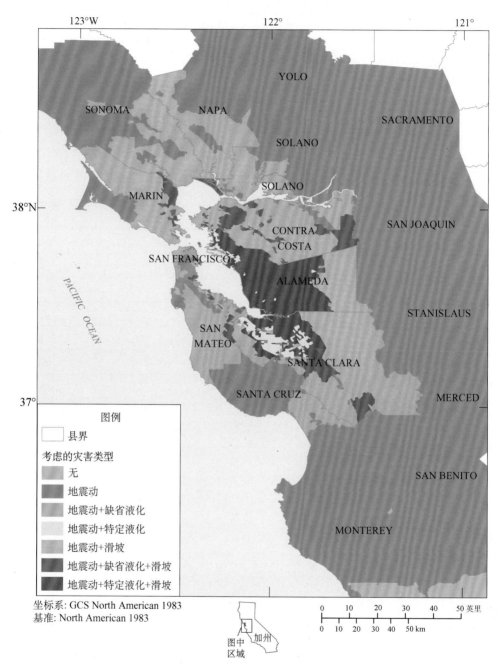

图 J-5　加州旧金山湾区各人口普查区在海沃德主震下造成建筑物破坏的灾害分布图

ALAMEDA：阿拉米达；CONTRA COSTA：康特拉科斯塔；MARIN：马林；MERCED：默塞德；
MONTEREY：蒙特雷；NAPA：纳帕；PACIFIC OCEAN：太平洋；SACRAMENTO：萨克拉门托；
SAN BENITO：圣贝尼托；SAN FRANCISCO：旧金山；SAN JOAQUIN：圣华金；
SAN MATEO：圣马特奥；SANTA CLARA：圣克拉拉；SANTA CRUZ：圣克鲁斯；
SOLANO：索拉诺；SONOMA：索诺马；STANISLAUS：斯坦尼斯劳斯；YOLO：优洛

表 J-7　加州旧金山湾区各县海沃德情景设定主震引起的地震动造成的建筑物损失 Hazus 评估结果

县	轻微破坏	中等破坏	严重破坏	毁坏	总计
	（×10³ 美元）				
Alameda	1192789	4739455	4254356	6063511	16250111
Contra Costa	742250	1867978	1200315	1560538	5371081
Marin	133432	126505	20149	1843	281929
Merced	4987	1800	118	2	6907
Monterey	16421	6486	443	2	23351
Napa	18538	10327	1027	33	29926
Sacramento	12409	3450	176	5	16040
San Benito	8435	6852	1985	1387	18658
San Francisco	585608	842303	183617	25099	1636626
San Joaquin	96226	61923	6610	339	165099
San Mateo	527695	778106	193827	29036	1528665
Santa Clara	1272221	2314206	810956	245904	4643287
Santa Cruz	53518	31126	3179	137	87960
Solano	86575	67398	9408	782	164163
Sonoma	20810	7291	475	6	28582
Stanislaus	35564	16351	1387	24	53327
Yolo	5069	1514	84	0	6667
总计	4812547	10883071	6688112	7928648	30312379

注：数据来自 Hazus（FEMA，2012）。损失按 2005 年美元可比价计算；美国消费价格指数 2016 年对 2005 年的比率约为 1.23。

表 J-8　加州旧金山湾区各县海沃德情景设定主震引起的地震动和缺省液化造成的
建筑物损失 Hazus 评估结果

县	轻微破坏	中等破坏	严重破坏	毁坏	总计
	（×10³ 美元）				
Alameda	1134931	4623506	6094483	7248794	19101714
Contra Costa	733337	1857355	1496618	1741030	5828340
Marin	132990	127445	44173	16077	320686
Merced[①]	4987	1800	118	2	6907
Monterey[①]	16421	6486	443	2	23351

续表

县	轻微破坏	中等破坏	严重破坏	毁坏	总计
	(×10³ 美元)				
Napa	18538	10327	1027	33	29926
Sacramento[①]	12409	3450	176	5	16040
San Benito[①]	8435	6852	1985	1387	18658
San Francisco	582164	846023	332753	116177	1877116
San Joaquin[①]	96226	61923	6610	339	165099
San Mateo	518759	780983	520077	222057	2041877
Santa Clara[②]	1253336	2307609	1440357	636429	5637731
Santa Cruz[①]	53518	31126	3179	137	87960
Solano	86393	67688	18389	6104	178575
Sonoma	20810	7291	475	6	28582
Stanislaus[①]	35564	16351	1387	24	53327
Yolo*	5069	1514	84	0	6667
总计	4713887	10757729	9962334	9988603	35422556

注：数据来自 Hazus（FEMA，2012）。损失按 2005 年美元可比价计算；美国消费价格指数 2016 年对 2005 年的比率约为 1.23。

①属于图中绘制的液化易发区以外的县。

②该评估采用与特定液化研究一致的假设，即不同地区地下水位深度不同（圣克拉拉（Santa Clara）县西部 16 英尺，其他地区 5 英尺）。

表 J-9　加州旧金山湾区各县因海沃德情景设定主震引起的地震动、特定液化及滑坡而造成的建筑损失 Hazus 评估结果

县	轻微破坏	中等破坏	严重破坏	毁坏	总计
	(×10³ 美元)				
Alameda	1134930	4567748	6805683	7654758	20163118
Contra Costa	746639	1808999	1661298	1787929	6004865
Marin	130835	117380	102445	50314	400973
Merced	4930	1696	140	2	6768
Monterey	15883	6078	486	2	22449
Napa	17625	9258	1313	168	28364
Sacramento	11651	3138	193	4	14986
San Benito	8516	6791	2485	1427	19219

续表

县	轻微破坏	中等破坏	严重破坏	毁坏	总计
	(×10³ 美元)				
San Francisco	596005	896174	373868	118965	1985012
San Joaquin	95074	58211	7898	318	161500
San Mateo	525836	767512	545032	225213	2063593
Santa Clara	1283936	2318778	1163761	370790	5137265
Santa Cruz	52599	29281	4590	622	87093
Solano	85753	63439	21460	6955	177607
Sonoma	19652	6414	3461	1846	31372
Stanislaus	34412	15045	1561	20	51037
Yolo	4695	1326	85	0	6106
总计	4768971	10677268	10695759	10219333	36361327

注：损失按 2005 年美元可比价计算；美国消费价格指数 2016 年对 2005 年的比率约为 1.23。

表 J - 10　加州旧金山湾区各县海沃德情景设定主震造成的总建筑损失

县	地震动	缺省液化①	特定液化②	液化的最佳估计值	滑坡(PGV≤20cm/s)	建筑损失的最佳估计值
	(×10⁶ 美元)					
Alameda	16250	2852	3057	3081	147	19478
Contra Costa	5371	457		457	14	5842
Marin	282	39		39	84	405
Merced	7					7
Monterey	23					23
Napa	30	0		0	0.4	30
Sacramento	16					16
San Benito	19					19
San Francisco	1637	240		240	9	1886
San Joaquin	165					165
San Mateo	1529	513		513	9	2051
Santa Clara	4643	994	264	291	21	4955
Santa Cruz	88				1	89
Solano	164	14		14	2	180

续表

县	地震动	缺省液化①	特定液化②	液化的最佳估计值	滑坡 (PGV≤20cm/s)	建筑损失的最佳估计值
	(×10⁶ 美元)					
Sonoma	29	0			5	34
Stanislaus	53					53
Yolo	7					7
总计	30313	5109	3321	4635	292	35240

注：损失按 2005 年美元可比价计算；美国消费价格指数 2016 年对 2005 年的比率约为 1.23。PGV：地面峰值速度。标记为阴影的县表示未估计液化或滑坡造成的损失。

①修正了地下水位深度假设。

②仅限于使用 Holzer 等人的方法开展研究的地区。

　　如表 J‑7 至表 J‑10 的备注所述，使用旧金山湾区特定的 Hazus 数据库评估得到的建筑承灾体价值和损失结果按 2005 年美元可比价计算。使用美国消费价格指数（Consumer Price Index，CPI）2016 年对 2005 年的比率（1.23），可以换算为 2016 年美元可比价。但为了便于校核和比较，报告和表中的"美元"均按 2005 年美元可比价表示。

　　由表可知，在海沃德地震情景中，若对建筑进行灾害风险组合损失评估时考虑液化，建筑损失将至少增加 46 亿美元（表 J‑10）。其中，阿拉米达（Alameda）（31 亿美元）、圣马特奥（San Mateo）（5.1 亿美元）和康特拉科斯塔（Contra Costa）（4.6 亿美元）地区由液化造成的损失最为严重。图 J‑6a 显示了由地震动造成的各地 Hazus 建筑损失率分布情况，而图 J‑6b 显示了由液化造成的各地 Hazus 建筑损失率分布情况，上述分析采用修正地下水位深度的缺省液化建模方法。

　　阿拉米达（Alameda）和圣克拉拉（Santa Clara）地区采用缺省液化和特定液化两种分析方法得出的结果之间存在着一定的差异，该差异同时反映了在各人口普查区的液化概率和预期位移差异。2017 年 Jones 等对上述两种分析方法进行了比较，对比分析结果表明，基于特定液化概率数据计算得出的阿拉米达（Alameda）地区建筑损失更高，液化影响区域更广，而圣克拉拉（Santa Clara）地区的建筑损失却大幅下降。这是由于，圣克拉拉（Santa Clara）和阿拉米达（Alameda）西南部地区较低的特定液化概率估计值与该地区较低的破坏比是相对应的，如图 J‑6b、c 所示。

　　使用特定滑坡危险性数据评估的建筑滑坡损失在 9 个县中总计达 2.91 亿美元，其中阿拉米达（Alameda County）（1.47 亿美元）和马林（Marin）（8400 万美元）地区的损失最大。各人口普查区内由山体滑坡造成的建筑损失率（图 J‑6d）一般都不高，最大值只有 3.3%，而相比之下特定液化和地震动影响下的损失率最大值分别高达 17.1% 和 45.6%。图 J‑7 给出了地震动、液化（在有相关数据的地区使用特定数据，其他地区使用缺省数据）和滑坡等不同灾害风险组合下各人口普查区的建筑损失率最佳估计值。

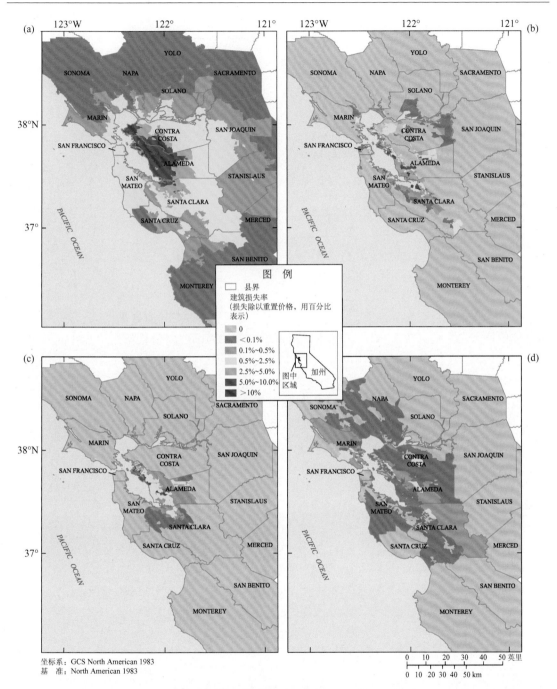

图 J-6　加州旧金山湾区海沃德情景设定主震造成的建筑损失率 Hazus（FEMA，2012）分析评估结果

（a）地震动；（b）缺省液化；（c）特定液化；（d）滑坡

ALAMEDA：阿拉米达；CONTRA COSTA：康特拉科斯塔；MARIN：马林；MERCED：默塞德；MONTEREY：蒙特雷；

NAPA：纳帕；PACIFIC OCEAN：太平洋；SACRAMENTO：萨克拉门托；SAN BENITO：圣贝尼托；

SAN FRANCISCO：旧金山；SAN JOAQUIN：圣华金；SAN MATEO：圣马特奥；SANTA CLARA：圣克拉拉；

SANTA CRUZ：圣克鲁斯；SOLANO：索拉诺；SONOMA：索诺马；STANISLAUS：斯坦尼斯劳斯；YOLO：优洛

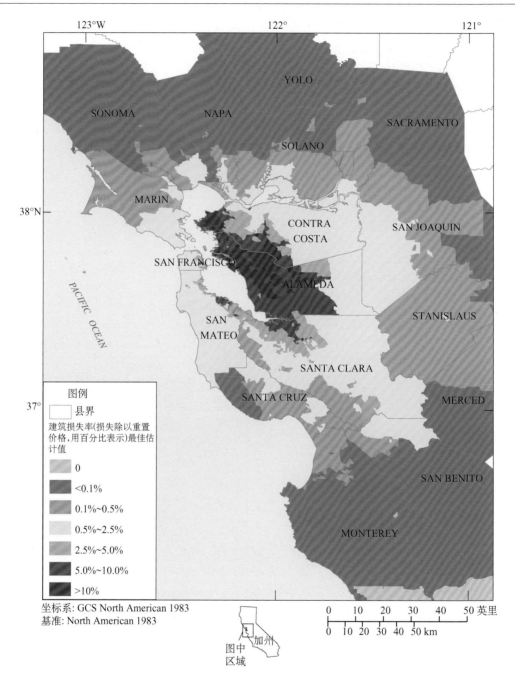

图 J-7　加州旧金山湾区海沃德情景设定主震下的建筑损失率最佳估计值

使用 Holzer 等（2008，2010）的方法计算得到液化和滑坡数据（在有相关数据的地区）

（Jones 等，2017；McCrink 和 Perez，2017）

ALAMEDA：阿拉米达；CONTRA COSTA：康特拉科斯塔；MARIN：马林；MERCED：默塞德；MONTEREY：蒙特雷；

NAPA：纳帕；PACIFIC OCEAN：太平洋；SACRAMENTO：萨克拉门托；SAN BENITO：圣贝尼托；

SAN FRANCISCO：旧金山；SAN JOAQUIN：圣华金；SAN MATEO：圣马特奥；SANTA CLARA：圣克拉拉；

SANTA CRUZ：圣克鲁斯；SOLANO：索拉诺；SONOMA：索诺马；STANISLAUS：斯坦尼斯劳斯；YOLO：优洛

McCrink 和 Perez（2017）在地面峰值速度大于等于 20cm/s 的地区给出的边坡破坏概率和位移估值较为准确，但对于地面峰值速度低于该阈值的地区，其分析结果具有较高的不确定性。故而，本节仅在地面峰值速度大于等于 20cm/s 地区考虑了边坡破坏造成的损失。如果考虑小于该阈值地区的边坡破坏，滑坡灾害损失预计将增加 1.45 亿美元，其中马林（Marin）县 4100 万美元，旧金山（San Francisco）市和圣克拉拉（Santa Clara）县各 2700 万美元，圣马特奥（San Mateo）县 2000 万美元，索诺玛（Sonoma）县 1700 万美元。

为验证上述建筑损失评估结果的合理性，Holzer（1994）统计了洛马普里塔（Loma Prieta）地震造成的损失作为对比参考。在洛马普里塔（Loma Prieta）地震中，地震动造成的损失为 58 亿美元，液化造成的损失为 9700 万美元，滑坡造成的损失为 3000 万美元。按损失率比例分析，洛马普里塔（Loma Prieta）地震中滑坡损失相当于地震动损失的 0.5%，液化损失相当于地震动损失的 1.5%，而海沃德地震情景的对应估计值分别为 1%（或占整体损失的 1.5%）和 15%。对比之下，海沃德地震情景由液化造成的损失更高，原因在于阿尔米达（Alameda）地区断层附近的建成区受液化影响显著。

除上述给出的研究结果外，本研究还得到了以下结论，可供海沃德其他研究项目使用参考：

（1）基于 Hazus 建筑用途和各人口普查区的不同破坏等级的建筑面积，也可用于评估主震作用下液化和滑坡的组合损失。

（2）基于 Hazus 建筑用途和行政区划的建筑损失评估结果，也可用于评估主震作用下液化和滑坡的组合损失。

五、海沃德选定余震液化损失评估结果

此前的研究分析表明，只有部分县（阿拉米达（Alameda）和圣克拉拉（Santa Clara））具有液化调查数据，至于研究涉及的其他潜在液化影响区（马林（Marin）、索诺马（Sonoma）、纳帕（Napa）、索拉诺（Solano）、康特拉科斯塔（Contra Costa）、圣马特奥（San Mateo）和旧金山（San Francisco））是没有液化调查数据的。并且，基于上述数据和滑坡危险性数据建立的方法仅适用于主震。因此，在余震损失评估中一般只考虑地震动造成的建筑破坏损失。但为了考虑再液化对余震损失评估结果的影响，本研究选取了 3 次余震（$M5.98$ 山景城（Mountain View）、$M6.4$ 库比蒂诺（Cupertino）和 $M5.42$ 奥克兰（Oakland）余震）对其采用 Hazus 缺省液化损失评估流程以及原均匀地下水位深度假设进行分析。进而，研究对比分析了主震和 3 个选定余震作用下考虑和不考虑液化的损失评估结果，如表 J-11 所示。由表可知，主震中液化灾害的发生会使建筑损失增加约 51 亿美元（增加 17%），同时在选取的余震中液化灾害的发生也会使建筑损失评估结果增加，增加的损失分别为：$M5.42$ 奥克兰（Oakland）余震中增加 7800 万美元（增加 15%），$M6.4$ 库比蒂诺（Cupertino）余震中增加 2.18 亿美元（增加 9%）。

表 J-11　加州旧金山湾区海沃德情景设定主震和选取余震作用下直接经济损失的
Hazus 评估结果（考虑和不考虑液化）

海沃德情景地震事件	结构损失	非结构损失	总建筑损失①	总建筑损失率②	财产损失	库存损失	与建筑破坏相关的收益损失	总直接经济损失
	(×10⁶ 美元)			(%)	(×10⁶ 美元)			
主震地震动	5817.2	24495.2	30312.4	2.91	8003.0	305.6	8012.7	46633.7
主震地震动+液化	7037.5	28419.5	35457.0	3.40	9232.8	376.8	9059.4	54126.0
主震液化	1220.3	3924.3	5144.6	0.49	1229.8	71.2	1046.7	7492.3
CU64 余震地震动	333.3	2145.2	2478.5	0.24	888.3	35.9	405.2	3807.9
CU64 余震地震动+液化	382.9	2313.5	2696.4	0.26	948.0	40.0	455.6	4139.9
CU64 余震液化	49.6	168.3	217.9	0.02	59.7	4.1	50.4	332.0
MV598 余震地震动	81.1	813.2	894.3	0.09	382.4	22.3	82.4	1381.4
MV598 余震地震动+液化	104.5	892.7	997.2	0.10	410.0	24.1	105.6	1536.9
MV598 余震液化	23.4	79.5	102.9	0.01	27.6	1.8	23.2	155.5
OK542 余震地震动	32.6	476.8	509.4	0.05	237.3	9.3	24.0	780.0
OK542 余震地震动+液化	51.1	536.3	587.3	0.06	256.3	10.2	42.4	896.3
OK542 余震液化	18.5	59.5	77.9	0.01	19.0	0.9	18.4	116.3

注：数据来自 Hazus（FEMA，2012）。余震简称和震级解释见表 J-1。损失按 2005 年美元可比价计算；美国消费价格指数 2016 年对 2005 年的比率约为 1.23。标记为阴影的地震事件给出的是液化灾害造成的净损失。

①包括结构损失和非结构损失。

②修复费用与重置费用之比，计算方法是：建筑物损失评估总额除以建筑物重置价格总额（按 Hazus 的定义）。

六、海沃德主余震震动损失评估结果

本节针对余震震动造成的建筑损失采取了与主震相同的评估方式。然而，由于 Hazus 无法对震损建筑的累计损伤（余震造成）进行评估，故本研究假设主余震地震事件相互独立，即建筑在遭受任一地震作用前都处于无损伤状态（不考虑主震或先前余震所造成的损伤累积效应）。Hazus 分析结果如表 J-12 所示。

由表 J-12 可知，余震震动造成的建筑损失至少比主震小一个数量级，其中造成损失较高的几次余震包括：M6.4 库比蒂诺（Cupertino）余震（24.8 亿美元）、M6.2 帕罗奥图（Palo Alto）余震（13.7 亿美元）、M5.98 石景山（Mountain View）余震（8.9 亿美元）和 M5.42 奥克兰（Oakland）余震（5.1 亿美元）。余震震动造成的总直接经济损失为：M6.4 库比蒂诺（Cupertino）余震（38.1 亿美元）、M6.2 帕罗奥图（Palo Alto）余震（21.1 亿美元）、M5.98 山景城（Mountain View）余震（13.8 亿美元）、M5.42 奥克兰（Oakland）余震（7.8 亿美元）。为验证上述评估结果的合理性，FEMA 对 2014 年发生的 $M6.0$ 南纳帕（South Napa）地震事件进行了建筑震损初步评估（考虑液化灾害），评估使用的数据库与本研究相同，而评估结果得到的建筑破坏损失为 3.47 亿美元，总直接经济损失为 5.75 亿美元（Doug Bausch，内部交流，FEMA，2014）。对比可知，虽然南纳帕地震（2014）评估得到的建筑损失要低于上述任意一次余震震动损失，但高于其他 12 次海沃德余震震动损失。从建筑损失率（在 Hazus 中定义为修复费用与重置费用之比）的角度来看，南纳帕（South Napa）模拟损失分析得到的总建筑损失率为 0.16%，这与 $M6.2$ 帕罗奥图（Palo Alto）的评估结果相近（0.13%）。

表 J - 12　加州旧金山湾区海沃德情景设定主余震震动造成的
直接经济损失 Hazus 评估结果

海沃德情景地震事件	结构损失	非结构损失	总建筑损失[①]	总建筑损失率[②]	室内财产损失	库存损失	与建筑破坏相关的收益损失	总直接经济损失
	（×10⁶ 美元）			（%）	（×10⁶ 美元）			
主震	5817.2	24495.2	30312.4	2.91	8003.0	305.6	8012.7	46633.7
UC523	14.9	333.5	348.4	0.03	176.2	12.4	8.2	545.2
SP504	5.6	100.7	106.3	0.01	50.4	1.3	3.7	161.7
FF558	1.1	21.5	22.6	0.00	10.5	0.5	0.6	34.1
FR510	5.9	100.4	106.3	0.01	48.1	3.7	3.1	161.2
OK542	32.6	476.8	509.4	0.05	237.3	9.3	24.0	780.0
PA62	159.9	1207.6	1367.5	0.13	525.4	23.6	193.7	2110.2
MP552	8.4	142.9	151.3	0.01	71.2	2.6	6.9	232.1
AT511	9.2	129.5	138.8	0.01	59.1	2.5	6.0	206.4
PA569	27.3	326.6	353.8	0.03	157.1	7.1	25.7	543.9
PA522	13.3	338.4	351.7	0.03	182.7	7.0	9.1	550.4
PA526	16.7	239.0	255.7	0.02	113.4	5.2	12.1	386.4
MV598	81.1	813.2	894.3	0.09	382.4	22.3	82.4	1381.4
CU64	333.3	2145.2	2478.5	0.24	888.3	35.9	405.2	3807.9
SV535	32.7	255.8	288.5	0.03	102.2	6.1	23.9	420.7
SC509	14.6	210.3	224.8	0.02	101.6	5.1	10.2	341.8
PA501	6.1	65.6	71.7	0.01	27.1	1.3	3.9	104.0

注：数据来自 Hazus（FEMA，2012 年）。余震简称和震级的相关解释见表 J - 1。损失按 2005 年美元可比价计算；美国消费价格指数 2016 年对 2005 年的比率约为 1.23。
①包括结构损失和非结构损失。
②修复费用与重置费用之比，计算方法是：建筑物损失总额与建筑物重置价格总额（按 Hazus 的定义）。

　　本情景选取的 16 条余震震动造成的建筑损失率（每个人口普查区中建筑物损失总额与建筑物重置价格总额之比）Hazus 评估结果在各人口普查区的分布如图 J - 8 至图 J - 11 所示。由图可知，M6.4 库比蒂诺（Cupertino）余震造成的损失最大，其影响区域内建筑损失率峰值最高且分布层次最广。

　　基于结构类型（或 Hazus 典型建筑类型）和建筑高度特征分组的建筑损失，见表 J - 13（以美元为单位）和表 J - 14（以百分比为单位）。由表中信息可得出以下结论：虽然木结构建筑（典型建筑类型中的 W1 和 W2）是承灾体的主要结构类型（占承灾体总数的 69%，详见表 J - 4），但这类建筑的损失占总损失的比例较小（主震中为 47%，余震中为 45% ~ 56%）。而对于易损性较高的建筑类型，相比于其在建筑群体中的数量占比，其损失占总损失的比例更高，例如无筋砌体结构（URM）占承灾体总数的 2%，而其主震震动损失占主震总损失的 6%，在 M5.42 奥克兰（Oakland）余震中相应损失占比为 8%。类似的结构类型还包括带无筋砌体填充墙的混凝土框架结构（C3，占承灾体的 1%，而占主震总损失的 5%，在各余震其损失占比为 2% ~ 3%）以及带无筋砌体填充墙的钢框架结构（S5，占承灾体的 1%，主震作用下损失占比为 5%，在各余震其损失占比为 2% ~ 4%）。这三种典型结构类型（MBT）在主震作用下的总损失率也是较大的，分别为 7%、10% 和 14%，此外可移动式房屋（MH）和轻钢框架结构房屋（S3）的总损失率也相对较高，均为 9%。震级最高的 3 次余震（M6.2 帕罗奥图（Palo Alto），M5.98 山景城（Mountain View）和 M6.4 库比蒂诺（Cupertino）造成的损失率也是最高的，仅比主震造成的损失小一个数量级（其余余震作用造成的损失率通常比主震作用下小两个数量级）。同时，易损性较高的建筑集中分布的地区，当遭遇余震近震作用时遭受的损失也相对更高，如图 J - 12 建筑承灾体价值（以 $\times 10^3$ 美元为单位）分布情况所示，预制装配式 Tilt-up 墙板结构（PC1）集中分布在 M5.23 尤宁城（Union City）余震震中附近，其在该余震中的损失高于其在其他 M5 余震中的损失，而低层无筋砌体结构（URM）集中分布于 M5.42 奥克兰（Oakland）余震的震中附近，轻钢框架结构（S3）、钢框架-无筋砌体剪力墙结构（S5）和无筋砌体结构（URM）在该余震中的损失同比其他余震也是最高的。

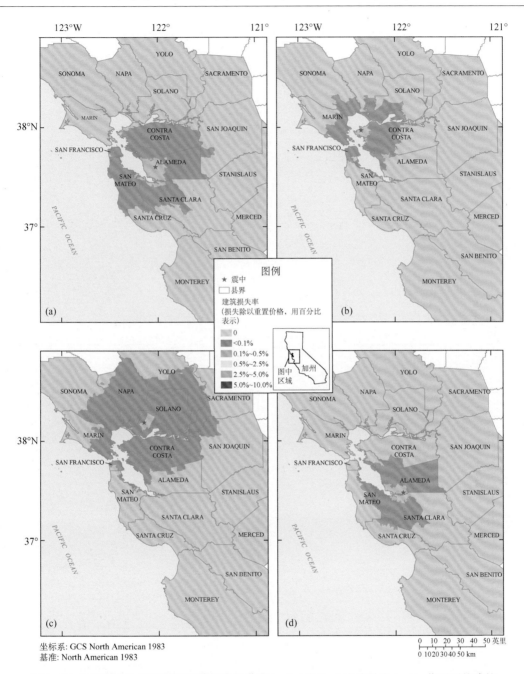

图 J-8　加州旧金山湾区海沃德情景设定余震 1~4（表 J-1 中编号为 1~4）作用下的建筑
损失率 Hazus 评估结果（FEMA，2012）

（a）*M*5.23 尤宁城；（b）*M*5.04 圣巴勃罗；（c）*M*5.58 费尔菲尔德；（d）*M*5.10 费利蒙

ALAMEDA：阿拉米达；CONTRA COSTA：康特拉科斯塔；MARIN：马林；MERCED：默塞德；

MONTEREY：蒙特雷；NAPA：纳帕；PACIFIC OCEAN：太平洋；SACRAMENTO：萨克拉门托；

SAN BENITO：圣贝尼托；SAN FRANCISCO：旧金山；SAN JOAQUIN：圣华金；SAN MATEO：圣马特奥；

SANTA CLARA：圣克拉拉；SANTA CRUZ：圣克鲁斯；SOLANO：索拉诺；SONOMA：索诺马；

STANISLAUS：斯坦尼斯劳斯；YOLO：优洛

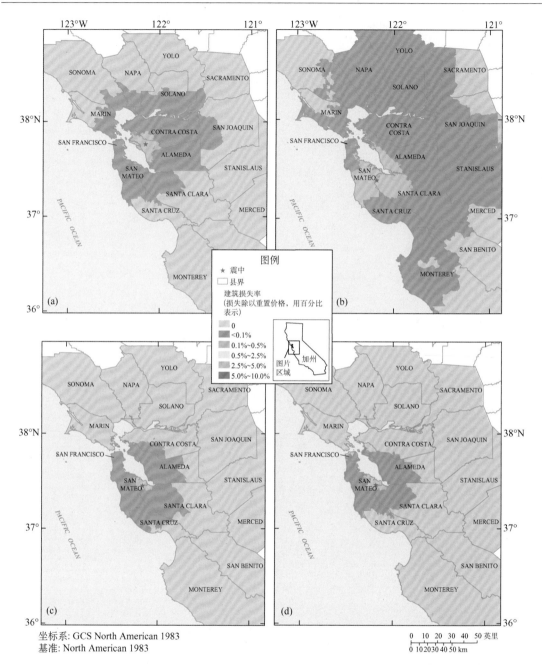

图 J-9　加州旧金山湾区海沃德情景设定余震（表 J-1 中编号为 5~8）作用下的建筑
损失率 Hazus 评估结果（FEMA，2012）

（a）*M*5.42 奥克兰；（b）*M*6.2 帕罗奥图；（c）*M*5.52 门洛帕克；（d）*M*5.11 阿瑟顿

ALAMEDA：阿拉米达；CONTRA COSTA：康特拉科斯塔；MARIN：马林；MERCED：默塞德；
MONTEREY：蒙特雷；NAPA：纳帕；PACIFIC OCEAN：太平洋；SACRAMENTO：萨克拉门托；
SAN BENITO：圣贝尼托；SAN FRANCISCO：旧金山；SAN JOAQUIN：圣华金；SAN MATEO：圣马特奥；
SANTA CLARA：圣克拉拉；SANTA CRUZ：圣克鲁斯；SOLANO：索拉诺；SONOMA：索诺马；
STANISLAUS：斯坦尼斯劳斯；YOLO：优洛

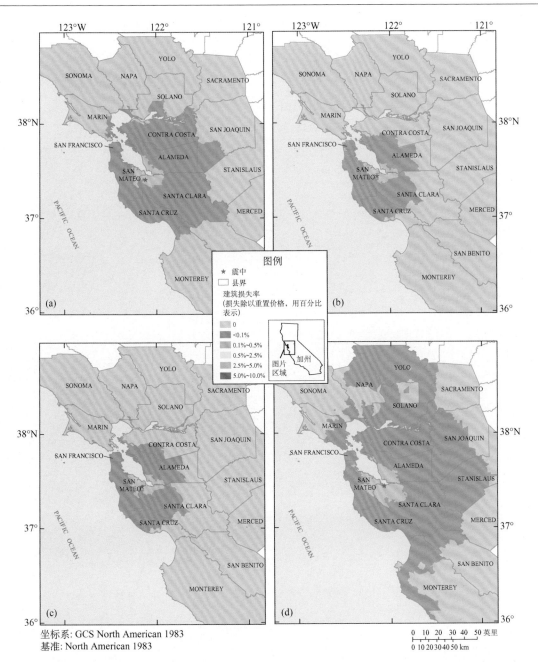

图 J-10　加州旧金山湾区海沃德情景设定余震 9~12（表 J-1 中编号为 9~12）作用下的建筑
损失率 Hazus 评估结果（FEMA，2012）

（a）*M*5.69 帕罗奥图；（b）*M*5.22 帕罗奥图；（c）*M*5.26 帕罗奥图；（d）*M*5.98 山景城

ALAMEDA：阿拉米达；CONTRA COSTA：康特拉科斯塔；MARIN：马林；MERCED：默塞德；
MONTEREY：蒙特雷；NAPA：纳帕；PACIFIC OCEAN：太平洋；SACRAMENTO：萨克拉门托；
SAN BENITO：圣贝尼托；SAN FRANCISCO：旧金山；SAN JOAQUIN：圣华金；SAN MATEO：圣马特奥；
SANTA CLARA：圣克拉拉；SANTA CRUZ：圣克鲁斯；SOLANO：索拉诺；SONOMA：
索诺马；STANISLAUS：斯坦尼斯劳斯；YOLO：优洛

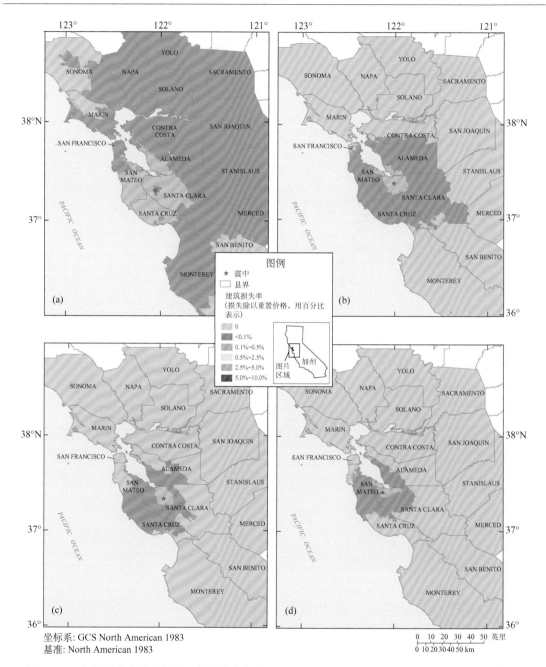

图 J-11　加州旧金山湾区海沃德情景设定余震 13~16（表 J-1 中编号为 13~16）作用下的建筑
损失率 Hazus 评估结果（FEMA，2012）

(a) *M6.4* 库比蒂诺；(b) *M5.35* 森尼韦尔；(c) *M5.09* 圣克拉拉；(d) *M5.01* 帕罗奥图

ALAMEDA：阿拉米达；CONTRA COSTA：康特拉科斯塔；MARIN：马林；MERCED：默塞德；

MONTEREY：蒙特雷；NAPA：纳帕；PACIFIC OCEAN：太平洋；SACRAMENTO：萨克拉门托；

SAN BENITO：圣贝尼托；SAN FRANCISCO：旧金山；SAN JOAQUIN：圣华金；SAN MATEO：圣马特奥；

SANTA CLARA：圣克拉拉；SANTA CRUZ：圣克鲁斯；SOLANO：索拉诺；SONOMA：索诺马；

STANISLAUS：斯坦尼斯劳斯；YOLO：优洛

表 J - 13　按典型建筑类型划分的加州旧金山湾区海沃德情景设定主余震震动造成的建筑损失 Hazus 评估结果

建筑损坏（×10⁶ 美元）

典型建筑类型	主震	UC523	SP504	FF558	FR510	OK542	PA62	MP552	AT511	PA569	PA522	PA526	MV598	CU64	SV535	SC509	PA501
C1	636	3.6	0.9	0.2	1.1	3.7	26.7	1.8	1.3	5.7	3.5	2.9	15.8	53.9	4.6	2.7	0.7
C2	2095	29.1	9.0	2.2	10.8	35.1	127.7	15.5	14.0	35.8	34.6	25.6	89.5	207.7	28.9	25.5	7.7
C3	1580	5.3	3.0	0.6	1.8	13.9	41.7	4.2	3.6	8.9	7.9	6.2	22.3	67.5	6.2	5.7	1.7
MH	667	5.8	1.7	0.5	2.5	5.6	18.1	2.0	2.1	5.6	4.1	3.5	14.8	34.1	5.5	4.1	1.5
PC1	788	25.8	2.4	1.2	9.8	16.0	57.1	5.5	6.0	17.4	15.4	12.4	54.2	97.4	21.0	14.6	4.0
PC2	158	3.2	0.5	0.2	1.3	2.0	9.8	0.8	0.9	2.7	2.3	1.8	8.2	18.1	2.9	2.1	0.5
RM1	1814	30.1	7.2	1.8	9.6	30.8	103.6	12.9	11.6	30.0	31.8	22.1	76.9	175.9	24.3	20.9	6.1
RM2	271	4.7	1.1	0.3	1.5	5.1	17.4	1.9	1.8	5.0	4.6	3.5	12.9	29.6	4.5	3.5	1.0
S1	2257	16.3	3.3	1.0	5.2	17.9	105.3	7.3	5.3	21.9	14.2	10.8	63.3	185.0	14.4	9.7	2.6
S2	973	17.1	2.8	0.7	6.1	14.4	57.6	5.3	4.6	15.5	13.0	10.1	43.3	98.6	13.2	9.6	2.7
S3	843	9.9	2.2	0.6	3.2	12.9	33.9	3.6	3.6	8.6	7.7	6.3	24.2	51.8	7.9	5.9	2.1
S4	514	4.9	1.4	0.3	1.7	6.1	22.5	2.3	2.0	5.7	5.3	3.9	14.8	39.6	4.6	3.8	1.0
S5	1561	6.3	2.9	0.6	2.0	20.2	32.5	4.2	3.6	7.7	8.6	5.9	19.9	42.2	4.1	3.9	1.6
URM	1793	10.0	4.8	0.6	2.3	41.1	35.6	4.2	4.4	8.3	9.3	7.3	21.7	47.2	6.5	5.1	2.1
W1	11329	135.7	51.2	9.5	36.6	229.1	534.6	61.6	58.6	135.0	145.4	104.2	311.7	1102.0	112.4	83.7	29.0
W2	3034	40.6	11.7	2.1	10.7	55.5	143.3	18.1	15.5	40.1	43.9	29.1	100.5	227.8	27.6	23.9	7.4
总计	30312	348.4	106.3	22.6	106.3	509.4	1367.5	151.3	138.8	353.8	351.7	255.7	894.3	2478.5	288.5	224.8	71.7

注：数据来自 Hazus（FEMA，2012 年）。Hazus 典型建筑类别（MBT）的定义见表 J - 1。余震简称和震级的相关解释见表 J - 4。损失按 2005 年美元可比价计算；美国消费价格指数 2016 年对 2005 年的比率约为 1.23。

表 J-14　按典型建筑类型划分的加州旧金山湾区海沃德情景设定主余震震动造成的建筑震损失率 Hazus 评估结果

建筑损坏率/%

典型建筑类型	主震	UC523	SP504	FF558	FR510	OK542	PA62	MP552	AT511	PA569	PA522	PA526	MV598	CU64	SV535	SC509	PA501
C1	5	0.03	0.01	0.00	0.01	0.03	0.20	0.01	0.01	0.04	0.03	0.02	0.12	0.41	0.03	0.02	0.01
C2	3	0.05	0.01	0.00	0.02	0.06	0.21	0.03	0.02	0.06	0.06	0.04	0.15	0.34	0.05	0.04	0.01
C3	10	0.03	0.02	0.00	0.01	0.09	0.27	0.03	0.02	0.06	0.05	0.04	0.14	0.43	0.04	0.04	0.01
MH	9	0.07	0.02	0.01	0.03	0.07	0.23	0.03	0.03	0.07	0.05	0.05	0.19	0.44	0.07	0.05	0.02
PC1	4	0.13	0.01	0.01	0.05	0.08	0.28	0.03	0.03	0.09	0.08	0.06	0.27	0.48	0.10	0.07	0.02
PC2	3	0.06	0.01	0.00	0.02	0.04	0.17	0.01	0.02	0.05	0.04	0.03	0.15	0.32	0.05	0.04	0.01
RM1	3	0.05	0.01	0.02	0.02	0.05	0.16	0.02	0.02	0.05	0.05	0.03	0.12	0.28	0.04	0.03	0.01
RM2	3	0.06	0.01	0.02	0.02	0.06	0.21	0.02	0.02	0.06	0.05	0.04	0.15	0.35	0.05	0.04	0.01
S1	5	0.04	0.01	0.01	0.01	0.04	0.24	0.02	0.01	0.05	0.03	0.03	0.15	0.43	0.03	0.02	0.01
S2	4	0.07	0.01	0.00	0.03	0.06	0.24	0.02	0.02	0.07	0.05	0.04	0.18	0.42	0.06	0.04	0.01
S3	9	0.11	0.02	0.01	0.04	0.14	0.38	0.04	0.04	0.10	0.09	0.07	0.27	0.58	0.09	0.07	0.02
S4	3	0.03	0.01	0.00	0.04	0.04	0.15	0.02	0.01	0.04	0.04	0.03	0.10	0.27	0.03	0.03	0.01
S5	14	0.06	0.03	0.01	0.02	0.18	0.29	0.04	0.03	0.07	0.08	0.05	0.18	0.37	0.04	0.03	0.01
URM	7	0.04	0.02	0.00	0.01	0.17	0.15	0.02	0.02	0.03	0.04	0.03	0.09	0.20	0.03	0.02	0.01
W1	2	0.02	0.01	0.00	0.01	0.04	0.08	0.01	0.01	0.02	0.02	0.02	0.05	0.17	0.02	0.01	0.00
W2	3	0.05	0.01	0.00	0.01	0.06	0.16	0.02	0.02	0.05	0.05	0.03	0.11	0.26	0.03	0.03	0.01

注：数据来自 Hazus（FEMA，2012 年）。Hazus 典型建筑类别（MBT）的定义见表 J-4。余震简称和震级的相关解释见表 J-1。建筑损坏率为修复费用与重置费用之比，计算方法注：建筑物损失总额除以建筑物重置价格总额（按 Hazus 的定义）。

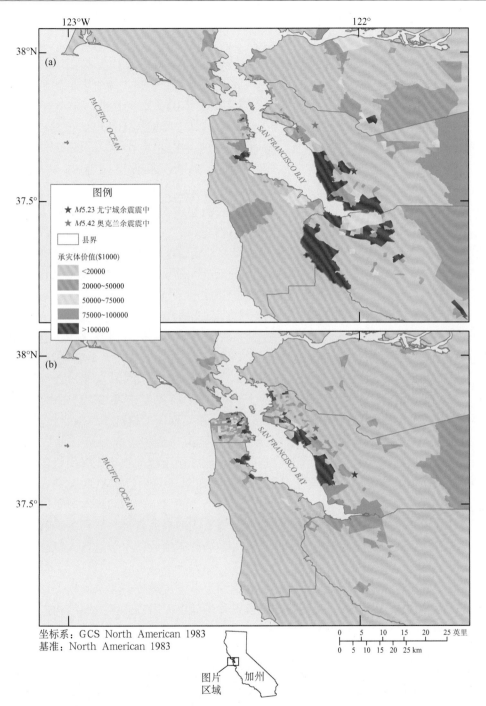

图 J-12　加州旧金山湾区余震震中附近人口普查区的高易损性建筑承灾体价值分布
（a）预制装配式 Tilt-up 墙板结构（PC1）；（b）无筋砌体承重墙结构（URML）
两次余震震中如图中星号所示；承灾体价值按 2005 年美元可比价计算；
美国消费价格指数 2016 年对 2005 年的比率约为 1.23
PACIFIC OCEAN：太平洋；SAN FRANCISCO BAY：旧金山湾

七、建筑损失——无筋砌体结构

表 J - 14 给出的是 17 个县范围内典型建筑类型（MBT）的总损失率，其中一些典型建筑类型按照建筑高度和抗震设计水准可以进一步划分为多个子类。而对于具体子类，其与所属典型建筑类型（MBT）的损失分布集中位置和损失率的大小存在着一定差异，例如主震作用下无筋砌体结构（URM）的总损失率为 7%，但对于其低层无筋砌体承重墙结构（URML）这一子类（非抗震设计）在各人口普查区的损失率分布在 0~94%。该建筑子类仅占所有无筋砌体（URM）建筑面积的 24%，但其损失却占无筋砌体（URM）建筑总损失的 60%，其在主震和选定余震（M6.4 库比蒂诺（Cupertino）、M6.2 帕罗奥图（Palo Alto）和 M5.42 奥克兰（Oakland））作用下各人口普查区的建筑损失率详见图 J - 13。由图可知，在主震作用下，阿拉米达（Alameda）县和康特拉科斯塔（Contra Costa）县按非抗震设计的低层无筋砌体承重墙结构（URML）损失率相当大，导致这两个县 51% 的人口普查区损失率超过 50%。具体来说，主震作用下非抗震设计的低层无筋砌体承重墙结构（URML）总损失为 8.85 亿美元，而在上述选取的余震作用下的损失分别为主震损失的 2.3%（2050 万美元）、1.8%（1570 万美元）和 2.0%（1740 万美元）。由此得出，该子类建筑在选取余震作用下的损失率低于主震（均小于 25%），并且损失分布更加集中。具体来说，在 M6.4 库比蒂诺（Cupertino）余震中，圣克拉拉（Santa Clara）县有一小部分人口普查区的损失率在 15% 到 25% 之间，在 M6.2 帕罗奥图（Palo Alto）余震中，圣克拉拉（Santa Clara）县和圣马特奥（San Mateo）县交界处有一小部分人口普查区的损失率在 5% 到 10% 之间，而在 M5.42 奥克兰（Oakland）余震中，各人口普查区的损失率均不超过 5%。

如前所述，由于 Hazus 无法对震损建筑的累计损伤（余震造成）进行评估，故本研究假设主余震地震事件相互独立，即建筑在遭受任一地震作用前都处于无损伤状态。由于现实中的震损建筑面临着余震带来的累计损伤的风险，而对于易损性较高的无筋砌体（URM）结构更需注意这一问题，故基于上述假设对该结构类型的累计损伤问题本节予以了精细化分析。分析过程中对于损伤严重的结构，我们将余震造成的损失直接叠加到主震的震损评估结果上，但这样是否放大了建筑损失？为验证这一做法的正确性，本节对各人口普查区的主余震评估结果进行了以下分析。

若震后我们对震损建筑不予修复，那么无论发生多少次地震，建筑的损失总和都不应超过其原有价值。在这个设定下，我们对非抗震设计的低层无筋砌体承重墙结构进行了分析研究。该结构在主震作用下的建筑损失占建筑承灾体价值的 18.5%，各人口普查区中最大损失率为 93.8%；当叠加上所有余震造成的损失后，其总的建筑损失率增至 20.4%，各人口普查区的最大损失率增至 96.4%。何况该结构在余震作用下损失最大的人口普查区与主震作用下损失最大的人口普查区并不相同，故而其在各人口普查区，主余震造成的该结构总经济损失并不超过其原有价值。

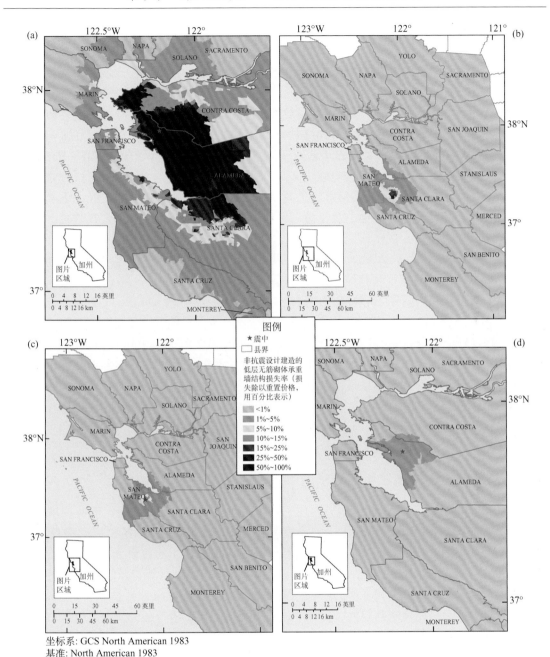

坐标系: GCS North American 1983
基准: North American 1983

图 J-13　加州旧金山湾区海沃德情景设定主震和选定余震作用下非抗震设计建造的
低层无筋砌体（URML-PC）建筑损失率 Hazus 评估结果（FEMA，2012）
（a）主震；（b）*M*6.4 库比蒂诺余震；（c）*M*6.2 帕罗奥图余震；（d）*M*5.42 奥克兰余震
ALAMEDA：阿拉米达；CONTRA COSTA：康特拉科斯塔；MARIN：马林；MERCED：默塞德；
MONTEREY：蒙特雷；NAPA：纳帕；PACIFIC OCEAN：太平洋；SACRAMENTO：萨克拉门托；
SAN BENITO：圣贝尼托；SAN FRANCISCO：旧金山；SAN JOAQUIN：圣华金；SAN MATEO：圣马特奥；
SANTA CLARA：圣克拉拉；SANTA CRUZ：圣克鲁斯；SOLANO：索拉诺；SONOMA：索诺马；
STANISLAUS：斯坦尼斯劳斯；YOLO：优洛

八、人员影响——人员伤亡等级

Hazus 通过建立各典型建筑类型（MBT）不同破坏等级下的人员伤亡函数，实现对室内外人员伤亡的评估。伤亡人员按以下四级伤亡严重程度评估（FEMA，2012 年）：

（1）1 级严重："受伤人员需要得到专业护理人员提供的基本医疗救助。这类伤势需要包扎或进一步观察，例如：扭伤、需要缝针的严重割伤、轻微烧伤（身体小范围一度或二度烧伤），或头部撞击（但没有失去知觉）。对于程度较轻、可自行处理的伤势，Hazus 不做估计。"

（2）2 级严重："受伤人员需要得到更高级别的医疗护理并需要使用 X 光或手术等医疗技术进行治疗，但伤势预计不会危及生命。例如：身体大范围三度烧伤或二度烧伤，头部撞伤导致失去知觉，骨折、脱水或受到辐射伤害。"

（3）3 级严重："受伤人员如果不能及时得到充分的治疗，伤势就会威胁到生命安全。例如：大出血、内脏刺穿以及其他内伤，脊髓损伤或挤压综合症。"

（4）4 级严重："造成人员瞬间死亡或致命伤害。"

按照一天当中的三个时间节点（日间，下午 2 点；夜间，凌晨 2 点；通勤时间，下午 5 点），表 J-15 给出了按人员伤亡严重等级划分的主余震作用下人员伤亡 Hazus 评估结果。海沃德情景主震的设定发生时间为下午 4：18，余震的设定发生时间见表 J-1。表 J-15 中标记为阴影的数据在时间上最接近主余震事件的设定发生时间。由表可知，各余震造成的人员伤亡人数比主震造成的人员伤亡人数小三个数量级。除 $M6.2$ 帕罗奥图（Palo Alto）和 $M6.4$ 库比蒂诺（Cupertino）余震会造成一些人员严重受伤（3 级严重）或死亡（4 级严重）外，大多数余震不会造成重大人员伤亡（主要为 1 级严重，有些为 2 级严重）。

九、人员影响——失去住所与寻求避难场所

Hazus 避难场所分析模型能够估算因住宅破坏而失去住所的家庭数量，以及寻求公共短期避难场所的人数。其中，失去住所的家庭数量是基于独立住宅和多户住宅建筑在不同 Hazus 建筑破坏等级中的分布，并考虑不同破坏等级下失去住所的权重系数（或搬迁概率）计算得到的，如表 J-16 所示。在使用 Hazus 避难场所分析模型计算寻求公共短期避难场所人数时发现，只有一部分失去住所的家庭会实际使用公共避难资源，见表 J-17。该模型还使用了人口数据和可以反映其收入、种族、房屋所有权、年龄等特征的权重系数来估算失去住所的家庭中寻求公共避难场所的数量比例（更多细节，请参阅 Hazus 技术手册第 14 章；FEMA，2012）。值得注意的是，分析中虽然包含年龄和房屋所有权这两个特征，但实际上这些因素并不在考虑范围之内，故相应加权系数的缺省值为零，如表 J-17 所示。

表 J-15　加州旧金山湾区海沃德情景设定主余震作用下地震动造成的人员伤亡 Hazus 评估结果

时段	人员伤亡严重程度	主震	伤亡人数															
			U523	SP504	FF558	FR510	OK542	PA62	MP552	AT511	PA569	PA522	PA526	MV598	CU64	SV535	SC509	PA501
日间（下午2点）	1级	12263	13	6	1	6	31	168	9	9	28	13	17	89	323	32	15	6
	2级	3007	0	0	0	0	1	13	0	0	1	1	1	6	28	1	0	0
	3级	461	0	0	0	0	0	1	0	0	0	0	0	0	2	0	0	0
	4级	837	0	0	0	0	0	1	0	0	0	0	0	0	2	0	0	0
	总计	16568	13	6	1	6	32	183	9	9	29	14	18	95	355	33	15	6
晚间（凌晨2点）	1级	7827	14	7	1	5	36	146	8	8	28	12	15	76	327	33	14	5
	2级	1512	0	0	0	0	1	9	0	0	1	0	0	3	22	1	0	0
	3级	179	0	0	0	0	0	0	0	0	0	0	0	0	1	0	0	0
	4级	340	0	0	0	0	0	0	0	0	0	0	0	0	1	0	0	0
	总计	9858	14	7	1	5	37	155	8	8	29	12	15	79	351	34	14	5
通勤（下午5点）	1级	10600	12	5	1	5	29	151	7	8	25	12	14	79	309	30	13	5
	2级	2966	0	0	0	0	1	17	0	0	2	0	1	8	37	2	0	0
	3级	1300	0	0	0	0	0	10	0	0	1	0	0	6	22	3	0	0
	4级	834	0	0	0	0	0	3	0	0	0	0	0	1	6	0	0	0
	总计	15700	12	5	1	5	30	181	7	8	28	12	15	94	374	35	13	5

注：数据来自 Hazus（FEMA，2012 年）。对于人员伤亡严重等级的定义见"八、人员影响——伤亡"一节。余震简称及震级的相关解释见表 J-1。标记为阴影的结果所对应的时间同最贴近设定地震事件发生的时间。

表 J‑16 Hazus 人员失去住所分析模型中破坏等级缺省系数

模型参数	描述	缺省值
W_{SFM}	中等破坏的独立住宅的人员失去住所权重	0.0
W_{SFE}	严重破坏的独立住宅的人员失去住所权重	0.0
W_{SFC}	毁坏的独立住宅的人员失去住所权重	1.0
W_{MFM}	中等破坏的多户住宅的人员失去住所权重	0.0
W_{MFE}	严重破坏的多户住宅的人员失去住所权重	0.9
W_{MFC}	毁坏的多户住宅的人员失去住所权重	1.0

表 J‑17 Hazus 短期避难场所分析模型中缺省修正系数

模型参数	描述	缺省值
AW	年龄加权因子	0
EW	种族加权因子	0.27
IW	收入加权因子	0.73
OW	房屋所有权加权因子	0
AM_1	16 岁以下人口比例的修正系数	0.4
AM_2	16 至 65 岁人口比例的修正系数	0.4
AM_3	65 岁以上人口比例的修正系数	0.4
EM_1	种族的修正系数：白人家庭	0.24
EM_2	种族的修正系数：非洲裔家庭	0.48
EM_3	种族的修正系数：西班牙裔家庭	0.47
EM_4	种族的修正系数：亚洲裔家庭	0.26
EM_5	种族的修正系数：美国原住民家庭	0.26
IM_1	家庭收入<10000 美元的修正系数	0.62
IM_2	家庭收入为 \$ 10000~15000 的修正系数	0.42
IM_3	家庭收入为 \$ 15000~25000 的修正系数	0.29
IM_4	家庭收入为 \$ 25000~35000 的修正系数	0.22
IM_5	家庭收入超过 \$ 35000 的修正系数	0.13
OM_1	居住者为房主的家庭比例的修正系数	0.4
OM_2	居住者为租户的家庭比例的修正系数	0.4

经上述研究分析，海沃德情景主余震造成的失去住所家庭数量和需要寻求避难场所人数的 Hazus 评估结果，如表 J‑18 所示。表中结果使用 Hazus 避难场所分析模型的缺省参数计

算得到，计算过程中只考虑了地震动作用（不包括液化）。由表可知，除了 4 次较大的余震事件会导致一些家庭失去住所外，其他余震作用对于该问题的影响可以忽略不计。

表 J-18　海沃德情景设定主余震作用下的地震动造成的失去住所家庭数量及
寻求短期避难场所人数的 Hazus 评估结果

海沃德地震事件	失去住所家庭数量	寻求短期避难场所人数
主震	64410	47009
UC523	2	1
SP504	2	2
FF558	0	0
FR510	0	0
OK542	19	17
PA62	741	408
MP552	3	2
AT511	2	1
PA569	46	24
PA522	3	2
PA526	5	3
MV598	152	83
CU64	1880	1080
SV535	18	11
SC509	3	2
PA501	1	0

注：数据来自 Hazus（FEMA，2012 年）。余震的简称和震级相关解释见表 J-1。

Jones 等（2008）根据 1994 年北岭（Northridge）地震和发生在加州的其他地震（Seligson，2008）的人口普查数据，开发了 ShakeOut 情景避难场所评估模型并得到特定参数，如附录 J-1 中所述。表 J-19 给出了 Hazus 缺省权重参数和对其予以修正的 ShakeOut 特定权重参数，其中修正内容包括：各建筑破坏等级下的失去住所家庭寻求避难场所的比例参数（这样可以将中等破坏住宅中住户的避难需求（在 Hazus 中的缺省值通常为 0）纳入研究），以及模型研究因素中的收入和种族权重系数。由 Hazus 缺省权重可以看出，收入是比种族更重要的避难需求影响因素，收入较低的人比收入较高的人更倾向于寻求避难场所（即 $IM_1 > IM_2 > IM_3$），见表 J-17。基于上述 Hazus 的缺省权重，结合加州近期的地震数据，ShakeOut 情景降低了各收入水平下寻求庇护人员的预期比例，并调整了相关权重系数。考虑海沃德情景主震液化的，使用 Hazus 避难需求分析缺省参数和 ShakeOut 特定参数得到的震后失去住所人数及避难场所需求量对比结果见表 J–20。由表可知，采用 ShakeOut 特定参数计算得到的失去住所家庭数量更多（从 76500 户增加到 150000 户以上），而寻求避难场所的人数有所减少（从 55000 人略微减少到 48000 人）。

表 J–19　**Hazus 避难场所分析模型中缺省权重参数与 ShakeOut 情景特定权重参数**（见附录 J–1）

模型参数	描述	Hazus 缺省值	ShakeOut 特定值
W_{SFM}	中等破坏的独立住宅人员失去住所权重	0.0	0.2
W_{SFE}	严重破坏的独立住宅的人员失去住所权重	0.0	0.4
W_{SFC}	毁坏的独立住宅的人员失去住所权重	1.0	1.0
W_{MFM}	中等破坏的多户住宅的人员失去住所权重	0.0	0.4
W_{MFE}	严重破坏的多户住宅的人员失去住所权重	0.9	0.65
W_{MFC}	毁坏的多户住宅的人员失去住所权重	1.0	1.0
AW	年龄加权因子	0	无变化
EW	种族加权因子	0.27	无变化
IW	收入加权因子	0.73	无变化
OW	房屋所有权加权因子	0	无变化
EM_1	种族的修正系数：白人家庭	0.24	0.1
EM_2	种族的修正系数：非洲裔家庭	0.48	0.2
EM_3	种族的修正系数：西班牙裔家庭	0.47	0.2
EM_4	种族的修正系数：亚洲裔家庭	0.26	0.1
EM_5	种族的修正系数：美国原住民家庭	0.26	0.1
IM_1	家庭收入<10000 美元的修正系数	0.62	0.3
IM_2	家庭收入为 $ 10000~15000 的修正系数	0.42	0.3
IM_3	家庭收入为 $ 15000~25000 的修正系数	0.29	0.14
IM_4	家庭收入为 $ 25000~35000 的修正系数	0.22	0.08
IM_5	家庭收入超过 $ 35000 的修正系数	0.13	0.05

注：Hazus，FEMA（2012）。

表 J–20　**海沃德地震情景中加州旧金山湾区各县人员失去住所及对避难场所需求的分析结果**

县	Hazus 避难需求分析缺省参数		ShakeOut 避难需求分析特定参数	
	失去住所家庭数量	寻求短期避难场所人数	失去住所家庭数量	寻求短期避难场所人数
Alameda	51975	38430	87629	28922
Contra Costa	12483	8641	21856	6623
Marin	128	121	513	155

续表

县	Hazus 避难需求分析缺省参数		ShakeOut 避难需求分析特定参数	
	失去住所家庭数量	寻求短期避难场所人数	失去住所家庭数量	寻求短期避难场所人数
Merced	0	0	5	2
Monterey	1	1	25	12
Napa	1	1	29	9
Sacramento	0	0	9	3
San Benito	32	29	54	23
San Francisco	2251	1265	11741	2986
San Joaquin	11	9	218	87
San Mateo	1908	1104	6167	1640
Santa Clara	7649	5641	24179	7408
Santa Cruz	9	13	89	48
Solano	52	39	310	110
Sonoma	0	0	14	4
Stanislaus	1	1	39	16
Yolo	0	0	4	2
总计	76501	55295	152881	48050

注：数据来自 Hazus（FEMA，2012）；考虑液化作用，分别采用 Hazus 避难需求分析缺省参数及 ShakeOut 避难需求分析特定参数进行评估。

十、主余震组合损失评估

在主余震的组合损失研究当中，针对震损建筑在余震作用下可能产生的额外损失，目前有两种方法可用于界定其数值范围。使用第一种方法得到的各人口普查区损失下限值是主震及选取余震（造成该人口普查区最大损失的余震）震动造成的损失之和，而损失上限值则是由主震及所有余震震动造成损失的总和。图 J - 14 显示了造成各人口普查区建筑损失最大的余震。由图可知，大部分人口普查区在震级最大的 M6.4 库比蒂诺（Cupertino）余震中的建筑损失率最高，在个别人口普查区中造成损失率最大的余震还包括：M5.58 费尔菲尔德（Fairfield）、M5.10 费利蒙（Freemont）、M5.98 山景城（Mountain View）、M5.42 奥克兰（Oakland）、M5.22 及 M6.2 帕罗奥图（Palo Alto）、M5.04 圣巴勃罗（San Pablo）及 M5.23 尤宁城（Union City）余震。值得注意的是，在某些情况下余震远震作用造成的建筑损失率更高，如在索诺马（Sonoma）县的部分地区由 M6.2 帕罗奥图（Palo Alto）余震造成的建筑损失率高于其附近发生的余震。不过在该县，任一余震造成的建筑损失率均低于 0.1%（图 J - 8 至图 J - 11）。

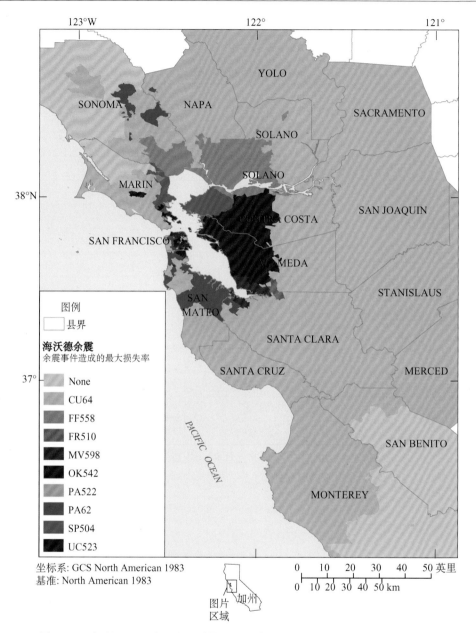

图 J-14 加州旧金山湾区海沃德情景设定余震造成的各人口普查区最大建筑
损失率（max DR）分布

余震的简称和震级相关信息详见表 J-1

ALAMEDA：阿拉米达；CONTRA COSTA：康特拉科斯塔；MARIN：马林；MERCED：默塞德；
MONTEREY：蒙特雷；NAPA：纳帕；PACIFIC OCEAN：太平洋；SACRAMENTO：萨克拉门托；
SAN BENITO：圣贝尼托；SAN FRANCISCO：旧金山；SAN JOAQUIN：圣华金；SAN MATEO：圣马特奥；
SANTA CLARA：圣克拉拉；SANTA CRUZ：圣克鲁斯；SOLANO：索拉诺；SONOMA：索诺马；
STANISLAUS：斯坦尼斯劳斯；YOLO：优洛

　　表 J-21 总结了海沃德地震情景中总损失估计值的上限和下限。设定余震序列造成的地震动作用使建筑总损失增加了 35 亿美元（和最大余震组合）至 77 亿美元（和所有余震组合），增幅为 11%~25%。

表 J-21　海沃德地震情景主余震震动组合损失 Hazus 评估结果

组合地震事件	建筑损失	总直接经济损失	建筑物总损失率
	（×10⁶ 美元）		（%）
主震	30312.4	46633.7	2.9
最大余震	3478.7	5380.8	0.3
所有余震	7669.4	11767.1	0.7
下限 1：主震+单次损失最大余震	33791.0	52014.5	3.2
下限 2：单次损失最大的地震事件	30551.1	47015.4	2.9
上限：主震+所有余震	37981.8	58400.8	3.6

注：数据来自 Hazus（FEMA，2012）。损失按 2005 年美元可比价表示；美国消费价格指数 2016 年对 2005 年的比率约为 1.23。

　　第二种损失下限值估算方法即使用主余震事件中损失最大的地震事件对应的建筑损失作为下限值。在 17 个县的 2122 个人口普查区中，大多数人口普查区最大的单次地震损失是主震造成的。而有 49 个人口普查区是在余震作用下产生了最大的单次地震损失，其中有 12 个人口普查区最大的单次地震损失由 M6.2 帕罗奥图（Palo Alto）余震造成，35 个由 M6.4 库比蒂诺（Cupertino）余震造成，还有 2 个由 M5.58 费尔菲尔德（Fairfield）余震造成。上述人口普查区标定于图 J-15，图中对应的损失即表 J-21 中的"下限 2"。这个可选的下限值估算方法假设除了造成各人口普查区最大损失的地震事件，其他地震作用不会造成额外损失，故"下限 2"得出的损失估计值低于"下限 1"。如表所示，"下限 2"得出的建筑物总损失（306 亿美元）低于"下限 1"（338 亿美元）。

　　综上，各人口普查区在不同主余震震动组合下得出的损失率如图 J-16 和图 J-17 所示，展示顺序与表 J-21 列举的次序相同。图 J-16 为海沃德主震、最大余震、所有余震组合、主震与单次损失最大余震组合（下限 1）作用下的各人口普查区由地震动造成的建筑损失率分布图。图 J-17 为海沃德地震序列中造成单次损失最大的地震事件（下限 2）及主震与所有余震组合（上限）的建筑损失率分布图。

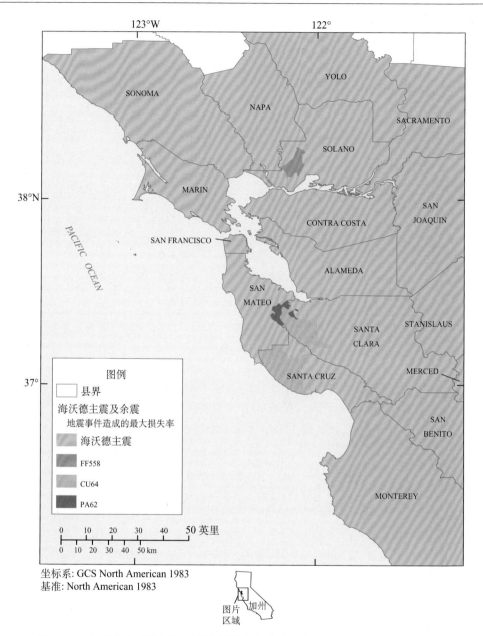

图 J-15　加州旧金山湾区海沃德情景设定主余震造成的各人口普查区最大建筑
损失率（max DR）的地震事件

余震的简称和震级相关详见表 J-1

ALAMEDA：阿拉米达；CONTRA COSTA：康特拉科斯塔；MARIN：马林；MERCED：默塞德；
MONTEREY：蒙特雷；NAPA：纳帕；PACIFIC OCEAN：太平洋；SACRAMENTO：萨克拉门托；
SAN BENITO：圣贝尼托；SAN FRANCISCO：旧金山；SAN JOAQUIN：圣华金；SAN MATEO：圣马特奥；
SANTA CLARA：圣克拉拉；SANTA CRUZ：圣克鲁斯；SOLANO：索拉诺；SONOMA：索诺马；
STANISLAUS：斯坦尼斯劳斯；YOLO：优洛

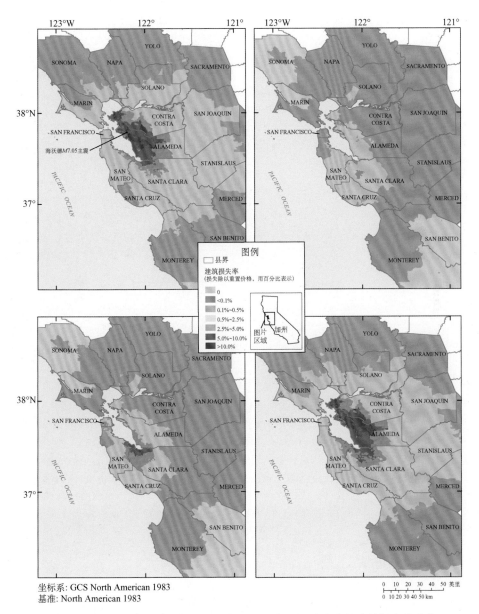

图 J-16 加州旧金山湾区海沃德情景设定主余震震动造成的建筑损失率分布

（a）主震下建筑损失率；（b）最大余震下建筑损失率；（c）各余震下累积建筑损失率；

（d）主震+单次损失最大余震下建筑损失率（下限1）

ALAMEDA：阿拉米达；CONTRA COSTA：康特拉科斯塔；MARIN：马林；MERCED：默塞德；

MONTEREY：蒙特雷；NAPA：纳帕；PACIFIC OCEAN：太平洋；SACRAMENTO：萨克拉门托；

SAN BENITO：圣贝尼托；SAN FRANCISCO：旧金山；SAN JOAQUIN：圣华金；SAN MATEO：圣马特奥；

SANTA CLARA：圣克拉拉；SANTA CRUZ：圣克鲁斯；SOLANO：索拉诺；SONOMA：索诺马；

STANISLAUS：斯坦尼斯劳斯；YOLO：优洛

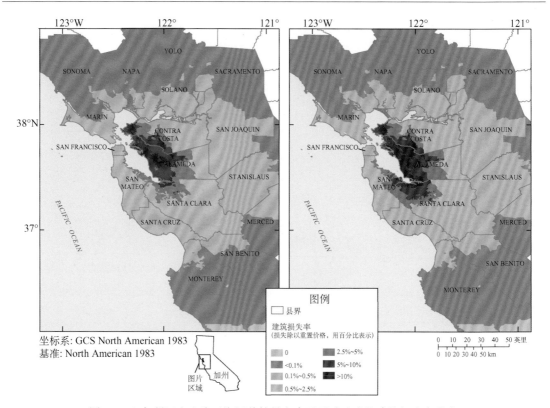

图 J - 17　加州旧金山湾区海沃德情景主余震震动造成的建筑损失率分布

（a）单次地震事件下最大的建筑损失率（下限2）；（b）主震与所有余震下累积建筑损失率（上限）

ALAMEDA：阿拉米达；CONTRA COSTA：康特拉科斯塔；MARIN：马林；MERCED：默塞德；

MONTEREY：蒙特雷；NAPA：纳帕；PACIFIC OCEAN：太平洋；SACRAMENTO：萨克拉门托；

SAN BENITO：圣贝尼托；SAN FRANCISCO：旧金山；SAN JOAQUIN：圣华金；SAN MATEO：圣马特奥；

SANTA CLARA：圣克拉拉；SANTA CRUZ：圣克鲁斯；SOLANO：索拉诺；SONOMA：索诺马；

STANISLAUS：斯坦尼斯劳斯；YOLO：优洛

十一、再液化损失评估

为了估算在余震事件中再液化可能造成的损失，本研究以人口普查区为基本地理单元评估了阿拉米达（Alameda）县在主震和 $M5.42$ 奥克兰（Oakland）余震作用下的液化损失（使用 Hazus 缺省液化评估方法和均匀地下水位深度假设）。之所以选择阿拉米达（Alameda）县，是因为该县靠近主震震中和奥克兰余震震中，而且该县的场地液化敏感性较高（图 J - 2）。图 J - 18 给出了通过 Hazus 缺省评估方法，基于液化敏感性、地下水位深度（假设为浅层）和液化概率等数据得出的预期液化/侧向滑移位移评估结果。由图可知，在主震作用下众多海湾沿岸的人口普查区将产生相当大的液化侧向滑移位移，在此基础上，$M5.42$ 奥克兰（Oakland）余震作用会额外造成一些较小的滑移。

如前所述，由于 Hazus 无法对震损建筑的累计损伤（余震造成）进行评估，故本研究假设主余震地震事件相互独立，即建筑在遭受任一地震作用前都处于无损伤状态。虽然这种

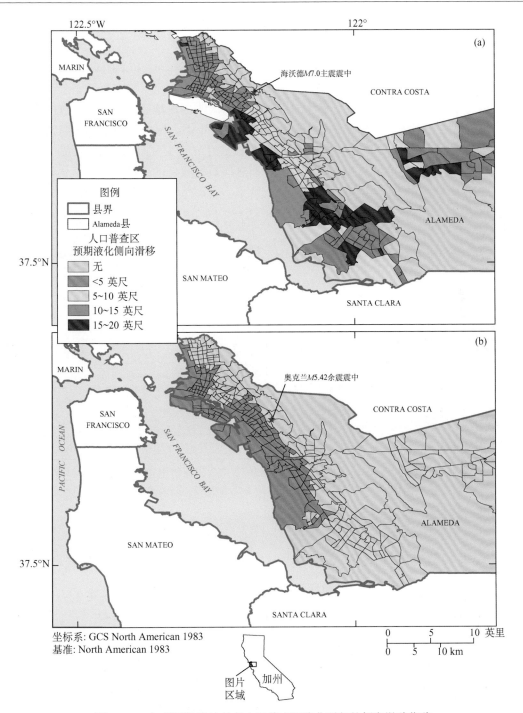

图 J-18　加州阿拉米达县各人口普查区液化引起的侧向滑移位移

（a）主震；（b）M5.42 奥克兰余震

使用 Hazus（FEMA，2012）默认方法估算

ALAMEDA：阿拉米达；CONTRA COSTA：康特拉科斯塔；MARIN：马林；PACIFIC OCEAN：太平洋；

SAN FRANCISCO：旧金山；SAN FRANCISCO BAY：旧金山湾；SAN MATEO：圣马特奥；SANTA CLARA：圣克拉拉

假设可能会低估累积损失，但该假设对于探索高液化敏感性地区再液化的潜在损失具有启发意义。

　　对于液化敏感性较高的阿拉米达（Alameda）地区，264 个人口普查区在主震中会受到液化侧向滑移的影响，其中的 131 个人口普查区在 $M5.42$ 奥克兰（Oakland）余震中会由于土壤的再液化出现二次侧向滑移。针对这 131 个人口普查区的地震动和液化造成的建筑损失评估结果，见表 J - 22。尽管相比于主震，余震造成的液化影响范围较小且预期的损失也较低（余震预期损失 7700 万美元，而主震预期损失达 14.5 亿美元），但 Hazus 依然能够对震级小于 6 级的余震造成的液化损失进行评估。而这些震级较低的余震造成的液化损失可能占总损失的比例较大，如在上述 131 个人口普查区中，主震引起的液化造成的建筑损失占地震动和液化造成建筑总损失的 21%，但在余震中这一比例却增加到 26%。

表 J - 22　加州阿拉米达（Alameda）县的 131 个人口普查区由液化造成的建筑损失 Hazus 评估结果

海沃德地震情景	建筑损失 （×10^6 美元）	建筑损失率 （%）
主震，地震动	6802	12.7
主震，地震动与液化	8254	15.4
主震，液化	1452	2.7
OK542 余震，地震动	293	0.55
OK542 余震，地震动和液化	369	0.69
OK542 余震，液化	77	0.14

注：来自 Hazus 的数据（FEMA，2012）；考虑海沃德地震情景主震和 $M5.42$ 奥克兰余震中的液化侧向位移的影响。有关余震简称和震级的相关说明，请参见表 J - 1。损失按 2005 年美元可比价表示；美国消费价格指数 2016 年对 2005 年的比率约为 1.23。

十二、模型和数据的局限性

　　FEMA 开发的 Hazus 灾害损失评估软件，其被用于联邦、州、特区及地方政府制定减轻地震风险、应急准备与响应和震后恢复等规划（FEMA，2012）。自 20 世纪 90 年代初该软件诞生以来，其核心的地震工程研究理论几乎没有更新，但在当时 Hazus 是最先进的研究理论。此后，诸如基于性能的地震工程设计方法（例如，参见美国应用技术委员会（Applied Technology Council，ATC），2006）等更加全面的地震工程研究理论如雨后春笋般涌出。尽管如此，Hazus 框架仍然是唯一公开的具有预设（缺省）建筑承灾体数据的美国通用区域性地震分析软件和方法，故而将 Hazus 缺省方法与其他先进地震工程方法的分析结果进行对比研究是具有深远现实意义的。

　　值得注意的是，虽然海沃德分析使用的 Hazus 建筑承灾体数据库改进了映射关系并提高了重置单价，但库中的其他信息（如建筑面积（平方英尺）和建筑数量）仍使用的是缺省值。该缺省值是基于 2000 年美国人口普查数据中关于建筑用途的统计数据和 2006 年邓白氏

（Dun & Bradstreet）商业资料有限公司提供的非住宅类用房数据得出的。虽然 2015 年 1 月发布的 Hazus 2.2 版中已基于 2010 年美国人口普查基础数据对上述建筑用途统计数据进行了更新，但该最新的 Hazus 数据与基于 2000 年美国人口普查地理信息数据开发的旧金山湾区映射关系不兼容，所以为避免本研究使用的旧金山湾区的映射关系过时而被淘汰，未来我们需要按照 2010 年美国人口普查地理数据格式对上述旧金山湾区映射关系进行评估、转换。

　　本研究对海沃德情景下的 17 次 $M5.0\sim7.0$ 地震采用上述 Hazus 分析方法进行了破坏与损失评估，但这样的分析方法存在一些已知的局限性，例如由于缺乏以往地震事件的经验数据，震级较小的地震其损失评估结果的不确定性较高。正如 Hazus 地震技术手册中所说，"……在较大城市区域发生的一般破坏性地震（$<M6.0$）造成的损失似乎被高估了"（FEMA，2012）。

　　初代 Hazus 软件中地面运动的计算模块采用了标准地震动衰减函数，并考虑地震动的不确定性，开发了相应易损性函数的中位值和 β 值（与不确定性相关）。该软件除了本身可以生成地震动之外，还支持导入实时的 USGS ShakeMaps 来指导地震应急响应。相关研究（Kircher，2002）表明，使用真实地面运动记录（即真实地震事件的 ShakeMaps）分析时，需要相应降低易损性函数的 β 值，因为真实地震事件的地面运动不确定性更低。Hazus 软件中的 ShakeMaps 导入功能重点用于地震应急响应，且每当导入 ShakeMap 时软件都会自动降低易损性函数 β 值。但这就导致破坏性地震发生的偶然性没有得到反映，而对于 Hazus 中使用的设定地震情景下得出的 ShakeMaps，降低其相应地面运动的不确定性也是无益的。在当前研究中，我们认为精确模拟得到的海沃德主震地震动质量较高，其不确定性水平与真实地震事件相似（即使用时也应适当地降低 β 值），而余震地震动的 ShakeMaps 在理论上应该被视为具有原始 β 值（不降低）的预设地震动。但实际上，Hazus 并不允许普通用户轻易修改 ShakeMaps 的 β 值，即不论导入的 ShakeMaps 是来自真实地震事件还是来自设定地震情景*，软件都会降低 β 值，这样是不合适的。如果所有地震情景的 ShakeMaps 开发质量都能与海沃德情景主震和南加州 ShakeOut 情景地震相同，那么这个问题就不存在了。这表明未来需要探索更经济的模拟方法来制作高质量的 ShakeMaps。由于本研究评估余震时易损性曲线的 β 值是降低后的，预计由此得出的相关损失会被低估（也许可以抵消上述由于余震震级较小而被高估的损失）。该损失的低估程度需要通过测试来进行量化，而从实际地震事件来看，Kircher（2002）发现在 $M6.7$ 北岭（Northridge）地震中，使用降低后的易损性曲线 β 值评估得到的经济损失相比 β 值不降低的结果减少了三分之一。

　　在 Hazus 软件体系中使用更精细的液化和滑坡灾害数据具有挑战性，因为这些精细化数据在各人口普查区内存在较大差异。本章研究中作者创造性地开发了改进的 Hazus 地震影响区损失评估方法。然而，液化概率分析方法（Jones 等，2017）并不能得到液化引起相关位移的评估结果，这也成为相关研究工作开展的瓶颈。也就是说，在未来液化危险性评估可能既需要概率数据，也需要相关位移数据。

　　如前所述，Hazus 无法估计受损建筑再一次遭受余震后的额外损失，因此我们对整个地震序列损失的量化评定是不完整的。为了在 Hazus 中考虑累积损伤，可能需要建立新的易损

---

*　需要注意的是，自 2016 年 10 月 Hazus 3.2 发布以来，Hazus 现在加入了导入 ShakeMap XML 网格数据的机制，并识别"地震情景"和"真实地震"事件之间的差异，以应用恰当的易损性曲线的 β 值。

性函数（即各种结构类型和破坏等级的受损建筑能力曲线），并替换承灾体数据库中受损建筑的易损性信息，以免对灾害后果重复计算。

最后需要说明的是，Hazus 软件并没有直接得出对应急准备与响应规划有价值的参考指标，包括对震后建筑安全性标记的预测、有助于医疗应急响应规划的人员伤亡评估以及城市搜救（USAR）需求等。不过，目前已经开发了几种后处理方法来填补这些空白。FEMA 已经开发并实施了基于电子表格的方法，该方法从 Hazus 破坏等级分布数据中，可以按建筑类型估计所需的城市搜救（USAR）团队与人员的数量和类型，并且这个工具能够基于破坏等级给建筑赋予简化的安全标记。公共健康领域研究人员通过研究 1994 年北岭（Northridge）地震收集到的伤亡数据，得出建议系数，以修正 Hazus 得到的由人员伤亡严重程度推断出的有关信息，包括需要创伤护理、紧急医疗服务（Emergency Medical Services，EMS）运输的人员和急诊室就诊情况（Shoaf 和 Seligson，2011）。

十三、结论

1. 主震评估

在海沃德情景中，主震造成的建筑物损失按 2005 年美元可比价为 352 亿美元（2016 年美元可比价为 433 亿美元）。其中，由地震动造成的损失按 2005 年美元可比价为 303 亿美元（2016 年美元可比价为 373 亿美元），由液化造成的损失按 2005 年美元可比价为 46 亿美元（2016 年美元可比价为 57 亿美元），由滑坡造成的损失按 2005 年美元可比价为 3 亿美元（2016 年美元可比价为 3.6 亿美元）。

本研究所得评估结果，比 FEMA 对 2014 年纳帕（Napa）地震进行初步 Hazus 分析得出的 3.5 亿美元（按 2005 年的美元可比价）建筑损失高出整整两个数量级，这表明海沃德主震将造成巨大的区域性建筑破坏与功能中断。需要指出的是，海沃德情景中评估得出的 350 亿美元（以及纳帕（Napa）地震中损失的 3.5 亿美元）仅仅是建筑物破坏造成的直接损失（即针对该地区建筑物的结构性和非结构性破坏造成的损失），并不包括室内财产损失，或与建筑破坏相关的收支损失（如损失的租金或搬迁成本），也不包括该地区公共设施和交通基础设施破坏造成的损失。

海沃德主震影响区中建筑群体的预期损失大部分都是由强烈的地震动造成的，而液化和滑坡也会对建筑破坏造成的损失产生一定影响。具体而言，在有特定液化概率数据的阿拉米达（Alameda）县和圣克拉拉（Santa Clara）县，液化造成的损失使建筑损失结果增加了16%，在没有特定液化概率数据的 7 个县（康特拉科斯塔（Contra Costa）、马林（Marin）、纳帕（Napa）、旧金山（San Francisco）、圣马特奥（San Mateo）、索拉诺（Solano）和索诺马（Sonoma））中，液化造成的损失使建筑损失结果增加了 14%；在上述 9 个县中，山体滑坡造成的损失使建筑损失结果增加了 1%。

在 Hazus 的主震分析中使用像素级液化和滑坡数据是一个重大挑战，因为 Hazus 的设计构架存在局限性，不能接受这种精度的数据输入，而评估次生灾害造成的损失必须将 Hazus 的分析结果与像素级精度数据结合起来。尽管当前版本的 Hazus 评估系统（Hazus 4.0）在数据输入方面做了一些改进（例如，允许导入 ShakeMap XML 网格数据，且将原有地震动在各人口普查区内取中心代表值的方法改进为取均值），但在进行海沃德情景损失评估时这些改进还未引入 Hazus 系统（系统版本为 Hazus 2.1，原因见上一节）。针对上述 Hazus 分析的局限性，本研究通过中断各种 Hazus 计算过程来配合地区特定液化数据的导入以进行精细化研究。这种精细的分析方法缺乏通用性，对于普通 Hazus 用户来说是很难实现的，且一般也不建议普通用户这样做。此外，即便对滑坡灾害进行精细化评估，但目前也不能证明其评估结果的准确性：在海沃德情景下建立了滑坡分析模型的县中，相比于地震动造成的巨大建筑损失，滑坡灾害仅能使其增加 1%。日后，Hazus 用户应就是否将滑坡灾害损失纳入评估中这一问题进行分析。若需考虑滑坡灾害损失，一个折衷的方法是将滑坡评估范围限制在极震区内的滑坡高风险区（例如，在本研究中若将滑坡评估范围限制在阿拉米达（Alameda）地区，得到的损失将占原滑坡损失的 50%）。若想更详细地考虑滑坡灾害，则需使地震损失评估工具能够接受更精细的灾害数据（例如，可将 Hazus 地震评估模型进行重新配置，使其可以像洪水分析模块那样接收以人口普查区为基本地理单元的数据）。

2. 余震评估

虽然海沃德设定的大多数余震预计只会造成建筑轻微破坏，但有几次余震造成的破坏与损失规模甚至超过了 2014 年 $M6.0$ 南纳帕（South Napa）地震。对于一个深受海沃德主震影响或正从主震中恢复的地区来说，这些破坏性余震将给有限的救灾资源造成额外的负担。

如上所述，Hazus 无法估计震损建筑的累计损伤和损失，但其评估结果可用于计算建筑累积损失的下限和上限。具体而言，单纯因地震动造成的建筑物损失的下限（用海沃德情景地震序列中任一地震事件造成最大的损失估算）超过 306 亿美元，而建筑物损失的上限估值（用主震和所有余震造成的损失之和估算）则略低于 380 亿美元。

虽然上述损失上下限值仅代表地震动这一因素造成的建筑损失，但通过组合各地震事件的损失评估结果还可以得到一些其他有用的结论。整个海沃德情景设定主余震作用造成的总直接经济损失按 2005 年美元可比价近似表示为 670 亿美元（2016 年美元可比价表示为 826 亿美元），其中包括：

（1）建筑损失按 2005 年美元可比价为 433 亿美元（2016 年美元可比价为 533 亿美元）。本研究在数据完备的地区，使用 USGS 液化和滑坡灾害模型及其发生概率数据对主震进行分析，其他地区则使用 Hazus 缺省液化模型对主震和选取的 3 次余震（$M5.98$ 山景城（Mountain View）地震，$M6.4$ 库比蒂诺（Cupertino）地震，$M5.42$ 奥克兰（Oakland）地震）进行分析。对于其他的余震分析则仅考虑地震动造成的损失。

（2）室内财产和商品库存的损失按 2005 年美元可比价为 138 亿美元（2016 年美元可比价为 170 亿美元）。其中，对于主震和选取的 3 次余震进行分析时考虑了地震动和液化（采用 Hazus 缺省液化模型）造成的损失，而其他余震则仅考虑地震动造成的损失。

（3）与建筑破坏相关的收支损失（例如，搬迁成本、租金损失等）按 2005 年美元可比价为 100 亿美元（2016 年美元可比价为 123 亿美元），其与“室内财产和商品库存损失评估”采用相同的评估模型。

在设定地震序列作用下，约 80% 的损失由 $M_W7.0$ 主震造成，12% 的损失由 $M_W6.0 \sim 6.4$ 的 3 次最大的余震造成，8% 的损失由 $M_W5.0 \sim 5.9$ 的其余 13 次余震造成。基于 2000 年美国人口普查中的旧金山湾区人口数据，在最小的余震作用下有几十户家庭失去住所，在最大的余震作用下则有几百户家庭，而在主震作用下这一数字将达到几万户（大约 77000 ~ 153000

户）。

通过 Hazus 对海沃德设定情景及其主余震序列的分析，我们明确了主震事件及其余震损失评估结果之间的关系：

（1）海沃德情景主震作用下，液化造成的损失（在液化敏感性较高的县内建模并使用 Hazus 默认液化分析方法进行评估）占总建筑损失的 17%（超过 50 亿美元），而选取余震作用下，在已建立液化模型的地区，液化造成的损失占总建筑损失的 9%（$M6.4$ 库比蒂诺（Cupertino）余震）至 15%（$M5.42$ 奥克兰（Oakland）余震）。值得注意的是，震级较小的余震也可能会导致局部地区发生再液化现象，并且其造成的损失可能占各余震事件总损失的较大比例，就像在 $M5.42$ 奥克兰（Oakland）余震中那样。

（2）除 3 次较大的余震（$M6.2$ 帕罗奥图（Palo Alto），$M5.98$ 山景城（Mountain View）和 $M6.4$ 库比蒂诺（Cupertino）造成的建筑损失率只比主震作用小一个数量级外，余震造成的建筑损失率一般比主震的小两个数量级。

（3）易损性较高的建筑集中分布的地区，当遭遇余震近震作用时遭受的损失也相对更高，例如预制装配式 Tilt-up 墙板结构（PC1）集中分布在 $M5.23$ 尤宁城（Union City）余震震中附近，其在该余震中的损失高于其在其他 $M5$ 余震中的损失，而低层无筋砌体结构（URM）集中分布于 $M5.42$ 奥克兰（Oakland）余震的震中附近，该结构类型在此余震中的损失同比其他余震也是最高的。

（4）在主、余震作用下，破坏最为严重的非抗震设计建造的低层无筋砌体承重墙结构（URML）所在的人口普查区是不同的。同时在海沃德主震及其所有余震作用下，那么无论发生多少次地震，该类型建筑的损失总和都不会超过其原有价值。这也符合余震累积损失评估的一般原则。

（5）各余震造成的人员伤亡人数比主震造成的人员伤亡人数小三个数量级。除 $M6.2$ 帕罗奥图（Palo Alto）和 $M6.4$ 库比蒂诺（Cupertino）余震会造成一些人员严重受伤（3 级严重）或死亡（4 级严重）外，大多数余震不会造成重大人员伤亡（主要为 1 级严重，有些为 2 级严重）。

（6）海沃德情景中仅由主震震动造成失去住所的家庭数量就达 640000 户，4 次较大的余震震动也将造成 50（$M5.69$ 帕罗奥图（Palo Alto））至 1900（$M6.4$ 库比蒂诺（Cupertino））户家庭失去住所。不过，本研究中其他余震造成的流离失所家庭数量可以忽略不计。但若在上述基础上考虑主震液化作用并使用 ShakeOut 特定参数评估失去住所的家庭，这一数量将大大增加（从 76500 户增加到 150000 户以上），而寻求避难场所的人数却有所减少（从 55000 人略微减少到 48000 人）。

十四、致谢

Karen Felzer（USGS 地震科学中心）提供了模拟余震序列，Tim MacDonald（USGS 地震科学中心）生成了余震的 ShakeMaps。Andrew Michael（USGS 地震科学中心）基于 USGS 场地失效评估结果给出了修改 Hazus 输入方式的有益建议。Doug Bausch（FEMA，彼时）为旧金山湾区创建了 Hazus 建模环境，开展了海沃德主震的初步 Hazus 运行分析，并审查了本章。Sean McGowan（美国地质调查局地质灾害科学中心，彼时，后任职于 FEMA）和 Jesse

Rozzelle（FEMA）也对本章提供了专家评审意见。Kim Shoaf（犹他大学公共卫生部）在附录 J-1 中提供了 ShakeOut 特定的人口和避难场所参数和文件。Keith Porter（科罗拉多大学）提供了关于研究模型和数据的局限性的意见。本 Hazus 分析由风险防治科学应用（Science Application for Risk Reduction，SAFRR）和国土开发科学计划（Land Change Science）资助。

参　考　文　献

Aagaard B T, Boatwright J L, Jones J L, MacDonald T G, Porter K A, Wein A M, 2017, HayWired scenario main-shock ground motions, chap. C of Detweiler S T and Wein A M, eds., The HayWired earthquake scenario——Earthquake hazards: U. S. Geological Survey Scientific Investigations Report 2017-5013-A-H, 126p, https://doi. org/10. 3133/sir20175013v1

Applied Technology Council, 2006, Next-generation performance-based seismic design guidelines: Program plan for new and existing buildings: prepared for the Federal Emergency Management Agency, FEMA-445, 131p

Federal Emergency Management Agency, 2012, Hazus multi-hazard loss estimation methodology, earthquake model, Hazus®-MH 2. 1 technical manual: Federal Emergency Management Agency, Mitigation Division, 718p. accessed July 18, 2017, at http: //www. fema. gov/media-library-data/20130726-1820-25045-6286/hzmh2_1_eq_tm. pdf.

Holzer T L, 1994, Loma Prieta damage largely attributed to enhanced ground shaking: Eos, Transactions American Geophysical Union, v. 75, no. 26, p. 299-301

Holzer T L, Noce T E and Bennett M J, 2008, Liquefaction hazard maps for three earthquake scenarios for the communities of San Jose, Campbell, Cupertino, Los Altos, Los Gatos, Milpitas, Mountain View, Palo Alto, Santa Clara, Saratoga, and Sunnyvale, northern Santa Clara County, California: U. S. Geological Survey Open-File Report 2008-1270, 29p, 3 plates, and database http: //pubs. usgs. gov/of/2008/1270/

Holzer T L, Noce T E and Bennett M J, 2010, Predicted liquefaction in the greater Oakland area and northern Santa Clara Valley during a repeat of the 1868 Hayward Fault ($M6.7-7.0$) earthquake: Proceedings of the Third Conference on Earthquake Hazards in the Eastern San Francisco Bay Area October 22-24, 2008

Holzer T L, Noce T E and Bennett M J, 2011, Liquefaction probability curves for surficial geologic deposits: Environmental and Engineering Geoscience, v. 17, no. 1, p. 1-21

Homer C G, Dewitz J A, Yang L, Jin S, Danielson P, Xian G, Coulston J, Herold N D, Wickham J D and Megown K, 2015, Completion of the 2011 National Land Cover Database for the conterminous United States——Representing a decade of land cover change information: Photogrammetric Engineering and Remote Sensing, v. 81, no. 5, p. 345 - 354, accessed December 15, 2016, at http: //www. asprs. org/a/publications/pers/2015journals/PERS_May_2015/HTML/files/assets/basic-html/index. html#345/z#noFlash

Jones J L, Knudsen K L, Wein A M, 2017, HayWired scenario mainshock——Liquefaction probability mapping, chap. E of Detweiler S T and Wein A M, eds., The HayWired earthquake scenario——Earthquake hazards: U. S. Geological Survey Scientific Investigations Report 2017 - 5013 - A - H, 126p, https: //doi. org/10. 3133/sir20175013v1

Jones L M, Bernknopf R, Cox D, Goltz J, Hudnut K, Mileti D, Perry S, Ponti D, Porter K, Reichle M, Seligson H, Shoaf K, Treiman J and Wein A, 2008, The ShakeOut Scenario: U. S. Geological Survey Open-File Report 2008-1150 and California Geological Survey Preliminary Report 25, 312 p and appendixes, accessed April 12, 2017, at https: //pubs. usgs. gov/of/2008/1150/

Kircher C A, 2002, Development of new fragility function betas for use with ShakeMaps [unpublished report]: prepared for the National Institute of Building Sciences (NIBS) and the Federal Emergency Management Agency (FEMA), 28p

Kircher C A, Seligson H A, Bouabid J and Morrow G C, 2006, When the big one strikes again—estimated losses due to a repeat of the 1906 San Francisco earthquake: Earthquake Spectra, v. 22, no. S2, p. 297-339

Knudsen K L, Sowers J M, Witter R C, Wentworth C M, Helley E J, Nicholson R S, Wright H M, Brown K M, 2000, Preliminary maps of quaternary deposits and liquefaction susceptibility, nine-county San Francisco Bay region, California—A digital database: U. S. Geological Survey Open-File Report 00-444, accessed at http: //pubs. usgs. gov/of/2000/of00-444/

McCrink T P, Perez F G, 2017, HayWired scenario mainshock—Earthquake-induced landslide hazards, chap. F of Detweiler S T and Wein A M, eds., The HayWired earthquake scenario—Earthquake hazards: U. S. Geological Survey Scientific Investigations Report 2017-5013-A-H, 126p, https: //doi. org/10. 3133/sir20175013v1

Seligson H A, 2008, The ShakeOut scenario supplemental study—Hazus enhancements and implementation for the ShakeOut scenario earthquake: Denver, Colo., SPA Risk LLC, 9p

Shoaf K I and Seligson H A, 2011, Estimating casualties for the southern California ShakeOut, chap. 9 of Spence R, So E and Scawthorn C, eds., Human casualties in earthquakes—progress in modelling and mitigation: Springer, Advances in natural and technological hazards research, v. 29, p. 125-137

U. S. Geological Survey, 2014, Earthquake planning scenario—ShakeMap for HayWired $M7. 05$-scenario: U. S. Geological Survey webpage, accessed on May 23, 2017, at https: //earthquake. usgs. gov/scenarios/eventpage/ushaywiredm7. 05_se#shakemap

U. S. Geological Survey, 2015, HayWired Aftershock Planning Scenarios: U. S. Geological Survey Earthquake Hazards Program website, accessed May 13, 2017, at http: //escweb. wr. usgs. gov/share/shake2/haywired/archive/scenario. html

Wein A M, Felzer K R, Jones J L and Porter K A, 2017, HayWired scenario aftershock sequence, chap. G of Detweiler S T and Wein A M, eds., The HayWired earthquake scenario—Earthquake hazards: U. S. Geological Survey Scientific Investigations Report 2017-5013-A-H, 126p, https: //doi. org/10. 3133/sir20175013v1

附录 J-1　2008 年南加州 ShakeOut 地震情景避难场所需求分析

Kimberley Shoaf[*]

在海沃德地震情景分析中，Hazus（FEMA，2012）中使用的避难场所分析设定参数源于 2008 年南加州 ShakeOut 地震情景（Jones 等，2008），而南加州 ShakeOut 地震情景的基础数据则来自 Bourque 等在 1989 年洛马普里塔（Loma Prieta）地震和 1994 年北岭（Northridge）地震后开展的震后调查（Bourque 等，2002；Shoaf 和 Bourque，1999）。在这两次调查中，Bourque 等询问了受灾县当地居民在地震发生时的境遇，包括有关他们的房屋受损、人员受伤和是否失去住所等情况。受访者被问到的问题包括："地震发生后，您是否因房屋受损或者担心会出现这种可能，而决定暂时离开自己的居所？"如果他们确实离开了自己的家，则会被追问："你为什么要从自己的家撤离？"并让他们解释原因以找到更多离开住所的动机。由此得到的离开住所的原因包括以下几点："视结构损坏状况而自主决定离开""主管部门建议""没有饮用水""煤气泄漏""没有电力供应""亲友邀请""心烦意乱，不想留下""害怕建筑进一步破坏""收到有关于下一次地震或余震发生的预测"或"其他"。在北岭（Northridge）地震后的调查问卷中，受访者还可以选择"楼长建议"（building manager advised）。他们还会被问及离开家后住在哪里。以上数据可用于修改 2008 年南加州 ShakeOut 情景中的人员失去住所及其对避难场所需求的 Hazus 参数。

总的来说，大约有 16% 的人口在北岭（Northridge）地震中失去住所，而这一数字在洛马普里塔（Loma Prieta）地震中为 22%。Hazus 中关于对避难场所需求的评估包括以下两个不同的部分——基于不同建筑破坏等级的失去住所人数评估和基于个人或人群统计数据修正的避难场所需求评估。利用北岭（Northridge）和洛马普里塔（Loma Prieta）地震的数据集，我们修改了人员失去住所及其对避难场所需求的参数。

1. 失去住所的家庭

Hazus 基于不同破坏等级下的建筑数量评估得到失去住所人数。Hazus 中的原始参数假定，在毁坏的独立及多户住宅中的所有人都将失去住所。这个假设也成为一般共识。同时在一般情况下，Hazus 认为严重破坏的多户住宅中有 90% 的人会搬迁，其他人则不会。根据标记（红色、黄色、绿色、无标记、未鉴定）建筑的搬迁情况和独立住宅与多户住宅的搬迁情况进行交叉分析，我们修改了严重和中等破坏的建筑中的失去住所人数评估方法。需要指出的是，标记并不能完美地匹配建筑破坏等级，但可以在一定程度上实现对应性匹配。我们将红色标记等同于建筑毁坏，黄色标记等同于严重破坏，绿色标记等同于中等破坏。基于此匹配规则，其他破坏等级下人员失去住所的评估参数如表 J-23 所示。

---

[*]　犹他大学。

表 J-23 根据 2008 年南加州 ShakeOut 情景修改后的 Hazus 人员失去住所评估模型的损伤状态因子

住宅类型	破坏等级	旧版参数	修改后参数
多户住宅	毁坏	1.0	1.0
多户住宅	严重破坏	0.9	0.65
多户住宅	中等破坏	0.0	0.4
独立住宅	毁坏	1.0	1.0
独立住宅	严重破坏	0.0	0.4
独立住宅	中等破坏	0.0	0.2

注：关于"ShakeOut"情景的更多信息，见 Jones 等（2008）。

2. 避难场所的需求

Hazus 允许通过依据目标人员特征采用加权系数和修正系数，来调整避难场所需求模型。这些人员特征包括"年龄""种族""家庭收入"和"房屋所有权"。对北岭（Northridge）和洛马普里塔（Loma Prieta）地震的调查数据进行 Logistic 回归分析，赋予这些人员特征的重要性等级。遗憾的是，在这两次地震中，只有极少数的受访者住在正规的避难场所里。由于人数较少，我们无法使用"住在避难场所"作为回归分析的因变量，而使用"人员失去住所"作为因变量。由此分析得到这两次地震的回归分析结果具有显著的可比性。在两次地震中，对"人员失去住所"有显著影响的人员特征只有"种族"和"家庭收入"，其中"家庭收入"的影响大于"种族"。"种族"的总体加权系数没有改变，但是基于分析结果，我们修订了个别"种族"的修正系数，以反映细微的差异：白人、亚洲裔以及美国原住民家庭的相对权重为0.1，非洲裔和西班牙裔家庭的相对权重为 0.2，如表 J-24 所示。

表 J-24 根据 2008 年南加州 ShakeOut 情景修改的 Hazus 避难场所需求模型的加权和修正系数

加权和修正系数	原有系数	修改后的系数
种族加权因子	0.27	未修改
收入加权因子	0.73	未修改
种族的修正系数：白人家庭	0.24	0.1
种族的修正系数：非洲裔家庭	0.48	0.2
种族的修正系数：西班牙裔家庭	0.47	0.2
种族的修正系数：亚洲裔家庭	0.26	0.1
种族的修正系数：美国原住民家庭	0.26	0.1
家庭收入<10000 美元的修正系数	0.62	0.3
家庭收入为 $ 10000~15000 的修正系数	0.42	0.3
家庭收入为 $ 15000~25000 的修正系数	0.29	0.14

续表

加权和修正系数	原有系数	修改后的系数
家庭收入为 $ 25000~35000 的修正系数	0. 22	0. 08
家庭收入超过 $ 35000 的修正系数	0. 13	0. 05

注：关于 ShakeOut 情景的更多信息，见 Jones 等（2008）。

由于"家庭收入"是造成"人员失去住所"结果差异的最主要因素，我们没有改变"家庭收入"的总体加权系数，而部分降低了"家庭收入"各分项的修正系数："家庭收入"低于 10000 美元和 10000~15000 美元的相对权重为 0.3；"家庭收入"为 15000~25000 美元的相对权重为 0.14；"家庭收入"为 25000~35000 美元的相对权重为 0.08；"家庭收入"在 35000 美元以上的相对权重为 0.05。

3. 其他考虑因素

Hazus 仅使用建筑破坏等级来评估人员失去住所的情况。然而，在北岭（Northridge）和洛马普里塔（Loma Prieta）地震中，公用设施使用功能中断比房屋破坏更能表征人员失去住所的情况。在洛马普里塔（Loma Prieta）地震中，"因房屋破坏而失去住所"的优势比（oddsratio）为 1.9。而相比之下"停电"和"停水"的优势比分别为 2.7 和 2.4。换言之，公用设施使用功能中断会导致大约有 20% 到 50% 的人失去住所。当然，这与由于房屋破坏而失去住所的人员有重叠，但对于许多房屋没有受损的人来说，由于无法得到水电供给他们也无法继续留在家中。在未来的建模分析中，将水电中断相关的参数纳入研究可以大大改善现有避难场所需求评估方法。鉴于公用设施功能中断与建筑物破坏高度相关，下限参数取 20% 较为合适，因此考虑水电中断因素而最终得到的失去住所人员的评估数量将是 Hazus 估计值的 120%。

参 考 文 献

Bourque L B, Siegel J M and Shoaf KI, 2002, Psychological distress following urban earthquakes in California: Prehospital and Disaster Medicine, v. 17, no. 2, p. 81−90, accessed October 2, 2012, at http://journals. cambridge. org/download. php? file=/PDM/PDM17_02/S1049023X00000224a. pdf&code=2bc1e69b4f70ad90559d97c60a9e146d

Federal Emergency Management Agency, 2012, Hazus multi-hazard loss estimation methodology, earthquake model, Hazus®−MH 2. 1 technical manual: Federal Emergency Management Agency, Mitigation Division, 718p. accessed July 18, 2017, at http://www. fema. gov/media-library-data/20130726−1820−25045−6286/hzmh2_1_eq_tm. pdf.

Jones L M, Bernknopf R, Cox D, Goltz J, Hudnut K, Mileti D, Perry S, Ponti D, Porter K, Reichle M, Seligson H, Shoaf K, Treiman J and Wein A, 2008, The ShakeOut Scenario: U. S. Geological Survey Open-File Report 2008−1150 and California Geological Survey Preliminary Report 25, 312p and appendixes, accessed April 12, 2017, at https://pubs. usgs. gov/of/2008/1150/

Shoaf K I and Bourque L B, 1999, Correlates of damage to residences following the Northridge earthquake, as reported in a population-based survey of Los Angeles County residents: Earthquake Spectra, v. 15, no. 1, p. 145−172, accessed at http://cat. inist. fr/? aModele=afficheN&cpsidt=1768150

第 K 章　现行建筑规范抗震性能目标的社会影响

Keith A. Porter

一、摘要

当结构工程师们讨论如何减少未来的地震灾害损失时，他们习惯于关注既有建筑。然而，"现在"的新建筑就是"未来"的既有建筑，其依旧存在地震灾害风险。美国主导的建筑规范《国际建筑规范》（International Building Code，IBC）旨在保护生命安全，对于新设计的建筑，要求其在未来 50 年内地震作用下的倒塌概率不超过 1%。如果符合规范要求的建筑在地震作用下没有倒塌，那么它们的破坏程度是怎样的呢？海沃德地震情景是设定 2018 年 4 月 18 日下午 4 时 18 分在加利福尼亚州旧金山湾区的东湾海沃德断层上发生 M_W7.0 地震。该情景模拟结果表明，当大地震（而非罕遇地震）发生后，那些标记为红色标记（进入或使用不安全）和黄色标记（仅在有限范围内使用安全）的受损建筑物将严重影响既有建筑群的正常使用，其影响可能持续几个月或几年。假如现有建筑完全符合当前规范的要求，那么大地震的后果会是怎样？拟通过回答这一问题，探讨在当前建筑抗震设防目标下，未来大地震的影响。依据美国建筑抗震安全委员会（Building Seismic Safety Council，BSSC）、联邦应急管理局（Federal Emergency Management Agency，FEMA）和国家标准与技术研究所（National Institute of Standards and Technology，NIST）对于工程建筑物倒塌易脆性（fragility）的最新研究，海沃德断层上发生 M_W7.0 地震可能会造成 8000 栋建筑倒塌，近 500000 栋建筑破坏（红色或黄色标记——商业或住宅建筑无法使用或限制使用）。同时，旧金山湾区的房屋建筑空置率较低，可能导致地震发生后该地区大量居民和企业的流失。为降低此项风险，我们可以采取下述相对简单经济的方案以提升建筑物的抗震性能。如果将城市所有新建筑的抗震重要系数调整为 1.5（对 IBC 进行简单的调整），那么建筑总体费用将增加 1%~3%，建筑破坏数量将减少 75%，可使数千名居民和数千家企业在 M_W7.0 地震作用下免受损失。此外，初步调查表明，公众对建筑抗震性能的期望可能高于现行规范设防目标，即公众希望建筑物在地震后仍能正常使用，而不是建筑群的倒塌率很低。为此，公众愿意额外承担 1%~3% 的建造费用（约为购买价格的 0.5%~1.5%）。

二、引言

当结构工程师们探讨如何减少未来的地震损失时，他们习惯于关注既有建筑，尤其是那些量大面广且易损性较高的建筑，如无筋砌体结构（Unreinforced Masonry，URM）（参见《2008 年 ShakeOut 情景——设定加利福尼亚州南部圣安德烈亚斯断层发生 7.8 级地震》中无筋砌体结构（Hess，2008））、非延性的混凝土框架结构（nonductile concrete moment-resisting frame)(参见《2008 年 ShakeOut 情景》(Taciroglu 和 Khalili-Tehrani,2008))和含薄弱层的大型木框架结构(large soft-story wood-frame)(参见旧金山最近在管理此类建筑风险方面的工作(Porter 和 Cobeen,2012))。

　　然而,"现在"的新建筑就是"未来"的既有建筑,其仍然存在地震灾害风险。本章探讨美国主导的建筑规范——《国际建筑规范》(IBC)对于未来自然灾害造成损失的影响。提出了以下问题:①如果公众对于现行规范的抗震设防目标并不满意,那么规范将如何进一步完善和改进?②如果所有的既有建筑都被替换为满足现行抗震规范要求的建筑物,那么地震造成的后果会是怎样?③如果公众对于预估的地震损失结果不满意,工程师们如何进一步修订完善现行规范?城市建筑管理部门又如何选取和执行更适合本地情况的技术规范?

　　建筑物的抗震性能可以用建筑物倒塌率、震后安全性、功能、经济损失等指标表示。本章重点讨论美国应用技术委员会(Applied Technology Council,ATC)ATC-20 震后安全检查中的倒塌和其他破坏等级的建筑。如果建筑物被认定进入或使用不安全,则对其进行红色标记(red-tag);如果被认定仅在有限范围内使用安全,则对其进行黄色标记(yellow-tag)(ATC,2005)。虽然ATC-20 的建筑物判定方法存在一定缺点,有时可能会与建筑物的安全指标不相一致,但是其仍然是判定进入和使用震后建筑物安全与否,以及受损建筑是否限制使用的主要依据。

　　本章是海沃德地震情景系列研究成果的一部分。设定 2018 年 4 月 18 日下午 4 时 18 分在加利福尼亚州旧金山湾区的东湾海沃德断层上发生 $M_W7.0$ 地震。该地震的修正麦卡利烈度(Modified Mercalli Intensity,MMI)为Ⅵ~Ⅹ度,震动强烈的东湾断裂带附近区域人口稠密。在后面的章节中,将进一步讨论海沃德地震情景中建筑物破坏的经济损失。

　　读者可能会发现本章的一些内容在 Porter(2016b)文章中有所提及,本章以 Porter(2016b)的调查结果为基础,针对海沃德地震情景,增加了以下新的内容:①既有建筑物的破坏数量;②基于现行规范的城市建筑群地震灾害损失减轻方案;③若将旧金山湾区的一般建筑的抗震重要系数提升至 1.5,随着建造费用的增加,地震损失的变化情况;④公众对于规范中建筑抗震性能的理解和偏好的新研究。

三、背景

　　首先回顾了现行建筑规范中抗震设计要求发展的一些重要环节。约从 1980 年开始,工程师们开始以量化的安全目标设计加州建筑,考虑在罕遇地震和大地震作用下,确保任何结构构件或连接造成危及生命的破坏的概率小于指定值,这一过程被称为荷载抗力分项系数设计(Load-and Resistance-Factor Design,LRFD)。LRFD 方法于 20 世纪 70、80 年代初被提出,Ellingwood 等(1980)取得了突破性的进展,并将 LRFD 方法引入建筑设计规范。采用Ellingwood 等人提供的设计参数可以保证在给定设计地震水平下建筑发生危及生命的破坏的概率不超过 4%。当时,设计地震水平被定义为 50 年内发生地震的超越概率为 10%,相当于地震重现期为 475 年。"4%"概率值适用于建筑物的各个构件,如梁、柱、剪力墙、支撑和连接,而不适用于整体建筑物。

　　20 世纪 90 年代,美国太平洋地震工程研究中心(PEER)提出了基于性能的地震工程(Performance-Based Earthquake Engineering,PBEE)理念和方法,用于评价单体建筑物的整体抗震性能。建筑物抗震性能目标分为四类:正常使用(operational)、快速恢复

(immediate occupancy)、生命安全（life safety）和暂不倒塌（collapse prevention），详情见 ATC（1997）。

从 20 世纪 70 年代初到 21 世纪初，研究人员与麻省理工学院（Massachusetts Institute of Technology，MIT）、URS/John A. Blume 及同事、地震工程研究大学联合会（Consortium of Universities for Research in Earthquake Engineering，CUREE）、太平洋地震工程研究中心（Pacific Earthquake Engineering Research Center，PEER）和 ATC 合作，提出了另一种 PBEE 方法，从维修费用、生命安全影响和功能损失（即经济损失、人员死亡和功能中断）等方面对单体建筑物的抗震性能进行量化。本章将其称为第二代基于性能的地震工程方法（PBEE-2），详情见 Czarnecki（1973）、Kustu 等（1982）、Beck 等（1999）、Porter 等（2001）、Porter（2003）、Aslani 等（2006）和 ATC（2012）。

21 世纪初，与 FEMA 和美国国家建筑科学研究所（National Institute of Building Sciences）合作的研究人员和从业人员对符合规范的建筑物抗震性能进行了量化，以确定在极罕遇地震作用下（最大考虑地震，Maximum Considered Earthquake，MCE，地震 50 年超越概率为 2%，相当于约 2500 年一遇）建筑物的倒塌概率，详情见 ATC（2009）和美国国家地震减灾计划（National Earthquake Hazards Reduction Program，NEHRP）咨询合资公司（2012）。他们建议将估算的倒塌概率作为新建筑物倒塌的可接受概率，并提出"由于 MCE 地面运动而导致的建筑物倒塌概率……限制在 10%……建议用该限制值的两倍，即20%……评估潜在'异常值'的可接受性"（ATC，2009）。读者可能会对 ATC（2009）的建议持异议，因为只有在收集、审查了性能数据之后才能制定性能目标。然而，ATC 在选取可靠性指标时考虑了倒塌概率的一致性，即保证新旧结构体系在可靠度方面是一致的。这一过程可以类比于研究人员采用 LRFD 方法与许用应力设计方法（allowable stress design，LFRD 的前身）设计建筑物时保证其安全性相同。

同样在 21 世纪初，一些研究人员提出了新的建筑设计准则，其性能目标旨在保证给定的时间内建筑物倒塌概率相同。Luco 等（2007）提出了一种方法用于确定基于目标风险的最大考虑地震（Risk-adjusted Maximum Considered Earthquake，MCE_R）。一栋满足 LRFD 设计要求的新建筑，在 MCE_R 地震动作用下的倒塌概率为 10%，并且 50 年内的倒塌风险小于 1%（考虑了这 50 年中可能发生的所有地震动水平）。为了让这个概念更易于理解，图 K-1 显示了短周期结构的 MCE_R 地面震动。"基于 MCE_R 震动"指的是，设计加速度为 MCE_R 加速度乘以系数 2/3，系数用于考虑场地放大、结构延性，以及建筑物重要性的影响。基于目标风险的设计已纳入美国地震设计指南（美国土木工程师学会（American Society of Civil Engineer，ASCE），2010）和 IBC（国际规范委员会（International Code Council，ICC），2012）中。尽管它们并非严格意义的规范，但由于 ASCE-7 在 2012 IBC 中被引用，在下文中统称为"规范"。

显然，美国最新的抗震设计规范的主要性能目标是确保新的工程建筑在 50 年内的倒塌概率不超过 1%。对于次要性能目标，2015 年《NEHRP 抗震建议规范》（NEHRP Recommended Seismic Provisions）要求普通建筑物在地震中将"避免由于结构倒塌、非结构构件或系统失效和释放危险物质而导致的重大伤害和人员伤亡……并尽可能减少结构和非结构维修费用。"这些指标中只有建筑的倒塌概率是量化的。其中"减少非结构维修费用"是一种控制经济损失的施工要求，例如图 K-2 支撑大型吊顶。需要注意的是，该规范的目的不是为

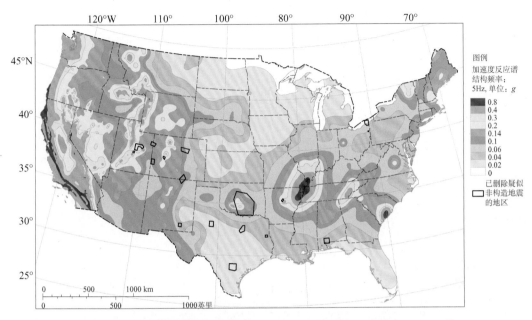

图 K-1　美国基于目标风险的最大考虑地震动（MCE_R）区划图（改编自 Petersen 等（2014））

图 K-2　建筑规范要求的控制非结构维修成本的示例
支撑吊顶的斜向杆件和竖直杆件（称为压杆）（FEMA，2012b）

了确保建筑物在地震后能够使用，甚至可以修复，而是为了保证设计地震水平下居住者可以安全地离开建筑物。工程师有时将这一目标称为"生命安全"（life-safety performance），并且认为有些建筑需要设计得更坚固（例如，储备危险品或必需品设施的建筑）。

符合规范设计的建筑物大致可以满足生命安全性能目标。表 K-1 将美国威胁生命安全的主要风险和模拟地震生命安全风险进行了比较。地震生命安全风险假定一栋符合现行建筑规范（IBC-2012）的建筑物处于每周 7 天、每天 24 小时（24/7）连续使用状态，侧向荷载为地震荷载控制（而不是风荷载控制）。估算地震中新建筑平均死亡人数时，假定建筑物满足最低安全要求，50 年内建筑物倒塌概率为 0.6%，小于限值 1%。同时，假设建筑倒塌影响面积为 25%，如 Porter（第 M 章）所述，受影响建筑面积中居住者的死亡率为 10%（FEMA，2012b），忽略建筑物未倒塌部分造成的人员死亡。因此，年死亡率可估计为 0.006/50 年×0.25×0.10=3×10⁻⁶/年，即每年每 10 万人中有 0.3 人死亡。

表 K-1　美国地震期间建筑物倒塌造成的死亡率与其他原因造成的死亡对比

危险来源	死亡人数 （10 万人·年）	地点时间
心脏病	194	美国 2010（Heron，2013）
所有事故	39	美国 2010（Heron，2013）
职业病，屋顶工	32	美国 2011（Bureau of Labor Statistics，2013）
车祸	11	美国 2009（U. S. Census Bureau，2012）
枪	10	美国 2010（Heron，2013）
地震中新建筑的倒塌	0.3	24/7 占用，地震荷载控制横向侧力体系
过去 50 年地震	0.007	加利福尼亚州 1964~2014（维基百科［2017］，多源）

四、海沃德情景中抗震性能目标含义

上文简要介绍了抗震性能目标的发展沿革，本节提出一些有趣的问题，可以在海沃德情景中进行讨论。

（1）量化的建筑规范性能目标是指在建筑物设计使用年限 50 年内，考虑所有可能的震动水平及其概率，建筑物倒塌的概率值。除却倒塌，其他建筑物破坏等级的发生概率呢？例如，因地震作用而损坏的被标记为红色或黄色的建筑物。红色表示该建筑物进入或使用不安全。黄色表示建筑受损且使用受限，使用受限可以指禁止使用建筑物的某一部分，或者只允许暂时使用（例如，转移财产）。参见图 K-3。

（2）建筑规范性能目标限制了建筑物在 MCE$_R$ 作用下的倒塌概率。但是，在以海沃德为代表的大地震情景中，只有较小范围可能遭受 MCE$_R$ 及以上的震动作用。震动强度较小的区域内建筑物的表现如何？

（3）建筑规范性能目标以单体建筑物倒塌概率表征。考虑震中地区破坏建筑物的比例或数量，地震会造成怎样的社会影响？

（4）假设一个州或城市（例如加利福尼亚州）的建筑物全部采用了 IBC 规范设计，但希望通过加强规范条款以提高建筑抗震性能，那么这种方式能够降低多少震中地区建筑破坏的比例和数量？事实上，结构刚度也会对抗震性能产生重要影响，特别是对建筑物的维修费用和工期影响很大，但是本章仅讨论强度，因为结构强度对倒塌的建筑物和判定为"红色标记"的建筑的影响更大。更多关于结构刚度和强度影响的讨论可参见多灾种减灾委员会

图 K-3　红色（a）和黄色（b）标记用于表示建筑物的地震破坏程度（ATC，2005）

报告（Multihazard Mitigation Council）（2017）。

这些问题的答案有助于公众理解什么是符合规范要求的建筑，以及了解官员如何采纳建筑规范，例如 IBC。本章报告的其余部分试图回答问题（1）～（4）。

地震过后，红色和黄色标记的建筑物可能会在几个月内无法使用。Comerio（2006）研究了 1994 年北岭（Northridge）地震后的建筑修复情况，其在报告中写道：

"对 440000 多栋建筑的初步检查中，7000 栋独立住宅、2000 栋活动住宅和 49000 栋多户住宅被标记为红色或黄色建筑。3 年后，计算保险索赔时，发现震后检查明显低估了独立住宅的中度破坏情况，超过 195000 名房主提出了平均 30000~40000 美元的保险索赔……大约 40% 的房主在一年内开始维修……其余人大约需要 2~3 年解决保险索赔问题，并且很可能等到保险赔付后才开始维修房屋。大型公寓和共管公寓的维修时间通常更长。"

Comerio（2006）的研究结果表明，即使是黄色标记的建筑物，在主震后的数月或更长时间内都可能无法使用。根据 Comerio 的报告，虽然震后只有 58000 栋建筑被标记为红色或黄色，但是超过 195000 名业主提出 30000~40000 美元的保险索赔，可见中度破坏（维修费用大约为 30000~40000 美元）的建筑物数量超过倒塌、红色和黄色标记建筑物总数的 3 倍。尽管此项研究的重点是受损较严重的建筑，即倒塌、红色和黄色标记建筑物，但更为重要的是，发现了地震可能会使更多的建筑物受到不利影响。

五、MCE_R 地震作用下建筑物破坏率分析

为了确定建筑物在 MCE_R 作用下的破坏率，作者进行了以下研究工作。对大量建筑物样本进行了增量动力分析（incremental dynamic analyses）（NEHRP 咨询公司，2012），如图 K-4 所示。采用非线性动力分析（nonlinear dynamic analyses）方法，建立了 MCE_R 作用下倒塌建筑物的谱加速度响应（spectral acceleration response）与基本振动周期（fundamental period of vibration）（即"设计周期"）的函数关系。报告作者在内部交流中表示很多建筑物样本应该被剔除，特别是图中"圆圈"圈出的数据和设计周期小于 0.5s 的所有数据（C. Kircher，内部交

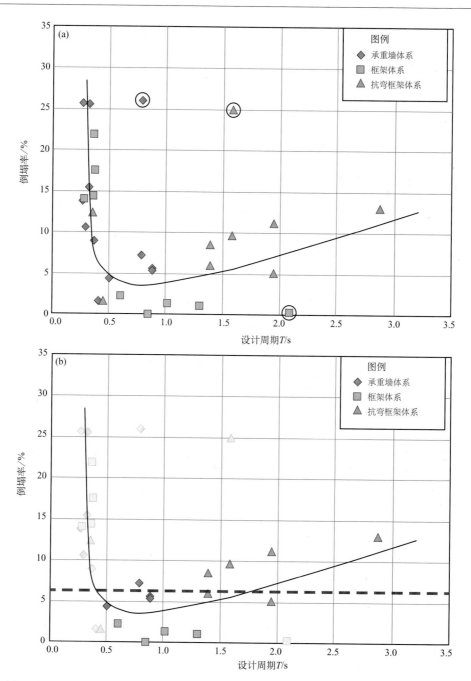

图 K-4　基于目标风险的最大考虑地震（MCE$_R$）作用下建筑物设计周期与倒塌率的关系

（NEHRP 咨询公司（2012）校核）

（a）全部建筑物数据（NEHRP 咨询公司（2012））；（b）报告作者剔除不符合当前规范或最大瞬时位移角与
倒塌错误关联的样本后的剩余数据（C. Kircher，内部交流，2014 年 5 月 8 日）
对建筑物样本进行了多次 MCE$_R$ 相关震动作用下的非线性动力分析，
考虑全部设计周期的建筑物平均倒塌率为 6%（红色虚线）

流，2014 年 5 月 8 日）。前者代表的建筑物样本不符合现行建筑规范要求，而后者的建筑物结构分析则错误地将最大瞬时位移角（peak transient drift ratio）的阈值与倒塌关联。剔除这些数据后，其余数据取平均值，得到建筑物在 MCE_R 作用下的平均倒塌率为 6%。

在 MCE_R 作用下，除了发生倒塌的建筑物，还会有多少建筑物发生较严重的破坏（被标记为红色或黄色）呢？然而，目前缺少与 ATC（2009）和 NEHRP 咨询公司（2012）倒塌建筑物研究分析报告相类似的关于红色或黄色标记建筑物的研究分析。基于有限的可靠数据库，表 K-2 列出了红色标记建筑与倒塌建筑的数量，红色标记建筑与倒塌建筑之比约为 13∶1。表 K-3 列出了红色标记和黄色标记建筑的数量，黄色标记建筑与红色标记建筑之比约为 3.8∶1。若用 r 表示受损建筑与倒塌建筑之比。每 1 栋倒塌建筑，约对应 13 栋建筑被标记为红色，每 1 栋红色标记建筑，约对应 3.8 栋建筑被标记为黄色，则 $r=1+13+13×3.8=63.4$（包括倒塌建筑在内），即每 1 栋倒塌建筑大致对应 63 栋受损建筑。表 K-2 和表 K-3 中的数据既不能反映符合现行规范的建筑，也没有考虑震动强度的变化。但是，由于工程师更倾向于使用经验数据而非分析结果，这类经验数据相较于 Hazus-MH 软件（FEMA，2012a）或其他分析模型更可取。值得注意的是，作者仅采用历史地震资料估算红色标记建筑与倒塌建筑之比和黄色标记建筑与红色标记建筑之比，而不根据历史地震资料估算倒塌率。

在 MCE_R 作用下，小范围内的建筑物性能表现见表 K-4。表中数值仅根据现行建筑规范的性能目标（在 MCE_R 作用下，建筑物倒塌率限值为 10%）确定，估算倒塌率时适当低于其上限值（即建筑物倒塌率选取 6% 而不是 10%），而新建建筑的红色或黄色标记与倒塌的比值采用 1989 年洛马普里塔（Loma Prieta）地震和 1994 年北岭（Northridge）地震的数据。

表 K-2　加利福尼亚州部分地震中红色标记和倒塌建筑物数据

地震	红色标记建筑	倒塌建筑	参考文献
1989 年洛马普里塔（Loma Prieta）地震旧金山海港区	110	7	NIST（1990），Harris 等（1990）
1989 年洛马普里塔（Loma Prieta）地震圣克鲁兹[①]	100	40	SEAONC（1990），Fradkin（1999）
1994 年北岭（Northridge）[②]地震	2157	133	EQE 和 Cal OES（1995）
合计	2367	180	比值 = 13∶1

注：NIST，National Institute of Standards and Technology：美国国家标准与技术研究所；SEAONC，Structural Engineers Association of Northern California：北加州结构工程师协会；EQE，EQE International：EQE，国际；CalOES，California Governor's Office of Emergency Services：加州州长紧急服务办公室；Geographic Information Systems Group：地理信息系统集团。

①100 栋红色标记建筑是估算值；全县范围内 300 栋红色标记建筑，根据城市和县的建筑数量，并减去倒塌建筑物数量以避免重复计数。

②133 栋倒塌建筑物的数据源自 EQE 和 Cal OES（1995）未公开数据库中的 ATC-20 表格数据；红色标记建筑物中减去了倒塌建筑物以避免重复计数。

表 K-3　加利福尼亚州部分地震中红色和黄色标记建筑物数据

地震	黄色标记建筑	红色标记建筑	参考文献
1989 年洛马普里塔（Loma Prieta）地震	3330	1114	SEAONC (1990)
1994 年北岭（Northridge）地震	9445	2290	EQE and Cal OES (1995)
合计	12775	3404	比值 = 3.8 : 1

注：SEAONC, Structural Engineers Association of Northern California：北加州结构工程师协会；EQE, EQE International：EQE 国际；CalOES, California Governor's Office of Emergency Services：加州州长紧急服务办公室；Geographic Information Systems Group：地理信息系统集团。

表 K-4　小范围内基于目标风险的最大考虑地震（MCE_R）作用下新建筑性能

建筑破坏状态	百分比/比值	建筑总量占比
倒塌	6%	6%
红色标记，但未倒塌	红色标记：倒塌 = 13 : 1	78%
黄色标记	黄色标记：红色标记 = 3.8 : 1	其余建筑的大部分

六、基于 2014 年 8 月纳帕地震的数据验证

完成此项分析后，将纳帕地震中加利福尼亚州纳帕市（Napa）的震害数据与表 K-2 和表 K-3 中数据进行比较。截至 2014 年 10 月 21 日，纳帕市记录了 1767 栋黄色标记和 175 栋红色标记建筑物（F. Turner，加利福尼亚州地震安全委员会，书面交流，2015 年 3 月 10 日）。根据纳帕市独立数据库中建筑物破坏记录，约有 34 栋建筑物可被定义为倒塌（K. Wallis，纳瓦市地理信息系统协调员，书面交流，2015 年 3 月 12 日）。在 FEMA P-154（ATC，2015）中，倒塌是指建筑物承重体系的任一部位发生动力失稳，致使结构失去竖向承载能力。动力失稳会导致结构严重变形，甚至整体或局部倒塌，可能危及生命。建筑局部倒塌是指仅部分建筑物发生动力失稳。

黄色和红色标记的建筑物中包括 34 栋倒塌建筑物，因此受损建筑物与倒塌建筑物的比值为（1767+175）/34 = 57 : 1。相较于 1989 年洛马普里塔（Loma Prieta）地震和 1994 年北岭（Northridge）地震，2014 年纳帕（Napa）地震中黄色与红色标记建筑物的比值较高，红色标记与倒塌建筑物的比值较低。两个比值相互抵消使得本次地震中受损建筑物与倒塌建筑物的比值（57 : 1）接近洛马普里塔（Loma Prieta）地震和北岭（Northridge）地震中的比值（63 : 1）。

七、不同强度地震作用下建筑物破坏率分析

上文已经分析了符合规范要求的建筑群在 MCE_R 作用下的破坏率，也可以分析建筑物在不同强度地震作用下的破坏率。通常而言，地震强度越大，建筑物破坏率越高，反之越低。由于不同地区新建建筑的抗震强度主要取决于 MCE_R，因此作者定义了一种新的衡量指

标——需求设计比（Demand-to-Design Ratio，DDR），具体可分为 DDR_S 和 DDR_1 两种，其定义如下：

（1）DDR_S 是某地某次地震中，阻尼比为 5% 的 0.2s 谱加速度除以 S_{MS}——考虑场地影响调整后的 MCE_R 作用下，阻尼比为 5% 的短周期谱加速度，参见美国土木工程师学会/结构工程学会（ASCE/SEI）7-10 第 11.4.3 节。值得注意的是，DDR_S 和 S_{MS} 的下标 S 表示短周期（shortperiod）。

（2）DDR_1 是某地某次地震中，阻尼比为 5% 的 1.0s 谱加速度除以 S_{M1}——考虑场地影响调整后的 MCE_R 作用下，阻尼比为 5% 的 1.0s 谱加速度，参见美国土木工程师学会/结构工程学会（ASCE / SEI）7-10 第 11.4.3 节。值得注意的是，DDR_1 和 S_{M1} 中的下标表示周期长度。

我们可以在 ASCE/SEI 7 的 MCE_R 区划图的基础上，针对不同场地类别 S_{MS} 进行调整，从而绘制特定地震情景的阻尼比为 5%，谱加速度为 0.2s 的 DDR_S 参数图。海沃德地震情景主震的 DDR_S 参数图（Aagaard 等（2010 年）研究区域）见图 K-5。

作者进一步假设满足规范要求建筑物的抗倒塌能力是服从对数正态分布的随机变量，建筑物抗倒塌能力以 DDR_S 或 DDR_1 进行衡量。当建筑物周期小于拐角周期（corner period）时，其抗倒塌能力使用 DDR_S 进行衡量，拐角周期指 ASCE/SEI 7 设计谱的等加速度部分与等速度部分的交点，其值为 S_{M1}/S_{MS}。当建筑物周期大于拐角周期时，其抗倒塌能力使用 DDR_1 进行衡量。通俗而言，DDR_S 适用于低层建筑物（大约小于 3 层或 4 层），而 DDR_1 更适用于较高的建筑物。实际上，较高的建筑物根据 S_{M1}/T 进行设计，其中 T 是结构基本自振周期。通过 S_{M1}/T 对 $S_a(T) = \dfrac{S_a(1s)}{T}$ 进行归一化处理，分子与分母中周期 T 互相抵消，建筑物的需求设计比 $DDR = \dfrac{S_a(1s)/T}{S_{M1}/T} = \dfrac{S_{a1}}{S_{M1}}$，符合 DDR_1 的定义。考虑上限值时，作者忽略了基本周期位于反应谱的等位移部分的超高层建筑。因为他们的侧向荷载往往受风荷载控制，而不是地震荷载，使用以上公式会严重高估结构的倒塌。

通过假设建筑物的抗倒塌能力（建筑物可以承受，而不会倒塌的地震强度）服从对数正态分布，其满足以下累积分布函数：

$$P[X \leqslant x] = P_c(x) = \Phi\left(\frac{\ln(x/q)}{b}\right) \tag{K-1}$$

式中，$P[A]$ 表示 A 的概率；X 表示以 DDR_S 或 DDR_1 衡量的建筑物不确定抗倒塌能力；x 是 X 的特定值；$P_c(x)$ 表示建筑物在 x 地震动作用下倒塌的概率；$\Phi(z)$ 表示 z 处的标准正态累积分布函数；q 是 X 中值；b 是 $\ln(X)$ 的标准差。

式（K-1）为结构的易脆性函数，即自变量环境激励（DDR）与因变量（倒塌）发生概率的关系。式（K-1）被广泛应用于 PBEE-2、损失评估和概率地震灾害风险分析研究，以估算结构和构件的各类破坏（包括倒塌）。虽然结构和构件的抗倒塌能力实际上并非对数正态分布，但是对数正态分布对于观测数据的拟合效果通常很好，这种简便的方法在数十年

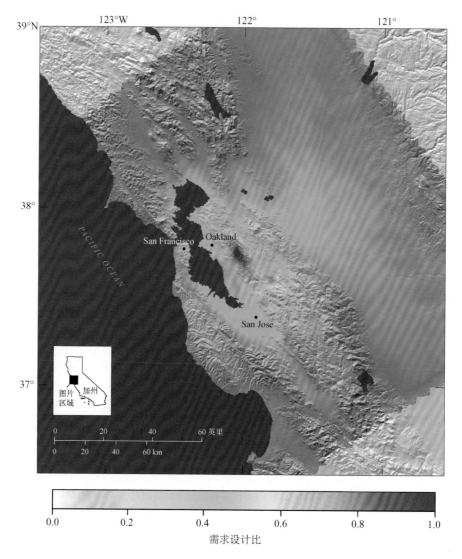

图 K - 5　加州旧金山湾区海沃德情景 $M_W7.0$ 主震的需求设计比（5%阻尼比，0.2s 谱加速度）

通用 OpenSHA 的制图工具 Map Plotter 绘制；Field 等，2003

Oakland：奥克兰；PACIFIC OCEAN：太平洋；San Francisco：旧金山；San Jose：圣何塞

间应用广泛，且有信息论的支撑。信息论中指出对于中位数和对数标准差确定的正值随机变量而言，对数正态分布是一种假定信息最少的最大熵分布。

为了研究除 $\mathrm{MCE_R}$ 以外的地震强度下结构的破坏率，式（K-1）需要 q 和 b 两个参数。Luco 等（2007）研究得出 b 的取值范围为 0.6~1.0，并以 $b=0.8$ 作为最佳估计值，该值被用于绘制 ASCE/SEI 7-10 规范中的 $\mathrm{MCE_R}$ 图，本研究中也采用该值。根据图 K-4 计算得出的建筑倒塌率为 6%，即 $P_c(1.0) = 0.06$，可计算 q 值：

$$q = 1.0 \times \exp(-b \times \Phi^{-1}(0.06)) \qquad (\mathrm{K}-2)$$

　　计算得出 $q = 3.47$，结构倒塌 DDR 的中值为 3.47，即无论是以 S_{MS} 还是 S_{M1} 来衡量，结构发生倒塌时地震强度的中值为 MCE_R 的 3.47 倍。

　　任意符合规范要求的工程建筑倒塌率可用式（K-1）表示，其中参数 $q = 3.47, b = 0.8$。倒塌率见下式：

$$P_c(x) = \Phi\left(\frac{\ln(x/3.47)}{0.8}\right) \tag{K-3}$$

　　使用式（K-3）计算得出：$DDR = 0.5$ 时，结构倒塌率为 0.008，即地震强度达到 MCE_R 规定值的一半时，建筑物的倒塌率为 0.8%，可见图 K-6。

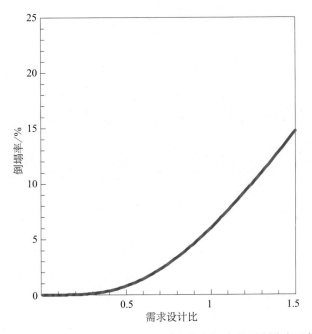

图 K-6　需求设计比（DDR）与建筑物倒塌率的累积分布函数

当 $DDR = 0.5$ 时，即地震强度为基于目标风险的最大考虑地震（MCE_R）的一半时，建筑物倒塌率约为 0.8%

　　使用对数正态分布的易脆性函数进行概率地震风险分析，并在曲线 $x = 0.1$ 或 0.2 附近选定一个可靠数据点拟合时，倒塌率往往对 b 值不敏感（Kennedy 和 Short（1994）；Porter（2017））。也就是说，如果在合理范围内，选取一个不同于 Luco 等（2007）建议的 b 值，结果差异不大。b 值越低，对于 x 值较小时的倒塌率估值越低，对于 x 值较大时的倒塌率估值越高，而对于总体的影响很小。当选取较高的 b 值时，结论也是相似的。

　　基于 ASCE/SEI 7-10 的倒塌率模型和前面章节中的红色标记建筑与倒塌建筑的比值、黄色与红色标记建筑的比值，可以进一步估计，当地震强度为基于目标风险的最大考虑地震（MCE_R）的一半时，大约一半的建筑物会发生破坏，可见图 K-7。

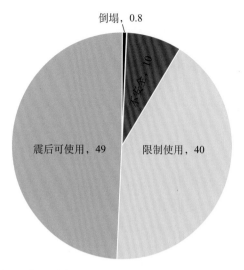

图 K - 7　地震强度为基于目标风险的最大考虑地震（MCE_R）的一半时的建筑物破坏率（%）

破坏建筑物包括倒塌、红色和黄色标记的建筑物

八、建筑群体中受损建筑的比例和数量

一般而言，建筑破坏率（P_i）也可以表达为 DDR 的函数（$P_i(x)$），见式（K - 4）。为此，只需在式（K - 3）倒塌率的基础上，乘以受损建筑物与倒塌建筑物的比值。

$$P_i(x) = 63.4 \times \varPhi\left(\frac{\ln(x/3.47)}{0.8}\right) \leqslant 1.0 \qquad (\text{K} - 4)$$

基于 DDR 的空间分布（图 K - 5），可以绘制建筑破坏率的空间分布，见图 K - 8。该图仅考虑地震造成的建筑破坏，而没有考虑场地失效（包括液化、滑坡和地表破裂）对建筑物破坏率的影响，很可能会小幅度地低估建筑物的破坏率。之后，作者在建筑物存量底图上叠加破坏率，评估海沃德地震情景中发生破坏的建筑物数量。基于估计的建筑物存量，计算建筑物破坏数量（表 K - 5）：

$$N_i = \sum_{j=1}^{n} P_i(x_j) \times B_j \qquad (\text{K} - 5)$$

式中，N_i 表示破坏建筑物的数量；j 是建筑物存量清单中位置的索引（例如人口普查街区）；n 是建筑物存量清单中位置的数目；x_j 表示位置 j 的地震强度，以 DDR 表示；B_j 表示位置 j 中的建筑物数量。

表 K-5　海沃德情景的建筑物破坏数量估值（旧金山湾区海沃德 M_W7.0 设定地震）

建筑物破坏状态	估计建筑物数量/栋
倒塌	8000
红色标记	101000
黄色标记	386000
合计	495000

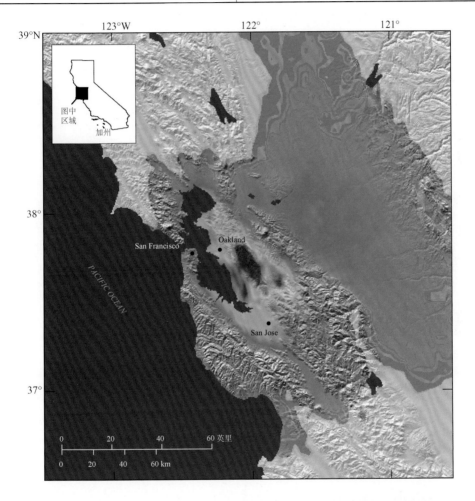

图 K-8　加州旧金山湾区海沃德情景 M_W7.0 主震作用下建筑物

（满足现行建筑规范要求）破坏率

破坏建筑物包括倒塌、红色和黄色标记的建筑物

Oakland：奥克兰；PACIFIC OCEAN：太平洋；San Francisco：旧金山；San Jose：圣何塞

九、建筑群抗震性能的提升方案

城市和州在修改诸如 IBC 这类的建筑规范条款时，选择往往受限。除却采纳或不采纳规范外，他们通常缺乏做其他选择的必要依据和资源。然而，"抗震重要性系数"（seismic importance factor）这一规范参数（在 ASCE/SEI 7-10 中用 I_e 表示）可以作为衡量建筑抗震能力的刻度，通过一个常系数均匀地提升群体建筑物的设计强度。例如，美国俄克拉荷马州摩尔市（Moore, Oklahoma）为了减轻灾难性的龙卷风对建筑物造成的破坏，最近要求新建建筑物的设计风速较 IBC 标准提高 50%，即由 90 英里/小时提高至 135 英里/小时（City of Moore, 2014）。因为风压与风速的平方成正比，所以设计风速增加 50% 相当于设计强度提升 125%（$1.5^2 = 2.25$），这意味着摩尔市的一般建筑物的抗风重要性系数为 2.25。参考美国海湾和大西洋沿岸大部分地区都要求建筑物可抵御超过 140 英里/小时的风速，摩尔市对建筑物设计强度的要求并非是空前的，也并非特别罕见的。

假设旧金山湾区的全部建筑物都替换为抗震重要性系数 $I_e = 1.5$ 的新建建筑物，即建筑物强度相比现行规范的最低标准提高 50%。（对于结构工程专业的读者，该假设并不是指所有建筑物均按照 ASCE/SEI 7-10 的 IV 级风险等级设计，并满足其他附加要求。此处假定加州或所有司法管辖区都采用了 IBC，但其中仅 ASCE/SEI 7-10 的表 1.5-2 所有风险类别的抗震重要性系数被调整为 $I_e = 1.5$。）

与摩尔市的情况相似，对于加利福尼亚州的大部分地区，设计新建建筑时抗震重要性系数 I_e 调整为 1.5 时，不会产生特别或极其高昂的建造费用。图 K-9 为加利福尼亚州旧金山湾区的短周期 MCE_R 图，等值线为基岩场地的短周期（0.2s）MCE_R 强度，在 ASCE/SEI 7-10 中用 S_S 表示，单位为 g。当该值大于等于 100（≥1.0g）时，场地条件的放大系数（在 ASCE/SEI 7-10 中用 F_a 表示）约为 1.0，因此该图还展示了 S_{MS}，即考虑场地条件（非基岩场地）的 MCE_R 强度。考虑实际的场地条件后，加州萨克拉门托（Sacramento）地区的 S_{MS} 约为 0.8g，而旧金山地区的 S_{MS} 约为 1.5g~2.3g。这意味着，旧金山西部地区以 $I_e = 1.0$ 建造的低层建筑物几乎可以满足萨克拉门托 $I_e = 3.0$ 的抗震设计要求。同一栋建筑如果位于旧金山以东 5 英里的地方，就可以满足 $I_e = 1.5$ 的抗震设计要求。同样，一栋位于加州康科德（Concord）的 $I_e = 1.0$（$S_{MS} = 2.25g$）普通建筑如果向南移动 35 英里至圣何塞（San Jose）国际机场附近（$S_{MS} = 1.50g$），就可以满足 $I_e = 1.5$ 的抗震设计要求。一直以来，上述两个地区的建筑物的设计建造都是实用且经济的，这意味着如果将旧金山湾区（不是全部加州地区）的大部分建筑物的抗震重要性系数提升至 $I_e = 1.5$ 是切实可行的，其建造费用也不会特别昂贵。

作者与四名加州工程师之间的讨论表明，建筑物如果按照 $I_e = 1.5$ 设计建造，工程造价将会增加 1%~3%（D. Bonneville, Degenkolb Engineers, 内部交流，2015 年 1 月；E. Reis, U.S. Resiliency Council, 内部交流，2014 年 4 月；J. Harris, J.R. Harris and Company, 内部交流，2015 年 8 月；R. Mayes, Simpson, Gumpertz and Heger, Inc. 内部交流，2015 年 1 月）。NEHRP 咨询公司（2013）的研究进一步支持了这一估值，此项研究的作者发现重新设计六栋位于田纳西州孟菲斯（Memphis, Tennessee）的特定建筑物，使它们符合 2012 版《国际建筑规范》，而非 1999 版《南方建筑规范》的要求，建筑物的平均强度预计提升 60%，工程造价预计增加 0%~1.0%。Olshansky 等（1998）发现，建筑物从不设防到采用最低等级抗震设防，其

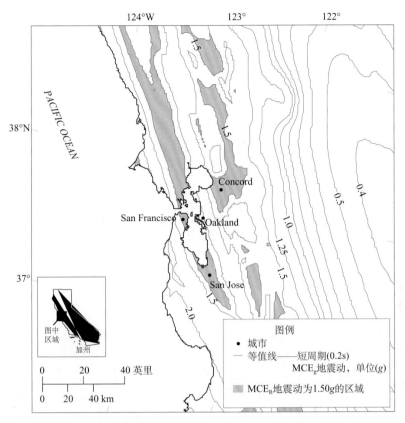

图 K-9　加州旧金山湾区基于目标风险的最大考虑地震（MCE_R）图

图中显示最大方向的 5%阻尼比短周期（0.2s）谱加速度的等值线。地表以下 30m 的平均剪切波速
为 760m/s。等值线上数值的单位为重力加速度（g）。等值线在小于 1.0g 时，以 0.1 的增量显示；
在大于 1.0g 时，以 0.25 的增量显示（BSSC 修订，2015）

Concord：康科德；Oakland：奥克兰；PACIFIC OCEAN：太平洋；San Francisco：旧金山；San Jose：圣何塞

预计边际成本（指的是每一单位新增生产产品带来的总成本增量）也有类似地增长。此外，CUREE-Caltech 木结构项目中一类建筑物的研究表明，如果建筑物的设防目标从保障生命安全提升至震后可居住，其造价的增加值也较小（Porter 等，2006）。

如果前面的论述仍不能令持怀疑态度的读者信服，作者进行了进一步的论证。例如，单位面积建筑工程造价手册 RSMeans（2011）表明，一栋典型的新建建筑物工程造价中约 67%用于建筑、机械、电气和管道集成，约 17%为运营费用和利润，剩余的 16%为结构本体成本，其中约一半为劳动力费用，余下的 8%（主要为建筑材料费用）大部分用于结构竖向承重系统，包括基础、楼板、柱和梁，仅小部分（约 2%）用于结构抗震体系。如果抗震体系费用增加50%，则建筑物的总工程造价增加 1%（如果考虑土地价值，则造价增加占比更少）。

然而，结构强度与材料用量之间并非线性关系。材料用量不必增加一倍，甚至不需要增加一半，就可以使结构强度增加 50%。可见，结构强度随材料用量的平方（或更高次幂）增加而增加。例如，W44×230（翼缘宽度）型钢比 W30×191 型钢的强度高 63%，但是质量（材料费用）仅增加约 20%，且无需额外的安装人员，构件强度增幅大于材料费用增幅的平方（$1.20^{2.6} = 1.63$）。也可以举出强度增幅更大的例子。

　　在加利福尼亚州，边际工程造价增加 1%~3% 对于边际开发费用的增幅较小，因为土地价值通常占建筑物价值的一半及以上，且其值不受 I_e 的影响。如果由购房者额外支付这部分 1%~3% 的建筑费用，而不是由土地价值部分所承担，假设土地价值占房产价值的二分之一（通常更多），那么建筑物价格大约会增加 0.5%~1.5%，即 1% 左右。Porter（第 L 章）将会研究公众是否愿意支付建筑物抗震能力提升所造成的额外费用。

　　如果加州或旧金山湾区的所有城市均采用 IBC，并且所有新建筑物设计抗震重要性系数 $I_e = 1.5$，那么在海沃德设定主震作用下，建筑物会发生怎样的破坏？作者基于以下合理假定计算建筑物的倒塌率，假定建筑物的抗倒塌能力服从对数正态累积分布，抗倒塌能力的对数标准差为 0.8，并将抗倒塌能力中值乘以系数 1.5，建筑物的倒塌率对比可见图 K-10。假定红色标记与倒塌建筑的比值、黄色与红色标记建筑的比值（分别为 3.8:1 和 13:1）与上文一致。建筑破坏率的空间分布见图 K-11。同样，结果对 b 值不敏感。

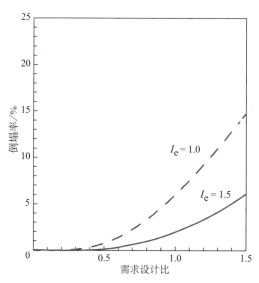

图 K-10　抗震重要性系数（I_e）分别为 1.0 和 1.5 时，
需求设计比（DDR）与建筑物倒塌率的函数关系
抗震重要性系数较高时，建筑物倒塌率大幅度下降

　　在人口普查范围内，采用式（K-5）计算可得：如果建筑物按照 $I_e = 1.5$ 设计建造，在海沃德地震情景主震作用下，大约会造成 130000 栋建筑物破坏，相比于按照 $I_e = 1.0$ 设计建造的 495000 栋建筑物破坏，破坏量减少了 75%。$I_e = 1.0$ 和 $I_e = 1.5$ 两种情况下的建筑物破坏数量对比见表 K-6。上文提到，建筑物破坏数量减少的同时房屋购买价格大约增加 0.5%~1.5%。举个例子，加州康科德的一栋价值 500000 美金的新建筑的月供将从 3400 美金增加至 3430 美金。然而，表 K-6 中不包含中度破坏的建筑物数量。Comerio（2006）的研究表明，1994 年北岭（Northridge）地震中，中度破坏的建筑数量大约为倒塌、红色和黄色标记建筑物数量之和的 3 倍。

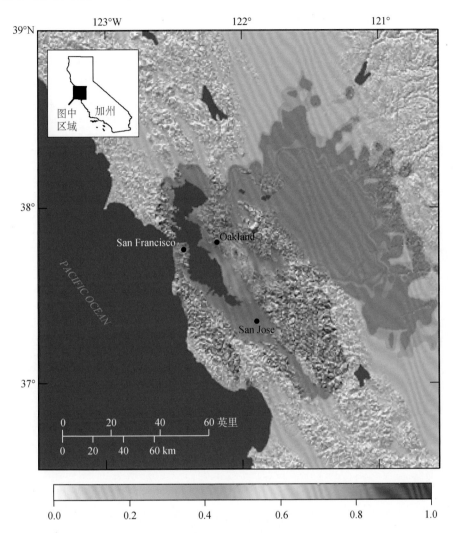

图 K-11　加州旧金山湾区海沃德情景 $M_W7.0$ 主震造成的建筑物（根据 $I_e = 1.5$ 设计）破坏率

破坏建筑物包括倒塌、红色和黄色标记的建筑物

通用 OpenSHA 的制图工具 Map Plotter 绘制；Field 等，2003

Oakland：奥克兰；PACIFIC OCEAN：太平洋；San Francisco：旧金山；San Jose：圣何塞

表 K-6　海沃德情景 $M_W7.0$ 主震造成的建筑物破坏

建筑物破坏状态	$I_e = 1.0$ 建筑物数量/栋	$I_e = 1.5$ 建筑物数量/栋
倒塌	8000	2000
红色标记	101000	27000
黄色标记	386000	101000
合计	495000	130000

注：I_e：抗震重要性系数；表中数值四舍五入简化到"千"。

如果全部建筑都是 $I_e = 1.0$ 的新建建筑物，那么海沃德设定主震会造成 50 万栋建筑破坏。旧金山湾区大约有 200 万栋建筑物，因此该地区的建筑物破坏率为 25%。建筑物的破坏会对其中生活或工作的人造成怎样的影响呢？近年来，独立住宅的空置率约为 0.5%，租赁住宅单元的空置率约为 3%（美国普查局），旧金山地区办公建筑的空置率约为 12%～15%（Wells Fargo Securities，2014）。建筑的空置率太低，无法容纳震后失去房屋的家庭和企业，这可能会迫使人们迁出该地区。

如果全部建筑都是 $I_e = 1.5$ 的新建建筑物，那么海沃德设定主震将造成 13 万栋建筑破坏，约占总建筑物数量的 6%。尽管建筑物的破坏率仍大于空置率，但是上述情况基本符合旧金山城市规划研究所（San Francisco Planning and Urban Research，SPUR）避难所特别工作组（Shelter-in-Place Task Forc，2012）的倡导，城市规划政策文件中建议旧金山地区的住房量应具有足够的弹性，以保证 95% 的人口得到安置。如果考虑合住避难和其他应急住所，此情景相较于 $I_e = 1.0$ 情景的震后安置能力更强。

十、场地失效造成的建筑物破坏分析

到目前为止，并没有考虑场地失效（液化，滑坡和地表破裂）造成的建筑物破坏。假设位于破裂的地表上的建筑物全部破坏，预估地表破裂对建筑物的影响。海沃德设定地震的地表破裂大约会造成 500 栋既有建筑破坏。如果全部建筑按照 $I_e = 1.0$ 的设计建造，那么建筑物的破坏率将增加 0.1%。如果全部建筑按照 $I_e = 1.5$ 的设计建造，那么建筑物的破坏率将增加 0.4%。但是，对于符合规范要求的建筑物的破坏率可能要低得多。原因如下：

1972 年《Alquist-Priolo 断层分区法》（Alquist-Priolo Fault Zoning Act）（加利福尼亚州自然保护部，California Department of Conservation［n.d.］）要求当地机构对距离活动断层（如海沃德断层）50 英尺范围以内的大部分开发项目（包括所有土地区划和大多数建筑物建造项目）实施监管。该法案主要是为了防止在已知活动断层上建造新的建筑。虽然法案中并不限制单户木框架结构和四个单元以内的两层钢结构住宅的建造，但是各城市可以自主对不受限制的建筑等实行更严格的管控。假设所有城市都依据 1972 年《Alquist-Priolo 断层分区法》限制断层区域内任何结构类型建筑物的建造，并且旧金山湾区的所有建筑物都符合要求，那么就不会有建筑物因地表破裂而破坏。

最近，ASCE/SEI 7-10 第 11.8 节要求大多数的加州新建建筑应出具岩土勘察报告。该报告评估了由于断层或震致侧向滑移而引起的边坡失稳、液化、整体和差异沉降以及地表位移的可能性。并且，该报告必须包含有关基础设计的建议或减轻这些危害影响的措施。尽管第 11.8 节并不能完全避免由于场地失效而造成的房屋破坏，但确实可以一定程度地减轻破坏。因此，可以得出以下结论：对于符合规范的建筑物，由于场地失效而造成的破坏将是轻微的，可能会被地面震动造成破坏的不确定性所掩盖。

2015 年 NEHRP 规范修订委员会主席指出："我们的抗震规范对于减少液化破坏的作用并不大……在当前阶段中，我们要做的更多"（D. Bonneville，书面交流，2015 年 3 月）。由于本章的讨论基于"所有建筑物都是符合规范的新建建筑"的假设，所以作者认为这在很大程度上减少了液化破坏。

十一、公众对新建筑抗震性能的期望

公众似乎缺乏对于符合规范要求建筑的抗震性能（如表 K - 5 所述）的认知，这主要是因为公众没有参与规范编写的过程。现在作者对这个过程进行回顾。

自 1927 年以来，美国典型建筑规范中加入了抗震设计条款，并且随着版本更新而不断发展（建议条款、标准和典型建筑法规在本章统称为"规范"）。工程道德规范（例如 ASCE（2006））要求规范编写者"将公众的健康、安全和福利放在首位"，该原则一直贯穿规范编写的过程。但是，规范编写者在获得公众对新建筑物抗震性能的期望以及安全性与工程造价之间的权衡方面所做的工作还远远不够。关于"可接受的抗震性能"的讨论主要在结构工程界内部进行。最近，工程伦理哲学家 Davis（2015）发现，ASCE 道德规范隐含如下要求，应让公众合理地参与规范的相关讨论，并且编写规范的土木工程师有义务考虑公众对于抗震性能的期望。Davis（2015）的观点得到了多位工程伦理学者的赞同（Porter，2016a）。

如前所述，美国建筑规范旨在保护生命安全并限制财产损失。例如，2009 版 IBC 的明确目标是"为保障公共健康、安全和一般福利，制定的最低要求……"并将"生命和财产安全"纳入其目标（ICC，2009）。NEHRP 规范（BSSC，2009）旨在"避免在极为罕见的、极端的地震动作用下结构发生倒塌"和"在中等或常遇地震动作用下，对可能导致伤亡、经济或功能性损失的结构和非结构体系的破坏进行合理控制"。值得注意的是，除了保护生命安全外，还包括保护一般福利和避免财产损失，这表明规范编制者并不认为规范仅保护生命安全。如果《NEHRP 规范》的编制者同意，可以将要求改为控制经济损失并保护生命安全。

特别是对于地震荷载，现行规范的编制者认为，将建筑物抗震能力提升至显著高于先前规范的水平是不切实际或不经济的（此处的抗震能力是指建筑物抵抗地震破坏或功能丧失的能力）。编制者也认为公众不愿意为更安全的建筑（如在强烈地震作用下仍能正常使用的建筑）支付更多的费用，ASCE 7（ASCE，2010）和 IBC（ICC，2012）以单栋建筑物为单元衡量可接受的地震水平的风险评估方法是最佳的（或至少是最切合实际的）。

如果说提供更高的抗震能力是不经济的，大致相当于说人们不愿意为此付费（"经济"是一种主观判断，不一定以效益成本比参数来衡量）。这是真实的吗？在一些资料（ASCE，2010；ICC，2012）以及新建筑的现行设计规范中，没有调查公众的支付意愿。通常，建筑部门也不会征询建筑物的业主和租户的意愿，他们也不在编制规范的委员会中。《国家标准局特别出版物 577》（Ellingwood 等，1980）的作者表示，A58 标准委员会（ASCE7 的前身）代表"那些实质上关注其（标准）范围和规定的人"。尽管委员会成员包括"来自研究界、建筑规范组织、行业、专业组织和行业协会的广泛专业人士"，但委员会中并未包括建筑物业主或租户代表。

由 FEMA 主办的地震风险沟通研讨会的作者们采访了一小群主要从事商业房地产的专业人士，了解他们对抗震性能的偏好（ATC，2002）。作者表达了这样一种信念："这次研讨会代表了第一次重要的尝试，即从技术团体以外获取有关可接受的地震风险水平作为设计的基础信息……，"尽管他们承认，"几个重要的利益相关团体，特别是住宅和公共建筑的业主，以及销售商根本没有代表。"直到最近，美国国家建筑科学研究所（NIBS，2012）——NIBS 是主导 BSSC（2009）开发的母机构，BSSC 是 IBC 的基础文件——开展了第一次关于"美国人对于建筑规范了解程度的基本解读"的调查。该调查水平很高，但没有调查公众对新建筑抗震性能的理解和偏好。问题的关键在于，一般不会向公众征询他们对于工作和生活的建筑物的抗震性能的偏好意见。如果向公众询问其愿意为更高的抗震能力支付多少费用，工程师会更容易（或许是必要的）对于抗震能力提升的建筑物的经济性做出评判。

为了讨论这个问题，有必要对"公众"下个定义。此处，作者采用 Davis 和 Porter（2016）的定义："公众可以指缺乏信息、技术知识、能力或条件的人，他们容易不同程度地受到代表客户或雇主权益的工程师的影响。公众是一个集合，而不是一个有组织的团体。不同于选民团体和公司团体，公众虽然是利益相关方，但是不能参与决策。公众是一个抽象概念（类似数学中集合的概念）。但是，在当前讨论中，公众所指的是不包括工程师，建筑官员或建筑行业的成员，因为这些群体在很大程度上主导着规范。"

最近 Davis（2015）指出，ASCE 道德准则要求如下：①公众在建立健康、安全和福利之间的优先权衡方面应发挥作用；②工程师有道德义务询问公众的意愿（在适当的能力范围内）；③工程师有道德义务对这些信息做出回应；④此处，公众不包括建筑商，开发商和结构工程师。

为了将公众对于建筑抗震性能的期望作为海沃德地震情景研究的一部分，作者对公众开展调查，提出以下一系列的问题（第 L 章，Porter）：

（1）您认为在大地震时大多数新建筑的性能目标是什么？
（2）您认为建筑规范应保障什么？
（3）您认为您所在的社区最感兴趣的建筑性能指标是什么？
（4）您认为在更安全的建筑和更高的初期建筑成本之间的合理权衡是什么？
（5）您认为这些问题有多重要？
（6）与当地政府或社区进一步探讨该问题的最佳方法是什么？

该调查旨在了解公众和地方官员对于符合最新建筑规范的新建建筑抗震性能的理解和偏好。在第 L 章中，作者分别对两个地区的 400 名公众进行了人口调查：加州全州范围和距新马德里（New Madrid）地震带最近的两个最大的大都市统计区（metropolitan statistical areas），即密苏里州的圣路易斯（Saint Louis，Missouri）和田纳西州的孟菲斯（Memphis，Tennessee）。调查结果表明，大部分受访者所期望的新建筑性能要优于规范中的性能目标。大部分人希望建筑在大地震后能够居住或者正常使用。受访者表明，对于抗震性能更好的建筑物，公众愿意多支付 1%~3% 的建造费用。

十二、研究局限性

此类研究存在很大的不确定性，某些参数可能设定的相对保守。FEMA 和 NIST 分析（ATC，2009 和 NEHRP 咨询公司，2012）中使用的在 MCE_R 作用下的建筑物倒塌率估计值 6% 可能无法代表真实建筑物的倒塌率，而新建建筑的实际平均倒塌率可能要低得多。例如，这些研究只考虑了框架结构，并且两项研究的作者建议的倒塌率 6% 反映的是这些建筑物样本的子集（周期大于 0.5s 的建筑物）的倒塌率。全球地震模型（Global Earthquake Model, GEM）指南提供了一个可选取一般建筑群样本的程序，选出的样本能代表建筑群整体（Porter 等，2014）。一项与 ATC（2009）和 NEHRP 咨询公司（2012）相似的研究使用了全球地震模型程序样本，能够检验 6% 的倒塌率对于一般建筑是否适用。

Luco 等（2007）计算 MCE_R 时使用的对数标准偏差 0.8 可能过高。这一数值可以使用上述的代表性样本方法进行检验（如上所述，一次地震中的倒塌率和倒塌建筑物的数量对于对数标准偏差的确切值十分不敏感）。在洛马普里塔（Loma Prieta）地震和北岭（Northridge）地震中，受损建筑（倒塌、红色和黄色标记建筑）与倒塌建筑的比例为 63：1，而在纳帕（Napa）地震中该比例为 57：1，这可能高估了符合规范的建筑物在加州未来地震中的破坏情况。使用 ATC（2012）程序可以更好地估计红色标记与倒塌建筑物的比例。可以进一步分析 2014 年纳帕（Napa）地震、1994 年北岭（Northridge）地震和 1989 年洛马普里塔（Loma Prieta）地震的 ATC-20 标记数据，建立黄色标记建筑物的分析模型。

未来的研究可能会证明本文给出的一个或多个估值不符合实际情况，而且建筑破坏数量的估计值远远大于真实值。然而，在获得更佳估值之前，本项研究结果表明在大地震（而非罕遇地震）作用下，满足现行建筑规范的性能目标要求的建筑物可能发生意料之外的大规模破坏。

十三、总结

《国际建筑规范》（IBC）旨在保证新建建筑在设计使用周期内的地震安全性。当前的建筑规范中抗震性能目标为建筑物在未来 50 年内倒塌概率不超过 1%，在 MCE_R 作用下倒塌率不超过 10%。但是，规范无法控制相对倒塌而言较轻的建筑物破坏（如红色和黄色标记建筑），也无法控制在大地震（例如海沃德情景中设定主震，非罕遇地震）中建筑物的破坏总数。

研究表明，在加州的 3 次地震中，红色或黄色标记的建筑数量大约是倒塌建筑数量的 60 倍。在北岭地震中，中度破坏的建筑物数量超过倒塌、红色和黄色标记建筑物之和数量的 3 倍，单栋建筑的保险索赔金额大约为 30000~40000 美元。FEMA 和 NIST 的研究表明，在 MCE_R 作用下建筑物的倒塌率没有超过规范限值 10%，其平均倒塌概率约为 6%。此项研究建立了新建建筑物的倒塌易脆性函数，其输入参数为建筑场地的地震动与场地类别调整后的 MCE_R 之比，即需求设计比（DDR）。建筑物的损伤易脆性函数为对数正态累积分布函数乘以总受损建筑物数量与倒塌建筑物数量之比（比值为 63），其上限为 1.0。倒塌易脆性函数的对数标准差取自 Luco 等（2007）关于 MCE_R 的研究，中位数取值则依据在 MCE_R 作用下，6% 的新建工程建筑可能倒塌的分析结果。

基于海沃德情景主震中的地震动图（图 K-5）和 ASCE/SEI 7-10 的 MCE_R 震动图（考虑场地放大效应进行了调整），本研究通过 DDR 计算了海沃德情景主震的震动。对 FEMA 2010 加州详实型建筑清单中的每个位置的 DDR 都进行了评估，以估算在海沃德主震中位于地面震动不同等级 DDR 的建筑物数量。使用本章的建筑物易脆性函数，假设所有建筑物为符合规范要求的新建建筑物，估算海沃德设定地震中破坏建筑物的数量，大约有 500000 座建筑物将倒塌、被标记为红色或黄色。在维修或重建建筑物期间，可能有多达 150 万人流离失所数月或更长时间。旧金山湾区的空置建筑物很少，无法容纳这么多流离失所的人，这意味着许多人将被迫离开旧金山湾区至少几个月，甚至可能永久离开。

对于州或城市而言，未来建筑物减损的方法之一是调整 IBC，即所有 I、II 或 III 类风险建筑的抗震重要系数（I_e）必须大于 1.0。如果旧金山湾区内城市的所有建筑的重要系数 I_e =1.5，海沃德主震造成的受损建筑物的数量将减少约 75%，降至 130000 栋。根据现行规范的性能目标，海沃德主震会造成 500000 栋建筑物受损，无法达成旧金山湾区城市规划组织 SPUR 制定的 95% 居民就地避难的性能目标，但如果建筑物的 I_e = 1.5（仅 130000 栋建筑物破坏），则可以达成 SPUR 的目标。依据当前规范目标、MCE_R 研究成果、近期加州地震中倒塌、红色和黄色标记建筑物的数据，以及 FEMA2010 更新的建筑物数据库，给出了建筑物破坏的估算值。

抗震重要系数 I_e = 1.5 的新建筑物的工程造价大约比现行规范要求的建筑物的工程造价高 1%~3%，如果考虑到土地价值，其购置价格约增加 1%。以下实例表明，边际成本（增加一单位的产量随即而产生的总成本增加量）的小幅增加对于建筑物抗震性能的提升是可行的。ASCE/SEI 7-10 的抗震设计中旧金山市某一区域的建筑物设计强度要求相比另一区域高 50%。此外，相比 2013 年毁灭性龙卷风发生之前，俄克拉荷马州摩尔市现行的建筑物设计强度要求提高了 125%。

在海沃德地震情景中，作者开展了一项问卷调查（第 L 章，Porter），以征询公众对规范抗震性能目标的理解、期望和偏好。调查表明大多数公众都希望建筑抗震性能可以更好——在大地震后建筑仍然可以安全居住或者正常使用。受访者愿意多支付 1%~3% 的工程造价，以实现更高水平的抗震性能。一些学者认为土木工程师有义务在起草抗震设计要求时考虑公众的偏好（Davis，2015），海沃德情景进行的调查有助于制定地震活跃地区的下一代建筑规范的性能目标。

十四、结论

在大地震（而非罕遇地震）作用下，如海沃德情景 M_W7.0 设定主震，符合现行建筑规范要求的建筑可能会发生意料之外的大规模破坏，倒塌、红色和黄色标记的受损建筑可能导致大量旧金山湾区的居民流离失所。根据对加利福尼亚州、密苏里州圣路易斯市和田纳西州孟菲斯市大都市统计区的居民进行的一项大规模调查，现行建筑规范的性能目标明显低于公众的期望，并且公众愿意为更坚固的建筑支付额外增加的建筑费用。

参 考 文 献

Aagaard B T, Graves R W, Rodgers A, Brocher T M, Simpson R W, Dreger D, Petersson N A, Larsen S C, Ma S and Jachens R C, 2010, Ground-motion modeling of Hayward Fault scenario earthquakes, part Ⅱ—Simulation of long-period and broadband ground motions: Bulletin of the Seismological Society of America, v. 100, no. 6, p. 2945-2977

American Society of Civil Engineers [ASCE], 2006, Code of ethics: Reston, Va., American Society of Civil Engineers web page, accessed January 28, 2015, at https://www. asce. org/codeofethics/

American Society of Civil Engineers [ASCE], 2010, Minimum design loads for buildings and other structures: Reston, Va., Structural Engineering Institute, ASCE/SEI 7-10, 608p

Applied Technology Council [ATC], preparer, 1997, NEHRP guidelines for the seismic rehabilitation of buildings: Washington D C, Federal Emergency Management Agency publication 273, prepared for the Building Seismic Safety Council, 386p, accessed May 21, 2015, at https://www. wbdg. org/ccb/DHS/ARCHIVES/fema273. pdf

Applied Technology Council [ATC], 2002, ATC-58-1—Proceedings of FEMA-sponsored workshop on communicating earthquake risk: Redwood City, Calif., Applied Technology Council, 74p

Applied Technology Council [ATC], 2005, ATC-20-1—Field handbook—Procedures for postearthquake safety evaluation of buildings: Redwood City, Calif., Applied Technology Council, 144p

Applied Technology Council [ATC], preparer, 2009, Quantification of building seismic performance factors: Washington D C, Federal Emergency Management Agency publication P-695, 421p, accessed May 21, 2015, at https://www. fema. gov/media-library-data/20130726-1716-25045-9655/femap695. pdf

Applied Technology Council [ATC], preparer, 2012, Seismic performance assessment of buildings—Methodology: Washington D C, Federal Emergency Management Agency publication P-58-1, v. 1, 319p, accessed May 21, 2015, at https://www. fema. gov/media-library-data/1396495019848 - 0c9252aac91dd1854dc378feb9e69216/FEMAP-58Volume1508. pdf

Applied Technology Council [ATC], preparer, 2015, Rapid visual screening of buildings for potential seismic hazards—A handbook (3d ed.): Washington D C, Federal Emergency Management Agency publication P-154, 388p, accessed May 21, 2015, at https://www. fema. gov/media-library-data/1426210695633 - d9a280e72b32872161efab 26a602283b/FEMAP-154508. pdf

Aslani H and Miranda E, 2006, Delivering improved information on seismic performance through loss disaggregation, in Proceedings of the 8th U. S. National Conference on Earthquake Engineering: Earthquake Engineering Research Institute, 10p

Beck J L, Kiremidjian A, Wilkie S, Mason A, Salmon T, Goltz J, Olson R, Workman J, Irfanoglu A and Porter K, 1999, Decision support tools for earthquake recovery of businesses—Final report: Richmond, Calif., Consortium of Universities for Research in Earthquake Engineering-Kajima Joint Research Program, Phase Ⅲ, 146p

Building Seismic Safety Council [BSSC], preparer, 2009, NEHRP recommended seismic provisions for new buildings and other structures: Washington D C, Federal Emergency Management Agency publication P-750, 388p, accessed May 21, 2015, at https://www. fema. gov/media-library-data/20130726 - 1730 - 25045 - 1580/femap750. pdf

Building Seismic Safety Council [BSSC], preparer, 2015, NEHRP recommended seismic provisions for new buildings and other structures: Washington D C, Federal Emergency Management Agency publication P-

1050, 515p

Bureau of Labor Statistics, 2013, National census of fatal occupational injuries in 2012 (preliminary results): U. S. Department of Labor publication USDL-13-1699, 14p

California Department of Conservation, [n. d.], California public resources code, division 2, chapter 7. 5, Earthquake fault zoning: California Department of Conservation web page, accessed February 3, 2015, at https: // www. conservation. ca. gov/cgs/codes/prc/Pages/chap-7-5. aspx

City of Moore, 2014, City adopts new building codes, first in the Nation: City of Moore web page, accessed November 25, 2014, at https: //www. cityofmoore. com/node/2111

Comerio M C, 2006, Estimating downtime in loss modeling: Earthquake Spectra, v. 22, no. 2, p. 349-365

Czarnecki R M, 1973, Earthquake damage to tall buildings: Cambridge, Mass., Massachusetts Institute of Technology, Structures Publication 359, 125p

Davis M, 2015, What part should the public have in writing engineering standards? in Security and Disaster Preparedness Symposium—Codes and Governance in the Built Environment, National Institute of Building Sciences Third Annual Conference and Expo: National Institute of Building Sciences, accessed March 1, 2015, at https: //www. nibs. org/store/ViewProduct. aspx? id=4108575

Davis M and Porter K, 2016, The public's role in seismic design provisions, Earthquake Spectra, v. 32, no. 3, p. 1345-1361, https: //doi. org/10. 1193/081715EQS127M

Ellingwood B, Galambos T V, MacGregor J G and Cornell C A, 1980, Development of a probability-based load criterion for American National Standard A58: Washington D C, National Bureau of Standards Special Publication 577, 222p

EQE International and the Geographic Information Systems Group of the California Governor's Office of Emergency Services [EQE and Cal OES], 1995, The Northridge earthquake of January 17, 1994—Report of data collection and analysis; Part A, Damage and inventory data: Irvine, Calif., EQE International, project number 36386. 02, 322p

Federal Emergency Management Agency [FEMA], 2012a, Hazus multi-hazard loss estimation methodology, earthquake model, Hazus® -MH 2. 1 technical manual: Federal Emergency Management Agency, Mitigation Division, 718p

Federal Emergency Management Agency [FEMA], 2012b, Reducing the risks of nonstructural earthquake damage— A practical guide: Federal Emergency Management Agency, FEMA E-74, accessed June 1, 2014, at https: //www. fema. gov/earthquake-publications/fema-e-74-reducing-risks-nonstructural-earthquake-damage

Field E H, Jordan T H and Cornell C A, 2003, OpenSHA, a developing community-modeling environment for seismic hazard analysis: Seismological Research Letters, v. 74, no. 4, p. 406-419

Fradkin P L, 1999, Magnitude 8—Earthquakes and life along the San Andreas Fault: University of California Press, 348p

Harris S K, Scawthorn C and Egan J A, 1990, Damage in the Marina District of San Francisco in the October 17, 1989 Loma Prieta Earthquake, in Proceedings of the 8th Japan Earthquake Engineering Symposium: Tokyo, Japan Earthquake Engineering Symposium

Heron M, 2013, Deaths—Leading causes for 2010: National Vital Statistics Reports, v. 62, no. 6, 97p

Hess R L, 2008, The ShakeOut scenario supplemental study—Unreinforced masonry (URM) Buildings: Denver, Colo., SPA Risk LLC, 15p, accessed October 26, 2010, at https: //www. sparisk. com/pubs/ShakeOutScenarioURMHess. pdf

International Code Council [ICC], 2009, International Building Code: Country Club Hills, Ill., International Code

Council, 716p

International Code Council [ICC], 2012, International Building Code: Country Club Hills, Ill., International Code Council, 722p

Kennedy R P and Short S A, 1994, Basis for seismic provisions of DOE-STD-1020: Lawrence Livermore National Laboratory and Brookhaven National Laboratory Technical Report UCRL-CR-111478 and BNL-52418, 65p, https://doi.org/10.2172/10146835

Kustu O, Miller D D and Brokken S T, 1982, Development of damage functions for highrise building components for the U.S. Department of Energy: San Francisco, Calif., URS/John A. Blume & Associates, 46p

Luco N, Ellingwood B R, Hamburger R O, Hooper JD, Kimball J K and Kircher C A, 2007, Risk-targeted versus current seismic design maps for the conterminous United States, in Proceedings of the 2007 Convention of the Structural Engineers Association of California: Sacramento, Structural Engineers Association of California, p. 163-175

Multihazard Mitigation Council, 2017, Natural hazard mitigation saves—2017 interim report: Washington D C, National Institute of Building Sciences, 344p, accessed April 3, 2018, at https://www.nibs.org/page/mitigationsaves/

National Institute of Building Sciences [NIBS], 2012, Results from a survey of Americans on building codes and building safety: Washington D C, National Institute of Building Sciences, 13p

National Institute of Standards and Technology [NIST], 1990, Performance of structures during the Loma Prieta Earthquake of October 17, 1989: National Institute of Standards and Technology, NIST SP-778, 212p

NEHRP Consultants Joint Venture, 2012, Tentative framework for development of advanced seismic design criteria for new buildings: National Institute of Standards and Technology, NIST GCR 12-917-20, 302p, accessed May 21, 2015, at https://www.nehrp.gov/pdf/nistgcr12-917-20.pdf

NEHRP Consultants Joint Venture, 2013, Cost analyses and benefit studies for earthquake-resistant construction in Memphis, Tennessee: National Institute of Standards and Technology, NIST GCR 14-917-26, 249p, accessed May 21, 2015, at https://www.nist.gov/customcf/getpdf.cfm?pubid=915569

Olshansky R B, Bancroft R and Glick C, 1998, Promoting the adoption and enforcement of seismic building codes—A guidebook for State earthquake and mitigation managers: Washington D C, Federal Emergency Management Agency publication 313, 211p

Petersen M D, Moschetti M P, Powers P M, Mueller C S, Haller K M, Frankel A D, Zeng Y, Rezaeian S, Harmsen S C, Boyd O S, Field N, Chen R, Rukstales KS, Luco N, Wheeler R L, Williams R A and Olsen A H, 2014, Documentation for the 2014 update of the United States national seismic hazard maps: U. S. Geological Survey Open-File Report 2014-1091, 255p, https://dx.doi.org/10.3133/ofr20141091

Porter K A, 2003, An overview of PEER's performance-based earthquake engineering methodology, in Proceedings of the Ninth International Conference on Applications of Statistics and Probability in Civil Engineering: Civil Engineering Risk and Reliability Association, p. 973-980, accessed June 1, 2014, at https://spot.colorado.edu/~porterka/Porter-2003-PEER-Overview.pdf

Porter K A, 2016a, Not safe enough—The case for resilient seismic design: Structural Engineers Association of California 2016 Convention, Maui, Hawaii, October 12-15, 2016, 10p, accessed April 3, 2018, at http://www.sparisk.com/pubs/Porter-2016-SEAOC-Resilience.pdf

Porter K A, 2016b, Safe enough? —A building code to protect our cities as well as our lives: Earthquake Spectra, v. 32, no. 2, p. 677-695, https://dx.doi.org/10.1193/112213EQS286M

Porter K A, 2017, When addressing epistemic uncertainty in a lognormal fragility function, how should one adjust the median? in World Conference on Earthquake Engineering, 16th, Santiago, Chile, 2017, Proceedings: International Association for Earthquake Engineering, no. 2617

Porter K A and Cobeen K, 2012, Informing a retrofit ordinance—A soft-story case study, in Proceedings of the 2012 Structures Congress: Reston, Va., American Society of Civil Engineers

Porter K, Farokhnia K, Vamvatksikos D and Cho I, 2014, Analytical derivation of seismic vulnerability functions for highrise buildings: Global Vulnerability Consortium, 136p, accessed January 1, 2015, at https://www.nexus.globalquakemodel.org/gem-vulnerability/posts/

Porter K A and Kiremidjian A S, 2001, Assembly-based vulnerability of buildings and its uses in seismic performance evaluation and risk-management decision-making: Stanford, Calif., Stanford University, John A. Blume Earthquake Engineering and Research Center report 139, Ph. D. dissertation, 196p, available at https://www.sparisk.com/pubs/Porter-2001-ABV-thesis.pdf

Porter K A, Scawthorn C R and Beck J L, 2006, Cost-effectiveness of stronger woodframe buildings: Earthquake Spectra, v. 22, no. 1, p. 239-266, https://dx.doi.org/10.1193/1.2162567

RSMeans Co., Inc., 2011, Square Foot Costs 2012 (33d ed.): Kingston, Mass., RSMeans, Inc., 505p

SPUR Shelter-in-Place Task Force, 2012, Safe enough to stay: San Francisco, Calif., San Francisco Planning and Urban Research, 44p

Structural Engineers Association of Northern California [SEAONC], 1990, Posting of buildings after the Loma Prieta Earthquake: San Francisco, Calif., Structural Engineers Association of Northern California, 32p

Taciroglu E and Khalili-Tehrani P, 2008, M7.8 Southern San Andreas Fault Earthquake Scenario—Non-ductile Reinforced Concrete Building Stock: Denver, Colo., SPA Risk LLC, accessed October 26, 2010, at https://arazprojects.com/wp-content/uploads/concrete_buildings.pdf

U. S. Census Bureau, 2012, Table 1103, motor vehicle accidents—Number and deaths, 1990-2009: Washington D C, U. S. Census Bureau, accessed May 21, 2015, at https://www.census.gov/compendia/statab/2012/tables/12s1103.pdf

U. S. Census Bureau, [n. d.], Quarterly vacancy and homeownership rates by State and MSA: Washington D C, U. S. Census Bureau, accessed May 21, 2015, at https://www.census.gov/housing/hvs/data/rates.html

Wells Fargo Securities, 2014, San Francisco Bay area real estate outlook: Wells Fargo Securities Economic Group Special Commentary, May 6, 2014, accessed May 21, 2015, at https://www.realclearmarkets.com/docs/2014/05/San%20Francisco%20Real%20Estate%20Outlook_05062014.pdf

Wikipedia, 2017, List of earthquakes in California, accessed December 5, 2017, at https://en.wikipedia.org/wiki/List_of_earthquakes_in_California

第 L 章　加州和新马德里地震带附近地区新建建筑抗震性能的公众偏好调查——不够安全

Keith A. Porter[*]

一、摘要

美国地质调查局（U. S. Geological Survey，USGS）早期的调查研究，尤其是 ShakeOut 地震灾害情景分析结果表明：公众并不了解美国抗震设计标准中的"生命安全"（life-safety）性能目标的内涵，但是仍期望更好的建筑物抗震性能。为了验证上述观点，作者在科罗拉多大学博尔德分校的支持下，在美国加利福尼亚州和中部新马德里地震带附近地区开展了一项公众调查，并将其纳入 USGS 海沃德地震情景（HayWired earthquake scenario）研究。该情景是设定 2018 年 4 月 18 日下午 4 时 18 分，位于加利福尼亚州旧金山湾区东湾的海沃德断层上发生 $M_W 7.0$ 地震。本次调查旨在确定：①公众是否了解美国抗震设计标准中的"生命安全"性能目标；②如果发生大地震，公众对于既有建筑抗震性能的期望；③公众是否愿意为更"坚固"的建筑承担额外费用；④公众对建筑物抗震性能的重视程度。两个区域的调查结果并没有显著差异，调查结果如下：

（1）大部分受访者不了解 ASCE/SEI 7 和《国际建筑规范》（IBC）中的建筑物"生命安全"性能目标的具体含义；

（2）相较于控制单体建筑的倒塌率，受访者更关注的是如何控制大地震造成的人员伤亡总数；

（3）相较于控制人员伤亡总数，受访者更重视在大地震（调查中用"Big One"特指）发生后能否保证建筑物继续正常使用或居住；

（4）受访者期望建筑的抗震性能应优于现行 ASCE/SEI 7 的抗震设防要求；

（5）绝大多数受访者愿意为更"坚固"的建筑承担额外费用，其中主流意见表明，公众能接受的额外费用为 3.00 美元/平方英尺；

（6）80% 的受访者（即使是地震发生频率比加州低得多的美国中部地区的受访者）表示对于建筑物的抗震性能重视或非常重视；

（7）在这两个调查区域内，高收入及受过良好教育的欧裔占比相对较多，然而通过回归分析发现，为更"坚固"的建筑支付额外费用的意愿与受访者收入及受教育程度关联性并不强。

综上所述，调查结果主要表明：

（1）考虑到公众对建筑性能的更高期望，ASCE/SEI 7 的编制者有必要重新审视新建建

---

* University of Colorado Boulder 科罗拉多大学博尔德分校。

筑的抗震设防目标；

（2）有必要就建筑规范中新建建筑的性能目标与公众进行深入沟通；

（3）如果主管部门与受访者意见相同，希望新建筑的抗震性能优于"生命安全"性能目标，则有必要提供切实可行的建筑物性能提高方案以供其选择；

（4）具体来说，该问卷对开展海沃德地震情景研究工作是有促进意义的，因为其真实地反映了加州公众对建筑物抗震设防目标抱有的更高期望；

（5）旧金山湾区的主管部门愿意了解公众对新建建筑抗震性能的偏好；

（6）根据海沃德地震情景中公众意愿调查结果和总体损失评估结果，旧金山湾区的主管部门可能更有兴趣了解更高抗震水准的建筑物所需的投入与产生的收益情况。

二、引言

本章研究关于公众对新建建筑抗震性能的偏好。在讨论公众的意愿之前，首先简要地介绍现行建筑规范的要求。美国建筑规范 ASCE/SEI 7-10（American Society of Civil Engineer, 2010）建议采用建筑物或其他结构的最小设计荷载（包含抗震设计要求）。2012 版《国际建筑规范》（IBC；International Code Council, 2012）参考 ASCE/SEI 7-10，实际上大多数社区采用 IBC，或对其稍作修改。ASCE/SEI7 限制建筑物在地震中的倒塌。在某种程度上 ASCE/SEI 7 过于简化，但这有助于保证新建建筑在建成后 50 年（设计年限）内的地震倒塌率小于 1%。正如 Porter（2016）所讨论的，美国联邦应急管理局（Federal Emergency Management Agency, FEMA）和国家标准与技术研究所（National Institute of Standards and Technology, NIST）研究表明，"小于 1%"意味着，在设计年限内建筑的平均倒塌率约为 0.6%。ASCE/SEI 7 中设置了其他要求以控制维修费用，但 0.6% 的建筑倒塌率是保证生命安全的合理量度，通常被称为"生命安全性能目标"。

Porter（第 K 章）的研究中指出，现行建筑规范的"生命安全"性能目标可能存在意料之外的严重风险。USGS 海沃德地震情景设定 2018 年 4 月 18 日下午 4 时 18 分在加利福尼亚州旧金山湾区的东湾海沃德断层上发生 $M_W7.0$ 地震，震中位于奥克兰，地震可能造成数十万座建筑物破坏，超过 100 万人失去住所。

一位经常与当地政府打交道的 USGS 科学家认为，根据她在 ShakeOut 地震情景开发过程中的经验（Jones, 2008），市议会议员和市长"完全不了解"符合规范生命安全性能指标要求的建筑在地震中表现如何，当他们了解后才发现性能指标并不能达到公众的期望（Lucile Jones, USGS, 内部交流, 2013 年 11 月 19 日）。在建筑规范抗震设计要求的制定过程中公众鲜少参与。

1927 版《统一建筑规范》（The 1927 Uniform Building Code）（建筑官员国际会议，1927）以 60 名建筑官员的经验和判断为基础，提出了最早的抗震设计要求。在随后的 90 年里，专业工程师和结构工程师推动了抗震设计规范的发展。荷载抗力分项系数设计方法的开发者曾经呼吁结构工程师开展关于新建筑的抗震性能全行业讨论（Ellingwood 等, 1980），但没有这类讨论开展的相关记载，更不用说与公众进行讨论了。

一般由州立法机关和市议会来代表公众决定规范（例如 IBC 规范）是否被采纳或调整，也就是说规范是否被采纳在一定程度上征求了主管部门的同意。假如州（或市）主管部门对于生命安全性能目标的不理解，仅是因为他们与工程师、规范编制者或建筑专业人员之间缺乏有效的沟通，那么增加交流沟通就可以解决这个问题。倘若结构工程师们向州（或市）主管部门进一步解释了建筑规范能保障什么与不能保障什么，那么是否可以认为政府代表公众知晓建筑规范的潜在风险，并决定采纳该规范呢？

工程伦理学者 Davis（1991）认为，知情同意的前提是指人们针对风险可以制定方案或有替代方案可供选择。然而，事实上无论政策制定者是否了解规范中的生命安全性能指标，大多数州（或市）都缺乏制定建筑规范替代方案的相关资源，因此政府是无法给予知情同意的。那些不能制定和选择替代方案的州（或市）政府官员及其选民，即《美国土木工程师协会道德准则（2006）》（American Society of Civil Engineers，ASCE）第一条所指的"公众"，该准则规定"工程师应把公众的安全、健康和福利放在首位……"。Davis（2015）最近研究表明 ASCE 道德规范隐含如下要求，编写规范的土木工程师有义务考虑公众对于抗震性能的期望。他认为编写建筑规范的人员不属于"公众"范畴，比如工程师、建筑官员和建筑行业从业人员。在本章研究中，作者将详细介绍基于大规模、严格人口调查的公众对新建建筑抗震性能的偏好，此项研究为首次开展。本次调查在科罗拉多大学博尔德分校的支持下进行，并作为海沃德地震情景研究的一部分。在 Davis 和 Porter（2016）的调查总结报告中，讨论了当前研究背景下公众的组成，以及在制定建筑规范性能指标时需要参考公众意见的道德规范。

1. 目标

本章提出了以下问题：如果发生大地震，公众对于符合建筑规范的新建筑抗震性能的期望和偏好是什么？公众是否愿意为更"坚固"的建筑承担额外费用？拟通过两个高风险地震多发地区的人口调查来回答以上问题。此处的"高风险"是指 ASCE/SEI 7-10（ASCE（美国土木工程师学会），2010；图 L-1）定义的抗震设计类别至少为 D 级。该研究对两个地区 18 岁以上的成年人进行了随机抽样调查。

调查的方式有多种，本章采用网络调查以提高效率。正如 Dillman 等（1998）所讨论的，网络调查既有优点也有缺点。调查误差包括覆盖误差（由于缺失某些群体引起的差异）、抽样误差（样本与整体之间的差异）、测量误差（由于表述不当引起的差异）和无应答误差（做出回答与拒绝回答群体之间的差异）。Dillman 等（1998）也提出了一些可减小以上误差的措施，如后文所述。

本次调查涵盖了两个地理区域以探讨公众偏好的地区差异。这些地区差异可能反映了近期不同的地震经历、不同的财富或其他地区性问题。

本文选择加利福尼亚州（几乎全部地区都属于抗震设计类别 D 级或以上）和美国中部新马德里地震带的部分地区。此外，新马德里地震带区域的被调查者从密苏里州圣路易斯和田纳西州孟菲斯两个大都市统计区（Mtropolitan Statistical Areas，MSAs）的居民中选取，这两个地区都符合高地震危险区的定义。

在本项调查前，作者针对 66 名加州民众开展了初步调查。初步调查表明：公众不了解建筑规范中新建建筑的性能目标，公众的期望高于普通建筑物的生命安全性能目标，并愿意额外支付 3~10 美元/平方英尺的建造费用，以使建筑物在大地震后仍能居住使用。该调查采用"方便抽样"（convenience sample）方法，即样本的获取相对便利，但不能代表随机样

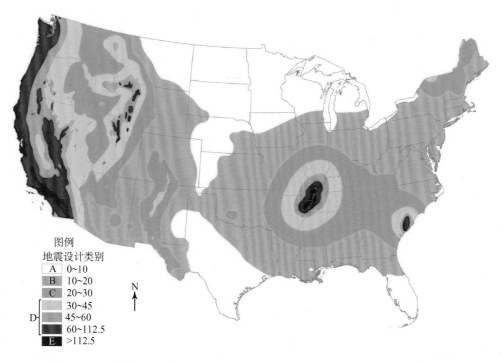

图例
地震设计类别
A　0~10
B　10~20
C　20~30
D　30~45
　　45~60
　　60~112.5
E　>112.5

N
↑

图 L - 1　美国地震设计类别（SDC）A—E 类区划图

基于目标风险的最大考虑地震动（MCE$_R$）1s 谱加速度参数（S_{M1}），以重力加速度的百分
比（%）表示。加利福尼亚州和美国中部新马德里地震带（本研究的调查区域）大部分地
区的地震设计类别为 D 级（BSSC, 2009）

本。初步调查时首先测试了调查工具，然后开展了多次调查，并鼓励受访者提问。从受访者
的反馈来看，调查问题较为清晰。此外，Liesel Ritchie 博士，一位从事调查工作的社会学
家，对问题进行了审查，并认为调查问题的含义明确。为了保证方便样本不会与随机样本混
淆，本项调查样本不包括初步调查的数据。初步调查详情请参见 Porter 和 Davis（2015）。

此外，至少已有一项相关调查内容是关于公众是否信任既有建筑（International
Association of Plumbing and Mechanical Officials，国际管道工程和机械官员协会等，2012）。
调查发现"大多数美国人只知道建筑规范的意义是为了保护人们的安全。然而，除此之外，
他们对建筑规范的了解似乎很少……美国人普遍相信，鉴于他们所在地区的自然灾害类型，
他们生活和工作的建筑有足够的保护措施。"城市研究所（Urban Institute, 1991）开展了一
项关于公众为生命安全性能付费意愿的研究，该结果为制定避免伤亡可接受成本的决策提供
了参考，如美国联邦公路管理局（Federal Highway Administration, 1994）。本项调查旨在了
解公众对规范如何衡量抗震性能的理解、对性能目标（即用数字表明建筑物安全程度）的
认识、对抗震性能的偏好，以及为高于现行规范要求的性能而支付额外费用的意愿。其中对
于公众支付意愿的调查是风险领域的新研究，其结果可以与其他领域的调查结果进行比较，
也可以与其他方法评估的支付意愿结果进行比较。

科罗拉多大学博尔德分校（一所公立大学）开展了此项研究，其符合道德准则，且为公众所信任。1966 年美国公共卫生局（Public Health Service，PHS）政策要求机构审查委员会（institution review board，IRB）独立审查涉及人类的临床研究和调查（卫生局局长办公室，1966）。1974 年美国公共卫生局政策（45CFR46）规定了制度保证、内部审查委员会审查、知情同意和道德行为等要求。1991 年，17 个联邦机构发布了标题为《共同法规》（Common Rule）的统一法规。根据这些要求，此处讨论的调查已由科罗拉多大学的内部审查委员会批准。

2. 调查方法

本项调查通过线上调查公司 SurveyMonkey.com 开展，因为与随机电话拨号等调查方式相比，网络调查更简单快速且成本更低。本项调查的目标是在两个调查区域（加州和孟菲斯及圣路易斯大都市统计区）各收集至少 400 份的 18 岁及以上成年人的回答。如下文所示，在加州地区收到 413 份调查回复，在孟菲斯和圣路易斯地区收到 401 份调查回复，文中提及这两个城市的所有内容，都是指城市的大都市统计区，而非指整个城市。考虑到建筑行业人员在制定抗震设计要求方面起着重要作用，在当前的情况下，他们不符合"公众"的定义，因此不在调查之列。被排除在"公众"范围之外的人员包括了建筑施工、结构设计、建筑设计、房地产、建筑主管部门和检查部门的从业者。

之所以每个地区的样本量为 400 人，是因为对于超过千万人口的地区而言，400 的样本量可使得调查误差在 ±5% 以内，具有 95% 的置信度。也就是说，在每个地区中受访者的回复与整个区域的回复的误差在 5% 以内，具有 95% 的置信度。综合考虑两个地区的情况，误差大约为 ±3.4%（估计的准确性取决于样本在总体中的代表性，这个问题将在后面讨论）。

大样本量有助于减少潜在的覆盖误差。如下文所述，主要人群都对调查作出了答复（考虑性别、收入、受教育程度、年龄、种族和民族）。当无法调查所有人员时，抽样误差是不可避免的，但是大样本量也就限定了潜在的误差大小。如上文所述，通过初步调查已经将测量误差降至最低。再通过保持调查应答文字的简明扼要，减小了无应答误差。如下文所述，高回复率会减小无应答误差。

这项调查是由一家调查公司根据科罗拉多大学博尔德分校 IRB 于 2015 年 7 月 2 日批准的人类主体研究协议进行的。2015 年 7 月收集调查回复。

调查包含以下问题：

（1）您属于下列哪种情况？（询问受访者是否从事与现行建筑规范相关行业，此类人群不在调查范围内）

（2）受访者的职务与建筑规范的关联？（如果对问题 1 的回答为"是"，则不能参与进一步调查）

（3）新建建筑在大地震中的预期性能目标？

（4）建筑规范应包含哪些内容？

（5）衡量抗震性能的首选指标？

（6）提高抗震性能的可接受成本？

（7）调查问题的重要性？

（8）年龄？

（9）性别？

（10）种族或民族？

（11）学历？

（12）家庭收入？

个人调查答复以饼状图的形式汇总。受访者平均花费 6 分钟完成调查。

3. 受访人群和抽样过程

在加州和新马德里（后者指孟菲斯和圣路易斯 MSAs）两个地区的成年人中进行抽样调查，每个地区获得至少 400 份调查回复，其中不包括从事建筑行业的受访者。SurveyMonkey.com 对其抽样过程作了如下说明：

我们非常谨慎地确保受访者群体的多样性，且他们愿意回复调查问题。

当一名小组成员加入我们的受访者社区并成为 SurveyMonkey Contribute 的会员时，他们将填写一份档案。此档案包含人口统计问题（性别、年龄、地区）以及您可能关心的其他目标特征（手机使用、工作类型等）。

1）激励措施

每当 SurveyMonkey Contribute 成员完成一项合格的调查时，SurveyMonkey 都会向该成员选择的慈善机构捐款，并且该成员可以选择参加抽奖活动。

2）招募成员

我们每月从参加 SurveyMonkey 调查问卷的 4500 多万人中招募 Contribute 成员。例如，在完成调查问卷后，受访者会被重新导向至一个新页面，该页面可能包含 SurveyMonkey Contribute 的广告。

SurveyMonkey Contribute 成员来自美国、英国和澳大利亚。您可以具体指定某一国家的受访者。如果您需要其他国家的受访者，请与我们联系。

虽然我们招募的成员年龄在 13 岁以上，但我们有能力按年龄划分受访者，并且能划分 18 岁及以上的受访者。

3）抽样过程

我们通过电子邮件向符合要求的受访者发送邀请。系统从 SurveyMonkey Contribute 成员库中随机选择一个与您要求相匹配的群组。

我们使用标准电子邮件模板，通知受访者参加新的调查问卷。用户无法自定义 SurveyMonkey Contribute 的邀请电子邮件。

4）受访者选取

我们根据会员个人资料信息来确定受访者目标。您设定的要求或标准越多，我们用来构建样本的人口就越少。愈严苛的受访样本选择条件可能会减缓调查完成的速度，甚至导致调查根本无法完成。

5）平衡数据

如果将调查问卷寄送给普通受众，则结果通常可以代表所调查的人群。我们会根据年龄和性别的人口普查数据自动平衡结果，而地理位置往往会自然平衡。随着响应数量的增加，平衡精度和粒度会得到改善。当您指定受访者标准时，结果不再代表一般人群，因为您有目的地选择人群的特定子集（SurveyMonkey，2015）。

三、调查问题与反馈

调查包含 12 个问题，以确定公众对新建建筑抗震性能的偏好。第一个问题是确定受访者是否从事建筑行业。如果从事此类行业，受访者将失去进一步回答的资格。未回答是指收到调查问卷但没有回复的人（N. Teckman，书面交流，2015 年 7 月 14 日）。

1. 响应率

该调查问卷共发给 1506 名潜在参与者。调查的响应率相当高——加州的响应率为 60%，圣路易斯和孟菲斯的响应率为 56%。此处，响应率是指"完成回答"人数与"完成回答"和"未回答"人数之和的比率，例如，413/（413+278）= 60%。图 L-2 中显示了"取消资格""完成回答"和"未回答"的人数。

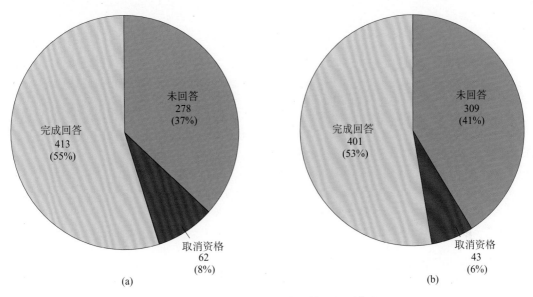

(a)　　　　　　　　　　　　　　　　　(b)

图 L-2　调查的响应率，受访者的数量和百分比（%）

（a）加州；（b）密苏里州圣路易斯和田纳西州孟菲斯 MSAs

问题 1：您从事下列哪种工作？（多选）：

（a）建筑施工行业

（b）结构设计行业

（c）建筑设计行业

（d）房地产行业

（e）建筑部门官员或检察员

（f）非上述情况

2. 职务与建筑规范的关联

图 L-3 显示了"取消资格"受访者的回答人数和百分比。

问题2：您的职务与建筑规范的关联？请标记符合您的情况。

（a）地方主管部门官员

（b）为地方主管部门提供建筑规范建议的政府工作人员

（c）房主

（d）租户

（e）其他（请具体说明）

（关于受访者人口统计的详细信息在下文中讨论。）

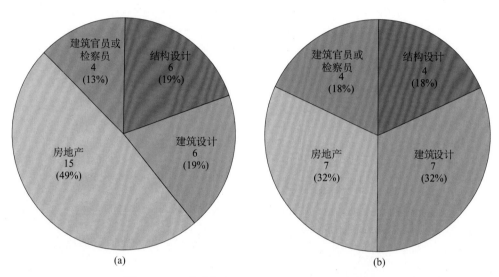

图 L-3　"取消资格"受访者与建筑规范的关系

（a）加州；（b）密苏里州圣路易斯和田纳西州孟菲斯 MSAs

图 L-4 显示了受访者与建筑规范的关系。本问题及后续的所有问题仅统计"完成回答"受访者（符合条件并完成调查的受访者）的答复。

3. 现行和期望的规范目标

图 L-5 显示了问题 3 不同答案的占比。

问题3：虽然各地方规范并不相同，但您认为大地震后大部分新建建筑实际上能达到以下哪个性能目标？也就是说，您认为现行规范的抗震性能目标实际上是怎样的？而不是应该是怎样的。请只标记一个答案。

（a）新建建筑在震后通常仍可使用，并且只需要少量的维修。

（b）新建建筑在震后通常仍可居住。尽管建筑可能需要一些修复才能完全使用，但在修复期间，人们仍能够在建筑物内居住。

（c）新建建筑可以保证居住者在地震中的生命安全，但在震后通常不能居住。也就是说，人们可以安全地离开建筑物，但建筑物不一定可以继续使用。

（d）不知道。

（e）其他。

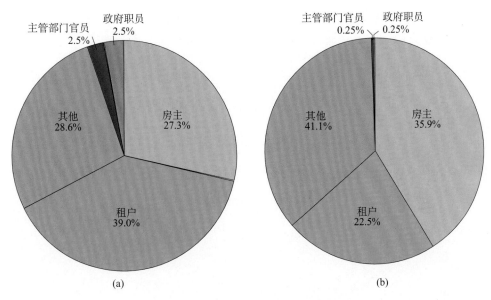

图 L-4　受访者与建筑规范之间的关系

（a）加州；（b）密苏里州圣路易斯和田纳西州孟菲斯 MSAs

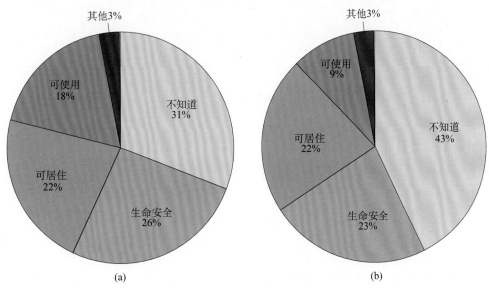

图 L-5　受访者认为的现行建筑规范震性能目标

（a）加州；（b）密苏里州圣路易斯和田纳西州孟菲斯 MSAs

图 L-6 显示了问题 4 不同答案的占比。

问题 4：您期望的建筑规范所能保证的新建建筑抗震性能目标？也就是说，如果在您所在的社区建造了一栋新的建筑，并且它满足建筑规范的抗震设防要求，您最希望规范能保证以下哪一项？在下面的一些选项中，使用了"大地震"（"the Big One"）一词代表人的一生可能仅经历一次的大地震。请只标记一个答案。

（a）新建建筑在大地震后通常仍可使用，并且只需要很少的维修。

（b）新建建筑在大地震后通常仍可居住。尽管建筑可能需要一些修复才能完全使用，但在修复期间，人们仍能够在建筑物内居住。

（c）新建建筑可以保证居住者在大地震中的生命安全，但在大地震后通常不能居住。也就是说，人们可以安全地离开建筑物，但建筑物不一定可以继续使用。

（d）不知道。

（e）其他。

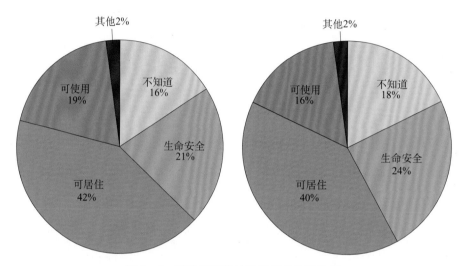

图 L-6　受访者期望的建筑规范抗震性能
（a）加州；（b）密苏里州圣路易斯和田纳西州孟菲斯 MSAs

4. 衡量抗震性能的期望指标

图 L-7 显示了问题 5 不同答案的占比。

问题 5：在以下建筑性能指标中，您认为哪一项是您所在社区最感兴趣的？也就是说，如果建筑规范只能控制其中一项指标，那么应该控制哪一项？同样，此处的大地震（the Big One）代表人的一生可能仅经历一次的大地震。请只标记一个答案。

（a）任意一栋建筑物在大地震中倒塌概率。

（b）您所在社区因建筑破坏而导致死亡或受伤的总人数。

（c）大地震中您所在社区可能倒塌的建筑物总数。

（d）大地震中受损建筑的总修复费用。

（e）其他或上述组合（请具体说明）。

对以上回答进一步解释，受访者对控制大地震中的伤亡总数比控制单栋建筑物的倒塌概率更感兴趣。值得注意的是，这两个指标有所不同，尽管地震中建筑物倒塌会导致人员伤亡，但是单栋建筑物的倒塌概率与总倒塌的数量无关。例如，大地震发生在小城镇时，强烈的地震作用下建筑物倒塌概率很高，由于小城镇中的建筑物数量不多，因而建筑物倒塌的总量不多。但当大地震发生在大都市时，如果相同强度的地震作用下建筑物倒塌率相同，可能

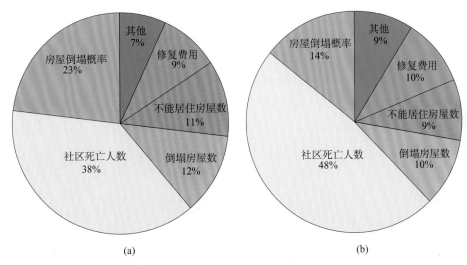

图 L-7　受访者认为其社区最感兴趣的抗震性能指标

(a) 加州；(b) 密苏里州圣路易斯和田纳西州孟菲斯 MSAs

就会造成大量的建筑物倒塌。ASCE/SEI 7 的单栋建筑物倒塌率指标不能区分上述两种情况，但对公众而言有必要区分这两种情况。

公众非常关心一次地震中的倒塌房屋总数。Slovic 等（1981）在一项关于公众风险认知的研究中表明，影响公众认知风险的主要因素与"缺乏控制、致命后果、高灾难概率、恐惧反应、风险和效益的不均衡（包括风险向后代的转移）以及风险正在增加且不易降低的观念"相关。他们认为首要因素是"恐惧风险"。此研究一定程度地解释了为什么美国人可以接受每年车祸造成的超过 32000 人死亡和枪击事件造成的超过 11000 人死亡（此类事故每次只造成几人死亡），却为了 2001 年"9·11"恐怖袭击事件造成的 2996 人死亡（一次事故中数千人死亡）发动了两场战争，最终总经济付出超过 1 万亿美元（Daggett，2010）。

5. 抗震性能提升的可接受成本

图 L-8 显示了问题 6 不同答案的占比。

问题 6：该问题旨在获得有关更安全的建筑和更高的初期建造成本（不是改造成本）之间权衡的信息。假设在大地震（一生一次的地震）中，您所在社区平均每 5 栋建筑中就会有 1 栋建筑发生倒塌或需要大修，且需要一年或更长时间的修复才能重新投入使用。另外，假设您可以修改建筑规范，将这一比例降低到 1/100 或更小，但代价是要付出更高的初期建设成本。您认为购房者愿意支付多少额外费用来实现这一目标？请只标记一个答案。

（a）目前的风险已经可以承受，似乎没有理由增加费用。

（b）大约 1 美元/平方英尺。这样一来，购买一栋典型的加州新房的月供就会从 2000 美元左右增加到 2010 美元左右。（路易斯和孟菲斯，问题改为"在圣路易斯和孟菲斯问题改为……从 750 美元……增加到 758 美元……"）。

（c）大约 3 美元/平方英尺。这样一来，购买一栋典型的加州新房的月供就会从 2000 美元左右增加到每月 2030 美元左右。（路易斯和孟菲斯，问题改为"在圣路易斯和孟菲斯问题改为……从 750 美元……增加到 770 美元……"）。

（d）大约 10 美元/平方英尺。这样一来，购买一栋典型的加州新房的月供就会从 2000 美元左右增加到 2100 美元左右。（路易斯和孟菲斯，问题改为"在圣路易斯和孟菲斯问题改为……从 750 美元……增加到 824 美元……"）。

（e）不知道，或您想用其他方法来衡量成本，请具体说明。

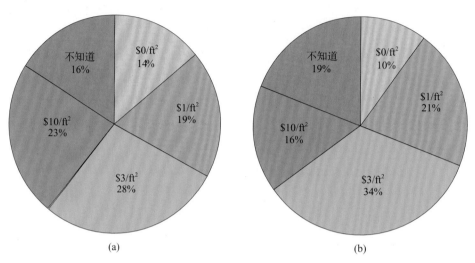

(a)　　　　　　　　　　　　(b)

图 L-8　受访者愿为提高抗震性能而支付的额外费用

（a）加州；（b）密苏里州圣路易斯和田纳西州孟菲斯 MSAs

6. 调查问题的重要性

图 L-9 显示了问题 7 不同答案的占比。

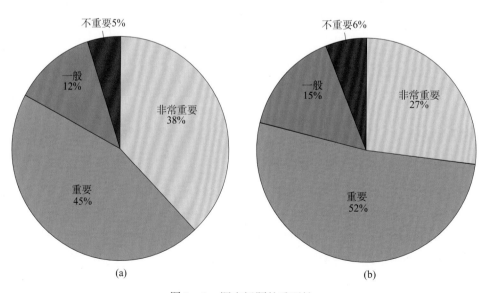

(a)　　　　　　　　　　　　(b)

图 L-9　调查问题的重要性

（a）加州；（b）密苏里州圣路易斯和田纳西州孟菲斯 MSAs

问题 7：您认为这些问题有多重要，请只标记一个答案。

（a）非常重要

（b）重要

（c）一般

（d）不重要

7. 受访者的人口统计信息

图 L-10 显示了问题 8 不同答案的占比。

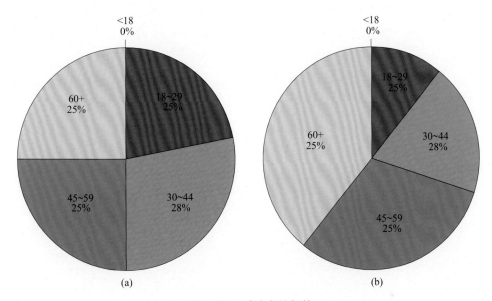

图 L-10　受访者的年龄

（a）加州；（b）密苏里州圣路易斯和田纳西州孟菲斯 MSAs

问题 8：年龄？

（a）<18

（b）18~29

（c）30~44

（d）45~59

（e）>60

图 L-11 显示了问题 9 不同答案的占比。

问题 9：性别？

（a）男性

（b）女性

图 L-12 显示了问题 10 不同答案的占比。

问题 10：您的种族或民族？（多选）

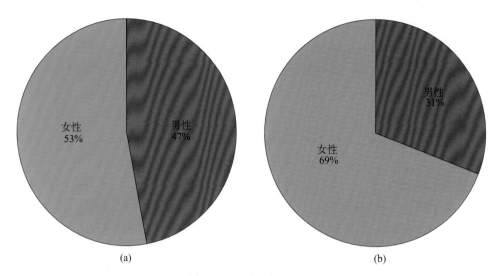

图 L－11　受访者的性别

（a）加州；（b）密苏里州圣路易斯和田纳西州孟菲斯 MSAs

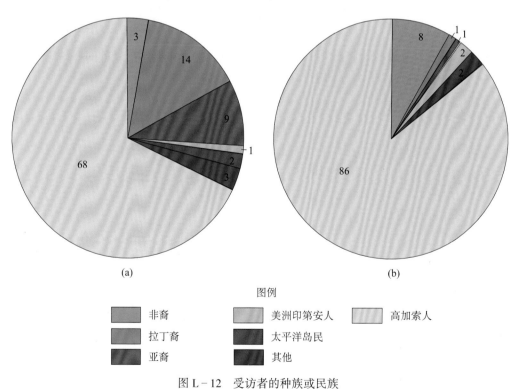

图 L－12　受访者的种族或民族

（a）加州；（b）密苏里州圣路易斯和田纳西州孟菲斯 MSAs

（a）白人/高加索人

（b）非裔

（c）拉丁裔

（d）亚裔

（e）美洲印第安人

（f）太平洋岛民

（g）其他

图 L-13 显示了问题 11 不同答案的占比。

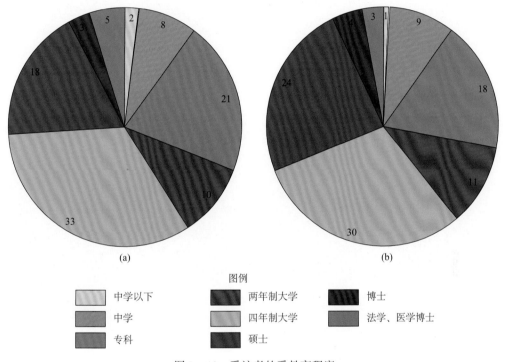

(a)　　　　　　　　　　　　　　(b)

图例

	中学以下		两年制大学		博士
中学		四年制大学		法学、医学博士
专科		硕士		

图 L-13　受访者的受教育程度

（a）加州；（b）密苏里州圣路易斯和田纳西州孟菲斯 MSAs

问题 11：学历？

（a）中学以下

（b）中学

（c）专科

（d）两年制大学

（e）四年制大学

（f）硕士

（g）博士

（h）专业学位（法学博士、医学博士）

图 L-14 显示了问题 11 不同答案的占比。

问题 11：去年您的家庭全员的总收入为多少（美元）？

（a）0~9999

（b）10000~24999

（c）25000~49999

（d）50000~74999

（e）75000~99999

（f）100000~124999

（g）125000~149999

（h）150000~174999

（i）175000~199999

（j）200000 以上

（k）不愿回答

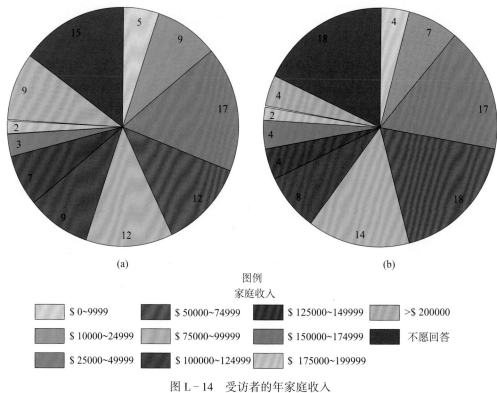

图例

家庭收入

$ 0~9999	$ 50000~74999	$ 125000~149999	>$ 200000
$ 10000~24999	$ 75000~99999	$ 150000~174999	不愿回答
$ 25000~49999	$ 100000~124999	$ 175000~199999	

图 L-14　受访者的年家庭收入

（a）加州；（b）密苏里州圣路易斯和田纳西州孟菲斯 MSAs

译者注：较原版图例，译者进行了订正

四、调查对象是否具有代表性？

本节讨论了受访者的人口统计特征与其所在州或社区人口统计特征之间的差异。若要根据调查结果推断出美国成年人观点，就必须考虑样本的代表性。根据 SurveyMonkey（2015），受访者"代表了不同的群体，反映了一般人群的情况。然而，与大多数线上抽样调查一样，受访者通过互联网并自愿地加入调查项目。"根据皮尤研究中心（Pew Research Center，2014）的数据，大多数（87%）美国人经常使用互联网，然而并不是所有人都愿意参加 SurveyMonkey 调查。参加调查的受访者会获得奖励，"每当 SurveyMonkey Contribute 会员完成一项合格的调查时，SurveyMonkey 将向会员选择的慈善机构捐献 0.5 美元，会员还可以选择参加抽奖活动。"

作者对此次抽样调查的代表性进行了量化研究。调查样本的人口统计特征确实与总体人口的统计特征有所不同。在调查的两个地区，参与调查的女性人数多于男性。496 名女性和 317 名男性参与了调查，比例为 3∶2，而总体人口的比例约为 1∶1（图 L-15a）。受访者的收入也相对高于普通公众（图 L-15b）。加州的收入数据取自美国普查局（U. S. Census Bureau，2015）2013 年一项针对美国加州家庭的社区调查。2010 年孟菲斯和圣路易斯大都市统计区家庭收入的中位数数据取自美国市长会议（U. S. Conference of Mayors，2012）。

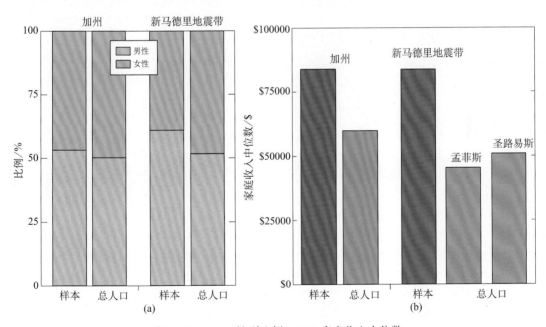

图 L-15　（a）性别比例；（b）家庭收入中位数

在这两个地区中，受访者的受教育程度普遍高于普通公众（图 L-16）。加州的受教育程度数据取自美国人口普查局（2012）的 2009 年数据。孟菲斯 MSA 数据取自孟菲斯商会（Memphis Chamber of Commerce，2015）的 2014 年数据。圣路易斯数据取自密苏里大学圣路易斯分校公共政策研究中心（Public Policy Research Center，2014）的 2012 年数据。

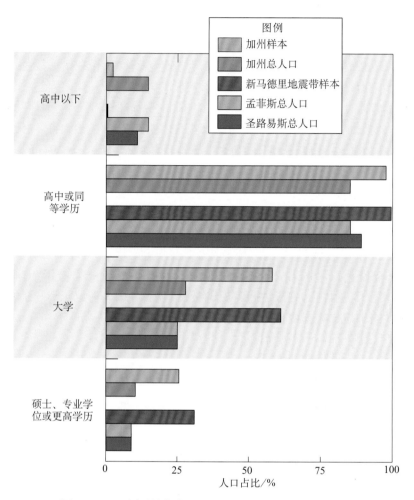

图 L-16　不同受教育水平的受访者占样本和总人口比例

　　欧裔（白人/高加索人）在受访者中的占比高于其社会占比（图 L-17）。种族和民族数据取自美国人口普查局（2011）。一般而言，欧裔相较于普通公众更富有，受教育程度也更高。这些差异可能会导致受访者的回答与普通公众的回答之间存在差异。下一节将进一步说明。

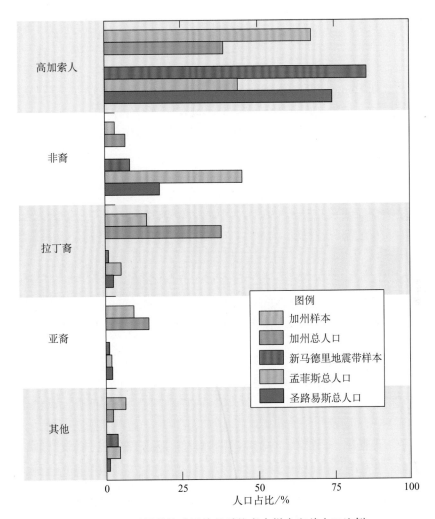

图 L-17　不同种族或民族的受访者占样本和总人口比例

五、不同群体是否愿意为抗震性能提升支付额外费用?

　　本节研究是否某些群体相比其他群体更愿意为更高的抗震性能而付费。此处采用建筑损伤程度来衡量抗震性能。基于"抗震性能更好等同于生命安全性更高"的假设,可以将调查结果与其他方法得到的生命安全付费意愿的期望值进行比较。已有丰富的文献论述了人们为安全付费的意愿,作者参考了部分资料,并将其预期结果与本调查结果进行了比较。

　　Needleman(1982)的研究以几种不同方法评估了生命安全,包括终身收入潜力(人力资本方法)、人们为减少自身风险而付费的意愿的问卷调查、为减少风险而付费的意愿观察,以及为额外报酬而承担额外风险的意愿观察。他认为,采用最后一种方法研究人们对自身风险微小变化的估计值最为可靠,且因减少人员死亡而挽回的损失更高,相当于年平均收入的 20 倍。

　　Porter（2002）简要回顾了各种为获得更高的地震安全性而愿意支付费用的评估方法，在 Needleman 方法的基础上，增加了 Stanford-style 决策分析的应用以及 Howard（1980，1989）方法。作者在该文中表明，如果人们的行为符合决策分析预测，他们为生命安全而付费的意愿与他们的年消费水平（大致相当于家庭收入）成正比，此发现与 Needleman 一致。作者还表明，在 Howard 的决策分析框架下，老年人相较于年轻人更不愿意为生命安全而付费，男性相较于女性更不愿意为生命安全而付费。

　　基于以上研究，人们可能会认为调查结果会显示出家庭收入与付费意愿之间的关联，或年龄与付费意愿之间的关联。如果存在此种关联，那么调查就会存在抽样误差——受访者回答与公众回答之间存在差异。然而，对调查数据的回归分析发现，家庭收入和为更高抗震性能的建筑而付费的意愿之间没有明显的联系。调查结果也没有显示出受教育程度、年龄和性别与支付意愿之间存在联系。

　　加州地区的 350 名受访者提供了家庭收入和更高抗震性能的可接受成本，回归分析表明两者之间的决定系数（R^2）为 0.010。根据圣路易斯和孟菲斯地区的 303 名受访者样本数据，回归分析的决定系数为 0.0001。将可接受成本和年龄进行回归分析，决定系数同样很低——圣路易斯和孟菲斯为 0.001，加州为 0.002。男性和女性为更高的抗震性能而付费的意愿大致相同，在圣路易斯和孟菲斯，女性愿意比男性平均多支付 13%，但在加州，男性愿意比女性多支付 6%。

　　人们还可能认为中等或高等教育的年限与提高抗震性能的可接受成本相关。加州 413 名受访者的回答表明两者之间的 $R^2 = 0.020$，圣路易斯和孟菲斯 170 受访者的回答表明两者之间 $R^2 = 0.022$。即使采用二阶、三阶或四阶多项式进行非线性回归拟合，其决定系数也很低（实际上，R^2 确实略有提高，但提高主要是因为过度拟合，而不是关联度更高）。

　　这些决定系数都很低，无法在 5% 的显著性水平上拒绝零假设，零假设即相关系数（ρ）为零。换句话说，受访者的受教育程度、家庭收入以及年龄与提高性能的可接受成本之间似乎没有密切关联。

六、结论

　　作为海沃德地震情景中关于建筑规范中抗震性能目标研究的一部分，作者选取了美国两个地震高度活跃区——加利福尼亚州和美国中部新马德里地震带附近的两个大都市（孟菲斯和圣路易斯），进行了一次面向成年人的公众调查。两个地区的样本量（加州地区的 413 名成年人，新马德里地震带附近地区的 401 名成年人）能确保调查结果的误差在 ±5% 以内，具有 95% 的置信度，换言之调查结论可以一定程度地代表公众的意愿。

　　该调查是为了明确：公众是否了解现行建筑规范抗震设计要求的"生命安全"性能目标？公众对建筑抗震性能的偏好是什么？公众是否愿意为建造更"坚固"的建筑物支付额外费用？以及公众对建筑物抗震性能有多重视？

　　两个地区的调查结果表明：

　　（1）大部分受访者不了解 ASCE/SEI 7 和《国际建筑规范》（IBC）中的建筑物"生命安全"性能目标的具体含义；

　　（2）相较于控制单体建筑的倒塌率，受访者更关注的是如何控制大地震造成的人员伤

亡总数;

（3）相较于控制人员伤亡总数，受访者更重视在大地震（调查中用"Big One"特指）发生后能否保证建筑物继续正常使用或居住;

（4）受访者期望建筑的抗震性能优于现行 ASCE/SEI 7 的抗震设防要求;

（5）绝大多数受访者愿意为更"坚固"的建筑承担额外费用，其中主流意见表明，公众能接受的额外费用为 3.00 美元/平方英尺;

（6）80%的受访者（即使是地震发生频率比加州低得多的美国中部地区的受访者）对于建筑物的抗震性能重视或非常重视;

（7）在这两个调查区域内，高收入及受过良好教育的欧裔占比相对较多，然而通过回归分析发现，为更"坚固"的建筑支付额外费用的意愿与受访者收入及受教育程度关联性并不强。

1. 研究意义

该调查结果反映了以下需求:

（1）考虑到此次调查中公众对建筑抗震性能有更高的期望，对 ASCE/SEI 7 进行过多次更新改进的建筑抗震安全委员会（Building Seismic Safety Council）有必要重新审视抗震设计标准中的性能目标。

（2）如果结构工程师想消除公众对新建建筑性能目标的误解，他们应该与推行建筑规范的主管部门进行更好的沟通。例如，工程师可以用简明的语言，编写关于"大地震"（Big One）造成的社区层面破坏的概要文档，以供主管部门、业主、城市规划组织以及公众中的其他利益相关者参考。这类文件可以列入 ASCE/SEI 7 的附录中，或通过其他方式，例如由国家建筑科学研究所（National Institute of Building Sciences）分发给美国市长会议与国际建筑业主和管理者协会（Building Owners and Managers Association International）。

（3）当规范的抗震性能目标低于公众的期望时，有必要提供切实可行的提升建筑物性能的方案以供主管部门选择。例如，ASCE/SEI 7 或 IBC 的附录中对更高抗震性能建筑物的成本和收益进行了解读，并提供拟提高设计强度的可选方案。性能提升方案可能会对设计规范做出部分修改，例如将普通建筑（属于 ASCE/SEI 7-10 中"Ⅱ类风险等级"）的抗震重要性系数提升至 1.5。

具体而言，该研究对海沃德情景有以下启示:

（1）基于加州公众对建筑物抗震设防目标的真实的、可量化的期望，海沃德情景评估了可能造成的建筑物破坏（Porter，第 K 章）;

（2）旧金山湾区的主管部门愿意了解公众对新建建筑抗震性能的偏好;

（3）根据海沃德地震情景中公众意愿调查结果和总体损失评估结果，旧金山湾区的主管部门可能更有兴趣了解更高抗震水准的建筑物所需的投入与产生的收益情况。

2. 研究局限性和展望

两个地区的受访者涵盖了主要年龄层、性别、种族和民族、受教育程度和收入水平，因此他们可以代表社会的各类群体。但是，本次调查仅选取了两个地区，其他高地震危险性地区的人们对于抗震性能的意愿可能会有所不同。如果通过进一步的回归分析，可能会发现性能目标的期望值或提高性能的可接受成本与其他因素的相关性。受访者即便理解了以上问题（特别是建筑抗震性能提升的可接受成本问题），并做出了选择，但当他们真正面临购买决策时，其选择可能会有所不同。有关公众对于符合规范的新建筑物的抗震性能的意愿的研究，本文的调查只是一个开始。进一步的研究可能会更好地衡量规范目标与公众期望之间的差异。例如，以工程师和其他建筑行业相关人员为调查对象，探讨他们的意愿是否与公众意愿存在差异，以及存在怎样的差异。此外，也可以更深入地探讨公众期望的建筑物抗震性能指标，例如，可选方案的公众支持程度或可替代现行规范的性能概率指标。

七、致谢

调查问题是在国家建筑科学研究所的多灾种减灾委员会公众期望小组委员会（National Institute of Building Sciences'Multihazard Mitigation Council Public Expectations Subcommittee）的协助下起草的——Gary Ehrlich、Juliette Hayes、Kevin Mickey、Evan Reis 和 Phil Schneider。Liesel Ritchie 博士审查了调查问题，并就措辞、人口统计问题和调查规模提供了宝贵建议。Sharyl Rabinovici（私人顾问）、Phil Schneider（国家建筑科学研究所）和 Anne Wein（USGS）提供了同行评审和宝贵的建设性意见。旧金山湾区政府（Association of Bay Area Governments）和应急规划者协会（Association of Contingency Planners）提供了测试和实施初步调查的机会。Anne Wein 在湾区政府组织的会议上进行了部分初步调查。作者由衷感谢以上人员和组织的帮助。

参 考 文 献

American Society of Civil Engineers, 2006, Code of ethics: American Society of Civil Engineers web page, accessed January 28, 2015, at http: //www. asce. org/code_of_ethics/

American Society of Civil Engineers, 2010, Minimum design loads for buildings and other structures: Reston, Va., Structural Engineering Institute, ASCE/SEI 7-10, 608p

Building Seismic Safety Council [BSSC], preparer, 2009, NEHRP recommended seismic provisions for new buildings and other structures, 2009 ed.: Washington D C, Federal Emergency Management Agency publication P-750, 388p, accessed May 21, 2015, at http: //www. fema. gov/media-library-data/20130726-1730-25045-1580/femap750. pdf

Daggett S, 2010, Costs of Major U. S. Wars: Washington D C, Congressional Research Service, 7-5700, RS22926, 5p, accessed December 29, 2015, at https: //www. fas. org/sgp/crs/natsec/RS22926. pdf

Davis M, 1991, Thinking like an engineer—The place of a code of ethics in the practice of a profession: Philosophy and Public Affairs, v. 20, no. 2, p. 150-167

Davis M, 2015, What part should the public have in writing engineering standards? in Security and Disaster Preparedness Symposium—Codes and Governance in the Built Environment: National Institute of Building Sciences Third Annual Conference and Expo, Building Innovation, 2015—Creating High-Performing Resilient Communities, January 6-9, 2015, Washington D C, presentations available at https: //www. nibs. org/store/ViewProduct. aspx? id=4108575

Davis M and Porter K, 2016, The public's role in seismic design provisions: Earthquake Spectra, v. 32, no. 3, p. 1345-1361, https: //doi. org/10. 1193/081715EQS127M

Dillman D A, Tortora R D and Bowker D, 1998, Principles for constructing web surveys: American Statistical Association, Proceedings of the Joint Meetings of the American Statistical Association, August 9 - 13, 1998, Dallas, Texas

Ellingwood B, Galambos T V, MacGregor J G and Cornell C A, 1980, Development of a probability-based load criterion for American National Standard A58: Washington D C, National Bureau of Standards, Special Publication 577, 222p

Federal Highway Administration, 1994, Technical Advisory—Motor Vehicle Accident Costs: Washington D C, U. S. Department of Transportation Technical Advisory #7570. 2, 5p

Howard R A, 1980, On making life and death decisions, in Shwing R C and Albers W A, eds., Societal Risk Assessment: New York, Plenum Press, p. 89-106

Howard R A, 1989, Microrisks for medical decision analysis: International Journal of Technology Assessment in Health Care, v. 5, p. 357-370

International Association of Plumbing and Mechanical Officials, International Code Council, National Association of Mutual Insurance Companies, National Institute of Building Sciences, National Fire Protection Association, and Insurance Institute for Business and Home Safety, 2012, Public Survey on Building Codes and Building Safety: Washington D C, National Institute of Building Sciences, 3p

International Code Council, 2012, International Building Code 2012: Country Club Hills, Ill., 690p

International Conference of Building Officials, 1927, Uniform Building Code: Whittier, Calif., International Conference of Building Officials, 265p

Jones L M, Bernknopf R, Cox D, Goltz J, Hudnut K, Mileti D, Perry S, Ponti D, Porter K, Reichle M, Seligson H, Shoaf K, Treiman J and Wein A, 2008, The ShakeOut Scenario, U. S. Geological Survey Open-File Report 2008-1150 and California Geological Survey Preliminary Report 25, http: //pubs. usgs. gov/of/2008/1150/

Memphis Chamber of Commerce, 2015, Detailed demographics: Greater Memphis Chamber of Commerce web page, accessed September 1, 2015, at http: //www. memphischamber. com/Articles/DoBusiness/pdfMemphis_MSA _Demographics. aspx

Needleman L, 1982, Methods of valuing life, in Lind N C, ed., Technological Risk: Waterloo, Ontario, University of Waterloo Press, p. 89-99

Office of the Surgeon General, 1966, Surgeon General's directives on human experimentation—Index clinical research human subjects, investigations involving individuals, rights and welfare of: Office of the Surgeon General, p. 350-355, accessed September 8, 2015, at https: //history. nih. gov/research/downloads/Surgeongeneral-directive1966. pdf

Pew Research Center, 2014, The web at 25: Pew Research Center web page, accessed August 17, 2015, at http: //www. pewinternet. org/2014/02/25/the-web-at-25-in-the-u-s

Porter K A, 2002, Life-safety risk criteria in seismic decisions, in Taylor C E and VanMarcke E, eds., Acceptable Risk Processes—Lifelines and Natural Hazards: Reston, Va., American Society of Civil Engineers, Technical Council for Lifeline Earthquake Engineering, Monograph 21, accessed September, 27, 2015, at http: //spot. colorado. edu/~porterka/Porter-2002-Life-Safety-Risk-Criteria. pdf

Porter K A, 2016, Safe enough? —A building code to protect our cities as well as our lives: Earthquake Spectra, v. 32, no. 2, p. 677-695

Porter K and Davis M, 2015, Not safe enough—The public's expectations for seismic performance: Journal of the National Institute of Building Sciences, no. 3, p. 22-25

Slovic P, Fischhoff B and Lichtenstein S, 1981, Perceived risk—Psychological factors and social implications, in The Assessment and Perception of Risk: London, The Royal Society, p. 17-34

SurveyMonkey, 2015, SurveyMonkey Audience: SurveyMonkey web page, accessed July 14, 2015, at http: //help. surveymonkey. com/articles/en_US/kb/SurveyMonkey-Audience

University of Missouri St. Louis, Public Policy Research Center, 2014, Metropolitan mirror—Facts and Trends Reflecting the St. Louis Region—Changes in educational attainment for the St. Louis Region, 2009 to 2012: University of Missouri St. Louis, Public Policy Research Center, accessed July 19, 2015, at https: //pprc. umsl. edu/pprc. umsl. edu/data/Metro-PDFS/MM-EdAtt-Nov14. pdf

Urban Institute, 1991, The costs of highway crashes, final report: Washington D C, The Urban Institute, Federal Highway Administration contract DTFH61-85-C-00107, 144p

U. S. Census Bureau, 2011, 2010 Census interactive population search: U. S. Census Bureau web page, accessed July 21, 2015, at http: //www. census. gov/2010census/popmap/ipmtext. php? fl=06

U. S. Census Bureau, 2012, The 2012 statistical abstract—Education—Educational attainment: U. S. Census Bureau web page, accessed December 29, 2015, at https: //www. census. gov/library/publications/2011/compendia/statab/131ed/education. html

U. S. Census Bureau, 2015, State and county quickfacts: U. S. Census Bureau web page, accessed July 17, 2015, at http: //quickfacts. census. gov/qfd/states/06000. html

U. S. Conference of Mayors, 2012, U. S. metro economies—2012 employment forecast and the impact of exports: U. S. Conference of Mayors, accessed July 19, 2015, at http: //usmayors. org/pressreleases/uploads/2012/MetroEconomiesReport_011812. pdf

第 M 章　震后应急城市搜救模型及其在海沃德情景中的应用

Keith A. Porter[*]

一、摘要

地震引发的建筑物倒塌和电力故障可能导致住户被困于建筑物内，而这一潜在风险目前鲜有研究。海沃德地震情景设定于 2018 年 4 月 18 日下午 4 时 18 分在加利福尼亚州旧金山湾区东湾的海沃德断层上发生 M_w7.0 地震（主震）。在海沃德情景中，为了评估因建筑物倒塌造成的人员压埋城市搜救（Urban Search and Rescue，USAR）需求，作者搜集了 1965～2014 年间发生于加州的地震中 73 座倒塌建筑物的图片，并建立了数据库。该数据库囊括了加州大学国家地震工程信息服务电子图书馆系统（National Information Service for Earthquake Engineering，NISEE）中，能够使用关键词 "collapse"（倒塌）、"fail"（失效）、"fell"（掉落）或 "parapet"（女儿墙）检索到的所有震害图片，以及从其他途径获取的 14 栋建筑的震害资料。作者逐一解读震害图片，并估算了建筑物倒塌面积占建筑总面积的比例，以及倒塌部位实际被困并需要救援的压埋人数占比。上述比例在不同建筑材料建造的结构中有所不同，但平均而言，建筑物倒塌面积占建筑总面积的 23%，并导致 66% 的居民被困在倒塌区域中。根据上述结论和有关倒塌建筑物数量的其他信息，作者能够估算出城市搜救人员需要救助的压埋人数。

采用 Hazus-MH（Seligson 等，本卷）和 Porter（2015）两种方法估算，海沃德地震情景主震造成约 5000 座建筑倒塌。其中，Porter（2015）提出了建筑物倒塌率模型，其地震荷载参数取自于美国土木工程师学会（ASCE）标准《建筑物和其他结构最小设计荷载》（ASCE/SEI 7-10 Minimum Design Loads for Buildings and Other Structures）中基于目标风险的最大考虑地震动区划图（American Society of Civil Engineers，美国土木工程师学会，2010）。估算结果表明，在倒塌建筑物中约有 2500 人被困（并非所有倒塌的建筑物都会造成人员被困）。此外，如果将所有的建筑强度设计值在现行《国际建筑规范》（International Building Code，IBC）要求的基础上提高 50%，那么倒塌建筑物数量和被困人数将减少到上述估计值的四分之一。根据美国现有的电梯数量、配备应急电源的电梯数量以及运行中的电梯数量占比等统计数据，作者估计，海沃德主震导致的电力中断可能会使 22000 人被困于 4500 部停止运行的电梯中，这对城市搜救人员的救援能力提出了更高的要求。如果给可改造的电梯配备应急电源，那么受困人员将减少为 14000 人，因断电而停止运行的电梯将减少为 3000 部。

　＊ 科罗拉多大学博尔德分校。

二、引言

海沃德地震情景设定在 2018 年 4 月 18 日下午 4 时 18 分，位于加利福尼亚州旧金山湾区东湾的海沃德断层上发生 M_W 7.0 地震（主震）。本章评估了该情景中考虑建筑物倒塌率的城市搜救需求。

如何定义地震中建筑物的"倒塌"？当建筑物倒塌时，其破坏形态如何？我们之所以关心上述两个问题主要基于以下两个原因：①工程师们希望建立第二代基于性能的地震工程（PBEE-2）模型（参见 Yeo 和 Cornell（2002）的早期研究成果），考虑不同倒塌形态对生命安全的影响。So 和 Pomonis（2012）基于近期地震的死亡统计数据，得出不同类型结构在不同倒塌形态下的死亡率，进而提出了一种考虑建筑类型和倒塌形态的地震死亡人数估算方法。②建筑物的倒塌形态会影响城市搜救（USAR）的资源投入。此外，断电造成的电梯停运也可能导致大量人员被困，他们同样需要城市搜救人员的营救（Schiff，2008）。本章的海沃德情景研究试图完成以下目标：①阐明"倒塌"的含义；②基于需求优化已有的 USAR 数学模型；③将优化的模型应用于海沃德主震情景。

三、研究目标

本报告阐述了 USAR 模型的用法，并解决了以下问题：

（1）当工程师用"倒塌"描述建筑物的抗震性能时，该建筑严重受损部位（可能威胁室内人员的生命安全）的建筑面积占比为多少？（作者通过解读建筑物倒塌图片的数据库，给出了一个经验性答案。该实例研究可以为大量倒塌分析研究提供补充。）

（2）建筑物倒塌区域内需要营救的人员占比是多少？由谁负责营救？（作者依据 FEMA（Federal Emergency Management Agency，美国联邦应急管理局）的 USAR 指南（如 PerformTech，Inc.，2011）解读了图片数据库，进而回答了该问题。）

（3）大都市中受地震影响的区域有多少部电梯？地震发生时有多少部电梯载有乘客且在运行中（以及有多少名乘客）？其中有多少电梯配备应急电源且能保证乘客到达附近楼层并打开梯门？

为了权衡工作量与信息价值，作者仅参考了一个丰富但不详尽的数据源，即美国加州大学伯克利分校的国家地震工程信息服务局（NISEE）的"地震工程在线档案"。NISEE 将其称为"NISEE 电子图书馆"（请参见 http://nisee.berkeley.edu/elibrary/），并将其定义为"一个重要的、由政府资助的、涵盖地震、结构和岩土工程领域的文献、照片、数据和开发软件的数据库"。此数据库是一个多样化且具有代表性的样本，但没有包含全部的倒塌建筑物数据。作者的研究范围不包括预制房屋（manufactured housing）、围栏、设备和桥梁等结构，而且 NISEE 电子图书馆所提供的数据也并不详尽。

人们在研究建筑物倒塌的问题时，通常采用结构分析方法，而不是用观察图片的经验方法，或者是在此基础上进行分析。但是，基于结构分析得到的倒塌程度的可靠性是存疑的，因为结构分析尚不能可靠地预测建筑物倒塌的发生、其动力特性以及倒塌建筑物的最终状态。例如，FEMA P-695（ATC（Applied Technology Council，美国应用技术委员会），2009）的作者将"倒塌"定义为结构在增量动力分析中的侧向动力失稳，这意味着当结构数值分析模型无法收敛时，建筑物就会发生倒塌。随着竖向承载能力的损失，数值分析模型最终将无法收敛，同时无法给出楼板（或屋顶）掉落的数量或距离。FEMA P-695 作者进一步列举了可能无法模拟的倒塌模式。由上述分析，本文作者认为仅凭结构分析是无法完全揭示倒塌模式的。诸如"钢筋混凝土柱的剪切破坏和随后的轴向破坏、钢框架构件的连接或铰接区的断裂、轻型框架木剪力墙（light-frame wood shear walls）的约束处破坏"等现象可能难以直接模拟。经验方法优于分析方法的另一个原因是，在相同的情况下，至少在损失估计领域中经验模型比分析模型更可信。分析方法通常用于验证经验模型或在缺乏经验数据的情况下使用。但这并不意味着分析研究对倒塌影响区域的研究没有帮助，而是说经验研究更有可能在短期内以更少的投入提供更可靠的结果。

四、文献综述

1. 倒塌建筑中被困人数评估的研究

通常，建筑物倒塌是地震人员伤亡的主要原因，也是影响 USAR 需求的主要因素。2009 年美国国家地震减灾计划（National Earthquake Hazards Reduction Program，NEHRP）条款（Building Seismie Safety Council，建筑地震安全委员会，2009）指出"大多数地震伤亡是结构倒塌造成的"。虽然这一说法大体上是正确的，但 Shoaf 等（1998）的分析指出，至少对于加州地区发生的地震（如 20 世纪 80 年代末和 90 年代初的地震）来说，结构倒塌对人员受伤的影响可能被夸大了。美国国家消防协会（National Fire Protection Association，2014）描述了地震导致的建筑物倒塌模式，并阐明了建筑物倒塌时可供避难的空间形成的原因和机理。

《Hazus-MH 技术手册》（FEMA，2012）的作者估计了倒塌区域的死亡人数占比。他们采用基于经验判断的 ATC-13（ATC，Applied Technology Council，1985），"根据有限的历史数据对其进行了修订"，并针对"最近的几起地震事件进行了验证，包括北岭地震、洛马普里塔地震和尼斯夸利地震……"。他们估计，在建筑物倒塌区域中有 10% 的居民死亡，65% 的居民受到了不同程度的伤害。但两个主要的地震风险公共模型 Hazus-MH（FEMA，2012）和 ATC-13（ATC，1985）并没有评估搜救需求。

倒塌易脆性函数可以给出或推导出建筑物在各种激励水平下的倒塌概率（例如，参见 ATC（2009）或 FEMA（2012））。但是，先前的工作并没有对不同倒塌状态下建筑物倒塌面积的占比进行量化研究。

加州的建筑物很少发生落层倒塌。也就是说，它们很少由于重力支撑系统的竖向承载能力失效，导致建筑的全部楼板或屋顶掉落而倒塌。人们可以使用结构分析来对样本建筑物的倒塌进行模拟，但结构工程师通过这种方法只能估计出与倒塌发生时相对的激励大小（FEMA P-695（ATC，2009））。作者回顾了震后倒塌建筑物的资料，建立了另一种方法，目前该方法主要用于加州建筑物的分析。

《国际建筑规范》（ICC，2009）中没有涉及到"倒塌"一词。ASCE/SEI 7-10（ASCE，2010）的作者在概率地震动（即 MCE$_R$，基于目标风险的最大考虑地震动）的定义和预期的最大地震破坏概率的描述中使用了"倒塌"一词。虽然 ASCE 没有给出"倒塌"的定义，但将"连续倒塌"定义为"单个构件的初始破坏进一步导致其他构件失效而产生连锁效应，最终导致局部或整个结构的大面积倒塌"；还定义了"有限局部倒塌"，即"多跨结构一榀中同层—两个相邻的柱子破坏，而邻跨和相邻楼层并未发生破坏"。

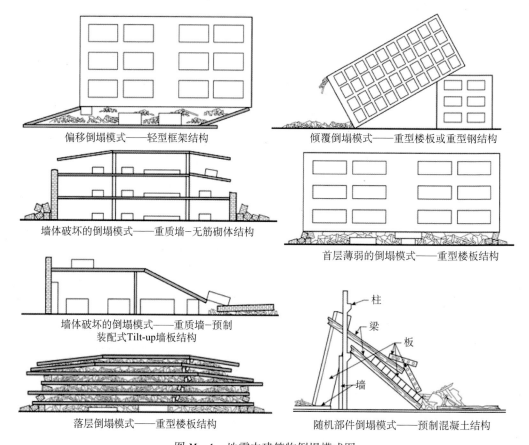

偏移倒塌模式——轻型框架结构

倾覆倒塌模式——重型楼板或重型钢结构

墙体破坏的倒塌模式——重质墙-无筋砌体结构

首层薄弱的倒塌模式——重型楼板结构

墙体破坏的倒塌模式——重质墙-预制
装配式Tilt-up墙板结构

落层倒塌模式——重型楼板结构

随机部件倒塌模式——预制混凝土结构

图 M-1　地震中建筑物倒塌模式图

改编自 National Fire Protection Association，美国消防协会（2014）

译者注：较原版图下说明，译者进行了订正

2009 版 NEHRP 条款（BSSC，2009）提到了结构倒塌及小型结构体系（例如医院雨棚）倒塌和非结构构件（例如灯具、管道系统）倒塌的情况，但未给出"倒塌"的定义。FEMA P-695 定义的"倒塌"包括"地震抗力系统的局部或整体失稳"，不包括"与整体抗震性能不相关的构件局部破坏，例如墙体锚固失效导致的平面外局部破坏和对生命有潜在威胁的非结构性破坏"（ATC，2009）。也不包括"非抗震构件"的倒塌破坏或失效，因为这些构件"不受抗震设计要求的限制"，所以不在定义考虑范围之内。FEMA P-695 的作者总结了倒塌的其他定义，如侧移模式，更广义地说倒塌属于"侧向动力失稳状态"。

在近期工作中，作者及其团队开发了第三版 FEMA P-154 和 FEMA P-155（ATC，2015a、b），并给出以下定义："倒塌是指建筑物承重体系的任一部位发生动力失稳，致使结构失去竖向承载能力。动力失稳会导致结构严重变形，甚至局部或整体倒塌，可能危及生命。建筑局部倒塌是指仅建筑物的一部分发生动力失稳……对于预制房屋和木结构建筑物，倒塌还包括预制房屋单个或多个支撑结构失效，以及木结构建筑底部垫高层的矮墙（cripple walls）发生侧向位移而失去竖向承载能力等情况"（ATC，2015b）。如果木框架建筑的基础发生相对滑移，但楼板或屋顶的任一部分都没有发生竖向掉落，这种情况也不属于倒塌。同时，无筋砌体（URM）的围护结构破坏及 FEMA 中提到的建筑类型的饰面砖或烟囱的掉落也不属于建筑物倒塌。

美国联邦应急事务管理局全国城市搜救响应系统（United States Federal Emergency Management Agency，National Urban Search and Rescue Response System，2009）估计，地震发生后建筑物里约有 50% 的人员受伤但没有被困，他们可由附近未经训练的平民志愿者提供救助（图 M - 2）。另有 30% 的人受伤且被困，但不是因为结构构件破坏造成的，他们可由经过培训的当地社区应急响应小组（Community Emergency Response Teams，CERTs）营救。经过培训的 CERTs 可以在装饰物和室内物品受损（包括烟囱和女儿墙的损坏）、但没有倒塌的建筑物中进行搜救（PerformTech，Inc.，2011）。另外还有 15% 的伤员是由应急救援部队（通常是消防员）从倒塌的轻型建筑（如木框架结构和预制房屋）中救出的，此救援过程不需要重型挖掘设备。剩下 5% 的伤员必须由训练有素的城市搜救部队来营救，这些部队需要借助设备来穿透重型结构（如砌体、混凝土和钢结构）。

似乎没有任何公开的统计数据说明各种倒塌模式的发生概率或需要救援人员解救的被困人员人数，但有一些关于单体建筑的非官方数据可以参考，如 Krimgold（1988）关于 1985 年墨西哥城地震中 12 层华雷斯医院的倒塌数据。

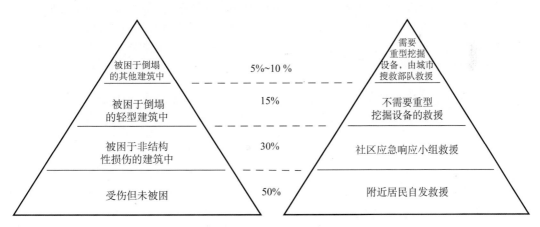

图 M - 2　大地震中的救援分布情况金字塔图

National Urban Search and Rescue Response System，国家城市搜救响应系统（2009）

2. 电梯中被困人数评估的研究

在停电的情况下，旧金山湾区的绝大多数建筑物都没有不间断电源或应急电源来提供电梯用电。根据美国电梯工业股份有限公司（National Elevator Industry，Inc.，2014）的数据，美国有 90 万部电梯，约 344 人共用一部电梯。每部电梯的平均运行高度为 4~5 层楼，即 40 英尺，平均每次容纳 5 人。乘客平均每年出行 250 天，每天 4 次。由 Emporis Corporation（2007）的高层建筑数据库可知，旧金山湾区大约有 600 座高层建筑，其中约有 3700 部电梯。

Strakosch 和 Caporale（2010）的样本计算表明，电梯在运行过程中，大约30%的时间梯门关闭。部分配有应急电源的电梯可以将轿厢移至就近楼层并打开电梯门。

据旧金山湾区电梯顾问 Von Klan（书面交流，2015）的说法，在过去大约40年的时间里，高层建筑的电梯都被要求配备应急电源。他估计，在旧金山湾区大约60%的高层建筑都是从那时开始建造的，在中低层建筑中只有不到5%的电梯配备了应急电源。即使配备有应急电源，安装在较新电梯中的抗震安全装置也可能会使电梯在楼层之间停止运行，直到技术人员检查电梯为止。

五、方法介绍

1. 倒塌建筑中被困人数评估的方法

图 M-1 并没有列举出所有能够困住居民或路人的倒塌类型。例如，虽然女儿墙部分掉落不构成建筑物倒塌，但是现实中确实存在女儿墙倒塌会造成人员被困的案例，而图 M-1 中不包含此类倒塌。因此，本章研究的倒塌中包括①楼板或屋顶的掉落导致空间高度小于2m；②女儿墙、烟囱和其他构件的塌落，但不包括房间内的其他物品和可移动家具（例如小隔间）的倾倒。为了估计人员因倒塌而受伤或被困的概率，作者将倒塌定义如下：

倒塌是指在整体或部分建筑物中，承重构件（例如梁、柱子、楼板和剪力墙）无法承受自重及其所支撑物体的重量。这种破坏会导致严重的建筑物变形，特别是在建筑物全部或部分倒塌时还可能危及生命。此定义包含建筑物的非结构构件的倒塌，诸如女儿墙、烟囱和门廊。因此，该定义包括了一些非结构性倒塌（女儿墙、烟囱和门廊），但没有包括某些结构性倒塌（例如建筑相对于基础有永久横向位移，但未发生竖向塌落的情况）。

作者对未来地震的死亡率和 USAR 需求估计如下。死亡率是以下参数的乘积：以地震动强度为参数的倒塌概率、建筑物实际倒塌面积占建筑总面积比例，以及倒塌区域内的居民死亡比例，见式（M-1）：

$$F(h) = P(h) \times A \times R \qquad (M-1)$$

式中，$F(h)$ 表示震动强度为 h 时的死亡率（死亡人数的比值）；$P(h)$ 表示震动强度 h 时建筑物的倒塌概率；A 表示倒塌区域的面积占比，即给定倒塌状态下，建筑面积中倒塌部分的面积占比；R 表示倒塌区域的死亡率。

作者采用一个相仿的公式对搜救需求进行评估，其中 $S(h)$ 和 E 分别表示需要救助的住户所占比例以及倒塌区域中需要救助的住户占比，见式（M-2）：

$$S(h) = P(h) \times A \times E \qquad (M-2)$$

式（M-2）的隐含假设是人员均匀分布在整个建筑物中，即住户在不同位置的分布概率相同。这个假设可能是相对保守的。例如，含薄弱层的建筑物的倒塌很可能发生在薄弱层，而薄弱层往往是人员较少的车库，而不是人员较密集的居住层。为了解决这个问题，需要一个模型来估计薄弱层车库发生倒塌的建筑数量。作者认为以下工作中仍缺少这类精细的损伤模型。

如果评估得到了倒塌建筑物的数量（用 N_b 表示该数字），那么需要被 USAR 人员救助的困于倒塌建筑物中的人数 N_c 为：

$$N_c(t) = N_b \times O(t) \times A \times E \tag{M-3}$$

式中，$O(t)$ 表示在 t 时每栋建筑物的平均居住人数；A 和 E 仍表示倒塌部分的建筑面积占比以及倒塌区域中需要 USAR 救援的居住人数平均占比。

人们可以根据建筑物类型、建造年代或其他参数来为公式（M-1）、式（M-2）和式（M-3）中的每一项赋值。分析人员必须使用例如 Hazus-MH（FEMA，2012）或 ATC-13 数据库（ATC，1985）中的人均建筑面积估值来估算 $O(t)$。

为了估算 A，作者浏览了 NISEE 电子图书馆图片数据库中使用"collapse"（倒塌）、"fail"（失效）、"fell"（掉落）或"parapet"（女儿墙）等词搜索到的过去 50 年内加州地震中建筑物的照片。作者补充了其他倒塌建筑物图片，以及有关 1971 年圣费尔南多地震中屋顶倾斜倒塌的数据，这些数据摘自 1973 年美国国家海洋与大气管理局（NOAA）的报告，该报告给出了建筑平面面积和屋顶倒塌面积的数据。

作者给每座建筑物标记了建筑类别，如：木结构（FEMA 典型建筑类型 W1、W1A 和 W2）、钢结构（S1 至 S5）、混凝土结构（C1 至 C3）、预制混凝土结构（PC1 和 PC2）、配筋砌体结构（RM1 和 RM2）以及无筋砌体结构（URM）。作者使用了 FEMA P-154 和 P-155（ATC，2015a，b）中推荐的方法，将它们归纳为四个简单的类别：预制装配式 Tilt-up 墙板结构（PC1）、除预制装配式 Tilt-up 墙板结构以外的其他混凝土结构和预制混凝土结构、木结构以及无筋砌体结构。照片数据库中没有其他建筑类型的数据。当然，主要依据图片标定建筑类别可能存在问题，因为建筑装饰往往会掩盖真正的结构形式，作者不认为标定结果是完全准确的。但考虑倒塌可能会造成建筑饰面的剥落，以及人们对本地区的历史建筑风格较为熟悉，因此人们很难认错木结构、无筋砌体结构和预制装配式 Tilt-up 墙板结构。

作者估计了 E 值，即倒塌区域中需要救援的居民占比，相当于在倒塌区中重物或结构构件掉落到楼板或地面的比例。例如，当倒塌的女儿墙或烟囱掉落在人行道上时，合理假设掉落物下的被压人员可能受伤或死亡，而且需要他人解救；如果走廊顶板倒塌并完全掉落在地面或走廊上，则走廊下方的被困人员需要救援；如果房屋与地基脱离，但屋顶或较高的楼层没有倒塌，则认为居民通常可以通过不受遮挡的窗户或门逃脱。虽然现实中可能有些受伤或肢体残疾的人无法通过窗户逃生，但该情景下作者仅考虑大多数情况（住户没有肢体残疾或重伤），赋值 $E=0$。

社会科学家提出的方便抽样（convenience sample）方法，是一种由调查者于特定的时间和位置上，就近并随意选择研究对象的非概率抽样方法。方便抽样的主要问题是存在抽样偏差，即人们不知道样本是否能代表整体。如果存在一个特定地震或特定地理区域中所有倒塌建筑物的数据库，则可以执行随机抽样或详尽调查，这样就避免了抽样偏差。但这种数据库是不存在的，因此目前仍使用方便抽样，并建议将来建立更完善的数据库。

在本方便样本中，研究的 50 年间第一次加州地震是 1968 年波雷戈山 $M_W 6.5$ 地震，最后一次是 2014 年南纳帕州 M_W6.0 地震。作者估算了每个样本的倒塌建筑面积占比。在许多情况下，尤其是仅局部倒塌的大型建筑物，照片仅显示受影响的区域而不显示建筑物的整体大小，因而此类建筑物不包含在数据库中。另外，作者发现了能体现建筑地理位置的其他证明，以及更详细的建筑照片。在某些情况下，作者在 Google Earth Pro 中识别建筑物区域并借助测量面积的工具估算出建筑面积，其中包括地块轮廓以及近期和历史的卫星图片。

作者的分析结果汇总在表 M - 1 中。表格列出了与倒塌相关的地震信息、NISEE 的图片 ID、NISEE 的照片说明、建筑物类型（使用 FEMA 的建筑物类型分类）、受倒塌影响的建筑物面积占比估值（A），倒塌区域中需要救援的人员比例（E）以及救援人员的技术资质（T）。A 和 E 的值为 0 到 1。T 的取值由 USAR 人员等级而定：1 = 应急平民志愿者（邻居）；2 = 社区应急响应小组；3 = 消防员；4 = FEMA 的 USAR 工作队。

附录 M - 1 中提供了每个 A 估值的详细信息。作者对倒塌区域的占比进行了分类，具体分类等级为 10^{-2}、$10^{-1.75}$、$10^{-1.5}$、$\cdots$、10^0，即 1%、2%、3%、6%、10%、18%、32%、56% 和 100%。采用以上数据绘制整个数据库的直方图，并根据结构材料（木材、无筋砌体或混凝土）进行细分。

作者按以下原则给出 T 值（USAR 人员的技术资质）：如果可由一个人（未经训练的应急平民志愿者）在没有工具的情况下完成救援，例如捡起砖块，取 $T=1$；如果救援需要两个或两个以上人员，但不需重型设备并且不违反 CERT 培训准则（PerformTech, Inc., 2011），取 $T=2$；如果需要设备，但不需要起重或切割钢筋混凝土的设备，例如倒塌的木框架房屋（屋顶或上层楼板掉落在地板上或家具上），取 $T=3$，例如，在 1989 年洛马普里塔（Loma Prieta）地震后，消防员从旧金山码头区一栋倒塌的建筑物中救出了 Sherra Cox（Scawthorn 等，1992）；如果救援行动需要起重或切割钢筋混凝土的设备，取 $T=4$。如果 $E=0$，则不赋值（$T=$ 空白），即不需要救援。

表 M - 1　海沃德地震情景城市搜救（USAR）模型中的参数汇总

地震	ID	震害描述	类型	A	E	T
圣罗莎 1969（M_W5.6、5.7）	S3715	加州圣罗莎市比弗圣 718 号的两层木框架建筑脱离基础；基础已破坏且支撑很弱；房子倒塌时煤气管道破裂	W1	0%	0	—
	S3726	加州圣罗莎旧法院广场 203 号的米拉玛大厦；一堵倒塌的墙的局部压住一辆汽车	URM	1%	1.0	1
圣费尔南多 1971（M_W6.7）	S4473	断裂带附近的诺克斯街和奥兰治格林街的门廊损坏（墙体可能损坏），烟囱塌落	W1	8%	0.5	3
	S4533	烟囱倒向未受损的木框架房屋	W1	0%	0	—
	S4581	无筋砌体结构家具店的女儿墙倒塌，砖块掉落在街道和人行道上；地震中，大玻璃窗被震碎	URM	19%	1.0	1

续表

地震	ID	震害描述	类型	*A*	*E*	*T*
	S4597～ S4602	位于圣费尔南多市中心商业区的商住两用的单栋砌体结构，建于 1933 年之前；上部住宅的无筋承重墙破坏，但结构没有倒塌	URM	3%	1.0	1
	S4489	格伦奥克斯街和哈伯德街之间的旧木框架房屋部分倒塌，房屋墙体可能倒塌	W1	0%	0	——
	S4491， S4492	车库上方的粉色住宅的第一层倒塌（注意建筑物下的汽车残骸）	W1	50%	1.0	3
	S4624	布拉德利大道 12884 号的轻工业建筑屋顶首先发生倒塌，继而附近地面出现裂缝、后墙凸出、后屋顶倒塌；见 S4625～S4633	TU	11%	0.1	3
	Benfe 和 Coffman （1973，p. 123）	布拉德利大道 12840 号	TU	44%	0.1	3
		布拉德利大道 12874 号	TU	12%	0.1	3
		布拉德利大道 12950 号	TU	10%	0.1	3
		布拉德利大道 12881 号	TU	10%	0.1	3
		布拉德利大道 12975 号	TU	23%	0.1	3
		布拉德利大道 13001 号	TU	8%	0.1	3
		布拉德利大道 13069 号	TU	16%	0.1	3
		布莱索大街 15200 号	TU	19%	0.1	3
		布莱索大街 15151 号	TU	8%	0.1	3
		圣费尔南多街道 12860 号	TU	16%	0.1	3
		圣费尔南多街道 12806 号	TU	18%	0.1	3
		圣费尔南多街道 12744 号	TU	26%	0.1	3
		布拉德利大道 12814 号	TU	15%	0.1	3
	GoddenJ53	错层的木框架房屋倒塌；由于这两层之间缺乏足够的连接，大量此类错层住宅遭受了严重破坏；由于没有足够的横向支撑，上层的墙开裂并压碎了下层的车库墙体	W1	33%	1.0	3
	S4195	退伍军人管理局医院内一栋建于 1925 年的砌体结构康复中心倒塌	URM	50%	1.0	3

续表

地震	ID	震害描述	类型	A	E	T
	S4529	因墙体垮塌而对老旧建筑造成破坏	W1	0%	0	—
	S4065	Olive View 医院东南角的塔楼倒塌；医疗大楼背（东）立面	C2	3.3%	1.0	3
	S4070	Olive View 医院医疗大楼南侧立面的救护车车库倒塌；另见 S4139~S4144	C1	100%	0.5	3
	S4115, S4117	薄弱层倒塌，照片的右上角最具有代表性；原为错落二层建筑，平面不规则，第一层在地震中倒塌	C1	67%	1.0	4
	S4519	柏高大坝附近的塔克街上正在施工的木框架房屋倒塌	W1	67%	0.5	3
	S4501	位于山脚下的，在 Olive View 医疗中心和退伍军人行政医院之间的一个西尔马的新住宅区，位于 Almetz 大街的木框架房屋的车库上方的两层部分的下层发生倒塌	W1	33%	1.0	3
	R0070	照片的中上部的旧砌体建筑已经完全倒塌；该公园始建于 1925~1926 年，1938 年和 1949 年进行了扩建，整个建筑群在 1971 年的地震后被拆除，整个 97 英亩的土地在 1977 年被用作退伍军人纪念公园	URM	100%	1.0	4
因皮里尔河谷 1979 （M_W 6.4）	S5584	位于加州布劳利 G 街区的木框架房屋的底部垫高层的矮墙（cripple walls）倒塌	W1	0%	0	
	S5585	位于加州布劳利 G 街区的木框架房子的底部垫高层的矮墙（cripple walls）倒塌	W1	0%	0	
威斯特摩兰 1981 （M_W 6.4）	N/A	加州威斯特摩兰西大街的两层建筑倒塌	URM	100%	1.0	3
科灵加 1983 （M_W6.2）	GoddenJ52	1983 年科灵加地震中现代住宅（modern house）的烟囱倒塌；大部分的烟囱是因为与建筑物缺乏适当的连接而倒塌的	W1	9%	1.0	1
	GoddenJ19	两层木结构住宅的横向位移超过半米，门廊柱子由于缺乏足够的锚固和支撑发生倾斜，且基础沉降超过半米	W1	0%	0	—

地震	ID	震害描述	类型	A	E	T
	GoddenJ23	震动作用导致的木门廊倒塌（由于房屋木框架缺乏适当的锚固和横向抗力支撑系统）	W1	15%	1.0	3
	GoddenJ29	由于楼板、屋顶和横墙的连接不当，该商业建筑第二层八英尺厚的无筋砌体墙倒塌	URM	30%	0.60	1
	R0323	位于杰斐逊大街的拐角处，贯穿教堂整个宽度的门廊与建筑的其他部分脱离；这座建于 1946 年的稳固的土坯建筑虽然严重受损，但并没有倒塌	URM	7%	1.0	3
摩根山丘 1984（$M_\mathrm{w}6.2$）	S5840	位于加州安德森湖地区的摩根山受损最严重的住宅；一楼和基础之间的盖板为强度不大的纤维板	W1	0%	0	—
	S5839	位于加州摩根山的安德森湖地区，由于地震造成山体的滑坡导致住宅向左侧移动	W1	20%	1.0	3
惠提尔海峡 1987（$M_\mathrm{w}5.9$）	S6014	位于加州惠提尔，烟囱倒塌对屋顶造成的损坏	W1	0%	0	—
	S6023	位于加州惠提尔，建筑物烟囱倒塌	W1	3%	1.0	1
	S6020	位于加州惠提尔，烟囱从门廊屋顶掉落；参见 S6021 和 S6040	W1	2%	1.0	2
	S6022	位于加州惠提尔，两个烟囱中的一个倒塌	W1	3%	1.0	1
洛马普里塔 1989（$M_\mathrm{w}6.9$）	LP0042	位于加州圣克鲁斯的无筋砌体建筑的墙体倒塌	URM	1%	1.0	1
	LP0070	加州沃森维尔大街 307 号的一栋旧建筑女儿墙破坏	URM	18%	1.0	1
	LP0072	加州沃森维尔大街 311 号的一栋旧建筑女儿墙破坏	URM	9.4%	1.0	1

续表

地震	ID	震害描述	类型	A	E	T
	LP0462，LP0460	加州旧金山市场区（Market District）南部第6街和布鲁森姆街的一栋无筋砌体结构的墙体倒塌	URM	5.3%	1.0	1
	LP0375	加州旧金山海港区（Marina District）两座四层公寓楼（软土地基）倒塌	W1A	25%	1.0	3
	LP0375，S6120	两座四层公寓楼（软土地基）倒塌；图中有两栋建筑	W1A	25%	1.0	3
	LP0499	加州旧金山海港区（Marina District）海滩街2090号的公寓大楼经过一场大火后倒塌；注意消防员正在灭火	W1A	75%	1.0	3
	S6144 译者注：＊处，较原版表格单元中的内容，译者进行了订正	加州旧金山海港区一幢公寓楼的薄弱层倒塌	W1A	67%＊	1.0	3
	LP0459	旧金山内河码头/金融区戴维斯街的弗朗特街235号一栋三层的无筋砌体墙倒塌	URM	2.9%	1.0	1
	LP0041	加州圣克鲁斯福特百货公司内部结构失效	URM	33%	1.0	3
	LP0081~LP0085	加州沃森维尔受损的圣帕特里克教堂正视图	URM	4.5%	1.0	1
	LP0087	加州沃森维尔损坏的自行车店的女儿墙失效	URM	25%	1.0	1
	LP0090	加州沃森维尔粉红色框架房屋的基础失效	W1	0%	0	—
北岭市1994（$M_W6.7$）	NR327，NR353，NR357，NR358	加州北岭的三层木结构公寓楼倒塌。根据Todd等（1994，第23页），这是四栋倒塌建筑的第一栋	W1A	33%	1.0	3
		加州北岭第二栋倒塌建筑，为三层木结构公寓楼	W1A	33%	1.0	3
		加州北岭第三栋倒塌建筑，为三层木结构公寓楼	W1A	17%	1.0	3
		加州北岭第四栋倒塌建筑，为三层木结构公寓楼	W1A	4%	1.0	3

续表

地震	ID	震害描述	类型	A	E	T
北岭市 1994 (M_W6.7)	NR408~NR409	加州圣莫尼卡太平洋海岸公路西海峡路 1004 号（近太平洋帕利塞德）的州立海滩咖啡馆是一座两层砌体结构，它的侧墙发生严重剪切开裂，二层发生出平面破坏	URM	13%	1.0	1个
	NR412~NR414	加州圣莫尼卡第四街 827 号的四层砌体结构建筑的三、四层受损；砌筑立面从平面掉落并破坏了四楼露台；这幢大楼原定于 1994 年 1 月 17 日星期一开始加固改造；三砖厚（Three-layers-thick）无筋砌体，顶楼和阳台发生破坏，三层楼以下和侧面发生轻微破坏；参见 NR412~NR414	URM	2.1%	1.0	1
	20101224	无筋砌体结构住宅的烟囱倒塌	W1	2.7%	1.0	1
	NR559	位于北岭泽尔扎赫大街加州州立大学校园的停车场是一个三层预制混凝土结构；全景显示建筑物东侧倒塌	C1	35%	1.0	4
	NR579	加州北岭时尚中心停车场层倒塌；请参阅 NR459~NR461 了解百老汇百货商店的损坏情况	PC1	35%	1.0	4
	NR221	北岭市时尚中心的 Bullock 百货公司二楼和三楼的华夫楼板（waffle slab）倒塌，内部钢筋混凝土柱没有倒塌；从楼板完好的部分可以看出华夫楼板的典型构造	C1	78%	1.0	4
	NR303	局部屋顶倒塌的视图。该视图是从建筑正东方向观测的，位于正门东侧的南立面；拍摄于下午 3 点，于加州州立大学北岭分校	C1? C2?	1%	1.0	4
	NR542, NR543	位于加州洛杉矶的一个停车场结构完全倒塌	C1	100%	1.0	4
	NR328	加州舍曼奥克斯哈泽泰大道和米尔班克大街的公寓大楼薄弱层倒塌	W1A	33%	1.0	3

续表

地震	ID	震害描述	类型	A	E	T
	NR160, NR162	加州格拉纳达山的凯泽永久（Kaiser Permanente，非盈利组织）办公楼朝东北方向的全景图；结构两端的砖石外墙已经与混凝土框架分离，结构的第二层已经完全倒塌；从二楼到五楼，建筑南北两端跨（户外或室内用以停放车辆、存放货物等）局部倒塌	C1	30%	1.0	4
圣西米恩 2003 （M_W6.7）	NM0001 ~ NM0012	图中的面包房位于马斯塔尼/橡果建筑内，该建筑在地震中发生倒塌；在拍摄这些照片时，紧急救援人员已经拆除了大楼的前墙并移走了大量的碎石；这座无筋砌体钟楼建于 1892 年，已经成为帕索罗布尔斯镇的标志性建筑；大楼的第二层在地震中倒塌，导致服装店的两名员工死亡；大楼的屋顶直接向西倒塌并掉落到公园街，落在一排停着的汽车上；北墙的碎石砸穿了公园街 1220 号附近一家商店的屋顶	URM	78%	1.0	3
南纳帕 2014[*] （M_W6.6） **译者注**：[*] 处，较原版表格单元中的内容，译者进行了订正	P9050177, P9080152	位于加州纳帕的第一大街 1025 号的唐·佩里科的餐厅，在地震发生时位于北纬 38.299029°，西经 122.285868° 的大楼西端；该餐厅占地大约 60 英尺×60 英尺，倒塌的墙体约为 25 英尺×12 英尺，倒塌的部分占比为 8.3%	W2	8.3%	1.0	1

注：ID：地震工程在线档案的图片标号；类型：典型建筑类型，参考美国 ATC（2015a）；A：倒塌区域占比；E：被困居民占比；T：USAR 人员的技术资质；M_W：矩震级；%：百分数；in：英寸；ft：英尺；St：大街；Rd：街道；Ave：大道。

作者从 NISEE 等来源搜集了加州 1965~2014 年间发生的地震中 73 座倒塌建筑物的图片，并建立了数据库。该数据库包含木结构、混凝土结构和无筋砌体结构建筑。倒塌区域占比的范围从 0%（例如，底部垫高层的矮墙（cripple walls）倒塌不会影响居住空间的使用）到 100%（例如，停车场完全倒塌）。基于过去 50 年间倒塌的加州建筑物样本进行估算，倒塌区域占比的平均值为 23%，这表明约有 23% 的居民或路人（距离建筑物几英尺范围内的路人）可能因建筑倒塌而被砸伤或被困。作者估计困于倒塌区域的居民中，平均有 66% 的人需要被消防员或 USAR 工作队救助。表 M-2 列出了按结构类型分类的统计数据。

加州 1934 年颁布的《菲尔德法》（Field Act）禁止建筑物使用无筋砌体（URM）结构，

因此加州的 URM 建筑比美国西部的其他地方存量要少很多。并且许多建筑物都进行了加固改造，而人们对加固改造后的建筑的性能估计可能存在偏差。但是，若从数据中删除无筋砌体结构建筑和烟囱，并不会显著改变倒塌区域平均面积占比的估值。若仅考虑预制装配式 Tilt-up 墙板结构、其他钢筋混凝土结构和木结构，倒塌区域占比平均值为 22%。若不考虑由烟囱倒塌引起的倒塌案例（即不考虑烟囱砸穿屋顶的案例），则平均值增加到 25%。

表 M－2　海沃德情景城市搜救（USAR）模型中倒塌区平均占比（A）和
倒塌区需要救援的住户平均占比（E）

建筑类型	数量	A	E
全部结构	73	23%	0.66
预制装配式 Tilt-up 墙板结构	14	17%	0.10
其他混凝土结构	9	50%	0.94
无筋砌体结构	18	28%	0.98
木结构	32	17%	0.66
无筋砌体以外的其他结构	54	22%	0.56
没有烟囱的结构	66	25%	0.65

USAR 不同技术资质人员救援工作占比如表 M－3 所示。由表 M－3 可知，大多数搜救工作需都由消防员完成，而不是未经训练的平民志愿者或是社区应急响应小组。表 M－3 中各等级搜救人员的占比与图 M－2 不一致，因为图 M－2 金字塔的底部两层代表受伤但未被困的人员，而表 M－3 针对的是被困人员。

表 M－3　城市搜救（USAR）人员的技术资质的占比（%）

技术资质	总数	无筋砌体结构	非无筋砌体结构	预制装配式 Tilt-up 墙板结构	其他混凝土结构	木结构	含烟囱的结构	没有烟囱的结构
1 平民	27	67	11	0	0	23	80	22
2 社区应急响应小组	2	0	2	0	0	5	20	0
3 消防员	59	28	71	100	22	73	0	64
4 USAR 工作队	13	6	16	0	78	0	0	14

综合考虑多种建筑类型认为，倒塌区域占比未通过 Lilliefors（1976）提出的 5% 显著性水平下的拟合优度检验，但仍认为其分布近似服从指数分布。服从指数分布意味着建筑物的倒塌面积占比以指数函数形式表达为：1%（10^{-2}）、2%（$10^{-1.75}$）、3%（$10^{-1.5}$）、……、100（10^{0}）。木结构建筑倒塌区域占比往往较小，而数据库中的 9 座混凝土建筑倒塌区域占比往往更大，但是每种建筑类型（钢筋混凝土、预制装配式（Tilt-up）无筋砌体和木结构）

倒塌区域占比的分布仍几乎覆盖了整个概率区间，如下所述。

作者使用了均匀、指数、对数正态、幂函数等常见的累积分布函数以及如式（M-4）所示的累积分布函数等简单的函数模型对 USAR 需求进行蒙特卡罗模拟。在该函数模型中，倒塌区域占比为零时的概率为常数 f；倒塌区域占比不为零时，其概率呈指数分布：

$$P[X \leqslant x] = 1 - f \times \exp(-Lx) \qquad X \geqslant 0 \qquad (M-4)$$

式中，f 和 L 是常数。作者称式（M-4）为倒塌区域占比的指数函数累积分布模型（frequency-and-exponential-severity model）。图 M-3 将倒塌区域占比的真实值和式（M-4）函数的拟合值进行对比。

上述累积分布函数中，只有式（M-4）通过了 Lilliefors（1967）的 5% 显著性水平下的拟合优度检验。Lilliefors 检验的目的是检查样本是否是从一个正态分布的总体中抽取出来的，分布参数是否是由样本估计得出的。虽然该检验并不适用于式（M-4）的模型，且没有针对此模型的检验方式，但通过了 Lilliefors 检验仍能够定性地表明其合理性。

给定一栋已倒塌建筑物的模型，假设累积概率为均匀分布在 0 到 1 之间的随机变量，通过式（M-4）反求倒塌区域占比 x。换言之，如果一个样本 $u \sim U(0, 1)$，则倒塌区域占比的取值公式如下：

$$\left.\begin{array}{ll} x = 0 & u \geqslant f \\[2mm] x = -\dfrac{1}{L}\ln\dfrac{(1-u)}{f} & u < f \end{array}\right\} \qquad (M-5)$$

在式（M-6）中，n 表示受困于倒塌区域中的平均人数，其中符号"$\lfloor\ \rfloor$"表示取整，即小于或等于内部数值的最大整数：

$$n = \lfloor x \times N \times E \rfloor \qquad (M-6)$$

式中，N 表示建筑物中的居住人数；$E = 0.66$。

图 M-3b 中展示了幂函数拟合模型，考虑了结构类型和不确定性，它的拟合效果不如指数函数好，但表达式更为简单。假设累积概率 $P[X \leqslant x]$ 为均匀分布在 0 到 1 之间的随机变量，反求倒塌区域占比 x。然后使用表 M-2 中的 E 值并根据式（M-6）计算 n，基于参数 n 和 p 反演二项式累积分布函数，此处的 p 与 $U(0, 1)$ 的函数关系不同于式（M-5）。在今后的研究中，可将 N 定义为随机变量，并针对不同建筑类型给出不同的累积分布函数，本文并未做深入探究。

如果要采用本章数据库来模拟未来建筑物的性能，前提是假设现在的数据对未来有参考意义。如图 M-4 所示，倒塌区域占比与地震发生年份之间关联性似乎不强。趋势曲线斜率几乎为零且判定系数很低（$R^2 = 0.0006$），即可以认为倒塌区域占比与地震发生年份不相关。因为每次地震都会影响数十年来建造的既有建筑，所以这种关系是一个滞后指标。但是，在

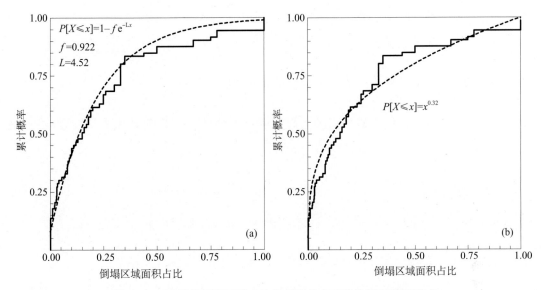

图 M - 3　建筑物倒塌区域占比的累积分布函数的近似表达形式

（a）指数函数拟合模型；（b）幂函数拟合模型（表达式更简单）

倒塌区域的范围从 0.00（无倒塌区域）到 1.00（完全倒塌）

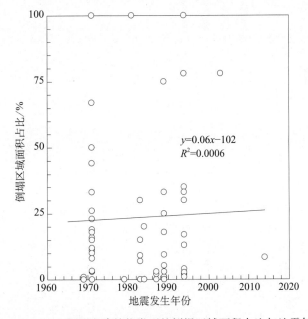

图 M - 4　1965～2014 年所有建筑物类型的倒塌区域面积占比与地震年份的关系

此研究的 50 年间约一半的建筑物被重建，且当较新的建筑物的倒塌面积较小时，则可以预期未来建筑倒塌面会更少。这意味着，尽管随着时间变化，建筑群中某一栋建筑物的倒塌概率可能会保持不变也可能会发生变化，但是如果建筑物发生了倒塌，则其倒塌面积与地震发生的年份无关。需要明确的是，图 M - 4 并没有说明新旧建筑的倒塌概率，它只是说在发生某种程度倒塌的那部分建筑物中，倒塌区域不会随地震发生的年份而变化。可以合理地假设，在未来的地震中（未来几十年），建筑物的倒塌区域分布将与过去 5 年中的分布大致相同。请注意，数据库未给出倒塌房屋的建造年代。在其他条件相同的情况下，新建筑的倒塌概率大概比旧建筑低，但这个问题与本文讨论的问题是分开的。

关于倒塌机理和程度的其他研究：

（1）图 M－5 显示，承重墙材料为木材或无筋砌体的建筑物的倒塌总面积通常是最小的，其次是装配式建筑，最后是其他钢筋混凝土建筑。

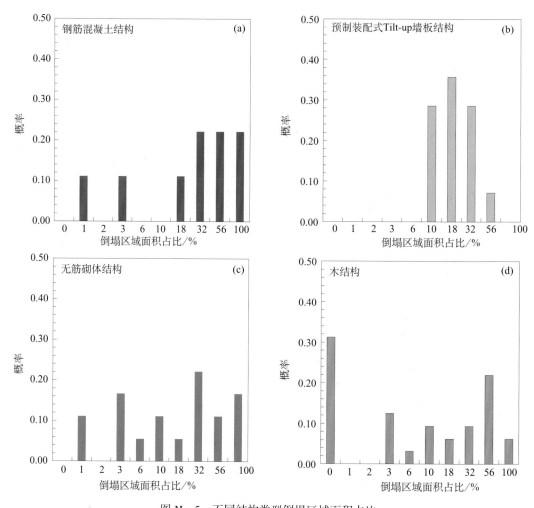

图 M－5　不同结构类型倒塌区域面积占比
（a）钢筋混凝土结构；（b）预制装配式 Tilt-up 墙板结构；（c）无筋砌体结构；（d）木结构

（2）大多数木框架建筑物的倒塌区域面积占比小于 10%，即倒塌区域占比的中位数小于 10%。此外约有 95% 的建筑，其倒塌区域面积占比小于 50%。超过 30% 的建筑没有发生倒塌。如图 M－5 所示，木框架建筑的倒塌影响面积占比的众数（条形图中的最大值）介于 0%~1%，常见的破坏形式为无支撑的底部垫高层的矮墙（cripple walls）倒塌，但是其仍能支撑上部结构（天花板或屋顶）（图 M−6a）。倒塌区域占比的中位数（具有 50% 超越概率的值）为 6%~10%，常见的破坏形式为烟囱或门廊顶板的倒塌（如图 M−6b）。木框架建筑倒塌区域面积真实占比的分布可能会比统计值更高，因为砖砌烟囱的倒塌现象太过普遍，而 NISEE 电子图书馆的投稿者可能没有按照实际倒塌发生的比例拍照。

(a)

(b)

图 M−6　建筑物的震害图片

（a）1979 年因皮里尔河谷 6.4 级地震中木框架结构倒塌示例（倒塌影响面积占比众数为 0%）；

（b）1971 年圣费尔南多谷 6.6 级地震中门廊顶板倒塌示例（倒塌影响面积占比中位数为 6%~10%）

图片分别由 M. Hopper 和 V. Bertero 拍摄，由加州大学伯克利分校 PEER-NISEE 国家地震工程信息服务机构提供

（3）尽管数据库包含无筋砌体结构建筑完全倒塌的实例，但大多数无筋砌体结构的倒塌影响面积占比不到 18%。倒塌影响面积占比的众数在 18%~32%，例如人行道、停车场和与无筋砌体结构相邻的较低建筑物上的女儿墙倒塌。换言之，上述无筋砌体结构倒塌形式通常对于路人（相比住户而言）来说更加危险。如图 M−7 所示。

(a)

(b)

图 M - 7　无筋砌体结构（URM）倒塌面积占比分布的众数（a）和中位数（b）对应照片

（a）1989 年洛马普列塔 6.9 级地震中砌体结构的震害图片；（b）1971 年圣费尔南多谷 6.6 级地震中商店的震害图片

照片分别由 J. Blacklock 和 E. Schader 拍摄，由加州大学伯克利分校 PEER-NISEE 国家地震工程信息服务机构提供

　　（4）以 1971 年前的预制装配式 Tilt-up 墙板结构为例，大多数倒塌面积少于建筑总面积的 18%。倒塌面积占建筑总面积的比值在 10%～18%，且大多是因屋顶和外墙连接处发生破坏而引起的倒塌。即使建筑外围发生倒塌，但是内部（远离边缘）承重体系仍能正常工作。有关示例参见图 M - 8。

　　（5）加州的混凝土结构建筑也有完全倒塌的情况，但只是个例。在大多数情况下，倒塌区域占比低于 50%。倒塌影响面积占比的众数在 32%～56%，常见的破坏形式为停车场的局部倒塌，如图 M - 9 所示。在这些图片中没有观察到明显的空间倒塌。

图 M - 8　预制装配式 Tilt-up 墙板结构的典型倒塌照片

1971 年圣费尔南多谷 6.6 级地震的建筑物震害图片

照片由 V. Bertero 拍摄，由加州大学伯克利分校 PEER-NISEE 国家地震工程信息服务机构提供

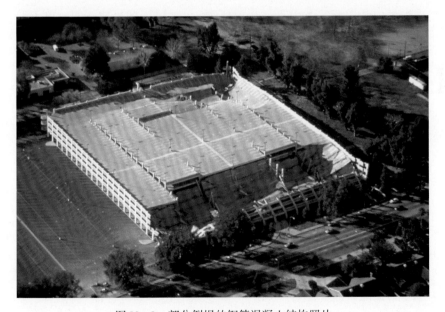

图 M - 9　部分倒塌的钢筋混凝土结构照片

北岭 6.7 级地震中加州州立大学北岭分校某钢筋混凝土结构停车场局部倒塌的照片

照片由 P. Weigand 摄，由加利福尼亚大学伯克利分校 PEER-NISEE 国家地震工程信息服务机构提供

2. 电梯中被困人数评估的方法

作者认为，一旦变电站设备以及地震震中附近地区的建筑物遭到破坏，整个海湾地区就会停电。因此，在 P 波到达某建筑地面触发地震报警开关或电梯的 "ring-on-a-string" 报警装置之前，海湾地区的绝大多数电梯已断电。停电后，梯门关闭且运行在楼层之间的电梯中将有多少人被困？作者将某都市地区的电梯数量 V_m 取为：

$$V_m = \frac{P_m}{p} \qquad (M-7)$$

式中，P_m 是都市地区的人口；p 是每部电梯的平均使用人数，如前所述，在美国这一数值约为 344。V_o 表示在 t 时刻，没有应急电源且载有乘客正在运行的电梯数量，作者用式 (M-8) 进行估算：

$$V_o(t) = V_m \times f_o(t) \times f_c \times (1 - f_b) \qquad (M-8)$$

式中，f_b 表示配有应急电源的电梯的比例；$f_o(t)$ 是 t 时刻正在运行的电梯的比例；f_c 是指梯门关闭且载有乘客的情况下，电梯在楼层之间运行的时间占比，如前所述，约为 30%。如果载有乘客的电梯中平均有 d 名乘客（如前所述，$d \approx 5$），则可以用式 (M-9) 估算将被困在电梯中的人数 N_e：

$$N_e = V_o(t) \times d = \frac{P_m}{p} \times f_o \times f_c \times (1 - f_b) \times d \qquad (M-9)$$

六、模型在海沃德情景中的应用

1. 基于建筑规范设防目标的倒塌建筑中被困人数评估

下面探讨海沃德地震情景中的城市搜救需求问题。海沃德情景使用两种方法来评估建筑物的损坏情况：①基于建筑规范设防目标（Porter [2015] 和 Porter [第 L 章] 中提到的 "足够安全"（Safe Enough）目标下的设计方法）的方法；②基于经验观察、结构分析和工程判断的 Hazus-MH 程序的方法。FEMA 对主震进行了 Hazus-MH 分析（Doug Bausch，书面交流，FEMA，2014），Seligson 等（本卷）对选定的余震进行了 Hazus-MH 分析。

根据 FEMA 最近的研究（ATC，2009），如果所有建筑物的性能均符合规范的要求，作者使用 "足够安全" 方法估计海沃德主震中倒塌建筑物的数量为 $N_b = 7800$。

加州大约有 3800 万人口和 1100 万栋建筑物，即每栋建筑物中平均约有 3.5 人。如果地震发生时有 80% 的人在室内（地震发生在工作日下午 4 时 18 分，估值为 80% 是合理的，并且与 Hazus-MH 的总体平均水平一致），那么在下午 4 时 18 分，平均每栋倒塌的建筑里有大约 $O(t) = 2.8$ 人。如前所述，倒塌建筑面积的总平均占比可取 $A \approx 0.25$；需要 USAR 救援的倒塌区居民的总平均占比可取 $E \approx 0.66$。因此，如果旧金山湾区的所有建筑都符合现行规范要求，则式（M-3）可以估算出被困于倒塌建筑中的人数：

$$N_c(t) = N_b \times O(t) \times A \times E = 7800 \text{ buildings} \times 2.8 \frac{\text{people}}{\text{building}} \times 0.25 \times 0.66$$

$$= 3600 \text{ people} \tag{M-10}$$

即通过基于建筑规范设防目标的方法，作者估计有 3600 人被困在 7800 栋倒塌的建筑物中。然而，事实上许多倒塌的建筑物中没有被困人员，并且不需要 USAR 人员的救援。

2. 基于 Hazus-MH 的倒塌建筑中被困人数评估

Hazus-MH 并未估算被困于倒塌建筑物中的人数，但估计了处于结构完全破坏状态的建筑物数量以及倒塌建筑物的面积占比，作者将其乘积取为 $N_b \times A$。利用 E 值（此处按结构材料估算），并估计每栋倒塌的建筑物中平均有 2.8 人，可以估算：

$$N_c(t) = O(t) \times \sum_i \left((N_{b,i} \times A_i) \times E_i \right) \tag{M-11}$$

式中，i 代表结构材料的指标；$N_{b,i} \times A_i$ 代表 Hazus-MH 估算的处于完全破坏状态下的建筑物数量与倒塌建筑面积占比的乘积，E_i 代表结构材料为 i 的倒塌建筑中需要救援的住户占比，取值参见表 M-2。估算结果见表 M-4。

表 M-4　海沃德情景 $M_W 7.0$ 主震中倒塌建筑物中被困人数估值

建筑材料	结构完全破坏的建筑物数量	完全破坏的建筑面积占比	E	$O(t)$	N_c
木	4946	0.03	0.66	2.8	274
钢	1595	0.05	0.66	2.8	147
混凝土	1241	0.10	0.94	2.8	327
预制混凝土	71	0.15	0.10	2.8	3
配筋砌体	725	0.10	0.66	2.8	134
无筋砌体	639	0.15	0.98	2.8	263
预制住房	4340	0.03	0	2.8	0
总计					1148

注：E，建筑物倒塌部分中需要被救助的住户比例；$O(t)$，星期四下午 4 点 18 分每栋倒塌建筑物中的住户人数；N_c，倒塌建筑物中需要被救援的人数。Hazus-MH（FEMA，2012）评估建筑物破坏（Seligson 等，第 J 章）。

Hazus-MH 没有估计倒塌的建筑物数量，但作者推出下面的公式：

$$M_c = \sum_i \frac{M_{compl,i} \times f_{colllcompl,i}}{A_i} \qquad (M-12)$$

$M_{compl,i}$ 表示 Hazus-MH 方法给出的结构材料为 i 且处于完全破坏状态的建筑物数量估计值（表 M-4 中的第 2 列）；$f_{colllcompl,i}$ 表示处于完全破坏状态的倒塌面积占比（表 M-4 中的第 3 列）；A_i 是建筑倒塌面积占比（来自表 M-2）；i 是结构材料的指标。估算结果请参见表 M-5。

表 M-5　海沃德情景 M_W7.0 主震中倒塌建筑物数量估值

建筑材料	结构完全破坏的建筑物数量	完全破坏的倒塌建筑面积占比	倒塌建筑物中倒塌部分占比	倒塌建筑数量
木	4946	0.03	0.17	873
钢	1595	0.05	0.23	347
混凝土	1241	0.10	0.50	248
预制混凝土	71	0.15	0.17	63
配筋砌体	725	0.10	0.28	259
无筋砌体	639	0.15	0.28	342
预制住房	4340	0.03	0.00	
总计				2132

注：Hazus-MH（FEMA，2012）评估建筑物破坏（Seligson 等，第 J 章）。

因此，可以从 Hazus-MH 对倒塌建筑物中被困人数和倒塌建筑物数量的估算结果得出，海沃德主震将导致 1100 人被困在 2100 栋倒塌的建筑物中。

3. 倒塌建筑中被困人数的情景估计

使用 Hazus-MH 对海沃德情景主震的破坏进行估计，将有 1100 人困在 2100 栋倒塌的建筑物中，而采用"足够安全"（Safe Enough）目标下的设计方法，则将会有 3600 人困在 7800 栋倒塌的建筑物中。两种方法的估算结果相差 3 倍，但没有超过半个数量级，因此该估值是合理的。

实际上，上述结果的一致性并不理想，因为"足够安全"目标下的设计方法（Porter［2015］和 Porter［第 L 章］）使用的数据代表了 1980 年后建筑的预期性能，而 Hazus-MH 是对既有建筑群的估计，其中 60%～70% 是 1980 年前修建的。如果两种方法都是正确的且使用相同的建筑物数据库，则"足够安全"目标下的设计方法得出的估值值将小于 Hazus-MH。上述两种方法的估值区间可以反映真实的结果，作者以平均值——2500 人被困在 5000 栋倒塌的建筑物中（按整数计算）——作为海沃德情景的最终估计。

4. 电梯中被困人数的情景估计

地震发生时，整个旧金山湾区会立即失去电力供应，且需要在检查发电厂、仔细恢复电力负荷及修复损坏等程序后，电力才会缓慢恢复。在 P 波到达电梯并触发 ring-on-a-string 装置之前湾区已发生断电，所以湾区中的大多数电梯（那些没有应急电源的电梯）已停止运行。电梯断电对 USAR 有什么影响？有多少人将被困于梯门关闭且在运行的电梯中？

考虑到旧金山湾区约有 1000 万人口，并参考之前估算得到的平均每 344 人使用一部电梯，可以使用式（M-7）估算旧金山湾区中的电梯数量（V_m）：

$$V_m = \frac{P_m}{p} = \frac{10000000 \text{ people}}{344 \dfrac{\text{people}}{\text{elevators}}} = 29000 \text{ elevators} \qquad (M-13)$$

除去配备应急电源的 3700 部（60% 的高层建筑电梯和 2.5% 的中低层建筑电梯）电梯外，湾区仍有 25300 部电梯没有配备应急电源，作者取为 25000 部。回顾前文，梯门关闭且载有乘客的情况下，电梯在楼层之间运行的时间占比是 $f_c \approx 0.3$。作者假设在高峰时段（工作日下午 4 点 18 分很有可能是高峰时段），大部分电梯都在使用，而且主要是单向载客，所以作者假设 $f_o(t) \approx 0.6$。那么通过式（M-8），可以估算出海沃德主震发生时停止运行且载有被困人员的电梯数量为：

$$V_o(t) = V_m \times f_o(t) \times f_c \times (1 - f_b) = 25000 \times 0.6 \times 0.3 = 4500 \text{ elevators} \qquad (M-14)$$

如前所述，电梯平均载客量为 $d = 5$ 人，因此可以使用式（M-9）来估算 N_e，即主震发生时被困于电梯内的人数：

$$N_e(t) = V_o(t) \times d = 4500 \text{ elevators} \times 5 \frac{\text{occupants}}{\text{elevator}} = 22500 \text{ occupants} \qquad (M-15)$$

因此，海沃德主震后的电力中断可能将使 22500 人被困于 4500 部电梯中，且需要消防部门的救援。因为救援需要相关技能和设备，未经训练的救援队无法救出被困于电梯中的人员。

人们可通过对一部分现有的电梯加装应急电源来减少电梯救援的需求。Kornfield（旧金山建筑检查局，已退休，书面交流，2015）估计每部电梯的改造费用在 2 万美元左右，而海湾地区只有 30% ~ 40% 的电梯可以重新改造，因此电梯改造后，海沃德情景中可能将有 14000 人被困于 3000 部电梯中。

七、结论

1. 当前情况下 USAR 需求

目前还没有公开的震后城市搜救需求模型。虽然工程师们可以估计出地震中倒塌的建筑物数量，却未研究发生某种倒塌情况下的建筑物倒塌面积占比及倒塌区域中需要城市搜救人员救援的居民人数占比等问题。

为了估计海沃德地震情景主震后的搜救需求，作者建立了一个照片数据库，其中包含过去 50 年间加州发生的 10 次地震中不同程度倒塌（结构性或非结构性）的 73[*] 栋建筑图片。其中囊括了加州大学伯克利分校国家地震工程信息服务电子图书系统（NISEE）中，使用关键词 "collapse"（倒塌）、"fail"（失效）、"fell"（掉落）或 "parapet"（女儿墙）检索到的所有震害图片，以及美国国家海洋和大气管理局（NOAA）关于 1971 年圣费尔南多地震和 2014 年南纳帕地震的报告中记录的 14[*] 栋屋顶倒塌的预制装配式 Tilt-up 墙板结构的震害图片。在上述数据库所包含的建筑中，超过一半是木结构建筑，18[*] 栋是无筋砌体建筑，9 栋是钢筋混凝土建筑。作者发现建筑倒塌面积平均占比约为 25%，该比例因结构材料而异，约从 17%（预制装配式 Tilt-up 墙板结构和木结构）到 50%（现浇钢筋混凝土结构）不等。作者还根据 CERT 培训指南，估计了在倒塌区域需要 USAR 不同级别技术人员提供援助的居民比例。根据对加州建筑的已有倒塌案例研究，作者估计大约有 2400 人被困于 5000 座倒塌的建筑，并需要营救。倒塌的老旧建筑通常更容易造成人员压埋。

　　译者注： [*] 处（共 3 处），较原文中的内容，译者进行了订正。

　　目前还没有公开的关于停运电梯中的受困人员的估计模型。然而，根据对全国电梯总数的相关估计和当地专家对旧金山湾区电梯很少配有应急电源的观测结果，作者估计在海沃德情景中大约有 22500 人将被困在 4500 部停止运行的电梯中。

　　2. 理想情况下 USAR 需求

　　参考 Porter（第 K 章）的文章，作者估计如果所有建筑物的抗震重要系数 I 取值为 1.5 时（ASCE，2010），则海沃德主震中倒塌的建筑物数量可以减少到原来的四分之一，即从 2500 人被困在 5000 座倒塌的建筑物中，减少到大约 600 人被困在 1200 座倒塌的建筑物中。此外，如果给可改造的电梯配备应急电源，那么受困人员将减少为 14000 人，停止运行的电梯将减少为 3000 部。

八、局限性

　　在过去 50 年中，加州地震中仍有其他建筑物发生了倒塌，但这些建筑物并没有被收录到 NISEE 电子图书馆或本文数据库等其他来源中。此外，数据库中的图片显示的倒塌区域面积的分布，可能与真实倒塌建筑物中倒塌区域面积的分布存在偏差。

　　我们无法得知摄影师们会不会因为大地震的发生，就故意挑选破坏严重的建筑进行拍摄。但是，地震致使大量建筑发生倒塌，使样本中倒塌面积占比涵盖了 0~100% 整个区间。虽然无法通过另外的数据来得出他们的代表性，但这至少使观测样本的多样性得到了保证。该数据库对于估计倒塌区域面积的分布提供了重要的数据支持，但仍待人们研究并建立更完善的数据库（更具代表性的数据）。有些读者可能会提出异议，本数据库中并不涵盖加州所有倒塌的建筑物，但鲜有调查是详尽的，抽样调查通常仅能提供有用的统计信息。

九、致谢

　　Sarah Durphy（Estructure）、Craig Stevenson（Aurecon）、Lawrence Kornfield（旧金山建筑检查部，已退休）、John Osteraas（Exponent Failure Analysis Associates）、Marko Schotanus（Rutherford and Chekene）、George von Klan（GVK-ECS, Inc.）和 Anne Wein（美国地质调查局）对报告草稿进行了审阅，并提出了宝贵的意见和建议。感谢他们的贡献。

参 考 文 献

American Society of Civil Engineers, 2010, Minimum design loads for buildings and other structures, ASCE/SEI 7- 10: Reston, Va., American Society of Civil Engineers, 608p

Applied Technology Council, 1985, ATC-13, Earthquake damage evaluation data for California: Redwood City, Calif., Applied Technology Council, 492p

Applied Technology Council, 2009, Quantification of building seismic performance factors: Prepared for the Federal Emergency Management Agency, FEMA P-695, 421p

Applied Technology Council, 2015a, Rapid visual screening of buildings for potential seismic hazards—A handbook (3d ed.): Prepared for the Federal Emergency Management Agency, FEMA P-154, 388p

Applied Technology Council, 2015b, Rapid visual screening of buildings for potential seismic hazards—Supporting documentation (3d ed.): Prepared for the Federal Emergency Management Agency, FEMA P-155, 206p [Also available online at https: //www. fema. gov/media-library-data/1426210695613-d9a280e72b32872161efab26a602283b/ FEMAP-155_508. pdf]

Benfer N A and Coffman J L, eds., 1973, San Fernando, California, earthquake of February 9, 1971—Effects on building structures; volume 1: U. S. Department of Commerce, National Oceanic and Atmospheric Administration, 448p

Bibliop, 2010, Bullock's Northridge, Northridge-3rd Floor: Flickr online image taken on September 12, 2010, accessed December 11, 2017, at https: //www. flickr. com/photos/53409445@N04/sets/72157625752688863/

Building Seismic Safety Council, 2009, NEHRP recommended seismic provisions for new buildings and other structures: Prepared for the Federal Emergency Management Agency, FEMA P-750, 406p

California State University Northridge, 2017, Building information: California State University Northridge Oviatt Library web page, accessed June 2015, at https: //library. csun. edu/About/BuildingInformation

Celebi M and Page R, 2005, Monitoring earthquake shaking in federal buildings: U. S. Geological Survey Fact Sheet 2005-3052, 2p [Also available at https: //pubs. usgs. gov/fs/2005/3052/]

Christensen A, 2009, Remembering the Loma Prieta earthquake: Loma Prieta Stories blog, November 5, 2009, accessed June 2015, at https: //lomaprietastories. wordpress. com/tag/santa-cruz-fires-and-earthquakes/

Earth Science World Image Bank, 2017, Photo ID h32fh3: Earth Science World Image Bank web page, accessed November 2017, at http: //www. earthscienceworld. org/images/search/results. html? begin = 10&num = 2&numBegin = 1&Category = &Continent = &Country = &Keyword = San%20Andreas%20Fault#null

Emporis Corporation, 2007, Emporis research: Emporis Web page, accessed June 19, 2007, at www. emporis. com

Federal Emergency Management Agency, 2002, Rapid visual screening of buildings for potential seismic hazards— Training slide set: Federal Emergency Management Agency, Washington D C, 144p

Federal Emergency Management Agency, 2012, Hazus multi-hazard loss estimation methodology, earthquake model, Hazus® -MH 2. 1 technical manual: Federal Emergency Management Agency, Mitigation Division, 718p, accessed July 18, 2017, at https: //www. fema. gov/media-library-data/20130726-1820-25045-6286/hzmh2 _1_eq_tm. pdf

International Code Council, 2009, International building code 2009: Country Club Hills, Ill., International Code Council, 716p

JPG Magazine LLC, 2017, Photograph eq8: JPG Magazine web page, accessed November 2017, at http: //jpgmag. com/photos/1989999

Krimgold F, 1988, Search and rescue in collapsed reinforced concrete buildings: Proceedings of the Ninth World Conference on Earthquake Engineering, Tokyo and Kyoto, Japan, August 2-9, 1988, v. Ⅶ, p. 693-696

Lilliefors H, 1967, On the Kolmogorov-Smirnov test for normality with mean and variance unknown: Journal of the American Statistical Association, v. 62, no. 318, p. 399-402

Moore D, 2014, Loma Prieta's legacy, 25 years later: Press Democrat, October 16, 2014, accessed June 2015, at http: //www. pressdemocrat. com/news/2983451-181/loma-prietas-legacy-25-years

National Elevator Industry, Inc., 2014, Elevator and escalator fun fact: Salem NY, National Elevator Industry, 1p

National Fire Protection Association, 2014, NFPA 1670—Standard on operations and training for technical search and rescue incidents: National Fire Protection Association, NFPA 1670, 116p, accessed November 15, 2015, at http: //www. nfpa. org/codes-and-standards/document-information-pages? mode=code&code=1670

National Oceanic and Atmospheric Administration, n. d., Natural hazard images database: National Oceanic and Atmospheric Administration, National Centers for Environmental Information, database, doi: 10. 7289/V5154F01

National Urban Search and Rescue Response System, 2009, Structural collapse technician course student manual: Washington D C, Federal Emergency Management Agency, 501p

PerformTech, Inc., 2011, Community emergency response team basic training participant manual: Developed for National CERT Program, Federal Emergency Management Agency, accessed November 17, 2015, at http: //www. fema. gov/media-library/assets/documents/27403

Porter K A, 2015, Safe enough? A building code to protect our cities as well as our lives: Earthquake Spectra, v. 32, no. 2, p. 677-695, doi: http: //dx. doi. org/10. 1193/112213EQS286M

Scawthorn C R, Porter K A and Blackburn F T, 1992, Performance of emergency-response services after the earthquake, in O'Rourke T D, ed., The Loma Prieta, California, earthquake of October 17, 1989—Marina District: U. S. Geological Survey Professional Paper 1551-F, p. F195-F215

Schiff A, 2008, The ShakeOut scenario supplemental study — Elevators: Denver, Colo., SPA Risk LLC, accessed November 17, 2015, at https: //goo. gl/jYJJfZ

Shoaf K I, Nguyen L H, Sareen H R and Bourque L B, 1998, Injuries as a result of California earthquakes in the past decade: Disasters, v. 22, no. 3, p. 218-235

So E M K and Pomonis A, 2012, Derivation of globally applicable casualty rates for use in earthquake loss estimation models, in World Conference on Earthquake Engineering, 15th, Lisbon, Portugal, September 24-28, 2012

Strakosch G R and Caporale R S, 2010, The vertical transportation handbook: Hoboken, NJ, John Wiley & Sons, 624p

Taylor A, 2014, The Northridge earthquake — 20 years ago today: The Atlantic, January 17, 2014, accessed June 2015, at https: //www. theatlantic. com/photo/2014/01/the-northridge-earthquake-20-years-ago-today/100664/

Todd D, Carino N, Chung R M, Lew H S, Taylor A W, Walton W D, Cooper J D and Nimis R, 1994, 1994 Northridge earthquake—Performance of structures, lifelines, and fire protection systems: National Institute of Standards and Technology Special Publication 862, 187p

Yeo G L and Cornell C A, 2002, Building-specific seismic fatality estimation methodology: Proceedings of the Fourth U. S. -Japan Workshop on Performance-Based Earthquake Engineering Methodology for Reinforced Concrete Building Structures, October 22-24, 2002, Toba, Japan, p. 59-74

附录 M - 1　国家地震工程信息服务（NISEE）电子图书馆中 1965~2014 年加州倒塌建筑物图片

　　本章的附录展示了过去 50 年间在加利福尼亚州由地震造成的建筑物倒塌的图片。附录按地震发生时间的先后顺序排列，在此期间发生的第一次地震为 1968 年的波雷戈山地震（附录 12 中罗列了没有可用图片的地震，如波雷戈山地震）。每个附录都包含以下信息：倒塌的描述和其他元数据、作者对倒塌区域面积占比的估计以及倒塌的图片。若无特殊说明，则元数据和图片均来自国家地震工程信息服务（NISEE）电子图书馆，可在 http：//nisee. berkeley. edu/elibrary/about. html 上获得使用许可。但需注意，附录中的地震震级可能与美国地质调查局最终确定的矩震级不完全一致。

　　附录中使用的缩写：ft（feet）：英尺；ft² （square feet）：平方英尺；in（inch）：英寸;%（percent）：百分比；Calif.（California）：加利福尼亚；St.（Street）：街道；Ave.（Avenue）：大街；Rd（Road）：路；—：没有数据。

1. 附录 1　圣罗莎（Santa Rosa）（1969）震后房屋倒塌情况

图 M - 10 的图片元数据及其描述如下。

Karl V. Steinbrugge ID：S3715

发震时间与震级 M	标题	拍摄者	拍摄时间	地点	震害描述
1969 年 10 月 1 日 M5. 59	断裂带上木框架结构房屋的破坏	Steinbrugge， Karl V	1969 年 10 月 6 日	北美/索诺玛县/美国/圣罗莎/加州	加州圣罗莎市比弗圣 718 号的两层木结构建筑脱离基础，支撑力不足；房屋倒塌时煤气管道破裂

作者估计的倒塌区域面积占比为 0%。

图 M-10　1969 年加州圣罗莎地震中两层木框架房屋的倒塌

图 M-11 的图片元数据及其描述如下。

Karl V. Steinbrugge ID：S3726

发震时间与 震级 M	标题	拍摄者	拍摄时间	地点	震害描述*
1969 年 10 月 1 日 M5.59	断裂带上木 框架结构房 屋破坏	Steinbrugge， Karl V	1969 年 10 月 6 日	北美/索诺玛县/ 美国/圣罗莎/ 加州	加州圣罗莎旧法院广 场 203 号的米拉玛大 厦；一堵倒塌的墙的 局部压住一辆汽车

译者注：较原版表格单元中的内容，译者进行了订正。

作者估计的倒塌区域面积占比：

建筑平面面积≈13000 平方英尺×3 层；散落砖砌面积≈25 英尺×15 英尺，约占建筑平面面积的 1%。

图 M - 11　1969 年加州圣罗莎地震中倒塌的墙体砸坏汽车

2. 附录 2　圣费尔南多（San Fernando）（1971）震后房屋倒塌情况

图 M - 12 的图片元数据及其描述如下。

Karl V. Steinbrugge ID：S4473

发震时间与震级 M	标题	拍摄者	拍摄时间	地点	震害描述
1971 年2 月 9 日M6. 6	断裂带上木框架房屋的破坏	Steinbrugge，Karl V	1971 年2 月 16 日	北美/洛杉矶县/美国/圣费尔南多/加利福尼亚	在断裂带上的诺克斯和奥兰治格罗夫街附近建筑物的门廊损坏（可能是墙体损坏）、烟囱塌落

作者估计的倒塌区域面积占比为：

（120 平方英尺的门廊）／（1500 平方英尺的总面积）= 8.0%。

图 M - 12　1971 年加州圣费尔南多地震后木框架房屋的破坏

图 M - 13 的图片元数据及其描述如下。

Karl V. Steinbrugge ID：S4533

发震时间与震级 M	标题	拍摄者	拍摄时间	地点	震害描述
1971 年2 月 9 日M6. 6	烟囱破坏	Schader，Eugene E	—	北美/洛杉矶县/美国/加利福尼亚	烟囱倒向未受损的木框架房屋

作者估计的倒塌区域面积占比为0%。

图 M－13　1971 年加州圣费尔南多地震后烟囱的损坏

图 M－14 的图片元数据及其描述如下。

Karl V. Steinbrugge ID：S4581

发震时间与 震级 *M*	标题	拍摄者	拍摄时间	地点	震害描述
1971 年 2 月 9 日 *M*6.6	家具店破坏	Schader, Eugene E	1971 年 2 月 16 日	美国/圣费尔南多/加利福尼亚/北美/洛杉矶县	无筋砌体结构家具店的女儿墙倒塌，砖块掉落在街道和人行道上；地震中，大玻璃窗被震碎

作者估计的倒塌区域面积占比：

建筑平面面积≈40 英尺×60 英尺；砖块散落面积≈30 英尺×15 英尺，占比约为 19%。

图 M-14　1971 年加州圣费尔南多地震后家具商店的破坏

图 M-15 图片元数据及其描述如下。

Karl V. Steinbrugge ID：S4597，S4598，S4599，S4600，S4601，S4602。

发震时间与震级 M	标题	拍摄者	拍摄时间	地点	震害描述
1971 年 2 月 9 日 M6.6	商住两用建筑破坏	Steinbrugge，Karl V	—	美国/圣费尔南多/加利福尼亚/北美/洛杉矶县	位于圣费尔南多市中心商业区的商住两用的单栋砌体结构，建于 1933 年之前；上部住宅的无筋承重墙破坏但结构没有倒塌

作者估计的倒塌区域面积占比：

建筑平面面积≈50 英尺×75 英尺×3 层；砖砌散落面积≈250 英尺（？）×15 英尺（？），占比约为 3%。

图 M - 15　1971 年加州圣费尔南多震后的商住两用建筑破坏

图 M - 16 的图片元数据及其描述如下。

Karl V. SteinbruggeID：S4624，S4625，S4626，S4628，S4629，S4630，S4631 和 S4633

发震时间与震级 M	标题	拍摄者	拍摄时间	地点	震害描述
1971 年 2 月 9 日 M6.6	屋顶破坏	Steinbrugge，Karl V	1971 年 2 月 18 日	北美/洛杉矶县/美国/洛杉矶/加利福尼亚	布拉德利街道的轻型工业建筑的屋顶破坏、附近地面出现裂缝、后墙凸出、后屋顶坍塌；参见 S4625~S4633

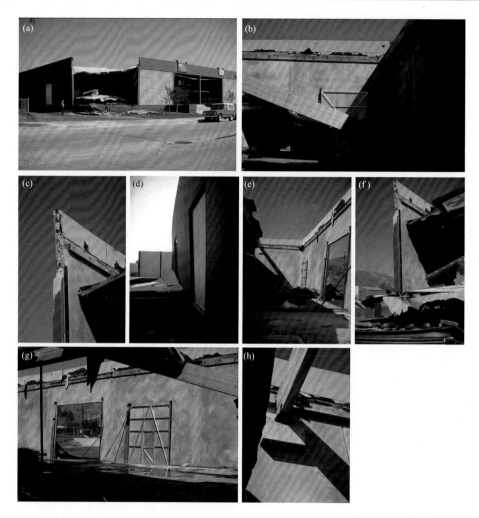

图 M - 16　1971 年加州圣费尔南多地震后洛杉矶布拉德利区工业厂房的破坏

作者对倒塌区域面积占比的估计：

未检索到可以用来估计墙体长度、位置或建筑物整体尺寸的图片。《Benferand Coffman》（1973，第 123 页）展示了布拉德利地区发生此类破坏的 14 座预制装配式 Tilt-up 墙板结构建筑，其中包括 S4624 中的建筑。Stein-Brugge 拍摄的照片中的建筑物坐落于东西向街道北侧，整个北墙和西南角都有破坏的痕迹。根据以上特征，只能匹配到一栋建筑——布拉德利大道 12884 号，该建筑东西向 131.5 英尺，南北向 276 英尺，总建筑面积 36294 平方英尺。西南角倒塌面积约 26 英尺×26 英尺，北墙倒塌面积约 26 英尺×131 英尺。作者估计该建筑的跨度为 26 英尺，因为面板看起来大致是正方形的，131 英尺等于 5 个跨距加上两个 6 英寸的面板厚度。倒塌区域面积占比：（6×26 英尺×26 英尺）／（36294 平方英尺）= 11%。

布拉德利地区的其他预制装配式 Tilt-up 墙板结构：作者从《Benferand Coffman》（1973，第 123 页）中解读了预制装配式 Tilt-up 墙板结构的震害图片，并将其覆盖在 Google Earth Pro 中，使用 Google Earth Pro 的标尺工具测量了倒塌区域的面积。结果如表 M - 6 所示。

表 M-6　1971 年加州圣费尔南多地震后洛杉矶布拉德利大道的倒塌的装配式屋顶

地点	倒塌面积/ft²	建筑平面面积/ft²	倒塌区域面积占比/%
布拉德利大道 12840 号	21461	48400	44
布拉德利大道 12874 号	2460	21000	12
布拉德利大道 12884 号	4056	36294	11
布拉德利大道 12950 号	3060	30240	10
布拉德利大道 12881 号	5678	58500	10
布拉德利大道 12975 号	18180	77600	23
布拉德利大道 13001 号	6400	85050	8
布拉德利大道 13069 号	7030	45000	16
布莱索大街 15200 号	3700	19800	19
布莱索大街 15151 号	4050	51800	8
圣费尔南多街道 12860 号	4650	29340	16
圣费尔南多街道 12806 号	11260	63400	18
圣费尔南多街道 12744 号	26600	101400	26
布拉德利大道 12814 号	2400	15600	15

图 M-17 的图片元数据及其描述如下。

Karl V. Steinbrugge ID：S4489

发震时间与 震级 M	标题	拍摄者	拍摄时间	地点	震害描述
1971 年 2 月 9 日 M6.6	木框架结构 老旧房屋	Steinbrugge， Karl V	1971 年	美国/圣费尔南多 /加利福尼亚/北 美/洛杉矶县	位于格伦奥克斯街和 哈伯德街之间的木框 架结构老旧房屋的门 廊部分倒塌，房屋的 墙体倒塌

作者估计的倒塌区域面积占比：

建筑平面面积≈1500 平方英尺（？）；可能造成人员被困的倒塌区域面积占比为 0%。

图 M - 17　旧木框架房屋门廊的部分倒塌

图 M - 18 的图片元数据及其描述如下。

Karl V. Steinbrugge ID：S4491，S4492

发震时间与震级 M	标题	拍摄者	拍摄时间	地点	震害描述
1971 年 2 月 9 日 $M6.6$	薄弱层倒塌	Steinbrugge，Karl V	—	美国/圣费尔南多/加利福尼亚/北美/洛杉矶县	车库上方的粉色住宅的第一层倒塌（注意建筑物下的汽车残骸）

作者估计的倒塌区域面积占比：

建筑平面面积＝30 英尺×20 英尺（?）×2 层；倒塌面积＝30 英尺×20 英尺（?）×1 层，倒塌区域面积占比约为 50%。

(a)

(b)

图 M - 18　1971 年加州圣费尔南多地震后的薄弱层破坏

图 M-19 的图片元数据及其描述如下。

William G. Godden（v. 4）ID：GoddenJ53

发震时间与震级 M	标题	拍摄者	拍摄时间	地点	震害描述
1971 年 2 月 9 日 M6.6	圣费尔南多谷的复式房屋	Bertero, Vi-telmo V	—	美国/加利福尼亚/北美	错层的木框架房屋倒塌；由于这两层之间缺乏足够的连接，大量此类错层住宅遭受了严重破坏；由于没有足够的横向支撑，上层的墙开裂并压碎了下层的车库墙体

作者估计的倒塌区域面积占比：

建筑面积≈15 英尺×30 英尺×3 层；倒塌面积≈15 英尺×30 英尺×1 层，倒塌区域面积占比约为 33%。

图 M-19　1971 年加州圣费尔南多地震后一栋错层式房屋的破坏

图 M-20 的图片元数据及其描述如下。

Karl V. Steinbrugge ID：S4195

发震时间与 震级 M	标题	拍摄者	拍摄时间	地点	震害描述
1971 年 2 月 9 日； M6.6	严重破坏砌 体建筑	Bertero， Vitelmo V	1971 年 2 月	美国/洛杉矶县/ 加利福尼亚/北 美/洛杉矶县	退伍军人管理局医院内 一栋建于 1925 年的砌体 结构康复中心倒塌

作者估计的倒塌区域面积占比：

似乎照片中的较低楼层发生倒塌，倒塌区域面积占比约 50%。

图 M-20 1971 年加州圣费尔南多地震后退伍军人管理局医院的砌体建筑受到严重破坏

图 M–21 的图片元数据及其描述如下。

1971 年的圣费尔南多 6.7 级地震摧毁了圣费尔南多退伍军人管理局医院大楼的四栋建筑，造成 47 人死亡。这些建筑物始建于 1925 年，当时还没有实施现代建筑规范。图片及其描述如下（Celebi 和 Page，2005）。

作者对倒塌区域面积占比的估计：

图片由西面拍摄，位于照片中间的南起第二座建筑物（即从右数第二座）属于康复中心，是一栋狭长砌体建筑。该建筑的一部分向北倾斜倒塌，建筑的侧翼完全破坏，但没有发生落层倒塌。作者通过图片估计的倒塌区域面积占比为 50%。

图 M–21　1971 年圣费尔南多地震中圣费尔南多退伍军人管理局医院综合大楼的四栋建筑物倒塌
（Celebi 和 Page，2005）

图 M–22 的图片元数据及其描述如下。

Karl V. Steinbrugge ID：S4529

发震时间与震级 M	标题	拍摄者	拍摄时间	地点	震害描述
1971 年 2 月 9 日 M6.6	老旧住宅的破坏	Olson, Robert A	—	美国/加利福尼亚/北美/洛杉矶县	因墙体垮塌而对老旧住宅造成的破坏

作者对倒塌区域面积占比的估计：

虽然底部垫高层的矮墙（cripple walls）倒塌了，但居住空间内屋顶或天花板并没有掉落，所以倒塌区域面积占比的估值为 0%。

图 M - 22　1971 年加州圣费尔南多地震后老旧房屋的破坏

图 M - 23 的图片元数据及其描述如下。

Karl V. Steinbrugge ID：S4065

发震时间与震级 *M*	标题	拍摄者	拍摄时间	地点	震害描述
1971 年 2 月 9 日 *M*6.6	东南角的室外楼梯倒塌	Steinbrugge, Karl V	–	美国/西尔马/加利福尼亚/北美/洛杉矶县	Olive View 医院的医疗大楼东南角的室外楼梯倒塌

图 M - 23　1971 年加州圣费尔南多地震后 Olive View 医院的室外楼梯倒塌

图 M - 24 的数据元及其描述如下。

在 1971 年 2 月加州圣费尔南多地震中，Olive View 医院的室外楼梯与主体结构分离，且北侧室外楼梯倾倒（图片左侧），图中可以看到急救车。照片由美国地质调查局 Reuben Kachadoorian 从西面拍摄。

作者对倒塌区域面积占比的估计：

每个建筑的侧翼大约 240 英尺×50 英尺×5 层楼×4 翼 = 24 万平方英尺；倒塌的室外楼梯大约 20 英尺×40 英尺×5 层×2 个塔 = 8000 平方英尺，倒塌区域面积占比约为 3.3%。

图 M - 24　1971 年加州圣费尔南多地震后 Olive View 医院室外楼梯的倾斜与倒塌

图 M - 25 的图片元数据及其描述如下。

Karl V. Steinbrugge ID：S4070

发震时间与 震级 *M*	标题	拍摄者	拍摄时间	地点	震害描述
1971 年 2 月 9 日 *M*6.6	救护车车库 倒塌	Steinbrugge Karl V	—	美国/西 尔 马/加 利福尼 亚/北美/ 洛杉矶县	Olive View 医院医疗大楼 南侧的救护车车库倒塌； 另请参见 S4139～S4144

作者对倒塌区域面积占比的估计：

通过观察（inspection，工程术语，意为"仅通过观察即可"），倒塌区域面积占比约为 100%。

图 M - 25　1971 年加州圣费尔南多地震后 Olive View 医院的救护车车库倒塌

图 M - 26 的图片元数据及其描述如下。

Karl V. Steinbrugge ID：S4115

发震时间与 震级 M	标题	拍摄者	地点	震害描述	震害描述
1971 年 2 月 9 日 $M6.6$	Olive View 精神科大楼	Steinbrugge, Karl V	美国/西尔马/加利福尼亚/北美/洛杉矶县	Olive View 疗养中心发生薄弱层倒塌，照片的右上角最具有代表性。原为错落二层建筑，平面不规则，首层结构在地震中倒塌	Olive View 医院医疗大楼南侧的救护车车库倒塌；另请参见 S4139~S4144

作者对倒塌区域面积占比的估计：

第一层的面积大约是第二层的两倍，且第一层区域全部倒塌，倒塌区域面积占比约为 67%。

图 M－26　1971 年加州圣费尔南多地震后 Olive View 医院精神科大楼的薄弱层倒塌

图 M－27 的图片元数据描述如下。

Karl V. Steinbrugge ID：S4117

发震时间与震级 M	标题	拍摄者	地点	震害描述	震害描述
1971 年2 月 9 日M6.6	精神科大楼倒塌	Olson，Robert A	美国/西尔马/加利福尼亚/北美/洛杉矶	Olive View 医疗中心西立面的精神科大楼是一栋两层的建筑，该建筑第一层倒塌	Olive View 医院医疗大楼南侧立面的救护车车库倒塌；另请参见 S4139~S4144

作者对倒塌区域面积占比的估计：

即前述建筑物的另一视图。

图 M-27 1971 年加州圣费尔南多地震后 Olive View 精神科大楼房倒塌的情况

图 M-28 的图片元数据及其描述如下。

Karl V. Steinbrugge ID：S4519

发震时间与 震级 M	标题	拍摄者	拍摄时间	地点	震害描述
1971 年 2 月 9 日 $M6.6$	倒塌的木框架房屋	Steinbrugge，Karl V	1971 年 2 月 16 日	美国/西尔玛/加利福尼亚/北美/洛杉矶	柏高大坝附近塔克街正在施工的木框架房屋倒塌

作者对倒塌区域面积占比的估计：

没有该建筑的其他图片。车库（左前）和一半的生活空间（后）部分倒塌，因此倒塌区域面积占比大约为 67%。

图 M-28　1971 年加州圣费尔南多地震后木框架房屋倒塌

图 M-29 的图片元数据及其描述如下。

Karl V. Steinbrugge ID：S4501

发震时间与震级 M	标题	拍摄者	拍摄时间	地点	震害描述
1971 年 2 月 9 日 M6.6	薄弱层倒塌	Steinbrugge，Karl V	1971 年	美国/西尔玛/加利福尼亚/北美/洛杉矶	位于山脚下的，在 Olive View 医疗中心和退伍军人行政医院之间的一个西尔马的新住宅区，位于 Almetz 大街的木框架房屋的车库上方的两层部分的下层发生倒塌

作者对倒塌区域面积占比的估计：

没有该建筑其他视角的图片。从描述来看，该建筑的布局类似于 S4514，因此倒塌区域面积占比约为 33%。

图 M-29　1971 年加州圣费尔南多地震后木框架房屋的薄弱层倒塌

图 M-30 的图片元数据及其描述如下。
Robert A. Olson ID：R0070

发震时间与 震级 M	标题	拍摄者	拍摄时间	地点	震害描述
1971 年 2 月 9 日 M6.6	退伍军人管理医院(VA)	—	1971 年	—	照片中上部的老旧砌体建筑已经完全倒塌；该公园始建于 1925~1926 年，1938 年和 1949 年进行了扩建，整个建筑群在 1971 年的地震后被拆除，全部 97 英亩的土地在 1977 年被用作退伍军人纪念公园

作者对倒塌区域面积占比的估算：
灰色屋顶的单层建筑全部倒塌，故倒塌区域面积占比约为 100%。

图 M－30　1971 年加州圣费尔南多地震后退伍军人管理局医院的倒塌

3. 附录 3　因皮里尔河谷（Imperial Valley）（1979）震后房屋倒塌情况

图 M－31 的图片元数据及其描述如下。

Karl V. Steinbrugge ID：S5584

发震时间与震级 M	标题	拍摄者	拍摄时间	地点	震害描述
1979 年10 月 15 日$M7.0$	底部垫高层的矮墙倒塌	Hopper，Margaret G	1979 年 10 月	美国/加利福尼亚/北 美/因 皮 里尔县	位于 G 街道的木框架房屋的底部垫高层的矮墙倒塌

通过观察，作者估计的倒塌区域面积占比约为 0%。

图 M-31　1979 年加州因皮里尔河谷地震后木框架房屋的底部垫高层的矮墙倒塌

图 M-32 的图片元数据及其描述如下。
Karl V. Steinbrugge ID：S5585

发震时间与震级 *M*	标题	拍摄者	拍摄时间	地点	震害描述
1979 年 10 月 15 日 *M*7.0	底部垫高层的矮墙倒塌	Hopper, Margaret G	1979 年 10 月	加州因皮里尔县布拉德利	位于 G 街道的木框架房屋的底部垫高层的矮墙倒塌

通过观察，作者估计的倒塌区域面积占比约为 0%。

图 M‑32　1979 年加州因皮里尔河谷地震后木框架房屋的底部垫高层的矮墙倒塌

4. 附录 4　威斯特摩兰（Westmorland）（1981）震后房屋倒塌情况

图 M‑33 的图片元数据及其描述如下。

国家海洋和大气管理局（无日期）

发震时间与 震级 M	标题	拍摄者	拍摄时间	地点	震害描述
1981 年 4 月 26 日 $M5.6$	威斯特摩兰 1981	Olsen, Robert O	—	北美/美国/加利福尼亚	地震造成该两层建筑局部倒塌；请注意，左侧单层建筑未发生破坏。（图片来源：加利福尼亚州应急服务地震项目办公室）

作者估计倒塌区域面积占比约为 100%。

图 M‑33　1981 年 4 月 26 日加州威斯特摩兰地震后西大街上的两层楼建筑的破坏

5. 附录 5　科灵加（Coalinga）（1983）震后房屋倒塌情况

图 M‑34 的图片元数据及其描述如下。

William G. Godden（v. 4）ID：GoddenJ19

发震时间与震级 M	标题	拍摄者	拍摄时间	地点	震害描述
1983 年 5 月 2 日 M6.5	位于科灵加的两层建筑	Bertero, Vitelmo V	—	北美/美国/加利福尼亚	两层的木框架住宅的侧向位移超过半米，门廊柱子由于缺乏足够的锚固和支撑发生倾斜，且基础沉降超过半米

作者估计倒塌区域面积占比约为 0%。

图 M－34 1983 年加州科灵加地震后两层木框架住宅发生侧向位移

图 M－35 的图片元数据及其描述如下。

William G. Godden（v. 4）ID：GoddenJ52

发震时间与震级 M	标题	拍摄者	拍摄时间	地点	震害描述
1983 年 5 月 2 日 $M6.5$	位于科灵加的烟囱倒塌	Bertero，Vitelmo V	—	美国/科灵加/加利福尼亚/北美/弗雷斯诺县	1983 年科灵加地震中烟囱倒塌的现代住宅（modern house）；大部分的烟囱因为与建筑物缺乏适当的连接而倒塌

作者对倒塌区域面积的估计：

没有该建筑物其他视角的图片。典型的独立住宅大约为 1500 平方英尺，但该建筑似乎比典型的独立住宅面积更大，约大 50%，即建筑平面面积约为 2250 平方英尺；砖块散落的面积约为 20 英尺×10 英尺＝200 平方英尺，因此倒塌区域面积占比约为 9%。

图 M - 35　1983 年加州科灵加发生地震后现代住宅的烟囱倒塌

图 M - 36 的图片元数据及其描述如下。

William G. Godden（v. 4）：GoddenJ23

发震时间与 震级 M	标题	拍摄者	拍摄时间	地点	震害描述
1983 年 5 月 2 日 M6. 5	位于科灵加的木门廊倒塌	Bertero, Vitelmo V	—	美国/加利福尼亚/北美	由于震动作用导致的木门廊倒塌（由于房屋木框架缺乏适当的锚固和横向抗力支撑系统）

作者对倒塌区域面积的估计：

没有该建筑物其他视角的图片。典型的独立住宅大约为 1500 平方英尺。该门廊的尺寸约为 12 英尺×20 英尺，因此倒塌区域面积占比约为 200 平方英尺/1500 平方英尺=15%。

图 M - 36 1983 年加州科灵加地震后木门廊倒塌

图 M - 37 的图片元数据及其描述如下。
William G. Godden (v. 4) ID：GoddenJ29

发震时间与 震级 M	标题	拍摄者	拍摄时间	地点	震害描述
1983 年 5 月 2 日 M6.5	位于科灵加 的无筋砌体	Bertero， Vitelmo V	—	美国/加利福尼 亚/北美	由于楼板、屋顶和横 墙的连接不当，该商 业建筑第二层八英尺 厚的无筋砌体墙倒塌

作者对倒塌区域面积占比的估计：

没有该建筑物其他视角的图片。这栋两层住宅二层的一半倒塌了（估值约 25%），加上四周散落的砖块，所以倒塌区域面积占比约为 30%。

图 M-37　1983 年加州科灵加地震后一座无筋砌体房屋倒塌

图 M-38 的图片元数据及其描述如下。
Robert A. Olson ID：R0321

发震时间与 震级 M	标题	拍摄者	拍摄时间	地点	震害描述
1983 年 5 月 2 日 $M6.5$	沉重的木牌 匾掉落在人 行道上	—	—	—	沉重的木制广告牌掉 落到人行道上；右侧 混凝土砌块墙损坏

作者对倒塌区域面积的估计：
该栋房屋的地址和尺寸信息暂缺，无法估计倒塌区域面积占比。

图 M-38　1983 年加州科灵加地震沉重的木牌匾掉落在人行道上

图 M-39 的图片元数据及其描述如下。

Robert A. Olson ID：R0323

发震时间与 震级 M	标题	拍摄者	拍摄时间	地点	震害描述
1983 年 5 月 2 日 $M6.5$	门廊脱离教堂建筑	—	—	—	位于杰斐逊大街的拐角处，贯穿整个教堂的门廊与建筑的其他部分脱离；这座建于 1946 年的稳固的土坯建筑虽然严重受损，但并没有倒塌

作者对倒塌区域面积占比的估计：

没有该建筑物其他视角的图片。估计建筑面积 ≈ 30 英尺×90 英尺 = 2700 平方英尺，估计门廊面积约 20 英尺×10 英尺，倒塌区域面积占比约为 7%。

图 M - 39　1983 年加州科灵加地震后门廊与教堂建筑脱离

图 M - 40 的图片元数据及其描述如下。

Karl V. Steinbrugge ID：S5765

发震时间与震级 M	标题	拍摄者	拍摄时间	地点	震害描述
1983 年 5 月 2 日 M6. 5	二层楼板塌落至一层	Steinbrugge, Karl V	1983 年 5 月 3 日	北美/弗雷斯诺县/美国/科灵加/加利福尼亚	二层楼板塌落至一层；科灵加市区的所有配筋砖砌体均被拆除

作者对倒塌区域面积占比的估计：

该栋房屋的地址和尺寸信息暂缺，无法估计倒塌区域面积占比。

图 M-40　1983 年加州科灵加地震后市区建筑的二层楼板塌落至一层

图 M-41 的图片元数据及其描述如下。

Karl V. Steinbrugge ID：S5773

发震时间与 震级 M	标题	拍摄者	拍摄时间	地点	震害描述
1983 年 5 月 2 日 $M6.5$	女儿墙破坏	Steinbrugge， Karl V	1983 年 5 月 3 日	北美/弗雷斯诺县 /美国/科灵加/加 利福尼亚	女儿墙破坏；市区科 灵加地区的所有配筋 砖砌体建筑均被拆除； 后视图请参见 S5828~ S5830

作者对倒塌区域面积占比的估算：

大楼位于加州科灵加的 E. Durian 大道上的科灵加广场，可能是科灵加广场 286 号（ht-tps：//www. masonryinstitute. org/pdf/909. pdf）。由于没有卫星图片，因此无法估计倒塌区域面积。

图 M－41　1983 年加州科灵加地震后科灵加市中心的建筑的女儿墙破坏

6. 附录 6　摩根山丘（Morgan Hill）（1984）震后房屋倒塌情况

图 M－42 的图片元数据及其描述如下。

Karl V. Steinbrugge ID：S5840

发震时间与震级 *M*	标题	拍摄者	拍摄时间	地点	震害描述
1984 年 4 月 24 日 *M*6.19	损毁最严重的住宅	Steinbrugge, Karl V	1984 年 4 月 28 日	美国/摩根山丘/加利福尼亚/北美/圣塔克拉拉县	加州摩根山丘安德森湖地区损毁最严重的住宅，其一层采用强度较低的纤维板与基础连接

通过观察，作者估计的倒塌区域面积占比约为 0%。

图 M-42　1984 年加州摩根山丘地震中受损最严重的住宅

图 M-43 的图片元数据及其描述如下。

Karl V. Steinbrugge ID：S5839 和联邦应急事务管理局（2002）。

发震时间与 震级 M	标题	拍摄者	拍摄时间	地点	震害描述
1984 年 4 月 24 日 $M6.19$	左侧的住宅 由于滑坡而 移动	Steinbrugge， Karl V	1984 年 4 月 28 日	美国/摩根山丘/ 加利福尼亚/北美 /圣塔克拉拉县	位于加州摩根山的安 德森湖地区，由于地 震造成山体的滑坡导 致住宅向左侧移动

作者对倒塌区域面积占比的估算：

图片来自联邦应急管理局（FEMA）国家地震技术援助培训方案，题为"震后建筑安全评估"（FEMA，2002）的培训幻灯片集。从顶层到底层的建筑平面面积比约为 2∶2∶1，底层发生了局部倒塌，故倒塌区域面积占比约为 20%。

图 M - 43　1984 年加州摩根山丘地震山体滑坡造成的房屋破坏

7. 附录 7　惠提尔海峡（Whittier Narrows）（1987）震后房屋倒塌情况

图 M-44 的图片元数据及其描述如下。

Karl V. Steinbrugge ID：S6014

发震时间与震级 M	标题	拍摄者	拍摄时间	地点	震害描述
1987 年10 月 1 日$M6.0$	烟囱倒塌	Steinbrugge，Karl V	1987 年10 月 3 日	美国/惠提尔/加利福尼亚/北美/洛杉矶县	加州惠提尔海峡的某烟囱倒塌砸毁屋顶

通过观察，作者估计的倒塌区域面积占比约为 0%。

图 M-44　1987 年加州惠提尔海峡地震后烟囱倒塌造成的屋顶破坏

图 M-45 的图片元数据及其描述如下。

Karl V. Steinbrugge ID：S6023

发震时间与震级 M	标题	拍摄者	拍摄时间	地点	震害描述
1987 年 10 月 1 日 $M6.0$	烟囱倒塌	Steinbrugge, Karl V	1987 年 10 月 3 日	美国/惠提尔/加利福尼亚/北美/洛杉矶县	加州惠提尔某建筑物的烟囱倒塌

作者对倒塌区域面积占比的估算：

数据库中没有该建筑的其他图片，所以假设其为面积 1500 平方英尺的典型住宅，砖块散落的面积为 5 英尺×10 英尺，因此倒塌区域面积占比约为 3%。

图 M-45　1987 年加州惠提尔海峡地震后某建筑的烟囱倒塌

图 M - 46 的图片元数据及其描述如下。

Karl V. Steinbrugge ID：S6020

发震时间与 震级 M	标题	拍摄者	拍摄时间	地点	震害描述*
1987 年 10 月 1 日 M6.0	烟囱损坏	Steinbrugge, Karl V	1987 年 10 月 3 日	美国/惠提尔/加 利福尼亚/北美/ 洛杉矶县	位于加州惠提尔，烟 囱从门廊屋顶掉落； 参见 S6021 和 S6040

译者注：较原版表格单元中的内容，译者进行了订正。

作者对倒塌区域面积占比的估算：

该建筑的面积比典型住宅的面积更大，估计为 3000 平方英尺，砖块散落的面积为 8 英尺×8 英尺，因此倒塌区域面积占比约为 2%。

图 M - 46　1987 年加州惠提尔海峡地震后烟囱倒塌

图 M - 47 的图片元数据及其描述如下。

Karl V. Steinbrugge ID：S6022

发震时间与 震级 M	标题	拍摄者	拍摄时间	地点	震害描述
1987 年 10 月 1 日 M6.0	烟囱倒塌	Steinbrugge， Karl V	1987 年 10 月 3 日	美国/惠提尔/加 利福尼亚/北美/ 洛杉矶县	加州惠提尔某建筑两 个烟囱中只有一个 倒塌

作者对倒塌区域面积占比估算：

假设其为典型的独立住宅，建筑面积为 1500 平方英尺，砖块的散落面积约为 5 英尺×10 英尺，因此倒塌区域面积占比约为 3%。

图 M - 47　1987 年加州惠提尔海峡地震造成的烟囱破坏

图 M–48 的图片元数据及其描述如下。

Karl V. Steinbrugge ID：S6024

发震时间与震级 M	标题	拍摄者	拍摄时间	地点	震害描述
1987 年 10 月 1 日 M6.0	MAY 公司停车场	Steinbrugge, Karl V	1987 年 10 月 3 日	北美/洛杉矶县/美国/惠提尔/加利福尼亚	加州惠提尔的 MAY 公司停车场屋顶破坏

作者对倒塌区域面积占比的估计：

没有全景图片。Google Earth 的图片没有 1987 年的数据，无法估算总面积，因此无法估计倒塌区域面积。

图 M–48　1987 年加州惠提尔海峡地震后停车场屋顶的破坏

8. 附录 8　洛马普里塔（Loma Prieta）（1989）震后房屋倒塌情况

图 M - 49 的图片元数据及其描述如下。

Loma Prieta Blacklock ID：LP0042

发震时间与 震级 M	标题	拍摄者	拍摄时间	地点	震害描述
1989 年 10 月 17 日 M7.09	无筋砌体墙 倒塌	Blacklock， James R	1989 年	美国/圣克鲁斯/ 加利福尼亚/北 美/圣克鲁斯县	加州圣克鲁斯的无筋 砌体墙倒塌

作者对倒塌区域面积占比的估计：

该建筑为历史悠久的 Hihn 大厦，位于加州圣克鲁斯太平洋大道 1205 号，邮政编码 95060。谷歌地图显示，大厦（APN 00507517000）的占地面积为 8180 平方英尺。另一张视野良好的照片显示，在 1989 年该建筑为两层（Moore，2014），总建筑面积为 16360 平方英尺，砖块散落的面积约 16 英尺×12 英尺，因此倒塌区域面积占比约为 1%。

图 M - 49　1989 年加州洛马普里塔地震后一栋无筋砌体建筑的墙体倒塌

图 M-50 的图片元数据及其描述如下。

Loma Prieta Blacklock ID：LP0066

发震时间与 震级 M	标题	拍摄者	拍摄时间	地点	震害描述
1989 年 10 月 17 日 M7.09	面包房的女儿墙和墙体损坏	Blacklock， James R	1989 年	北美/圣克鲁斯县/美国/沃森维尔/加利福尼亚	加州沃森维尔面包房的女儿墙和墙体损坏

作者对倒塌区域面积占比的估计：

该建筑位于加州沃森维尔海滩大街 15 号（位于联合大街）。由于没有 1989 年的卫星图片，无法估计受损建筑物的形状或大小，因此无法估计倒塌区域面积。

图 M-50　1989 年加州洛马普里塔地震后沃森维尔的建筑物女儿墙和墙体破坏

图 M-51 的图片元数据及其描述如下。

Loma Prieta Blacklock ID：LP0070，LP0072，LP0073 和 LP0074

发震时间与震级 M	标题	拍摄者	拍摄时间	地点	震害描述
1989 年 10 月 17 日 M7.09	主街上的女儿墙破坏	Blacklock，James R	1989 年	北美/圣克鲁斯县/美国/沃森维尔/加利福尼亚	加州沃森维尔主街上老旧建筑女儿墙的破坏

作者对倒塌区域面积占比的估计：

此处介绍两座建筑物。正面和背面都标有"Canada"的高层建筑似乎是沃森维尔大街307 号（请参阅 https：//www.ngdc.noaa.gov/hazardimages/picture/show/259）。根据 Google Earth Pro 的资料，主街307 号的地块占地面积为 30 英尺×125 英尺。该建筑物（现已拆除）几乎占据了整个地块，故总建筑面积为 7500 平方英尺。倒塌的女儿墙和第二层墙体散落的面积大约为 90 英尺长（计算南北两侧长墙的倒塌部分），15 英尺宽。总倒塌区域占比 =（90 英尺×15 英尺）/（7500 平方英尺）= 18%。现位于沃森维尔大街311 号的地块有三栋建筑，其中中间的一栋建筑的正立面女儿墙已倒塌。该建筑宽约 65 英尺，其中双层建筑部分长约 35 英尺，单层建筑部分长约 90 英尺，散落的砖块占地面积约 65 英尺×15 英尺，倒塌区域占比为（65 英尺×15 英尺）/（65 英尺×125 英尺 + 65 英尺×35 英尺）= 9.4%。

图 M-51　1989 年加利福尼亚州洛马普里塔地震后沃森维尔的女儿墙破坏

（a）最左边的建筑物是大街307 号，前景中的建筑物是主街311 号；

（b~d）307 主街侧面和背面的三个视图

图 M - 52 的图片元数据及其描述如下。

Loma Prieta Blacklock ID：LP0080

发震时间与 震级 M	标题	拍摄者	拍摄时间	地点	震害描述
1989 年 10 月 17 日 M7.09	倒塌的砖墙散落人行道上	Blacklock, James R	1989 年	北美/圣克鲁斯县/美国/沃森维尔/加利福尼亚	主街附近受损的建筑物砖墙倒塌在人行道上

作者对倒塌区域面积占比的估计：

没有该建筑的位置信息和全景图片，无法估算建筑长度及宽度，因此无法估计倒塌区域面积。

图 M - 52　1989 年加州洛马普里塔地震后沃森维尔主街上破坏的砖墙散落到人行道上

图 M - 53 的图片元数据及其描述如下。

Loma Prieta Blacklock ID：LP0081-LP0085

发震时间与震级 M	标题	拍摄者	拍摄时间	地点	震害描述
1989 年10 月 17 日$M7.09$	圣帕特里克教堂	Blacklock，James R	1989 年	北美/圣克鲁斯县/美国/沃森维尔/加利福尼亚	加州沃森维尔受损的圣帕特里克教堂正视图

作者对倒塌区域面积占比的估计：

前（东）门倒塌面积约为 200 平方英尺，南院约 200 平方英尺，北面东侧约 50 平方英尺。建筑平面面积约 9070 平方英尺，并假设有 1000 平方英尺的走廊面积。故倒塌区域面积占比 ≈（450 平方英尺）/（10000 平方英尺）= 4.5%。

图 M - 53　1989 年加州洛马普里塔地震后沃森维尔的圣帕特里克教堂的破坏

图 M-54 的图片元数据及其描述如下。

Loma Prieta Blacklock 集合：LP0087

发震时间与震级 M	标题	拍摄者	拍摄时间	地点	震害描述
1989 年 10 月 17 日 M7.09	自行车商店的女儿墙破坏	Blacklock, James R	1989 年末	北美/圣克鲁斯县/美国/沃森维尔/加利福尼亚	加州沃森维尔一家自行车商店的女儿墙破坏

作者对倒塌区域面积占比的估计：

没有其他可供参考的照片、街道名称，以及关于沃森维尔自行车商店位置的信息。202 号大街上的商店看起来也不像是该商店。砖块散落的面积为 50 英尺×12 英尺，建筑平面面积为 40 英尺×60 英尺，因此倒塌区域面积占比约为 25%。

图 M-54　1989 年加州洛马普里塔地震后沃森维尔自行车商店女儿墙的破坏

图 M-55 的图片元数据及其描述如下。

Loma Prieta Blacklock ID：LP0090

发震时间与 震级 M	标题	拍摄者	拍摄时间	地点	震害描述
1989 年 10 月 17 日 M7.09	木框架房屋 的地基破坏	Blacklock， James R	1989 年末	北美/圣克鲁斯 县/美国/沃森维 尔/加利福尼亚	加州沃森维尔粉红色 木框架房屋的地基 破坏

通过观察，作者估计的倒塌区域面积占比约为 0%。

图 M-55　1989 年加州洛马普里塔地震后在沃森维尔的房屋地基破坏

图 M-56 的图片元数据及其描述如下。

Loma Prieta ID：LP0462

发震时间与 震级 M	标题	拍摄者	拍摄时间	地点	震害描述
1989 年 10 月 17 日 M7.09	第 6 街和布 鲁森姆街	Dickenson， Stephen E	1989 年	美国/加利福尼 亚/北美/旧金山	位于旧金山第 6 街和 布鲁森姆街市场南面 的无筋砌体建筑第四 层墙体的倒塌

作者对倒塌区域面积占比的估计：

另请参阅 LP0460（如下）。据资料显示，该区域可能位于第 5 街和汤森大街附近，也有可能位于第 6 街和汤森大街附近的布鲁森姆大街。如果是后者，根据 Google Earth Pro 资料，该建筑位于布鲁森姆大街 178 号，在布鲁森姆南端的街道北侧（地块纳税编号［APN］3785135），占地面积为 15300 平方英尺。该四层建筑总建筑面积约 61200 平方英尺；散落的砖块区域的长度与建筑的正面尺寸（135 英尺）一致，宽度是人行道的两倍，大概为 24 英尺。墙壁倒塌造成 5 人丧生。倒塌区域面积占比 =（135 英尺×24 英尺）/（61200 平方英尺）= 5.3%。

图 M - 56　1989 年加州洛马普里塔地震后无筋砌体房屋的第四层墙体倒塌

图 M-57 的图片元数据及其描述如下。

Loma Prieta ID：LP0460

发震时间与震级 M	标题	拍摄者	拍摄时间	地点	震害描述
1989 年 10 月 17 日 M7.09	无筋砌体建筑	Kayen，Robert E	1989 年末	美国/加利福尼亚/北美/旧金山	位于第 6 街和布鲁森姆街的市场南部的无筋砌体墙倒塌

作者对倒塌区域面积占比的估计与 LP0462 相同（如上所述）。

图 M-57　1989 年加州洛马普里塔地震后无筋砌体房屋的第四层墙体倒塌

图 M - 58 的图片元数据及其描述如下。

Loma Prieta ID：LP0375

发震时间与 震级 *M*	标题	拍摄者	拍摄时间	地点	震害描述
1989 年 10 月 17 日 *M*7.09	住宅楼倒塌	Seed， Raymond B	1989 年末	美国/加利福尼亚/北美/旧金山	加州旧金山海港区的两栋四层住宅楼（软土地层）倒塌

经观察，作者对两栋建筑物倒塌区域面积占比的估算均为 25%。

图 M - 58　1989 年加州洛马普里塔地震后旧金山海港区公寓楼的软土地层塌陷

图 M - 59 的图片元数据及其描述如下。

Loma Prieta ID：LP0499

发震时间与 震级 M	标题	拍摄者	拍摄时间	地点	震害描述
1989 年 10 月 17 日 M7.09	海港区的建 筑物倒塌	Harris，S P	1989 年 10 月 17 日	美国/加利福尼亚 /北美/旧金山	加州旧金山海港区海 滩街 2090 号的公寓大 楼遭受严重火灾后倒 塌；注意消防员正在 灭火

这是一栋四层建筑，现在仅剩一层保持完好无损，因此作者估计的倒塌区域面积占比约为 75%。

图 M - 59　1989 年加州洛马普里塔地震后旧金山海港海区的四层楼房倒塌情况

Scawthorn 等（1992），第 204 页，图 11

图 M - 60 的图片元数据及其描述如下。

Karl V. Steinbrugge ID：S6144

发震时间与 震级 M	标题	拍摄者	拍摄时间	地点	震害描述
1989 年 10 月 17 日 M7.09	薄弱层倒塌	未知	—	美国/加利福尼亚/北美/旧金山	加州旧金山海港区一幢公寓楼的薄弱层倒塌

作者对倒塌区域面积占比的估计：

这是一栋三层建筑，从图片得知倒塌区域面积的占比约为 67%。值得注意的是，该建筑出现在海港区的许多照片中，却缺少位置信息。其中一个图片显示该建筑位于海滩大街和迪维萨德罗大街。由背景中的金门大桥塔得知该建筑位于桥塔的西北角，显然是加州旧金山迪维萨德罗大街 3700 号 94123-1000（APN 0913037）。

图 M - 60　1989 年加州洛马普里塔地震后旧金山滨海区一栋公寓楼的薄弱层倒塌

图 M-61 的图片元数据及其描述如下。

Loma Prieta 集合：LP0459

发震时间与震级 M	标题	拍摄者	拍摄时间	地点	震害描述
1989 年 10 月 17 日 M7.09	Front 街和戴维斯街	Dickenson, Stephen E	1989 年末	美国/加利福尼亚/北美/旧金山	旧金山内河码头/金融区的 Front 街和戴维斯街的三层无筋砌体建筑墙体倒塌

作者对倒塌区域面积占比的估算：

由于 Front 街和戴维斯街平行，因此表格中记录的该建筑物的位置没有意义。根据图片背景信息，该建筑的地址似乎是加州旧金山 Front 街 235 号，位于哈勒克街和 Front 街西北角。该建筑物似乎位于 APN 0237047，其面积为 4960 平方英尺。Google Earth Pro 提供的航拍照片可以追溯到 1938 年，照片显示该建筑物的高度均匀且建筑占据了整个地块，故总建筑面积为 14880 平方英尺。倒塌的墙体正对 Front 街，立面长度为 72 英尺，所以估计倒塌区域的长约为 36 英尺。未找到砖块散落在人行道上的图片，假设砖块散落的面积为 36 英尺×16 英尺，故倒塌区域面积占比约为（36 英尺×12 英尺）/（14880 平方英尺）= 2.9%。

图 M-61　1989 年加州洛马普里塔地震后旧金山内河码头/金融区无筋砌的体墙倒塌

图 M - 62 的图片元数据及其描述如下。

Loma Prieta Blacklock ID：LP0041

发震时间与 震级 M	标题	拍摄者	拍摄时间	地点	震害描述
1989 年 10 月 17 日 M7.09	百货公司内部结构破坏	Blacklock，James R	1989 年末	北美/圣克鲁斯县/美国/圣克鲁斯/加利福尼亚	加州圣克鲁斯百货商店的内部结构破坏

作者对倒塌区域面积占比的估计：

图片所示建筑可能是福特百货商店，是洛马普里塔地震后圣克鲁斯唯一一栋拍摄到的倒塌的百货商店。该建筑位于加州圣克鲁斯的太平洋大道和卡斯卡特大街的拐角处。地址是太平洋大道和卡斯卡特大街的西北角，加州圣克鲁斯的太平洋大道 1101 号（APN 00514120000）。据 Google Earth Pro 资料显示，该建筑的面积为 20900 平方英尺。

可以看到背景中的桁架上方有一个排气口，所以福特百货商店在大楼的这部分一定曾经有一层楼高。倒塌区域面积约有 1000 平方英尺。某人身伤害律师事务所的网站（http：//csfwlaw.com/successful_personal_injury_lawsuits）称，"福特百货公司的后部倒塌了"，但整个内部空间并未倒塌。一篇当地发表的博客（Christensen，2009）和 JPG Magazine LLC（2017）的图片表明，商店后半部倒塌了，约占建筑总面积的 33%。

图 M - 62　1989 年加州洛马普里塔地震后圣克鲁斯百货公司的内部结构倒塌

9. 附录9　北岭（Northridge）（1994）震后房屋倒塌情况

图 M-63 的图片元数据及其描述如下。

Northridge ID：NR327

发震时间与震级 M	标题	拍摄者	拍摄时间	地点	震害描述
1994 年 1 月 17 日 M6.69	公寓楼倒塌	未知	1994 年	北岭/加利福尼亚/北美/洛杉矶县/美国	加州北岭三层木框架的公寓楼倒塌

作者对倒塌区域面积占比的估计：

图 M-63　1994 年加州北岭地震后的公寓楼倒塌

根据 Todd 等（1994，第23页；图 M-64）的资料，有四栋倒塌的三层楼房。其中两栋建筑物的首层完全倒塌，一栋三层建筑的首层大约有一半倒塌，另外一座建筑首层的八分之一倒塌。因此，倒塌区域面积占比分别为 33%、33%、17% 和 4%。

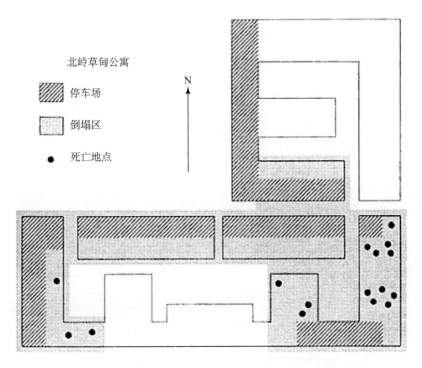

图 M - 64　1994 年加州北岭地震后北岭草甸公寓楼首层的停车场、
倒塌区域和死亡地点（Todd 等，1994，第 23 页）

图 M - 65 的图片元数据及其描述如下。
Northridge ID：NR335

发震时间与震级 M	标题	拍摄者	拍摄时间	地点	震害描述
1994 年 1 月 17 日 $M6.69$	建筑构件掉到了出口匝道上	Aschheim, Mark A	1994 年 1 月 19 日	北美/洛杉矶县/美国/洛杉矶/加利福尼亚	建筑位于安奈斯出口以南的 101 号公路东行出口匝道上，建筑构件掉到了出口匝道上；视角向南

作者对倒塌区域面积占比的估算：

该建筑已被修复。它位于加州舍曼奥克斯市安奈斯大道 4717 号，邮编 91403，据 Google Earth Pro 数据显示，建筑面积为 16094 平方英尺。没有远距离拍摄或空中拍摄来显示屋顶倒塌的程度，因此无法估计受影响的区域。

图 M-65　1994 年加州北岭地震后建筑构件掉落到出口匝道上

图 M-66 的图片元数据及其描述如下。

Northridge ID：NR353

发震时间与 震级 M	标题	拍摄者	拍摄时间	地点	震害描述
1994 年 1 月 17 日 M6.69	北岭草甸 公寓	Reitherman, Robert K	1994 年 2 月 12 日	北美/洛杉矶县/ 美国/洛杉矶/加 利福尼亚	加州的北岭草甸公寓 首层倒塌

作者对受影响区域的估计与图 M-63 相同。

图 M - 66　1994 年加州北岭市地震后北岭草甸公寓楼首层倒塌

图 M - 67 的图片元数据及其描述如下。

Northridge ID：NR357

发震时间与 震级 *M*	标题	拍摄者	拍摄时间	地点	震害描述
1994 年 1 月 17 日 *M*6. 69	北岭草甸公寓	Reitherman， Robert K	1994 年 2 月 12 日	北美/洛杉矶县/ 美国/洛杉矶/加 利福尼亚	加州的北岭草甸 公寓首层倒塌

作者对倒塌区域面积占比的估计与图 M - 63 相同。

图 M - 67　1994 年加州北岭地震后北岭草甸公寓楼首层倒塌

图 M - 68 的图片元数据及其描述如下。

Northridge ID：NR358

发震时间与 震级 M	标题	拍摄者	拍摄时间	地点	震害描述
1994 年 1 月 17 日 $M6.69$	北岭草甸公寓	Reitherman, Robert K	1994 年 2 月 12 日	北美/洛杉矶县/ 美国/洛杉矶/加 利福尼亚	加州的北岭草甸公 寓首层倒塌

作者对倒塌区域面积占比的估计与图 M - 63 相同。

图 M - 68 1994 年加州北岭地震后北岭草甸公寓楼首层倒塌

图 M - 69 的图片元数据及其描述如下。

NorthridgeID：NR408—NR409

发震时间与 震级 M	标题	拍摄者	拍摄时间	地点	震害描述
1994 年 1 月 17 日 M6.69	双层砌体 结构	Stojadinovic， Bozidar	1994 年 1 月 19 日	北美/洛杉矶县/ 美国/圣莫尼卡/ 加利福尼亚	加州圣莫尼卡太平洋海 岸公路西海峡路 1004 号 （近太平洋帕利塞德）的 州立海滩咖啡馆是一座 两层砌体结构，它的侧 墙发生严重剪切开裂， 二层发生出平面破坏

作者对倒塌区域面积占比的估计：

该建筑似乎位于圣莫尼卡西海峡路 108 号，与 112 号相邻（不是 1004 号）。从该地段的新建筑大小来看，倒塌建筑的面积约为 1500 平方英尺，总面积为 3000 平方英尺。砖块散落在人行道上，面积为 40 英尺×10 英尺。因此，倒塌区域面积占比约为 400 平方英尺/3000 平方英尺=13%。

图 M - 69　1994 年加州北岭地震后圣莫尼卡的两层砌体建筑的破坏

图 M - 70 的图片元数据及其描述如下。

Northridge ID：NR413，NR414

发震时间与震级 M	标题	拍摄者	拍摄时间	地点	震害描述
1994 年1 月 17 日M6.69	四层砌体建筑	Stojadinovic，Bozidar	1994 年1 月 19 日	北美/洛杉矶县/美国/圣莫尼卡/加利福尼亚	加州圣莫尼卡第四街 827号的四层砌体结构建筑的三、四层破坏；立面墙体掉落并破坏了四楼露台；这栋大楼的整修计划于 1994 年 1 月 17 日星期一开始。三砖厚（Three-layers-thick） 无筋砌体，顶楼和阳台发生破坏，三层楼以下和侧面发生轻微破坏；参见 NR412~NR414

作者对倒塌区域面积占比的估计：

该栋建筑仍然存在且已被修复。Google Earth Pro 资料显示建筑面积为 31314 平方英尺。倒塌区域面积占比约为（55 英尺×12 英尺）/（31314 平方英尺）= 2.1%。

图 M - 71 的图片元数据及其描述如下。

Northridge ID：201012024

发震时间与震级 M	标题	拍摄者	拍摄时间	地点	震害描述
1994 年1 月 17 日M6.69	烟囱倒塌	Reitherman，Robert K	2010 年	未知	在 1994 年北岭地震中，这座无筋砌体房屋的烟囱倒塌

作者对倒塌区域面积占比的估计：

砖块散落的占地面积约 10 英尺×4 英尺，即 40 平方英尺。假设该建筑是典型的 1500 平方英尺的独立住宅，倒塌区域面积占比约为 2.7%。

图 M - 70　1994 年加州北岭地震后圣莫尼卡的四层砌体结构的破坏

图 M – 71　1994 年加州北岭地震后无筋砌体结构的烟囱倒塌

图 M – 72 的图片元数据及其描述如下。

NorthridgeID：NR559

发震时间与 震级 M	标题	拍摄者	拍摄时间	地点	震害描述
1994 年 1 月 17 日 $M6.69$	加州州立大学北岭分校校园的停车场	未知	1994 年	北岭/加利福尼亚/北美/洛杉矶县/美国	位于北岭泽尔扎赫大街加州州立大学校园的停车场是一个三层预制混凝土结构，全景图片显示，建筑物的东侧倒塌

从图 M – 73 看，作者估计倒塌区域面积占比约为 35%。

图 M-72　1994 年加州北岭地震后加州州立大学北岭分校校园的停车场倒塌

图 M-73　1994 年加州北岭地震的震害照片

图片来自 Earth Science World Image Bank（2017），图片主要展示了加州州立大学北岭分校的停车场在1994 年地震中的局部倒塌情况。科学家认为，由于缺少预制剪力墙，以及立柱中的钢筋不足，导致了此处的倒塌。该处位于震中东北 5km 处（照片由 P. W. Weigand 摄影；版权所有：加州州立大学北岭地质系，Earthscienceworld. org 批准）

图 M - 74 的图片元数据及其描述如下。

Northridge ID：NR579

发震时间与震级 M	标题	拍摄者	拍摄时间	地点	震害描述
1994 年 1 月 17 日 M6.69	时尚中心停车场	Reitherman, Robert K	1994 年 2 月 12 日	北岭/加利福尼亚/北美/洛杉矶县/美国	加州北岭时尚中心停车场层倒塌；请参阅 NR459~NR461 了解百老汇百货商店的破坏情况

作者对倒塌区域面积占比的估计：

从《大西洋杂志》（Atlantic Magazine）的图片（Taylor，2014）中得知，倒塌区域面积占比约为 35%。

图 M - 74　1994 年加州北岭地震后北岭时尚中心停车场层倒塌

图 M-75 的图片元数据及其描述如下。

NorthridgeID：NR221

发震时间与震级 M	标题	拍摄者	拍摄时间	地点	震害描述
1994 年 1 月 17 日 $M6.69$	Bullock 百货公司	未知	1994 年	北岭市/加利福尼亚/北美/洛杉矶县/美国	北岭市时尚中心的 Bullock 百货公司二楼和三楼的华夫楼板（waffle slab）倒塌，内部钢筋混凝土柱没有倒塌；从楼板完好的部分可以看出华夫楼板的典型构造

作者对倒塌区域面积占比的估算：

Bullock 百货公司的平面图显示，该建筑在每个方向都有八跨（Bibliop，2017）。从摄影师的视角看，除了左边一跨和后面一跨外，整个二楼坍塌到一楼，故 192 跨中有 150 跨倒塌了，因此倒塌区域面积占比约为 78%。

图 M-75　1994 年加州北岭地震后 Bullock 百货公司中的第二、三层华夫楼板坍塌

图 M-76 的图片元数据及其描述如下。

NorthridgeID：NR303

发震时间与 震级 M	标题	拍摄者	拍摄时间	地点	震害描述
1994 年 1 月 17 日 $M6.69$	加州州立大学 Oviatt 图书馆	McMullin，Kurt M	1994 年 1 月 20 日	北岭市/加利福尼亚/北美/洛杉矶县/美国	加州州立大学北岭分校某屋顶局部倒塌；该建筑位于正门东侧的南立面；该视图是从建筑正东方向观测的，拍摄于下午 3 点

作者对倒塌区域面积占比的估计：

图 M-76　1994 年加州北岭地震后加州州立大学 Oviatt 图书馆的楼板局部倒塌

为简洁起见省略了其他照片（详见 Northridge ID：NR299，NR300 和 NR302）。图片显示了 4×1 跨的屋顶倒塌。1 跨是指两根柱子之间的空间，所以 4×1 跨是指一个方向上五根柱子之间的距离（4 跨）和垂直于跨度方向的两根柱子之间（1 榀）形成的矩形空间。根据加州州立大学北岭分校的网站（加州立大学北岭分校，2017），该建筑东西向有 14 跨，南北向有 6 跨，共 5 层。因此，在五层中共有 14×6×5 跨，其中有 4×1 跨倒塌，即倒塌区域面积占比约为（4×1）／（5×14×6）= 1.0%

图 M–77 的图片元数据及其描述如下。

NorthridgeID：NR543

发震时间与震级 M	标题	拍摄者	拍摄时间	地点	震害描述
1994 年 1 月 17 日 M6.69	凯泽永久停车场	Reitherman，Robert K	1994 年 1 月 19 日	洛杉矶/加利福尼亚/北美/洛杉矶/美国	加州洛杉矶的凯泽永久停车场完全倒塌

作者对倒塌区域面积占比的估计：

另请参阅 NISEE 电子图书馆的北岭图集中 ID 为 NR519，NR528，NR530，NR539，NR540，NR542，NR544，NR545，NR546，NR549，NR551，NR552，NR543 和 NR544 的图片。所有照片都描述凯泽永久停车场的破坏，一些图片显示该停车场为"完全倒塌"，而一些照片（如 NR519，NR528 和 NR530）显示该停车场并非完全倒塌，因此可能存在两个停车场。Reitherman 将 NR549 命名为"西洛杉矶凯撒医疗中心"（Kaiser West Los Angeles Medical Center），Google Earth 资料显示该建筑位于加州洛杉矶，凯迪拉克大街 6041 号，邮政编码 90034，北纬 34.0384°，西经 118.3757°。1989 年 8 月、1994 年 4 月和 2002 年 3 月的三张卫星图片中显示了附近有两个停车场，其中一个停车场位于北纬 34.0391°，西经 118.3759°，似乎没有倒塌；另一个停车场位于北纬 34.0389°，西经 118.3733°，出现在 1989 年的卫星图中，但没有出现在 1994 年 4 月卫星图中（地震发生后），而在 2002 年卫星图中重新出现（重建）。没有找到后方倒塌的建筑的航拍照片或全景图片来显示倒塌的程度，所以作者认为受影响的区域是 100%。

第 M 章 震后应急城市搜救模型及其在海沃德情景中的应用 ·221·

图 M-77 1994 年加州北岭地震后洛杉矶凯撒医疗集团停车场完全倒塌

图 M-78 的图片元数据及其描述如下。
Northridge ID：NR328

发震时间与 震级 M	标题	拍摄者	拍摄时间	地点	震害描述
1994 年 1 月 17 日 M6.69	公寓楼的薄弱层倒塌	未知	1994 年	舍曼奥克斯/加利福尼亚/北美/洛杉矶县/美国	加州舍曼奥克斯市哈泽泰大道和米尔班克大街公寓楼的薄弱层倒塌

经观察，作者估计倒塌区域面积占比约为 33%。

图 M - 78　1994 年加州北岭地震后舍曼奥克斯公寓楼的薄弱层倒塌

图 M - 79 的图片元数据及其描述如下。

Northridge ID：NR160

发震时间与 震级 *M*	标题	拍摄者	拍摄时间	地点	震害描述
1994 年 1 月 17 日 *M*6. 69	公寓楼的薄 弱层倒塌	未知	1994 年	舍曼奥克斯/加利 福 尼 亚/北 美/洛 杉矶县/美国	加利福尼亚哈泽泰大 道和米尔班克大街公 寓楼的薄弱层倒塌

作者对倒塌区域面积占比的估计：

另请参见 NISEE 电子图书馆的北岭图集 ID 为 NR162 的图片。倒塌的二楼占建筑总面积的 20%，三楼到五楼的北端和南端垮塌部分占建筑总面积 10%，合计约占 30%。

图 M - 79　1994 年加州北岭地震后凯泽永久医疗中心办公大楼的二楼倒塌

10. 附录 10　圣西米恩（San Simeon）（2003）震后房屋倒塌情况

图 M - 80 的图片元数据及其描述如下。

NISEE 其他集合：NM0008

发震时间与 震级 M	标题	拍摄者	拍摄时间	地点	震害描述
2003 年 12 月 22 日 M6. 6	从第 12 街 和公园街的 十字路口观 测到的倒塌 建筑	Sakai, Junichi	2003 年 12 月 23 日	帕索罗布尔斯/加 利福尼亚/北美/ 圣路易斯 - 奥比 斯/美国	这座无筋砌体钟楼建 于 1892 年，已经成为 帕索罗布尔斯镇的标 志性建筑；地震中大 楼的第二层倒塌，导 致服装店的两名员工 死亡；大楼的屋顶直 接向西倒塌并掉落至 公园街，落在一排停 靠的汽车上；北墙掉 落的碎石砸穿了公园 街 1220 号附近一家商 店的屋顶

作者对倒塌区域面积占比的估计：

另请参见 NISEE 电子图书馆的北岭图集 ID 为 NM0009 和 NM0012 的图片，以及 ID 为 NM0001～NM0004 的公园街 1220 号的图片。位于第 12 街 800 街区西端的建筑物（即在 NM0009 的说明中提到了第 12 街 807 号）和位于公园街 800 街区南端的建筑出现在 1994 年 9 月的 Google Earth 的卫星图片中，建筑平面面积约为 5960 平方英尺，因此总建筑面积约为 11920 平方英尺，二楼的倒塌面积约为 5960 平方英尺。此外，屋顶倒塌在第十二街，该建筑南北方向长约 120 英尺，看起来屋顶坍塌覆盖了人行道和路边对角一半的停车位，总共约 19 英尺，所以倒塌区域面积约为 120 英尺×19 英尺 = 2280 平方英尺。位于公园街 1220 号北面的建筑物，是一栋单层建筑，从照片 NM0009 看，其屋顶结构被 Mastagni 建筑掉落的瓦砾完全压塌。公园街 1220 号的建筑长约 50 英尺，宽约 20 英尺。因此，总倒塌区域占比约为（5960 平方英尺+2280 平方英尺+1000 平方英尺）／（11920 平方英尺）= 78%。

图 M - 80　2003 年加州圣西米恩地震后帕索罗布尔斯的第 12 街和公园街交汇处的建筑物倒塌

图 M - 81 的图片元数据描述明如下。

NISEE 其他 ID：NM0012

发震时间与震级 M	标题	拍摄者	拍摄时间	地点	震害描述
2003 年 12 月 22 日 M6.6	老钟楼	未知	2003 年 12 月 23 日	帕索罗布尔斯/加利福尼亚/北美/圣路易斯 - 奥比斯/美国	这座无筋砌体钟楼建筑位于加州帕索罗布尔斯，始建于 1892 年，其钟楼已成为帕索罗布尔斯的象征；该建筑的第二层直接向西倒塌在公园街

作者对倒塌区域面积占比的估计：

未找到能提供足够视野的图片来估计受影响区域。为了完整起见，特附上图片。

图 M-81　2003 年加州圣西米恩地震前后帕索罗布尔斯老钟楼图片

(a) 震前建筑图片；(b) 震后建筑图片

11. 附录 11　南纳帕（South Napa）（2014）震后房屋倒塌情况

图 M-82 的图片元数据及其描述如下。

Sarah Durphy：P9050177（外部）和 P9080152（内部）。

发震时间与震级 M	标题	拍摄者	拍摄时间	地点	震害描述
2014 年 8 月 24 日 $M6.0$	Don Perico 餐厅	Sarah Durphy	未知	纳帕/加利福尼亚/北美/纳帕/美国	加州南纳帕的 Don Perico 餐厅的内部和外部结构破坏

作者对倒塌区域面积占比的估计：

在地震发生时，该餐厅位于加州纳帕第一街 1025 号的大楼西端，北纬 38.299029°，西经 122.285868°。该建筑的总面积大约为 60 英尺×60 英尺，倒塌墙体面积约为 25 英尺×12 英尺，因此倒塌区域面积占比为 8.3%。

图 M - 82　2014 年加州南纳帕地震后纳帕 Don Perico 餐厅的震害图片

12. 附录 12　未检索到倒塌建筑物图片的地震清单

Borrego Mountain（1968）

Livermore（1980）

Mammoth Lakes（1980）

Cape Mendocino（1980）

Humboldt County（1980）

North Palm Springs（1986）

Oceanside（1986）

Chalfant Valley（1986）

Superstition Hills（1987）

Lake Elsman（1989）

Sierra Madre（1991）

Joshua Tree（1992）

Cape Mendocino（1992）

Landers（1992）

Big Bear（1992）

Eureka Valley（1993）

Hector Mine（1999）

Yountville（2000）

Parkfield（2004）

Anza（2005）

Cape Mendocino（2005）

Alum Rock（2007）

Chino Hills（2008）

Inglewood（2009）

Eureka （2010）

Pico Rivera （2010）

El Mayor-Cucapah （2010）

Borrego Springs （2010）

Brawley swarm （2012）

Avalon （2012）

第 N 章　供水管网抗震韧性评估新模型及其在海沃德地震情景中的应用

Keith A. Porter [*]

一、摘要

　　震后供水管网的破坏会对社会产生严重影响。工程师们采取计算机等辅助工具对供水系统的震害情况进行了风险分析，以评估供水系统破坏与恢复状况，此类研究至少已持续25 年。本章节提出一种新的随机仿真模型，该模型相较于传统的灾害损失评估方法，有着以下三个显著改进：①通过建立生命线系统相互作用模型，直接模拟"上游生命线系统"以及其他先决条件是如何影响该生命线系统维修进度的；②量化了整个地震序列及其产生的系列反应（包括主震、余震及震后余滑）作用下供水系统的破坏情况和恢复能力；③建立了以管道维修次数表征的供水系统功能恢复经验模型（以往的水力分析模型更加精确，但计算量较大）。进而提出了一个考虑地震序列与生命线系统相互作用的程序，调整了美国联邦应急管理局（Federal Emergency Management Agency，FEMA）Hazus-MH 的修复估计值，并对 Hazus-MH 中"可用维修人员数量"参数值进行了修正。

　　新模型应用于海沃德地震情景中加利福尼亚州旧金山湾区的两个供水系统。海沃德地震序列包含发生在旧金山湾区东湾海沃德断层上的 $M_W7.0$ 主震，以及之后 17 个月内发生的 16次 5 级及以上余震。该模型考虑了燃料、其他生命线系统以及余震对供水系统恢复进程的影响，量化了供水系统的破坏情况和恢复能力，评估了能源供给方案和"脆性管道更换计划"在快速恢复服务中的效益。并通过对两个供水系统的案例研究，验证了该模型的合理性。旧金山湾区的一家供水公司计划使用该模型来确定供水系统中的薄弱部位，以加快供水管道的更换速度。

二、引言

　　海沃德地震情景设定在 2018 年 4 月 18 日下午 4 点 18 分，位于加利福尼亚州旧金山湾区东湾的海沃德断层上发生 $M_W7.0$ 地震（主震），本章评估了海沃德主余震作用下旧金山湾区供水系统可能遭受的破坏。

1. 研究背景

　　人们的日常生活及生产工作都离不开水资源。水资源的短缺会对人们及社会产生重大影响。2008 年 ShakeOut 情景中开展的经济分析（Rose 等，2011）表明：地震中供水系统的破坏会对人们生命安全和社会经济造成严重影响。

---

　　* 科罗拉多大学博尔德分校。

在此次研究中，作者发现，如若不考虑宏观调控，仅依靠城市本身的韧性或小规模的资助，南加利福尼亚州圣安德烈亚斯（San Andreas）断层发生 $M_W7.8$ 设定地震导致的供水中断可能会造成该地区 240 亿美元的商业中断损失。此次地震中因各种因素造成的商业中断损失约为 680 亿美元，其中供水系统中断所造成的商业中断损失超过了三分之一，占总经济损失（财产与商业中断总损失）的 13%。饮用水的供应对住宅、商业、政府设施、医院和其他重症监护设施是至关重要的，地震专家意识到供水的重要性以及地震导致供水中断的潜在危害性，提出"在地震后每人每天供应 1 加仑水，且至少持续 3 天，最好能够持续 2 周时间"的建议，以满足震后家庭和企业基本用水需求。

震害实例表明，供水中断将会大幅增加火灾造成的损失。ShakeOut 地震情景模拟中，总财产损失约 1130 亿美元，其中火灾导致的经济损失高达 650 亿美元（Scawthorn，2008）。该情景设定断层破裂平均重现期为 150 年，但实际上距上次破裂已有 300 年，这将会加剧地震危险性，故而上述损失估计并不是极端严重的情形。并且，该地区秋季盛行圣塔安娜风，该类风具有强劲、干燥、炎热的特点，易加剧火势蔓延，但该情景火灾模拟中设定的风况是微风。

早期的损失评估虽然只针对 ShakeOut 地震情景，但反映了一个普遍现象，即美国（和其他地方）供水系统在地震中的破坏威胁着人们的健康、安全和财产利益。此外，供水系统的维修费用昂贵且耗时较长，所以相较于其他公共设施或建筑环境，其破坏造成的影响可能更严重。具体而言，地震会对地震活跃区供水公共事业单位的经济状况构成严重威胁。如果一家供水公共事业单位因功能失效而收入中断，则其工资发放能力也会受到影响。在地震多发的国家，所有的供水公共事业单位都处于危险之中。

海沃德情景 $M_W7.0$ 设定主震是一次大地震，而非罕遇地震，该情景依旧会导致旧金山湾区供水系统的破坏，并进一步引发其他问题，例如消防问题等。1906 年旧金山 $M_W7.8$ 地震对该市的大部分供水管网造成破坏，以至于消防队员无法扑灭大火，导致城市大部分地区被烧毁。1989 年洛马普里塔（Loma Prieta）$M_W6.9$ 地震导致旧金山湾区至少 761 处管道发生破裂和渗漏（Lund 和 Schiff，1991）。此外，由于消防用水中断，火灾蔓延损坏了 7 座建筑物，摧毁了 4 栋楼房（包含 33 间住宅）（Scawthorn 等，1991）。并且在地面失效区域（包括液化作用），无论是处于地面以上还是以下的管道均遭到破坏（包括铸铁管、钢管、球墨铸铁管、塑料管和铜管等）。2014 年南纳帕（South Napa）$M_W6.0$ 地震造成了 249 处管道破裂和渗漏。（Douglas DeMaster，Engineer，City of Napa，书面交流，March 23，2017）。

1989 年旧金山大地震，由于液化导致的场地失效造成了各种材料管道（包括铸铁管、球墨铸铁管、聚氯乙烯（PVC）管和钢管等）的破坏，其中铸铁管道的破裂和渗漏数量最多，因此其维修率（维修数/英里）最高。此外，由于地震动传播效应（特别是瑞利面波）所产生的地层应变（ground strain），未发生场地失效区域的管道也遭到了破坏。2014 年南纳帕地震中并没有发现由场地液化造成的埋地管道破坏，进一步证实了仅地震动传播也能造成埋地管道破坏的观点。且 2015 年 8 月 17 日发生在加利福尼亚州皮埃蒙特（Piedmont）的 $M_W4.0$ 地震，导致东湾地区埋地供水管道发生 7 处以上的破坏（海湾城市新闻，2015）。

震后供水系统的修复可能需要数月甚至更久，虽然维修一处破坏平均仅需 2 小时，但若维修大量破坏部位和大型管道可能需要更长时间。例如 2014 年 7 月 29 日星期二下午 3 点 30 分，加州大学洛杉矶分校附近的一条直径 30 英寸的大型主管道破裂,维修人员用了近 5 天的时间,直到 8 月 3 日星期日上午 11 点才修复完成(洛杉矶水电局,2014)。通常地震会造成供水系统多个部位同时损坏,在这种情况下,一般维修时间更久,原因包括以下几点:

(1)当供水压力控制区域(a pressure zone)的管道由于多次破裂或渗漏而压力受损时,应优先修复离水源(贮水池、水库或其他水源)更近的地方。

(2)在修复下游管网的损坏之前,应先修复泵站、水库或调节阀。

(3)当区域供水功能中断时,尽管外部承包商或其他地区可以增加维修人员,但部署和管理多个维修团队并行作业的能力是有限的。

(4)维修资源的供应有限,例如备用管道、工具、能源和维修人员等。

(5)其他生命线系统(电力和天然气等)的损坏会制约供水管道的修复,甚至维修其他受损生命线工程的过程中会导致供水管道的损坏。并且在与其他机构协调过程中,维修人员不够会阻碍管道修复进程。

(6)余震会阻碍管道维修工作。其原因是余震会持续威胁维修人员的生命安全,并且还会增加新的损坏或加重先前的震害。

2. 研究目标

在本章研究中,作者试图描述海沃德地震情景中供水系统的破坏情况和恢复能力,总结由地震引起的管道损坏和恢复的现有模型,提出一个适用于海沃德情景的新模型,并将其应用于旧金山湾区的两家供水公司,即圣何塞自来水公司(San Jose Water Company)和东湾市政公共事业区(East Bay Municipal Utility District, EBMUD)。选择这两个公司供水系统的主要原因是它们在情景构建中会受到主余震的影响,并且可以提供详细的供水管网图。由于该供水管网图具有保密性,无法展示给读者。

本章节通过考察维修管道(即检修管道破坏部位)的详细活动,对传统的损失评估方法进行补充,确定修复过程中依赖其他生命线系统的步骤,从而解决新模型中生命线系统相互作用对供水系统维修和恢复的影响。

本章节主要研究埋地管道的破坏情况和恢复能力,考虑了地震动传播效应、液化、滑坡和断层错动对埋地管道造成的损坏。本章研究对象主要为埋地管道,不包括贮水池、水库和输水隧洞(tunnels)等其他关键设施。该研究对象的选取主要是由于大多数供水设施都实施了抗震改进方案(Seismic Improvement Programs, SIP)。该方案侧重于对供水系统中的贮水池、水库和此类其他设施进行抗震改造,由于对全部供水管道实施改造是不经济的,因此很多小直径的供水管道并没有进行抗震改造,以至于大部分未升级改造的供水管道(元件类别)存在严重地震隐患。

海沃德情景其他章节量化分析了建筑物的破坏,因建筑破坏或其他原因导致的家庭和企业搬迁,进而影响供水公共事业单位客户群体流失和用水需求变化,不在本章考虑范围之内。

三、文献综述

在建立一个考虑地震序列和生命线系统相互作用的供水系统韧性评估模型之前,需要对以往相关方面的研究进行总结。评估震后供水系统破坏情况和恢复能力的基本途径至少有两种——①专家经验法；②工程分析法（engineering analysis）。本章研究工作将采用层次分析法，该方法需考虑一些关键因素，其中包括管道易损性、修复工作、震后可靠性、生命线系统相互作用、震后余滑以及韧性损失的量化。

1. 震后供水系统破坏情况和恢复能力的评估方法——专家经验法

ShakeOut 地震情景（Jones 等，2008）评估了圣安德烈亚斯南部 $M_W7.8$ 设定地震的地震危险性（earth-science impacts）、工程破坏（physical damage）和社会经济影响。上述研究中，针对生命线系统的研究有 12 项，其中 7 项是由公共事业单位的科研小组根据震害经验得到的。Porter 和 Sherrill（2011）详细记录了该小组成员讨论过程。通常情况，研讨会持续几个小时（在 ShakeOut 情景中，一般是 4 个小时）。会上，专家小组对该情景的地震危险性和"上游生命线系统"的地震损失进行评估。其中，"上游生命线系统"的受损会影响"下游生命线系统"的损坏或修复过程，"下游生命线系统"的破坏将不会影响"上游生命线系统"。专家小组对地震造成的破坏和恢复进行了合理的估计，确定了可能造成的影响和减灾措施，并根据讨论过程和初步调查结果编制了评估手册。之后，专家小组依据手册中的"下游生命线系统"和"上游生命线系统"的损失评估结果，重新审视生命线系统之间的相互作用，并修订手册。上述过程反复进行，直到小组成员对损坏和修复的评估结果满意为止。在 ShakeOut 地震情景以及 ARkStorm（Porter 等，2011）中，虽然只进行了两轮分析，并且每个小组中只有大约两名成员审查并修订了手册，但是小组进程运作良好，小组成员都是权威的专业人士，相对真实地评估了地震影响和恢复情况。同时，评估过程使得他们对于生命线系统间的相互作用关系、需求互助关系，以及对通信能力和备用物资的需求都有了更加深刻的认识。

通过专家小组讨论评估方法得到了高烈度区（修正麦卡利烈度，MMI，Ⅷ+）的供水系统恢复时间曲线图（Jones 等，2008），见图 N-1。该图参考了 Porter 和 Sherrill（2011）给出的电力恢复曲线图，Porter 等（2011）给出的其他生命线系统恢复曲线图以及 ARkStorm 情景中生命线系统相互作用模式。

2. 震后供水系统破坏情况和恢复能力的评估方法——工程分析法

评估震后供水系统破坏情况和恢复能力的工程分析方法通常包括以下内容：①获取供水管网图；②确定构件的材料和尺寸；③确定构件的易损性函数（vulnerability function）或易脆性函数（fragility functions）（取决于期望的输出值）；④评估地面运动和场地失效的严重程度；⑤通过易损性函数估算平均损伤（损伤概率）和偏差；⑥一般也评估其修复成本和功能中断时间。

FEMA 出版的 FEMA 224（ATC，1991）、Scawthorn 等（1992）的研究、Hazus-MH（Federal Emergency Management Agency，2012）、中美洲地震中心（Mid-America Earthquake Center）的地震损失评估系统 MAEViz（Mid-America Earthquake Center，2006）以及 Marconi（Prashar 等，2012）都采用了工程分析法，都没有进行水力分析。其中 MAEViz 和 Marconi 仅评估了供水系统的损伤，而 Hazus-MH 应用了下文描述的方法评估了供水系统的损伤、修复成本及其恢复时间。Khater 和 Grigoriu（1989）给出了一个供水系统的破坏和可靠性分析模型，并进行了水力分析。该模型嵌入到了 GISALLE 软件中，包括以下三项任务：①生成场地一致地震烈度的情景下，给出供水系统构件的损伤状态；②对系统的模拟损伤状态进行

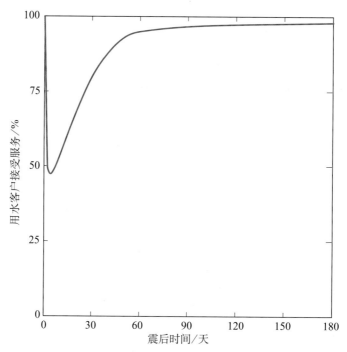

图 N-1　ShakeOut 情景中高烈度区（修正麦卡利烈度，MMI，Ⅷ+））
供水系统恢复时间曲线图（Jones 等，2008）

水力分析；③对设定地震强度水平下的可用供水流量进行统计。像 MAEViz、城市基础设施与生命线系统（Urban Infrastructure and Lifelines Interactions of Systems，UILLIS）（Javanbarg 和 Scawthorn，2012）等一系列软件，可以分析生命线系统之间的相互作用，即一个生命线系统的损坏或功能中断是如何影响另一个生命线系统的。例如，电力损失和能源供应中断是如何制约供水系统的功能，或延缓管道维修。这些程序采用 SoS 方法（a system-of-systems approach）来模拟生命线系统。也就是说，在同一个框架中对两条或多条生命线系统进行建模，将一条生命线中某个元素与另一条生命线中某个元素联系起来。

3. 埋地管道损伤分析

在拥有地震区划图的前提下，供水管网韧性分析的第一步是损伤评估。许多研究人员对埋地管道的易损性进行了大量研究，这里只讨论其中一部分。

1）易损性函数和易脆性函数

本章中采用的易损性函数（vulnerability function）表达的是损坏程度（在本案例中为单位长度管道的破裂或渗漏数量）与环境激励（如地面峰值速度（PGV））的关系。而易脆性函数（fragility function）衡量的是达到或超过某个不良状态的概率，该状态取决于环境激励。虽然这两个术语定义不同，但在本章节中用法一致。

在目前情况下，易损性函数对于评估由地面震动（在与管网相关的文献中通常称为地震动传播效应）、滑坡和液化造成的管道破裂和渗漏是最常用的。然而，管道在穿越断层时，易脆性函数更符合实际情况——在本章节的研究中，作者感兴趣的是穿越断层管道的修复概率。

因此，该函数既可作为断层错动函数，也可作为管道与断层交角的函数。易损性函数和易脆性函数通常取决于管道的工程属性，如材料、管径、连接方式，同时还取决于土壤条件。

2）Hazus-MH、O'Rourke 和 Ayala（1993）以及 Honneger 和 Eguchi（1992）的研究

Hazus-MH（FEMA，2012）目前采用两种管道易损性函数：一种考虑地震动传播效应（O'Rourke 和 Ayala，1993），另一种考虑场地液化影响（Honegger 和 Eguchi，1992）。

对于上述两种函数，每千米管道的平均维修率分别由式（N-1）和（N-2）给出：

$$\hat{R} = 0.0001 \times K \times PGV^{2.25} \tag{N-1}$$

$$\bar{R} = P_{\mathrm{L}} \times K \times PGD^{0.56} \tag{N-2}$$

式中，P_{L} 表示液化的概率；$K = 1.0$ 为石棉水泥管、混凝土管和铸铁管维修率的调整系数；$K = 0.3$ 为钢管、球墨铸铁管和塑料管维修率的调整系数；PGV 表示地面峰值速度（cm/s）；PGD 表示地面永久位移（in）（由于滑坡、断层错动或液化诱发的场地失效，导致地面上的一个点产生永久绝对位移）。

式（N-1）是通过统计分析美国发生的四次地震以及墨西哥的两次历史地震中，直径为 3~72 英寸不同材质（石棉水泥管道、混凝土管道、铸铁管和预应力混凝土管道）的供水管道的震后维修情况得出的。六次历史震害中，地面峰值速度最大达到了 50cm/s。O'Rourke 和 Ayala 采用该公式得出的结果表明，实际维修率与估计维修率之比的变异系数为 0.76，平均维修率与中值维修率之比为 1.22。（O'Rourke and Ayala，1993，该研究中没有公布维修次数和管道长度）

Honneger 和 Eguchi（1992）提出的式（N-2），反映了管道破裂数量和渗漏数量。他们的数据主要来源于 4 次历史地震的管道震害情况，这四次历史地震分别为：1923 年关东地震（日本）、1971 年圣费尔南多（San Fernando）地震（加利福尼亚）、1976 年唐山地震（中国）和 1985 年米却肯（Michoacán）地震（墨西哥）。震损管道的直径从 4 英寸到 48 英寸不等，管道材质包含：铸铁管、混凝土管、预制混凝土管和钢管。

3）Eidinger（2001）的研究

Eidinger（2001）提出了两个易损性函数—— 一个考虑地震动传播效应（即只考虑地面震动），另一个考虑地面永久位移（即只考虑液化或滑坡诱发的地面位移）。式（N-3）和（N-5）是 Eidinger 给出的易损性函数。

$$R_{\mathrm{W}}(PGV,\ p) = K_1 \times 0.00187 \times PGV \times \exp(1.15 \times \Phi^{-1}(p)) \tag{N-3}$$

$$\bar{R}_{\mathrm{W}}(PGV) = K_1 \times 0.003623 \times PGV \tag{N-4}$$

$$R_1(PGD,\ p) = K_2 \times 1.06 \times PGD^{0.319} \times \exp(0.74 \times \Phi^{-1}(p)) \tag{N-5}$$

$$\bar{R}_1(PGD) = K_2 \times 1.39 \times PGD^{0.319} \qquad (\text{N} - 6)$$

式中，$R_w(PGV, p)$ 表示在地震动传播效应下的基于非超越概率 p 的每 1000 英尺的管道维修率；$R_1(PGV, p)$ 表示在液化作用下的基于非超越概率 p 的每 1000 英尺的管道维修率（如 $p=0.5$ 时，R 为维修率中值）；PGV 表示地面峰值速度（in/s）；PGD 表示地面永久位移（in）；$\Phi^{-1}(p)$ 表示标准正态分布函数的反函数在 p 处的估计值。

对于不熟悉概率分布的人来说，标准正态分布是一条形似钟形的曲线，表示一个不确定量的各种可能值的概率。不确定或随机变量可以采用各种概率分布，标准正态分布是其中之一。该分布在 0 处为峰值（期望值或平均值，以及不超过 50% 概率的值，即中值）。标准差（衡量"钟"有多宽，表示随机量的不确定性有多大）为 1.0。累积分布函数是一条 S 形曲线，表示服从标准正态分布的样本小于等于任意给定值（该值取值范围为（$-\infty$，∞））的概率。标准正态累积分布函数的反函数表示指定的非超越概率 p 所对应的样本值是多少。统计学研究资料提供了更多的关于概率分布的内容（例如：Ang 和 Tang，1975；或 Benjamin 和 Cornell，1970）。

公式中 K_1 和 K_2 根据管材、接头类型、土壤腐蚀性和管径等因素取值。研究认为，管径为 4 至 12 英寸的管道为"小"直径，大于等于 16 英寸的为"大"直径管道。K_1、K_2 的具体取值参考表 N-1。Eidinger（2001）没有为某些因素组合提供数据，因此它们在表中显示为空白。作者认为，地面永久位移产生的损伤率比地震动传播效应影响下的结果大两个数量级，且在对场地失效区域进行损伤率评估时，评估模型对 PGD 这一参数相当不敏感。

表 N-1　管道易损性函数系数表——K_1、K_2（Eidinger，2001）

序号	管材	接头类型	土壤腐蚀性	管径	K_1	K_2
1	铸铁	水泥接合	未知	小	1.0	1.0
2	铸铁	水泥接合	腐蚀	小	1.4	1.0
3	铸铁	水泥接合	无腐蚀性	小	0.7	1.0
4	铸铁	橡胶垫	未知	小	0.8	0.8
5	铸铁	机械约束	未知	小	0.7*	0.7
6	焊接钢	搭接电弧焊接	未知	小	0.6	0.15
7	焊接钢	搭接电弧焊接	腐蚀	小	0.9	0.15
8	焊接钢	搭接电弧焊接	无腐蚀性	小	0.3	0.15
9	焊接钢	搭接电弧焊接	未知	大	0.15	0.15
10	焊接钢	橡胶垫	未知	小	0.7	0.7
11	焊接钢	螺丝连接	未知	小	1.3	1.31
12	焊接钢	铆接	未知	小	1.3	1.31
13	石棉水泥	橡胶垫	未知	小	0.5	0.8

续表

序号	管材	接头类型	土壤腐蚀性	管径	K_1	K_2
14	石棉水泥	水泥接合	未知	小	1.0	1.0
15	钢筒混凝土	搭接电弧焊接	未知	大	0.7	0.6
16	钢筒混凝土	水泥接合	未知	大	1.0	1.0
17	钢筒混凝土	橡胶垫	未知	大	0.8	0.7
18	PVC	橡胶垫	未知	小	0.5	0.8
19	延性铁	橡胶垫	未知	小	0.5	0.5

注：* 由于参考文献中未涉及该 K 值，故上述 K 的取值均为作者假设值。

式（N-3）和式（N-5）中的 $\exp(\beta \times \varphi^{-1}(p))$ 反映了该公式中维修率服从与 PGV 或 PGD 相关的对数正态分布（对数正态分布和正态分布一样，只是所讨论的不确定量的自然对数是正态分布。对数正态变量可以取任何正值，但不能为零或负值。钟形曲线向右倾斜）。将 p 设为 0.5，将 exp 项设为 1.0，得到 $R(p)$ 的中值（而不是平均值）维修率。平均维修率大大高于中值维修率。式（N-4）和式（N-6）提供了平均维修率，给出了式（N-3）和式（N-5）中所示 β 值和 Eidinger 的对数正态假设结果。如果想要更多了解对数正态分布，可以参考几种常见的研究资料（例如，Ang 和 Tang，1975）。想要更多了解易损性函数可以参考 Porter（2017a）的相关研究。

式（N-3）给出了 Eidinger（2001）研究在地震动传播作用下的管道易损性函数，该函数所需数据来源于 81 篇参考文献，共统计了 12 次地震中 3350 次维修记录。其中，大量数据来源于 1994 年北岭（Northridge）$M_{\mathrm{W}}6.7$ 地震。基于这些数据得到 72 个易损性函数拟合数据点（其中铸铁管 38 个、钢管 13 个、石棉水泥管 10 个、球墨铸铁管 9 个以及混凝土管 2个）。数据点对应的 PGV 值在 2 至 52 cm/s 之间。

式（N-5）和式（N-6）给出了地面永久位移下的 Eidinger（2001）管道易损性函数。该函数是基于 1906 年旧金山 $M_{\mathrm{W}}7.8$ 地震和 1989 年洛马普里塔（Loma Prieta）$M_{\mathrm{W}}6.7$ 地震之间的 4 次地震中 42 个数据点，以及 1983 年日本 $M_{\mathrm{W}}7.8$ 地震的多个数据点统计分析得到的。数据库中大多数管道是石棉水泥管（20 个数据点）、铸铁管（17 个数据点）以及无法区分铸铁管和钢管的管道（5 个数据点），但不包括球墨铸铁管。数据库中 PGD 值在 0 到 110 英寸之间。上述两个方程中，$R_1(PGD, p)$ 表示液化导致的非超越概率为 p 的损伤率，$\bar{R}_1(PGD)$ 表示液化导致的损伤率的期望值。

Eidinger（2001）还提出了穿越地震断层的管道损坏模型—— 一个用于连续管道（式（N-7）），一个用于分段式管道（式（N-8））。在公式中，PGD 表示整个断层长度上的平均偏移量（in），假定是在断层轨迹上，而不是在断层区域上的平均偏移量，并考虑同震滑移和震后余滑。$\bar{P}$ 表示穿越断层管道的破裂概率。

$$\bar{P} = 0.70 \times \frac{PGD}{60\mathrm{in}} \leq 0.95 \qquad (\mathrm{N}-7)$$

$$\left.\begin{array}{ll} \overline{P} = 0 & PGD < 1\text{in} \\ \overline{P} = 0.5 & 1 \leqslant PGD \leqslant 12\text{in} \\ \overline{P} = 0.8 & 12 < PGD \leqslant 24\text{in} \\ \overline{P} = 0.95 & 24 < PGD \end{array}\right\} \qquad (\text{N}-8)$$

4) O'Rourke 等（2014）的研究

O'Rourke 等（2014）提出了在地震动作用下的每千米石棉水泥管和铸铁管维修率中值的易损性函数。研究人员采集了 2051 次维修数据，该数据来源于 2011 年 2 月 22 日新西兰克赖斯特彻奇（Christchurch）M_W6.2 地震和 2011 年 6 月 13 日克赖斯特彻奇（Christchurch）M_W6.0 地震中的 3400km 受损管线。数据库中的管道大多数为石棉水泥管，少数为铸铁管、聚氯乙烯管、改性聚氯乙烯管以及其他材料管道。数据的 PGV 介于 10~80cm/s。式（N-9）和式（N-10）为易损性函数。

$$\lg(R_{AC}) = 2.83 \times \lg(GMPGV) - 5 \qquad (\text{N}-9)$$

$$\lg(R_{CI}) = 2.83 \times \lg(GMPGV) - 4.52 \qquad (\text{N}-10)$$

式中，R_{AC} 表示石棉水泥管的维修率中值；R_{CI} 是铸铁管的维修率中值。

尽管 O'Rourke 等（2014）表示"GMPGV 是基于 GNS 系统，从地面运动记录中获取的两个最大水平地面峰值速度（PGV）值的自然对数的平均值"，但作者认为 GMPGV 是指两个水平正交分量的地面峰值速度值的几何平均值（cm/s）。该研究为受液化影响的管道提供了易损性函数，其中地面变形是由水平面上地面应变较大的主分量或管道轴线绕水平轴的转角来表示的。后者被作者称为角变形，本质上是指管道轴线上两点的永久垂直位移差（a differential permanent vertical displacement）除以两点之间的距离。

5) O'Rourke（2003）的研究

目前研究中，缺少断层位错（fault offset）（即断层错动位移量）和管道损坏概率之间的经验关系。其中一些研究人员提供了穿越断层的管道偏移和应力或应变之间的分析公式。O'Rourke（2003）研究并提出与了断层交会处管道的几何变形的两种情况：①弯曲和轴向拉力的组合；②弯曲和轴向压力的组合。对于前者，O'Rourke 说明了可接受断层位错与断层两侧管道锚固点之间距离的函数关系（称之为"非锚固长度"，见图 N-2a）以及断层和管道所呈角度 β，其中断层错动使管道处于拉伸状态。图 N-2a 仅基于某一管道给出的可接受断层位错与非锚固长度的关系。O'Rourke 也提出了受断层错动影响的分段式管道分析关系（图 N-2b），同样是断层交叉几何关系，其中断层错动使管道处于拉伸状态。

4. 维修破裂与渗漏管道的任务清单和方法

加拿大温尼伯（Winnipeg）市（2014）向公众展示了一份针对主管道破裂或渗漏的维修任务（Tasks）清单。表 N-2 的第一列为按时间顺序排列的维修任务。该维修任务清单即使省略了工具、设备、消毒化学品、文件和测试材料等内容，但其与美国自来水厂协会

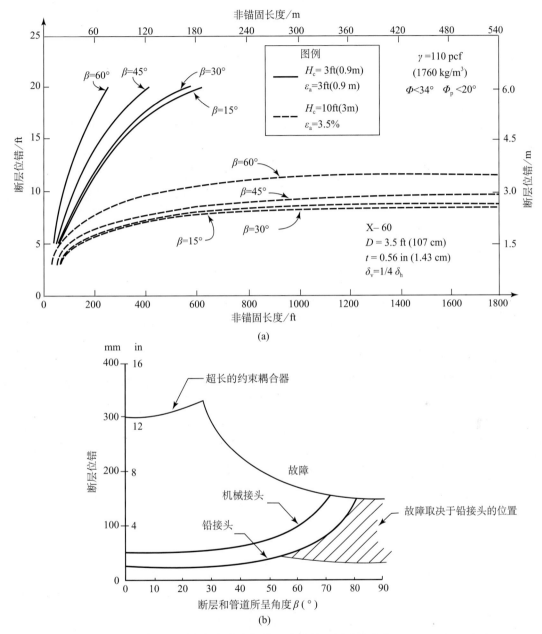

图 N-2　断层位错和管道损坏概率之间的经验关系（图片修改自 O'Rourke（2003））

（a）连续管道中可接受断层位错与非锚固长度的关系（O'rourke，2003；Kennedy 等，1977）；

（b）分段式管道中可接受断层位错与断层和管道所呈角度 β 的关系（O'rourke，2003；O'rourke 和 Trautmann，1980）

X-60：管材等级；ε_a：由断层错动导致管道变形而引起的最大轴向应变；β：断层和管道所呈角度；

γ：土的有效重度；d：管径；t：管壁厚度；δ_v：断层位错的垂直分量；δ_h：断层位错的水平分量；

H_c：从地面到管道顶部的埋深；Φ：土壤内摩擦角；Φ_p：接触摩擦角

（American Water Works Association，AWWA，2008）颁布的详细清单基本一致。表 N-2 的第 2 列为本章作者对制约因素（Rate-limiting factors）的解释说明（完成每项任务的前提条件）。制约因素主要是来自其他生命线系统的潜在影响，也就是生命线系统的相互作用。维修速度受到外部因素制约，如果相关的生命线系统遭受了破坏，维修受到阻碍甚至无法进行。这些制约因素包括通信、电力、能源、现场安全（即是否存在火灾和危险物质释放）、道路交通、维修人员和维修用品（管道、配件、夹具以及铺路材料等）。关于维修人员方面，在紧急情况下公共和私营供水机构计划是可以互相帮助的（例如，加利福尼亚州供水/废水机构的应急反应网络（California Water/Wastewater Agency Response Network，CalWARN），2009）。由于维修人员可能需要长途跋涉数百英里甚至更远，所以其维修能力会随着时间的推移而变化。表 N-2 省略了一些在日常维修中可以忽略的任务，但这些任务在大地震中将变得尤为重要。例如，供水机构可能必须与承包商签订维修合同，确定维修顺序，并考虑如何管理大量的维修人员并行工作等。

　　Lund 和 Schiff（1991）通过向管理管道设施的运营商发放问卷，收集到了 1989 年洛马普里塔（Loma Prieta）地震后修复的每条管道的详细故障信息（调查表格见图 N-3）。基于

美国生命线地震工程技术学会

管道损伤检查表

损坏位置＿＿＿＿＿＿＿＿＿＿＿＿＿＿＿＿＿＿＿＿＿＿＿

管道描述

尺寸＿＿＿＿，厚度＿＿＿＿，材料＿＿＿＿，内衬＿＿＿＿，

　　涂层＿＿＿＿，安装日期＿＿＿＿

接头类型＿＿＿＿，埋设深度＿＿＿＿，垫层材料＿＿＿＿，回填类型＿＿＿＿

地下水状况＿＿＿＿，水深＿＿＿＿

损伤

对流量的影响：中断（水流中断）＿＿＿＿或泄漏（水流持续）＿＿＿＿

管道故障：环状裂纹＿＿＿＿，压力变化（爆裂）＿＿＿＿，纵向的（开裂）＿＿＿＿，腐蚀＿＿＿＿，其他（描述）＿＿＿＿

接头损坏：开裂＿＿＿＿，拉开＿＿＿＿，紧缩＿＿＿＿，密封垫＿＿＿＿，其他（描述）＿＿＿＿

配件故障：弯头＿＿＿＿，三通接头＿＿＿＿，十字接头＿＿＿＿，支管＿＿＿＿，轮缘＿＿＿＿，消防栓＿＿＿＿，其他（描述）＿＿＿＿

修理方法：修理夹具＿＿＿＿，对接带＿＿＿＿，焊接＿＿＿＿，更换管道或配件＿＿＿＿，其他（描述）＿＿＿＿

负责人＿＿＿＿＿＿＿　　　　　　　　　　　　　　日期＿＿＿＿＿

评论＿＿＿＿＿＿＿＿＿＿＿＿＿＿＿＿＿＿＿＿＿＿＿＿＿＿

LL 8-8-90

图 N-3　提供给管理管道设施运营商的调查表

此建立的数据库包含了 862 个管道故障信息，该故障信息来源于 65 个相关机构，其中包括供水、污水、排水和燃气机构。评估恢复时间时需要用到该数据库，所以本章作者从数据库中提取了以下统计数据：

（1）埋地深度——67 份报告的"埋地深度"记录中，平均值为 4.0 英尺，标准差为 2.2 英尺；

（2）破裂或渗漏——管道破裂比渗漏更常见（336 次破裂故障和 140 次渗漏故障）；

（3）管道失效——99 处环向裂纹、43 处裂缝、33 处腐蚀和 1 处井喷现象；

（4）接头失效——接头失效几乎与管道失效一样常见（102 处拉断、29 处接头裂纹、25 处垫片失效和 12 处其他接头失效）；

（5）配件故障——57 处螺纹接头、9 处弯头、6 处偏移、4 处消防栓、3 处三通和 45 处其他配件故障。

（6）维修方法——更换损坏元件是最常见的维修方法（更换损坏元件 185 处、安装夹具 77 处、使用机械联轴器 50 处、采用环氧树脂胶 16 处。同时还存在其他方式，如挠性联轴器和压力灌浆等）。

表 N‑2　管道维修任务清单（温尼伯市，2014）（并对维修的制约因素进行了解释）

任务	制约因素
收到 311 中心关于管道破裂的通知	通信、电力
派遣维修人员到管道破裂处	能源、现场安全（例如，无火灾）、道路畅通、维修人员
维修人员查找破坏点并关闭阀门控制渗漏，以降低对公共安全及私人和公共财产的风险	
联系其他公共事业单位，确保在不损坏其他服务、不危及工作人员和公众的情况下进行挖掘	通信
使用电子检漏仪精确定位渗漏位置进行挖掘，确认渗漏原因	能源
维修管道。根据破裂的类型，可以使用修理夹具或更换一段管道	管段、管件或如夹具类的维修材料
打开阀门，并重新打开总水管，冲洗总水管道，对水质进行检测	
回填，暂时修复挖掘区域	能源
永久性恢复挖掘区域（草皮或路面）	路面材料

5. 管道破裂与渗漏的维修

为了修复损坏的供水管道，维修人员首先要确定损坏位置，然后降低管道中的压力

（通常是关闭上游阀门），挖掘损坏元件（通常使用反铲挖掘机），修复管道，最后重新打开上游阀门，回填挖掘物，并重新铺设管道上方的维修区域。管道损坏可以通过更换损坏元件、在裂缝上焊接或安装维修硬件（一般是指机械固定夹具或对接带，其中后者是指焊接在管道外部损坏处的闭合环）等手段来修复。执行修复所需的时间取决于以下几个问题：

（1）人们向公共事业单位上报损坏需要多长时间，或者公共事业单位需要多长时间才能发现破坏并定位损坏部位，这依赖于电力系统和通信系统；

（2）维修人员是否可以到达维修地点；

（3）维修人员和维修设备的可用性；

（4）能源和维修耗材的可利用率；

（5）管道埋深；

（6）是否存在地下水，如果存在，则地下水的位置；

（7）管道的直径、材料和连接方式；

（8）破裂或渗漏对水流的影响；

（9）受损元件的类型——管道、接头或配件；

（10）如果管道受损，是否有环裂、纵裂、腐蚀或其他管道故障；

（11）如果接头受损，是否有裂纹、拔出、压缩、垫圈或其他接头故障；

（12）如果配件受损，是否为弯头、三通、十字或支管处故障。

Schiff（1988）对 1987 年南加利福尼亚州惠提尔海峡（Whittier Narrows）$M_W5.9$ 地震后的 21 个独立管道的维修时间进行了评估，这些管道主要是直径为 4 到 8 英寸的钢铁管和铸铁管，破坏现象主要包括裂缝和破裂。惠提尔（Whittier）市的供水管理负责人提供了该次地震的实际维修时间。预计维修时间从 1 到 16 个小时不等，如表 N-3 所示。Schiff 研究中指出，由于 133 英里长的管道破坏了 40 处（即管道维修率为 0.06 处/1000 英尺），惠提尔市的水压从正常的 80 磅/平方英寸下降到了 50 磅/平方英寸。

表 N-3　1987 年惠蒂尔海峡 $M_W5.9$ 地震和南加利福尼亚州 $M_W5.2$ 余震中
供水管道的维修时间估值（由 Schiff（1988）修订）

序号	地点	维修时间估值（h）	管径（in）（管材）	安装日期	损坏类型及注释
主震					
1	La Cuarta St. and Whittier Blvd.	3~4	4（CI）	1920	井喷——截面为 3~4 英尺
2	Citrus Ave. at Beverly Dr.	16（3~4 天）	6	1932	环形裂纹
3	11741 S. Circle Dr.	3~4	4（CI）	1929	环形裂纹
4	Bronte Dr. at Bacon Rd	4~5	6（CI）	1956	井喷—压力孔
5	Beverly Blvd.（Citris and Pick）	12	24（RC）	1930	横梁裂纹

续表

序号	地点	维修时间估值（h）	管径（in）（管材）	安装日期	损坏类型及注释
6	Painter Ave. at Broadway Ave.	—	—	—	Painter Ave 和 Bev-erly Blvd 渗漏，余震后再次渗漏
7	Dorland St. at Magnolia Ave	5	6（CI）	1938	环形裂纹
8	Painter Ave. at Sunset	1	3/4（steel）	久远	
9	Greenleaf Ave. at Orange Dr	16	—	—	渗漏可能是从 Orange Dr. 和 Friends Ave.（见第 10 号）发生的
10	Orange Dr. at Friends Ave	16	16（RC）	1930	环形裂纹——渗漏到废弃的无盖钢管
11	13502 Beverly Blvd	4	6（CI）	1927	接头松动——可能位于一个关键点
12	8041 Michigan Ave	3~4	4（steel）	很久远	井喷——井眼扩大
13	12101 Rideout Way	2~3	2（steel）	久远	井喷——2~3 英尺的分段式管道
14	South Circle Dr. at North Circle Dr	4~6	6（CI）	1929	环形裂纹
15	Panorama Dr. above Orange Dr	20	24	1967	填缝垫圈处的渗漏
余震					
16	11630 Whittier Blvd	8	6×8（CI）	—	剪切——法兰处 T 形剪切
17	8053 Michigan Ave	6（with no.18）	4（steel）	很久远	井喷——几英尺外的洞口
18	Near no. 17	See no.17	4（steel）	很久远	井喷——几英尺外的洞口
19	5630 Omelia Rd		8（CI）	1938	管口破裂
20	Painter Ave. and Beverly Blvd	8	6×8（CI）	1935	法兰处 T 形剪切
21	14245 Bronte	6~8	—	1948	软木塞从总管中脱离
22	Greenleaf Booster Station	8	16（CI）	1930	铅嵌缝从管口挤出；渗漏
23	Near 14245 Bronte	5	6（CI）	1948	井喷
24	11630 Whittier Blvd.	6	6×8（CI）	16	可能与土壤沉降相关
25	12906 Orange Dr.	1	1（steel）	—	腐蚀—管道开裂

注：CI：铸铁；RC：钢筋混凝土；steel：钢；—：无数据。

东湾市政公共事业区（EBMUD）指出在 2014 年 8 月 24 日南纳帕 M_W6.0 地震后曾向纳帕市提供救援（东湾市政公用区，2014）。EBMUD 工作人员进行了 56 次维修，共耗时约 252 小时，即每次维修的平均时长为 4.5 小时。值得注意的是，完成维修的平均时长并不包括纳帕市或其承包商完成挖掘和回填所需的时间（EBMUD 工作人员仅针对维修工作，无挖掘、回填以及铺路等相关工作）。

Tabucchi 等（2010）基于洛杉矶水电局（Los Angeles Department of Water and Power，LADWP）关于提高管道维修效率的意见，提出了一个用于针对修复不同元件的三角形概率分布模型。每个分布由最小值（三角形的左端）、众数（三角形的峰值，即最大概率值）和最大值（三角形的右端）来表征，见表 N-4。其中供水分配系统（distribution-system）的渗漏和破裂维修预计需要 3~12 小时，众数为 4~6 小时。

表 N-4　洛杉矶水电局（LADWP）管道维修率估值（由 Tabucchi 等（2010）修订）

事件	最小值（小时）	众数（小时）	最大值（小时）
检查 a：			
干线管道或分配管道破坏位置	0.5	0.5	1
泵站	1	1	2
调节器站	1	1	2
水槽	1	1	2
小型水库	2	2	3
通过以下方式在干线管道上重新布设：			
主干冗余（主要）*	3~6	6~12	8~24
主干冗余（次要）*	3	4	8
连接到 MWD*	3~4	6	8~12
充分连接*	4~6	6~8	3~4
使用消防车*	1~2	2~3 天	3~4 天
在某个节点上隔离管道破坏区域	1	2	4
修理 a：			
分配管道渗漏	3	4	6
分配管道破裂	4	6	12
干线管道渗漏	4 天	4 天	6 天
干线管道破裂	6 天	8 天	10 天
行驶距离 D(km)	D/25	D/40	D/80

注：主要干线是由 13 个 LADWP 子系统中每个管道组成；剩下的是次要干线。主要干线重新布设由执行任务的持续时间因具体干线而异，如 Tabucchi 和 Davidson（2008）所列。

　　MWD：城市供水区域。

Hazus-MH（FEMA，2012）基于地震造成的管道破坏维修时间数据，对管道规模（大型管道的直径大于等于 20 英寸，小型管道的直径小等于 12 英寸）和破坏形式（破裂和渗漏）进行了区分，并分别给出维修时间估值，见表 N－5。

表 N－5　Hazus-MH 对地震造成的管道破坏维修时间的估计（由 FEMA（2012）修订）

管径下限值（in）	管径上限值（in）	每个维修人员每天修复破裂管道数量	每个维修人员每天修复渗漏管道数量	可用维修人员数量	优先级
60	300	0.33	0.66	用户指定	1（最高）
36	60	0.33	0.66	用户指定	2
20	36	0.33	0.66	用户指定	3
12	20	0.50	1.0	用户指定	4
8	12	0.50	1.0	用户指定	5（最低）
未知管径或为默认数据分析	未知管径或为默认数据分析	0.50	1.0	用户指定	6（最低）

Seligson 等（1991）基于南加利福尼亚州两次震害资料（即 1971 年圣费尔南多（San Fernando）$M_W 6.7$ 地震和 1987 年惠提尔 $M_W 5.9$ 地震），构建了恢复供水所需时间与每平方英里管道维修次数之间的经验关系表达式。式（N－11）中，B 表示每平方英里的维修次数，d 表示供水中断的天数。

$$\left.\begin{array}{ll} d = 2.18 + 2.51 \times \ln B & B > 0.42 \\ d = 0 & B \leqslant 0.42 \end{array}\right\} \qquad (N-11)$$

6. 震后供水可靠性分析

如前文所述，可以使用水力分析或连通性分析对受损供水系统的可靠性进行建模（例如，Khater 和 Grigoriu，1989）。应用技术委员会（Applied Technology Council，1991）指出，类似于生命线地震工程（Life Line Earthquake Engineering，LLEQE）等软件可能需要大量的数据且计算量庞大。若不采用水力分析模型，则如何对供水系统的可靠性进行评估？

Isoyama 和 Katayama（1982）提出用某事件的概率来衡量可靠性，即系统节点（如客户服务连接）的需求完全得到满足的概率，或者说，整个系统中需求完全得到满足的节点的平均比例。其中，"需求完全达到满足"指的是恢复到震前水压。

Markov 等（1994）建议使用可靠性指数 S_S 来衡量可靠性，可靠性指数 S_S 定义为总可用流量与总所需流量的比例，这与 Isoyama 和 Katayama 研究中的可靠性定义相似但不完全相同。如果 10 个节点的需求得到完全满足，而其他 10 个节点的需求得到部分满足，上述两种定义将会采用不同的值来进行衡量——在 Isoyama 和 Katayama（1982）的研究中为 0.5，而该值在 Markov 等（1994）的研究中略高。

　　Hazus-MH 供水系统的开发人员基于 Isoyama 和 Katayama（1982）以及 Markov 等（1994）的数据，使用式（N‑12）估算可靠性指数 $s(r)$，该式为 $s(r)$ 与破裂率（每千米主干线管道的破裂数，而不是渗漏数）的函数。由于该软件用"缺水家庭"来表示可靠性的丧失，所以使用可靠性指数来衡量的是接受供水服务的客户比例。

$$s(r) = 1 - \Phi\left(\frac{\ln(r/L)/q}{b}\right) \qquad (N\text{‑}12)$$

式中，ln 表示自然对数；r/L 表示平均破裂率（每 L 千米管道有 r 处破裂）；q 和 b 是模型参数；Φ 是标准正态累积分布函数（S 形曲线，描述了服从标准正态分布的样本小于等于任意给定值的概率）。Hazus-MH 采用参数值 $q = 0.1$、$b = 0.85$，分别拟合了基于 Isoyama 和 Katayama（1982）东京供水系统模型的曲线、基于 Markov 等（1994）旧金山辅助供水系统（一种专用消防系统）模型的曲线以及基于 EBMUD 供水系统模型的曲线，见图 N‑4，图中"NIBS"曲线表示 Hazus-MH 可靠性模型。

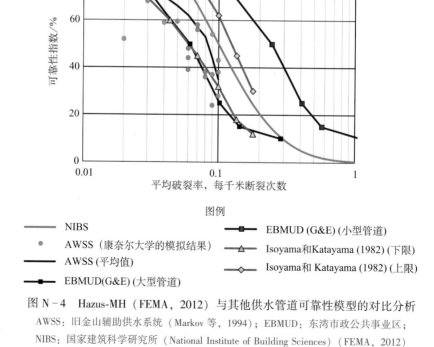

图 N‑4　Hazus-MH（FEMA，2012）与其他供水管道可靠性模型的对比分析

　　AWSS：旧金山辅助供水系统（Markov 等，1994）；EBMUD：东湾市政公共事业区；
　　NIBS：国家建筑科学研究所（National Institute of Building Sciences）（FEMA，2012）

因此，Hazus-MH 可靠性指标可用于衡量以下内容：

（1）整个系统中需求达到完全满足的节点的比例，不考虑恢复部分流量的节点（如 Isoyama 和 Katayama（1982）所述）；

（2）总可用流量与总所需流量的比例（如 Markov 等（1994）所述）；

（3）可用服务连接点与总服务连接点的比例（如 Hazus-MH 报告所述）。

Lund 等（2005）采用了日本神户市水务局 M. Matsushita 的方法，给出了 1995 年神户 M_W 6.9 地震后供水系统的恢复曲线。Tabucchi 和 Davidson（2008）为 1994 年北岭地震后的圣费尔南多谷（San Fernando Valley）供水系统的恢复提供了一个类似的曲线。两条恢复曲线如图 N-5 所示。相对于神户地震，北岭地震的恢复曲线的线性程度更高。

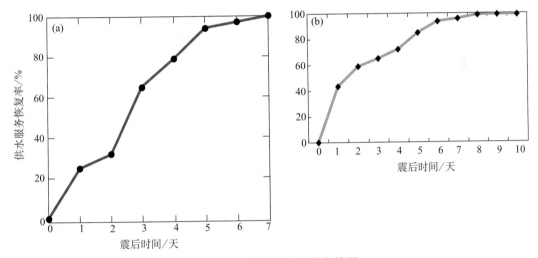

图 N-5　震后供水服务恢复情况

（a）1994 年加州北岭 M_W 6.7 地震后供水系统恢复曲线（Tabucchi 和 Davidson，2008）；

（b）1995 年日本神户 M_W 6.9 地震后供水系统恢复曲线（Lund 等，2005）

7. 生命线系统的相互作用

本节主要阐述现有对自然灾害后生命线系统相互作用的研究。

为了便于参考，作者总结了前文提到的一些资料——温尼伯市（Winnipeg）（2014）和美国水利工程协会（American Water Works Association，2008）建议，维修埋地管道的先决条件包括蜂窝网络通信和电力（用于了解和协调修复）、能源运输和道路交通、现场安全（是否存在火灾、气体渗漏或电气危险），以及维修耗材（包括管道、配件、维修硬件和消毒化学品等）等。

Nojima 和 Kameda（1991）汇编了 1989 年洛马普里塔地震中生命线系统相互作用的实例。例如，因断电导致无法进行废水处理和通信中断、因公路问题导致无法为中央政府机构的应急发电机运输能源。表 N-6 总结了洛马普里塔地震中生命线系统相互作用的实例。该表格阐述了由于断电导致水泵无法运行，进而导致圣克鲁斯（Santa Cruz）供水中断 18 个小时。并记载了电力故障对 EBMUD 的拉斐特过滤厂和奥克兰控制中心造成的恶劣影响。此外，由于奥克兰—旧金山海湾大桥的受损，导致运送维修设备的延误，从而影响了圣克鲁斯的维修工作。并且在旧金山和圣克鲁斯，超负荷的通信系统也影响了维修工作。

表 N-6　1989年加州洛马普里塔 M_W6.7 地震生命线系统相互作用矩阵

（由 Nojima 和 Kameda（1991）修订）

生命线类型	电力	燃气	供水	排水	公路	铁路	通信
电力	※	Santa Cruz 由于电力恢复时产生火花导致瓦斯爆炸，维修工作安排需考虑电力系统	Santa Cruz：停水18小时（供水压力控制区没有受损；水泵供水区停水）SF：因气体渗漏检查导致停电，水泵供水区和海滨区停水。由于停电无法进行维修工作 EBMUD：Lafayette 滤水厂短期停电，奥克兰控制中心停电	SF and Santa Cruz：泵站停电	SF and Santa Cruz：由于交通信号失灵导致交通堵塞	SF：为节省电力，捷运系统取消了部分停靠站	由于使用蓄电池，通信系统虽未中断，但能力降低。PBX 没有电池，发生故障。Pacific Bell Bush/Pine Street office（SF）：冷却剂故障；功能中断3小时。Pacific Bell Hollister office：发电机功能中断3小时。GTE Corp：Monte Bello office（Los Gatos）发电机油箱故障，功能中断时长为6~7小时
燃气	SF and Santa Cruz：恢复供电前进行燃气渗漏检查	※	Santa Cruz：维修工作安排需要考虑供气系统		SF：道路因丙烷火灾而禁止通行（中央大道80号西行）		
供水		Santa Cruz：维修工作安排需要考虑燃气系统	※	Santa Cruz：通过类比法进行损伤检测	SF Marina District：因漏水导致道路损坏		

续表

生命线 类型	电力	燃气	供水	排水	公路	铁路	通信
排水			Santa Cruz：因管道排放污水或管道泄露导致地下水污染	※			
公路			Santa Cruz：由于桥梁损坏，不能运输机械工具	Santa Cruz：通过类比法进行损伤检测	※	BART：由于海湾大桥关闭，捷运乘客增加（10月23日增加了40%）	
铁路						※	
通信			SF and Santa Cruz：超负荷				※

注：SF：旧金山；BART：湾区捷运；EBMUD：东湾市政公共事业区；PBX：专用小型交换机；※：一般关联。

　　Scawthorn（1993）通过总结归纳相关文献和近期灾害中生命线系统相互作用的灾害资料（例如，1989 年洛马普里塔地震和 1991 年东海湾奥克兰山巨大火灾），构建了生命线系统相互作用的模型和分析方法。Scawthorn 指出，1991 年奥克兰山火灾中的供水系统遭到破坏，且供水服务中断，其中部分原因是由于在火灾中倒塌建筑物造成的。另外，该地区供水依赖于为山脊顶部水箱供水的泵站，但该泵站依赖于电力系统。由此，Scawthorn 建议将生命线系统的相互作用描述为以下内容：

　　（1）交叉影响关系（cross-impact）：由于其他生命线系统功能的损坏，从而影响到该生命线系统的功能；

　　（2）相邻影响关系（collocation）：由于其他相邻的生命线系统的损坏，对该生命线的功能造成直接损坏或影响；

　　（3）级联影响关系（cascade）：由于初始缺陷，增加了对生命线系统造成的影响，例如建筑物倒塌导致供水系统服务连接中断。

　　在 Scawthorn（1993）的定量模型中，通过一个向量 D（包含 n 个标量）来描述一组生命线的初始损伤，如果在不考虑生命线相互作用的前提下，n 表示客户接受服务所依赖的元素相互独立。也就是说，这一个元素的破坏会对生命线系统产生严重影响。生命线系统的相互作用由一个 $n \times n$ 矩阵来量化，该矩阵用 L 表示，其中元素 L_{ij}（第 i 行，第 j 列）表示生命

线 j 对生命线 i 的影响程度。L_{ij} 的值越高，表示生命线 i 对生命线 j 的依赖性越大。$L_{ij} = 0$ 表示没有相互作用。生命线中 n 个元素的最终功能状态由向量 F 表示，其值由式（N-13）给出。向量 F 的元素 i 量化了从生命线 i 接受服务的客户比例，其中低于 $F_i = 1.0$ 的任何减少都是由于所有生命线的初始损坏 D 和它们之间的相互作用 L 的结果。

$$F = L \times D \tag{N-13}$$

Scawthorn 虽然提供了模型，但并未给出矩阵 L 的特定值。值得注意的是，由于 $0 \leqslant D_i \leqslant 1.0$，所以为了确保 $0 \leqslant F_i \leqslant 1.0$，$L$ 必须按照式（N-14）进行计算：

$$\sum_{j=1}^{n} L_{ij} = 1.0 \qquad i \epsilon \{1, 2, \cdots, n\} \tag{N-14}$$

旧金山生命线委员会（San Francisco Lifelines Council，2014）修改了 Porter 和 Sherrill（2011）的小组讨论流程，并让旧金山湾区生命线运营商参与进来，定性描述了生命线相互作用对该系统震后功能的潜在影响。作者试图研究并确定系统元件和恢复方案，优先考虑旧金山乃至整个地区的灾后恢复和重建活动。作者通过与 11 家生命线运营商进行小组讨论，基于圣安地列斯断层北部 $M_W7.9$ 设定地震情景确定了生命线系统之间的相互作用关系。提出了一个定性的相互作用矩阵（表 N-7），描述了类似于 Nojima 和 Kameda（1991）的相互作用模型，并展示了不同程度的相互作用，表格中较暗的阴影表示相对较大的影响，类似于 Scawthorn（1993）矩阵中的较高值。

作者发现，旧金山供水系统的恢复在很大程度上依赖于城市街道、通信和能源，其次是区域道路、电力和旧金山港口。该矩阵描述了五种相互作用模式。以下引文摘自旧金山生命线协会（San Francisco Lifelines Council，2014），作者对其进行解释：

（1）"级联型关联（cascading interactions）：指相互依赖关系，从一个系统到另一个系统功能破坏的级联性传递。"这意味着一个系统的运行依赖于一个或多个其他系统，每个生命线系统也可以依赖于另外的系统。作者称这些被依赖的系统为"上游"系统，意思是上游系统的故障流向或因级联影响关系而影响到其他系统并导致其故障。例如，以供水系统中压力控制区域为研究对象，该区域供水系统由水箱供水，且水箱的水源来自于较低海拔。该区域的供水在功能上依赖于电力，而电力可能在功能上依赖于天然气。那么能源供应或发电、输电以及配电的故障会由于"级联型关联"导致供水故障。

（2）"相邻型关联（collocation interaction）：指生命线系统之间的物理破坏传递。"这意味着所讨论系统的一个或多个元件位于另一个系统的一个或多个元件附近，那么另一个系统发生故障时，该故障周围的区域可能损坏所研究的系统。例如，桥梁的严重变形（例如桥台沉降）会造成布设在桥梁管道中的通信网络光纤破坏。

（3）"修复型关联（restoration interaction）：即在维修和恢复阶段中的各种障碍。"这意味着所述系统的一个或多个元件位于另一个系统的一个或多个元件附近，并且对另一个系统的修复可能会损坏或阻碍该系统的修复。例如，如果维修一个位于供水主管道下方的排水管道（遭受破坏的系统），维修排水管道可能需要临时拆除或无意中导致供水主管道损坏。

表 N－7　生命线系统相互作用矩阵（旧金山生命线委员会修订，2014）

生命线系统	地方公路	城市街道	电力	天然气	通信	供水	辅助供水	排水	运输	港口	机场	能源
地方公路	广义型	替代型 修复型	修复型	修复型	修复型	修复型		修复型	替代型，		修复型	修复型
城市街道	替代型 修复型	广义型	相邻型 修复型	相邻型 修复型	相邻型 修复型	相邻型 修复型	相邻型 修复型	相邻型 修复型	相邻型 替代型 修复型	相邻型 修复型		修复型
电力	修复型	级联型 修复型	广义型		修复型	相邻型 修复型	相邻型 修复型	相邻型 修复型		相邻型	修复型	修复型
天然气	修复型	级联型 相邻型 修复型	替代型	广义型	修复型	相邻型 修复型	相邻型 修复型	相邻型 修复型		相邻型	修复型	修复型
通信	修复型	级联型 修复型	级联型 修复型	修复型	广义型	相邻型 修复型	相邻型 修复型	相邻型 修复型			修复型	修复型
供水	修复型	修复型	修复型		修复型	广义型				相邻型		修复型
辅助供水	修复型	级联型 修复型	修复型	修复型	修复型	级联型 修复型	广义型			相邻型 修复型	修复型	修复型
排水	修复型	相邻型 修复型	级联型 修复型		修复型	级联型 修复型		广义型		相邻型 修复型	修复型	修复型

续表

生命线系统	地方公路	城市街道	电力	天然气	通信	供水	辅助供水	排水	运输	港口	机场	能源
运输	替代型 修复型	级联型 替代型 相邻型 修复型	级联型 修复型		修复型	相邻型 修复型	相邻型 修复型	相邻型 修复型	相邻型 广义型	相邻型 修复型		级联型 修复型
港口	修复型	相邻型 修复型	相邻型 修复型		相邻型 修复型	相邻型 修复型	相邻型	相邻型	相邻型	广义型		修复型
机场	修复型		修复型		修复型	修复型		修复型	修复型		广义型	级联型 修复型
能源	修复型	修复型	级联型 修复型		修复型	修复型			广义型	修复型	修复型	广义型

注：较暗的阴影表示相互作用更强；特定生命线系统对其他生命线系统的依赖按列阅读；生命线系统运营商（或承包商）对其他生命线系统的依赖按行阅读。

（4）"替代型关联（Substitute interaction）：指一个系统的中断会影响可替代的系统功能。"这意味着所讨论的系统可能有替代品（替代系统），其中一个替代系统的中断会影响该系统。例如，旧金山—奥克兰海湾大桥在 1989 年洛马普里塔 $M_W6.9$ 地震中受损，导致 1989 年 10 月和 11 月期间湾区捷运（Bay Area Rapid Transit，BART）的乘客增加了 32%（湾区捷运局（Bay Area Rapid Transit District），2015）。

（5）"广义型关联（general interaction）：即同一系统组件之间的相互作用。"Nojima 和 Kameda（1991）的研究中用星号（＊）表示同样的意思。这意味着所讨论的系统元件的损坏会影响同一系统的其他元件。例如，泵站中电气开关设备的破坏会导致泵失效。

8. 震后余滑造成的管道损坏

相关研究人员研究了震后余滑对生命线系统的损坏，震后余滑是地震破裂后立即发生的断层滑动，其蠕变速度要比两次地震发生之间时地表蠕变快得多。根据 Aagaard 等（2012）的说法，"震后余滑发展非常迅速，可能产生与同震滑移相似的影响，即使滑动速度下降，但随着复杂性的增加，这种下滑将持续数月乃至数年"。研究人员讨论了各种海沃德断层地震情景中的震后余滑，包括额外滑动，即"震后余滑对长期地质滑动有很大的影响，并可能造成地震破裂后高达 0.5 ~ 1.5m（中值±标准差）的额外滑动。"本章给出了震后余滑 $D(t)$ 与时间 t 的幂函数表达式，见式（N-15）至式（N-19）（时间，s）：

$$D(t) = A + B \times \frac{1}{(1 + T/t)^c} \tag{N-15}$$

$$A = \frac{1}{1 - a} \times (D_{\text{total}} - a \times D_{\text{coseismic}}) \tag{N-16}$$

$$B = \frac{-a}{1 - a} \times (D_{\text{total}} - D_{\text{coseismic}}) \tag{N-17}$$

$$a = \left(1 + \frac{T}{1\text{s}}\right)^c \tag{N-18}$$

$$C_{\text{median}} = 0.881 - 0.111 \times M_W \tag{N-19}$$

式中，T 指的是震后余滑的时间常数，根据 Aagaard 等（2012）的方法，T 取 365 天。例如，当 $M_W = 7.0$ 时，式（N-19）得出 $C_{\text{median}} = 0.0984$，式（N-18）得出 $a = 5.47$。令 $D_{\text{total}} = 1.86\text{m}$，$D_{\text{coseismic}} = 0.83\text{m}$，式（N-15）、（N-16）和（N-17）得出 $A = 0.608\text{m}$，$B = 1.25\text{m}$，滑移与时间的估计曲线如图 N-6 所示。

O'Rourke 和 Palmer（1996）指出，要了解在断层处的管道损坏情况，需要在震后进行检查，估计从管道安装到开挖这段时间的断层滑移，其中包括震前滑移、同震滑移和震后余滑。Treiman 和 Ponti（2011）认为，在加利福尼亚州科切拉谷地（Coachella Valley），由圣

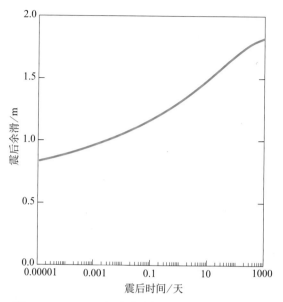

图 N-6 $M_W7.0$ 主震震后余滑与时间的关系曲线

安德烈亚斯断层南部 $M7.8$ 地震造成的地表滑动中，震后余滑造成的震害可能占 40%。且震后余滑可能会加剧科切拉运河、铁路、光纤电缆、电力线路、天然气和石油管道以及高速公路的破坏。

Hudnut 等（2014）测量了一条临时闲置的直径 26 英寸天然气管道的变形，该管道穿越了 2014 年南纳帕地震中的断层破裂。由于断层错动，管道"轻微扭曲超过 35cm，其中大部分积累为震后余滑造成，且地震 3 个月后仍持续发展"，并认为"生命线系统在未来事件中的表现性能，需要考虑同震滑移和震后余滑，以上内容值得进一步研究。"

9. 韧性损失的量化

Bruneau 等（2003）将韧性损失量化为曲线 $Q(t)$ 上方的面积，其中 $Q(t)$ 被定义为"一个区域基础设施的性能（quality of the infrastructure of a community）"。用 R 表示"区域地震韧性损失（community earthquake loss of resilience）"，并按照等式（N-20）计算：

$$R = \int_0^{t_1} (1 - Q(t)) \, dt \qquad\qquad (N-20)$$

式中，$t=0$ 和 $t=t_1$ 分别表示事件开始时间和完全恢复时间。为了简洁起见，本章将 R 称为韧性损失。Bruneau 等（2003）没有精确定义 $t=0$ 和 $t=t_1$。作者把 $t=0$ 定义为地震序列中第一次地震的时间，把 t_1 定义为考虑序列中的最后一次地震发生后 $Q(t) = 1$ 的时间。$Q(t)$ 测量的是在时间 t 时，得到适宜供水服务的最少用户比例，意味有足够的水流量和压力用于日常生活。R 以时间表示，表达的是震后服务能力低于震前服务能力的时间期望值。

值得注意的是"韧性损失"的降低指的是达到满足客户供水需求平均时间的缩短，但"韧性损失"的降低在数学上并不等同于"韧性增加"。在 Bruneau 等（2003）的研究中，韧性不是定量的，而是定性的，意味着"系统抵抗偶然激励的能力，指的是在激励发生时吸收激励（性能突然降低）并在激励后快速恢复（恢复正常性能）的能力。"韧性并不是简单的数学相加。

四、方法介绍

作者基于上述方法的基础上进行了改进，并提出了新方法。下面将阐述用于评估海沃德情景下供水管网韧性的方法。

1. 方法概述

生命线系统抗震韧性模型通常包括以下内容：

（1）元件定义（asset definition）。系统用点（节点）和线（边或弧）来描述。节点属性包含位置、流量、价值（非必要，如：重置费用）和类别。其中，节点类别与易损性函数相关，该函数为环境激励（如，地面震动的严重程度）和损失（如，以美元、死亡人数、功能中断时间等相关参数来表征）之间的关系。节点之间是通过线连接的。线的属性包含路径、方向（非必要）、流量、价值（非必要）以及类别。以上"元件定义"源于对圣何塞自来水公司的研究（下文将展开详细描述）。

（2）风险模型。将地理位置与环境激励（environmental excitation）联系起来。在地震灾害发生时，风险模型通常包括该区域震源的理想化数值分析、震源位置、产生不同震级地震的概率，以及一个或多个地面运动预测方程，将地震震级和震动位置与其他场地效应联系起来。在本次研究中，风险模型将采用 Aagaard 等（2010a、b）提出的一个应用于旧金山湾区的物理模型。

（3）危险性分析。评估风险模型，从而描述地震的一种或多种现象。

在本次研究中，作者采用了 Aagaard 等（2010a、b）的研究成果，描述了海沃德断层南北段的 $M_W7.0$ 破裂，震中位于奥克兰。根据 Wein 等（2017）提出的主震震动模型，对与主震相关的液化概率、滑坡概率、同震滑移以及 16 次 $M5.0$ 及以上余震序列中的每一次震动进行了估算。

（4）易损性模型（本章下文介绍）。将特定地点的环境激励与一组元件中每种类别的潜在的不确定损失联系起来。

（5）损伤分析（本章下文介绍）。在所受的环境激励水平上对每个生命线构件建立易损性模型。

（6）韧性模型（本章下文介绍）。描述了受损构件恢复到灾前状态的时间，并计算了许多时间节点的韧性程度（应用于海沃德情景的韧性模型是一项新的研究成果。该模型包括了一种量化生命线相互作用的新方法。并采纳了东湾市政公共事业区（East Bay Municipal Utility District，EBMUD）工程师建议的初步评估期以及维修资源准备期（即维修人员和其他资源从最初由当地提供到由其他地区提供救援的时期）。

（7）余震分析。在恢复过程中输入一个或多个余震序列。换句话说，在仍然受损的生命线系统中重新进行风险、损伤和恢复分析评估。

2. 易损性模型

本章"易损性模型"指损失（通常采用标准化数据；如，每1000英尺的管道破裂和渗漏）与环境激励（如，地面峰值速度 PGV）之间的数学关系。

1）易损性模型的基本要素

易损性模型通常适用于具有共同工程特性的构件（例如，管材、管径范围或接头类型相同的管道）。为了评估损失，该类别的所有样本被假定为两种类型，即可替换和不可替换（interchangeable and indistinguishable）。如果只提供环境激励条件下的平均损失估计值，则易损性模型是确定性的；如果提供平均值和误差项，则该模型是概率性的。以下是对相关术语的定义：

$y_i(x)$：i 类构件在环境激励 x 时的损失程度期望值。可以将 $y_i(x)$ 称为 i 类的平均易损性函数。

$\varepsilon_i(x)$：i 类构件的误差项。i 类构件的误差项可以是常数，也可以取决于环境激励 x 的程度。误差项具有单位平均值，通常具有一些参数分布，如对数正态与指定标准差的自然对数的误差项，这里称为对数标准差。易损性模型可以为一种或多种损坏模式 j 提供平均易损性函数和误差项，例如由地震动传播造成的震害和由砂土液化、滑坡或断层错动导致场地失效而造成的震害。

$y_{i,j}(x_{i,j})$：损伤模式为 j 的 i 类构件在环境激励 x 时的平均损失，例如某一特定管段所承受的地面峰值速度。

$\varepsilon_{i,j}(x_{i,j})$：损伤模式为 j 的 i 类构件在环境激励 x 时的易损性误差项。

$Y_{i,j}(x_{i,j})$：不确定归一化损失（例如，每 1000 线性英尺管道的不确定总管道破裂和渗漏），见式（N-21）。系数 i 为构件类别，j 为损伤模式（例如，由于地震动传播造成的每 1000 线性英尺管道的管道破裂和渗漏）。$x_{i,j}$ 如上述所定义。

不确定归一化损失计算如下所示：

$$Y_{i,j}(x_{i,j}) = y_{i,j}(x_{i,j}) \times \varepsilon_{i,j}(x_{i,j}) \qquad (N-21)$$

易损性模型由函数 y 和误差 ε 组成，考虑了构件类别，并包含函数有效"激励域"（the domain of excitations for which the functions are valid）。

2）易损性模型的选取

研究人员提出了管道易损性函数，在"文献综述"一节中简要阐明了部分内容。目前，对于管道易损性函数的选取，还没有公认标准，但作者认为根据以下所阐述的内容进行选取是相对合理的。

（1）根据条件（包括管材、管径、接头方式、使用年限和腐蚀性等）选取相对应的易损性函数。

（2）选取有大量震害资料支撑的易损性函数。

（3）根据研究区域环境（地面运动）选取相对应的易损性函数。

（4）选取在类似情景（评估和描述美国设定地震情景的真实结果）应用广泛的易损性函数（表 N-8）。

表 N-8　管道易损性函数选取标准的比较

来源	多种类型的管道	修复	最大 *PGV*	最大 *PGD*	引文
O'Rourke and Ayala（1993）	是	不清楚	50cm/s	NA	87
Honneger and Eguchi（1992）	是	不清楚	不清楚	不清楚	21
Eidinger（2001）	是	3350	52cm/s	110in	18
O'Rourke 等（2014）	是	2051	80cm/s	NA	20

注：*PGV*：地面峰值速度；*PGD*：地面永久位移；NA：不适用。

O'Rourke 等（2014）比 Eidinger（2001）的研究应用更广泛，这意味着前者的可信度更高。同时，最大 *PGV* 值在 O'Rourke 的研究中更大，表明该方法更适用于强震动。但 Eidinger（2001）采用了一个更大型的数据库，且该研究中的易损性函数包括了地震动传播效应和场地失效的影响。综上可得，Eidinger 提出的易损性函数更适用于当前研究的问题。

在地震动传播作用下，采用式（N-3）来计算非超越概率 p 的维修率，或采用式（N-4）来计算平均维修率。然而，将液化和滑坡导致地面永久位移的模型（如 Eidinger（2001）提出的式（N-5）或式（N-6））应用于海沃德情景中存在一个问题，即 *PGD* 不适用于海沃德情景。但海沃德情景中存在发生液化和滑坡的概率。那么，在没有估算 *PGD* 的情况下，如何应用 Eidinger 的场地失效模型（ground-failure model）进行计算？

这里采用的解决方案利用了式（N-6）对 *PGD* 不太敏感的特点。可以得到当 *PGD* 在较小范围内时（例如，*PGD*＝0.319），其对维修率的影响是有限的。同时，式（N-5）中的对数标准差 $\beta=0.74$（给出了维修率的边际分布）非常大，表明 90% 的界限相差超过一个数量级。在这种情况下，以 *PGD* 为条件时，时间点处于 95% 和 5% 的维修率相差 11.4 倍。

因此，Eidinger（2001）提出的液化模型表明，*PGD* 从 1 英寸增加到 10 英寸时会使平均维修率增加 2 倍。见图 N-7；对于 $K_2=1$，*PGD*＝1 英寸的修复率和 *PGD*＝10 英寸的修复率分别为每 1000 线性英尺维修 1.4 和 2.9 处。在任一点上，*PGD*＝1 英寸或 10 英寸，维修率的不确定性要大得多，也就是说，即使能够确定 *PGD*，维修率仍然是不确定的。通过估算液化或滑坡诱发的 *PGD* 而使精度明显提高将是不现实的。总体而言，即使不估算 *PGD*，该公式的精确度变化不大。

考虑到维修率的高度不确定性和易损性函数对 *PGD* 相对适中的敏感性，本章作者设定一个与液化相关的合理的中等 *PGD*（如，6 英寸），并使用液化概率重新导出式（N-5）和式（N-6），如式（N-22）和式（N-23）所示：

$$R_1(P_L,\ p) = K_2 \times 1.06 \times 6^{0.319} \times \exp(0.74 \times \varPhi^{-1}(p))$$
$$= 1.88 \times K_2 \times P_L \times \exp(0.74 \times \varPhi^{-1}(p)) \qquad (N-22)$$

$$\overline{R}_1(P_L) = K_2 \times 1.39 \times 6^{0.319} \times P_L = 2.46 \times K_2 \times P_L \qquad (N-23)$$

式中，P_L 表示由液化、滑坡或断层错动导致的场地失效概率。该方程估算了每 1000 线性英

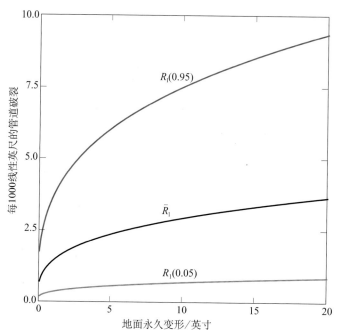

图 N-7　管道液化易损性函数（R_1）分别在 $K_2 = 1.0$、平均值以及 90% 界限下的曲线图
（见式（N-5）和式（N-6））（Eidinger，2001）

因子 K_2 考虑了管材、接头方式、土壤腐蚀性和管径

尺管道的平均维修率。

如果使用 Eidinger（2001）提出的模型，如何计算由地震动传播以及地面失效导致的维修率？Eidinger 表示"地震动传播效应被更具有破坏性的地面峰值位移所掩盖"。如果已知地面破坏发生的位置，就可以忽略地震动传播效应，以免重复计算。但 Eidinger（2001）提出的液化损伤经验模型可能包括一些由地震动传播引起的损伤，并且作者无法区分哪些破裂或渗漏是由哪种危险造成的。于是在液化区，认为所有的损伤都是由液化造成的。也就是说，对液化区造成损伤的经验关系包括地震动传播引起的未知部分损伤（但这部分损伤可能很小）。因此，不能将液化模型和地震动传播模型同时应用于液化区域，这样会对地震动传播造成的损伤进行重复计算。

为了消除上述的重复计算，本章作者修改了式（N-3）和式（N-4）的地震动传播模型，将维修率乘以一个因子（$1-P_L$），其中 P_L 表示场地失效概率。消除重复计算后，可以将地震动传播模型和场地失效模型相加，如式（N-24）和式（N-25）所示。在这两个方程中，R 表示每 1000 线性英尺埋地管道的维修率，PGV 是以英寸/秒为单位的地面峰值速度，p 表示不发生渗漏的概率。在式（N-24）中，R 给出了非超越概率为 p 时的维修率，式（N-25）给出了平均维修率。式（N-24）中的系数比式（N-25）中的系数小，因为中值小于对数正态分布随机变量的平均值，该差异取决于对数标准差：

$$R(PGV,\ P_{\mathrm{L}},\ p) = (1 - P_{\mathrm{L}}) \times R_{\mathrm{W}}(P_{\mathrm{L}},\ p)$$
$$= (1 - P_{\mathrm{L}}) \times K_1 \times 0.00187 \times PGV \times \exp(1.15 \cdot \varPhi^{-1}(p))$$
$$+ 1.88 \times K_2 \times P_{\mathrm{L}} \times \exp(1.15 \times \varPhi^{-1}(p)) \qquad (\mathrm{N} - 24)$$

$$\bar{R}(PGV,\ P_{\mathrm{L}}) = (1 - P_{\mathrm{L}}) \times \bar{R}_{\mathrm{W}}(PGV) + \bar{R}(P_{\mathrm{L}})$$
$$= (1 - P_{\mathrm{L}}) \times K_1 \times 0.003623 \times PGV + 2.46 \times K_2 \times P_{\mathrm{L}} \qquad (\mathrm{N} - 25)$$

对于断层错动造成的损伤，可以应用 Eidinger（2001）提出的模型。由于缺乏数据支撑，且与地震动传播和液化导致的破裂和渗漏相比，断层轨迹上出现的破裂数量相对较少，同时希望该模型是管道位置偏移量的函数，而不是整个轨迹的平均偏移量的函数，所以这里采用了一个简化的模型。

作者假设，如果断层位错超过 6 英寸，则任何穿越断层的管段都是破裂的，且无论管材、接头形式以及断层和管道的角度如何，都使用相同的阈值。同时，断层轨迹被视为线的集合，而不是地表有限宽度的区域。因此，偏移集中在线上，而不是分布在整个区域的宽度上。

在数学上，Z_i 为一个二进制变量，表示管段 i 发生故障偏移损坏（如果为真，则为 1，如果为假，则为 0）；d 表示故障偏移距离；d_{f} 表示故障偏移距离产生损伤的阈值；I（·）是指示函数（如果括号中的值为正，则为 1.0，如果为负，则为 0.0）。如式（N - 26）所示：

$$Z_i = I(d - d_{\mathrm{f}}) \qquad (\mathrm{N} - 26)$$

其中当 $d_{\mathrm{f}} = 6$ 英寸时，与 Eidinger（2001）提出的模型所计算得到的所有分段管道 50% 的故障概率一致。但还存在更精确的模型，如美国土木工程师协会（American Society of Civil Engineers，ASCE）（1984）模型，该模型应用了应力和应变的工程基本原理、管道和回填的工程特性、穿越断层管道的几何形状以及其他因素。在地震情景规划的背景下，本章主要研究的是整个强地震区域的管道破裂和渗漏的总数，而 ASCS 提出的分析模型在整体损坏相对较小的情况下过于复杂。此外，考虑到关于未知回填特性和其他可能的模型参数的必要假设，上述分析可能无法得到高精度结果。

3. 损伤分析（需要维修的次数）

损伤分析采用易损性模型和风险模型，以评估所考虑元件的损伤或损失的程度。例如：当一个特定的供水管网受到一个特定的地震影响时，管道维修的总次数是多少。

1）基本元件的损伤分析

作者选取一个通用的一般公式来表示由 n_i 离散构件（例如，管段）组成的系统所需的维修次数，其中每个构件都可以用一种类别（例如，管道类型）来表示。

每个构件 i 都有一个相关的量或值 V_i（例如，管道段的长度），并假设会受到多种模式 n_j（例如，地震动传播和液化）下的损伤。

使用前文定义的易损性模型中的 $y_{i,j}(x_{i,j})$ 和 $\varepsilon_{i,j}(x_{i,j})$，该参数考虑了构件类别和损伤模式。其中 R 表示总的不确定损伤（例如，管道损坏的总数），如式（N-27）所示：

$$R = \sum_{i}^{n_i} \sum_{j}^{n_j} V_i \times y_{i,j}(x_{i,j}) \times \varepsilon_{i,j}(x_{i,j}) \qquad (\text{N}-27)$$

式（N-27）假设一个组件或一个模型的损坏与其他组件或其他模式的损坏无关。也就是说，在损坏模式 j 中，构件 i 的损坏程度不受另一个构件的影响。如果构件 i 在一种模式中损坏，在另一种模式中也遭到损坏，那么所遭受的损伤是这两种损坏模式导致的损失简单相加。就供水管道而言，上述独立假设成立的前提是维修间距足够大。至少在维修初期，修复单个破损或泄露位置是有意义的，而不是采用一次维修（拆卸和更换管道）来修复大于等于两处损坏部位。

2）损伤分析在供水系统中的应用

将式（N-27）应用于供水管网中，使用 Eidinger（2001）提出的易损性模型，并考虑管道穿越断层因素，用式（N-28）来估计平均维修总数 r。

$$\begin{aligned} r &= \sum_{i=1}^{n} \hat{R}_{\text{W}}(PGV_i) \times L_i + \sum_{i=1}^{n} \hat{R}_{\text{I}}(P_{\text{L},i}) \times L_i + \sum_{i=1}^{n} I(d - d_{\text{f}}) \\ &= \sum_{i=1}^{n} (1 - P_{\text{L},i}) \times 0.003623 \times K_{1,i} \times PGV_i \times L_i \\ &\quad + \sum_{i=1}^{n} 2.46 \times K_{2,i} \times P_{\text{L},i} \times L_i + \sum_{i=1}^{n} I(d - d_{\text{f}}) \end{aligned} \qquad (\text{N}-28)$$

式中，i 表示特定管段；n 表示网络中管段的总数；$K_{1,i}$ 和 $K_{2,i}$ 表示管段 i 的 K_1 和 K_2 的值；PGV_i 是管段 i 承受的地面峰值速度；$P_{\text{L},i}$ 表示管段 i 的地面失效概率；L_i 是管段 i 的长度，单位为千线性英尺；$I(\cdot)$ 是一个指示函数，如果括号中的表达式为正，则取值为 1.0，如果表达式为负，则取值为 0.0；d_i 是管道 i 受到的断层影响产生的偏移；d_{f} 是发生破裂产生的偏移。其中，作者建议将 d_{f} 取值为 6 英寸（15cm）。值得注意的是，只要管段 i 相对较短（不到几百米），则两端的震动差别不大，因此用这种方法离散管网所引入的误差相对较小。

目前的分析并不需要对损失进行概率估计，所以作者忽略了误差项 e，只处理损失的期望值。作者使用式（N-28）中的 r 来表示确定值，而不是用式（N-27）中的 R 来代表不确定值。为了实现式（N-28），可以采用地理信息系统（geographic information system，GIS）创建系统组件表（例如，管段表）。构件按行给出。对于每个构件，分配一个标识符，并确定其数值（如，长度），给出一个或多个易损性或易脆性函数的类别（例如，Eidinger，2001，按材料、接头类型、土壤腐蚀性和管径等对供水管进行分组），并确定其位置（例如，管段中点的经纬度）。使用地理信息系统，查找地震动参数值 $x_{i,j}$。可以采用式（N-28）对每个构件（按行给出）进行计算，并对所有行的损失求和，以计算损失 r 的期望值

（例如，需要实际维修损坏管道的值）。

3）破裂或渗漏

Lund 和 Schiff（1991）给出了破裂和渗漏的定义，并用于损坏数据汇编。根据他们的定义，有渗漏的管道继续运行，服务损失变小，而有破裂的管道完全丧失功能。另一种说法是管道破裂是将一个管段分成两部分，而渗漏只是管道部分破裂。Hazus-MH 假设液化的破裂率和渗漏率分别为 80% 和 20%，地震动传播作用下损坏的破裂率和渗漏率分别为 20% 和 80%。其中技术手册（technical manual）的作者并没有给出数据来源。

Lund 和 Schiff（1991）发现，在 1989 年洛马普里塔 M_W6.9 地震的破裂和渗漏管道数据中，管道破裂（336 次维修，71%）比渗漏（140 次维修，29%）更普遍。Ballantyne 等（1990）对多次地震的管道损坏进行研究，其中包括：1949 年奥林匹亚（Olympia）M_W6.7 地震和 1969 年西雅图（Seattle）（华盛顿）M_W6.7 地震、1969 年圣罗莎（Santa Rosa）（加利福尼亚）M_W5.6 和 M_W5.7 地震、1971 年圣费尔南多谷（San Fernando Valley）M_W6.7 地震、1983 年科林加（Coalinga）（加利福尼亚）M_W6.2 地震和 1987 年惠特尔海峡（Whittier Narrows）M_W5.9 地震。研究表明，地面破坏导致的破裂和渗漏分别占 50%，如果没有地面破坏，破裂与渗漏的比例是 15% 和 85%。因为当前的模型是可以区别地震动传播效应与地面破坏造成的损伤，以及 Ballantyne 等（1990）的研究受到高度重视并提供了有力证明，所以本章节采用上述的比率进行计算。

4）易损性退化（Degraded Vulnerability）

本章模型在主震和余震中采用了相同的易损性函数。这样做是否正确？也许应该把一个已经被主震或大余震削弱的系统考虑得更脆弱一些。并且主震中未被发现的小渗漏或早期破裂，在余震中可能会变成大渗漏或破裂。然而，并没有足够的研究来支撑易损性退化模型——即使得该系统的数学模型在余震中比主震前更容易遭到破坏。这是一个值得进一步研究的课题。

4. 韧性评估模型

近期研究表明，韧性模型将损伤（损伤模型的输出）与系统服务功能联系起来。该模型通常用来描述系统恢复到灾前状态的过程。

1）生命线系统韧性模型的基本要素

韧性可以通过多种方式来衡量，但对于供水网络等公共事业来说，通常是根据接收生命线系统服务的连接数量（作为时间的函数）来度量功能。本章不提供生命线恢复模型的一般数学公式，而是列举其要素，并提出供水系统韧性评估的具体方案。生命线系统韧性模型包括以下要素：

（1）灾难发生后的功能等级模型；

（2）随时间变化的维修资源模型（人员和物资）；

（3）每次维修后的可用服务连接数量模型；

（4）每次维修后的实耗时间模型；

（5）理想情况下该模型是可以体现出生命线系统是相互影响的。（也就是说，要考虑到其他生命线的损坏或恢复是如何影响相关生命线的）

2）地震造成的服务连接损失数量

Khater 和 Grigoriu（1989）或 ATC（1991）等提供的水力分析或连通性分析对于当前研究来说过于苛刻。本章中采用的是和 Hazus-MH 一样的简化方式。如上文"供水系统的可靠性"一节中所述，Hazus 提出了可靠性指数，代表的是客户接受服务比例。该指数通过将水压下降作为每公里管道破裂（而非渗漏）平均次数的函数来衡量。

作者采用可靠性指数，即地震后，当需要维修的次数为 r 时，L 是系统中管道的公里数，M 是服务的总数，那么震后立即可用服务连接数量由 M 乘以式（N-12）可靠性指数给出。V_0 表示震后和维修开始前可用服务连接数量，如式（N-29）所示：

$$V_0 = M \times s(r) = M \times \left(1 - \varPhi\left(\frac{\ln\left(\dfrac{r}{L \times q} \right)}{b} \right) \right) \qquad (\text{N-29})$$

式中，M 是总服务连接点数量；r 是主要管道破裂（不是渗漏）的数量；L 是分配系统中管道的长度（km）；$q = 0.1$；$b = 0.85$。参数 q 决定了 V_0 达到 $0.5M$ 时每千米破裂（非渗漏）数。参数 b 决定了图 N-4 中标记为 NIBS 的 S 形曲线的宽度。那么完成 n 次维修需要多长时间呢？

3）第 n 次维修后恢复的服务连接数量

式（N-29）提出了一种维修过程的韧性评估方法，建立剩余维修数量 r 作为地震序列造成破坏函数，以及维修减少的次数，用来评估第 n 次维修完成后的可用服务连接数量，如式（N-30）所示，作者称之为可靠性指数法（the serviceability-index approach）。

$$V(n) = M \times \left(1 - \varPhi\left(\frac{\ln\left(\dfrac{r - n}{L \times q} \right)}{\beta} \right) \right) \qquad (\text{N-30})$$

其次，也可以用剩余维修数量的比例来表征服务的恢复程度，如式（N-31）所示。称该方法为比例法（the proportional approach）。

$$V(n) = V_0 + (M - V_0) \times \left(\frac{n}{r} \right) \qquad (\text{N-31})$$

EBMUD 的工程师提出了一种更通用的方法。在地震修复策略中，一般会集中 EBMUD 的大部分资源，首先修复服务于大面积地区的输水线路，然后修复服务于较少客户的较小直径的输水线路，依次类推。该策略取决于系统中的某些部分（受到大直径管道损坏影响的部分）是否可以隔离，若可以隔离，则通过使用便携式泵和软管等组合的临时系统来改变供水路线，从而继续为尽可能多的客户提供服务。如果绘制一条韧性曲线，其中 y 轴表示接受服务的客户比例，x 轴表示震后时间，那么维修前期，EBMUD 策略的曲线斜率最大。如果维修人员的数量增加，斜率可能会增加，但在资源不变的情况下，斜率将会减小，因为单个维修恢复的服务连接越来越少。式（N-32）为的幂次方法（the power approach），其中 a 值越小，恢复曲线斜率越大（$0<a<1$）。令 $a=1$，得到式（N-31），该式为修复-恢复比例法（the proportional repair-restoration approach）。

$$V(n) = V_0 + (M - V_0) \times \left(\frac{n}{r}\right)^a \tag{N-32}$$

假设 1994 年北岭地震和 1995 年神户地震后，以恒定速度完成供水系统的修复，那么 $a=0.67$ 的幂次方法结果类似于 1994 年北岭地震后在圣费尔南多谷得到的供水恢复曲线（图 N-5a），而 $a=0.33$ 的幂次方法结果类似于神户地震后的恢复曲线（图 N-5b）。图 N-8 表达了三种方法（幂次方法有两条曲线，$a=0.33$，$a=0.67$）的曲线。y 轴表示归一化的震前服务连接数量，x 轴表示归一化的管道维修数量。

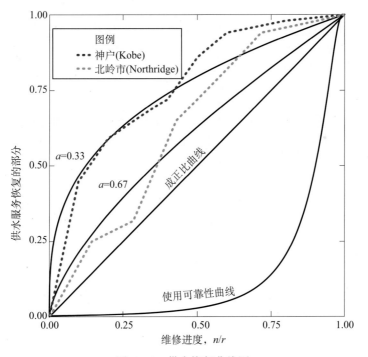

图 N-8　供水恢复曲线图

图例分别为 1994 年加州北岭 $M_W 6.7$ 地震和 1995 年日本神户 $M_W 6.9$ 地震

y 轴表示归一化的震前服务连接数量；x 轴表示归一化的管道维修数量

变量 a：幂指数；n 表示维修完成；r 表示剩余的维修量

通过对比上述三种方法，其中幂次方法最适用于 1994 年北岭地震和 1995 年神户地震，其次是比例法，可靠性指数法最差。当然还存在其他合理的方法，但是通过对比以上三个方法，作者决定采用参数值 $a=0.67$ 的幂次方法。

4）考虑其他生命线系统影响的维修资源和维修率

由以上研究可以估算完成 n 次维修后可用服务连接数量，以下考虑执行 n 次修复所需时间。

上文"修复管道破裂与渗漏"一节中总结了管道修复时间的信息来源——每次破裂或渗漏的修复时间的经验模型、区域修复时间与区域损伤率的函数经验模型，以及针对修复时间的专家意见（尽管平均修复时间略短且置信区间略窄，但结果通常与经验证据一致）。有损失评估需求的相关工作人员一般会选择能够解释的经验模型。出于上述原因，作者采用 Schiff（1988）的管道维修数据。

Schiff 的维修数据表明平均修复时间为 7.6 小时，标准差为 5.3 小时。圣何塞自来水公司的工作人员认为该数据相对合理（J. Walsh，San Jose water Company，内部交流，October 14，2015）。该数据采用中值为 6.5 小时、对数标准差为 0.70 的对数正态分布进行拟合，拟合结果满足 Lilliefors（1967）提出的拟合优度检测，如图 N-9a 所示。若将小直径管道维修数据与两个大直径管道维修数据区分开（24 英寸损坏情况，分别需要 12 小时和 20 小时），则小直径管道中值为 6.1 小时，对数标准差为 0.58，如图 N-9b 所示。Schiff（1988）提供的大直径管道维修时间样本太少，无法得出经验分布，因此作者假设中值为 16 小时，对数标准差为 0.6。

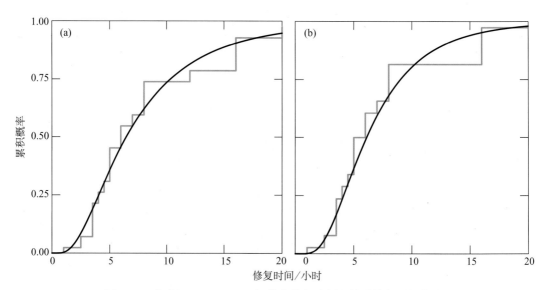

图 N-9　根据 Schiff（1988）提供的数据绘制的管道修复时间曲线
（a）所有管道修复时间曲线；（b）不包括大直径管道的修复时间曲线
阶梯线表示 Schiff（1988）的实际数据，曲线是最佳拟合线

LADWP 对配送管道修复工期的估算（Tabuchhi 等，2010）与 Schiff（1988）研究的实际地震经验基本一致。但低估了不确定性，LADWP 的估算仅对应 Schiff 研究中的 15% 到 85% 累计概率范围。且估算值较低，仅处于图 N-9a 中修复时间的第 20 和第 40 个百分位点。

Hazus 提出的维修时间与 Schiff（1988）或 Tabucchi 等（2010）提出的难以进行比较，

因为前者衡量的是每名工人的维修时间，后者衡量的是每次的维修时间。但如果假设一组有4人，Hazus 的每名工人维修时间相当于6~18 小时，可等效至图 N-9a 中的第35 和第90 个百分位点。

对于一个确定模型，小直径管道维修使用平均估计值（每组每次修理 7.6 小时，或每组每次修理 0.32 天）是比较合理的（假设每组工作 12 小时，休息 12 小时，直到修理完成）。

何时会派遣援助人员？如前文所述，公共和私营供水机构在紧急情况下是可以提供互助的。CalWARN（加利福尼亚州供/排水机构响应网络（California Water/Wastewater Agency Response Network，n. d. ）和东湾市政公共事业区（East Bay Municipal Uility District，2014）在报告中阐述了 2014 年南纳帕地震后，旧金山湾区供水机构是如何派遣团队协助修复纳帕市的供水管道的。其中，援助人员花了 24 小时才到达目的地，这表明来自整个大都市地区的互助会遭受阻碍从而推迟维修进程。由此可见，在地震中对大城市的救援可能来自数百英里，甚至是数千英里之外，并且可能需要更长的时间来动员、到达救援地区、安置工作人员并整合到当前的维修工作中。维修资源会随着时间的推移而增加，灾难越大，增加的时间可能就越长。在开始实际维修之前，可能首先需要几天时间来评估损坏程度并确定渗漏位置。

作者使用机构可雇佣维修人员数量的时变模型，将评估时间和派遣人员时间参数化。如下所示：

$c(t)$ = 在时间 t 工作的维修人员数量。

$w(t)$ = 维修人员的工作时长占比。例如，维修人员一天工作 12 小时并休息 12 小时，则定义该值取 0.5。

d_0 = 不受约束的维修持续时间。在理想条件下，即不受材料、协调和其他先决条件的制约，一个团队每次维修的天数，平均为 0.32 天。

i = 制约因素指数。在表 N-2 中，有 6 个制约因素，即通信、电力、能源、现场安全（无火灾）、道路通行和维修耗材。

t_0 = 进行第一次维修的时间。

t = 进行第 n 次维修的时间。

$g(t)$ = 在时间 t 时制约因素 i 的流量，称之为流量系数（flow factor）。

$g_i(t)$ 归一化后，$g_i(t) = 1.0$ 表示无限可用，$g_i(t) = 0.5$ 表示制约因素 i 的流量或供应速率是正常可用速率的一半，$g_i(t) = 0$ 表示制约因素 i 在时间 t 不可用。例如，如果没有能源的制约作用，g（能源）为 1.0。如果一家公共事业单位只能为其一半的维修车辆提供能源，其 g 值为 0.5。如果由于通信网络拥塞，协调维修工作花费的通信时长为正常情况下的两倍，其 g 值为 0.5。如果通信中断，则 g 值为 0。如果制约因素 i 是生命线系统，且时间 t 可用服务连接数为 $V_i(t)$，总的服务连接数为 M_i，则流量系数 $g_i(t)$ 如式（N-33）所示：

$$g_i(t) = \frac{V_i(t)}{M_i} \tag{N-33}$$

速率制约因子 u_i 是一个常量，表示在缺乏执行修复所需资源的情况下修复生产率的降低，也称为 u 因子，由 i 进行索引。如果在没有所需资源的情况下进行维修，则根据对进行维修所需额外时间的估计来分配 u 因子，如式（N-34）所示：

$$u = 1 - \frac{d_0}{d_{\text{impaired}}} \tag{N-34}$$

式中，d_0 是正常情况下维修工作所需的平均时间；d_{impaired} 是缺少所需资源时维修工作所需的平均时间。例如，一次维修通常需要 8 小时，但在缺少所需资源的情况下需要 9 小时，则分配系数 u =1-8 小时/9 小时=0.11。也就是说，在缺乏所需资源的情况下，维修率下降了 11%。因此，u_i =1.0 表示资源 i 对维修至关重要，即没有该资源，维修就无法进行。u 值为 0.5 时，表示无资源 i 时，维修时长为正常情况的一半。作者用 $f(t)$ 表示 t 时刻第 n 次维修时的维修率（每单位时间的维修次数），如下所示：

$$f(t) = \frac{w(t) \times c(t) \times (\Pi_i(1 - u_i \times (1 - g_i(t))))}{d_0} \tag{N-35}$$

假设 $\tau(n, t)$ 表示第 n 次维修工作的所需时间，从时间 t 开始。

$$\tau(n, t) = \frac{1}{f(t)} = \frac{d_0}{w(t) \times c(t) \times (\Pi_i(1 - u_i \times (1 - g_i(t))))} \tag{N-36}$$

则可以计算 $F(t)$，即在 6 时间 $t+\tau$ 恢复的服务连接数量。由式（N-37）给出：

$$\left. \begin{array}{ll} F(t) = 0 & t < t_0 \\ F(t) = \int_{t_0}^t f(t)\,\mathrm{d}t & t \geqslant t_0 \\ F(t) = \int_{t_0}^t \frac{a(t) \times c(t) \times (\Pi_i(1 - u_i \times (1 - g_i(t))))}{d_0}\mathrm{d}t & t \geqslant t_0 \\ F(t) \leqslant r \end{array} \right\} \tag{N-37}$$

式中，$c(t)$ 表示时间 t 的维修人员数量；u_i 表示速率制约因子 i（如另一条生命线系统）的重要性；$g_i(t)$ 表示制约因素 i 在时间 t 的流量（如在时间 t 实际可用的所需能源比例）；d_0 表示理想情况下的维修持续时间；r 表示维修总数。

式（N-35）将多个所需资源的影响累积相称，这相较于简单的求和计算来说，该计算结果导致的影响更大。此外，两个可替代资源（例如，商用电源和紧急现场电源）中只有一个缺失可能不会妨碍维修，而两个资源都缺失则无法进行维修，虽然上述情况可能存在，但为了简单起见，本章不作考虑。

值得注意的是，对于其他生命线系统，$F(t)$ 可能是制约因素的一部分。例如，通信系统中部分中心机构会具有蒸发冷却装置（需要对其提供水资源）以确保通信系统的正常运行。那么，假设从通信的角度来看，水的 u 值为 0.5（有一半的中心机构有蒸发冷却装置），g 值等于可用的供水服务的比值，即：

$$g_{\text{water}}(t) = \frac{V(n)}{N} \tag{N-38}$$

供水系统也可能反过来依赖于通信系统，因此必须解决联立方程的时间序列，以找到多条生命线系统和其他资源（如可消耗的维修用品）随时间变化的同时可用性。作者把在所有时间点上满足其相互恢复率的恢复曲线的时间序列称为平衡恢复解。

5）生命线系统排序以避免生命线系统之间的重复影响

想要避免生命线系统之间的重复影响，必须求解联立方程找到平衡恢复解。通过建立生命线系统相互依赖模型，引入一种实用性的简化方式，则生命线系统就不会在一个循环中重复影响。也就是说，不存在生命线 i 和 j 的相互依赖（即 j 依赖于 i 并且 i 依赖于 j），要么直接依赖，要么通过中间生命线 k 产生关联。

在对生命线系统排序时，并不意味着第三排比第二排更重要或更不重要。但为了处理循环关联，作者在生命线系统关联矩阵中引入了一个顺序，这样生命线以一个近似单向的依赖链出现在其中，从所谓的上游生命线第一个（第一行第一列的单元）到下游生命线最后一个（最后一行最后一列的单元）。如果生命线 j 直接或通过中介依赖于生命线 i，而反过来说并不成立，那么将生命线 i 称为生命线 j 的上游，且 i 排在 j 之前。在单向模型中，下游生命线只依赖于上游生命线，或不依赖于任何上游生命线，反之亦然。

由于可能存在相互依赖关系，导致该模型真实性较低。道路维修需要能源，但能源需要依赖道路进行运输。为了简化计算，本章忽略了这种复杂性。对依赖关系进行排序并不一定完全正确，不同的人可能会给出不同的排序结果。作者给出了生命线修复资源从上游到下游的顺序，并进行了解释：

（1）维修耗材：无维修用品，就无法恢复能源供应、且无法维修道路、电力、通信、天然气或排水管道。维修耗材通常被储存起来（不会变质），否则将会依赖于能源、道路、电力、通信、天然气、供水或排水管道。

（2）能源：无能源提供给车辆，就无法维修道路、电力、通信、天然气、供水或排水管道。在能源库的损坏设备得到维修之前，是无法提供能源的，这需要消耗材料进行维修，但该维修不需要依赖道路、电力、通信、天然气、供水或排水管道。当然，如果没有水，是无法创造能源的，但能源可以从其他有水的地方运输过来。人们还必须依赖道路来获取和运送能源；然而，交通网络多而复杂，并且在损坏的道路上至少可以缓慢地行驶，这相对而言是比较容易的，以至于对道路的依赖程度很弱。

（3）道路：修路需要维修耗材和能源，但人们可以在没有电、天然气、供水或排水的情况下修路。可以通过面对面的会议与修路人员进行交流。

（4）电力：要修复受损的发电、输电和配电设施，需要耗材、能源和道路交通。人们可以在没有电、天然气、供水或排水的情况下修复电力系统。可以通过面对面的会议与电气维修人员进行交流。

（5）通信（主要指移动电话）：损坏的中心办公室和信号塔设备需要耗材进行维修。供电需要电力或能源。与能源一样，通信对道路的依赖性较弱，但道路对通信的依赖性似乎更弱。运营或维修中心机构和手机信号塔几乎不需要天然气、供水或排水。但也有例外，一些中央机构可能采用蒸发冷却装置，这依赖于供水系统。

（6）天然气：修复受损的天然气管道和其他部件需要维修耗材、能源和道路（在一定程度上）。修复受损的天然气管道似乎是一项时间紧迫的需求，需要快速沟通和协调，同时需要电力和通信的配合。维修天然气系统不需要供水或排水。

（7）供水系统：受损供水系统的维修需要维修耗材、能源和道路（在一定程度上）。供水压力控制区依赖于电力。修复受损的管道是一项时间紧迫的需求，需要快速沟通和协调，同时需要电力和通信的配合。维修供水系统不需要天然气，所以天然气和供水系统的维修顺序是任意的。供水系统不依赖于排水系统。

（8）排水系统：受损排水系统的维修需要维修耗材、能源和道路（在一定程度上）。处理污水和提水站运行需要电力。协调受损排水管道的修复在一定程度上依赖于电力和通信。排水系统不依赖天然气，所以天然气和排水系统的相对顺序是任意的。排水系统也不依赖供水系统，所以它们的相对顺序也是任意的。

6）生命线系统维修速度的制约因素

在上述公式中，维修耗材损失的影响是通过速率制约因子 u 来量化的，该因子衡量了缺乏所需资源时维修率（每单位时间维修）的降低。就供水系统而言，维修管道破裂或渗漏的任务列表（表 N-2）表明，制约因素包括通信、电力、能源、现场安全（例如，无火灾）、道路和维修耗材。那么每种资源的损失具体会减缓多少维修速度呢？

（1）维修耗材——如果缺乏更换的管道、配件、夹具或其他部件，维修将无法进行。则 $u_{consum}=1.0$。

（2）能源——需要维修人员前往需维修位置，操作反铲挖土机向下挖掘至水管，并回填挖掘区域（表 N-2 中的任务 2、6 和 9）。如果没有能源，维修根本无法进行。因此，指定 $u_{fuel}=1-8$ 小时 $/\infty=1.0$。也就是说，在没有能源的情况下，维修效率会下降100%。

（3）道路——道路损坏可能会阻碍外部救援设备和维修人员的到达，但道路网络是高度冗余的。所以令 $u_{road}=0.0$。

（4）电力1——对于完全依靠重力供水的供水系统，需要电力来接收损坏通知（任务1），即参考地理信息系统（表 N-2 中未显示），给交通信号灯供电，控制交通以方便维修人员往返。若电力中断，假设在总部查阅纸质地图时维修正在进行，实际上不会减慢维修速度，但两个维修点之间的行程会增加15分钟，则 $u_{electr}=1-8$ 小时/8.25 小时=0.03。也就是说，在没有电的情况下，维修率下降了3%。

（5）电力2——对于部分依赖水泵供水的供水系统，维修可能需要电力，以便确定渗漏位置。对于一个有供水压力控制区的公共事业单位来说，依靠商业电力公司提供其服务的 z 部分（在考虑公共事业单位自带的应急发电机之后），在上述计算电力的基础上增加 z，即 $u_{electr}=0.03+z$。

（6）通信——仅指蜂窝通信，并假设公共事业单位拥有或能够快速获取便携式无线电设备，用于总部、维修人员和县应急操作中心之间的通信。与蜂窝电话相比，使用无线电通信会更快收到管道损坏的通知（任务 1），并提高联系其他公共事业单位协调安全（任务 4）的速度。使用收音机可能会略微降低维修效率，但不会大幅度降低。假设使用无线电通信，则会使得 8 小时的维修过程额外增加 30 分钟。则令 $u_{\text{commun}} = 1 - 8$ 小时/8.5 小时 $= 0.06$。也就是说，当蜂窝通信不可用时，维修率下降了 6%。

在本章"生命线系统的相互作用"一节中并没有提及场地安全，但如果想要忽略该影响因素，则需要进行讨论。火灾虽然不会改变维修顺序，但会阻碍维修进度，且假设在震后几小时内气体渗漏将被关闭，所以不会严重阻碍管道维修。设 $u_{\text{safety}} = 0.0$。

作者初步指定表 N-9 中的 u 值。例如，对供水系统而言，维修耗材（如管道和夹具）的 u 值为 1.0。根据式（N-35），$u = 1$ 表示维修完全依赖维修耗材，即缺少维修材料则导致维修中断。也就是说，如果在某个时间点 t，可用维修材料耗尽，则 $g(t) = 0$，维修率 $f(t) = 0$，直至维修材料补充方可进行维修。

作者采用上文设定的生命线系统 u 值，其中只有一个特例。恢复移动电话服务（归为通信一类）比维修管道更依赖电力。据推测，维修中心机构设备和手机信号塔需要现场发电机或商用电源为其供电。若商业电源中断，则不间断电源（UPS）仍可为信号塔提供 4~8 小时的服务。（S. Daneshkhah，Sprint，内部交流，2014 年 11 月 4 日）。以 Verizon Wireless 为例，在北加利福尼亚州，90% 的小区除了配备 UPS 外，还配备了发电机（T. Serio，V erizon Wireless，内部交流，2014 年 1 月 14 日）。

作者设定所有的中心机构和 1/3 的信号塔都配有一个发电机（类似于大多数的电压信号塔一样），通信是国家安全的重中之重，运营商可以为这些中心机构和信号塔提供能源。作者认为维修手机信号塔是蜂窝通信维修工作的重中之重。

如果 33% 的信号塔配备发电机，则商业用电中断会阻碍 67% 的维修工作，剩余 33% 的维修工作不被影响。因此维修率下降了 67%，这意味着 $u = 1 - 0.67 = 0.33$。定性地讲，该值与旧金山生命线委员会（2014）给出的生命线系统相关性矩阵一致，表 N-7 中较深的阴影对应于表 N-9 中较高的数值。

表 N-9　设定的 u 值

上游→ 下游↓	维修耗材	燃料	道路	电力	通信	天然气	供水
燃料	1.0	—	—	—	—	—	—
道路	1.0	1.0	—	—	—	—	—
电力	1.0	1.0	0.0	—	—	—	—
通信	1.0	1.0	0.0	0.33	—	—	—
天然气	1.0	1.0	0.0	0.03	0.06	—	—
供水	1.0	1.0	0.0	$0.03+z$	0.06	0.0	—
排水	1.0	1.0	0.0	$0.03+z$	0.06	0.0	0.0

注：u 是一个常量表示缺乏所需资源的情况下维修率的降低，也被称为 u 因子。U 因子是根据在缺少所需资源的情况下进行一次修理所需的额外时间的估计来分配的。z 为供水压力控制区接受服务占比。

7）采用影响图描述生命线相互作用关系

影响图可以描述决策、不确定量和价值结果之间的关系。影响图也称为相关图、决策图和决策网络。影响图用图形描述决策情况，为决策、不确定量和不确定价值结果与函数关系联系起来的数学模型，通常用于决策分析。影响图表现形式往往比决策树更紧凑，能够在更小的空间内显示更多的信息。感兴趣的读者可以参考 Howard（1990）。

图 N-10 中的影响图描述了表 N-9 中隐含的相互依赖关系。在图 N-10 中，矩形表示决策，椭圆形表示不确定量，箭头表示数学相关性。在影响图中时间顺序一般表现为从左到右或从上到下；本章影响图中时间顺序是从左向右的。每个箭头从一个量（决定或不确定性）开始，指向另一个量。箭头意味着第二个量在某种程度上依赖于第一个量。如果没有箭头将一个量连接到另一个量，则意味着两个量相互独立。如，道路与其他生命线之间无箭头连接。根据旧金山生命线委员会（2014）和其他生命线关联矩阵，严格来说这是不正确的，但出于实际原因，类似于上述依赖关系是可以忽略，因为道路网络是冗余度较大的，以至于实际的道路损坏不太可能会显著影响并损坏其他生命线的恢复。在表 N-9 的相互依赖矩阵中每个非零向量都对应一个箭头。表 N-9 中相应的 u 值为零时，则省略箭头。

图 N-10 忽略了"余震 1"后生命线恢复对能源供应和维修耗材的依赖，该设定仅为了清楚起见。实际上，至少在本章计算中是存在这种依赖性的。

将图 N-10 中所有生命线系统分类并组合，得到简化影响图，表示为图 N-11。该图还增加了分析者最终关心的价值结果（即当前情况下间接商业中断损失额），价值结果位于图中右侧，用六边形表示。并在海沃德情景后期，以生命线系统恢复函数对间接商业中断损失进行量化。

5. 供水系统韧性损失的量化

正如 Bruneau 等（2003）的研究，作者认为韧性损失以韧性曲线上方的区域来衡量——面积越小意味着影响越小、恢复速度越快，或两者兼而有之。其中，Bruneau 等（2003）采用式（N-39）衡量了 R：

$$R = \int_0^{t_1}(1 - Q(t))\,dt \tag{N-39}$$

式中，$Q(t)$ 表示在时间 t 的服务程度，时间 $t=0$ 和 $t=t_1$ 时分别表示发生初始事件（地震）和完全恢复的时间。就目前而言，本章作者用 $Q(t)$ 表示在时间 t 可用供水服务连接点的占比，其中包括原水（wet water）（未经过处理的水）以及无论是否在常压状态下的水资源。

目前分析计算的是 t 时刻接受供水的服务连接数 $V(t)$，并用 M 表示归一化的服务连接数 $V(t)$，代入可以得到：

$$R = \int_0^{t_1}\left(1 - \frac{V(t)}{M}\right)dt \tag{N-40}$$

R 可以视为服务连接点服务中断的平均天数。韧性损失的总经济影响与服务中断天数密切相关，因此该估值是有意义。

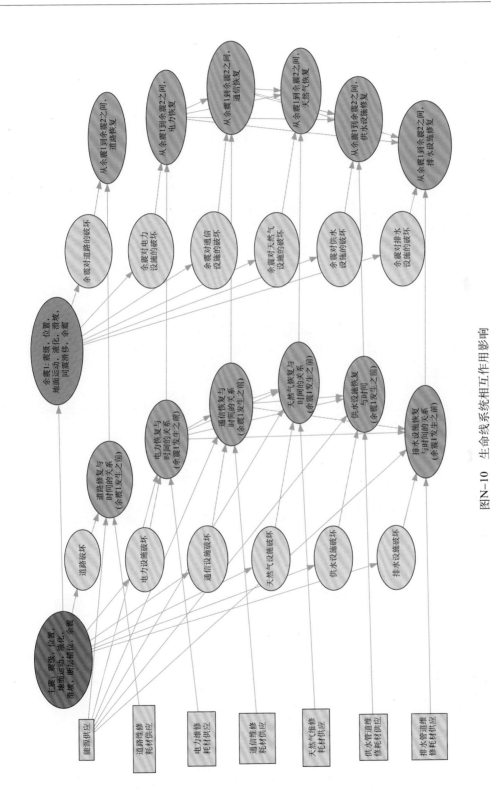

图N-10　生命线系统相互作用影响

矩形表示决策，椭圆表示不确定量。箭头表示数据关系。箭头表示某个量在某种程度上依赖于第一个量。颜色只用于分类。

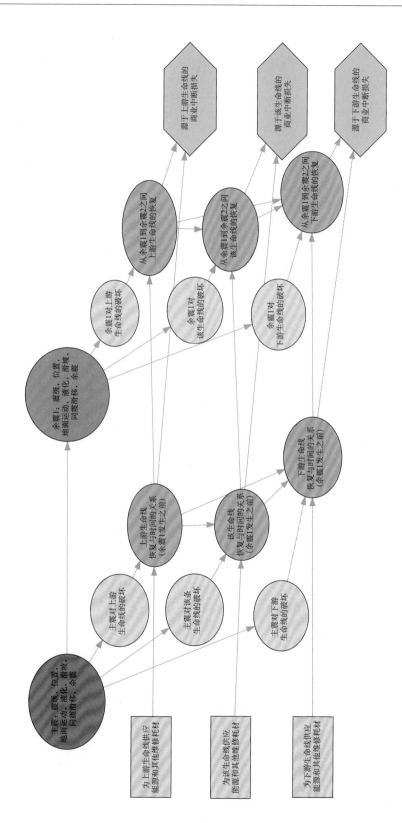

图N-11　简化的生命线相互作用影响图

此图简化了图N-10中的影响图，将所有上游生命线结合在一起，并将所有下游生命线结合在一起。

决策用矩形表示，不确定量用椭圆表示，数据关系用箭头表示。价值结果（商业中断损失）用六边形表示。颜色只用于分类

$$R \times M = \int_0^{t_1} (M - V(t)) \, dt \qquad (N-41)$$

根据 $R \times M$ 相较于某些基准条件（如初始条件）下风险系数的减少来衡量减灾措施的效益：

$$(R \times M) = (R \times M)_{\text{baseline}} - (R \times M)_{\text{what-if}} \qquad (N-42)$$

式中，"what-if"表示减灾措施的韧性损失。

假设在某些情况下，供水损失是导致一个家庭或企业失去功能的唯一原因，该家庭或企业居住者因此遭受经济损失（根据 Tierney 在 1995 年的研究表明，1994 年北岭地震后，供水服务的损失导致 18% 的企业停产）。那么，家庭可能不得不暂时搬到酒店，企业也可能搬迁或暂停运营，直到供水恢复。基于以上内容，服务中断造成的日损失是多少？

原则上可以进行适当的经济分析，类似于 Rose 等（2011）对南加利福尼亚州圣安地列斯断层上 M_W7.8 设定地震的研究分析。如果研究人员发现进行经济分析（如投入产出或可计算一般均衡）是不切实际的，则可以在数量级的基础上初步估算因供水损失而给社会造成的经济损失。然后，使用式（N-43）估算供水服务中断造成的经济损失 L，采用式（N-44）估算减灾措施带来的经济效益 ΔL（经济损失量 L 和 L_1 不应与前文公式中的管道长度 L_i 混淆）。为了避免与后一卷中经济分析相混淆，在本章并没有对式（N-43）和式（N-44）进行计算，同时也没有对 L_1 进行估算。

$$L = (R \times M) \times L_1 \qquad (N-43)$$

$$\Delta L = \Delta(R \times M) \times L_1 \qquad (N-44)$$

6. 随机模拟方法

此项研究服务于美国地质调查局的海沃德地震情景，研究只需得到符合实际情况的结果，而不一定是最佳、最差、平均情况或任何特定概率的结果。然而，为了使该项研究成果更为普遍适用，并方便在后期增添一些特性，则将供水系统的地震破坏视为随机的，即不确定的。

1）地震激励模拟（Simulation of Earthquake Excitation）

对于地震激励模拟，本小节只做简单介绍，感兴趣的读者可以参考 Chen 和 Scawthorn（2003）方法，生成与区域性断裂构造的地震活动性及其可能的地震震级和破裂位置相一致的随机地震激励。同时美国地质调查局（USGS）国家地震风险区划图（National Seismic Hazard Maps）（Petersen 等，2014）可以提供地震作用模型。

对于随机地震激励集合中任意一个主震破裂，都会生成前震、主震和余震的地震序列。Ogata（1998）为研究人员使用流行类型的余震序列（epidemic-type aftershock sequence，ETAS）模拟余震提供了参考。海沃德情景的 ETAS 模型版本也考虑了余震在空间的分布（Felzer 等，2003）。另外还有更复杂的模型，即将余震模型与基于断层和应力变化的传统地震危险性模型结合起来（例如：the Uniform California Earthquake Rupture Forecast，version 3，ETAS；Field 等（2013））。

本研究利用便捷的、区域适宜的地震动预测方程，计算得到连续地震事件中的地震动数据中值及其对数标准差。此外，我们还通过 Aagaard 等（2010a、b）三维物理模拟方法生成了海沃德情景主震的地震动时程，但也可采用其他较为经济的方法。例如，使用 NGA-West 2地面运动预测方程（Boore 等，2014）来模拟活跃构造体系下的浅层地壳运动。

地面运动具有很高的不确定性和空间相关性。不确定性意味着地面运动可能高于或低于预测方程给出的中值，其结果相较于该值甚至可能会上下浮动数倍。重要的是如何看待中值的可变性——如海沃德情景研究中其他章节所提到的（Porter，2017b），若忽略其可变性，那么预测结果将会倾向于使损伤估值偏低。人们可以采用 Jayaram 和 Baker（2009）的模型来模拟一个具有不确定性且与空间相关的地面运动。

2）埋地管道易损性模拟

埋地管道的易损性具有不确定性。为了模拟地震动传播效应、滑坡和液化影响下的埋地管道中的损伤率，可以从 $U(0，1)$ 均匀分布中提取两个样本 u_1 和 u_2（即取 0 和 1 之间的任意值），并通过用 U 代替非超越概率 p 来模拟埋地管道中的损伤率。例如，在 Eidinger（2001）模型的基础上进行修改，即式（N-24）中用 U 代替 p，得到式（N-45）和式（N-46），如下所示

$$u_1 \sim u_2 \sim U(0，1) \tag{N-45}$$

$$
\begin{aligned}
R(PGV，P_L，u_1，u_2) = {} & (1 - P_L) \times K_1 \times 0.00187 \times PGV \\
& \times \exp(1.15 \times \varPhi^{-1}(u_1)) + 1.88 \times K_2 \\
& \times P_L \times \exp(0.74 \times \varPhi^{-1}(u_2))
\end{aligned}
\tag{N-46}
$$

符号"~"指"从分布中抽取的样本"或"离散分布"。式（N-45）表示，"从 $U(0，1)$ 分布中抽取两个随机样本 u_1、u_2"。抽样工作可以借助电子表格来完成，例如使用 Microsoft Excel 的 rand（）函数来生成一个随机样本 $U(0，1)$，并可以在电子表格每次完成计算后更新样本。同时，利用上述损伤率模拟管道易损性的方程，假设地震动传播效应的易损性和场地失效导致的易损性是相互独立的，但每种风险和系统内的管道类型的易损性是完全相关的。也就是说，在给定系统中，小直径铸铁管由地震动传播效应产生的损伤率将均匀地高于或低于平均水平，或者说，大直径石棉水泥管由场地失效造成损伤率将均匀地高于或低于给定系统中的平均水平。

3）埋地管道损伤模拟

该模拟考虑了损伤率的随机性，如式（N-46）所示。用 r_i 表示每段管道的模拟损伤率，假设埋地管道 i 的任意给定管段中的渗漏或破裂数量服从泊松分布，且该泊松分布的平均速率 r 由式（N-28）估算得出。泊松分布是一种离散的概率分布，表示事件在给定的时间或空间间隔内发生的概率，假设这些事件以已知的平均速率发生，并且与事件之间的时间

或空间间隔无关。在本章研究中，"事件"是指破裂或渗漏，"给定的空间间隔"是管段的长度。

因此，根据每个管段中点处的主震震动和场地失效（此处为 PGV 和 P_1），以及分配给每个部件的易损性函数（与 K_1、K_2 和每个管道段的长度 L 值有关），模拟假设管段 i 上破裂或渗漏的数量为 y（$y \in \{0, 1, 2, \cdots\}$）时的概率，由式（N-47）给出。破裂或渗漏数低于 y 时的概率由式（N-48）给出，式（N-48）是具有速率参数 r_i 的泊松分布的累积分布函数：

$$P[Y_i = y] = \frac{r_i^y \exp(-r_i)}{y!} \tag{N-47}$$

$$P[Y_i \leq y] = \sum_{n=0}^{y} \frac{r_i^n \exp(-r_i)}{n!} \tag{N-48}$$

$$Y_i = \max(y : u_i \leq P[Y_i \leq y]) \tag{N-49}$$

为了模拟并估算管段 i 上的破裂数量，从均匀分布 $u_i \sim U(0, 1)$ 中提取样本 u_i，并代入求解式（N-49）。该公式为速率为 r_i 的泊松分布累积分布函数的反函数。诸如@ Risk（http：//www. palisade. com/decisiontools_ suite/）之类的模拟软件可以执行该操作。

式（N-49）不包括管道穿越断层处的破裂。为了处理断层错动处的管道破裂，作者将式（N-28）中的 d_f 为随机变量。因此在没有更好的经验模型或分析模型的情况下，通常采用对数正态累积分布函数来模拟易损性函数，并假设中值 $\theta = 4$ 英寸，对数标准差 $\beta = 0.6$。该中值根据图 N-7 中 Eidinger 的液化易损性函数得到，是一个相对合理的阈值。该对数标准差相较于其他易损性函数（如 FEMA P-58-1（ATC，2012））来说更能体现出较大程度的随机性。

为了采用上述易损性参数来模拟由于断层错动造成的管道破裂，对于穿越断层的每个管道 i 破裂数，都根据式（N-50）添加 0 或 1。在等式中，Z_i 表示由断层错动在 i 段造成的 0 或 1 个管道破裂数；$I(\cdot)$ 是指示函数（如果括号中为正，则为 1.0，如果为负，则为 0.0）；$\Phi(\cdot)$ 是标准正态累积分布函数，d_i 是断层与管段 i 相交的位移，θ 和 β 如上文所述，u_i 是均匀分布 $u_i \sim U(0, 1)$ 的另一个样本。为了说明该公式，Φ 项给出了管段 i 破裂的概率。如果 u_i 小于该概率，则结果表示为该管段断开。

$$Z_i = I\left(\Phi\left(\frac{\ln(d_i/\theta)}{\beta}\right) - u_i\right) \tag{N-50}$$

最后，对所有管段进行求和以评估总断点数 W，如式（N-51）所示：

$$W = \sum_{i=1}^{n} (Y_i + Z_i) \qquad (N-51)$$

4）埋地管道恢复模拟

如图 N-9 所示，考虑到修复破裂或渗漏时间的随机性，假设其服从对数正态分布。作者采用 Schiff（1988）提供的小直径管道数据中得出的参数和表 N-10 中概括的大直径管道的假设参数。单个破裂或渗漏的修复持续时间可以使用式（N-52）来估算。在等式中，u_i 是从均匀分布中提取的随机数，即 $u_i \sim U(0, 1)$，与本章节其他地方使用的 u_i 值不同：

$$d_{0, i} = \theta \cdot \exp(\beta \cdot \Phi^{-1}(u_i)) \qquad (N-52)$$

表 N-10　管道修复时间函数的参数值（见式（N-52））

管径	中值（θ）	对数标准差（β）	依据
小（小于 20 英寸）	6.1 小时	0.58	Schiff（1988）
大（大于等于 20 英寸）	16 小时	0.6	Schiff（1988）和本章

建立一个功能中断损失（服务连接点的损失）与管道损伤率的随机函数模型（可靠性指数方法）存在一定问题，部分原因是在上文中使用可靠性指数方法得到的结果不太理想。用一个给定的模型体现其随机性是不切实际的。然而，在现阶段研究中，假设服务的初始水平 V_0（随机变量）在 0 至 1 之间服从 β 分布，平均值由式（N-53）给出，变异系数 $\delta = 0.5$（可由图 N-4 得到）。β 分布是一种常用的随机概率分布，只能取两个界限之间的值，如 0 和 1 之间的值，并有指定的平均值和标准差。这里的 β 分布参数，用 α 和 β 表示，可以由式（N-55）和式（N-56）计算得到。为了便于计算，β 分布的累积分布函数的反函数由 Kumaraswamy 累积分布函数的反函数（Kumaraswamy，1980；Jones，2009）近似得到。其中一种方法是生成均匀分布 $\nu \sim U(0, 1)$ 的样本，并按照式（N-57）中所示计算 Kumaraswamy 分布的累积分布函数的反函数，并生成初始服务水平 V_0 的样本：

$$\mu = M \times s(r) = M \times \left(1 - \Phi\left(\frac{\ln\left(\dfrac{r}{L \times q} \right)}{b} \right) \right) \qquad (N-53)$$

$$\delta = 0.5 \qquad (N-54)$$

$$\alpha = \frac{(1 - \mu)}{\delta^2} - \mu \qquad (N-55)$$

$$\beta = \alpha \times \left(\frac{1}{\mu} - 1 \right) \qquad (N-56)$$

$$V_0 = F^{-1}(\nu) = \left(1 - (1 - \nu)^{\frac{1}{\beta}}\right)^{\frac{1}{\alpha}} \tag{N-57}$$

假设生命线系统修复的速率制约因子服从 0 至 1 之间的 β 分布（同上文一样使用 Kumaraswamy 分布来近似），平均值见表 N-9。表中指定为 0 或 1 的 ν 值可以视为确定值，即变异系数等于 0。0 至 1 之间的制约因素是不确定的；假设他们的变异系数为 1.0。也就是说：

$u=$ 速率制约因子（随机变量）的样本；

$m=$ 速率制约因子的期望值，见表 N-9；

$d=$ 速率制约因子的假设变异系数；

$d=1$ 时，$m \notin \{0, 1\}$（符号 $\notin$ 表示"不属于该集合"）；

$d=0$ 时，$m \in \{0, 1\}$（符号 $\in$ 表示"属于该集合"）；

$\nu=$ 服从于 0 至 1 之间的均匀分布样本（此处使用 ν 表示样本，因为 u 已经在该步骤中出现过。）式（N-58）至式（N-60）如下：

$$a = \frac{(1-m)}{d^2} - m \qquad d \neq 0 \tag{N-58}$$

$$b = a \times \left(\frac{1}{m} - 1\right) \qquad d \neq 0 \tag{N-59}$$

$$\left.\begin{array}{ll} u = \left(1 - (1-\nu)^{\frac{1}{b}}\right)^{\frac{1}{a}} & d \neq 0 \\ u = m & d = 0,\ m \in \{0, 1\} \end{array}\right\} \tag{N-60}$$

7. 余震和余滑造成的影响

余震会对一个部分修复的系统造成新的损坏。为了估计余震后需要维修的次数，作者对此进行新的损伤评估，等同于发生在震前的原始系统上。包括并增加尚未完成的维修数量，重新开始计算第 n 次维修恢复的服务量以及完成第 n 次维修所需的时间。

管道在断层交叉处已因同震滑移（也可能还有震前原因）而变形，震后余滑会额外增加该管道的变形。模拟震后余滑造成的管道损坏的一种方法是认为管道具有固定的抗变形能力。也就是说，当管道穿越断层时，该点的同震滑移加上震后余滑产生的破坏达到抗变形能力极限时，管道破裂。该能力可以为确定值或概率值。如"文献综述"一节所述，该能力（抗拉伸、剪切或压缩的能力）取决于材料、管径、接头形式和已经检测到的变形。为简单起见，作者建议根据确定模型（式（N-26））或随机模型（式（N-50）），将所有管道能力用多个标量（例如管径）来衡量。

8. Hazus-MH 生命线系统韧性评估模型的修正

如"文献综述"一节所述，Hazus-MH（FEMA，2012）由 FEMA 资助。该软件应用于美国地震、飓风和洪水的风险分析。

1）修正 Hazus-MH 韧性曲线的必要性

Hazus 可以进行风险分析、损伤分析、损失分析和恢复分析，包括维修成本、生命安全影响以及功能中断的时间和经济损失。该软件包括对美国几乎整个建筑环境固有元件的定义，包括生命线，并对其他恢复因素进行编码，如维修人员数量。这是一个非常强大的工具。

通常而言，损失评估软件，无论有多么先进，在发布后很快就会过时。使用者看到软件的功能扩展到了 X，很快就想到了软件不能满足的新需求"ΔX"。Hazus-MH 就是这种情况。这里确定的新需求是处理生命线系统相互作用以及余震的影响。Hazus-MH 目前使用的是封闭源码，尽管很多参数可以修改，但相关研究人员并不能通过修改源码来增加处理生命线相互作用和余震影响的能力。那么如何使用上述提出的原则来进行修改？

2）修正 Hazus-MH 韧性曲线，以考虑维修人员的影响

在考虑生命线相互作用和余震的影响之前，作者意识到如果已经执行了 Hazus-MH 分析，而用户发现重要的可调整参数（维修人员数量）出错了，这该怎么办？在 Hazus-MH 的假设中，不管一个县有多大，每个县的供水管道维修人员数量的默认值几乎都是 100，这种假设在许多情况下是不准确的。如果研究人员对某个特定县的维修人员数量有一个更好的估值，那么如何修正 Hazus 以更准确的估计震后维修人员数量？作者假设维修进度随着维修人员数量的增加而线性增加。修正 Hazus 恢复曲线，以考虑维修人员的不同估值是相对合理的，如式（N-61）至式（N-63）所示：

$$V(\tau) = \int_{t=0}^{\tau} \frac{q(t)}{q_0} \times \left(\frac{\mathrm{d}\hat{V}(t)}{\mathrm{d}t}\right)\mathrm{d}t \leqslant M \tag{N-61}$$

$$\left.\begin{aligned}\frac{\mathrm{d}\hat{V}(t_j)}{\mathrm{d}t} &\approx \frac{\hat{V}(t_{j+1}) - \hat{V}(t_j)}{t_{j+1} - t_j} \qquad j\epsilon\{1,2,3,4,5\}\\ \frac{\mathrm{d}\hat{V}(t_j)}{\mathrm{d}t} &\geqslant \frac{\mathrm{d}\hat{V}(t_{j-1})}{\mathrm{d}t} \qquad j\epsilon\{2,3,4,5\}\end{aligned}\right\} \tag{N-62}$$

$$\hat{V}(t_6) = M \tag{N-63}$$

式中，$V(\tau)$ = 在时间 τ，对研究区域（例如，一个县）的维修人员数量进行修正后，可用供水服务连接数量的估值；$\hat{V}(t_j)$ = 在时间 t_j，基于 Hazus-MH（假设研究区域的维修人员数量为 Hazus 默认值）可用供水服务连接数量的估值；j=震后时间点的参数，$j\in\{1,2,3,4,5,6\}$；t_j=震后的时间，$t_j\in\{1,3,7,30,90,210\}$ 天，在 Hazus 的五个时间点（1，3，7，30，90）的集合中，新增 t_6=210 天，说明了 Hazus-MH 可能在 90 天时未完全恢复，那么研究人员可能需要在 90 天后评估恢复状况。前提是，假设在 7 个月内完全恢复（使用 7 个月是因为在后来的计算中表明 6 个月对于一个机构来说是不够的）；$q(t)$ = 某个县在时间 t 的可用维修人员数量的估值；q_0 = Hazus-MH 的默认值（例如，100）；M = 研究区域（某

个县）的服务连接数量。

在 $\hat{V}(t_{j+1}) = M$ 的情况下，需要满足式（N-62）中的不等式，即对初始 Hazus 在 t_j 和 t_{j+1} 之间的恢复估值，将会得到一个不切合实际的低恢复速率。

作者称 $q(t)/q_0$ 为可用维修人员数量的修正系数，$V(t)$ 为考虑生命线相互作用前且对维修人员数量修正后的恢复估值。式（N-61）表示在 t 时刻的维修速率估值（求导可以得到恢复率，即单位时间内恢复的服务功能），并在 Hazus 的基础上增加了维修人员的影响因素（即考虑研究人员对 τ 时可用维修人员数量的正确估值，并对其从时间 0 到 t 进行积分）。

对于 $q(t)$ 为常数时的特殊情况，作者用常数 q 代替 $q(t)$。给定常数 q 和分段线性修复函数 $V(t)$，基于 Hazus-MH 的有限值集合，采用式（N-61）对考虑生命线相互作用前且对维修人员数量修正后的恢复进行评估，如式（N-64）所示：

$$\left. \begin{aligned} V(t_j) &= V(t_1) + \sum_{k=1}^{j-1} \frac{q}{q_0} \times \left(\frac{\mathrm{d}\hat{V}(t_k)}{\mathrm{d}t} \right)(t_{k+1} - t_k) \qquad j \in \{1, 2, 3, 4, 5\} \\ V(t_j) &\leqslant M \end{aligned} \right\} \quad (N-64)$$

3）修正 Hazus-MH 韧性曲线，以考虑生命线系统相互作用

Hazus-MH 的恢复曲线没有考虑生命线系统相互作用。截至本文撰写时，Hazus-MH 对震后五个时间点的恢复情况进行评估，即 1、3、7、30 和 90 天。本章作者基于式（N-61）进一步修改了恢复率，如式（N-65）所示：

$$\frac{\mathrm{d}V'(t)}{\mathrm{d}t} = \frac{\mathrm{d}V'(t)}{\mathrm{d}t} \times \prod_{i=1}^{n} (1 - u_i \times (1 - g_i(t))) \quad (N-65)$$

$$V'(t) = V(t_0) + \int_{\tau=0}^{t} \frac{\mathrm{d}V'(\tau)}{\mathrm{d}\tau} \mathrm{d}\tau \quad (N-66)$$

u_i 见表 N-9，$g_i(t)$ 见式（N-33）（即制约因素 i 的流量与震前流量的比值）。在生命线系统中，g 是上游生命线 i 在时间 t 接收服务连接的比例，在考虑了生命线与其上游生命线的相互作用之后。在消耗维修材料时，g 代表所需的维修用品流量。

式（N-65）中的一项乘积是用于修改恢复率的另一个因素，类似于式（N-64）中的 q/q_0。可以通过将恢复率乘以该因子来计算生命线的相互作用，如式（N-67）所示：

$$\left. \begin{aligned} V(t_j) &= V'(t_1) + \sum_{k=1}^{j-1} \frac{q}{q_0} \times \left(\frac{\mathrm{d}\hat{V}(t_k)}{\mathrm{d}t} \right) \times \left(\prod_{i=1}^{n} (1 - u_i \times (1 - g_i(t)))(t_{k+1} - t_k) \right) \\ & \qquad\qquad\qquad\qquad j \in \{1, 2, 3, 4, 5\} \\ V(t_j) &\leqslant M \end{aligned} \right\}$$

$$(N-67)$$

4) 修正 Hazus-MH 韧性曲线，以考虑余震影响

修正 Hazus-MH 韧性曲线，以考虑余震影响，作者令 $V(t)$ 减去原系统遭受余震 j 时估计的损失服务连接数量，如下所示：

$$V''(t) = V'(t) - (M - V_j(0)) \qquad\qquad (N-68)$$

式中，M 表示该县的总服务连接数量；$V_j(0)$ 表示余震发生后立即可用生命线服务的服务连接数量，该值使用 Hazus-MH 对原系统进行估计（即余震发生时系统并未受损）。

9. 减灾对策

作者在本小节提出了两种减灾方案：①减少自来水公司对商业能源的依赖，②减少脆性管道或位于液化区域的管道数量。当然还有其他减灾方案，本章不再一一列出。其中值得注意的是，需要合理更换脆性管道。因为存在某种类型的管道在某些方面可能承担重要作用，例如，某些输送高流量或服务于重要设施的管道。

1) 能源计划

公共事业单位可以通过在其服务中心安装地面能源储罐来减少对商业能源供应的依赖。如图 N-12 所示，一个 3000 加仑的地面储罐足够 10 名维修人员使用一周或更长时间，后期可以再进行补充。图 N-12 中的地面燃油箱有一个燃油输送泵（红色的盒子），由安装在车上的小型便捷发电机提供动力。一个电力承包商可以在几个小时内将二次发电机连接到"燃料岛"。如果卡车每天收车时都要定期加油，那么连接燃油泵和发电机所需的时间是不会影响维修操作的。或者说，服务中心可以配备应急发电机和开关设备，以便在商业电力故障的情况下为燃油泵供电。至少有一家大型加利福尼亚州公共事业单位在其所有的维修车辆上安装了这种发电机，在其服务中心保持着高达 3000 加仑或更多的能源供应，并在其几个服务中心安装了应急发电机。

图 N-12　3000 加仑石油储罐（Keith Porter 摄）

2）管道更替

通过"加快管道更替计划（an aggressive pipe-replacement program）"，自来水公司理想情况下每年可以更换 1% 的埋地管道，但实际上普遍低于该目标。例如，旧金山计划在 2016 财政年度（FY）更换 1.3% 的供水管道（1230 英里供水管道中的 15.5 英里管道）（旧金山公共事业委员会（San Francisco Public Utilities Commission，2015）。通过一个长期计划，该计划重点放在更换脆性管道（例如，铸铁和石棉水泥）或位于液化区域的管道上，公共事业单位可以在几十年内更换大部分脆性管道。

10. 方法总结

本章提出的方法模拟了地震激励（地震动传播效应）和场地失效（液化、滑坡和断层错动）作用下埋地管道的损坏和修复。其步骤如下：

（1）根据研究内容，获取地震动区划图，并得到 PGV 和场地失效情况（液化、滑坡和断层错动）。使用式（N-28）计算，然后执行以下步骤。

（2）用式（N-28）（基于基本损失评估原则）估算 r，即平均维修总数。

（3）用式（N-29）估算震后立即可用服务连接数量 V_0。并假设可靠性指数（供水压力损失的量度，作为每千米管道供水管道破裂的函数）可用来代替可用服务连接数量与总服务连接数量的比例估值。如不采用该假设，则需要进行水力分析，这会使得研究分析非常耗时。

（4）用式（N-32）估算完成 n 次维修后的可用服务连接数量 $V(n)$。采用幂次方法进行计算，可以反映出 EBMUD 工程师首先执行的是最有效修复策略（每次维修都能够修复尽可能多的故障），且将该方法应用于神户和北岭地震得出的结果与经验模型基本一致。

（5）用式（N-37）估算在 t 时恢复的服务连接数量 $F(t)$。其中，生命线相互作用由一组与时间无关的速率制约因子 u 来量化，该因子 u 表示由于上游生命线或其他所需维修资源的损失而导致的维修率降低。此外，生命线（与所研究生命线相关联的所有生命线，包括本身）与所需资源随时间的变化用一组流量系数 $g(t)$ 来表示，$g(t)$ 为 t 时某制约因素的流量。计算每点的 $F(t)$，包括 $t=0$、Δt、$2\Delta t$ 等等，其中数据 $t=0$ 指的是主震发生的时间。

（6）对地震造成的损害和即时服务损失进行评估，然后将上述方程应用与主震分析中，对服务恢复和每次维修所需时间（其中 $n\in\{1,2,\cdots,r\}$）进行估计。最后，将维修时间与可用服务连接数量联系起来。

（7）在余震作用下，重复执行上述步骤（2）至步骤（6），系统中增加的未修复损坏等效为余震造成的。

（8）为了将整个模型视为随机的（即随机、不确定），用式（N-46）模拟管道易损性，式（N-49）模拟损坏，式（N-57）模拟初始服务损失，式（N-60）模拟每个上游系统的速率制约因子。重复执行上述步骤（2）至步骤（7），且每一次结果都代表一种可能的情景。可以编辑任何感兴趣的参数值样本和任何时刻（如均值和方差）。

（9）修正 Hazus 韧性曲线，得到式（N-66），以体现上游生命线系统的制约因素，然后对式（N-66）进行积分，以生成新的恢复曲线。

（10）考虑到 Hazus-MH 中余震产生的影响，在每次余震后使用式（N-68），以降低每条生命线的服务功能，如同 Hazus-MH 对受到余震影响的原始系统进行估算一样。然后使用上一步修正后的主震恢复曲线对时间进行积分。

五、案例 1——圣何塞自来水公司

作者采用上述韧性模型对受到海沃德设定地震影响的现有供水系统进行评估。本节首先简要介绍了圣何塞自来水公司（SJWC）供水系统埋地管网的基本特征。

1. SJWC 服务区供水系统的元件定义

SJWC 有 150 年历史，拥有 22.5 万个服务连接点和 345 名员工。该公司服务于圣何塞 80% 的地区、库比蒂诺 50% 的地区、萨拉托加、洛斯加托斯、蒙特塞雷诺和坎贝尔的所有地区，以及圣克拉拉（Santa Clara）县未合并的部分地区。这些地区每日饮用水需求量为 8500 万至 1.65 亿加仑，均值约为 1.2 亿加仑。SJWC 拥有 2400 英里（4000km）的管道（主干管），105 口活跃水井，圣克鲁斯山上 6500 英亩水域，96 个分配水库和两个地表水处理厂，每月大约进行 370 次水质检测。（数据来源：Elvert，2015）

SJWC 提供了该公司服务地区供水系统的 ArcGIS 地图，如图 N-13 所示。图中展示了各种类型和长度的管道分布，总计长达 3959km。图 N-14 和表 N-11 分别按照管材和管径汇

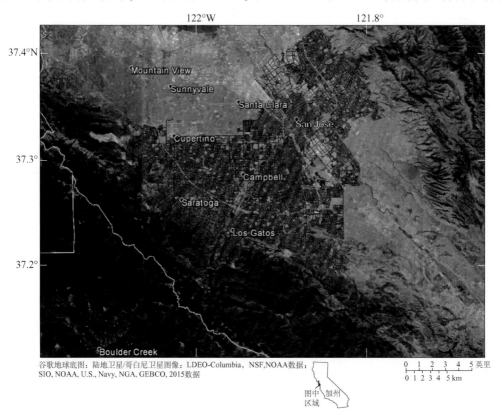

图 N-13　SJWC 服务区供水管网图

管道总长为 3959km（用红色标记）

Boulder Creek：博尔德克里克；Campbell：坎贝尔；Cupertino：库比蒂诺；Los Gatos：洛斯加托斯；
Mountain View：山景城；San Jose：圣何塞；Santa Clara：圣克拉拉；Saratoga：萨拉托加；Sunnyvale：森尼维尔

总了管道数量。在表 N-11 中，"Eidinger 类型"和"ID"分别对应的是 Eidinger（2001）
设定的相应易损性函数，以及与其相关的易损性系数 K_1 和 K_2，见表 N-1。

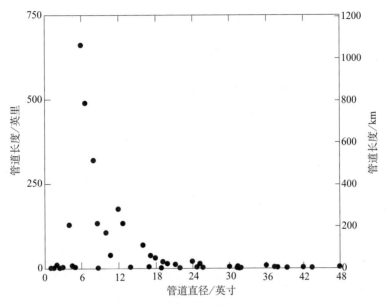

图 N-14　SJWC 服务区供水管道长度和直径统计图

表 N-11　SJWC 服务区供水管道统计表

代码	数量	英里	千米	材料描述[①]	Eidinger 类型[②]	ID[②]
AC	7144	398.8	641.3	石棉水泥	石棉水泥、水泥接缝	14
BCL	14	0.3	0.4	无水泥涂层的衬里钢	焊接钢，橡胶垫圈	10
CCCL	1110	63.0	101.4	水泥砂浆涂层和内衬钢管	水泥砂浆涂层和内衬钢管	10
CI	3913	210.7	339.0	铸铁	铸铁，橡胶垫圈	4
CL	5	0.0	0.0	水泥衬里钢	焊接钢，橡胶垫圈	10
CU	71	0.9	1.4	铜	铜	10
DCCL	136	4.7	7.6	水泥涂层的内衬钢	涂层水泥内衬钢	10
DCIL	1	0.2	0.3	球墨铸铁内衬水泥	球墨铸铁，橡胶垫圈	19
DFK	1	0.0	0.0	浸镀和玻璃纤维—牛皮纸包裹（沥青涂层）钢	焊接钢，橡胶垫圈	10
DICL	16962	789.4	1270.4	球墨铸铁水泥衬里	球墨铸铁，橡胶垫圈	19
DIMCL	7	0.3	0.5	水泥涂层内衬钢	焊接钢，橡胶垫圈	10

续表

代码	数量	英里	千米	材料描述①	Eidinger 类型②	ID②
DS	6	0.3	0.4	无机硅涂层钢	无机硅涂层钢	10
FKCL	3643	199.4	320.8	玻璃纤维—牛皮纸包裹的水泥内衬钢	玻璃纤维—牛皮纸包裹的水泥内衬钢	10
GALV	72	0.6	0.9	镀锌钢	镀锌钢	10
GG	9	0.0	0.1	凹槽和夹具钢	焊接钢，螺纹接头	11
HDPE	14	2.9	4.6	高密度聚乙烯塑料	聚氯乙烯、橡胶垫	18
PB	2	0.1	0.1	聚丁烯塑料	聚丁烯塑料	18
PE	5	0.3	0.5	聚丁烯塑料	聚丁烯塑料	18
PP	1	0.0	0.0	聚丙烯塑料	聚丙烯塑料	18
PVC	857	40.2	64.7	聚氯乙烯塑料	聚氯乙烯塑料	18
RCP	3	0.0	0.0	钢筋混凝土	石棉水泥、水泥接缝	14
S	109	1.7	2.7	钢	焊接钢，橡胶垫圈	10
SB	232	3.9	6.3	标准黑钢	标准黑钢	10
SG	1	0.0	0.0	标准镀锌钢	标准镀锌钢	10
SI	114	5.6	9.0	铁皮	铁皮	10
SOMCL	4903	281.8	453.5	体涂层水泥衬里钢	体涂层水泥衬里钢	10
SS	256	8.1	13.0	标准螺纹钢	焊接钢，螺纹接头	11
TBD	695	29.4	47.3	钢	焊接钢，橡胶垫圈	14
WI	12	0.3	0.5	熟铁	铸铁、水泥接缝	1
WS	598	32.0	51.5	包装钢	焊接钢，橡胶垫圈	10
WSCL	6353	384.5	618.8	水泥衬里包裹钢	水泥衬里包裹钢	10
ZCCL	5	0.2	0.3	镀锌水泥衬里焊接钢	镀锌水泥衬里焊接钢	10
总计	47254	2459	3957			

注：①斜体表示该描述是假设的（该表格中无假设性描述）。

②与表 N-1 中的易损性函数相对应。

代码：管材代码；数量：圣何塞自来水公司服务区埋地输水管线不同材料的管段数量；英里和千米：管材的总长度；材料描述：管材描述；Eidinger 类型：Eidinger（2001）对应的易损性函数；ID：与其相关的易损性因子 K_1 和 K_2 见表 N-1。

SJWC 提供的管网资料中部分管道类型无法与 Eidinger 类型库相匹配，例如通常采用铅或水泥堵缝的钢管。此外，可能由于数据输入错误造成部分管道类型无法与 SJWC 的管道类型术语表相对应。作者已经对其进行了合理的假设，并且无法对应材料代码的管道总量很小——2459 英里中仅占 30.2 英里，略高于 1%。

2. SJWC 服务区供水系统的危险性分析

海沃德情景是由 Wein 等（2017 年）设定在海沃德断层上发生的一个 $M7.0$ 主震，震中位于奥克兰市附近，从一点处沿断层南北向断裂，北端在圣巴勃罗湾之下，南端靠近海沃德市。随后是数百次 $M2.5$ 及以上的余震，其中 $M5.0$ 及以上的余震发生 16 次。表 N-12 汇总了每次地震的日期、地点、名称和震级。在表格中，"第 1 天"对应 2018 年 4 月 18 日。

表 N-12　海沃德情景设定地震序列（Wein 等，2017）

主震后天数	震中位置	名称	M_W
1	Oakland	主震	7.05
1	Union City	uc523	5.23
1	San Pablo	sp504	5.04
12	Fairfield	ff558	5.58
15	Fremont	fr51	5.10
32	Oakland	ok542	5.42
40	Palo Alto	pa62	6.21
40	Menlo Park	mp552	5.52
41	Palo Alto	pa569	5.69
41	Atherton	at511	5.11
67	Palo Alto	pa522	5.22
74	Palo Alto	pa526	5.26
166	Cupertino	cu64	6.40
166	Mountain View	mv598	5.98
166	Sunnyvale	sv535	5.35
166	Santa Clara	sc509	5.09
492	Palo Alto	pa501	5.01

图 N-15、图 N-16 和图 N-17 分别展示了海沃德主震地面峰值速度、液化概率和滑坡概率同 SJWC 服务区供水系统相叠加的地图（分别见 Aagaard 等，2017；Jones 等，2017；McCrink 和 Perez，2017）。由于主震破裂面未波及 SJWC 服务区供水系统，所以图中并未展现。图 N-18 展示了第 166 天发生的余震，也就是海沃德主震后 5 个月的 $M6.4$ 余震地面峰值速度等值线图。

3. SJWC 服务区供水系统的损伤分析

表 N-13 汇总了 SJWC 服务区埋地管道在海沃德地震情景主震中的平均损坏情况（1054 次

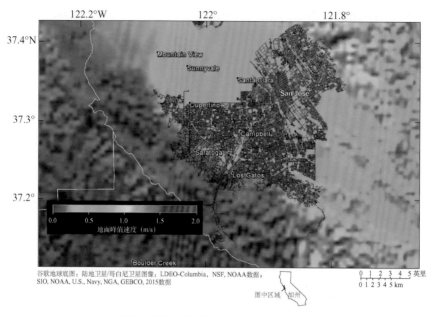

图 N-15　SJWC 服务区供水管网分布与海沃德情景 M_W7.0 设定主震的
地面峰值速度（PGV）分布的叠加图

Boulder Creek：博尔德克里克；Campbell：坎贝尔；Cupertino：库比蒂诺；Los Gatos：洛斯加托斯；
Mountain View：山景城；San Jose：圣何塞；Santa Clara：圣克拉拉；Saratoga：萨拉托加；Sunnyvale：森尼维尔

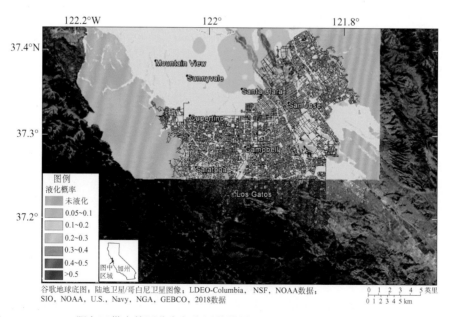

图 N-16　SJWC 服务区供水管网分布与海沃德情景 M_W7.0 设定主震的液化概率分布的叠加图

Campbell：坎贝尔；Cupertino：库比蒂诺；Los Gatos：洛斯加托斯；Mountain View：山景城；San Jose：圣何塞；
Santa Clara：圣克拉拉；Saratoga：萨拉托加；Sunnyvale：森尼维尔

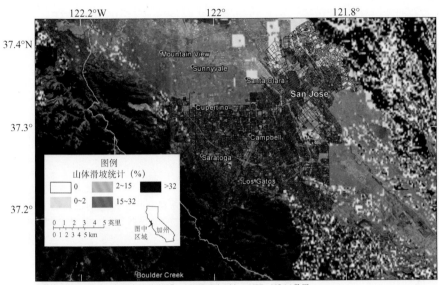

图 N-17　SJWC 服务区供水管网分布与海沃德情景 M_W7.0 设定主震的滑坡概率分布的叠加图

Boulder Creek：博尔德克里克；Campbell：坎贝尔；Cupertino：库比蒂诺；Los Gatos：洛斯加托斯；
Mountain View：山景城；San Jose：圣何塞；Santa Clara：圣克拉拉；Saratoga：萨拉托加；Sunnyvale：森尼维尔

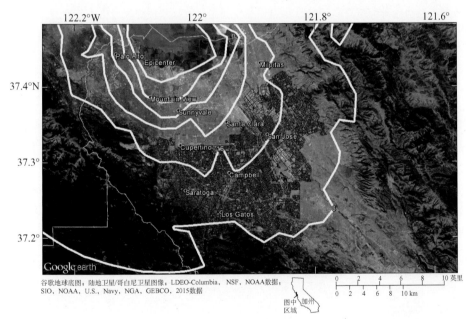

图 N-18　SJWC 服务区供水管网分布与海沃德 M6.4 余震（震后 5 个月）的地面峰值速度等值线
（用白线标记；增量为每秒 8 厘米）的叠加图

Campbell：坎贝尔；Cupertino：库比蒂诺；Epicenter：震中；Los Gatos：洛斯加托斯；Milpitas：米尔皮塔斯；
Mountain View：山景城；Palo Alto：帕罗奥图；San Jose：圣何塞；Santa Clara：圣克拉拉；
Saratoga：萨拉托加；Sunnyvale：森尼维尔

维修）。且余震加剧了系统的破坏，需要进行903次维修（大直径管道29次，小直径管道873次）。海沃德地震情景中按破坏类型划分的管道维修数量估值见表N-14，按天划分的管道维修数量估值见表N-15。上述表格中，大于等于20英寸的管道为"大直径"管道。表N-16汇总了按材料类型划分的管道维修数量估值，以及在整个海沃德地震序列作用下的损失总和。该表显示，石棉水泥管的维修次数最多（481次破裂或渗漏），其次是球墨铸铁管（470次破裂或渗漏）。虽两者维修次数差别不大，但石棉水泥管的维修率较高，即每1000线性英尺的石棉水泥管需要维修0.23次（每千米0.75次），而每1000线性英尺的球墨铸铁管只需要维修0.11次（每千米0.37次）。结果表明，球墨铸铁管比石棉水泥管韧性更好。

表N-13　海沃德情景 M_W7.0 设定主震下 SJWC 服务区埋地管道的损失估值（%）

描述	数值
平均维修次数	1054
每千米管道的维修量	0.27
地震动传播造成管道损坏的维修量	665（63%）
液化造成管道损坏的维修量	345（33%）
滑坡造成管道损坏的维修量	44（4%）
大直径管道损坏（≥20英寸直径）	30（3%）
小直径管道损坏（<20英寸直径）	1024（97%）
破裂	294（28%）
渗漏	760（72%）

表N-14和表N-15的估值忽略了假定液化区域外的潜在液化地区（即可能发生液化但海沃德地震情景未考虑的地区），且本章没有考虑余震可能造成的场地液化和山体滑坡，此外还忽略了余震中地面塌陷造成的破坏。通常情况，震级较大且持续时间较长的地震会引起液化现象，由于余震震级往往较小且持续时间较短，因此由余震引起的液化导致管道破裂或渗漏数量相对较少。此外，主震之后发生在库比蒂诺市附近的6.4级余震（表N-14）加剧了埋地管道的破裂和渗漏，从而导致SJWC的维修工作延误。

表N-14　海沃德情景下 SJWC 服务区埋地管道渗漏与破裂的估值（表N-12）

主震后天数	震中	名称	M_W	渗漏+破裂	大直径管道	小直径管道
1	Oakland	主震	7.05	1054	30	1024
1	Union City	uc523	5.23	34	1	33
1	San Pablo	sp504	5.04	6	0	6
12	Fairfield	ff558	5.58	2	0	2

续表

主震后天数	震中	名称	M_{w}	渗漏+破裂	大直径管道	小直径管道
15	Fremont	fr51	5.10	47	1	46
32	Oakland	ok542	5.42	30	1	29
40	Palo Alto	pa62	6.21	102	3	99
40	Menlo Park	mp552	5.52	30	1	29
41	Palo Alto	pa569	5.69	58	2	56
41	Atherton	at511	5.11	30	1	29
67	Palo Alto	pa522	5.22	47	2	45
74	Palo Alto	pa526	5.26	48	2	46
166	Cupertino	cu64	6.40	93	3	90
166	Mountain View	mv598	5.98	172	6	166
166	Sunnyvale	sv535	5.35	73	2	71
166	Santa Clara	sc509	5.09	102	3	98
492	Palo Alto	pa501	5.01	29	1	28
总计				1957	59	1897

注：第一天对应于 2018 年 4 月 18 日。

表 N – 15　海沃德情景下 SJWC 服务区埋地管道总渗漏和破裂数量估值（表 N – 12）

主震后天数	渗漏+破裂	大直径管道	小直径管道
1	1094	31	1063
12	2	0	2
15	47	1	46
32	30	1	29
40	132	4	127
41	88	3	85
67	47	2	45
74	48	2	46
166	440	14	426
492	29	1	28
总计	1957	59	1897

注：第一天对应于 2018 年 4 月 18 日。

表 N-16　海沃德情景下 SJWC 服务区不同材料类型的埋地管道维修率（表 N-12）

类型	每 1000 线性英尺的维修	每千米维修
AC	0.23	0.75
BCL	0.13	0.42
CCCL	0.19	0.62
CI	0.19	0.62
CL	0.12	0.40
CU	0.31	1.00
DCCL	0.14	0.45
DCIL	0.09	0.29
DFK	0.23	0.71
DICL	0.11	0.37
DIMCL	0.25	0.81
DS	0.07	0.21
FKCL	0.13	0.741
GALV	0.08	0.26
GG	0.23	0.74
HDPE	0.05	0.16
PB	0.08	0.27
PE	0.06	0.20
PP	0.05	0.17
PVC	0.06	0.29
RCP	0.08	0.26
S	0.13	0.42
SB	0.15	0.50
SG	0.12	0.39
SI	0.14	0.45
SOMCL	0.16	0.53
SS	0.19	0.63
TBD	0.18	0.60
WI	0.22	0.71
WS	0.12	0.39
WSCL	0.13	0.43
ZCCL	0.07	0.24
总计	0.15	0.50

图 N‑19 是在海沃德情景设定主震作用下，SJWC 服务区管道维修率的热图（颜色越深，损伤越重）。且该图显示的仅仅是在海沃德情景主震作用下的管道破坏率，而不考虑其他可能发生的地震，哪怕是发生在海沃德断层上的其他 M7.0 地震。管道在不同的地震作用下会产生不同的破坏模式。然而构建情景地震的意义在于理解现实中可能发生的事情，使得该热图可能出现的结果更具体，对规划更有用。尽管实际情况不同于地震情景模拟，但其分析结果对抗震备灾有一定的指导意义。

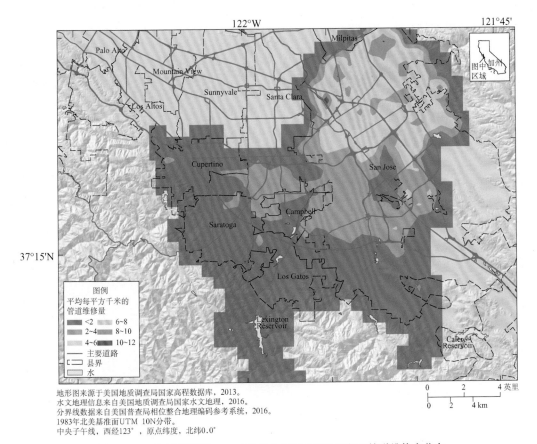

地形图来源于美国地质调查局国家高程数据库，2013。
水文地理信息来自美国地质调查局国家水文地理，2016。
分界线数据来自美国普查局相位整合地理编码参考系统，2016。
1983年北美基准面UTM 10N分带。
中央子午线，西经123°，原点纬度，北纬0.0°

图 N‑19　海沃德情景 M_W7.0 设定主震下 SJWC 服务区管道维修率分布

颜色表示每平方千米的平均维修率（破裂和渗漏），颜色越深表示损坏越严重，

且与图 N‑20 和图 N‑21 中色标区域有所不同

Calero Reservoir：卡列洛水库；Campbell：坎贝尔；Cupertino：库比蒂诺；

Lexington Reservoir：列克星敦水库；Los Altos：洛斯阿尔托斯；Los Gatos：洛斯加托斯；

Milpitas：米尔皮塔斯；Mountain View：山景城；Palo Alto：帕罗奥图；San Jose：圣何塞；

Santa Clara：圣克拉拉；Saratoga：萨拉托加；Sunnyvale：森尼维尔

　　图 N-19 可以看出管道在断层附近和高液化区域破坏更严重，破裂或渗漏的最大值接近 12 处/km²。图 N-20 为库比蒂诺 M_W6.4 余震作用下 SJWC 服务区管道维修率的热图，在余震发生的邻近地区，沿着 SJWC 服务区北部边缘的管道的损伤率仅 1 处/km²。图 N-21 为整个地震序列作用下的管道维修率热图，服务区东北部管道的维修率约为 15 处/km²。

　　作者通过对主震和各个余震分别应用式（N-49）来模拟管道破坏位置。图 N-22 为海沃德 M_W7.0 主震作用下至少需要一次维修的管道分布。图 N-23 为库比蒂诺 M_W6.4 余震作用下至少需要一次维修的管道分布。图 N-24 为整个海沃德地震序列作用下，至少有一处需要维修的管道分布。

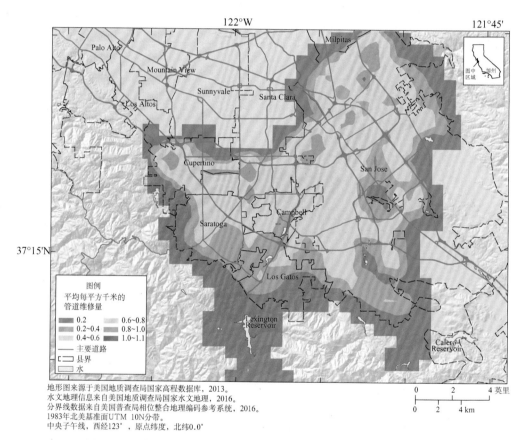

地形图来源于美国地质调查局国家高程数据库，2013。
水文地理信息来自美国地质调查局国家水文地理，2016。
分界线数据来自美国普查局相位整合地理编码参考系统，2016。
1983年北美基准面UTM 10N分带。
中央子午线，西经123°，原点纬度，北纬0.0°

图 N-20　库比蒂诺 M_W6.4 余震作用下 SJWC 服务区管道维修率分布

颜色表示每平方千米的平均维修率（破裂和渗漏），颜色越深表示损坏越严重，
且与图 N-19 和图 N-21 中色标区域有所不同

Calero Reservoir：卡列洛水库；Campbell：坎贝尔；Cupertino：库比蒂诺；Lexington Reservoir：列克星敦水库；

Los Altos：洛斯阿尔托斯；Los Gatos：洛斯加托斯；Milpitas：米尔皮塔斯；Mountain View：山景城；

Palo Alto：帕罗奥图；San Jose：圣何塞；Santa Clara：圣克拉拉；Saratoga：萨拉托加；Sunnyvale：森尼维尔

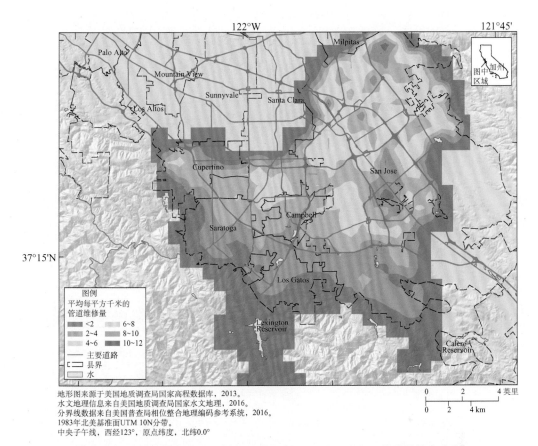

图 N – 21 海沃德情景下（所有地震动序列）SJWC 服务区管道维修率分布

颜色表示每平方千米的平均维修率（破裂和渗漏），颜色越深表示损坏越严重，

且与图 N – 19 和图 N – 20 中色标区域有所不同

Calero Reservoir：卡列洛水库；Campbell：坎贝尔；Cupertino：库比蒂诺；Lexington Reservoir：列克星敦水库；

Los Altos：洛斯阿尔托斯；Los Gatos：洛斯加托斯；Milpitas：米尔皮塔斯；Mountain View：山景城；

Palo Alto：帕罗奥图；San Jose：圣何塞；Santa Clara：圣克拉拉；Saratoga：萨拉托加；Sunnyvale：森尼维尔

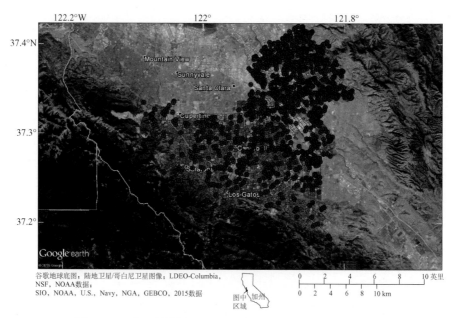

图 N - 22　海沃德情景 M_W7.0 设定主震下 SJWC 服务区至少
需要一次维修的管道分布（用红色圆圈标记）

Campbell：坎贝尔；Cupertino：库比蒂诺；Los Gatos：洛斯加托斯；Mountain View：山景城；
Santa Clara：圣克拉拉；Saratoga：萨拉托加；Sunnyvale：森尼维尔

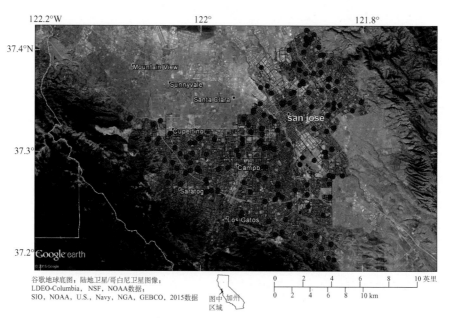

图 N - 23　库比蒂诺 M_W6.4 余震作用下 SJWC 服务区至少
需要一次维修的管道分布（用红色圆圈标记）

Campbell：坎贝尔；Cupertino：库比蒂诺；Los Gatos：洛斯加托斯；Mountain View：山景城；
San Jose：圣何塞；Santa Clara：圣克拉拉；Saratoga：萨拉托加；Sunnyvale：森尼维尔

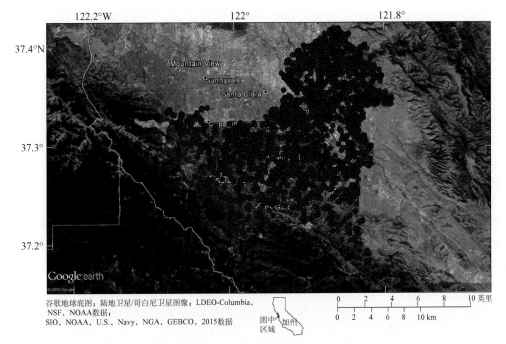

图 N - 24　海沃德情景下（所有地震动序列）SJWC 服务区至少
需要一次维修的管道分布（用红色圆圈标记）

Cupertino：库比蒂诺；Los Gatos：洛斯加托斯；Mountain View：山景城；
Santa Clara：圣克拉拉；Saratoga：萨拉托加；Sunnyvale：森尼维尔

4. SJWC 服务区供水系统的恢复分析

作者设定供水管网的上游生命线 g 值（上文讨论的流量系数，时间函数）如下所示，并在后续计算时若有需要可进行迭代：

（1）维修耗材：SJWC 拥有海湾地区最丰富的维修材料库之一（Wollbrinck，SJWC，内部交流，2015. 10. 14），因此作者假设当前有足够的维修耗材（如管道和接头），或所需配件可随时获得，即对任意时间 t（天），$g(t) = 1.0$。

（2）能源：截至本文撰写之时，SJWC 正在制定能源供给方案（Wollbrinck，SJWC，内部交流，2015. 10. 14）。作者认为存在两种情况——一种是地震（$M_W 7.0$ 海沃德情景设定主震）发生在能源供给方案制定之前，另一种则是地震发生在能源供给方案制定完成之后。如果是后者，则假设能源供给方案可确保受损管道在整个维修和恢复过程中有足够的供应，在这种情况下，对任意时间 t（天），$g(t) = 1.0$。如果没有能源供给方案，则假设最初有足够的能源储存量，但在管道维修工作开展几天后出现短缺，直至获得紧急供应。具体来说，假设地震发生在实施能源供给方案前的情况如下：

$$0 \leqslant t < 3 \text{ 天} \qquad g(t) = 1.0$$
$$3 \leqslant t < 7 \text{ 天} \qquad g(t) = 0.25$$
$$t > 7 \text{ 天} \qquad g(t) = 1.0$$

地震发生在能源供给方案制定完成后，对任意时间 t（天），$g(t) = 1.0$。

（3）电力：太平洋瓦斯与电力公司（PG&E）无法估算在海沃德情景主震发生后整个旧金山湾区恢复电力所需的时间。在 Hazus-MH 分析的部分基础上，海沃德项目团队和 SJWC 应急部门经理认为，圣克拉拉（Santa Clara）县 99.9% 的住户在主震后 2 周或 $M_W6.0$ 及以上余震发生后 2 天内可恢复供电。因此，作者定量描述为：

在主震发生后几天内，$g(t) = 1-e^{(-0.4934 \times t)}$

在余震后 40 天至 166 天内，$g(t) = 1-e^{(-3.45 \times t)}$

（4）通信：SJWC 为整个服务区的维修人员配备了无线电话（用电池供电）。作者认为震后保证维修人员之间通信畅通的优先级足够高，所以不会受到制约。因此作者假设 $g(t) = 1.0$。

（5）维修人员：SJWC 人事部门估计，实际上可以派出 20~25 名维修人员，每天工作 12 小时，休息 12 小时。因此，对于式（N-35），取 $w(t) = 0.5$，$c(t) = 22$。

若所有 SJWC 服务区的埋地脆性管道（尤其是 609 英里长的石棉水泥管和铸铁管）都可以被韧性管道（例如球墨铸铁管或塑料管）替换，在减少破坏和加快震后恢复速度方面会有什么优势？为了探讨这一问题，作者假设一种理想情况，即在海沃德情景地震发生之前，所有的石棉水泥管和铸铁管都替换为球墨铸铁管或塑料管。

SJWC 的工程师（J. Walsh，SJWC，内部交流.，2015 年 10 月 2 日）表示，SJWC 每年更换 1% 或 24 英里长的现有管道，这与海沃德情景项目对管道替换率研究的结果不同。但 SJWC 会根据实际地震中管道损坏的严重程度和概率重新修订替换方案。SJWC 的工程师考虑了多种因素，应用遗传算法预测渗漏，并更加注重位于地震断层附近区域的石棉水泥管和铸铁管。如果 SJWC 将重点放在上述两种类型的管道上，并继续每年更换 24 英里长度的管道，那么在 25 年内将完成所有的石棉水泥管和铸铁管的替换。

图 N-25 展示了 SJWC 服务区供水管道维修剩余量与时间关系曲线，分别给出了"理想情况"（在地震发生前，所有石棉水泥管和铸铁管都被更换为球墨铸铁管或塑料管，且已实施能源供给方案）下、"实施能源供给方案的情况"下（已实施能源供给方案但没有进行管道更换），以及"当前实际情况"（没有实施能源供给方案且没有进行管道更换）下的三种关系。图 N-26 展示了模拟恢复曲线。如同 Hazus 报告中所提到的，如若用 Hazus-MH 可靠性指数来衡量客户可接受服务用水比例，则图 N-26 中对"可用供水服务连接数量"中包括较小流量的服务连接点。如果实际震后水流量相较震前水流量很小，那么图 N-26 低估了可用供水服务连接数量。

如上文所述，作者将图 N-26 中曲线上方的区域视为韧性的衡量标准——面积越小意味着影响越小、恢复速率越快，或两者兼而有之。三条曲线上方的面积以服务天数为单位。也就是说，每个服务连接点每供水中断一天就等于 1 个服务日的损失。三条曲线上方的区域见表 N-17，分别是"理想情况"下、"实施能源供给方案情况"下，以及"当前实际情况"下损失的服务天数。该表用平均供水服务损失天数与供水连接点数量的乘积来表示服务损失总天数。假设条件（"实施能源供给方案情况"或"理想情况"）和现有条件的服务损失差衡量了假设条件的韧性收益情况。

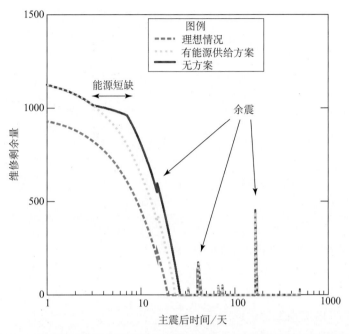

图 N-25　海沃德情景下 SJWC 服务区供水管道在三种情况下的模拟修复时间

①理想情况（在地震发生前，所有石棉水泥管和铸铁管都被更换为球墨铸铁管或塑料管，
且已实施能源供给方案）；②已实施能源供给方案但没有进行管道更换；
③没有实施能源供给方案且没有进行管道更换

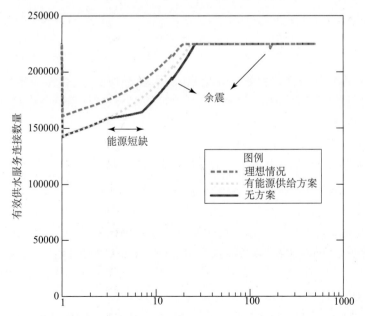

图 N-26　海沃德情景下 SJWC 服务区供水管道在三种情况下的模拟韧性恢复时间

①理想情况（在地震发生前，所有石棉水泥管和铸铁管都被更换为球墨铸铁管或塑料管，
且已实施能源供给方案）；②已实施能源供给方案但没有进行管道更换；
③没有实施能源供给方案且没有进行管道更换

表 N–17　海沃德情景 $M_W 7.0$ 设定主震下 SJWC 服务区供水系统服务损失的总天数

条件	服务损失的总天数 $R×M$	韧性效益 $D(R×M)$	平均供水服务损失天数 (R)
当前实际情况	940000	0	4
实施能源供给方案的情况	750000	190000	3
理想情况	470000	470000	2

注：数字取整，减少过于精确的影响。理想情况是在地震发生前，所有石棉水泥管和铸铁管都被更换为球墨铸铁管或塑料管，且已实施能源供给方案。R：平均供水服务损失天数；M：供水服务连接点数量。

5. SJWC 服务区供水系统损坏和恢复评估的验证

上述分析结果与其他分析结果进行比较，并作为对结果的初步评估。下面将讨论验证结果。

1）基于 SJWC 内部损失评估的验证

SJWC 工作人员基于 2014 年南纳帕（Napa）6.0 级地震中管道破裂和渗漏的数量，对海沃德情景下供水系统进行评估，结果表明海沃德情景 7.0 级设定主震将导致该公司供水系统中 1200 个管道破裂或渗漏（J. Wollbrinck 书面交流，SJWC，2015 年 10 月 19 日）。上述估算遵循以下原则：纳帕（Napa）市有 370 英里主供水管道，2014 年南纳帕（Napa）6.0 级地震后的第一周，主管道发生 120 次渗漏，震后 6 个月内管道发生 170 多次渗漏。SJWC 工作人员依据供水系统规模等比例放大，将纳帕（Napa）的 120 次渗漏放大为 SJWC 服务区 850 次渗漏，170 次渗漏放大为 SJWC 服务区 1200 次渗漏。但海沃德情景设定主震比南纳帕（Napa）地震强度高，因此实际渗漏数量可能比上述估值更高。由于 SJWC 估值（震后渗漏数量由 850 增加到 1200）与本章方法估值（震后渗漏数量由 1054 增加到 1956）具有相似性，且上述估值是采用两种不同方法给出，所以作者认为以上结果都是合理的。同时，SJWC 工程师对此也表示认可（J. Walsh，书面交流，SJWC，2015 年 10 月 19 日）。此外，Wollbrinck（书面交流，SJWC，2015 年 12 月 4 日）认为钢材的老化与腐蚀将会加剧供水钢管的破坏。

2）基于北岭、神户和南纳帕（Napa）地震的验证

Jeon 和 O'Rourke（2005）报告称，1994 年北岭地震导致洛杉矶水电局正在使用的埋地管道发生 1095 处破裂或渗漏，大部分损坏发生在圣费尔南多五号巷。Lund 等（2005）报告说，修复大约需要 1 周的时间。但目前的计算表明，SJWC 需要 23 天才能修复 1176 处（主震加上第 15 天的 4 次余震），所需时间大约是 Lund 估算时间的 3 倍。Lund 等人（2005）没有给出具体的维修人员数量。据推测，洛杉矶水电局（LADWP）派出的工作人员比 SJWC 所能支配的还要多。

Lund 等（2005）的报告指出，根据神户市水务局（Kobe Municipal Waterworks Bureau）的松下幸之助的研究结果，1995 年神户 6.9 级地震后，埋地供水管网发生了 1757 次破裂和渗漏，修复工作耗时 10 周。目前估计需要 3 周时间来修复 1176 处破裂和渗漏，相当于花费

总时长的三分之一维修了三分之二的总破裂和渗漏量。因此，从某种意义上来说，北岭和神户地震的管道修复时间估值与 SJWC 的修复时间估值是一致的。

纳帕（Napa）市在 5 天内修复了约 120 处渗漏和破裂，约 10 名维修人员 12 小时轮班工作（SPA 风险有限责任公司，2014），修复效率约为每个维修人员每天修复 2.4 处。目前模型表明，在实施其能源供给方案之前，SJWC 将在 26 天内修复 1176 处破裂和渗漏，22 名维修人员轮班工作 12 小时，或每个维修人员每天修复 2.1 处，与实际情况相一致性。

3）基于 Hazus-MH 的验证

采用 Hazus-MH（FEMA，2012）对海沃德情景下圣克拉拉县（Santa Clara）的供水恢复情况进行估计，以"震后供水中断用户数量占总用户数量的比例"来表征供水系统功能恢复能力（表 N‑18）。该估值仅考虑主震作用，且不考虑生命线系统的相互作用。将本章考虑能源供给方案的海沃德情景模型计算得到的供水系统韧性恢复评估结果，与 Hazus-MH 模型进行对比，见图 N‑27。

表 N‑18　海沃德情景 $M_W7.0$ 设定主震下加州圣克拉拉（Santa Clara）
县的供水中断用户数量（基于 Hazus-MH）（FEMA，2012）

总用户数量	主震后供水中断的用户数量				
	第 1 天	第 3 天	第 7 天	第 30 天	第 90 天
565853	504596	502302	497394	458220	137185
	89.20%	88.80%	87.90%	81.00%	24.20%

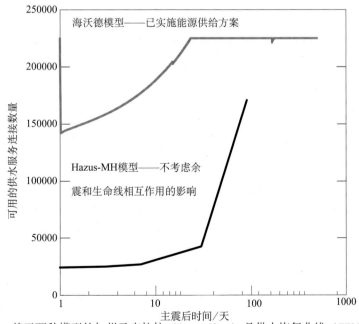

图 N‑27　基于两种模型的加州圣克拉拉（Santa Clara）县供水恢复曲线（FEMA，2012）

本模型和 Hazus-MH 模型在供水服务的初始水平和恢复时间方面存在很大差异，Hazus-MH 模型的恢复服务时间估值是本模型的 7 倍。基于纳帕（Napa）地震的实际修复时间，目前的恢复模型比 Hazus-MH 恢复模型更合理。Hazus-MH 的恢复模型与本模型有如此明显不同的原因是什么？公众提供的维修人员数量可以一定程度解释上述差异。

6. 生命线系统相互作用和维修耗材的制约

人们容易忽视能源和其他维修耗材的制约，以及电力、电信系统等造成的损坏的影响。生命线之间的相互作用和维修耗材的制约作用有多大区别？上述因素虽然不会造成额外损坏，但可能会影响维修进程。式（N-36）给出了在时间 t，执行第 n 次维修所需的时间 $\tau(n, t)$。它表示在初始维修率的基础上增加了一个因子 $S(t)$，该因子考虑了生命线之间的相互作用和维修耗材是如何延缓维修进度，即：

$$\tau(n, t) = \frac{d_0}{w(t) \times c(t)} \times S(t) \qquad (N-69)$$

$$S(t) = \frac{1}{\left(\prod_i \left(1 - u_i \times \left(1 - g_i(t) \right) \right) \right)} \qquad (N-70)$$

式（N-69）中的第一个被乘数是初始维修率，即执行第 n 次维修所需的时间，没有考虑生命线相互作用和维修耗材的制约作用。因子 $S(t) \geq 1.0$ 增加了维修时间，以考虑生命线相互作用和维修耗材的制约作用。在原有条件下重复 SJWC 的计算，令 $S(t) = 1$，其损失估值为 740000 个服务天数，约为考虑生命线相互作用影响时估值的 80%。换句话说，在海沃德情景下，生命线相互作用和维修耗材的制约使 SJWC 服务区的供水恢复能力降低了 25%。该因素在其他地震中的影响程度可能会有所不同，一般来说，震级越大，生命线和维修耗材受到的损坏越严重，供水系统的恢复也更加依赖于其他生命线和维修耗材。

六、案例 2——东湾市政公共事业区

本节为海沃德地震情景的第二个验证案例，通过这两个案例计算结果的对比分析来验证该模型的可靠性。本节选取的是东湾市政公共事业区（EBMUD）的埋地供水管网。

1. EBMUD 服务区供水系统的元件定义

以下描述主要引用康特拉科斯塔当地机构成立委员会（Contra Costa Local Agency Formation Commission）（2008）和作者与 EBMUD 探讨的内容。EBMUD 为旧金山湾东侧约 331 平方英里的区域提供日常用水和污水处理服务，为加利福尼亚州阿拉米达县和康特拉科斯塔县（Contra Costa）的大约 130 万人提供服务。目前 EBMUD 的服务人数平均年增长率为 0.8%，预计到 2030 年增长到 160 万人。截至 2015 年，EBMUD 为大约 39 万个服务连接点供水。其中约有 10 万个服务连接点位于东湾丘陵的东部，剩余的 29 万个服务连接点位于东湾丘陵和旧金山湾之间的西部地区。EBMUD 的行政办公室位于奥克兰市。

EBMUD 拥有：

（1）2 个位于墨克伦河（Mokelumne River）的总蓄水库；

（2）5 个子水库；

（3）3 条 91 英里长的独立输水管道；

（4）4162 英里的主干网（唯一的系统建模部分）；

（5）6 个水处理厂；

（6）29 英里的排水管道；

（7）1 套额定最大处理功率为每天 3.2 亿加仑的污水处理设施。

如图 N-28 所示，EBMUD 提供了一份供水管网 ArcGIS 地图。地图显示了 6698km（4162 英里）的各种类型和长度的管道。大约 2091km 的管道位于东湾山的东部，另外 4607km的管道位于东湾丘陵和旧金山湾之间的西部地区。管道总数量按材料划分列于表 N-19，按管径划分列于表 N-20。EBMUD 供水系统被离散成平均长度为 64m、标准差为

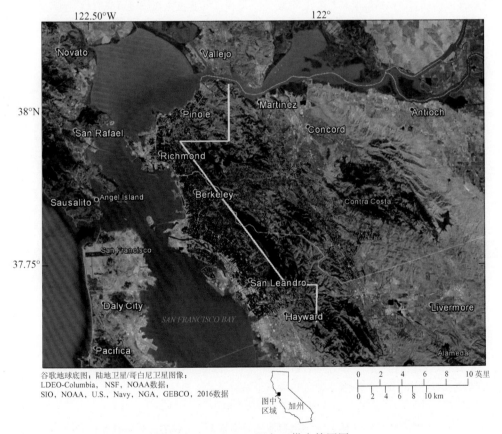

图 N-28　EBMUD 服务区供水管网图

管道用红色标记，用分隔线（黄色）将东湾丘陵东部与西部供水服务区域分隔开来

Alameda：阿拉米达；Angel Island：天使岛；Antioch：安提俄克；Berkeley：伯克利；Concord：康科德；

Contra Costa：康特拉科斯塔；Daly City：戴利城；Hayward：海沃德；Livermore：利弗莫尔；Martinez：马丁内斯；

Novato：诺瓦托；Pacifica：帕斯菲卡；Pinole：皮诺尔；Richmond：里士满；San Francisco：旧金山；

SAN FRANCISCO BAY：旧金山湾；San Leandro：圣莱安德罗；San Rafael：圣拉斐尔；

Sausalito：索萨利托；Vallejo：瓦列霍

79m 的分段，管道两端的地震动差异很小。EBMUD 提供的管网资料中部分管道类型无法与 Eidinger 类型库相匹配。此外，可能由于数据输入错误造成部分管道类型无法与 EBMUD 的管道类型术语表相对应。作者已经对其进行了合理假设，并且这些无法对应的材料代码管道总量都很小，仅 0.1 英里。

表 N‑19 EBMUD 服务区供水管道统计表

代号	数量	英里	材料、接头说明①	Eidinger（2001）类型②	ID②
A	24543	1136.4	石棉水泥，无限制的	带水泥缝的石棉水泥	14
C	33747	1322.1	铸铁，无限制的	带水泥垫片的铸铁	1
D	43	2.1	球墨铸铁，无限制的	带橡胶垫圈的球墨铸铁	19
F	30	1.2	易熔聚氯乙烯，焊接	带搭接电弧焊接接头的焊接钢	6
H	167	8.8	高密度聚氯乙烯，焊接	PVC 橡胶垫片	18
K	50	0.7	铜，受限制的	小直径钢拉弧焊接头	6
L	197	14.3	钢筋混凝土柱，无限制的	混凝土钢筒水泥接头	16
N	8613	380.4	PVC，无限制的	PVC 橡胶垫片	18
P③	1	0.1	预制混凝土圆柱，受限制的	混凝土钢筒水泥接头	16
R	2	0.0	钢筋混凝土	混凝土钢筒水泥接头	16
S	37101	1282.4	钢构件，焊接	钢搭接弧的焊接头	6, 9④
T	127	10.4	预制混凝土圆筒，受限制的	钢筒搭接电弧焊接混凝土接头	15
W	71	2.7	熟铁	带水泥垫的铸铁	1
总计	104692	4162			

注：①东湾市政公共事业区域管材及接头说明。
　　②与表 N‑1 中的易损性函数相对应。
　　③1927 年生产的一根直径 48 英寸的管道。
　　④ ID 6＝小直径（<20 英寸）；ID 9＝大直径（≥20 英寸）。
　　代号：管材的代号；数量：东湾市政公共事业区埋地输水管线不同材料的管段数量；英里：管材的总长度；材料说明：管材材料说明；Eidinger 类型：Eidinger（2001）对应的易损性函数；ID：与其相关的易损性因子 K_1 和 K_2 见表 N‑1；PVC：聚氯乙烯。

表 N‑20 EBMUD 服务区供水管道按管径分类的总长度统计表

管径/英寸	长度/英寸
0.00	0.4
0.75	0.2
1.00	1.0
2.00	18.6

续表

管径/英寸	长度/英寸
3.00	0.7
4.00	294.6
6.00	1728.2
8.00	1105.7
10.00	38.0
12.00	475.8
14.00	1.4
16.00	157.6
18.00	1.4
20.00	78.1
24.00	74.4
25.00	0.5
30.00	36.5
36.00	66.8
42.00	18.5
48.00	38.3
54.00	8.8
60.00	2.6
66.00	6.8
69.00	4.6
72.00	0.0
78.00	0.2
84.00	1.8
90.00	0.2
96.00	0.1
108.00	0.0
总计	4161.7

　　Terentieff 等（2015）的报告称，在 39 万个供水服务连接点中，有 17.6 万个位于供水压力控制区（in pumped pressure zones）。供水压力控制区依赖于 130 个泵站，其中 117 个泵站（90%）没有应急发电机。因此，将 EBMUD 的生命线相互作用矩阵中的参数 z 设置为 $0.9\times$

176000/390000 = 0.41，u_{electr} = 0.41 + 0.03 = 0.44。其中 0.9 表示 90% 的泵站没有发电机。如果 EBMUD 在所有的泵站上安装了带有大型油箱的应急发电机，则得到 u_{electr} = 0.03。作者将前者称为"当前实际情况"，而后者称为"理想情况"。同时假设燃料的制约作用对 EBMUD 的影响与 SJWC 相同，即 EBMUD 可以选择性地制定能源供给和存储方案，以确保在管道维修过程中有足够的燃料。

2. EBMUD 服务区供水系统的危险性分析

Detweiler 和 Wein（2017）对海沃德情景的地面运动、液化、滑坡、同震滑移和震后余滑进行了定量化分析。图 N-29 展示了 EBMUD 的埋地管道系统和海沃德情景 M_W7.0 主震作用下的最大地面峰值速度（PGV）。图 N-30 展示了 EBMUD 的埋地管道系统在海沃德主震作用下的液化概率。研究人员没有计算康特拉科斯塔县（Contra Costa）的液化概率，但是假设在康特拉科斯塔县（Contra Costa）发生液化造成的破坏与地震引起的破坏的比例与阿拉米达县（Alameda）大致相同。EBMUD 服务区滑坡概率图如图 N-31 所示。EBMUD 的供水埋地管道系统图见图 N-32，其中栅状图表示同震滑移。图 N-33 为一次破坏性较大的海沃德情景设定余震（M_W5.4 地震，震中在奥克兰附近）作用下的峰值地面速度（PGV）。

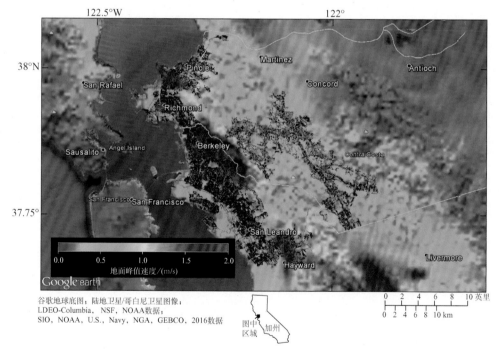

图 N-29 EBMUD 服务区供水管网分布与海沃德情景 M_W7.0 设定主震的
地面峰值速度（PGV）分布的叠加图

Angel Island：天使岛；Antioch：安提俄克；Berkeley：伯克利；Concord：康科德；Contra Costa：康特拉科斯塔；

Hayward：海沃德；Livermore：利弗莫尔；Martinez：马丁内斯；Pinole：皮诺尔；Richmond：里士满；

San Francisco：旧金山；San Leandro：圣莱安德罗；San Rafael：圣拉斐尔；Sausalito：索萨利托

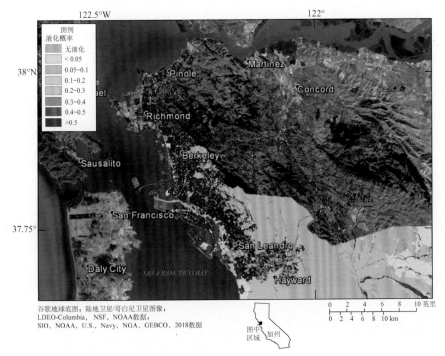

图 N-30　EBMUD 服务区供水管网分布与海沃德情景 $M_W7.0$ 设定主震的液化概率分布的叠加图

Berkeley：伯克利；Concord：康科德；Daly City：戴利城；Hayward：海沃德；Martinez：马丁内斯；

Pinole：皮诺尔；Richmond：里士满；San Francisco：旧金山；SAN FRANCISCO BAY：旧金山湾；

San Leandro：圣莱安德罗；Sausalito：索萨利托

图 N-31　EBMUD 服务区供水管网分布与海沃德情景 $M_W7.0$ 设定主震的滑坡概率分布的叠加图

Alameda：阿拉米达；Angel Island：天使岛；Antioch：安提俄克；Berkeley：伯克利；Bolinas：博利纳斯；

Concord：康科德；Contra Costa：康特拉科斯塔；Daly City：戴利城；Discovery Bay：迪斯卡弗里贝；

Hayward：海沃德；Livermore：利弗莫尔；Martinez：马丁内斯；Novato：诺瓦托；Pacifica：帕斯菲卡；

Pinole：皮诺尔；Richmond：里士满；San Francisco：旧金山；SAN FRANCISCO BAY：旧金山湾；

San Leandro：圣莱安德罗；San Rafael：圣拉斐尔；Sausalito：索萨利托；Vallejo：瓦列霍

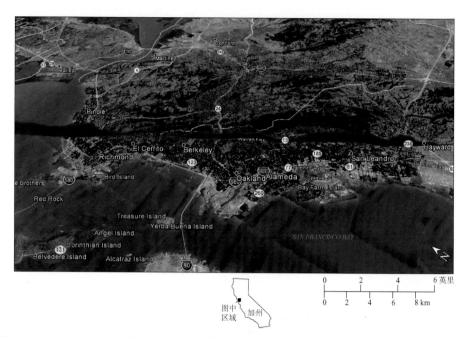

图 N-32　EBMUD 服务区供水管网分布与海沃德情景下同震滑移（用红色栅栏标记）的叠加图

红色栅栏的高度代表海沃德断层在海沃德情景 $M_W7.0$ 设定主震发生时右侧地表发生滑动幅值。栅栏上的最高点处于里士满（Richmond）和皮诺尔（Pinole）之间的 80 号州际公路附近的地方，偏移量为 2.1m。在伯克利（Berkeley）附近的加利福尼亚州 24 号公路上，偏移量为 0.84m。在卡斯特罗河谷（Castro Valley）附近的 238 号州际公路上，偏移量大约 1.68m

Alameda：阿拉米达；Alcatraz Island：阿尔卡特拉斯岛；Angel Island：天使岛；Bay Farm Island：贝法岛；

Belvedere Island：贝尔韦代雷岛；Berkeley：伯克利；Bird Island：伯德岛；Concord：康科德；

Contra Costa：康特拉科斯塔；El Cerrito：埃尔塞里托；Hayward：海沃德；

Martinez：马丁内斯；Oakland：奥克兰；Pinole：皮诺尔；Red Rock：雷德罗克；

Richmond：里士满；SAN FRANCISCO BAY：旧金山湾；San Leandro：圣莱安德罗；

Treasure Island：金银岛；Vallejo：瓦列霍；

Yerba Buena Island：耶尔巴布埃纳岛

　　本章未提供时空变化的海沃德断层震后余滑图。作者假设大多数断层的总滑移（同震滑移加震后余滑）长度为 1.9m，但也存在同震滑移超过 1.9m 的情况。震后余滑会随着时间的推移而变化，在海沃德 $M_W7.0$ 主震作用下，根据 Aagaard 等（2012）提出的公式（N-6）至式（N-9），基于图 N-11，计算得到同震滑移=0.09845。

3. EBMUD 服务区供水系统的损伤分析

　　表 N-21 总结了在海沃德情景设定主余震作用下 EBMUD 埋地管道的损失估计结果。其中主震造成的破坏包括地面震动、液化、滑坡和地表破裂。由于液化概率图不包括康特拉·科斯塔县，因此假设康特拉·科斯塔县（Contra Costa）的液化破坏与地震造成的破坏成正比，该比例与阿拉米达县（Alameda）的比例相同。海沃德情景设定主震作用下的震后火灾分析（Scawthorn，第 O 章）需指定康特拉科斯塔（Contra Costa）县的液化区域。本章节认

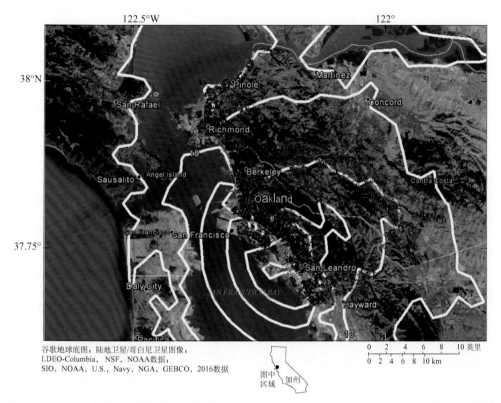

图 N-33　EBMUD 服务区供水管网分布与奥克兰市（Oakland）M_W5.42 余震地面峰值速度等值线

（白线；以 5 厘米每秒的速度递增）的叠加图

Angel Island：天使岛；Berkeley：伯克利；Concord：康科德；Contra Costa：康特拉科斯塔；Daly City：戴利城；

Hayward：海沃德；Martinez：马丁内斯；Oakland：奥克兰；Pinole：皮诺尔；Richmond：里士满；

San Francisco：旧金山；SAN FRANCISCO BAY：旧金山湾；San Leandro：圣莱安德罗；

San Rafael：圣拉斐尔；Sausalito：索萨利托

为 Pinole、Hercules 和 Rodeo 等城市发生液化破坏的概率较高，这主要由于上述城市地面峰值速度（PGV）高，且位于 30m 深度的平均剪切波速（V_{S30}）较低。如表 N-21 所示，余震破坏忽略了滑坡、液化和地表破裂。此外，主震震后余滑的损伤估计，是假定由于断层滑动而破裂的管道在震后余滑时遭受二次损坏。EBMUD 可以安装抗震性能较好的韧性管（例如，聚乙烯塑料管或钢管及柔性接头，可以承受管道拉伸、压缩和横向变形）或安装临时软管，直至修复完成。表中显示，主震造成了大部分的损伤，但余震也增加了 36% 的破坏。主震的破坏有一半与地震动传播效应有关，另一半与液化、滑坡和断层滑移有关。

表 N - 21　海沃德情景 $M_W 7.0$ 设定主震和余震下 EBMUD 服务区埋地管道的平均损失估值（表 N - 12）

	主震	余震	总计
平均维修次数	4294	1395	5688
每千米管道的维修	0.64	0.21	0.82
地震动传播效应	2037	1395	3432
液化	1642	不计算	1642
滑坡	185	不计算	185
同震滑移	214	不计算	214
震后余滑	214	不计算	214
大直径（直径≥20 英寸）	218	84	302
小直径（直径<20 英寸）	4076	1311	5386
破裂	1582	209	1791
渗漏	2712	1185	3898

　　表 N - 22 给出了海沃德情景设定地震序列作用下每次地震中 EBMUD 埋地管线渗漏和破裂的总估值。主震发生后，16 次余震中有 6 次余震造成至少 100 处管道破裂或渗漏，其中一次余震造成破裂或渗漏的管道数量超过 300 次，且大量破裂和渗漏发生在主震发生后的近 6 个月中，见表 N - 23。该表总结了主震后管道的损坏情况。表 N - 24 详细说明了不同材料管道的维修率，表明大部分损坏发生在脆性铸铁管和石棉水泥管中，维修率接近 0.3 处/1000 线性英尺。表 N - 25 为按管径分类的管道维修率，其中 6 英寸和 8 英寸直径的管道维修率最高，且在供水系统中所占比例最多。

表 N - 22　海沃德情景 $M_W 7.0$ 设定主震和余震下 EBMUD 服务区埋地管道渗漏和破裂的估值（表 N - 12）

主震后天数	震中	名称	矩震级	渗漏+破裂	管径≥20 英寸	管径< 20 英寸
1	Oakland	主震	7.05	4294	218	4076
1	Union City	uc523	5.23	102	6	96
1	San Pablo	sp504	5.04	101	6	95
12	Fairfield	ff558	5.58	49	3	46
15	Fremont	fr51	5.10	37	2	35
32	Oakland	ok542	5.42	323	20	304
40	Palo Alto	pa62	6.21	44	3	41
40	Menlo Park	mp552	5.52	141	8	133
41	Palo Alto	pa569	5.69	61	4	57

续表

主震后天数	震中	名称	矩震级	渗漏+破裂	管径≥20 英寸	管径< 20 英寸
41	Atherton	at511	5.11	44	3	42
67	Palo Alto	pa522	5.22	54	3	51
74	Palo Alto	pa526	5.26	59	4	55
166	Cupertino	cu64	6.40	25	2	24
166	Mountain View	mv598	5.98	173	10	162
166	Sunnyvale	sv535	5.35	52	3	49
166	Santa Clara	sc509	5.09	102	6	96
492	Palo Alto	pa501	5.01	28	2	26
总计				5688	302	5386

注：第一天是 2018 年 4 月 18 日。

表 N-23　海沃德地震情景中 EBMUD 服务区埋地管道渗漏和破裂总估值（表 N-12）

主震后天数	渗漏+破裂*	管径≥20 英寸	管径< 20 英寸
1	4496	230	4266
12	49	3	46
15	37	2	35
32	323	20	304
40	185	11	174
41	105	6	98
67	54	3	51
74	59	4	55
166	352	21	330
492	28	2	26
总计	5688	302	5386

注：＊由于四舍五入的原因与表 N-22 中的数字略有差异，总和也有差异。

　　第一天是 2018 年 4 月 18 日。

表 N‑24　海沃德地震情景中 EBMUD 服务区埋地管道维修率

代号[1]	描述	长度/英寸	维修次数[2]	每 1000 线性英尺的维修率
A	石棉水泥，无限制的	6000452	1874	0.312
C	铸铁，无限制的	6980888	2206	0.316
D	球墨铸铁，无限制的	10841	5	0.433
F	易熔聚氯乙烯，焊接	6478	1	0.156
H	高密度聚乙烯，焊接	46472	10	0.218
K	铜，受限制的	3646	0	0.135
L	钢筋混凝土柱，无限制的	75622	22	0.285
N	PVC，无限制的	2008486	438	0.081
P	预制混凝土圆柱，受限制的	372	0	0.147
R	钢筋混凝土	174	0	0.165
S	钢构件，焊接	6771086	1119	0.183
T	预制混凝土圆筒，受限制的	55106	10	0.284
W	熟铁	14319	4	0.259
总计		21973942	5688	0.256

注：①见表 N‑19 材料代号和说明。

②不包括发生在 Contra Costa County 液化区域的损失估计。

表 N‑25　海沃德地震情景中 EBMUD 服务区埋地管道按管径划分的维修率

管径/英尺	长度/英尺	维修次数*	每 1000 线性英尺的维修率*
0	2201	0	0.000
0.75	834	0	0.000
1	5342	3	0.562
2	98006	28	0.286
3	3665	1	0.273
4	1555655	466	0.300
6	7124837	2583	0.283
8	5838048	1554	0.266
10	200527	69	0.344
12	2512027	501	0.199
14	7502	2	0.267

管径/英尺	长度/英尺	维修次数*	每 1000 线性英尺的维修率*
16	831998	178	0.214
18	7394	1	0.135
20	412261	83	0.201
24	393015	68	0.173
25	2581	0	0.000
30	192540	30	0.156
36	352938	51	0.145
42	97882	16	0.163
48	202222	35	0.173
54	46248	11	0.238
60	13778	3	0.218
66	35784	3	0.084
69	24207	2	0.083
72	70	0	0.000
78	987	0	0.000
84	9598	1	0.104
90	994	0	0.000
96	689	0	0.000
108	122	0	0.000
总计	21973942	5688	0.259

注：当预期维修次数小于 0.5 时，维修次数和每 1000 线性英尺的维修率四舍五入取为 0；表中不包括假设发生在 Contra Costa County 液化区域的损坏情况。

图 N-34、图 N-35 和图 N-36 是 EBMUD 系统的损伤热图，显示了在海沃德情景设定主震的作用下每平方千米的平均维修数（按照目前的方法估计），包括主震、破坏性最大的余震（一次位于奥克兰的 $M_w 5.4$ 余震）和整个地震序列。沿海沃德断层和液化可能性高的区域，损伤率高达每平方千米 50 处。主震的损伤热图显示在断层以西的大部分地区，每平方千米要进行 20~50 处维修，断层以东维修率较低，这主要是由于断层以西的地区大部分为老旧管道，且该地区液化概率较高。由主震损伤热图（图 N-34）估算可得，在约 $500km^2$ 区域内，管道的渗漏或破裂率为 10 处/km^2，总渗漏或破裂量约为 5200 处。

与 SJWC 案例一样，热图显示了海沃德设定地震序列作用下的维修量估值。管道在不同的地震作用下会产生不同的破坏模式。该图显示的仅仅是海沃德情景下的管道破坏率。虽然未来地震造成破坏的数量以及空间分布随时间而变化，但 EBMUD 及其客户通过对该情景进行分析，其结果对抗震备灾有一定的指导意义。

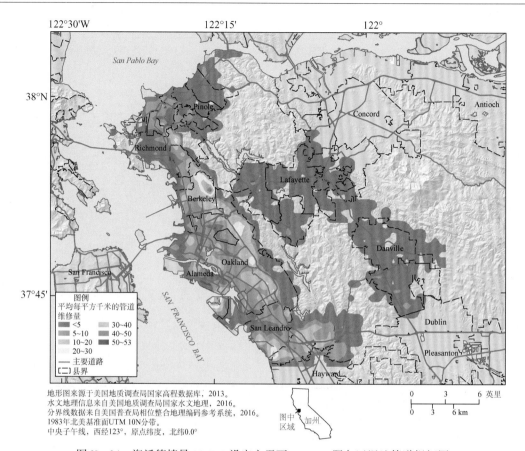

图 N-34　海沃德情景 $M_W7.0$ 设定主震下 EBMUD 服务区埋地管道损坏图

颜色表示每平方千米的平均修理量。颜色越暖，说明伤害越集中。可与图 N-35 和图 N-36 中进行对比

Alameda：阿拉米达；Antioch：安提俄克；Berkeley：伯克利；Concord：康科德；Danville：丹维尔；

Dublin：都柏林；Hayward：海沃德；Lafayette：拉斐特；Oakland：奥克兰；Pinole：皮诺尔；

Pleasanton：普莱森顿；Richmond：里士满；San Francisco：旧金山；SAN FRANCISCO BAY：旧金山湾；

San Leandro：圣莱安德罗；San Pablo Bay：圣巴勃罗湾

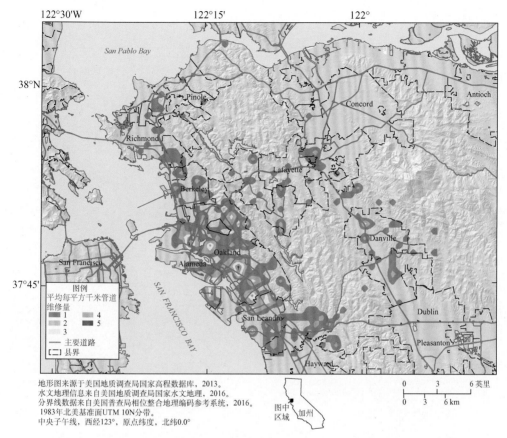

图 N-35　位于奥克兰的 M_W 5.4 余震作用下 EBMUD 服务区埋地管道损坏图

颜色表示每平方千米的平均修理量。颜色越暖，说明伤害越集中。可与图 N-34 和图 N-36 中进行对比

Alameda：阿拉米达；Antioch：安提俄克；Berkeley：伯克利；Concord：康科德；Danville：丹维尔；

Dublin：都柏林；Hayward：海沃德；Lafayette：拉斐特；Oakland：奥克兰；Pinole：皮诺尔；

Pleasanton：普莱森顿；Richmond：里士满；San Francisco：旧金山；SAN FRANCISCO BAY：旧金山湾；

San Leandro：圣莱安德罗；San Pablo Bay：圣巴勃罗湾

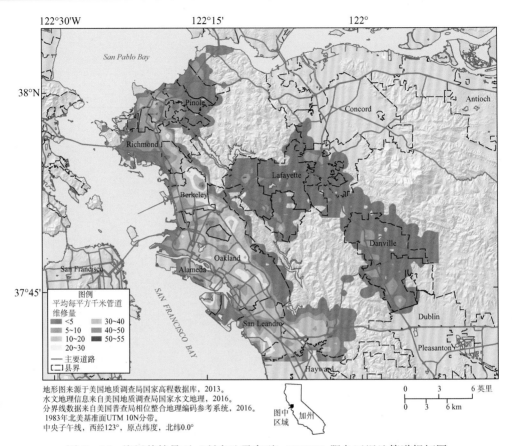

图 N-36　海沃德情景下（所有地震序列）EBMUD 服务区埋地管道损坏图

颜色表示每平方千米的平均修理量。颜色越暖，说明伤害越集中。可与图 N-34 和图 N-35 中进行对比

Alameda：阿拉米达；Antioch：安提俄克；Berkeley：伯克利；Concord：康科德；Danville：丹维尔；

Dublin：都柏林；Hayward：海沃德；Lafayette：拉斐特；Oakland：奥克兰；Pinole：皮诺尔；

Pleasanton：普莱森顿；Richmond：里士满；San Francisco：旧金山；SAN FRANCISCO BAY：旧金山湾；

San Leandro：圣莱安德罗；San Pablo Bay：圣巴勃罗湾

4. EBMUD 服务区供水系统的恢复分析

　　参阅"SJWC 服务区供水系统的恢复分析"一节，了解海沃德情景对电力、能源和通信的假设。作者在这个基础上假设 EBMUD 可以在海沃德情景 $M_W 7.0$ 主震后尽快获得维修耗材（例如，管道、夹具和替换阀）。EBMUD 认为在开始大规模维修之前，需要长达 1 周的时间来评估损坏程度和确定渗漏位置，并通常优先集中对较大直径管道进行维修。EBMUD 估计可以派出 20 名本公司的维修人员，外加 15 名临时调派的维修人员，总共约 35 名维修人员。其中四分之一部署在东湾丘陵以东，其余四分之三部署在东湾丘陵以西。并设定在主震发生后 5 天开始维修（主震发生在第一天），在接下来的 14 天内，维修人员从 20 人增加到 35 人，每天工作 8 小时，直到维修完成。图 N-37 为可用维修人员数量随时间的变化关系。数学表示如下：

$$a(t) = 0.33$$

$$
\begin{aligned}
c(t) &= 2 & & t < 6 \\
c(t) &= [2t - 5] & & 6 \leqslant t < 20 \\
c(t) &= 35 & & 20 \leqslant t < 41 \\
c(t) &= 20 & & 41 \leqslant t
\end{aligned}
$$

符号 $[x]$ 指的是数量 x 的整数部分，这里使用整数函数是因为人数不能用小数表示。

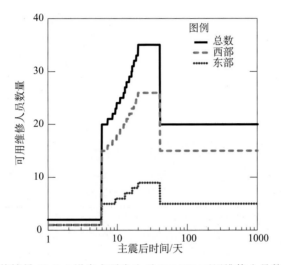

图 N - 37　海沃德情景 M_W 7.0 设定主震发生后 EBMUD 可用维修人员数量随时间的变化

东部：东湾山（East Bay Hills）以东地区；
西部：东湾山以西的地区，介于东湾丘陵和旧金山湾之间

图 N - 38 显示了根据式（N - 29）得到的供水初始水平——在主震不久后东湾丘陵以东约 87% 的供水连接点即可恢复供水，而东湾丘陵以西的供水连接点只有 8% 可恢复供水。

EBMUD 认为太平洋瓦斯与电力公司（PG&E）需要两周时间才能恢复阿拉米达（Alameda）和康特拉科斯塔（Contra Costa）两个县 99.9% 的用户电力供应。因此，作者假设这些县的电力恢复曲线如下：

$$g(t) = 1 - \exp^{(-0.493t)} \tag{N-71}$$

图 N - 39 为 EBMUD 在以下三种情况下的估计服务恢复曲线：①"当前实际情况"（没有能源供给方案且没有进行管道更换）；②"实施能源供给方案的情况"（实施能源供给方案但没有进行管道更换）即假设 EBMUD 开发一个能源供给方案，以确保维修人员不会因能源供给不足而停工或延误；③"理想情况"（在地震序列发生前所有石棉水泥管和铸铁管都

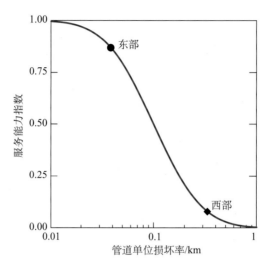

图 N – 38　海沃德情景 $M_W 7.0$ 设定主震发生后 EBMUD 服务区的供水系统可靠性（式（N – 29））

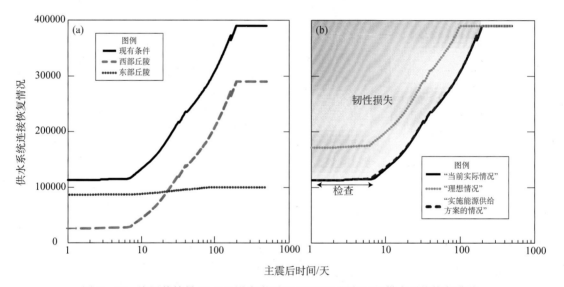

图 N – 39　海沃德情景 $M_W 7.0$ 设定主震下 EBMUD 服务区的供水系统恢复曲线

（a）旧金山湾区东湾部分在"当前实际情况"下供水服务恢复曲线；

（b）三种情况下的供水系统恢复曲线

在"理想情况"下，大约损失了 800 万单位服务时长（失去的连接数×天），平均每个连接损失 21 个服务日。

"实施能源供给方案情况"下，大约损失了 1890 万单位服务时长，平均每个连接损失 48 个服务日。

"当前实际情况"下，大约损失了 1991 万单位服务时长，平均每个连接损失 49 个服务日被替换为球墨铸铁管或塑料管，并已实施能源供给方案）。如同 Hazus 报告中所提到的，如若用 Hazus-MH 可靠性指数来衡量客户可接受服务用水比例，则"可接受服务连接数量"中包括较小流量的服务连接点。则如果实际震后水流量相较震前水流量很小，那么这些图表低估了可用供水服务连接数量。值得注意的是，"理想情况"是指在海沃德主震发生前更换了 EBMUD 所有的脆性管道，且所有泵站都配备了应急发电机和燃料的情况。曲线显示，在现有条件下，完全恢复需要 28 周（仅仅超过 6 个月）。在理想情况下，完全恢复供水可以在 14 周内（仅仅 3 个多月）完成，这比正常情况下提前了大约 3 个月。

　　在海沃德地震序列中 EBMUD 的修复进度见图 N-40，这再次说明了能源供给的制约影响，以及能源供给方案和提前更换脆性管道的潜在好处。

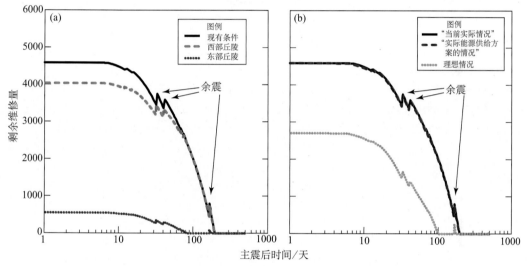

图 N-40　海沃德情景 M_w7.0 设定主震和余震发生后 EBMUD 服务区供水管道的维修进度（表 N-12）
（a）"当前实际情况"下旧金山湾区东湾的剩余维修曲线（东部、西部、总剩余维修量）；
（b）供水系统在三种情况下的剩余维修曲线

　　读者可以将图 N-40 中曲线上方的区域视为量化的韧性损失区域，韧性损失区域的减小意味着负面影响更小，恢复更快，或者两者兼而有之。三条曲线（"当前实际情况"、"实施能源供给方案情况"和"理想情况"）上方的区域以服务天数为单位。也就是说，每个服务连接点每供水中断一天就等于 1 个服务日的损失。三条曲线以上的面积如表 N-26 所示。该表显示了"当前实际情况"下、"实施能能源供给方案情况"下以及"理想情况"下（即在震前更换了所有铸铁管和石棉水泥管）损失的服务天数。假设条件（"实施能源供给方案情况"或"理想情况"）和现有条件的服务损失差衡量了假设条件的韧性收益情况。

表 N－26　海沃德情景 $M_{\mathrm{W}}7.0$ 设定主震发生后 EBMUD 服务区供水系统平均损失服务天数

条件	服务损失的总天数 $R \times M$	韧性效益 D（$R \times M$）	平均供水服务 损失天数（R）
完全按原样	19100000		49
有能源供给方案	18900000	200000	48
理想的条件	8100000	11000000	21

注：数字取整，减少过于精确的影响。理想情况是在地震发生前，所有石棉水泥管和铸铁管都被更换为球墨铸铁管或塑料管，且已实施能源供给方案。R：平均供水服务损失天数；M：供水服务连接点数量。

5. EBMUD 服务区供水系统损伤和恢复评估的验证

与 SJWC 一样，可以对上述结果进行初步验证。下文详细说明：

1）基于 EBMUD 内部损失评估的验证

1997 年 EBMUD 对海沃德断层 7.0 级地震造成供水管道破坏的可能性进行了评估。结果表明有 4054 处管道破裂和渗漏，其中大部分发生在铸铁管和石棉水泥管中（Terentieff 等，2015）。同年，EBMUD 也针对大直径管道（16～24 英尺，取决于管材）进行了研究，估计海沃德断层上 $M7.0$ 地震可能导致 334 处破裂和渗漏。基于上述结果，EBMUD 启动了一项基础设施更新计划，目标是每年更换大约 1% 的管道，且主要集中于铸铁管和石棉水泥管道（Terentieff 等，2015）。

1997 年 EBMUD 估计的结果（4054 处破裂和渗漏）与采用本章模型计算的在 $M_{\mathrm{W}}7.0$ 设定主震作用下的结果（4300 处）接近，比本章估计的在整个地震序列作用下的结果（5688 处）略低。1997 年估计大直径管道发生 334 处破裂和渗漏，比采用本章模型估计的在主震作用下的 20 英寸直径管道的结果（218 处）略高，与本章估计的在整个地震序列作用下的结果（302 处）相似。

在海沃德断层发生大地震之前，EBMUD 将完成 61% 的铸铁管或石棉水泥管的更替。海沃德断层是否会发生 $M_{\mathrm{W}}7.0$ 或更大的地震，这个问题要复杂得多。根据加利福尼亚州统一地震破裂预测（Uniform California Earthquake Rupture Forecast，UCERF3）以及断层截面数据（Field 等，2013），在未来 61 年内，海沃德断层北段发生这样的地震的可能性约为 16%，发生在断层南段的可能性约为 12%，发生在这些断层段的任一段的可能性约为 26%。上述理论意义重大，但仍具有较大的不确定性。

2）基于 EBMUD、北岭（Northridge）、神户（Kobe）和纳帕（Napa）的验证

正如前文所述，Jeon 和 O'rourke（2005）报告说明，1994 年的北岭地震导致 LADWP 正在使用的埋地管道有 1095 处破裂或渗漏，Lund 等（2005）报告说明，修复大约需要一周时间。本章海沃德方案的计算表明，EBMUD 将花费 28 周时间来修复 5700 处破裂和渗漏，这与 EBMUD 的判断一致，但长度约为 28 倍，修复次数约为 5 倍，平均速度约为北岭地震后 LADWP 实际修复速度的五分之一。

此外，1995 年神户地震造成了 1757 处破裂和渗漏，修复工作耗时 10 周，也就是每周进行 176 次修复。本章估计需要 28 周才能修复 5700 处破裂或渗漏（每周修复 200 处），与

神户估值基本一致。

2014 年南纳帕（Napa）地震后，纳帕（Napa）市在 5 天内修复了大约 120 处破裂（每周修复 170 处），与本章评估的每周修复 200 处大致相同。

3）基于 Hazus-MH 的验证

表 N-27 为 Hazus-MH 对 EBMUD 服务区中康特拉科斯塔（Contra Costa）和阿拉米达（Alameda）县的供水恢复估计。同上文一样，该估值仅考虑主震作用，且不考虑生命线系统的相互作用。用百分比表示 EBMUD 的服务客户数量，将两种模型进行对比分析，如图 N-41 所示。这两个模型在初始服务可靠性和恢复时间方面存在很大差异。

表 N-27　基于 Hazus-MH 估计海沃德情景 $M_W 7.0$ 设定主震发生后加州康特拉科斯塔
（Contra Costa）和阿拉米达县（Alameda County）的供水服务损失比例

分析	主震后供水中断的用户数量				
	第 1 天	第 3 天	第 7 天	第 30 天	第 90 天
Hazus-MH[1]	855207	854738	853731	845534	762299
	98.58%	98.53%	98.41%	97.47%	87.87%
本章模型[2]	71%	71%	70%	46%	24%

注：[1]Hazus-MH 的数据通过软件得到（Doug Bausch，书面交流。FEMA，2014），估计共有 87495 个用户。

[2]数字取整，减少过于精确的影响。Hazus-MH 的数据通过软件得到。

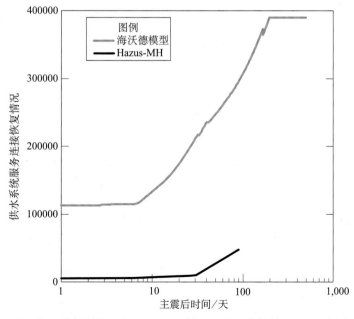

图 N-41　基于海沃德情景模型与 Hazus-MH 模型，海沃德情景 $M_W 7.0$ 设定主震作用下
EBMUD 供水韧性恢复曲线（Seligson 等，本卷）

6. 不同生命线之间的相互作用和维修耗材的制约

在电力和通信基本恢复（并不是完全恢复）之后，EBMUD 预计第 7 天左右才会开始维修。因此，在海沃德情景中，生命线系统的相互作用对 EBMUD 的影响很小。

七、基于 Hazus-MH 供水公司韧性评估

在供水系统分析研究工作中，所需数据的获取是非常耗时的，如对旧金山湾区的分析大约需要 30 种数据。为了估算海沃德地震序列对大都市地区的影响，作者将 Hazus-MH（FE-MA，2012）拟议修改的方法应用于湾区供水系统的分析（Seligson 等，第 J 章）。首先，作者对 Hazus 供水恢复时间的评估进行了修正，以体现出不同地区维修人员数量的差异。

SJWC 公司预计派遣 22 组人员对 225000 个服务连接点区域进行维修，或者说每 10000 个服务连接点大约配有一组维修人员。Hazus-MH 将家庭视为服务连接点。在海沃德项目实施之前，FEMA 提供了旧金山湾区相关数据，Hazus-MH 估计圣克拉拉（Santa Clara）县有 565863 户家庭（相当于服务连接点数量）。对 Hazus 的维修人员默认值进行修正，以满足式（N–61），如下所示：

$$\frac{q}{q_0} = \frac{1}{100} \times \left(\frac{565863}{10000} \times 4 \right) = 2.26 \qquad (N-72)$$

EBMUD 工程师认同海沃德的设定，即 EBMUD 预计派遣 35 组人员对 390000 个服务连接点区域进行维修，或者说每 11000 个服务连接点大约配有一组维修人员。而 SJWC 估计每 9000 个服务连接点配有 1 组维修人员。因此，作者假设阿拉米达县（Alameda）和康特拉科斯塔县（Contra Costa）（EBMUD 的服务区）每 11000 户（服务连接点）大约有 1 组维修人员（4 名工人），圣克拉拉（Santa Clara）县（SJWC 的服务区）每 9000 户（服务连接点）大约有 1 组维修人员，其他县则假设每 10000 户（服务连接点）有 1 组维修人员（取 EBMUD 和 SJWC 的近似平均值，以整数表示）。表 N–28 显示了可用维修人员数量的修正系数。其中加权平均值 $q/q_0 = 1.37$，而受到强烈震动的阿拉米达（Alameda）县和圣克拉拉（Santa Clara）县则更高。

表 N–28　可用维修人员数量修正系数，q/q_0（加州旧金山湾区）

县名	家庭数量	维修人员小组数	维修人员数量	q/q_0
Alameda	523366	48	190	1.90
Contra Costa	344129	31	125	1.25
Marin	100650	10	40	0.40
Merced	63815	6	26	0.26
Monterey	121236	12	48	0.48
Napa	45402	5	18	0.18

续表

县名	家庭数量	维修人员小组数	维修人员数量	q/q_0
Sacramento	453602	45	181	1.81
San Benito	15885	2	6	0.06
San Francisco	329700	33	132	1.32
San Joaquin	181629	18	73	0.73
San Mateo	254103	25	102	1.02
Santa Clara	565863	63	251	2.51
Santa Cruz	91139	9	36	0.36
Solano	130403	13	52	0.52
Sonoma	172403	17	69	0.69
Stanislaus	145146	15	58	0.58
Yolo	59375	6	24	0.24

　　基于"东湾市政公共事业区"一节中提出的速率制约因子 u 和流量系数 g，计算式（N-67）（该公式考虑了生命线相互作用的影响）。也就是说，作者假设大约一半的服务连接点位于依赖电力供应的供水压力控制区，且电力在震后 1 周内恢复，在震后第 3 天和第 7 天之间出现暂时的能源短缺现象。

　　Hazus 对 t_j 时可用供水服务连接数量的估计（通过家庭数量进行标准化）见表 N-29。作者假设在第 210 天供水完全恢复。Hazus-MH 并没有估算超过 90 天后的供水能力，而作者认为在 7 个月内完全恢复。该表展示了式（N-61）中 $\hat{V}(t)$ 的值。

表 N-29　基于原始 Hazus-MH 模型，海沃德情景 $M_W 7.0$ 设定主震下
加州旧金山湾区各县地区供水系统韧性恢复情况

县名	天数					
	1	3	7	30	90	120
Alameda	1%	1%	1%	1%	2%	100%
Contra Costa	3%	3%	3%	5%	28%	100%
Marin	91%	98%	100%	100%	100%	100%
Merced	98%	99%	100%	100%	100%	100%
Monterey	100%	100%	100%	100%	100%	100%
Napa	100%	100%	100%	100%	100%	100%
Sacramento	100%	100%	100%	100%	100%	100%
San Benito	98%	100%	100%	100%	100%	100%

县名	天数					
	1	3	7	30	90	120
San Francisco	40%	52%	87%	100%	100%	100%
San Joaquin	100%	100%	100%	100%	100%	100%
San Mateo	30%	34%	41%	100%	100%	100%
Santa Clara	11%	11%	12%	19%	76%	100%
Santa Cruz	100%	100%	100%	100%	100%	100%
Solano	98%	100%	100%	100%	100%	100%
Sonoma	100%	100%	100%	100%	100%	100%
Stanislaus	100%	100%	100%	100%	100%	100%
Yolo	100%	100%	100%	100%	100%	100%

表 N-30 为基于可用维修人员数量和生命线相互作用修正过的 Hazus-MH 模型，且在"当前实际情况"下的恢复率估值。表 N-31 为各县基于修正过的 Hazus-MH 模型，且在"实施能源供给方案情况"下的恢复率估值。表 N-32 为各县配备应急发电机后并已实施能源供给方案后的恢复率估值，即在"理想情况"下的恢复率估值。此外，表 N-30 至表 N-32 中阿拉米达（Alameda）县、康特拉科斯塔（Contra Costa）县和圣克拉拉（Santa Clara）县采用本章案例研究计算结果。上述表格绘制为图 N-42a~d。值得注意的是，由于 Hazus-MH 不适用于分析海沃德余震对生命线工程的影响，所以除圣克拉拉（Santa Clara）县、阿拉米达（Alameda）县和康特拉科斯塔（Contra Costa）县以外的县的恢复率估值不能反映余震造成的损坏。

表 N-30　基于修正 Hazus-MH 模型，在"当前实际情况"下，海沃德情景 M_W7.0 设定主震下
加州旧金山湾区各县地区供水系统韧性恢复情况

县名	天数					
	1	3	7	30	90	120
Alameda	29%	29%	30%	54%	76%	100%
Contra Costa	29%	29%	30%	54%	76%	100%
Marin	91%	94%	95%	100%	100%	100%
Merced	98%	98%	98%	100%	100%	100%
Monterey	100%	100%	100%	100%	100%	100%
Napa	100%	100%	100%	100%	100%	100%
Sacramento	100%	100%	100%	100%	100%	100%

续表

县名	天数					
	1	3	7	30	90	120
San Benito	98%	98%	100%	100%	100%	100%
San Francisco	40%	55%	67%	100%	100%	100%
San Joaquin	100%	100%	100%	100%	100%	100%
San Mateo	30%	34%	35%	80%	100%	100%
Santa Clara	63%	70%	73%	100%	100%	100%
Santa Cruz	100%	100%	100%	100%	100%	100%
Solano	98%	99%	99%	100%	100%	100%
Sonoma	100%	100%	100%	100%	100%	100%
Stanislaus	100%	100%	100%	100%	100%	100%
Yolo	100%	100%	100%	100%	100%	100%

注：本章案例研究中考虑阿拉米达（Alameda）县、康特拉科斯塔（Contra Costa）县和圣克拉拉（Santa Clara）。

表 N-31　基于修正 Hazus-MH 模型，在"实施能源供给方案情况"下，海沃德情景 $M_W 7.0$ 设定主震下加州旧金山湾区各县地区供水系统韧性恢复情况

县名	天数					
	1	3	7	30	90	120
Alameda	32%	33%	35%	59%	81%	100%
Contra Costa	32%	33%	35%	59%	81%	100%
Marin	91%	94%	100%	100%	100%	100%
Merced	98%	98%	99%	100%	100%	100%
Monterey	100%	100%	100%	100%	100%	100%
Napa	100%	100%	100%	100%	100%	100%
Sacramento	100%	100%	100%	100%	100%	100%
San Benito	98%	98%	100%	100%	100%	100%
San Francisco	40%	55%	100%	100%	100%	100%
San Joaquin	100%	100%	100%	100%	100%	100%
San Mateo	30%	34%	41%	86%	100%	100%
Santa Clara	63%	70%	73%	100%	100%	100%
Santa Cruz	100%	100%	100%	100%	100%	100%

续表

县名	天数					
	1	3	7	30	90	120
Solano	98%	100%	100%	100%	100%	100%
Sonoma	100%	100%	100%	100%	100%	100%
Stanislaus	100%	100%	100%	100%	100%	100%
Yolo	100%	100%	100%	100%	100%	100%

注：本章案例研究中考虑阿拉米达（Alameda）县、康特拉科斯塔（Contra Costa）县和圣克拉拉（Santa Clara）县。

表 N-32　基于修正 Hazus-MH 模型，在"理想情况"下，海沃德情景 $M_W 7.0$ 设定主震下加州旧金山湾区各县地区供水系统韧性恢复情况

县名	天数					
	1	3	7	30	90	120
Alameda	44%	44%	47%	73%	97%	100%
Contra Costa	44%	44%	47%	73%	97%	100%
Marin	91%	94%	100%	100%	100%	100%
Merced	98%	98%	99%	100%	100%	100%
Monterey	100%	100%	100%	100%	100%	100%
Napa	100%	100%	100%	100%	100%	100%
Sacramento	100%	100%	100%	100%	100%	100%
San Benito	98%	98%	100%	100%	100%	100%
San Francisco	40%	55%	100%	100%	100%	100%
San Joaquin	100%	100%	100%	100%	100%	100%
San Mateo	30%	34%	41%	86%	100%	100%
Santa Clara	71%	78%	85%	100%	100%	100%
Santa Cruz	100%	100%	100%	100%	100%	100%
Solano	98%	99%	100%	100%	100%	100%
Sonoma	100%	100%	100%	100%	100%	100%
Stanislaus	100%	100%	100%	100%	100%	100%
Yolo	100%	100%	100%	100%	100%	100%

注：本章案例研究中考虑阿拉米达（Alameda）县、康特拉科斯塔（Contra Costa）县和圣克拉拉（Santa Clara）县。

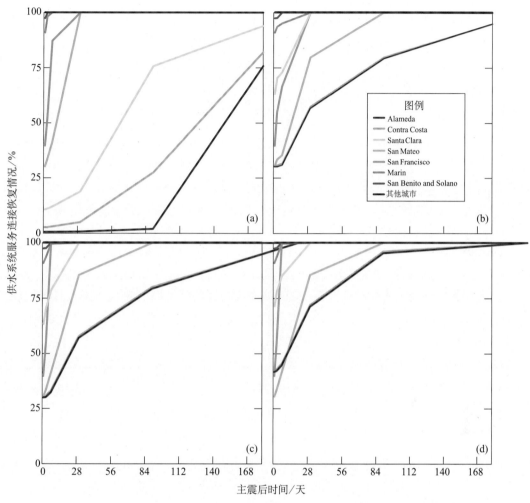

图 N-42 海沃德情景 M_W7.0 设定主震下加州旧金山湾区各县地区供水系统恢复情况
(a) 基于原始 Hazus-MH 模型；(b) 基于修正 Hazus-MH 模型，在"当前实际情况"下；
(c) 基于修正 Hazus-MH 模型，在"实施能源供给方案情况"下；
(d) 基于修正 Hazus-MH 模型，在"理想情况"下
图 (b、c、d) 中康特拉科斯塔 (Contra Costa)、阿拉米达 (Alameda) 和圣克拉拉 (Santa Clara)
等县曲线采用本章案例研究计算结果 (未使用 Hazus-MH 模型)

八、结论

本章介绍了一个供水系统损坏和恢复的分析模型，该模型可以仅通过地理信息系统和电子表格软件来实现（不需要黑箱子网络以及其他专用软件）。（注：新模型的损坏评估部分采用已有方法，修复评估部分采用新方法）

1. 概要

本章介绍的供水系统损坏和恢复模型分析得出，海沃德 $M_W7.0$ 设定地震可能会对旧金山湾区东湾的部分供水的埋地管网造成损坏，并导致 EBMUD 客户平均停水时长为 6 周，有些甚至长达 6 个月。系统韧性损失（以可用服务连接点数量与时间的关系曲线的上方面积来衡量）为 1900 万个单位服务时长。如果"脆性管道更换计划"（如果以每年 1% 的合理速度替代，约需要 60 年）在下一次大地震发生之前实施完成，则该损失可以减少一半。此外，若 EBMUD 对商业燃料的依赖减轻或消除，则可以再减少 2 万个单位服务时长的损失。

该模型表明，海沃德情景中 SJWC 客户平均停水时长为 4 天，系统韧性损失为 94 万个单位服务时长。如果实施能源供给方案，则上述两项评估损失减少约四分之一。另外，如果 SJWC 在大地震发生前完成所有铸铁和石棉水泥管的更换（按目前的更换速度计算，约需要 25 年），则原有系统韧性损失（在没有实施能源供给方案的前提下更换脆性管道）将减少一半。

本章节中的两个案例（EBMUD 和 SJWC）验证了新模型评估结果的合理性，并且与这两个公司以往对其他地震中供水系统的恢复研究相一致。但是，目前的研究结果与 Hazus-MH 得出的恢复评估结果大相径庭，其中 Hazus-MH 估计的恢复时间要长得多，且韧性损失也大得多。

2. 创新点

本章方法模拟了在地震震动（地震动效应）和场地失效（液化、滑坡和断层破裂）作用下埋地管道的损坏和修复。该方法的应用前提是，研究人员能够获得地震作用相关信息（特别是 PGV 和场地失效概率）和供水管网图。与先前此类研究成果相比，本章模型相对新颖，具有以下创新点：

（1）该模型考虑了生命线相互作用和维修耗材的制约，对维修速度进行了折减，该折减系数取决于上述因素对维修效率的重要程度。据估算，在 SJWC 案例中，上述影响因素导致系统韧性损失（以损失的单位服务时长来衡量）增加了 25%。

（2）该模型考虑了余震作用。

（3）该模型既可以用于确定性评估（不考虑随机性），也可用于随机评估（仅考虑主要的不确定性来源）。

（4）该模型的实现仅需要 GIS 和电子表格，而不需要其他特殊软件（如 Hazus-MH）。这可以使得研究人员更深入地了解模型结果的合理性以及损坏和恢复延迟的潜在原因。

（5）该模型提出了一种近似方法（approximate method），对 Hazus-MH 生命线损伤和恢复时间估值进行了修正，以考虑生命线相互作用。

（6）该模型不需要对破坏或维修过程中的供水系统进行水力分析。这种简化必然涉及一个通用但存疑的设定，即管道破损率与功能失效具有关联性。且该模型无法体现出整个系统的压力变化。

（7）该模型在很大程度上不依赖于专家意见和未发表的数据。而其他未建模的生命线系统的损伤评估或许会需要专家意见来量化制约因素 u 和流量系数 $g(t)$。

该方法用于评估海沃德情景设定地震（一次大地震，而非罕遇地震）对 SJWC 和

EBMUD 埋地管道网络的影响。其结果与供水运营方基于历史地震经验的判断大致相符，并与其他模型的结论相当。与海沃德地震情景的其他章节分析一样，当旧金山湾区的海沃德断层或其他断层发生下一次大地震时，地震造成破坏的数量以及空间分布随时间而变化。但是，本章分析结果对抗震备灾有一定的指导意义。

3. 展望

本章节提出的研究方法几乎不依赖专家经验。

依据专家意见给出因素 u 也可以采用其他方法得到，例如从公共事业单位收集足够多的历史地震经验数据推算得到，或采用类似于 Lund 和 Schiff（1991）的调查方法得到。同时，流量系数 $g(t)$ 也可以由显式建模获得。除此以外，人们更想知道的是：是否有理论依据支撑采用式（N‐32）幂次方法对供水系统恢复进行评估是合理的，以及公式中的幂指数设定为 2/3 的合理性和必要性。

该研究有待改进的内容如下：

（1）Hazus‐MH 公式中可靠性指数的优化（更加准确或适用）。人们能否将管道破损率与客户接受各种服务能力阈值（如满足烹饪和基本卫生需求的最小服务功能值）的比例联系起来？

（2）遭受大型主震后未明显受损管道的抗震性能是否降低以及如何降低。

（3）对供水系统中的其他元件（包括贮水池、输水隧洞、渠道、阀门和水库）采取减灾措施。

（4）供水公司可参考 Lund 和 Schiff（1991），建立一个标准数据库来记录管道的渗漏和破裂（特别是因地震造成的损坏），以便为改进后的管道易损性函数提供信息。

（5）通过模拟 2014 年 8 月 24 日南纳帕（Napa）地震对供水系统造成的破坏，比对模拟结果与实际情况来验证本章模型的合理性。

九、致谢

作者感谢 SJWC 的雅各布·沃什（Jacob Walsh）和詹姆斯·沃尔布林克（James Wollbrinck），以及 EBMUD 的朱莉娅·哈尔斯内（Julia Halsne）、安德里亚·陈（Andrea Chen）、克利福德·陈（Clifford Chan）、泽维尔·伊利亚斯（Xavier Irias）、罗伯特·麦克默林（Roberts McMullin）、迈克·安布罗斯（Mike Ambrose）、德维纳·奥贾斯卡斯特罗（Devina Ojascastro）和谢尔盖·特伦蒂夫（Serge Teren）。

参 考 文 献

Aagaard B T, Boatwright J L, Jones J L, MacDonald Keith A, Porter K A, Wein A M, 2017, HayWired scenario mainshock ground motions, chap. C of Detweiler S T and Wein A M, eds. , The HayWired earthquake scenario—Earthquake hazards：U. S. Geological Survey Scientific Investigations Report 2017‐5013‐A‐H, 126p, https：//doi. org/10. 3133/sir20175013v1

Aagaard B T, Graves R W, Rodgers A, Brocher T M, Simpson R W, Dreger D, Petersson N A, Larsen S C, Ma S and Jachens R C, 2010a, Ground-motion modeling of Hayward Fault scenario earthquakes, part Ⅱ；Simulation of long-period and broadband ground motions：Bulletin of the Seismological Society of America, v. 100, no. 6,

p. 2945-2977, https://doi. org/10. 1785/0120090379

Aagaard B T, Graves R W, Schwartz D P, Ponce D A and Graymer R W, 2010b, Ground-motion modeling of Hayward Fault scenario earthquakes, part I: Construction of the suite of scenarios: Bulletin of the Seismological Society of America, v. 100, no. 6, p. 2927-2944, https://doi. org/10. 1785/0120090324

Aagaard B T, Lienkaemper J J and Schwartz D P, 2012, Probabilistic estimates of surface coseismic slip and afterslip for Hayward Fault earthquakes: Bulletin of the Seismological Society of America, v. 102, no. 3, p. 961-979, https://doi. org/10. 1785/0120110200

American Society of Civil Engineers, 1984, Guidelines for the seismic design of oil and gas pipeline systems, committee on gas and liquid fuel lifeline: Reston, Va. , American Society of Civil Engineers, 473p

American Water Works Association, 2008, AWWA small systems pipe repair checklist, as published in July 2008 Opflow Question of the Month: American Water Works Association, 7 p. , accessed August 8, 2017, at http://www. awwa. org/Portals/0/files/resources/water% 20knowledge/rc% 20small% 20systems/piperepairchecklist. pdf

Ang A H S and Tang W H, 1975, Probability concepts in engineering planning and design, vol. 1—Basic Principles: John Wiley & Sons, New York, 409p

Applied Technology Council, 1991, Seismic vulnerability and impact of disruption of lifelines in the conterminous United States (FEMA 224, ATC-25): Washington D C, Federal Emergency Management Agency, 439 p. , accessed August 8, 2017, at https://www. fema. gov/media-library-data/20130726-1452-20490-1854/fema _224. pdf

Applied Technology Council, 2012, Seismic performance assessment of buildings; volume 1—methodology: Washington D C, Federal Emergency Management Agency, 278p, accessed August 8, 2017, at https://www. fema. gov/media-library-data/1396495019848 - 0c9252aac91dd1854dc378feb9e69216/FEMAP - 58 _ Volume1_508. pdf

Ballantyne D, Berg E, Kennedy J, Reneau R and Wu D, 1990, Earthquake loss estimation modeling of Seattle water system: Seattle, Wash. , Kennedy/Jenks/Chilton, Inc. , report to U. S. Geological Survey, Grant No. 14-08- 000 I-G 1526

Bay Area Rapid Transit District, 2015, Remembering Loma Prieta: Bay Area Rapid Transit District web page, accessed August 8, 2017, at http://www. bart. gov/marketing/25-years-after-Loma-Prieta-quake

Bay City News, 2015, East by earthquake rupture more than a dozen water lines: Bay City News, Inc. , August 18, 2015, accessed December 27, 2015, at http://blog. sfgate. com/stew/2015/08/18/east-bay-earthquake-ruptures-more-than-a-dozen-water-lines/

Benjamin J R and Cornell C A, 1970, Probability, statistics, and decision for civil engineers: Dover Books on Engineering, 704p

Boore D M, Stewart J P, Seyhan E and Atkinson G M, 2014, NGA-West2 equations for predicting PGA, PGV, and 5% damped PSA for shallow crustal earthquakes: Earthquake Spectra, v. 30, no. 3, p. 1057-1085

Bruneau M, Chang S E, Eguchi R T, Lee G C, O'Rourke T D, Reinhorn A M, Shinozuka M, Tierney K, Wallace W A and von Winterfeldt D, 2003, A framework to quantitatively assess and enhance the seismic resilience of communities: Earthquake Spectra, v. 19, no. 4, p. 733-752

California Water/Wastewater Agency Response Network, 2009, Mutual aid/assistance operational plan: California Water/Wastewater Agency Response Network, 67p, accessed August 8, 2017, at https://goo. gl/kyT8qE

California Water/Wastewater Agency Response Network, n. d. , CalWARN mutual assistance activated in response to Napa earthquake: California Water/Wastewater Agency Response Network web page, accessed August 8, 2017, at http：//prod. i-info. com/dashboard/Layout/41EFB108A353467693096E1D202485DB/about/aboutPublic/~events. htm

Chen W F and Scawthorn C R, eds. , 2003, Earthquake engineering handbook： New York, N. Y. , CRC Press, 1480p

City of Winnipeg, 2014, Water main breaks frequent asked questions (FAQs)： City of Winnipeg, Canada, web page, accessed October 6, 2015, at http：//www. winnipeg. ca/waterandwaste/water/mainbreaks. stm

Contra Costa Local Agency Formation Commission, 2008, Section 9. 0 East Bay Municipal Utility District Water and Wastewater Service, in West Contra Costa County water and wastewater MSR adopted 8/13/08： Martinez, Calif. , Contra Costa Local Agency Formation Commission, 8p, accessed October 26, 2015, at http：//www. contracostalafco. org/municipal_service_reviews. htm

Detweiler S T and Wein A M, eds. , 2017, The HayWired earthquake scenario—Earthquake hazards： U. S. Geological Survey Scientific Investigations Report 2017 - 5013 - A - H, 126p, https：//doi. org/10. 3133/sir20175013v1

East Bay Municipal Utility District, 2014, Napa's neighbors to the rescue： East Bay Municipal Utility District Customer Pipeline, Nov. -Dec. 2014, 1p, accessed August 8, 2017, at https：//www. ebmud. com/files/1314/3197/7857/customer-pipeline_0. pdf

Eidinger J, 2001, Seismic fragility formulations for water systems： American Lifelines Alliance, 96p, accessed August 8, 2017, at http：//www. americanlifelinesalliance. com/pdf/Part_1_Guideline. pdf

Elvert, Kurt, 2015, Water supply and conservation： San Jose Water Supply Company presentation, accessed, July 25, 2017, at http：//www. avca-sj. org/presentations/2015-07-13_KurtElvert_min. pdf

Federal Emergency Management Agency, 2012, Hazus multi-hazard loss estimation methodology, earthquake model, Hazus ® -MH 2. 1 technical manual： Federal Emergency Management Agency, Mitigation Division, accessed July 18, 2017, 718p, at https：// www. fema. gov/media-library-data/20130726-1820-25045-6286/hzmh2_1 _eq_tm. pdf

Felzer K R, Abercrombie R E and Ekstr? m G, 2003, Secondary aftershocks and their importance for aftershock prediction： Bulletin of the Seismological Society of America, v. 93, no. 4, p. 1433-1448

Field E H, Biasi G P, Bird P, Dawson T E, Felzer K R, Jackson D D, Johnson K M, Jordan T H, Madden C, Michael A J, Milner K R, Page M T, Parsons T, Powers P M, Shaw B E, Thatcher W R, Weldon R J Ⅱ and Zeng Y, 2013, Uniform California earthquake rupture forecast, version 3 (UCERF3) —The time-independent model： U. S. Geological Survey Open-File Report 2013-1165, 97p, California Geological Survey Special Report 228, and Southern California Earthquake Center Publication 1792, accessed August 8, 2017, at https：//pubs. usgs. gov/of/2013/1165/

Honegger D G and Eguchi R T, 1992, Determination of relative vulnerabilities to seismic damage for San Diego County Water Authority (SDCWA) water transmission pipelines： Costa Mesa, CA： EQE Engineering, 19p

Howard R A, 1990, From influence to relevance to knowledge, in Oliver R M and Smith J Q, eds. , Influence diagrams, belief nets and decision analysis： New York, N. Y. , John Wiley & Sons, p. 3-23

Hudnut K W, Brocher T M, Prentice C S, Boatwright J, Brooks B A, Aagaard B T, Blair J L, Fletcher J B, Erdem J E, Wicks C W, Murray J R, Pollitz F F, Langbein J, Svarc J, Schwartz D P, Ponti D J, Hecker S, DeLong S, Rosa C, Jones B, Lamb R, Rosinski A, McCrink T P, Dawson T E, Seitz G, Rubin R S, Glennie C, Hauser D, Ericksen T, Mardock D, Hoirup D F and Bray J D, 2014, Key recovery factors for the August 24, 2014, South Napa earthquake： U. S. Geological Survey Open-File Report 2014-1249, 51p, accessed August 8, 2017, at https：//doi. org/10. 3133/ofr20141249

Isoyama R and Katayama T, 1982, Reliability evaluation of water supply systems during earthquakes: University of Tokyo, Report of the Institute of Industrial Science, v. 30, no. 1, p. 1-64

Javanbarg M and Scawthorn C, 2012, UILLIS—Urban Infrastructure and Lifelines Interactions of Systems: Proceedings of the 15th World Conference on Earthquake Engineering, September 2012, Lisbon Portugal, p. 10358-10364

Jayaram N and Baker J, 2009, Correlation model for spatially distributed ground-motion intensities: Earthquake Engineering and Structural Dynamics, v. 38, p. 1687-1708

Jeon S S and O'Rourke T D, 2005, Northridge earthquake effects on pipelines and residential buildings: Bulletin of the Seismological Society of America, v. 95, no. 1, p. 294-318

Jones J L, Knudsen K L and Wein A M, 2017, HayWired scenario mainshock—Liquefaction probability mapping, chap. E of Detweiler S T and Wein A M, eds. , The HayWired earthquake scenario—Earthquake hazards: U. S. Geological Survey Scientific Investigations Report 2017 - 5013 - A - H, 126p, https: //doi. org/ 10. 3133/sir20175013v1

Jones L M, Bernknopf R, Cox D, Goltz J, Hudnut K, Mileti D, Perry S, Ponti D, Porter K, Reichle M, Seligson H, Shoaf K, Treiman J and Wein A, 2008, The ShakeOut scenario: U. S. Geological Survey Open-File Report 2008-1150 and California Geological Survey Preliminary Report 25, 312p and appendixes, accessed April 12, 2017, at https: //pubs. usgs. gov/of/2008/1150/

Jones M C, 2009, Kumaraswamy's distribution—A beta-type distribution with some tractability advantages: Statistical Methodology, v. 6, p. 70-81

Kennedy R P, Chow A W and Williamson R A, 1977, Fault movement effects on buried oil pipeline: Journal of Transportation Engineering, v. 103, no. TE5, p. 617-633

Khater M and Grigoriu M, 1989, Graphical demonstration of serviceability analysis: Reston, Va. , American Society of Civil Engineers, Proceedings of the 5th International Conference on Structural Safety and Reliability, San Francisco, California, August 7-11, 1989, p. 525-532t

Kumaraswamy P, 1980, A generalized probability density function for double-bounded random processes: Journal of Hydrology, v. 46, p. 79-88

Lilliefors H, 1967, On the Kolmogorov-Smirnov test for normality with mean and variance unknown: Journal of the American Statistical Association, v. 62, no. 318, p. 399-402

Los Angeles Department of Water and Power, 2014, Westwood/Sunset trunk line repair update: Los Angeles Department of Water and Power press release, Sunday August 3, 2014, accessed July 11, 2017, at https: // www. ladwpnews. com/westwood-sunset-trunk-line-repair-update-sunday-august-3-2014/

Lund L and Davis C A, 2005, Multihazard mitigation Los Angeles water system—A historical perspective, in Taylor C and VanMarcke E, eds. , Infrastructure risk management processes—Natural, accidental, and deliberate hazards: Reston, Va. , American Society of Civil Engineers, p. 224-279

Lund L, Davis C A and Adams M L, 2005, Water system seismic performance 1994 Northridge-1995 Kobe earthquakes: American Water Works Association and Japan Water Works Association, Proceedings of the 4th Japan-U. S. Workshop on Seismic Measures for Water Supply, Kobe, Japan, January 2005, p. 19-30, accessed August 8, 2017, at http: //www. waterrf. org/PublicReportLibrary/3156. pdf

Lund L and Schiff A, 1991, TCLEE pipeline failure database: Reston, Va. , American Society of Civil Engineers, Technical Council on Lifeline Earthquake Engineering, 36p

Markov I, Grigoriu M and O'Rourke T D, 1994, An evaluation of seismic serviceability of water supply networks with application to San Francisco auxiliary water supply system: Buffalo N. Y. , National Center for Earthquake Engineering Research report no. 94-0001, 154p

McCrink T P and Perez F G, 2017, HayWired scenario mainshock—Earthquake-induced landslide hazards, chap. F of Detweiler S T and Wein A M, eds. , The HayWired earthquake scenario—Earthquake hazards: U. S. Geological Survey Scientific Investigations Report 2017 - 5013 - A - H, 126 p. , https://doi. org/10. 3133/sir20175013v1

Mid-America Earthquake Center, 2006, MAEViz Software: Urbana, Ill. , Multihazard Approach to Engineering Center, University of Illinois at Urbana-Champaign

Nojima N and Kameda H, 1991, Cross-impact analysis for lifeline interaction: American Society of Civil Engineering, Technical Council on Lifeline Earthquake Engineering, Proceedings of the 3rd U. S. Conference on Lifeline Earthquake Engineering, Los Angeles, California, August 22-23, 1991, p. 629-638

Ogata Y, 1998, Space-time point-process models for earthquake occurrences: Annals of the Institute of Statistical Mathematics, v. 50, no. 2, p. 379-402

O'Rourke M J, 2003, Buried pipelines, chap. 23 of Chen W F and Scawthorn C R, eds. , New York, N. Y. , CRC-Press, 1480p

O'Rourke M J and Ayala G, 1993, Pipeline damage due to wave propagation: Reston, Va. , American Society of Civil Engineers, Journal of Geotechnical Engineering, v. 119, no. 9, p. 1490-1498

O'Rourke T D, Jeon S S, Toprak S, Cubrinovski M, Hughes M, van Ballegooy S and Bouziou D, 2014, Earthquake response of underground pipeline networks in Christchurch, NZ: Earthquake Spectra, v. 30, no. 1, p. 183-204

O'Rourke T D and Palmer M C, 1996, Earthquake performance of gas transmission pipelines: Earthquake Spectra, v. 12, no. 3, p. 493-527

O'Rourke T D and Trautmann C H, 1980, Analytical modeling of buried pipeline response to permanent earthquake displacements: Ithaca, N. Y. , Cornell University, School of Civil Engineering and Environmental Engineering, report no. 80-4, 102p

Petersen M D, Moschetti M P, Powers P M, Mueller C S, Haller K M, Frankel A D, Zeng Yuehua, Rezaeian, Sanaz, Harmsen S C, Boyd O S, Field, Ned, Chen Rui, Rukstales K S, Luco, Nico, Wheeler R L, Williams R A and Olsen A H, 2014, Documentation for the 2014 update of the United States national seismic hazard maps: U. S. Geological Survey Open-File Report 2014-1091, 243p, accessed July 11, 2017, at https://doi. org/10. 3133/ofr20141091

Porter K A, 2017a, A beginner's guide to fragility, vulnerability, and risk: SPA Risk LLC and University of Colorado Boulder, 92p, accessed January 18, 2018, at http://www. sparisk. com/pubs/Porter-beginners-guide. pdf

Porter K A, 2017b, HayWired scenario three-dimensional numerical ground-motion simulation maps, chap. H of Detweiler S T and Wein A M, eds. , The HayWired earthquake scenario—Earthquake hazards: U. S. Geological Survey Scientific Investigations Report 2017-5013-A-H, 126p, accessed July 11, 2017, at https://doi. org/10. 3133/sir20175013v1

Porter K A and Sherrill R, 2011, Utility performance panels in the ShakeOut scenario: Earthquake Spectra, v. 27, no. 2, p. 443-458, accessed July 11, 2017, at https://doi. org/10. 1193/1. 3584121

Porter K, Wein A, Alpers C, Baez A, Barnard P, Carter J, Corsi A, Costner J, Cox D, Das T, Dettinger M, Done J, Eadie C, Eymann M, Ferris J, Gunturi P, Hughes M, Jarrett R, Johnson L, Dam Le-Griffin H, Mitchell D, Morman S, Neiman P, Olsen A, Perry S, Plumlee G, Ralph M, Reynolds D, Rose A, Schaefer K, Serakos J, Siembieda W, Stock J, Strong D, Sue Wing I, Tang A, Thomas P, Topping K and Wills C; Jones L, chief scientist, Cox D, project manager, 2011, Overview of the ARkStorm scenario: U. S. Geological Survey Open-File

Report 2010－1312, 183p and appendixes, accessed April 10, 2017, at https：//pubs. usgs. gov/of/ 2010/1312/

Prashar Y, McMullin R, Cain B and Irias X, 2012, Pilot large diameter pipeline seismic fragility assessment, in Card R J and Kenny M K, eds. , Proceedings of the Pipelines 2012 Conference, Miami Beach, Florida, August 19-22, 2012：Reston, Va. , American Society of Civil Engineers, p. 396-407

Rose A, Wei D and Wein A, 2011, Economic impacts of the ShakeOut earthquake scenario：Earthquake Spectra v. 27, no. 2, p. 521-538

San Francisco Lifelines Council, 2014, Lifelines interdependency study 1 report：San Francisco Office of the City Administrator, San Francisco, 56p, accessed July 20, 2017, at http：//sfgov. org/esip/sites/default/files/Documents/homepage/LifelineCouncil%20Interdependency%20Study_FINAL. pdf

San Francisco Public Utilities Commission, 2015, Quarterly report—Water Enterprise Capital Improvement Program—Local—January 2015—March 2015：San Francisco Public Utilities Commission, accessed July 20, 2017, at https：//sfwater. org/modules/showdocument. aspx? documentid=7182

Scawthorn C R, 1993, Lifeline interaction and post-earthquake functionality：Proceedings of the 5th U. S. －Japan Workshop on Earthquake Disaster Prevention for Lifeline Systems, Tsukuba Science City, Japan, October 26-27, 1992, p. 441-450

Scawthorn C R, 2008, The ShakeOut scenario supplemental study—Fire following earthquake：Denver Colo. , SPA Risk LLC, 33p, accessed August 9, 2017, at http：//books. google. com/books? id=mDGrFAw5zqYC&lpg= PA1&dq=shakeout%20fire%20following&pg=PA1#v=onepage&q&f=false

Scawthorn C R, Porter K A, Khater M, Seidel D, Ballantyne D, Taylor H T, Darragh R D and Ng C, 1992, Utility performance aspects, liquefaction study, Marina and Sullivan Marsh areas, San Francisco California, in Hamada M and O'Rourke T, Proceedings from the fourth Japan-U. S. Workshop on Earthquake Resistant Design of Lifeline Facilities and Countermeasures for Soil Liquefaction, Tokai University Pacific Center, Honolulu, Hawaii, May 27-29, 1992, vol. 1：National Center for Earthquake Engineering Research, Technical Report NCEER－92-0019, p. 317-333, accessed August 9, 2017, at http：//www. sparisk. com/pubs/Scawthorn-1992-SF-Liquefaction-Study. pdf

Schiff A, 1988, The Whittier Narrows, California earthquake of October 1, 1987—Response of lifelines and their effect on emergency response：Earthquake Spectra, v. 4, no. 2, p. 339-366

Seligson H A, Eguchi R T, Lund L and Taylor C E, 1991, Survey of 15 utility agencies serving the areas affected by the 1971 San Fernando and 1987 Whittier Narrows earthquakes：Los Angeles, Calif. , Dames & Moore, Inc. , report prepared for the National Science Foundation, 100p

Small Business Administration Office of Advocacy, 2012, Frequently asked questions about small business：Washington D C, Small Business Administration, accessed December 14, 2017, at https：//www. sba. gov/sites/defaul/files/FAQ_Sept_2012. pdf

Tabucchi T, Brink S and Davidson R, 2010, Simulation of post-earthquake water supply system restoration：Civil Engineering and Environmental Systems, v. 27, no. 4, accessed July 14, 2017, at http：//dx. doi. org/ 10. 1080/10286600902862615

Tabucchi T H P and Davidson R A, 2008, Post-earthquake restoration of the Los Angeles Water Supply System：University at Buffalo, State University of New York, Multidisciplinary Center for Earthquake Engineering Research, Technical Report MCEER-08-0008, 127p, accessed July 14, 2017, at https：//mceer. buffalo. edu/pdf/report/08-0008. pdf

Terentieff S, Chen A, McMullin R, Prashar Y and Irias X J, 2015, Emergency planning and response damage prediction modeling to mitigate interdependency impacts on water service restoration: Water Research Foundation, Proceedings 9th Water System Seismic Conference, Sendai, Japan October 14-16, 2015, p. 80-91, accessed August 9, 2017, at http: //www. waterrf. org/PublicReportLibrary/4603. pdf

Tierney K J, 1995, Impacts of recent U. S. disasters on businesses—The 1993 Midwest floods and the 1994 Northridge earthquake: Proceedings of the National Center for Earthquake Engineering Research Conference on the Economic Impacts of Catastrophic Earthquakes—Anticipating the Unexpected, New York, N. Y. , September 12 and 13, 1995, 52p

Treiman J and Ponti D, 2011, Estimating surface faulting impacts from the ShakeOut scenario earthquake: Earthquake Spectra, v. 27, no. 2, p. 315-330

Wein A M, Felzer K R, Jones J L and Porter K A, 2017, HayWired scenario aftershock sequence, chap. G of Detweiler S T and Wein A M, eds. , The HayWired earthquake scenario—Earthquake hazards: U. S. Geological Survey Scientific Investigations Report 2017-5013-A-H, 126p, https: //doi. org/10. 3133/sir20175013v1

第 O 章　海沃德情景设定主震下高层建筑结构性能、功能中断时间及损失评估案例研究

Ibrahim M. Almufti[1]　**Carlos Molina-Hutt**[2]　**Michael W. Mieler**[1]
Nicole A. Paul[1]　**Chad R. Fusco**[1]

一、摘要

　　海沃德地震情景设定在 2018 年 4 月 18 日下午 4 点 18 分，位于加利福尼亚州旧金山湾区东湾的海沃德断层上发生 M_W7.0 地震（主震）。在该情景下，本研究选取旧金山和奥克兰市中心三栋具有代表性的高层建筑作为典型建筑，开展包括结构分析、震后功能中断期及损失的评估。其中两栋是依照 20 世纪 70 年代的建筑规范和专家经验设计的高层钢框架办公楼（20 层和 40 层），余下的一栋则是采用最新的基于性能的设计方法设计的钢筋混凝土高层住宅楼（42 层）。为使上述性能评估结果更符合实际，我们从美国地质调查局（USGS）提供的模拟断层破裂的主震地震动时程中选择了最接近旧金山和奥克兰市中心位置的记录。除此之外，本章还提供了旧金山既有高层建筑的详细数据库。

　　结构分析作为建筑抗震韧性评价方法的第一步，其结果的准确与否至关重要。为准确获得目标建筑在海沃德主震下的预期性能，本章选择 LS-DYNA 软件对三栋典型建筑进行非线性时程分析（Nonlinear Response-History Analysis，NLRHA）。就目标建筑的结构分析结果而言，新型钢筋混凝土住宅楼的破坏相对较轻，表现良好，但楼面峰值加速度（peak floor acceleration，单位：g）受高阶振型影响格外显著（建筑物的周期或振型是建筑的一种动力特性，通常指建筑物在水平地震作用激励下，完成一个来回摆动所需的时间）。依据 20 世纪 70 年代规范设计的钢框架办公楼遭受了一定程度的破坏，其上部楼层框架梁节点部位的钢材发生普遍屈曲，部分焊缝（北岭地震前的构造方式）发生断裂。但这些损伤既没有导致结构倒塌，也没有造成建筑明显的残余变形，因此钢框架建筑经维修后可继续使用。以上建筑在设定水平地震作用下的层间位移角均符合现行规范要求（≤层高/50）。

　　基于以上分析结果，本研究选用 FEMA P-58 中的概率方法（蒙特卡洛模拟法）来对设定情景中的建筑物进行"损失分析"。为集百家之所长，我们在对受损构件的修复和（或）置换费用估算时采用 FEMA P-58 方法，而在估算修复时间和停工时间时采用的则是以 FEMA P-58 方法为理论基础的 2013 REDi™ 建筑韧性评价体系（Resilience-based Earthquake Design Initiative for the Next Generation of Buildings）。REDi™ 评价体系以非线性时程分析（NLRHA）的工程需求参数为输入，评估各建筑组件（结构构件、非结构构件）达到某种

---

①　奥雅纳（北美）有限公司。
②　英国伦敦大学学院。

离散损伤状态的概率（由易脆性函数定义）。通俗来讲，就是把建筑预期的损坏部位和破坏的严重程度作为评估建筑达到安全功能恢复和（或）基本功能恢复目标概率大小的参数（通过 REDi 评价体系定义的修复目标），然后利用该参数估计停工时间（安全功能恢复和基本功能恢复的准备时间）和建筑维修时间的一种方法。值得注意的是，由于一些难以量化又相互影响的因素存在，功能中断期的估计具有相当大的不确定性。但本文基于 REDi 评价体系及相关研究成果，对一些影响停工时间的潜在制约因素，包括承包商的调度、修复费用的筹措和施工准许获取的难易进行了量化。此外，海沃德情景主震造成"公用设施系统"的破坏也会对建筑功能中断时间造成影响，该因素独立于上述因素。

尽管上述诸多因素影响着建筑功能中断时间的长短，但在海沃德情景中，最主要的影响因素是非结构构件的损坏。经分析，设定情景中钢框架高层办公楼的修复费用中位值占建筑重置费用的 7.4%~17.5%，受损建筑修复至"安全功能恢复"目标所需时间中位值为 186~250 天，达到"基本功能恢复"目标所需时间的中位值为 242~288 天。基于先进设计理论建造的钢筋混凝土住宅楼的修复费用中位值占建筑重置费用的 3.1%~5.1%，其修复至"安全功能恢复"目标所需时间的中位值为 121~139 天，达到"基本功能恢复"目标所需时间的中位值为 224~245 天。此外，调度承包商的时间（包括投标过程，可承接相关项目承包商的多少，劳动力、材料及设备的调配过程）也对建筑功能中断时间的长短产生着决定性影响。在该情景下，靠近断层的奥克兰地区建筑物遭受的损失（见表中中值范围上限）通常高于旧金山地区。需要特别强调的是，结构损伤分析显示钢框架结构的部分框架梁节点发生了断裂，但由于这种震害现象很少，很容易被现场评估人员所忽视。

尽管有证据表明，依照旧版规范建造的钢框架高层建筑存在结构缺陷，但在海沃德情景分析中，此类结构并没有发生倒塌。这主要是由于该情景设定的主震震动强度相比于最大考虑地震（Maximum Considered Earthquake，MCE）要低，甚至低于当前建筑规范中设计地震的强度。由以往的研究可知，同样的旧金山钢框架高层结构在最大考虑地震作用下的倒塌概率为 55%（约为现行规范中容许倒塌率限值的 5 倍）。需要注意的是，本项研究结果仅适用于规整的高层钢框架结构。而实际中，许多老旧建筑存在着结构不规整现象（如外墙缩进，甚至缺少角柱），它们的实际倒塌率则要比研究结果高得多。除此之外，评估过程中只考虑了一组设定地震动记录，暂未考虑其他地震动记录的特性对倒塌风险的影响。故而上述分析结果无法一定保证当海沃德断层上发生大地震时，建筑物不发生倒塌。也就是说，本章分析结果仅是由一组模拟地震动记录得到的，即使所得结果表明目标建筑没有发生倒塌，但同一建筑采用其他特性的地震动进行结构分析时可能破坏甚至濒临倒塌，这样同样会影响其周围大量建筑甚或导致暂停使用。

二、引言

海沃德地震情景设定在 2018 年 4 月 18 日下午 4 点 18 分，位于加利福尼亚州旧金山湾区东湾的海沃德断层上发生 $M_W 7.0$ 地震（主震）。近日，美国地质调查局（USGS）牵头了本研究工作，这项工作旨在研究海沃德情景下主余震序列对旧金山湾区的影响。因此，本节选择旧金山和奥克兰两市市区既有高层建筑在海沃德主震下开展包括损伤分析、功能中断期和维修成本的性能评估，以期为相关研究提供参考。为此，本章在旧金山市和奥克兰市建筑群体中选取了三栋具有代表性的高层建筑作为典型建筑。其中，旧金山的钢框架结构在最大考虑地震（MCE）作用下发生倒塌的概率为55%（约为现行规范中容许倒塌率限值的5倍），（Molina-Hutt 等，2015）。

1. 研究目标

本研究选取了旧金山和奥克兰两市市中心建筑群体中具有代表性的三栋建筑，并对它们的抗震性能进行了分析：

（1）20 世纪 70 年代的 40 层钢框架办公楼（旧金山市典型高层建筑）。

（2）20 世纪 70 年代的 20 层钢框架办公楼（两市典型高层建筑）。

（3）依照现行规范和太平洋地震工程研究中心（PEER）的 TBI 工作指南（TBI Guidelines Working Group，2010）设计的 42 层钢筋混凝土核心筒结构（两市典型高层建筑）。其中需要说明的是，尽管奥克兰市目前没有这种高度的钢筋混凝土核心筒结构，但未来它们很可能纳入城市规划之中。

针对以上各类典型高层建筑进行的结构分析，将得到以下工程需求参数：最大层间位移、残余位移、铅锤方向的倾角（若适用）、楼面加速度和连梁扭转角（若适用）。基于以上参数，损失分析得出的修复费用将以绝对修复费用（美元）和占建筑重置费用百分比这两种形式给出。同时，该分析还会提供典型建筑组件（包括结构构件和非结构构件）的修复费用明细。

建筑功能中断期在估算时包含建筑维修时间和停工时间（使建筑达到安全功能恢复、基本功能恢复或综合功能恢复等修复目标的准备时间）两部分。简言之，功能中断期就是建筑维修时间、维修制约因素耗时（例如寻找承包商和工程师所需的时间）与公用设施中断时间的总和。

2. 报告框架

包括引言在内，本报告分为七个部分：

（1）引言；

（2）海沃德地震动的选取（特指用于非线性动力分析中的地震动，并将其与相应地区的抗震设计谱进行了对比分析）；

（3）典型建筑信息及建模分析（本章含三栋典型建筑的有限元模型及结构设计资料，其中结构设计资料包括结构布局、结构特性和典型细部构造）；

（4）地震损失评估方法；

（5）损失评估结果汇总（本章对评估结果进行了比较和总结）；

（6）结论；

（7）参考文献。

本报告另附 12 个附录。附录 O-1 提供了三栋典型建筑的结构和非结构构件列表，表中包括构件的数量、工程设计参数（EDPs）中位数、离散的损伤状态和 REDi™ 评价体系（建筑韧性评价体系）中定义的修复目标。附录 O-2 至附录 O-11 提供了三栋典型建筑的详细结构分析和损失评估结果，如表 O-1 所示。附录 O-12 提供了旧金山既有高层建筑存量清单。

表 O-1　附录 O-2 至附录 O-11 的内容

附录	建筑抗震韧性研究案例	缩写
2	旧金山的 40 层钢框架建筑，基准方向	S-SF-B-43
3	旧金山的 40 层钢框架建筑，转置方向	S-SF-R-43
4	旧金山的 20 层钢框架建筑，基准方向	S-SF-B-20
5	旧金山的 20 层钢框架建筑，转置方向	S-SF-R-20
6	奥克兰的 20 层钢框架建筑，基准方向	S-OK-B-20
7	奥克兰的 20 层钢框架建筑，转置方向	S-OK-R-20
8	旧金山的 42 层钢筋混凝土建筑，基准方向	C-SF-B-46
9	旧金山的 42 层钢筋混凝土建筑，转置方向	C-SF-R-46
10	奥克兰的 42 层钢筋混凝土建筑，基准方向	C-OK-B-46
11	奥克兰的 42 层钢筋混凝土建筑，转置方向	C-OK-R-46

三、海沃德主震的地震动选取

为了评估选定的典型建筑的抗震性能，海沃德地震情景选用旧金山市区西南部（37.775°N，122.402°W）和奥克兰市区（37.804°N，122.270°W）的地震动时程来模拟海沃德主震在上述地区所造成的影响。这几组记录在美国地震调查局（USGS）中的编码是 CT06075018000 和 SF384（Aagaard 等，2010），上述记录获取位置详见图 O-1。最初，美国地震调查局（USGS）为两市分别提供了 5 组地震动数据。经分析，奥克兰地区最终选定了来自高楼云集的市中心的一组记录。而旧金山市的 5 组地震动均非来自高楼密集的金融区，但其中一组来自距金融区西南方向约 1.5km（图 O-1）的地区，其地下 30m 深度处的时均剪切波速 V_{s30} 最能代表金融区的场地特征（《国际建筑规范》（IBC）中 D 类场地），因此在旧金山地区选取了该组地震动记录。

海沃德情景中选取的奥克兰和旧金山两市 $M_W7.0$ 主震地震动时程分别见图 O-2 和图 O-3。上述主震时程曲线是经三维（3D）物理模拟生成的（Aagaard 等，2017）。

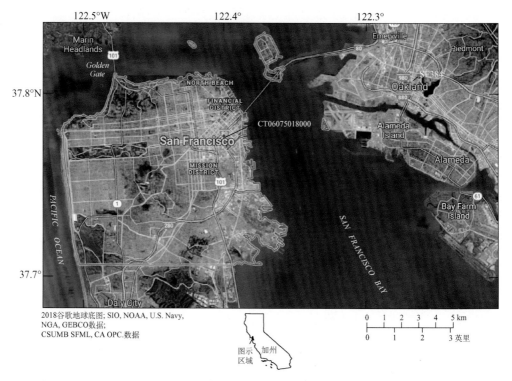

图 O-1　加州旧金山湾区中部地图

该图标定了海沃德情景 $M_W 7.0$ 设定主震中评估旧金山（代码 CT06075018000）和奥克兰（代码 SF384）

典型建筑性能的地震动时程记录获取位置（Aagaard 等，2010）

Alameda：阿拉米达；Alameda Island：阿拉米达岛；Bay Farm Island：贝法岛；Daly City：戴利城；

Emeryville：爱莫利维尔；FINANCIAL DISTRICT：金融区；Golden Gate：金门；Marin Headlands：马林海岬；

MISSION DISTRICT：米申区；NORTH BEACH：北海岸；Oakland：奥克兰；PACIFIC OCEAN：太平洋；

Piedmont：皮埃蒙特；San Francisco：旧金山；SAN FRANCISCO BAY：旧金山湾

　　为了便于查看，我们将设计基本地震（DBE）情景下的 ASCE 7-10（American Society of Civil Engineers，美国土木工程师协会，2010）加速度设计反应谱与海沃德情景中选取的两市地震动反应谱分别比较于下，见图 O-4 和图 O-5。由图可知，用于评估结构抗震性能的海沃德地震动反应谱在高层结构基本周期附近低于基本设计地震平台段的谱加速度（相应的，谱位移值相对较低），但是高层结构响应更多受高阶模态影响，故上述差异对计算结果影响不大。此外，由于海沃德主震的震中位于奥克兰市，这使得上述两市受到的地震向前方向效应影响要远小于当震中位于海沃德断层两端时，特别是小于当震中位于断层南端时。所以在本研究中，由海沃德主震作用得出的结构分析结果可能代表了建筑物的一种非保守情景。

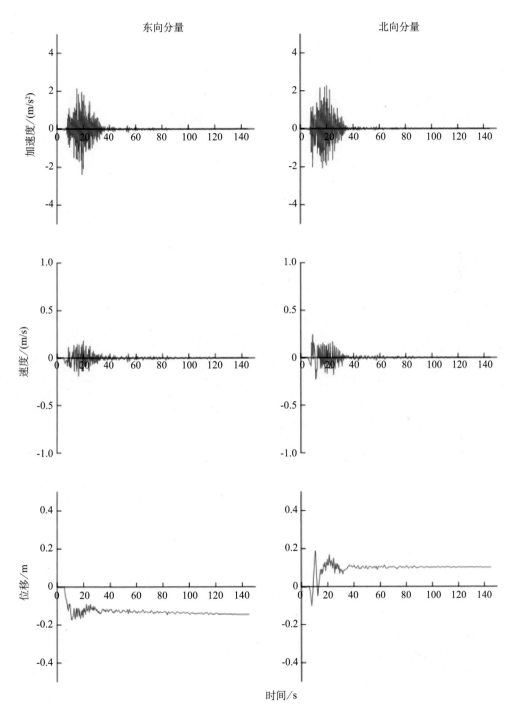

图 O-2　海沃德情景 $M_\mathrm{w}7.0$ 设定主震下加州旧金山市区的加速度、速度和位移时程图

东西、南北分量记录，代码 CT06075018000；（Aagaard 等，2010）

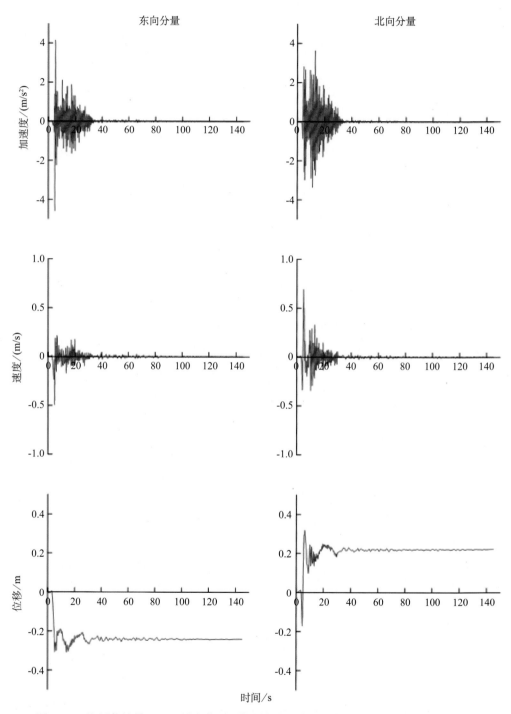

图 O-3　海沃德情景 M_w7.0 设定主震下加州奥克兰市区的加速度、速度和位移时程图

东西、南北分量记录，代码 SF384；（Aagaard 等，2010）

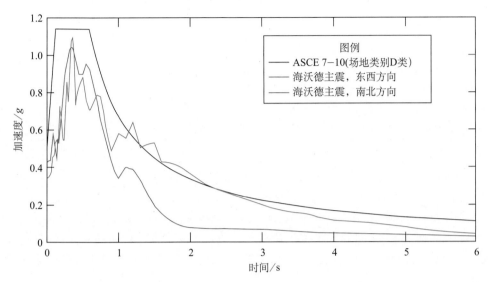

图 0-4　设计基本地震（DBE）情景下 ASCE 7-10（American Society of Civil Engineers，2010）
设计加速度反应谱与海沃德情景 M_W7.0 设定主震下奥克兰典型场地的地震动反应谱对比图
g 为重力加速度

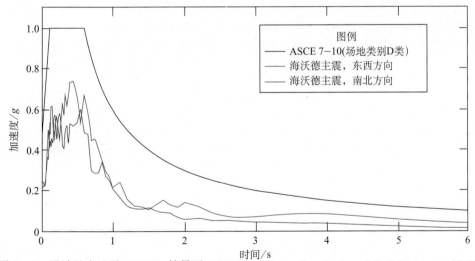

图 0-5　设计基本地震（DBE）情景下 ASCE 7-10（American Society of Civil Engineers，2010）
加速度设计谱与海沃德情景 M_W7.0 设定主震下旧金山典型场地的地震动反应谱对比图
g 为重力加速度

四、典型建筑信息及建模分析

本节介绍了典型建筑的结构设计资料和建模分析过程，以研究高层建筑性能受海沃德主
震作用的影响。

1. 钢框架办公楼

本小节介绍了按照 1973 版《统一建筑规范》（Uniform Building Code，UBC）（International Conference of Building Officials，1973）建造的两栋钢框架办公楼典型建筑。两栋典型建筑的楼层数分别为 20 层和 40 层，建筑平面形状为规整的矩形。它们代表了 20 世纪 70 年代中期到 20 世纪 80 年代中期的设计理念及施工水平。

1）结构设计资料

两栋钢框架办公楼的设计符合 1973 版《统一建筑规范》（International Conference of Building Officials，1973）和一般作为补充最低设计要求的 1973 版《加州结构工程师协会（SEAOC）蓝皮书》（Structural Engineers Association of California，1973）的规定。据 1973 版《统一建筑规范》（UBC）所述，20 世纪 70 年代典型建筑的设计标准无论是在奥克兰还是旧金山（因为二者都位于相同的地震和风荷载分区内）都是相同的。值得注意的是，40 层和 20 层的典型建筑都可代表旧金山建筑群现有高度，但奥克兰现今的建筑物高度通常要求低于 20 层。

通过查询现存典型建筑图纸可知，40 层的钢框架办公楼中有 38 层用于办公、2 层用于机械设备放置并含 3 层地下停车场。设备放置区的其中一层是在中部楼层，另一层在顶层。结构的建筑高度为 507.5 英尺（154.7m），地面以下高度为 30 英尺（9.1m）。20 层的钢框架办公楼中有 19 层用于办公、顶层用于机械设备放置并含 1 层地下停车场，地面建筑高度为 267.5 英尺（81.5m），地面以下高度为 10 英尺（3.0m）。

上述两栋原型建筑的建筑外墙均由预制混凝土板和玻璃幕墙组成。楼（屋）盖板体系，则是由 2.5 英寸（64mm）厚的钢盖板上覆 3 英寸（76mm）厚的混凝土板构成的。支撑楼（屋）盖体系的钢梁选用的是符合 ASTM 标准的屈服强度为 36ksi（248MPa）的 A36 号钢（参见 ASTM International（2014））。钢柱选用的是屈服强度为 42ksi（290MPa）的 ASTM A572 号钢（参见 ASTM International（2015））。由图 O-6 可知，原型结构体系中包含一个跨度为 20~40 英尺（6.1~12.2m）的空间框架结构，该结构由宽翼缘梁、组合箱型柱组成，梁柱间采用焊接形式连接。层高的相关要求见 Molina-Hutt（2016）文献，具体信息为：标准层层高为 10 英尺（3.0m）、大堂层高为 20 英尺（6.1m）、典型办公楼层层高为 12.5 英尺（3.8m）。

原型建筑结构平面形状为矩形，考虑到地震动垂直于断层与平行于断层的两个分量强度不同，分别在原型结构的两个主轴方向上输入地震动时程进行分析。上述典型建筑的两个主轴方向，如图 O-7 所示。

由于两栋抗弯框架的梁柱截面尺寸设计受风致侧移限值的控制，在此条件下其梁柱构件强度通常也会符合 20 世纪 70 年代建筑规范中的抗震要求。上述结论可以在典型建筑含有构件尺寸和连接构造信息的图纸中分析得到，具体截面尺寸见表 O-2、表 O-3。基于以上要求，建筑原型在建造时选用了组合箱型柱和宽翼缘梁，其他关于原型建筑的设计和分析信息可以参考 Molina-Hutt（2016）的文章。

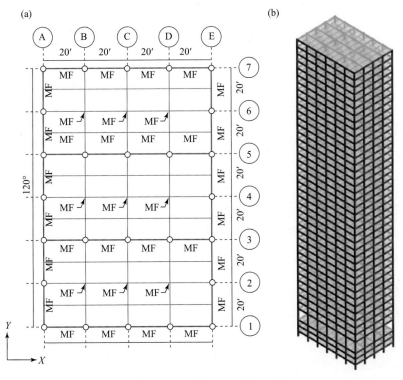

图 O - 6　40 层钢框架办公楼原型图

（a）建筑平面图；（b）轴测图

MF：梁柱节点；（'）：英尺（Molina-Hutt 等，2016）

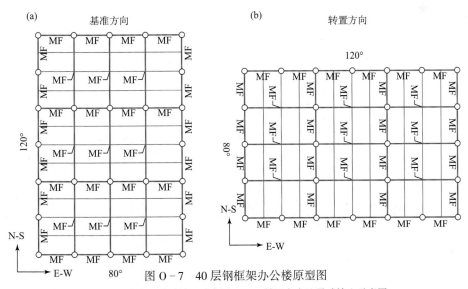

图 O - 7　40 层钢框架办公楼原型图

（a）基准方向地震动输入示意图；（b）转置方向地震动输入示意图

MF：梁柱节点；N—S：南北向；E—W：东西向；（'）：英尺（Molina-Hutt 等，2016）

表 O - 2　40 层钢框架办公楼原型的侧向抗侧力构件系统截面尺寸

楼层范围（英尺）	宽翼缘梁			箱型柱		
	外部短跨度（$W×\mathrm{lb/ft}$）	内部短跨度（$W×\mathrm{lb/ft}$）	外部长跨度（$W×\mathrm{lb/ft}$）	内部（英寸）	结构外部短轴（x）方向（英寸）	结构外部长轴（y）方向（英寸）
基础~10 层	W36×256	W36×282	W30×124	22×22，$t=3$	26×26，$t=3$	20×20，$t=2$
基础~10 层	W33×169	W36×194	W27×84	20×20，$t=2$	26×26，$t=2.5$	20×20，$t=2$
11~20 层	W33×118	W33×196	W27×84	18×18，$t=1$	24×24，$t=1.5$	18×18，$t=1$
21~30 层	W24×62	W27×84	W24×76	18×18，$t=0.75$	24×24，$t=1$	18×18，$t=0$
30~屋顶	W36×256	W36×282	W30×124	22×22，$t=3$	26×26，$t=3$	20×20，$t=2$

注：数据由 Molina-Hutt 等（2016）修订；t：翼缘厚度；W：宽翼缘梁翼缘宽度；lb/ft：磅/英尺。

表 O - 3　20 层钢框架办公楼建筑原型的侧向抵抗系统截面尺寸

楼层范围（英尺）	宽翼缘梁			箱型柱		
	外部短跨度（$W×\mathrm{lb/ft}$）	内部短跨度（$W×\mathrm{lb/ft}$）	外部长跨度（$W×\mathrm{lb/ft}$）	内部（英寸）	结构外部短轴（x）方向（英寸）	结构外部长轴（y）方向（英寸）
基础~10 层	W30×148	W30×173	W30×211	22×22，$t=2$	22×22，$t=2.5$	22×22，$t=1.5$
11~20 层	W27×129	W27×146	W30×191	22×22，$t=1.5$	22×22，$t=2$	22×22，$t=1$

注：数据由 Molina-Hutt 等（2016）修订；t：翼缘厚；W：宽翼缘梁翼缘宽度；lb/ft：磅/英尺。

2）典型细部构造

图 O - 8 展现了原型建筑图纸中一些现今常见的细部构造。梁柱节点作为其中比较典型的一种，其焊接刚度在 1994 年以前是非常低的，1994 年加州北岭 $M_W6.7$ 地震后观察到的梁柱焊接裂缝就是最好的证据（Bonowitz and Maison，2003）。故而，研究假定这种易折断的梁

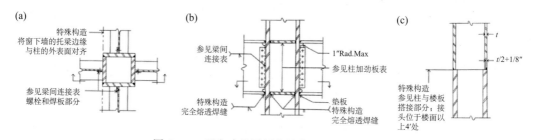

图 O - 8　现有建筑图纸中的典型细部构造图

（a）典型梁柱节点平面图；（b）典型梁柱节点立面图；（c）典型柱间接头

t：箱型截面厚度；（'）：英尺；（"）：英寸；Rad. Max.：最大半径（Molina-Hutt 等，2016）

柱连接形式在 20 世纪 70 年代修建的建筑中很常见。因此，本研究中钢框架结构所有的梁柱
节点都将按照北岭地震前的连接形式来建模。另一种值得一提的细部构造为柱间连接，其焊
接接头通常位于距楼板 4 英尺高处，大约每三层有一个焊接接头。由图纸可知，典型的接头
细节还包括部分熔透连接焊缝，其厚度约为连接处较小截面柱厚度的一半。当受到拉力时，
这些接头只能部分承接上部柱截面抗弯性能与抗拉性能。此外，由重型钢截面焊接连接试验
可知，此类接头会因延性有限而突然失效（Bruneau 和 Mahin，1990）。因此，本章在建模
时，对柱间连接失效问题进行了特别考虑。

3）结构动力特性

表 O-4 给出了由模态分析得到的钢框架典型建筑的动力特性，包括每个平动方向的基
本模态和二阶模态的周期。其中 40 层钢框架结构的前两阶平动振型激发了 80% 的模态质量
（即 x 方向的振型 1 和 4 及 y 方向的振型 2 和 5），20 层钢框架结构的前两阶平动振型则激发
了 90% 的模态质量。

表 O-4　海沃德情景 $M_W7.0$ 设定主震下的结构响应
——20 层和 40 层钢框架建筑原型在 x、y 方向上的动力特性

振型	钢框架建筑物（40 层）		钢框架建筑物（20 层）	
	周期 （s）	有效质量/总质量 （%）	周期 （s）	有效质量/总质量 （%）
1	5.62（x）	60.79（x）	2.33（x）	75.15（x）
2	5.29（y）	60.80（y）	2.04（y）	73.33（y）
3	2.86（扭转）	—（扭转）	1.47（扭转）	—（扭转）
4	1.86	21.33（x）	0.78	13.44（x）
5	1.66	19.28（y）	0.65	15.74（y）

注："—"表示没有数据。

4）有限元建模

钢框架办公楼采用利佛摩软件技术公司（Livemore Software Technology Corporation，2009）
开发的 LS-DYNA 软件进行建模，该软件具有先进的多物理场仿真模拟模块。其已被广泛应用
于结构抗震性能分析，同时，近期采用该软件完成的加州建筑项目也通过了地震领域的专家及
同行的严格评审。模型完成后，我们将上文选取的海沃德主震地震动记录输入到模型结构基底
进行非线性时程分析，求解时采用了显式求解方法，并考虑了附加力矩和材料的非线性。

上述钢结构有限元模型同时考虑了结构重力等静荷载作用和地震动作用，输入的静荷载包
括结构自重、恒荷载和折减至 25% 的活荷载。模型假定结构与基础间为固接，不考虑土体与结
构的相互作用。而对于地下室位于软土地基中的高层建筑，其高阶模态下的楼面峰值加速度可
能会因软土层的影响有所降低，所以地下室的埋入深度很重要。基于此，本研究中认为老式钢
框架建筑通常只有一到两层地下室。基于 PEER（TBI Guidelines Working Group，2010）的研究
工作，我们假定临界阻尼为 2.5%。钢框架高层办公楼的建模采用了以下单元类型：

（1）一维集中塑性梁单元，考虑了北岭地震前建造的典型连接构造可能会突然断裂的非线性因素。基于实验结论，本研究将每个梁连接点都赋予了一个特定的骨架本构曲线，他们表征了梁接点在不同给定挠曲程度下的断裂概率。（Molina-Hutt 等，2016）；

（2）一维集中塑性单元，用于柱的建模；

（3）二维弹性壳单元，用于可改变刚度的楼板建模；

（4）用于钢节点区域建模的旋转非线性弹簧单元；

（5）用于钢柱连接处建模的旋转非线性弹簧单元，该单元考虑了典型焊缝无法承接柱的轴向拉压强度和抗弯强度而发生断裂的非线性因素；

关于钢框架高层建筑建模的完整详细信息，请参见 Molina-Hutt 等（2016）的文章。

2. 钢筋混凝土住宅楼

本节介绍了 42 层的钢筋混凝土核心筒住宅楼原型建筑。之所以选择该建筑是因为此类结构在旧金山市十分常见，具有一定代表意义，能反映出旧金山市当前的施工水平。

1）结构设计资料

被选作典型建筑的这栋钢筋混凝土住宅楼，起初，是按照 PEER Task 12（Moehle 等，2011）的研究成果设计的，所谓的 PEER Task 12 就是针对洛杉矶的一栋典型建筑进行的设计研究。后来，Tipler（2014）考虑到旧金山与洛杉矶两栋城市的抗震设防要求不同，又根据 PEER 的高层建筑倡议指南（TBI Guidelines Working Group，2010）对它进行了重新设计。重新设计建成后的结构整体性能目标与现行规范中的目标（MCE 中提供的"暂不倒塌"、DBE 中的"生命安全"以及多遇地震水准下的（serviceability-level earthquake，SLE）轻微损伤状态）基本一致。因为，PEER 设计指南（TBI Guidelines Working Group，2010）要求结构必须进行非线性时程分析（NLRHA），以确保这类建筑在 MCE 作用下倒塌概率很低。建筑物的等轴测图如图 O-9 所示。参照前述钢框架建筑，钢筋混凝土建筑也选取两个主轴方向进行结构性能分析，两个主轴方向如图 O-10 所示。该核心筒体系的抗侧力系统（图 O-11）设计了两种挠曲屈服机制来耗散地震能量——①承重墙基础都设置为塑性连接；②每个楼层都布有连梁。

该钢筋混凝土住宅楼地上有 42 层，地下有 4 层停车场。该住宅楼的建筑高度为 457 英尺（139.3m），包括屋顶隔层。上层建筑的标准层平面尺寸为 107.9 英尺×107.0 英尺（32.9m×32.6m），层高为 9.7 英尺（3.0m）。地下结构的平面尺寸为 228.0 英尺×227.0 英尺（69.5m×69.2m）。住宅楼的承重体系由 8 英寸（203mm）厚的预应力混凝土楼板和钢筋混凝土柱构成。通常，底层方柱边长为 36 英寸（914mm），顶层方柱边长为 18 英寸（457mm），其他楼层柱的边长则在此范围内。核心筒墙厚分别为：地上 1~13 层为 32 英寸（813mm），地上 13 层至顶层为 24 英寸（610mm）。地上部分的连梁高度为 30 英寸（762mm），地下室连梁高度为 34 英寸（864mm）。核心墙的设计标准强度为 8ksi（55MPa）。钢筋混凝土剪力墙的标准屈服强度为 60ksi（410MPa）。钢筋混凝土连梁的标准屈服强度为 75ksi（520MPa）。

该钢筋混凝土住宅楼的更多设计信息，请参见 Tipler（2014）。请注意，Tipler 的设计是基于旧金山地区的，但本研究将其迁移至奥克兰地区以了解此类建筑如果建设于奥克兰市时的预期性能（目前奥克兰地区没有 42 层高的住宅楼）。

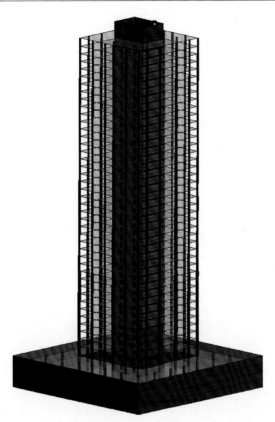

图 O-9　42 层钢筋混凝土住宅楼分析模型等轴测图

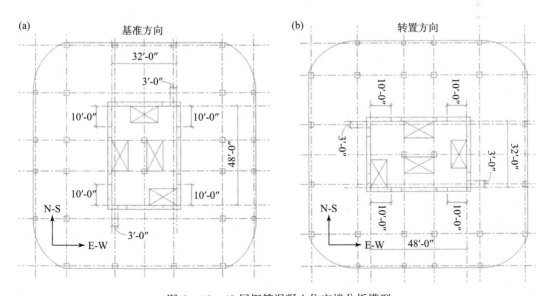

图 O-10　42 层钢筋混凝土住宅楼分析模型
（a）基准方向示意图；（b）转置方向示意图
N—S：南北向；E—W：东西向；（'）：英尺；（"）：英寸（Molina-Hutt 等，2016）

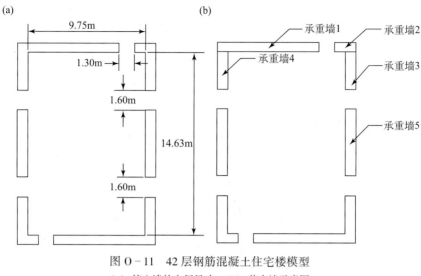

图 O - 11　42 层钢筋混凝土住宅楼模型

（a）核心墙的空间尺寸；（b）剪力墙示意图

文献 Tipler（2014）

2）结构动力特性

42 层钢筋混凝土住宅楼的动力特性见表 O - 5，其在分析过程中考虑了弯曲开裂的有效刚度。更多细节详见 Tipler（2014）。

表 O - 5　42 层钢筋混凝土住宅楼分析模型动力特性

周期（DBE）/s	
强轴方向（y 轴）	弱轴方向（x 轴）
$T_1 = 4.37$	$T_1 = 5.27$
$T_2 = 0.93$	$T_2 = 1.10$

注：文献 Tipler（2014）；DBE：设计基本地震（美国土木工程师协会，2010）；T_1：指定方向的第一振型周期；T_2：指定方向的第二振型周期。

3）有限元建模

早前，Tipler（2014）就使用 LS-DYNA 软件（Livermore Software Technology Corporation，利佛摩软件技术公司，2009）对该钢筋混凝土典型建筑进行过建模。由于现阶段对混凝土材料建模认知有所进步，故本文对上述 LS-DYNA 模型予以适当改进。模型完成后，我们将选取的海沃德主震地震动记录输入到模型结构基底进行非线性时程分析，求解时采用显式求解方法，并特别考虑了附加力矩和材料的非线性等因素。

钢筋混凝土核心筒高层住宅楼的建模采用了以下单元类型：

（1）一维分布塑性纤维梁单元，用于剪力墙的建模。其中，纤维代表钢筋、约束/非约束混凝土材料及相应的非线性材料行为。用纤维单元代表核心筒墙体是一般做法。此外，应用该单元的前提是"平截面假定"，这一假定的存在可能致使墙肢末端或墙拐角的局部损伤被低估，进而导致损失被低估；

（2）一维集中塑性单元，用于连梁的建模。其滞回行为特征已在加州大学洛杉矶分校（UCLA）（Naish 等，2009）的实验中得到验证；

（3）用于可改变刚度楼板建模的二维弹性壳单元；

（4）用于地下室墙体建模的二维弹性壳单元；

（5）一维弹性梁单元，用于柱的建模。

上述结构的有限元模型同时考虑了结构重力等静荷载作用和地震动作用，输入的静荷载包括结构自重、恒荷载和折减至 25% 的活荷载。模型假定结构与基础间为固接，不考虑土体与结构的相互作用。而对于地下室位于软土地基中的高层建筑，其高阶模态下的楼面峰值加速度可能会因软土层的影响有所降低，所以地下室的埋入深度很重要。通过调研观察到按照新的设计理论建造的钢筋混凝土建筑通常具有 3~5 层的地下室。由此可推断，某些加速度敏感的非结构构件的损坏可能被高估了。基于 PEER（TBI Guidelines Working Group，2010）的研究工作，我们假定临界阻尼为 2.5%。钢筋混凝土建筑建模的全部详细信息请参见 Tipler（2014）。

五、损失评估方法

1. 损失评估方法介绍

本结将基于 FEMA P-58（Applied Technology Council，2012）中的抗震性能评估方法来确定上述原型建筑的抗震性能指标。评估过程中使用的脆弱性曲线（fragility curve）（ATC，2016）取自 2016 年 9 月更新的 FEMA P-58 第 3 卷版本。基于以上，改进的 REDi™ 功能中断期评估方法就可用于估算建筑物达到"安全功能恢复"和"基本功能恢复"目标的时间（Almufti 和 Willford，2013）。请注意，仅遭受外观损坏的构件不会增加建筑达到"安全功能恢复"或"基本功能恢复"目标所需要的时间（此处未对"综合功能恢复"这一修复目标展开分析）。上述计算是通过奥雅纳公司（Arup，北美，有限责任公司）的内部软件完成的，该软件可实现对目标建筑进行蒙特卡洛模拟。

由美国联邦应急管理局提出的新一代建筑抗震性能评估方法 FEMA P-58 可将建筑物的预期位移响应与单个构件的预期损坏及预期影响（如维修成本和维修时间）联系起来。故而，研究假定海沃德主震作用下结构的地震动响应就是"结构响应最佳估计值"。至于结构响应的变异性我们通过模型离散度来考虑，即模型构建的不确定性和模型原型施工质量不确定性。继而，根据 FEMA P-58（Applied Technology Council，2012）中相关研究假定钢框架建筑模型的离散度为 0.35，钢筋混凝土建筑模型的离散度为 0.27。同时，假定每个楼层、各类型各方向参数均符合对数正态分布并彼此独立。然后，使用上述"结构响应最佳估计值"和模型离散度，对每栋建筑进行 1000 次的蒙特卡洛模拟以期得到目标建筑破坏和损失不确定性。进而，利用与海沃德情景主震和典型建筑相关的非超越概率（probabilities of nonexceedance，亦被称为"置信度"）来评估维修时间和维修成本的分布。由于这是一个情景研究，故所得风险评估结果范围要比基于强度的评估结果范围要小许多。值得注意的是，若上述案例研究中设定情景主震具有不同的震动特性，将会大大增加结构响应的整体离散度。

2. REDi 建筑韧性评价体系的停工时间估算

REDi™评价体系的停工时间估算方法以 FEMA P-58 为基础，来估算震损建筑达到相应修复目标（如安全功能恢复、基本功能恢复和综合功能恢复）所需的时间（Almufti 和 Willford，2013）。这一时间的长短取决于构件损坏的严重程度以及这些构件在使用或功能方面的重要程度。该评价体系建立了不同建筑构件损伤状态与其修复目标之间的映射关系，即建筑构件的损坏程度及其数量、与修复难易程度、修复时间的关联。其中，修复目标分为：安全功能恢复（修复目标 3）、基本功能恢复（修复目标 2）和综合功能恢复（修复目标 1）。图 O–12 为该方法的概述，图 O–13 为 REDi 评价体系的停工时间估算方法的评估流程。

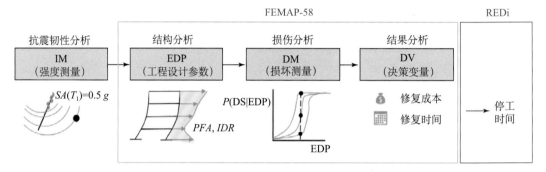

图 O–12　海沃德情景 M_W7.0 设定主震中高层建筑损失评估的方法概述图

SA：反应谱加速度；T_1：基本振型；g：重力加速度；PFA：楼面峰值加速度；IDR：层间位移角；
P：概率；DS：破坏状态；EDP：工程需求参数；方法——FEMA P-58（Applied Technology Council，2012）；
REDi（Almufti 和 Willford，2013）

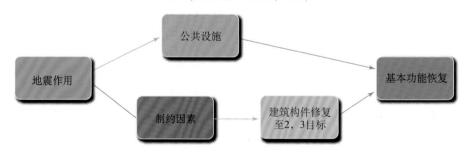

图 O–13　REDi™（Almufti 和 Willford，2013）功能中断期评估框架图

用于评估海沃德情景 M_W7.0 设定主震后高层建筑的功能恢复时间

1）损伤判别概率

虽然 FEMA P-58 方法可以对建筑构件的损伤严重程度予以判定，但在实际评估过程中，建筑物的功能是否中断在很大程度上取决于损伤能否被发现（特别是对于结构构件）。针对这一问题，REDi 评价体系对其进行了特别研究。研究表明，调查人员在观察某种典型的破坏形式（进而决定他们如何标记该建筑物）时，发生这一类型破坏的所有构件中遭受最高等级破坏的构件占 10%，此时调查员仍有 50% 的概率观察不到此类破坏。

这一损伤判别概率的确定对于既有钢框架建筑中那些具有北岭地震前构造特征的梁柱节点的破坏研究十分重要。这是因为旧金山等地的管辖区内没有针对梁柱节点震害调查的具体政策要求，因此政府只会对那些发生明显倾斜的建筑物进行节点震害调查（Laurence Kornfield，Earthquake Engineering Research Institute，written commun，2017）。但是，许多老旧建筑的业主不会对这些潜在风险放任不管，他们会通过建筑使用恢复计划（BORP，Building Occupancy Resumption Program）来聘用安评师对他们的建筑进行健康检测（Structural Engineers Association of Northern California，2003）。被聘用的安评师们十分敏锐地意识到了这种抗弯钢框架的连接处可能存在缺陷，因此他们建议对其中部分连接处进行（不是所有连接处）检查。根据上述实际，再结合 FEMA 352 第 3.3.3 节的建议，研究假定典型钢框架建筑每榀框架的东西和南北方向都会有一个梁柱连接点在特定地震作用下暴露出来以供观察。故而，一个方向有 6 跨（12 个梁柱连接点），另一个方向有 4 跨（8 个梁柱连接点）的原型建筑，其在两个方向上可观察到的破坏节点分别占所有连接的 8.3% 和 12.5%，这与 REDi 评价体系设定的 10% 的节点检查率是相对一致的。此外，FEMA 352 中工作人员还表明，钢框架的梁柱节点是经过防火处理的，"这样的处理可能会掩盖许多类型的损伤，除非这些损伤足够严重。"他们还指出即使这些节点表面没有涂层，某些类型的损坏依旧"可能仅凭肉眼也无法观察到"。他们的话也证明了 REDi 评价体系中的假设，即无法保证所有破坏都能被识别到。此外，由于本研究中钢框架结构的发生断裂的梁构件数量（详见附表）少于典型建筑中梁构件总数的一定比例，故认为在现实情况中那些调查员看不到的梁裂缝不会导致建筑物功能中断。

2）维修前准备流程

REDi 评价体系是以 FEMA P-58 方法为基础的震损建筑停工时间估算方法，其考虑了不同的构件维修策略、次序和劳动力分配因素等。此外，由于震损建筑需进行的维修类型和程度的不同，实现安全功能恢复或基本功能恢复的总时间必须考虑制约因素（即延迟维修开始的因素）。因此，本研究考虑了以下制约因素，缺省值通常取自 REDi 评价体系，但进行了如下修改：

（1）房屋震害调查；

（2）筹措资金（基于作者对旧金山高层建筑的地震保险业务的了解，假定建筑物已投保）；

（3）施工组织和准备；

（4）承包商调度（综合考虑了建筑的高度及破坏程度、数量、类型等因素，基于奥雅纳公司管理的承包商调度时间，对缺省值予以适当修订）；

（5）施工准许。

如上文所述，建筑物功能中断时间的估算还需考虑"公用设施系统的功能中断时间"。

3. 输入参数的确定

在评估上述高层建筑时，所需的基本信息包括：楼层数、各层建筑面积（平方英尺）和构件类型及相应的数量等，详细信息见附录 O-1。建筑物室内财产不计入本节损失评估结果，其中建筑物室内财产包括：模块化的工作站、书柜、艺术品以及其他等。对于一些大型设施设备（如冷却塔和冷却机组）功能损失的评估则是由机械工程领域的专家（由奥雅纳公司提供）建议的。同时，由于结构进行分析时考虑了模型构建的不确定性，模型原型施工质量不确定性等因素，并针对上述分析赋予了离散度值。故可认为海沃德分析结果是"最佳值"。

1）建筑拆除率

海沃德主震作用下部分建筑面临着拆除的可能。针对此问题，本研究建筑拆除率按照以下原则取用：当建筑的最大残余层间位移角（RIDR，peak residual interstory drift）小于等于0.5%时，认为其拆除率可以忽略不计；若其最大残余层间位移角达到1%，则认为其拆除率约为50%。

2）构件易脆性研究

典型建筑组件的清单数据库见附录O-1，其中包含结构构件和非结构构件的数量、易脆性标准等相关信息。本研究采用FEMA-P58的易脆性研究结果作为缺省值，并对其中关于电梯和预制外墙的易脆性结果修改后进行使用。通过对两部电梯进行建模分析，我们发现电梯可能发生以下两种破坏：

（1）加速度敏感构件——电梯轿厢。由于FEMA P-58给出的易脆性函数与地面峰值加速度（PGA）有关，故本研究模型分析中设定电梯停靠于建筑底层。我们认为这个结果对于高层建筑物可能是保守的，因为FEMA P-58的易脆性函数缺省值是基于较矮的建筑物楼面加速度与建筑高度成正比的设定得出的（屋面加速度可能是PGA的2~3倍）。该易脆性函数并未考虑电梯在建筑物中的位置，但实际上电梯受损的位置往往位于上部楼层。在高层建筑中，无论是基本振型还是高阶振型都会对加速度起到一定的放大作用，但地面峰值加速度不一定会被显著放大。

（2）RIDR敏感构件——竖井轨道。层间残余位移角（RIDR）的峰值往往出现在结构上部楼层，且其出现的具体楼层因建筑而异，故而本研究在结构上部楼层进行建模分析。

钢框架建筑预制外墙的易脆性函数是根据FEMA P-58（Applied Technology Council，2012）第7.4节中的方法建立的。此种方法可以通过立面面板和墙体沿高度方向的间隙大小（通过检查图纸确定）来反算地震造成的层间位移。综上，预制外墙的易脆性函数离散度（对数标准差）取0.5。由于外立面材料可能坠落伤及路人，因此本研究假定其会阻碍达到"安全功能恢复"目标的时间。

4. 重置费用的计算

钢框架建筑的重置费用是基于美国造价工程师协会（AACE）给出的5级成本估算方法得出的，Molina-Hutt等（2016）就该评估精度进行过讨论，他们认为其结果的精度区间为[-5%，+30%]。评估考虑的内容包括：主体结构、外围护结构、机械、电器及管道基础设施（MEP）和分隔构件。重置费用不包括拆除和现场清理部分。

钢筋混凝土建筑的重置费用是根据Tipler（2014）的论著得出的，Tipler的研究是基于Molina-Hutt等（2011）对结构构件和大多数组件成本估算方法研究成果得到的。而室内隔板和门的费用则由经验丰富的奥雅纳预算员算出，电梯及外墙的估算成本从供应商处获得。本重置费用还包括了MEP基础设施和分隔构件，但不包括拆除和现场清理部分。

5. 公用设施系统功能中断的研究

公共设施系统功能中断这一因素对建筑功能中断时间有着直接且重大的影响。对其影响进行研究时，除燃气系统外，其他公用设施涉及的系统研究资料均来自海沃德项目的其他章节（第N章）。而燃气系统功能中断时间是根据几次中强地震的统计资料分析，并考虑Almufti和Willford（2013）在公用设施系统功能中断时间方面的研究得出的。这几次历史地震曾对加利福尼亚州、日本、智利和新西兰等国家或地区的现代基础设施造成了一定的影响，而 Almufti 和 Willford 的研究则考虑了美国西部未来可能发生的地震。

公共设施研究的重点包括：

（1）供水系统；

（2）燃气系统；

（3）电力系统；

（4）通信系统（Voice/data）。

表 O－6 和表 O－7 分别反映了旧金山和奥克兰两市由于公用设施系统功能中断可能导致的建筑功能延迟恢复时间。

表 O－6　海沃德情景 M_W7.0 设定主震下，旧金山市公用设施中断而导致的建筑功能延迟恢复时间估计值

公用设施	恢复至 50%	几近完全恢复
供水系统①	3 天	7 天（恢复 100%）
燃气系统②	~9 天	~33 天（恢复 90%）
电力系统③	1 天	30 天（恢复 99.5%）
通信系统④	5 天	7 天（恢复 100%）

注：①Porter（供水系统韧性，本卷）；

②以海沃德主震的 PGV 为参数通过 REDi（Almufti 和 Willford，2013）方法得出；

③由 Hazus-MH（Federal Emergency Management Agency，2012）初步评估分析得出；

④由 John Erichsen 开展的初步评估得出（口头交流，2016 年海沃德通信工作组）。

表 O－7　海沃德情景 M_W7.0 设定主震下，奥克兰市的公用设施中断而导致的建筑功能延迟恢复时间估计值

公用设施	恢复至 50%	几近完全恢复
供水系统①	30 天	90 天（恢复 100%）
燃气系统②	~10 天	~36 天（恢复 90%）
电力系统③	2 天	30 天（恢复 96%）
通信系统④	7 天	30 天（恢复 100%）

注：①Porter（供水系统韧性，本卷）；

②以海沃德主震的 PGV 为参数通过 REDi（Almufti 和 Willford，2013）方法得出；

③由 Hazus-MH（Federal Emergency Management Agency，2012）初步评估分析得出；

④由 John Erichsen 开展的初步评估得出（口头交流，2016 年海沃德通信工作组）。

六、损失评估结果汇总

下面将针对上述三类典型建筑在不同地震动输入工况下展开研究，其中损失评估结果包括维修成本和功能中断时间。同时我们还给出了损失评估结果的中值（50% 置信度）和可

能的最大值（90%置信度）。

基于强度的评估方法往往采用多组不同的地震动记录作为输入，这些地震动记录的变异性会大大增加损失评估结果的离散度。与该方法得出的损失评估结果相比，海沃德主震作为一种特定的地震事件，其损失评估结果的中位数和第 90 百分位数（90th-percentile）之间的差距相对较小。

表 O-8 为 10 种工况下的维修费用评估结果。图 O-14 和表 O-9 为 10 种工况下的功能中断时间评估结果。每栋原型建筑的维修成本和功能中断时间详细结果，请参阅附录。

表 O-8　海沃德情景 $M_W 7.0$ 设定主震各输入工况下建筑维修总费用汇总

研究案例的 建筑物缩写	中位数下的 总维修费用 （美元）	重置价值 （%）	第 90 百分位数下的 总维修费用 （美元）	重置价值 （%）
S-SF-B-43	15057000	10.8	17132000	12.3
S-SF-R-43	13512000	9.7	15690958	11.3
S-SF-B-20	5138200	7.4	6592184	9.5
S-SF-R-20	5687900	8.2	7261380	10.4
S-OK-B-20	12172000	17.5	14395814	20.7
S-OK-R-20	11510000	16.5	13065046	18.7
C-SF-B-46	5517497	3.1	6470705	3.7
C-SF-R-46	9023409	5.1	9839828	5.6
C-OK-B-46	8604872	4.9	9393212	5.3
C-OK-R-46	8864100	5.0	10829600	6.2

注：具体信息请参见表 O-1

表 O-9　海沃德情景 $M_W 7.0$ 设定主震各输入工况下建筑达到"安全功能恢复"
和"基本功能恢复"维修目标的修复时间汇总

研究案例的 建筑物缩写	中位数下的修复时间		第 90 百分位数下的修复时间	
	安全功能恢复/天	基本功能恢复/天	安全功能恢复/天	基本功能恢复/天
S-SF-B-43	41	45	61	126
S-SF-R-43	37	39	54	102
S-SF-B-20	20	29	39	145
S-SF-R-20	22	33	47	189
S-OK-B-20	54	92	116	272
S-OK-R-20	54	82	97	237
C-SF-B-46	3	15	5	27

续表

研究案例的 建筑物缩写	中位数下的修复时间		第 90 百分位数下的修复时间	
	安全功能恢复/天	基本功能恢复/天	安全功能恢复/天	基本功能恢复/天
C-SF-R-46	6	16	11	26
C-OK-B-46	5	16	9	26
C-OK-R-46	6	16	11	26

注：具体信息请参见表 O-1。

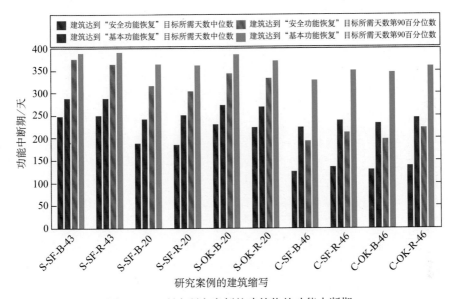

图 O-14　所有研究案例的建筑物的功能中断期

在海沃德情景 $M_W7.0$ 设定主震后的几天内计算得出的，请参见表 O-1

表 O-10　海沃德情景 $M_W7.0$ 设定主震各输入工况下建筑达到"安全功能恢复"
和"基本功能恢复"等级的功能中断时间汇总

研究案例的 建筑物缩写	中位数下的修复时间		第 90 百分位数下的修复时间	
	安全功能恢复/天	基本功能恢复/天	安全功能恢复/天	基本功能恢复/天
S-SF-B-43	248	288	375	388
S-SF-R-43	250	288	364	390
S-SF-B-20	189	242	316	364
S-SF-R-20	186	251	304	361
S-OK-B-20	231	273	344	385
S-OK-R-20	224	269	333	371

研究案例的建筑物缩写	中位数下的修复时间		第 90 百分位数下的修复时间	
	安全功能恢复/天	基本功能恢复/天	安全功能恢复/天	基本功能恢复/天
C-SF-B-46	126	224	194	328
C-SF-R-46	121	239	213	545
C-OK-B-46	130	233	198	346
C-OK-R-46	139	245	223	359

注：具体信息请参见表 O-1。

七、结论

海沃德设定情景 $M_W7.0$ 主震作用下高层建筑的抗震性能研究，采用了先进的结构分析和风险评估方法。但实际上既有高层建筑（包括新建建筑）并未遭受过这种强度的地震，因此本章结论尚未得到实际验证。同时，建筑功能中断期评估中的多种假设同样尚未经过有效验证，包括：

（1）FEMA P-58（Applied Technology Council，2012）中的易脆性函数和基本方法是否适用于估算维修时间；

（2）将特定建筑构件损坏数量和严重程度作为评估建筑物功能中断期（即安全功能恢复、基本功能恢复和综合功能恢复）的基础数据是否正确；

（3）准备时长（取决于制约因素）的估算是否准确；

（4）维修时长（取决于工人的劳动时间和具体的维修流程）的估算是否准确。

总体而言，本研究给出的损失评估结果具有一定合理性。比如，钢筋混凝土建筑（基于性能的设计方法设计）的经济损失要明显低于钢框架建筑（依据 20 世纪 70 年代的建筑规范和专家经验设计）；钢筋混凝土建筑的"安全功能恢复时间"约为钢框架建筑的一半；位于奥克兰市地区的建筑损失明显高于旧金山市，这主要是由于海沃德主震作用下前者的地面加速度更大；新旧建筑的"基本功能恢复"时间差距较小，这一结论似乎是有问题的，但通过以下详细分析可证明其合理性：新型钢筋混凝土建筑的楼面峰值加速度大于钢框架，造成了更多的加速度敏感型非结构构件损坏，进而影响了建筑"基本功能恢复"时间。同时，建筑物高度、构件损坏的类型及严重程度（两种建筑类型基本上都是非结构性的损坏）等因素影响着承包商调度时间，故而对功能中断时间也有所延长。

当然，若检测人员能观测到钢结构建筑那些难以察觉的梁节点焊缝的断裂，那么依照新旧设计理论设计的建筑之间的功能中断期差距将大大增加。所以本研究认为，若发生比海沃德主震强度更大的地震（大于等于设计地震水准），钢框架建筑将比钢筋混凝土建筑面临着更高的损伤风险，更长的功能中断期。换句话说，依照新旧设计理论设计的建筑在某一地震水准下（即在钢框架建筑物出现大面积裂缝之前）可能会表现出相似的性能，一旦超过该水准，二者的性能将会出现较大差异。这是因为相较于按照基于性能设计的新型钢筋混凝土高层建筑而言，既有的高层钢框架建筑存在着较高的倒塌率（Molina-Hutt 等，2016）。

八、致谢

本研究在 Terry Paret（Wiss, Janey, and Eistner Associates, Inc.；WJE）、Andrew Shuck
（WJE）、Tony Yang（University of British Columbia）和 Erol Kalkan（USGS）的审查下得以改
进。本研究由 USGS 国土开发科学计划（编号 G16PS00702；USGS 海沃德情景——高层建筑
性能（HayWired Scenario—Tall Building Performance））资助。

参 考 文 献

Aagaard B T, Boatwright J L, Jones J L, MacDonald T G, Porter K A and Wein A M, 2017, HayWired scenario
　　mainshock ground motions, chap. C of Detweiler S T and Wein A M, eds., The HayWired earthquake scenar-
　　io—Earthquake hazards: U. S. Geological Survey Scientific Investigations Report 2017-5013-A-H, 126p, ht-
　　tps: //doi. org/10. 3133/sir20175013v1

Aagaard B T, Graves R W, Rodgers A, Brocher T M, Simpson R W, Dreger D, Petersson N A, Larsen S C, Ma S
　　and Jachens R C, 2010, Ground-motion modeling of Hayward Fault scenario earthquakes, part Ⅱ—Simulation
　　of long-period and broadband ground motions: Bulletin of the Seismological Society of America, v. 100, no. 6,
　　p. 2945-2977, https: //doi. org/10. 1785/0120090379

Almufti I and Willford M, 2013, REDi^{TM} rating system—Resilience-based earthquake design initiative for the next
　　generation of buildings (version 1. 0): Arup, Ltd., 68p, accessed February 8, 2018, at http: //usrc. org/
　　files/technicalresource/REDi_Final%20Version%201. 0_October%202013. pdf

American Society of Civil Engineers, 2010, Minimum design loads for buildings and other structures: Reston, Va.,
　　American Society of Civil Engineers, ASCE/SEI 7-10, 608p

American Society of Civil Engineers, 2014, Seismic evaluation and retrofit of existing buildings: Reston, Va., Amer-
　　ican Society of Civil Engineers, ASCE/SEI 41-13, 518p, https: //doi. org/10. 1061/9780784412855

Applied Technology Council, 2012, Seismic performance assessment of buildings, including PACT software and
　　background documents: Federal Emergency Management Agency, FEMA P-58, v. 1-3, accessed January 31,
　　2018, https: //www. fema. gov/media-library/assets/documents/90380

ASTM International, 2014, ASTM A36/A36M-14, Standard specification for carbon structural steel: West Consho-
　　hocken, Pa., ASTM International, https: //doi. org/10. 1520/A0036_A0036M-14

ASTM International, 2015, ASTM A572/A572M-15, standard specification for high-strength low-alloy columbium-
　　vanadium structural steel: West Conshohocken, Pa., ASTM International, https: //doi. org/10. 1520/A0572
　　_A0572M-15

Bonowitz D and Maison B, 2003, Northridge welded steel-moment-frame damage data and its use for rapid loss esti-
　　mation: Earthquake Spectra, v. 19, no. 2, p. 335-364

Charette R P and Marshall H E, 1999, UNIFORMAT Ⅱ elemental classification for building specifications, cost esti-
　　mating, and cost analysis: U. S. Department of Commerce, National Institute of Standards Technology Interagen-
　　cy Report 6389, 109p, accessed March 12, 2018, at https: //arc-solutions. org/wp-content/uploads/2012/
　　03/Charette-Marshall-1999-UNIFORMAT-II-Elemental-Classification. . . . pdf

Federal Emergency Management Agency, 2012, Hazus multi-hazard loss estimation methodology, earthquake model,
　　Hazus ® -MH 2. 1 technical manual: Federal Emergency Management Agency, Mitigation Division, accessed
　　July 18, 2017, 718p, at https: //www. fema. gov/media-library-data/20130726-1820-25045-6286/hzmh2_1
　　_eq_tm. pdf

International Conference of Building Officials, 1973, Uniform Building Code: Whittier, Calif., International Conference of Building Officials, 700p, accessed January 31, 2018, at http://digitalassets.lib.berkeley.edu/ubc/UBC_1973.pdf

Livermore Software Technology Corporation, 2009, LS-DYNA keyword user's manual—Volume 1 (ver. 971, release 4 beta): Livermore, Calif., Livermore Software Technology Corporation, 2435p, accessed January 31, 2018, at http://www.dynasupport.com/manuals/ls-dyna-manuals/LS-DYNA_971_R4_manual_k-beta-June2009.pdf

Moehle J, Bozorgnia Y, Jayaram N, Jones P, Rahnama M, Shome N, Tuna Z, Wallace J, Yang T and Zareian F, 2011, Case studies of the seismic performance of tall buildings designed by alternative means, task 12 report for the Tall Buildings Initiative: Berkeley, Calif., Pacific Earthquake Engineering Research Center, University of California, no. 2011/05, 596p, accessed January 31, 2018, at https://peer.berkeley.edu/publications/peer_reports/reports_2011/webPEER-2011-05-TBI_Task12.pdf

Molina Hutt C, 2017, Risk-based seismic performance assessment of existing tall steel framed buildings: London, UK., University College London, Ph.D. dissertation, 438p, accessed February 28, 2018, at http://discovery.ucl.ac.uk/10040499/7/Molina%20Hutt_10040499_thesis_redacted.pdf

Molina-Hutt C, Deierlein G, Almufti I and Willford M, 2015, Risk-based seismic performance assessment of existing tall steel-framed buildings in San Francisco: Society for Earthquake and Civil Engineering Dynamics, 2015 Conference—Earthquake Risk and Engineering Towards a Resilient World, July 9-10, 2015, Cambridge, U.K., 11p, accessed January 31, 2018, at http://www.seced.org.uk/images/newsletters/MOLINA%20HUTT,%20DEIERLEIN,%20ALMUFTI,%20WILLFORD.pdf

Molina-Hutt C, Ibrahim A, Willford M and Deierlein G, 2016, Seismic loss and downtime assessment of existing tall steel-framed buildings and strategies for increased resilience: Journal of Structural Engineering, v. 142, no. 8, https://doi.org/10.1061/ (ASCE) ST.1943-541X.0001314

Naish D, Wallace J W, Fry J A and Klemencic R, 2009, Experimental evaluation and analytical modeling of ACE 318-05/08 reinforced concrete coupling beams subjected to reversed cyclic loading: University of California at Los Angeles, Structural and Geotechnical Engineering Laboratory, report 2009-06, 109p

SAC Joint Venture, 2000, Recommended Post-Earthquake Evaluation and Repair Criteria for Welded Steel Moment Frame Buildings: Federal Emergency Management Agency, FEMA-352, 200p, accessed January 31, 2018, at https://www.fema.gov/media-library-data/20130726-1444-20490-4440/fema-352.pdf

Structural Engineers Association of California, 1973, Recommended lateral force requirements and commentary: Sacramento, Calif., Structural Engineers Association of California

Structural Engineers Association of Northern California, 2003, Building occupancy resumption program (BORP): Structural Engineers Association of Northern California, accessed February 28, 2018, at http://sfdbi.org/borp-guidelines-engineers

TBI Guidelines Working Group, 2010, Tall Buildings Initiative—Guidelines for performance-based seismic design of tall buildings (ver. 1.0): Berkeley, Calif., Pacific Earthquake Engineering Research Center, University of California, no. 2010/05, 104p, accessed January 31, 2018, at http://peer.berkeley.edu/publications/peer_reports/reports_2010/web_PEER2010_05_GUIDELINES.pdf

Tipler J F, 2014, Seismic resilience of tall buildings—benchmarking performance and quantifying improvements: Stanford University master's thesis, 91p, accessed January 30, 2018, at https://stacks.stanford.edu/file/druid:xh842sm8488/Thesis%20Final%20Jennisie%20Tipler-augmented.pdf

Yang T Y, Moehle J, Stojadinovic B and Der Kiureghian A, 2009, Performance evaluation of structural systems—Theory and implementation: Journal of Structural Engineering, v. 135, no. 10, p. 1146-1154

附录 O - 1　建筑物结构构件和非结构构件列表

下表列出了在建筑主轴方向上典型建筑（40 层、20 层钢框架办公楼，42 层钢筋混凝土住宅楼）信息，包括如下内容：

（1）构件数量。

（2）构件易脆性分类编号（如表中"NISTIR"所示）——由美国国家标准与技术研究所联合报告给出（National Institute of Standards and Technology Interagency Reports，NISTIR）。

（3）构件计量单位，根据 NISTIR 易脆性相关内容确定。

（4）确定构件数量的来源包括：

①建筑设计信息（例如，明确计算建筑设计图中基础底板的数量）。

②美国国家标准与技术研究所（National Institute of Standards and Technology，NIST）的标准数量估算工具与 FEMA 的性能评估计算工具（Performance Assessment Calculation Tool，PACT；见应用技术委员会，2012）（在表格中简写标记为"Nq"）。

③按照 PEER Task 12（Moehle 等，2011）设计的初版（在 Tipler（2014）重新设计之前）钢筋混凝土建筑材料的存档。

④奥雅纳公司（Arup）的工程顾问。

⑤每种破坏状态下构件的中位数和离散度。

表 O - 11 至表 O - 13 展示了每栋典型建筑（分别为 40 层钢框架建筑、20 层钢框架建筑和钢筋混凝土建筑）的结构构件信息。表 O - 14 至表 O - 16 展示了每栋典型建筑的非结构构件信息。转置方向输入地震动的模型建筑构件信息除了东西和南北两向构件数量进行了调换，其他构件数量通常与下表列出的相同。

结构构件信息

表 O-11 40层钢框架结构构件

层	构件	NISTIR	E—W qty	N—S qty	单位	来源	DS1 中位数（离散度）[修复等级]	DS2 中位数（离散度）[修复等级]	DS3 中位数（离散度）[修复等级]
B3	钢柱脚连接，柱的 $W>300plf$	B1031.011c	13	13	个	建筑设计信息	0.04（0.4）弧度 [RC3]	0.07（0.4）弧度 [RC3]	0.1（0.4）弧度 [RC3]
B2	螺栓板连接	B1031.001	72	0	个	建筑设计信息	0.04（0.4）弧度 [RC3]	0.08（0.4）弧度 [RC3]	0.11（0.4）弧度 [RC3]
	北岭地震前的 WUF−B 梁柱节点，单侧梁连接，梁高≥W30	B1035.042	8	10	个	建筑设计信息	0.017（0.4）弧度 [RC3]	0.025（0.4）弧度 [RC3]	0.03（0.4）弧度 [RC3]
	北岭地震前的 WUF−B 梁柱节点，双侧梁连接，梁高≥W30	B1035.052	24	32	个	建筑设计信息	0.017（0.4）弧度 [RC3]	0.025（0.4）弧度 [RC3]	0.03（0.4）弧度 [RC3]
B1	螺栓板连接	B1031.001	72	0	个	建筑设计信息	0.04（0.4）弧度 [RC3]	0.08（0.4）弧度 [RC3]	0.11（0.4）弧度 [RC3]
	焊接柱连接，柱的 $W>300plf$	B1031.021c	13	13	个	建筑设计信息	0.02（0.4）弧度 [RC3]	0.05（0.4）弧度 [RC3]	NA
	北岭地震前的 WUF−B 梁柱节点，单侧梁连接，梁高≥W30	B1035.042	8	10	个	建筑设计信息	0.017（0.4）弧度 [RC3]	0.025（0.4）弧度 [RC3]	0.03（0.4）弧度 [RC3]
	北岭地震前的 WUF−B 梁柱节点，双侧梁连接，梁高≥W30	B1035.052	24	32	个	建筑设计信息	0.017（0.4）弧度 [RC3]	0.025（0.4）弧度 [RC3]	0.03（0.4）弧度 [RC3]

续表

层	构件	NISTIR	E—W qty	N—S qty	单位	来源	DS1 中位数 (离散度) [修复等级]	DS2 中位数 (离散度) [修复等级]	DS3 中位数 (离散度) [修复等级]
L1—L9	螺栓板连接	B1031.001	72	0	个	建筑设计信息	0.04 (0.4) 弧度 [RC3]	0.08 (0.4) 弧度 [RC3]	0.11 (0.4) 弧度 [RC3]
	焊接柱连接，柱的 W>300plf	B1031.021c	13	13	个	建筑设计信息	0.02 (0.4) 弧度 [RC3]	0.05 (0.4) 弧度 [RC3]	NA
	北岭地震前的 WUF－B 梁柱节点，单侧梁连接，梁高≥W30	B1035.042	8	10	个	建筑设计信息	0.017 (0.4) 弧度 [RC3]	0.025 (0.4) 弧度 [RC3]	0.03 (0.4) 弧度 [RC3]
	北岭地震前的 WUF－B 梁柱节点，双侧梁连接，梁高≥W30	B1035.052	24	32	个	建筑设计信息	0.017 (0.4) 弧度 [RC3]	0.025 (0.4) 弧度 [RC3]	0.03 (0.4) 弧度 [RC3]
L10—L17	螺栓板连接	B1031.001	72	0	个	建筑设计信息	0.04 (0.4) 弧度 [RC3]	0.08 (0.4) 弧度 [RC3]	0.11 (0.4) 弧度 [RC3]
	北岭地震前的 WUF－B 梁柱节点，单侧梁连接，梁高≤W27	B1035.041	0	6	个	建筑设计信息	0.017 (0.4) 弧度 [RC3]	0.025 (0.4) 弧度 [RC3]	0.03 (0.4) 弧度 [RC3]
	北岭地震前的 WUF－B 梁柱节点，双侧梁连接，梁高≥W30	B1035.042	8	4	个	建筑设计信息	0.017 (0.4) 弧度 [RC3]	0.025 (0.4) 弧度 [RC3]	0.03 (0.4) 弧度 [RC3]
	北岭地震前的 WUF－B 梁柱节点，双侧梁连接，梁高≤W27	B1035.051	0	12	个	建筑设计信息	0.017 (0.4) 弧度 [RC3]	0.025 (0.4) 弧度 [RC3]	0.03 (0.4) 弧度 [RC3]
	北岭地震前的 WUF－B 梁柱节点，双侧梁连接，梁高≥W30	B1035.052	24	20	个	建筑设计信息	0.017 (0.4) 弧度 [RC3]	0.025 (0.4) 弧度 [RC3]	0.03 (0.4) 弧度 [RC3]

续表

层	构件	NISTIR	E—W qty	N—S qty	单位	来源	DS1 中位数（离散度）[修复等级]	DS2 中位数（离散度）[修复等级]	DS3 中位数（离散度）[修复等级]
L10—L17	焊接柱连接*，柱的 W>300plf	B1031.021c	13	13	个	建筑设计信息	0.02 (0.4) 弧度 [RC3]	0.05 (0.4) 弧度 [RC3]	NA
	螺栓板连接	B1031.001	72	0	个	建筑设计信息	0.04 (0.4) 弧度 [RC3]	0.08 (0.4) 弧度 [RC3]	0.11 (0.4) 弧度 [RC3]
	焊接柱连接*，柱的 W 限值：150plf < W <300plf	B1031.021b	8	8	个	建筑设计信息	0.02 (0.4) 弧度 [RC3]	0.05 (0.4) 弧度 [RC3]	NA
	焊接柱连接*，柱 W>300plf	B1031.021c	5	5	个	建筑设计信息	0.02 (0.4) 弧度 [RC3]	0.05 (0.4) 弧度 [RC3]	NA
L18—L29	北岭地震前的 WUF-B 梁柱节点，单侧梁连接，梁高≤W27	B1035.041	0	6	个	建筑设计信息	0.017 (0.4) 弧度 [RC3]	0.025 (0.4) 弧度 [RC3]	0.03 (0.4) 弧度 [RC3]
	北岭地震前的 WUF-B 梁柱节点，单侧梁连接，梁高≥W30	B1035.042	8	4	个	建筑设计信息	0.017 (0.4) 弧度 [RC3]	0.025 (0.4) 弧度 [RC3]	0.03 (0.4) 弧度 [RC3]
	北岭地震前的 WUF-B 梁柱节点，双侧梁连接，梁高≤W27	B1035.051	0	12	个	建筑设计信息	0.017 (0.4) 弧度 [RC3]	0.025 (0.4) 弧度 [RC3]	0.03 (0.4) 弧度 [RC3]
	北岭地震前的 WUF-B 梁柱节点，双侧梁连接，梁高≥W30	B1035.052	24	20	个	建筑设计信息	0.017 (0.4) 弧度 [RC3]	0.025 (0.4) 弧度 [RC3]	0.03 (0.4) 弧度 [RC3]

续表

层	构件	NISTIR	E—W qty	N—S qty	单位	来源	DS1 中位数（离散度）[修复等级]	DS2 中位数（离散度）[修复等级]	DS3 中位数（离散度）[修复等级]
L30—楼顶	螺栓板连接	B1031.001	72	0	个	建筑设计信息	0.04 (0.4) 弧度 [RC3]	0.08 (0.4) 弧度 [RC3]	0.11 (0.4) 弧度 [RC3]
	焊接柱连接*，柱的 W 限值：150plf < W < 300plf	B1031.021b	8	8	个	建筑设计信息	0.02 (0.4) 弧度 [RC3]	0.05 (0.4) 弧度 [RC3]	NA
	焊接柱连接*，柱 W > 300plf	B1031.021c	5	5	个	建筑设计信息	0.02 (0.4) 弧度 [RC3]	0.05 (0.4) 弧度 [RC3]	NA
	北岭地震前的 WUF-B 梁柱节点，单侧梁连接，梁高 ≤ W27	B1035.041	8	10	个	建筑设计信息	0.017 (0.4) 弧度 [RC3]	0.025 (0.4) 弧度 [RC3]	0.03 (0.4) 弧度 [RC3]
	北岭地震前的 WUF-B 梁柱节点，双侧梁连接，梁连接，梁高 ≤ W27	B1035.051	24	32	个	建筑设计信息	0.017 (0.4) 弧度 [RC3]	0.025 (0.4) 弧度 [RC3]	0.03 (0.4) 弧度 [RC3]

注：NISTIR：美国国家标准与技术研究所联合报告；E—W qty：每层在东西方向上的数量；N—S qty：每层在南北方向上的数量（注意，只列出一个方向上的构件数量）；DS：破坏状态（Damage State）。其他缩写：A：面积（area）；HVAC：供暖、通风和空调（Heating, Ventilation, Air Conditioning）；IGU：中空玻璃单元（Insulating Glass Unit）；FT IGU：全钢化中空玻璃单元（Fully Tempered Insulating Glass Unit）；Ip：构件重要性系数；NA：不适用（Not Applicable）；Nq：标准数量（Norm qty），由美国国家标准和技术研究所所研究所规范规定性能数量（估算工具和计算工具相结合计算）（Almufti and Willford, 2013）——1 表示安全功能恢复，2 表示基本功能恢复，3 表示综合功能恢复；RC：REDi™修复等级（Repair Class）；SDC：ASCE7—10（美国土木工程师协会，2010）抗震设计标准（Seismic Design Criteria）；SSG：结构硅酮胶玻璃（Structural Silicone Glazing）；VAV：变风量（Variable Air Volume）；V_g：重力速度（Velocity of Gravity）；VHB™ SGT：3M™ VHB™结构玻璃胶带（Structural Glazing Tape）；V_o：物体速度（Velocity of Object）；W：宽翼缘梁翼缘宽度（wide-flange beam）；WUF-B：栓焊节点（Welded Unreinforced Flange-Bolted web）。单位缩写：A：安培；kV：千伏安；kV·A：千伏安；in：英寸；lin ft：线性英尺；mm：毫米；plf：每线性英尺。立方英尺每分钟；g：重力加速度；in：英寸；ft：英尺；ft^2：平方英尺；A：安培；ft^3/min：立方英尺每分钟。

*柱连接仅仅位于以下楼层：3、6、9、12、15、18、21、24、27、30、33 和 36。

表 O-12　20层钢框架建筑结构构件

层	构件	NISTIR	E—W qty	N—S qty	单位	来源	DS1 中位数（离散度）[修复等级]	DS2 中位数（离散度）[修复等级]	DS3 中位数（离散度）[修复等级]
B1	钢柱脚板连接，柱 W>300plf	B1031.011c	13	13	个	建筑设计信息	0.04 (0.4) 弧度 [RC3]	0.07 (0.4) 弧度 [RC3]	0.1 (0.4) 弧度 [RC3]
L1	螺栓板连接	B1031.001	72	0	个	建筑设计信息	0.04 (0.4) 弧度 [RC3]	0.08 (0.4) 弧度 [RC3]	0.11 (0.4) 弧度 [RC3]
	北岭地震前的 WUF-B 梁柱节点，单侧梁连接，梁高≥W30	B1035.042	8	10	个	建筑设计信息	0.017 (0.4) 弧度 [RC3]	0.025 (0.4) 弧度 [RC3]	0.03 (0.4) 弧度 [RC3]
	北岭地震前的 WUF-B 梁柱节点，双侧梁连接，梁高≥W30	B1035.052	24	32	个	建筑设计信息	0.017 (0.4) 弧度 [RC3]	0.025 (0.4) 弧度 [RC3]	0.03 (0.4) 弧度 [RC3]
L2—L10	螺栓板连接	B1031.001	72	0	个	建筑设计信息	0.04 (0.4) 弧度 [RC3]	0.08 (0.4) 弧度 [RC3]	0.11 (0.4) 弧度 [RC3]
	焊接柱连接*，柱 W>300plf	B1031.021c	13	13	个	建筑设计信息	0.02 (0.4) 弧度 [RC3]	0.05 (0.4) 弧度 [RC3]	NA
	北岭地震前的 WUF-B 梁柱节点，单侧梁连接，梁高≥W30	B1035.042	8	10	个	建筑设计信息	0.017 (0.4) 弧度 [RC3]	0.025 (0.4) 弧度 [RC3]	0.03 (0.4) 弧度 [RC3]
	北岭地震前的 WUF-B 梁柱节点，双侧梁连接，梁高≥W30	B1035.052	24	32	个	建筑设计信息	0.017 (0.4) 弧度 [RC3]	0.025 (0.4) 弧度 [RC3]	0.03 (0.4) 弧度 [RC3]

续表

层	构件	NISTIR	E—W qty	N—S qty	单位	来源	DS1 中位数（离散度）[修复等级]	DS2 中位数（离散度）[修复等级]	DS3 中位数（离散度）[修复等级]
L11—楼顶	螺栓板连接	B1031.001	72	0	个	建筑设计信息	0.04 (0.4) 弧度 [RC3]	0.08 (0.4) 弧度 [RC3]	0.11 (0.4) 弧度 [RC3]
	北岭地震前的 WUF-B梁柱节点，单侧梁连接，梁高≤W27	B1035.041	8	4	个	建筑设计信息	0.017 (0.4) 弧度 [RC3]	0.025 (0.4) 弧度 [RC3]	0.03 (0.4) 弧度 [RC3]
	北岭地震前的 WUF-B梁柱节点，单侧梁连接，梁高≥W30	B1035.042	0	6	个	建筑设计信息	0.017 (0.4) 弧度 [RC3]	0.025 (0.4) 弧度 [RC3]	0.03 (0.4) 弧度 [RC3]
	北岭地震前的 WUF-B梁柱节点，双侧梁连接，梁高≤W27	B1035.051	24	20	个	建筑设计信息	0.017 (0.4) 弧度 [RC3]	0.025 (0.4) 弧度 [RC3]	0.03 (0.4) 弧度 [RC3]
	北岭地震前的 WUF-B梁柱节点，双侧梁连接，梁高≥W30	B1035.052	0	12	个	建筑设计信息	0.017 (0.4) 弧度 [RC3]	0.025 (0.4) 弧度 [RC3]	0.03 (0.4) 弧度 [RC3]
	焊接柱连接*，柱的 W 限值：150plf<W<300plf	B1031.021b	8	8	个	建筑设计信息	0.02 (0.4) 弧度 [RC3]	0.05 (0.4) 弧度 [RC3]	NA
	焊接柱连接*，柱 W>300plf	B1031.021c	5	5	个	建筑设计信息	0.05 (0.4) 弧度 [RC3]	0.05 (0.4) 弧度 [RC3]	NA

注：NISTIR：美国国家标准与技术研究所联合报告；E—W 数量（E—W qty）：每层在东西方向上的数量；N—S 数量（N—S qty）：每层在南北方向上的数量（注意，只列出一个方向上的构件数量表示无方向性）；DS：破坏状态（Damage State）。其他缩写：A：面积（area）；HVAC：供暖、通风和空调（Heating, Ventilation, Air Conditioning）；IGU：中空玻璃单元（Insulating Glass Unit）；FT IGU：全钢化中空玻璃单元（Fully Tempered Insulating Glass Unit）；NA：不适用（Not Applicable）；Nq：标准数量（Norm qty）；OSHPD：加利福尼亚全州规划发展办公室（California Office of State-wide Planning and Development）；RC：REDi™修复等级（Repair Class）（Almufti and Willford, 2013）——1 表示基本功能恢复，2 表示功能恢复，3 表示完全恢复；SDC：ASCE7-10（美国土木工程师协会，2010）抗震设计标准（Seismic Design Criteria）；SSC：结构硅酮胶玻璃（Structural Silicone Glazing）；VAV：变风量（Variable Air Volume）；V_g：重力速度（Velocity of Gravity）；VHB™ SCT：3M™ VHB™ 结构玻璃胶带（Structural Glazing Tape）；V_o：物体速度（Velocity of Object）；W：宽翼缘梁（wide-flange beam）；WUF-B：栓焊节点（Welded Unreinforced Flange-Bolted web）。单位缩写：A：安培；ft²：平方英尺；ft³/min：立方英尺每分钟；g：重力加速度；in：英寸；kV·A：千伏安；lin ft：线性英尺；mm：毫米；plf：每线性英尺。

* 柱连接仅位于以下楼层：3、6、9、12、15、18 和 21。

表 O-13　钢筋混凝土建筑结构构件

层	构件	NISTIR	E—W qty	N—S qty	单位	来源	DS1 中位数(离散度)[修复等级]	DS2 中位数(离散度)[修复等级]	DS3 中位数(离散度)[修复等级]
B4	长肢混凝土剪力墙,厚30in,高12ft,长15ft	B1044.111	0.55	5.42	144ft²	建筑设计信息	0.0093(0.5)弧度[RC3]	0.0128(0.35)弧度[RC3]	0.0186(0.45)弧度[RC3]
	长肢混凝土剪力墙,厚30in,高12ft,长30ft	B1044.113	3.61	0	144ft²	建筑设计信息	0.0093(0.5)弧度[RC3]	0.0128(0.35)弧度[RC3]	0.0186(0.45)弧度[RC3]
B3—B2	长肢混凝土剪力墙,厚30in,高12ft,长15ft	B1044.111	0.55	5.42	144ft²	建筑设计信息	0.0093(0.5)弧度[RC3]	0.0128(0.35)弧度[RC3]	0.0186(0.45)弧度[RC3]
	长肢混凝土剪力墙,厚30in,高12ft,长30ft	B1044.113	3.61	0	144ft²	建筑设计信息	0.0093(0.5)弧度[RC3]	0.0128(0.35)弧度[RC3]	0.0186(0.45)弧度[RC3]
	配有抗剪钢筋的后张拉混凝土预应力板-柱节点 $0<V_g/V_o<0.4$	B1049.031	52		个	建筑设计信息	0.028(0.5)弧度[RC3]	0.04(0.35)弧度[RC3]	NA
	对角斜配筋混凝土连梁,长宽比在1.0和2.0之间,梁>24in,宽度和深度<30in	B1042.021a	2	4	个	建筑设计信息	0.0179(0.38)g[RC1]	0.0352(0.44)g[RC3]	0.0543(0.95)g[RC3]

续表

层	构件	NISTIR	E—W qty	N—S qty	单位	来源	DS1 中位数 (离散度) [修复等级]	DS2 中位数 (离散度) [修复等级]	DS3 中位数 (离散度) [修复等级]
B1	长肢混凝土剪力墙，厚30in，高12ft，长15in	B1044.111	0.55	5.42	144ft^2	建筑设计信息	0.0093 (0.5) 弧度 [RC3]	0.0128 (0.35) 弧度 [RC3]	0.0186 (0.45) 弧度 [RC3]
	长肢混凝土剪力墙，厚30in，高12ft，长30ft	B1044.113	3.61	0	144ft^2	建筑设计信息	0.0093 (0.5) 弧度 [RC3]	0.0128 (0.35) 弧度 [RC3]	0.0186 (0.45) 弧度 [RC3]
	配有抗剪钢筋的后张拉混凝土预应力板 – 柱节点在 0<V/V_o<0.4	B1049.031	52		个	建筑设计信息	0.028 (0.5) 弧度 [RC3]	0.04 (0.35) 弧度 [RC3]	NA
	对角斜配筋混凝土连梁，长宽比在 1.0 和 2.0 之间，梁 > 24in，宽度和深度 <30in。	B1042.021a	2	4	个	建筑设计信息	0.0179 (0.38) g [RC1]	0.0352 (0.44) g [RC3]	0.0543 (0.95) g [RC3]
L1	长肢混凝土剪力墙，厚30in，高12ft，长15ft	B1044.111	0.69	6.77	144ft^2	建筑设计信息	0.0093 (0.5) 弧度 [RC3]	0.0128 (0.35) 弧度 [RC3]	0.0186 (0.45) 弧度 [RC3]
	长肢混凝土剪力墙，厚30in，高12ft，长30ft	B1044.113	4.51	0	144ft^2	建筑设计信息	0.0093 (0.5) 弧度 [RC3]	0.0128 (0.35) 弧度 [RC3]	0.0186 (0.45) 弧度 [RC3]

续表

层	构件	NISTIR	E—W qty	N—S qty	单位	来源	DS1 中位数（离散度）[修复等级]	DS2 中位数（离散度）[修复等级]	DS3 中位数（离散度）[修复等级]
L1	配有抗剪钢筋的后张拉混凝土预应力板－柱节点0<V_g/V_o<0.4	B1049.031	52		个	建筑设计信息	0.028 (0.5) 弧度 [RC3]	0.04 (0.35) 弧度 [RC3]	NA
	对角斜配筋混凝土连梁，长宽比在1.0和2.0之间，梁>24in。宽度和深度<30in	B1042.021a	2	4	个	建筑设计信息	0.0179 (0.38) g [RC1]	0.0352 (0.44) g [RC3]	0.0543 (0.95) g [RC3]
L2—L12	长肢混凝土剪力墙，厚30in，高12ft，长15ft	B1044.111	0.53	5.23	144ft²	建筑设计信息	0.0093 (0.5) 弧度 [RC3]	0.0128 (0.35) 弧度 [RC3]	0.0186 (0.45) 弧度 [RC3]
	长肢混凝土剪力墙，厚30in，高12ft，长30ft	B1044.113	3.49	0	144ft²	建筑设计信息	0.0093 (0.5) 弧度 [RC3]	0.0128 (0.35) 弧度 [RC3]	0.0186 (0.45) 弧度 [RC3]
	配有抗剪钢筋的后张拉混凝土预应力板－柱节点0<V_g/V_o<0.4	B1049.031	28		个	建筑设计信息	0.028 (0.5) 弧度 [RC3]	0.04 (0.35) 弧度 [RC3]	NA
	对角斜配筋混凝土连梁，长宽比在1.0和2.0之间，梁>24in。宽度和深度<30in	B1042.021a	2	4	个	建筑设计信息	0.0179 (0.38) g [RC1]	0.0352 (0.44) g [RC3]	0.0543 (0.95) g [RC3]

续表

层	构件	NISTIR	E—W qty	N—S qty	单位	来源	DS1 中位数（离散度）[修复等级]	DS2 中位数（离散度）[修复等级]	DS3 中位数（离散度）[修复等级]
L13—L42	方形短肢混凝土剪力墙，厚 18~24in（含双层幕墙，高度可达 15ft	B1044.021	4.02	5.23	144ft²	建筑设计信息	0.0055 (0.36) 弧度 [RC1]	0.0109 (0.35) 弧度 [RC3]	0.013 (0.36) 弧度 [RC3]
	配有抗剪钢筋的后张拉混凝土顶应力板－柱节点 0<V/V_o<0.4	B1049.031	28	4	个	建筑设计信息	0.028 (0.5) 弧度 [RC3]	0.04 (0.35) 弧度 [RC3]	NA
	对角斜配筋混凝土连梁，长宽比在 1.0 和 2.0 之间，梁 > 24in。宽度和深度<30in	B1042.021a	2	4	个	建筑设计信息	0.0179 (0.38) g [RC1]	0.0352 (0.44) g [RC3]	0.0543 (0.95) g [RC3]
楼顶	配有抗剪钢筋的后张拉混凝土顶应力板—柱节点 0<V/V_g<0.4	B1049.031	28		个	建筑设计信息	0.028 (0.5) 弧度 [RC3]	0.04 (0.35) 弧度 [RC3]	NA
	对角斜配筋混凝土连梁，长宽比在 1.0 和 2.0 之间，梁 > 24in。宽度和深度<30in	B1042.021a	2		个	建筑设计信息	0.0179 (0.38) g [RC1]	0.0352 (0.44) g [RC3]	0.0543 (0.95) g [RC3]

注：NISTIR：美国国家标准与技术研究所联合报告；E—W 数量（E—W qty）：每层在东西方向上的数量；N—S 数量（N—S qty）：每层在南北方向上的数量（注意，只列出一个方向上的构件数量表示无方向性）；DS：破坏状态（Damage State）。其他缩写：A：面积（area）；HVAC：供暖、通风和空调（Heating, Ventilation, Air Conditioning）；FT IGU：全钢化中空玻璃单元（Fully Tempered Insulating Glass Unit）；Ip：构件重要性系数；NA：不适用（Not Applicable）；Nq：标准数量（Norm qty），由美国国家标准和技术研究所规范性数量与计算工具相结合计算；OSHPD：加利福尼亚州全州规划发展办公室（California State-wide Planning and Development）；RC，REDi™ 修复等级（Repair Class）（Almufti and Willford, 2013）——1 表示基本功能恢复，2 表示功能恢复，3 表示完全恢复；SDC：ASCE7-10（美国土木工程师协会，2010）抗震设计标准（Seismic Design Criteria）；SSG：结构硅酮胶玻璃（Structural Silicone Glazing）；VAV：变风量（Variable Air Volume）；V_o：物体速度（Velocity of Object）；W：宽翼缘梁（wide-flange beam）；g：重力加速度；V_g：重力速度（Velocity of Gravity）；VHB™ SGT：3M™ VHB™ 结构玻璃胶带（Structural Glazing Tape）；WUF-B：栓焊节点（Welded Unreinforced Flange-Bolted web）。单位缩写：A：安培；kV·A：千伏安；in：英寸；ft：线性英尺；ft^2：平方英尺；ft^3/min：立方英尺每分钟；mm：毫米；plf：每线性英尺。

表 O-14 40层钢框架建筑非结构构件

层	构件	NISTIR	E—W qty	N—S qty	单位	来源	DS1 中位数（离散度）[修复等级]	DS2 中位数（离散度）[修复等级]	DS3 中位数（离散度）[修复等级]
NA	曳引电梯——1976年之后广泛应用于加州地区，1982年之后广泛应用于美国西部，而1998年之后开始广泛应用于美国其他地区	D1014.011	12		个	Nq	0.002 (0.3) 弧度 [RC2]	0.005 (0.3) 弧度 [RC2]	NA
	曳引电梯——1976年之后广泛应用于加州地区，1982年之后广泛应用于美国西部，而1998年之后开始广泛应用于美国其他地区	D1014.011_ridr	12		个	Nq	0.002 (0.3) 弧度 [RC2]	0.005 (0.3) 弧度 [RC2]	NA
B3—B1	预制钢楼梯，带有钢踏板和无抗震连接的楼梯平台	C2011.001b	0.8	1.2	个	Nq	0.005 (0.6) 弧度 [RC1]	0.017 (0.6) 弧度 [RC3]	0.028 (0.45) 弧度 [RC3]
	独立悬挂式照明设备——非抗震设防构件	C3034.001	144		个	Nq	0.6 (0.4) g [RC3]	NA	NA

续表

层	构件	NISTIR	E—W qty	N—S qty	单位	来源	DS1 中位数（离散度）[修复等级]	DS2 中位数（离散度）[修复等级]	DS3 中位数（离散度）[修复等级]
B3—B1	冷热饮用水管道（直径>2.5in），SDC A 或 B，管段薄弱型	D2021.021a	0.144		1000lin ft	Nq	1.5 (0.4) g [RC1]	2.6 (0.4) g [RC3]	NA
	热水管道——小直径螺纹钢管（直径≤2.5in），SDC A 或 B，管段薄弱型	D2022.011a	0.854		1000lin ft	Nq	0.55 (0.5) g [RC1]	1.1 (0.5) g [RC3]	NA
	热水管道——小直径螺纹钢管（直径≤2.5in），SDC A 或 B，支撑结构薄弱型	D2022.011b	0.854		1000lin ft	Nq	1.2 (0.5) g [RC3]	2.4 (0.5) g [RC3]	NA
	热水管道——大直径焊接钢管（直径>2.5in），SDC A 或 B，管段薄弱型	D2022.021a	0.336		1000lin ft	Nq	1.5 (0.5) g [RC1]	2.6 (0.5) g [RC3]	NA
	下水管道——铸铁钟形罩和套筒连接器，SDC A、B，管段薄弱型	D2031.021a	0.547		1000lin ft	Nq	2.25 (0.4) g [RC1]	NA	NA

续表

层	构件	NISTIR	E—W qty	N—S qty	单位	来源	DS1 中位数（离散度）[修复等级]	DS2 中位数（离散度）[修复等级]	DS3 中位数（离散度）[修复等级]
B3—B1	下水管道——铸铁钟形罩和套筒连接器，SDC A、B、支撑结构薄弱型	D2031.021b	0.547		1000lin ft	Nq	1.2 (0.5) g [RC3]	2.4 (0.5) g [RC3]	NA
	HVAC 镀锌钢板风管，截面面积小于6ft², SDC A 或 B	D3041.011a	0.72		1000lin ft	Nq	1.5 (0.4) g [RC3]	2.25 (0.4) g [RC3]	NA
	HVAC 镀锌钢板风管，截面面积≥6ft²，SDC A 或 B	D3041.012a	0.192		1000 lin ft	Nq	1.5 (0.4) g [RC3]	2.25 (0.4) g [RC3]	NA
	支撑 HVAC 的吊顶悬挂拓展装置，无独立安全线路，SDC A 或 B	D3041.031a	8.64		10 单位	Nq	1.3 (0.4) g [RC2]	NA	NA
	带直列线圈的变风量空调系统的末端装置，SDC A 或 B	D3041.041a	6.72		10 单位	Nq	1.9 (0.4) g [RC2]	NA	NA

续表

层	构件	NISTIR	E—W qty	N—S qty	单位	来源	DS1 中位数（离散度）[修复等级]	DS2 中位数（离散度）[修复等级]	DS3 中位数（离散度）[修复等级]
B3—B1	消防喷淋水管——水平干管和支管——老式维克托利克（Victaulic）——薄壁钢，无支撑，SDC A 或 B，管段薄弱型	D4011.021a	1.92		1000 lin ft	Nq	1.1 (0.4) g [RC2]	2.4 (0.5) g [RC3]	NA
	消防喷头悬挂式标准螺纹钢——悬挂式嵌入式无支撑——铺板柔性吊顶最大悬挂尺寸为 6ft，SDC A 或 B	D4011.031a	0.864		100 单位	Nq	0.75 (0.4) g [RC2]	0.95 (0.4) g [RC3]	NA
	低压开关设备——容量：100~350A——非隔震型无锚固设备——设备易损	D5012.021a	1		225A	Nq	2.4 (0.4) g [RC3]	NA	NA
L1	预制混凝土板 4.5in 厚——平面内变形	B2011.201a	5.332	7.998	390ft²	Nq	0.005 (0.5) 弧度 [RC3]	NA	NA
	预制钢楼梯，带有钢踏板和无抗震节点的楼梯平台	C2011.001b	0.8	1.2	个	Nq	0.005 (0.6) 弧度 [RC1]	0.017 (0.6) 弧度 [RC3]	0.028 (0.45) 弧度 [RC3]

续表

层	构件	NISTIR	E—W qty	N—S qty	单位	来源	DS1 中位数（离散度）[修复等级]	DS2 中位数（离散度）[修复等级]	DS3 中位数（离散度）[修复等级]
L1	活动地板，非抗震型	C3027.001	72		单个面板	Nq	0.5（0.5）g [RC2]	NA	NA
	吊顶，SDC A、B，面积：250<A<1000，仅有竖向支撑	C3032.001b	14.4		600ft²	Nq	1.01（0.25）g [RC1]	1.45（0.25）g [RC3]	1.69（0.25）g [RC3]
	独立悬挂照明——非抗震型	C3034.001	144		件	Nq	0.6（0.4）g [RC3]	NA	NA
	冷热饮用水管道（直径>2.5in），SDC A 或 B，管段薄弱型	D2021.021a	0.144		1000lin ft	Nq	1.5（0.4）g [RC1]	2.6（0.4）g [RC3]	NA
	热水管道——小直径螺纹钢管（直径≤2.5in），SDC A 或 B，管段薄弱型	D2022.011a	0.854		1000lin ft	Nq	0.55（0.5）g [RC1]	1.1（0.5）g [RC3]	NA
	热水管道——小直径螺纹钢管（直径≤2.5in），SDC A 或 B，支撑结构薄弱型	D2022.011b	0.854		1000lin ft	Nq	1.2（0.5）g [RC3]	2.4（0.5）g [RC3]	NA

续表

层	构件	NISTIR	E—W qty	N—S qty	单位	来源	DS1 中位数（离散度）[修复等级]	DS2 中位数（离散度）[修复等级]	DS3 中位数（离散度）[修复等级]
L1	热水管道——大直径焊接钢管（直径>2.5in），SDC A 或 B，管段薄弱型	D2022.021a	0.336		1000lin ft	Nq	1.5 (0.5) g [RC1]	2.6 (0.5) g [RC3]	NA
	下水管道——铸铁钟形罩和套筒连接器，SDC A、B，管段薄弱型	D2031.021a	0.547		1000lin ft	Nq	2.25 (0.4) g [RC1]	NA	NA
	下水管道——铸铁钟形罩和套筒连接器，SDC A、B，支撑结构薄弱型	D2031.021b	0.547		1000lin ft	Nq	1.2 (0.5) g [RC3]	2.4 (0.5) g [RC3]	NA
	HVAC 镀锌钢板风管，截面面积小于6ft²，SDC A 或 B	D3041.011a	0.72		1000lin ft	Nq	1.5 (0.4) g [RC3]	2.25 (0.4) g [RC3]	NA
	HVAC 镀锌钢板风管，截面面积≥6ft²,SDC A 或 B	D3041.012a	0.192		1000 lin ft	Nq	1.5 (0.4) g [RC3]	2.25 (0.4) g [RC3]	NA
	支撑 HVAC 的吊顶悬挂拓展装置，无独立安全线路，SDC A 或 B	D3041.031a	8.64		10 单位	Nq	1.3 (0.4) g [RC3]	NA	NA

续表

层	构件	NISTIR	E—W qty	N—S qty	单位	来源	DS1 中位数（离散度）[修复等级]	DS2 中位数（离散度）[修复等级]	DS3 中位数（离散度）[修复等级]
L1	带直列线圈的变风量空调系统的末端装置，SDC A 或 B	D3041.041a	6.72		10 单位	Nq	1.9 (0.4) g [RC2]	NA	NA
	消防喷淋水管——水平干管和支管——老式维克托利克（Victaulic）——薄壁钢，无支撑，SDC B，管段薄弱型	D4011.021a	1.92		1000 lin ft	Nq	1.1 (0.4) g [RC2]	2.4 (0.5) g [RC3]	NA
	消防喷头悬挂式标准螺纹钢——悬挂无支撑——嵌入式铺板柔性吊顶——最大悬挂尺寸为 6ft，SDC A 或 B	D4011.031a	0.864		100 单位	Nq	0.75 (0.4) g [RC2]	0.95 (0.4) g [RC3]	NA
	低压开关设备——容量：100~350A——无隔震无锚固设备——设备易损	D5012.021a	1		225A	Nq	2.4 (0.4) g [RC3]	NA	NA
L2—L19	预制混凝土板 4.5in 厚——平面内变形	B2011.201a	5.332	7.998	390ft²	Nq	0.005 (0.5) 弧度 [RC3]	NA	NA

层	构件	NISTIR	E—W qty	N—S qty	单位	来源	DS1 中位数（离散度）[修复等级]	DS2 中位数（离散度）[修复等级]	DS3 中位数（离散度）[修复等级]
	隔墙，类型：带壁纸石膏板，全高，下方固定，上方固定	C1011.001a	3.84	5.76	900ft²	Nq	0.005（0.4）弧度 [RC1]	0.01（0.3）弧度 [RC1]	0.021（0.2）弧度 [RC2]
	预制钢楼梯，带有钢踏板和无抗震连接的楼梯平台	C2011.001b	0.8	1.2	件	Nq	0.005（0.6）弧度 [RC1]	0.017（0.6）弧度 [RC3]	0.028（0.45）弧度 [RC3]
	隔墙，类型：石膏和墙纸，全高，下方固定，上方固定	C3011.001a	0.29	0.435	900ft²	Nq	0.0021（0.6）弧度 [RC1]	NA	NA
L2—L19	活动地板，非抗震型	C3027.001	72		每个面板	Nq	0.5（0.5）g [RC2]	NA	NA
	吊顶，SDC A，B，面积：250<A<1000，仅有竖向支撑	C3032.001b	14.4		600ft²	Nq	1.01（0.25）g [RC1]	1.45（0.25）g [RC3]	1.69（0.25）g [RC3]
	独立悬挂照明—非抗震型	C3034.001	144		件	Nq	0.6（0.4）g [RC3]	NA	NA
	冷热饮用水管道（直径>2.5in），SDC A 或 B，管段薄弱型	D2021.021a	0.144		1000lin ft	Nq	1.5（0.4）g [RC1]	2.6（0.4）g [RC3]	NA

续表

层	构件	NISTIR	E—W qty	N—S qty	单位	来源	DS1 中位数（离散度）[修复等级]	DS2 中位数（离散度）[修复等级]	DS3 中位数（离散度）[修复等级]
L2—L19	热水管道——小直径螺纹钢管（直径≤2.5in），SDC A 或 B，管段薄弱型	D2022.011a	0.854		1000lin ft	Nq	0.55（0.5）g [RC1]	1.1（0.5）g [RC3]	NA
	热水管道——小直径螺纹钢管（直径≤2.5in），SDC A 或 B，支撑结构薄弱型	D2022.011b	0.854		1000lin ft	Nq	1.2（0.5）g [RC3]	2.4（0.5）g [RC3]	NA
	热水管道——大直径焊接钢管（直径>2.5in），SDC A 或 B，管段薄弱型	D2022.021a	0.336		1000lin ft	Nq	1.5（0.5）g [RC1]	2.6（0.5）g [RC3]	NA
	下水管道——铸铁钟形罩和套筒连接器，SDC A、B，管段薄弱型	D2031.021a	0.547		1000lin ft	Nq	2.25（0.4）g [RC1]	NA	NA
	下水管道——铸铁钟形罩和套筒连接器，SDC A、B，支撑结构薄弱型	D2031.021b	0.547		1000lin ft	Nq	1.2（0.5）g [RC3]	2.4（0.5）g [RC3]	NA

续表

层	构件	NISTIR	E—W qty	N—S qty	单位	来源	DS1 中位数（离散度）[修复等级]	DS2 中位数（离散度）[修复等级]	DS3 中位数（离散度）[修复等级]
L2—L19	HVAC 镀锌钢板风管，截面面积小于 6ft²，SDC A 或 B	D3041.011a	0.72		1000lin ft	Nq	1.5 (0.4) g [RC3]	2.25 (0.4) g [RC3]	NA
	HVAC 镀锌钢板风管，截面面积≥6ft²，SDC A 或 B	D3041.012a	0.192		1000 lin ft	Nq	1.5 (0.4) g [RC3]	2.25 (0.4) g [RC3]	NA
	支撑 HVAC 的吊顶悬挂/拓展装置，无独立安全线路，SDC A 或 B	D3041.031a	8.64		10 单位	Nq	1.3 (0.4) g [RC3]	NA	NA
	带直列线圈的变风量空调系统的末端装置，SDC A 或 B	D3041.041a	6.72		10 单位	Nq	1.9 (0.4) g [RC2]	NA	NA
	消防喷淋水管——水平干管和支管——武维克托利克（Victaulic）——薄壁钢，无支撑，SDC A 或 B，管段薄弱型	D4011.021a	1.92		1000 lin ft	Nq	1.1 (0.4) g [RC2]	2.4 (0.5) g [RC3]	NA

层	构件	NISTIR	E—W qty	N—S qty	单位	来源	DS1 中位数（离散度）[修复等级]	DS2 中位数（离散度）[修复等级]	DS3 中位数（离散度）[修复等级]
L2—L19	消防喷头悬挂头悬挂式悬挂式标准螺纹钢——悬挂——无支撑——嵌入式铺板柔性吊顶——最大悬挂尺寸为6ft，SDC A或B	D4011.031a	0.864		100 单位	Nq	0.75 (0.4) g [RC2]	0.95 (0.4) g [RC3]	NA
	低压开关设备——容量：100~350A——无隔震无锚固设备——设备易损	D5012.021a	1		225A	Nq	2.4 (0.4) g [RC3]	NA	NA
L20	预制混凝土板4.5in厚——平面内变形	B2011.201a	5.332	7.998	390ft²	Nq	0.005 (0.5) 弧度 [RC3]	NA	NA
	预制钢楼梯，带有钢踏板和无抗震连接的楼梯平台	C2011.001b	0.8	1.2	个	Nq	0.005 (0.6) 弧度 [RC1]	0.017 (0.6) 弧度 [RC3]	0.028 (0.45) 弧度 [RC3]
	吊顶，SDC A, B, 面积：250<A<1000，仅有竖向支撑	C3032.001b	14.4		600ft²	Nq	1.01 (0.25) g [RC1]	1.45 (0.25) g [RC3]	1.69 (0.25) g [RC3]
	独立悬挂照明——非抗震型	C3034.001	144		个	Nq	0.6 (0.4) g [RC3]	NA	NA
	冷热饮用水管道（直径>2.5in），SDC A或B，管段薄弱型	D2021.021a	0.144		1000 lin ft	Nq	1.5 (0.4) g [RC1]	2.6 (0.4) g [RC3]	NA

层	构件	NISTIR	E—W qty	N—S qty	单位	来源	DS1 中位数（离散度）[修复等级]	DS2 中位数（离散度）[修复等级]	DS3 中位数（离散度）[修复等级]
L20	热水管道——小直径螺纹钢管（直径≤2.5in），SDC A 或 B，管段薄弱型	D2022.011a	0.854		1000 lin ft	Nq	0.55 (0.5) g [RC1]	1.1 (0.5) g [RC3]	NA
	热水管道——小直径螺纹钢管（直径≤2.5in），SDC A 或 B，支撑结构薄弱型	D2022.011b	0.854		1000 lin ft	Nq	1.2 (0.5) g [RC3]	2.4 (0.5) g [RC3]	NA
	热水管道——大直径焊接钢管（直径>2.5in），SDC A 或 B，管段薄弱型	D2022.021a	0.336		1000 lin ft	Nq	1.5 (0.5) g [RC1]	2.6 (0.5) g [RC3]	NA
	下水管道——铸铁钟形罩和套筒连接器，SDC A、B，管段薄弱型	D2031.021a	0.547		1000lin ft	Nq	2.25 (0.4) g [RC1]	NA	NA
	下水管道——铸铁钟形罩和套筒连接器，SDC A、B，支撑结构薄弱型	D2031.021b	0.547		1000lin ft	Nq	1.2 (0.5) g [RC3]	2.4 (0.5) g [RC3]	NA
	HVAC 镀锌钢板风管，截面积小于 6ft², SDC A 或 B	D3041.011a	0.72		1000lin ft	Nq	1.5 (0.4) g [RC3]	2.25 (0.4) g [RC3]	NA

续表

层	构件	NISTIR	E—W qty	N—S qty	单位	来源	DS1 中位数（离散度）[修复等级]	DS2 中位数（离散度）[修复等级]	DS3 中位数（离散度）[修复等级]
L20	HVAC 镀锌钢板风管，截面面积≥6ft²，SDC A 或 B	D3041.012a	0.192		1000 lin ft	Nq	1.5 (0.4) g [RC3]	2.25 (0.4) g [RC3]	NA
	支撑 HVAC 的吊顶悬挂折展装置，无独立安全线路，SDC A 或 B	D3041.031a	8.64		10 单位	Nq	1.3 (0.4) g [RC3]	NA	NA
	带直列线圈的变风量空调系统的末端装置，SDC A 或 B	D3041.041a	6.72		10 单位	Nq	1.9 (0.4) g [RC2]	NA	NA
	空气处理机组——容量：25000～40000ft³/min——非隔震型无锚固设备——设备易损	D3052.011d	13		30000ft³/min	Nq	0.25 (0.4) g [RC3]	NA	NA
	消防喷淋水管——水平干管和支管——老式维克托利克（Victaulic）——薄壁钢，无支撑，SDC A 或 B，管段薄弱型	D4011.021a	1.92		1000 lin ft	Nq	1.1 (0.4) g [RC2]	2.4 (0.5) g [RC3]	NA

续表

层	构件	NISTIR	E—W qty	N—S qty	单位	来源	DS1 中位数（离散度）[修复等级]	DS2 中位数（离散度）[修复等级]	DS3 中位数（离散度）[修复等级]
L20	消防喷头悬挂式标准螺纹钢无支撑——悬挂式铺板柔性吊顶——嵌入式最大悬挂尺寸为6ft，SDC A 或 B	D4011.031a	0.864		100单位	Nq	0.75 (0.4) g [RC2]	0.95 (0.4) g [RC3]	NA
	电机控制中心——能量：全域——无隔震无锚震固设备——设备易损	D5012.013a	8.5		个	Nq	0.73 (0.45) g [RC3]	NA	NA
	低压开关设备——能量：100-350A——非隔震型无锚震固设备——设备易损	D5012.021a	1		225A	Nq	2.4 (0.4) g [RC3]	NA	NA
L21—L39	预制混凝土板 4.5in 厚——平面内变形	B2011.201a	5.332	7.998	390ft²	Nq	0.005 (0.5) 弧度 [RC3]	NA	NA
	隔墙，类型：带壁纸石膏板，全高，上方下方固定	C1011.001a	3.84	5.76	900ft²	Nq	0.005 (0.4) 弧度 [RC1]	0.01 (0.3) 弧度 [RC1]	0.021 (0.2) 弧度 [RC2]
	预制钢楼梯，带有钢踏板和无抗震连接的楼梯平台	C2011.001b	0.8	1.2	个	Nq	0.005 (0.6) 弧度 [RC1]	0.017 (0.6) 弧度 [RC3]	0.028 (0.45) 弧度 [RC3]

续表

层	构件	NISTIR	E—W qty	N—S qty	单位	来源	DS1 中位数（离散度）[修复等级]	DS2 中位数（离散度）[修复等级]	DS3 中位数（离散度）[修复等级]
L21—L39	隔墙，类型：石膏和墙纸，全高，下方固定，上方固定	C3011.001a	0.29	0.435	900ft²	Nq	0.0021 (0.6) 弧度 [RC1]	NA	NA
	活动地板，非抗震型	C3027.001	72		每个面板	Nq	0.5 (0.5) g [RC2]	NA	NA
	吊顶，SDC A，B，面积：250<A<1000，仅有竖向支撑	C3032.001b	14.4		600ft²	Nq	1.01 (0.25) g [RC1]	1.45 (0.25) g [RC3]	1.69 (0.25) g [RC3]
	独立悬挂照明——非抗震型	C3034.001	144		个	Nq	0.6 (0.4) g [RC3]	NA	NA
	冷热饮用水管道（直径>2.5in），SDC A 或 B，管段薄弱型	D2021.021a	0.144		1000lin ft	Nq	1.5 (0.4) g [RC1]	2.6 (0.4) g [RC3]	NA
	热水管道——小直径（直径≤2.5in），SDC A 或 B，管段薄弱型	D2022.011a	0.854		1000lin ft	Nq	0.55 (0.5) g [RC1]	1.1 (0.5) g [RC3]	NA
	热水管道——小直径（直径≤2.5in），SDC A 或 B，支撑结构薄弱型	D2022.011b	0.854		1000lin ft	Nq	1.2 (0.5) g [RC3]	2.4 (0.5) g [RC3]	NA

续表

层	构件	NISTIR	E—W qty	N—S qty	单位	来源	DS1 中位数（离散度）[修复等级]	DS2 中位数（离散度）[修复等级]	DS3 中位数（离散度）[修复等级]
L21—L39	热水管道——大直径焊接钢管（直径>2.5in），SDC A 或 B，管段薄弱型	D2022.021a	0.336		1000lin ft	Nq	1.5（0.5）g [RC1]	2.6（0.5）g [RC3]	NA
	下水管道——铸铁钟形罩和套筒连接器，SDC A，B，管段薄弱型	D2031.021a	0.547		1000lin ft	Nq	2.25（0.4）g [RC1]	NA	NA
	下水管道——铸铁钟形罩和套筒连接器，SDC A，B，支撑结构薄弱型	D2031.021b	0.547		1000lin ft	Nq	1.2（0.5）g [RC3]	2.4（0.5）g [RC3]	NA
	HVAC 镀锌钢板风管，截面面积小于6ft²，SDC A 或 B	D3041.011a	0.72		1000lin ft	Nq	1.5（0.4）g [RC3]	2.25（0.4）g [RC3]	NA
	HVAC 镀锌钢板风管，截面面积 ≥ 6ft²，SDC A 或 B	D3041.012a	0.192		1000 lin ft	Nq	1.5（0.4）g [RC3]	2.25（0.4）g [RC3]	NA
	支撑 HVAC 的吊顶悬挂装置，无拓展安全线路，SDC A 或 B	D3041.031a	8.64		10 单位	Nq	1.3（0.4）g [RC3]	NA	NA

续表

层	构件	NISTIR	E—W qty	N—S qty	单位	来源	DS1 中位数（离散度）[修复等级]	DS2 中位数（离散度）[修复等级]	DS3 中位数（离散度）[修复等级]
L21—L39	带直列线圈的变风量空调系统的末端装置，SDC A 或 B	D3041.041a	6.72		10 单位	Nq	1.9（0.4）g [RC2]	NA	NA
	消防喷淋水管——水平干管和支管——老式维克托利克（Victaulic）——薄壁钢，无支撑，SDC A 或 B，管段薄弱型	D4011.021a	1.92		1000 lin ft	Nq	1.1（0.4）g [RC2]	2.4（0.5）g [RC3]	NA
	消防喷头悬挂式标准螺纹钢——悬挂式无支撑——嵌入式铺板柔性吊顶-最大悬挂尺寸为 6ft，SDC A 或 B	D4011.031a	0.864		100 单位	Nq	0.75（0.4）g [RC2]	0.95（0.4）g [RC3]	NA
	低压开关设备——能力：100~350A——非隔震型无锚固设备——设备易损	D5012.021a	1		225A	Nq	2.4（0.4）g [RC3]	NA	NA
L40	预制混凝土板 4.5in 厚——平面内变形	B2011.201a	5.332	7.998	390ft²	Nq	0.005（0.5）弧度 [RC3]	NA	NA

层	构件	NISTIR	E—W qty	N—S qty	单位	来源	DS1 中位数（离散度）[修复等级]	DS2 中位数（离散度）[修复等级]	DS3 中位数（离散度）[修复等级]
	预制钢楼梯，带有钢踏板和无抗震节点的楼梯平台	C2011.001b	0.8	1.2	个	Nq	0.005 (0.6) 弧度 [RC1]	0.017 (0.6) 弧度 [RC3]	0.028 (0.45) 弧度 [RC3]
	吊顶，SDC A、B，面积：250<A<1000，仅有竖向支撑	C3032.001b	14.4		600ft²	Nq	1.01 (0.25) g [RC1]	1.45 (0.25) g [RC3]	1.69 (0.25) g [RC3]
	独立悬挂照明——非抗震型	C3034.001	144		个	Nq	0.6 (0.4) g [RC3]	NA	NA
L40	冷热用水管道（直径>2.5in），SDC A 或 B，管段薄弱型	D2021.021a	0.144		1000 lin ft	Nq	1.5 (0.4) g [RC1]	2.6 (0.4) g [RC3]	NA
	热水管道——小直径钢管（直径≤2.5in），SDC A 或 B，管段薄弱型	D2022.011a	0.854		1000 lin ft	Nq	0.55 (0.5) g [RC1]	1.1 (0.5) g [RC3]	NA
	热水管道——小直径螺纹钢管（直径≤2.5in），SDC A 或 B，支撑结构薄弱型	D2022.011b	0.854		1000 lin ft	Nq	1.2 (0.5) g [RC3]	2.4 (0.5) g [RC3]	NA

续表

层	构件	NISTIR	E—W qty	N—S qty	单位	来源	DS1 中位数（离散度）[修复等级]	DS2 中位数（离散度）[修复等级]	DS3 中位数（离散度）[修复等级]
L40	热水管道——大直径焊接钢管（直径>2.5in），SDC A 或 B，管段薄弱型	D2022.021a	0.336		1000 lin ft	Nq	1.5 (0.5) g [RC1]	2.6 (0.5) g [RC3]	NA
	下水管道——铸铁钟形罩和套筒连接器，SDC A、B，管段薄弱型	D2031.021a	0.547		1000lin ft	Nq	2.25 (0.4) g [RC1]	NA	NA
	下水管道——铸铁钟形罩和套筒连接器，SDC A、B，支撑结构薄弱型	D2031.021b	0.547		1000lin ft	Nq	1.2 (0.5) g [RC3]	2.4 (0.5) g [RC3]	NA
	制冷机——容量：750~1000 吨——非隔震设备——设备易损	D3031.011d	3		850 吨	奥雅纳公司评估结果	0.2 (0.4) g [RC3]	NA	NA
	HVAC 镀锌钢板风管，截面面积小于 6ft²，SDC A 或 B	D3041.011a	0.72		1000lin ft	Nq	1.5 (0.4) g [RC3]	2.25 (0.4) g [RC3]	NA
	HVAC 镀锌钢板风管，截面面积≥6ft²，SDC A 或 B	D3041.012a	0.192		1000 lin ft	Nq	1.5 (0.4) g [RC3]	2.25 (0.4) g [RC3]	NA

续表

层	构件	NISTIR	E—W qty	N—S qty	单位	来源	DS1 中位数（离散度）[修复等级]	DS2 中位数（离散度）[修复等级]	DS3 中位数（离散度）[修复等级]
L40	支撑 HVAC 的吊顶悬挂拓展装置，无独立安全线路，SDC A 或 B	D3041.031a	8.64		10 单位	Nq	1.3 (0.4) g [RC3]	NA	NA
	带直列线圈的变风量空调系统的末端装置，SDC A 或 B	D3041.041a	6.72		10 单位	Nq	1.9 (0.4) g [RC2]	NA	NA
	消防喷淋水管——水平干管和支管——老式维克托利克（Victaulic）——薄壁钢，无支撑，SDC A 或 B，管段薄弱型	D4011.021a	1.92		1000 lin ft	Nq	1.1 (0.4) g [RC2]	2.4 (0.5) g [RC3]	NA
	消防喷头悬挂式标准螺纹钢——悬挂无支撑——嵌入式铺板柔性吊顶——最大悬挂尺寸为 6ft，SDC A 或 B	D4011.031a	0.864		100 单位	Nq	0.75 (0.4) g [RC2]	0.95 (0.4) g [RC3]	NA
	电机控制中心——能力：全域——非隔震型无锚固设备——设备易损	D5012.013a	8.5		个	Nq	0.73 (0.45) g [RC3]	NA	NA

续表

层	构件	NISTIR	E—W qty	N—S qty	单位	来源	DS1 中位数（离散度）[修复等级]	DS2 中位数（离散度）[修复等级]	DS3 中位数（离散度）[修复等级]
L40	低压开关设备——能力：100~350A——非隔震型无锚固设备——设备易损	D5012.021a	1		225A	Nq	2.4（0.4）g [RC3]	NA	NA
楼顶	冷却塔——容量：750~1000吨——非隔震型无锚固设备——设备易损	D3031.021d	3		850 吨	奥雅纳公司评估结果	0.5（0.4）g [RC3]	NA	NA
	低压开关设备——能力：100~350A——非隔震型无锚固设备——设备易损	D5012.021a	1		225A	Nq	2.4（0.4）g [RC3]	NA	NA

注：NISTIR：美国国家标准与技术研究所联合报告；E—W 数量（E—W qty）：每层在东西向方向上的数量，只列出一个方向上的构件数量表示无方向性；N—S 数量（N—S qty）：每层在南北方向上的数量（注意，只列出一个方向上的构件数量表示无方向性）；DS：破坏状态（Damage State）；其他缩写：A：面积（area）；HVAC：供暖、通风和空调（Heating, Ventilation, Air Conditioning）；IGU：中空玻璃单元（Insulating Glass Unit）；FT IGU：全钢化中空玻璃单元（Fully Tempered Insulating Glass Unit）；Ip：构件重要性系数；Nq：标准数量（Norm qty），由美国国家标准和技术研究所规范性数量估算工具相结合计算；NA：不适用（Not Applicable）；OSHPD：加利福尼亚州全州规划发展办公室（California Office of State-wide Planning and Development）；RC：REDi™修复等级（Repair Class）（Almufti and Willford, 2013）——1 表示基本功能恢复，2 表示功能恢复，3 表示完全恢复；SDC：ASCE7-10（美国土木工程师协会，2010）抗震设计标准（Seismic Design Criteria）；SSG：结构硅酮胶玻璃（Structural Silicone Glazing）；VAV：变风量（Variable Air Volume）；V_g：重力速度（Velocity of Gravity）；VHB™ SGT：3M™ VHB™ 结构玻璃胶带（Structural Glazing Tape）；V_o：物体速度（Velocity of Object）；W：宽翼缘梁（wide-flange beam）；WUF-B：栓焊节点（Welded Unreinforced Flange-Bolted web）。单位缩写：A：安培；ft²：平方英尺；ft³/min：立方英尺每分钟；g：重力加速度；in：英寸；kV·A：千伏安；lin ft：线性英尺；mm：毫米；plf：每线性英尺。

表 O-15　20层钢框架建筑非结构构件

层	构件	NISTIR	E—W qty	N—S qty	单位	来源	DS1 中位数（离散度）[修复等级]	DS2 中位数（离散度）[修复等级]	DS3 中位数（离散度）[修复等级]
NA	曳引电梯——1976年之后广泛应用于加州地区，1982年之后广泛应用于美国西部，而1998年之后开始广泛应用于美国国其他地区	D1014.011	6		个	Nq	0.002 (0.3) 弧度 [RC2]	0.005 (0.3) 弧度 [RC2]	NA
	曳引电梯——1976年之后广泛应用于加州地区，1982年之后广泛应用于美国西部，而1998年之后开始广泛应用于美国国其他地区	D1014.011_ridr	6		个	Nq	0.002 (0.3) 弧度 [RC2]	0.005 (0.3) 弧度 [RC2]	NA
B1	预制钢楼梯，带有钢踏板和无抗震连接的楼梯平台	C2011.001b	0.8	1.2	个	Nq	0.005 (0.6) 弧度 [RC1]	0.017 (0.6) 弧度 [RC3]	0.028 (0.45) 弧度 [RC3]
	独立悬挂照明——非抗震型	C3034.001	144		个	Nq	0.6 (0.4) g [RC3]	NA	NA
	冷热饮用水管道（直径>2.5in），SDC A 或 B，管段薄弱型	D2021.021a	0.144		1000lin ft	Nq	1.5 (0.4) g [RC1]	2.6 (0.4) g [RC3]	NA

续表

层	构件	NISTIR	E—W qty	N—S qty	单位	来源	DS1 中位数 (离散度) [修复等级]	DS2 中位数 (离散度) [修复等级]	DS3 中位数 (离散度) [修复等级]
B1	热水管道——小直径螺纹钢管（直径≤2.5in），SDC A 或 B，管段薄弱型	D2022.011a	0.854		1000lin ft	Nq	0.55 (0.5) g [RC1]	1.1 (0.5) g [RC3]	NA
	热水管道——小直径螺纹钢管（直径≤2.5in），SDC A 或 B，支撑结构薄弱型	D2022.011b	0.854		1000lin ft	Nq	1.2 (0.5) g [RC3]	2.4 (0.5) g [RC3]	NA
	热水管道——大直径焊接钢管（直径>2.5in），SDC A 或 B，管段薄弱型	D2022.021a	0.336		1000lin ft	Nq	1.5 (0.5) g [RC1]	2.6 (0.5) g [RC3]	NA
	下水管道——铸铁钟形罩和套筒连接器，SDC A、B，管段薄弱型	D2031.021a	0.547		1000lin ft	Nq	2.25 (0.4) g [RC1]	NA	NA
	下水管道——铸铁钟形罩和套筒连接器，SDC A、B，支撑结构薄弱型	D2031.021b	0.547		1000lin ft	Nq	1.2 (0.5) g [RC3]	2.4 (0.5) g [RC3]	NA
	HVAC 镀锌钢板风管，截面面积小于 6ft²，SDC A 或 B	D3041.011a	0.72		1000lin ft	Nq	1.5 (0.4) g [RC3]	2.25 (0.4) g [RC3]	NA

续表

层	构件	NISTIR	E—W qty	N—S qty	单位	来源	DS1 中位数（离散度）[修复等级]	DS2 中位数（离散度）[修复等级]	DS3 中位数（离散度）[修复等级]
B1	HVAC 镀锌钢板风管，截面面积≥6ft²，SDC A 或 B	D3041.012a	0.192		1000 lin ft	Nq	1.5 (0.4) g [RC3]	2.25 (0.4) g [RC3]	NA
	支撑 HVAC 的吊顶悬挂/拓展装置，无独立安全线路，SDC A 或 B	D3041.031a	8.64		10 单位	Nq	1.3 (0.4) g [RC3]	NA	NA
	带直列线圈的变风量空调系统的末端装置，SDC A 或 B	D3041.041a	6.72		10 单位	Nq	1.9 (0.4) g [RC2]	NA	NA
	消防喷淋水管——水平干管和支管——老式 Victaulic——薄壁钢，无支撑，SDC A 或 B，管段薄弱型	D4011.021a	1.92		1000 lin ft	Nq	1.1 (0.4) g [RC2]	2.4 (0.5) g [RC3]	NA
	消防喷头悬挂式标准螺纹管——悬挂无支撑——嵌入式铺板柔性吊顶最大悬挂尺寸为6ft，SDC A 或 B	D4011.031a	0.864		100 单位	Nq	0.75 (0.4) g [RC2]	0.95 (0.4) g [RC3]	NA

续表

层	构件	NISTIR	E—W qty	N—S qty	单位	来源	DS1 中位数（离散度）[修复等级]	DS2 中位数（离散度）[修复等级]	DS3 中位数（离散度）[修复等级]
	低压开关设备——容量：100～350A——非隔震型——无锚固设备——设备易损	D5012.021a	1		225A	Nq	2.4 (0.4) g [RC3]	NA	NA
	预制混凝土板厚4.5in——平面内变形	B2011.201a	5.332	7.998	390ft²	Nq	0.005 (0.5) 弧度 [RC3]	NA	NA
	预制钢楼梯，带有钢踏板和无抗震连接的楼梯平台	C2011.001b	0.8	1.2	个	Nq	0.005 (0.6) 弧度 [RC1]	0.017 (0.6) 弧度 [RC3]	0.028 (0.45) 弧度 [RC3]
L1	活动地板，非抗震型非抗震型	C3027.001	72		每个面板	Nq	0.5 (0.5) g [RC2]	NA	NA
	吊顶，SDC A, B, 面积：250<A<1000, 仅有竖向支撑	C3032.001b	14.4		600ft²	Nq	1.01 (0.25) g [RC1]	1.45 (0.25) g [RC3]	1.69 (0.25) g [RC3]
	独立悬挂照明——非抗震型	C3034.001	144		个	Nq	0.6 (0.4) g [RC3]	NA	NA

续表

层	构件	NISTIR	E—W qty	N—S qty	单位	来源	DS1 中位数（离散度）[修复等级]	DS2 中位数（离散度）[修复等级]	DS3 中位数（离散度）[修复等级]
L1	冷热饮用水管道（直径>2.5in），SDC A 或 B，管段薄弱型	D2021.021a	0.144		1000lin ft	Nq	1.5（0.4）g [RC1]	2.6（0.4）g [RC3]	NA
	热水管道——小直径螺纹钢管（直径≤2.5in），SDC A 或 B，管段薄弱型	D2022.011a	0.854		1000lin ft	Nq	0.55（0.5）g [RC1]	1.1（0.5）g [RC3]	NA
	热水管道——小直径螺纹钢管（直径≤2.5in），SDC A 或 B，支撑结构薄弱型	D2022.011b	0.854		1000lin ft	Nq	1.2（0.5）g [RC3]	2.4（0.5）g [RC3]	NA
	热水管道——大直径焊接钢管（直径>2.5in），SDC A 或 B，管段薄弱型	D2022.021a	0.336		1000lin ft	Nq	1.5（0.5）g [RC1]	2.6（0.5）g [RC3]	NA
	下水管道——铸铁钟形罩和套筒连接器，SDC A，B，管段薄弱型	D2031.021a	0.547		1000lin ft	Nq	2.25（0.4）g [RC1]	NA	NA

续表

层	构件	NISTIR	E—W qty	N—S qty	单位	来源	DS1 中位数（离散度）[修复等级]	DS2 中位数（离散度）[修复等级]	DS3 中位数（离散度）[修复等级]
L1	下水管道——铸铁钟形罩和套筒连接器，SDC A、B，支撑结构薄弱型	D2031.021b	0.547		1000lin ft	Nq	1.2 (0.5) g [RC3]	2.4 (0.5) g [RC3]	NA
	HVAC 镀锌钢板风管，截面面积小于 6ft², SDC A 或 B	D3041.011a	0.72		1000lin ft	Nq	1.5 (0.4) g [RC3]	2.25 (0.4) g [RC3]	NA
	HVAC 镀锌钢板风管，截面面积≥6ft²，SDC A 或 B	D3041.012a	0.192		1000 lin ft	Nq	1.5 (0.4) g [RC3]	2.25 (0.4) g [RC3]	NA
	支撑 HVAC 的吊顶悬挂/拓展装置，无独立安全线路，SDC A 或 B	D3041.031a	8.64		10 单位	Nq	1.3 (0.4) g [RC3]	NA	NA
	带直列线圈的变风量空调系统的末端装置，SDC A 或 B	D3041.041a	6.72		10 单位	Nq	1.9 (0.4) g [RC2]	NA	NA
	消防喷淋水管——水平干管和支管——老式 Victaulic——薄壁钢，无支撑，SDC A 或 B，管段薄弱型	D4011.021a	1.92		1000 lin ft	Nq	1.1 (0.4) g [RC2]	2.4 (0.5) g [RC3]	NA

续表

层	构件	NISTIR	E—W qty	N—S qty	单位	来源	DS1 中位数（离散度）[修复等级]	DS2 中位数（离散度）[修复等级]	DS3 中位数（离散度）[修复等级]
L1	消防喷头悬挂式标准螺纹钢无支撑——嵌入式铺板吊顶——悬挂最大悬挂尺寸为 6 英尺，SDC A 或 B	D4011.031a	0.864		100 单位	Nq	0.75 (0.4) g [RC2]	0.95 (0.4) g [RC3]	NA
	低压开关设备——容量：100~350A——非隔震型无锚固设备——设备易损	D5012.021a	1		225A	Nq	2.4 (0.4) g [RC3]	NA	NA
L2—L19	预制混凝土板 4.5in 厚——平面内变形	B2011.201a	5.332	7.998	390 ft²	Nq	0.005 (0.5) 弧度 [RC3]	NA	NA
	隔墙，类型：带壁纸石膏板，全高，上方固定，下方固定	C1011.001a	3.84	5.76	900 ft²	Nq	0.005 (0.4) 弧度 [RC1]	0.01 (0.3) 弧度 [RC1]	0.021 (0.2) 弧度 [RC2]
	预制钢楼梯，带有钢踏板和无抗震节点的楼梯平台	C2011.001b	0.8	1.2	个	Nq	0.005 (0.6) 弧度 [RC1]	0.017 (0.6) 弧度 [RC3]	0.028 (0.45) 弧度 [RC3]
	隔墙和墙纸，类型：石膏，全高，下方固定，上方固定	C3011.001a	0.29	0.435	900 ft²	Nq	0.0021 (0.6) 弧度 [RC1]	NA	NA

续表

层	构件	NISTIR	E—W qty	N—S qty	单位	来源	DS1 中位数（离散度）[修复等级]	DS2 中位数（离散度）[修复等级]	DS3 中位数（离散度）[修复等级]
	活动地板，非抗震型	C3027.001	72		每个面板	Nq	0.5 (0.5) g [RC2]	NA	NA
	吊顶，SDC A、B，面积：250<A<1000，仅有竖向支撑	C3032.001b	14.4		600 ft²	Nq	1.01 (0.25) g [RC1]	1.45 (0.25) g [RC3]	1.69 (0.25) g [RC3]
	独立悬照明—非抗震型	C3034.001	144		个	Nq	0.6 (0.4) g [RC3]	NA	NA
L2—L19	冷热饮用水管道（直径>2.5in），SDC A或B，管段薄弱型	D2021.021a	0.144		1000lin ft	Nq	1.5 (0.4) g [RC1]	2.6 (0.4) g [RC3]	NA
	热水管道—小直径螺纹钢管（直径≤2.5in），SDC A或B，管段薄弱型	D2022.011a	0.854		1000lin ft	Nq	0.55 (0.5) g [RC1]	1.1 (0.5) g [RC3]	NA
	热水管道—小直径螺纹钢管（直径≤2.5in），SDC A或B，支撑结构薄弱型	D2022.011b	0.854		1000lin ft	Nq	1.2 (0.5) g [RC3]	2.4 (0.5) g [RC3]	NA
	热水管道—大直径焊接钢管（直径>2.5in），SDC A或B，管段薄弱型	D2022.021a	0.336		1000lin ft	Nq	1.5 (0.5) g [RC1]	2.6 (0.5) g [RC3]	NA

续表

层	构件	NISTIR	E—W qty	N—S qty	单位	来源	DS1 中位数 (离散度) [修复等级]	DS2 中位数 (离散度) [修复等级]	DS3 中位数 (离散度) [修复等级]
L2—L19	下水管道——铸铁钟形罩和套筒连接器，SDC A、B，管段薄弱型	D2031.021a	0.547		1000lin ft	Nq	2.25 (0.4) g [RC1]	NA	NA
	下水管道——铸铁钟形罩和套筒连接器，SDC A、B，支撑结构薄弱型	D2031.021b	0.547		1000lin ft	Nq	1.2 (0.5) g [RC3]	2.4 (0.5) g [RC3]	NA
	HVAC 镀锌钢板风管，截面面积小于 6ft², SDC A 或 B	D3041.011a	0.72		1000lin ft	Nq	1.5 (0.4) g [RC3]	2.25 (0.4) g [RC3]	NA
	HVAC 镀锌钢板风管，截面面积≥6ft²，SDC A 或 B	D3041.012a	0.192		1000 lin ft	Nq	1.5 (0.4) g [RC3]	2.25 (0.4) g [RC3]	NA
	支撑 HVAC 的吊顶悬挂/拓展装置，无独立安全线路，SDC A 或 B	D3041.031a	8.64		10 单位	Nq	1.3 (0.4) g [RC3]	NA	NA
	带直列线圈的变风量空调系统的末端装置，SDC A 或 B	D3041.041a	6.72		10 单位	Nq	1.9 (0.4) g [RC2]	NA	NA

续表

层	构件	NISTIR	E—W qty	N—S qty	单位	来源	DS1 中位数(离散度)[修复等级]	DS2 中位数(离散度)[修复等级]	DS3 中位数(离散度)[修复等级]
L2—L19	消防喷淋水管——水平干管和支管——老式 Victaulic——薄壁钢，无支撑，SDC A 或 B，管段薄弱型	D4011.021a	1.92		1000 lin ft	Nq	1.1 (0.4) g [RC2]	2.4 (0.5) g [RC3]	NA
	消防喷头悬挂式标准螺纹钢——悬挂无支撑——嵌入式铺板柔性吊顶——最大悬挂尺寸为 6ft，SDC A 或 B	D4011.031a	0.864		100 单位	Nq	0.75 (0.4) g [RC2]	0.95 (0.4) g [RC3]	NA
	低压开关设备——容量：100~350A——非隔震型无锚固设备——设备易损	D5012.021a	1		225A	Nq	2.4 (0.4) g [RC3]	NA	NA
L40	预制混凝土板 4.5in 厚——平面内变形	B2011.201a	5.332	7.998	390 ft²	Nq	0.005 (0.5) 弧度 [RC3]	NA	NA
	预制钢楼梯，带有钢制踏板和无抗震节点的楼梯平台	C2011.001b	0.8	1.2	个	Nq	0.005 (0.6) 弧度 [RC1]	0.017 (0.6) 弧度 [RC3]	0.028 (0.45) 弧度 [RC3]
	吊顶，SDC A、B，面积：250<A<1000，仅有竖向支撑	C3032.001b	14.4		600ft²	Nq	1.01 (0.25) g [RC1]	1.45 (0.25) g [RC3]	1.69 (0.25) g [RC3]

续表

层	构件	NISTIR	E—W qty	N—S qty	单位	来源	DS1 中位数（离散度）[修复等级]	DS2 中位数（离散度）[修复等级]	DS3 中位数（离散度）[修复等级]
L40	独立悬挂照明——非抗震型	C3034.001	144		个	Nq	0.6 (0.4) g [RC3]	NA	NA
	冷热饮用水管道（直径>2.5in），SDC A 或 B，管段薄弱型	D2021.021a	0.144		1000 lin ft	Nq	1.5 (0.4) g [RC1]	2.6 (0.4) g [RC3]	NA
	热水管道——小直径螺纹钢管（直径≤2.5in），SDC A 或 B，管段薄弱型	D2022.011a	0.854		1000 lin ft	Nq	0.55 (0.5) g [RC1]	1.1 (0.5) g [RC3]	NA
	热水管道——小直径螺纹钢管（直径≤2.5in），SDC A 或 B，支撑结构薄弱型	D2022.011b	0.854		1000 lin ft	Nq	1.2 (0.5) g [RC3]	2.4 (0.5) g [RC3]	NA
	热水管道——大直径焊接钢管（直径>2.5in），SDC A 或 B，管段薄弱型	D2022.021a	0.336		1000 lin ft	Nq	1.5 (0.5) g [RC1]	2.6 (0.5) g [RC3]	NA
	下水管道——铸铁钟形罩和套筒连接器，SDC A, B，管段薄弱型	D2031.021a	0.547		1000lin ft	Nq	2.25 (0.4) g [RC1]	NA	NA

续表

层	构件	NISTIR	E—W qty	N—S qty	单位	来源	DS1 中位数（离散度）[修复等级]	DS2 中位数（离散度）[修复等级]	DS3 中位数（离散度）[修复等级]
L40	下水管道——铸铁钟形罩和套筒连接器，SDC A、B，支撑结构薄弱型	D2031.021b	0.547		1000lin ft	Nq	1.2 (0.5) g [RC3]	2.4 (0.5) g [RC3]	NA
	制冷机——容量：750~1000吨——非隔震设备——设备易损	D3031.011d	3		850 吨	奥雅纳公司评估结果	0.2 (0.4) g [RC3]	NA	NA
	HVAC 镀锌钢板风管，截面面积小于 6ft²，SDC A 或 B	D3041.011a	0.72		1000lin ft	Nq	1.5 (0.4) g [RC3]	2.25 (0.4) g [RC3]	NA
	HVAC 镀锌钢板风管，截面面积≥6ft²，SDC A 或 B	D3041.012a	0.192		1000 lin ft	Nq	1.5 (0.4) g [RC3]	2.25 (0.4) g [RC3]	NA
	支撑 HVAC 的吊顶悬挂/衬展装置，无独立安全线路，SDC A 或 B	D3041.031a	8.64		10 单位	Nq	1.3 (0.4) g [RC3]	NA	NA
	带直列线圈的变风量空调系统的末端装置，SDC A 或 B	D3041.041a	6.72		10 单位	Nq	1.9 (0.4) g [RC2]	NA	NA

续表

层	构件	NISTIR	E—W qty	N—S qty	单位	来源	DS1 中位数（离散度）[修复等级]	DS2 中位数（离散度）[修复等级]	DS3 中位数（离散度）[修复等级]
L40	空气处理机组——容量: 25000~40000ft³/min——非隔震型无锚固设备易损	D3052.011d	6.5		30000 ft³/min	Nq	0.25（0.4）g [RC3]	NA	NA
	消防喷淋水管——水平干管和支管 Victaulic 式——老壁薄钢, 无支撑, SDC A 或B, 管段薄弱型	D4011.021a	1.92		1000 lin ft	Nq	1.1（0.4）g [RC2]	2.4（0.5）g [RC3]	NA
	消防喷头悬挂式标准螺纹钢无支撑——悬挂嵌入式铺板柔性吊顶最大悬挂尺寸为6ft, SDC A 或 B	D4011.031a	0.864		100 单位	Nq	0.75（0.4）g [RC2]	0.95（0.4）g [RC3]	NA
	电机控制中心——容量: 全域——非隔震型无锚固设备——设备易损	D5012.013a	8.5		个	Nq	0.73（0.45）g [RC3]	NA	NA
	低压开关设备——容量: 100~350A——非隔震型无锚固设备——设备易损	D5012.021a	1		225A	Nq	2.4（0.4）g [RC3]	NA	NA

续表

层	构件	NISTIR	E—W qty	N—S qty	单位	来源	DS1 中位数（离散度）[修复等级]	DS2 中位数（离散度）[修复等级]	DS3 中位数（离散度）[修复等级]
楼顶	冷却塔——容量：750~1000 吨——非隔震型无锚固设备——设备易损	D3031.021d	2		850 吨	奥雅纳公司评估结果	0.5 (0.4) g [RC3]	NA	NA
	低压开关设备——容量：100~350A——非隔震型无锚固设备——设备易损	D5012.021a	1		225A	Nq	2.4 (0.4) g [RC3]	NA	NA

注：NISTIR：美国国家标准与技术研究所联合报告；E—W 数量（E—W qty）：每层在东西方向上的数量；N—S 数量（N—S qty）：每层在南北方向上的数量（注意，只列出一个方向上的构件数量表示无方向性）；DS：破坏状态（Damage State）。其他缩写：A：面积（area）；HVAC：供暖、通风和空调（Heating, Ventilation, Air Conditioning）；IGU：中空玻璃（Insulating Glass Unit）；FT IGU：全钢化中空玻璃（Fully Tempered Insulating Glass Unit）；Ip：构件重要性系数；NA：不适用（Not Applicable）；Nq：标准数量（Norm qty）：由美国联邦应急管理局性能评估计算工具与计算工具相结合计算；OSHPD：加利福尼亚州全州规划发展办公室（California Office of Statewide Planning and Development）；RC：REDi™修复等级（Repair Class）（Almufti and Willford, 2013）——1 表示完全恢复，2 表示功能恢复，3 表示基本功能恢复；SDC：ASCE7-10（美国土木工程师协会，2010）抗震设计标准（Seismic Design Criteria）；SSG：结构硅酮玻璃（Structural Silicone Glazing）；V_g：重力速度（Velocity of Gravity）；VHB™ SGT：3M™ VHB™结构玻璃胶带（Structural Glazing Tape）；V_o：物体速度（Velocity of Object）；W：变风量（Variable Air Volume）；VAV：变风量（Variable Air Volume）；V_g：重力速度（Velocity of Gravity）；W：宽翼缘梁（wide-flange beam）；WUF-B：栓焊节点（Welded Unreinforced Flange-Bolted web）。单位缩写：A：安培；kV·A：千伏安；lin ft：线性英尺；mm：毫米；plf：每线性英尺

表 O－16　钢筋混凝土建筑非结构构件

层	构件	NISTIR	E—W qty	N—S qty	单位	来源	DS1 中位数（离散度）[修复等级]	DS2 中位数（离散度）[修复等级]	DS3 中位数（离散度）[修复等级]
NA	曳引电梯——1976 年之后广泛应用于加州地区，1982 年之后广泛应用于美国西部，而 1998 年之后开始广泛应用于美国其他地区	D1014.011	6		个	Nq	0.002（0.3）弧度 [RC2]	0.005（0.3）弧度 [RC2]	NA
	曳引电梯——1976 年之后广泛应用于加州地区，1982 年之后广泛应用于美国西部，而 1998 年之后开始广泛应用于美国其他地区	D1014.011_ridr	6		个	Nq	0.002（0.3）弧度 [RC2]	0.005（0.3）弧度 [RC2]	NA
B4	消防喷淋水管—水平干管和支管式 Victaulic——老壁钢，无支撑，SDC D、E 或 F（OSHPD 或类似），管段薄弱型	D4011.024a	5.69		1000 lin ft	Nq	1.9（0.4）g [RC2]	3.4（0.4）g [RC3]	NA
	消防喷头悬挂式标准螺纹钢—无天花板，最大悬挂尺寸 6ft，SDC D、E 或 F	D4011.073a	4.14		100 件	Nq	2.6（0.4）g [RC2]	3（0.4）g [RC3]	NA

层	构件	NISTIR	E—W qty	N—S qty	单位	来源	DS1 中位数 (离散度) [修复等级]	DS2 中位数 (离散度) [修复等级]	DS3 中位数 (离散度) [修复等级]
B3—B2	消防喷淋水管——水平干管和支管——老式 Victaulic——薄壁钢，无支撑，SDC D、E 或 F (OSHPD 或类似)，管段薄弱型	D4011.024a	5.69		1000 lin ft	Nq	1.9 (0.4) g [RC2]	3.4 (0.4) g [RC3]	NA
	消防喷头悬挂式标准螺纹钢——无天花板，最大悬挂尺寸 6ft，SDC D、E 或 F	D4011.073a	4.14		100 件	Nq	2.6 (0.4) g [RC2]	3 (0.4) g [RC3]	NA
B1	制冷机——容量：100~350 吨——设备固定牢靠易损	D3031.013e	2		250 吨	奥雅纳公司评估结果	0.72 (0.2) g [RC2]	NA	NA
	制冷机——容量：100~350 吨——振动隔离设备，不受限制锚固薄弱型	D3031.012d	2		250 吨	奥雅纳公司评估结果	0.4 (0.5) g [RC3]	NA	NA
	空气处理机组——能力：5000~10000ft³/min——设备固定牢靠，设备易损	D3052.013e	1		8000 ft³/min	奥雅纳公司评估结果	1.54 (0.6) g [RC2]	NA	NA

续表

层	构件	NISTIR	E—W qty	N—S qty	单位	来源	DS1 中位数（离散度）[修复等级]	DS2 中位数（离散度）[修复等级]	DS3 中位数（离散度）[修复等级]
B1	空气处理机组——能力：5000～10000ft³/min——设备固定牢靠，锚固薄弱型	D3052.013d	1		8000 ft³/min	奥雅纳公司评估结果	0.4（0.5）g [RC3]	NA	NA
	空气处理机组——能力：10000～25000ft³/min——设备固定牢靠，设备易损	D3052.013h	1		20000 ft³/min	奥雅纳公司评估结果	1.54（0.6）g [RC2]	NA	NA
	空气处理机组——能力：25000～40000ft³/min，设备固定牢靠，锚固薄弱型	D3052.013g	1		20000 ft³/min	Nq	0.4（0.5）g [RC3]	NA	NA
	消防喷淋水管和支管——水平干管，Victaulic 式——薄壁钢，无支撑，SDC D、E 或 F（OSHPD 或类似），管段薄弱型	D4011.024a	5.69		1000 lin ft	Nq	1.9（0.4）g [RC2]	3.4（0.4）g [RC3]	NA
	消防喷头悬挂式标准螺纹钢——无吊天花板，最大悬挂尺寸 6ft，SDC D、E 或 F	D4011.073a	4.14		100件	奥雅纳公司评估结果	2.6（0.4）g [RC2]	3（0.4）g [RC3]	NA

续表

层	构件	NISTIR	E—W qty	N—S qty	单位	来源	DS1 中位数（离散度）[修复等级]	DS2 中位数（离散度）[修复等级]	DS3 中位数（离散度）[修复等级]
B1	变压器/主要服务——容量：750~1500kV·A设备——固定牢靠——设备易损	D5011.013k	1		1000 kV·A	奥雅纳公司评估结果	3.05（0.5）g [RC2]	NA	NA
	变压器/主要服务——容量：750~1500kV·A设备——固定牢靠——设备锚固薄弱型	D5011.013j	1		1000 kV·A	奥雅纳评估结果	0.4（0.5）g [RC2]	NA	NA
	低压开关装置——容量：750~1200A——设备锚固牢靠——设备易损	D5012.023h	1		800A	奥雅纳公司评估结果	2.4（0.4）g [RC2]	NA	NA
	低压开关装置——容量：750~1200A——设备锚固牢靠——设备锚固薄弱型	D5012.023g	1		800A	奥雅纳评估结果	0.4（0.5）g [RC3]	NA	NA
	低压开关装置——容量：1200~2000A——设备锚固牢靠——设备易损	D5012.023k	2		1600A	奥雅纳公司评估结果	2.4（0.4）g [RC2]	NA	NA

续表

层	构件	NISTIR	E—W qty	N—S qty	单位	来源	DS1 中位数（离散度）[修复等级]	DS2 中位数（离散度）[修复等级]	DS3 中位数（离散度）[修复等级]
B1	低压开关装置——容量：1200~2000A——设备锚固年靠型锚固薄弱型	D5012.023j	2		1600A	奥雅纳公司评估结果	0.4（0.5）g [RC3]	NA	NA
	配电板——容量：1200~2000A——设备固定年靠设备易损	D5012.033k	1		1600A	奥雅纳评估结果	3.05（0.4）g [RC2]	NA	NA
	配电板——容量：1200~2000A——设固定年靠锚固薄弱型	D5012.033j	1		1600A	奥雅纳评估结果	0.4（0.5）g [RC3]	NA	NA
L1	吊顶，SDC D、E（Ip=1.0），面积<250，竖向和侧向支撑	C3032.003a	42		250ft²	Nq	1.6（0.3）g [RC1]	1.95（0.3）g [RC3]	2.07（0.3）g [RC3]
	独立的吊灯照明——非抗震型	C3034.001	174		个	Nq	0.6（0.4）g [RC3]	NA	NA
	冷水管道（直径>2.5in），SDC D、E、F，管段薄弱型	D2021.023a	0.02		1000 lin ft	Moehle 等相关研究	2.25（0.4）g [RC1]	4.1（0.4）g [RC3]	NA
	冷水管道（直径>2.5in），SDC D、E、F，支撑结构薄弱型	D2021.023b	0.02		1000 lin ft	Moehle 等相关研究	1.5（0.4）g [RC3]	2.25（0.4）g [RC3]	NA

续表

层	构件	NISTIR	E—W qty	N—S qty	单位	来源	DS1 中位数（离散度）[修复等级]	DS2 中位数（离散度）[修复等级]	DS3 中位数（离散度）[修复等级]
L1	热水管道——小直径螺纹钢管（直径≤2.5in），SDC D、E或F，管段薄弱型	D2022.013a	0.88		1000 lin ft	Moehle等相关研究	0.55 (0.5) g [RC1]	1.1 (0.5) g [RC3]	NA
	热水管道——小直径螺纹钢管（直径≤2.5in），SDC D、E或F，支撑结构薄弱型	D2022.013b	0.88		1000 lin ft	Moehle等相关研究	2.25 (0.5) g [RC3]	NA	NA
	热水管道——大直径焊接钢管（直径>2.5in），SDC D、E或F，管段薄弱型	D2022.023a	0.06		1000 lin ft	Moehle等相关研究	2.25 (0.5) g [RC1]	4.1 (0.5) g [RC3]	NA
	热水管道——大直径焊接钢管（直径>2.5in），SDC D、E或F，支撑结构薄弱型	D2022.023b	0.06		1000 lin ft	Moehle等相关研究	1.5 (0.5) g [RC3]	2.25 (0.5) g [RC3]	NA
	下水管道——铸铁钟形罩和套筒连接器，SDC D、E、F，管段薄弱型	D2031.023a	0.54		1000 lin ft	Moehle等相关研究	3 (0.5) g [RC1]	NA	NA

续表

层	构件	NISTIR	E—W qty	N—S qty	单位	来源	DS1 中位数（离散度）[修复等级]	DS2 中位数（离散度）[修复等级]	DS3 中位数（离散度）[修复等级]
L1	下水管道——铸铁钟形罩和套筒连接器，SDC D、E、F，支撑结构薄弱型	D2031.023b	0.54		1000 lin ft	Moehle 等相关研究	2.25 (0.5) g [RC3]	NA	NA
	冷冻水管道——小直径螺纹钢管（直径≤2.5in），SDC D、E 或 F，管段薄弱型	D2051.013a	0.45		1000 lin ft	Moehle 等相关研究	0.55 (0.5) g [RC1]	1.1 (0.5) g [RC3]	NA
	冷冻水管道——小直径螺纹钢管（直径≤2.5in），SDC D、E 或 F，支撑结构薄弱型	D2051.013b	0.45		1000 lin ft	Moehle 等相关研究	2.25 (0.5) g [RC3]	NA	NA
	蒸汽管道——大直径焊接钢管（直径>2.5in），SDC D、E 或 F，管段薄弱型	D2061.023a	0.06		1000 lin ft	Nq	2.25 (0.4) g [RC1]	4.1 (0.4) g [RC3]	NA
	蒸汽管道——大直径焊接钢管（直径>2.5in），SDC D、E 或 F，支撑结构薄弱型	D2061.023b	0.06		1000 lin ft	Nq	1.5 (0.4) g [RC3]	2.25 (0.4) g [RC3]	NA

续表

层	构件	NISTIR	E—W qty	N—S qty	单位	来源	DS1 中位数（离散度）[修复等级]	DS2 中位数（离散度）[修复等级]	DS3 中位数（离散度）[修复等级]
L1	HVAC 镀锌金属片管道——6ft² 横截面积或以上，SDC D、E 或 F	D3041.011c	0.06		1000 lin ft	Nq	3.75 (0.4) g [RC3]	4.5 (0.4) g [RC3]	NA
	HVAC 镀锌金属片管道——6ft² 横截面积或以上，SDC D、E 或 F	D3041.012c	0.58		1000 lin ft	Nq	3.75 (0.4) g [RC3]	4.5 (0.4) g [RC3]	NA
	支撑 HVAC 的吊顶悬挂/拓展装置，无独立安全线路，SDC C	D3041.031b	8.2		100 件	Moehle 等相关研究	1.3 (0.4) g [RC3]	NA	NA
	消防喷淋水管——水平干管和支管——老式 Victaulic——薄壁式，SDC D、无支撑，钢，E 或 F (OSHPD 或类似) 管段薄弱型	D4011.021a	5.69		1000 lin ft	Nq	1.9 (0.4) g [RC2]	3.4 (0.4) g [RC3]	NA
	消防喷头悬挂式标准螺纹钢——悬挂无支撑——嵌入式铺板柔性吊顶——最大悬挂尺寸为 6ft，SDC D、E 或 F	D4011.053a	1.86		100 件	Nq	1.5 (0.4) g [RC2]	2.25 (0.4) g [RC3]	NA

续表

层	构件	NISTIR	E—W qty	N—S qty	单位	来源	DS1 中位数（离散度）[修复等级]	DS2 中位数（离散度）[修复等级]	DS3 中位数（离散度）[修复等级]
L1	幕墙——单元式幕墙（亦称通用单元式幕墙），配置：对称中空玻璃单元（双窗格，等厚 IGU），夹层，无夹层，玻璃类型：全钢化，细节：1～1/4in。（32mm）FT IGU [1/4in。（6mm）内外面板]，四边 SSC，VHB™ SGT；玻璃框架间隙 = 0.43in（11mm）；长宽比——各不相同；密封胶——湿	B2022.201	68.9	68.9	30ft²	Moehle 等相关研究	0.01（0.3）弧度 [RC2]	0.03（0.3）弧度 [RC3]	0.04（0.3）弧度 [RC3]
	隔墙，类型：带壁纸石膏板，全高，上方下方固定	C1011.001a	2.62	2.62	100 lin ft	Nq	0.005（0.4）弧度 [RC1]	0.01（0.3）弧度 [RC1]	0.021（0.2）弧度 [RC2]
	预制钢楼梯，带有钢踏板和无抗震节点的楼梯平台	C2011.001b	2		件	Moehle 等相关研究	0.005（0.6）弧度 [RC1]	0.017（0.6）弧度 [RC3]	0.028（0.45）弧度 [RC3]

续表

层	构件	NISTIR	E—W qty	N—S qty	单位	来源	DS1 中位数（离散度）[修复等级]	DS2 中位数（离散度）[修复等级]	DS3 中位数（离散度）[修复等级]
L1	隔墙，类型：石膏和墙纸，全高，下方固定，上方固定	C3011.001a	0.79	0.79	100 lin ft	Nq	0.0021 (0.6) 弧度 [RC1]	NA	NA
L2—L42	冷水管道（直径>2.5in），SDC D、E、F，管段薄弱型	D2021.023a	0.02		1000 lin ft	Moehle 等相关研究	2.25 (0.4) g [RC1]	4.1 (0.4) g [RC3]	NA
	冷水管道（直径>2.5in），SDC D、E、F，支撑结构薄弱型	D2021.023b	0.02		1000 lin ft	Moehle 等相关研究	1.5 (0.4) g [RC3]	2.25 (0.4) g [RC3]	NA
	热水管道—小直径螺纹钢管（直径≤2.5in），SDC D、E 或 F，管段薄弱型	D2022.013a	1.66		1000 lin ft	Moehle 等相关研究	0.55 (0.5) g [RC1]	1.1 (0.5) g [RC3]	NA
	热水管道—小直径螺纹钢管（直径≤2.5in），SDC D、E 或 F，支撑结构薄弱型	D2022.013b	1.66		1000 lin ft	Moehle 等相关研究	2.25 (0.5) g [RC3]	NA	NA
	热水管道—大直径焊接钢管（直径>2.5in），SDC D、E 或 F，管段薄弱型	D2022.023a	0.06		1000 lin ft	Moehle 等相关研究	2.25 (0.5) g [RC1]	4.1 (0.5) g [RC3]	NA

续表

层	构件	NISTIR	E—W qty	N—S qty	单位	来源	DS1 中位数（离散度）[修复等级]	DS2 中位数（离散度）[修复等级]	DS3 中位数（离散度）[修复等级]
L2—L42	热水管道—大直径焊接钢管（直径>2.5in），SDC D、E 或 F，支撑结构薄弱型	D2022.023b	0.06		1000 lin ft	Moehle 等相关研究	1.5（0.5）g [RC3]	2.25（0.5）g [RC3]	NA
	下水管道—铸铁钟形罩和套筒连接器，SDC D、E、F，管段薄弱型	D2031.023a	1.43		1000 lin ft	Moehle 等相关研究	3（0.5）g [RC1]	NA	NA
	下水管道—铸铁钟形罩和套筒连接器，SDC D、E、F，支撑结构薄弱型	D2031.023b	1.43		1000 lin ft	Moehle 等相关研究	2.25（0.5）g [RC3]	NA	NA
	冷冻水管道—小直径螺纹钢管（直径≤2.5in），SDC D、E 或 F，管段薄弱型	D2051.013a	1.47		1000 lin ft	Moehle 等相关研究	0.55（0.5）g [RC1]	1.1（0.5）g [RC3]	NA
	冷冻水管道—小直径螺纹钢管（直径≤2.5in），SDC D、E 或 F，支撑结构薄弱型	D2051.013b	1.47		1000 lin ft	Moehle 等相关研究	2.25（0.5）g [RC3]	NA	NA

续表

层	构件	NISTIR	E—W qty	N—S qty	单位	来源	DS1 中位数(离散度)[修复等级]	DS2 中位数(离散度)[修复等级]	DS3 中位数(离散度)[修复等级]
L2—L42	HVAC 直列风机，风机含独立支撑和隔震装置，SDC D、E 或 F	D3041.001c	0.6		10 件	奥雅纳公司评估结果	2.25 (0.4) g [RC2]	2.6 (0.4) g [RC3]	NA
	HVAC 镀锌金属片管道——小于 6ft² 横截面积，SDC D、E 或 F	D3041.011c	0.58		1000 lin ft	Nq	1.5 (0.4) g [RC3]	2.25 (0.4) g [RC3]	NA
	HVAC 的吊顶下落/扩散装置，只有管道支撑，无独立安全电线，SDC D、E 或 F	D3041.032c	8.2		100 件	Moehle 等相关研究	1.5 (0.4) g [RC3]	NA	NA
	带直列线圈的变风量空调系统的末端装置，SDC C	D3041.041b	0.6		10 单位	Nq	1.9 (0.4) g [RC2]	NA	NA
	消防喷淋水管——水平干管和支管——老式 Victaulic——薄壁钢，设计支撑，SDC D、E 或 F (OSHPD 或类似) 管段薄弱型	D4011.024a	2.55		1000 lin ft	Nq	1.9 (0.4) g [RC2]	3.4 (0.4) g [RC3]	NA

续表

层	构件	NISTIR	E—W qty	N—S qty	单位	来源	DS1 中位数（离散度）[修复等级]	DS2 中位数（离散度）[修复等级]	DS3 中位数（离散度）[修复等级]
L2—L42	消防喷头悬挂式标准螺纹钢—无天花板—最大悬挂尺寸为 6ft，SDC D、E 或 F	D4011.073a	1.39		100 单位	Nq	2.6（0.4）g [RC2]	3（0.4）g [RC3]	NA
	幕墙—单元式幕墙（亦称单元式幕墙），配置：对称中空玻璃单元（双窗格，等厚 IGU），夹层：无夹层，玻璃类型：全钢化，细节：1～1/4in。（32mm）FT IGU [1/4in。（6mm）内外面板]，四边 SSG，VHB™ SGT；玻璃框架间隙 = 0.43in（11mm）；长宽比—各不相同；密封胶—湿	B2022.201	68.9	68.9	30ft^2	Moehle 等相关研究	0.01（0.3）弧度 [RC2]	0.03（0.3）弧度 [RC3]	0.04（0.3）弧度 [RC3]
	隔墙，类型：带壁纸石膏板，全高，上方固定，下方固定	C1011.001a-racking	4.51	4.51	100 lin ft	Nq	0.005（0.4）弧度 [RC1]	0.01（0.3）弧度 [RC1]	0.021（0.2）弧度 [RC2]

续表

层	构件	NISTIR	E—W qty	N—S qty	单位	来源	DS1 中位数（离散度）[修复等级]	DS2 中位数（离散度）[修复等级]	DS3 中位数（离散度）[修复等级]
L2—L42	预制钢楼梯，带有钢踏板和无抗震节点的楼梯平台	C2011.001b	2		件	Moehle 等相关研究	0.005（0.6）弧度 [RC1]	0.017（0.6）弧度 [RC3]	0.028（0.45）弧度 [RC3]
	隔墙，类型：石膏和墙纸，全高，下方固定	C3011.001a—racking	2.38	2.38	100 lin ft	Nq	0.0021（0.6）弧度 [RC1]	NA	NA
	隔墙，类型：石膏和瓷砖，全高，下方固定	C3011.002a—racking	3.43	3.43	100 lin ft	Moehle 等相关研究	0.0021（0.6）弧度 [RC1]	0.0071（0.45）弧度 [RC1]	NA
	低压开关设备—容量：100~350A—非隔震型无锚固设备—设备易损	D5012.023b	1		225A	Nq	2.4（0.4）g [RC2]	NA	NA
楼顶	冷却塔—容量：350~750 吨—非隔震型无锚固设备—设备易损	D3031.023h	3		500 吨	奥雅纳公司评估结果	1.52（0.4）g [RC2]	NA	NA
	冷却塔—容量：350~750 吨—非隔震型无锚固设备—设备易损	D3031.023g	3		500 吨	奥雅纳公司评估结果	1.2（0.5）g [RC3]	NA	NA

续表

层	构件	NISTIR	E—W qty	N—S qty	单位	来源	DS1 中位数（离散度）[修复等级]	DS2 中位数（离散度）[修复等级]	DS3 中位数（离散度）[修复等级]
楼顶	HVAC 风扇——所有设备固定牢靠，设备易损	D3041.103b	4		件	奥雅纳公司评估结果	4.8（0.6）g [RC2]	NA	NA
	HVAC 风扇——所有设备固定牢靠，锚固薄弱型	D3041.103a	4		件	奥雅纳公司评估结果	1.2（0.5）g [RC3]	NA	NA
	空气处理机组——能力：2500～40000ft³/min——设备固定牢靠，设备易损	D3052.013h	1		20000 ft³/min	奥雅纳公司评估结果	1.54（0.6）g [RC2]	NA	NA
	空气处理机组——能力：2500～40000ft³/min——设备固定牢靠，锚固薄弱型	D3052.013g	1		20000 ft³/min	奥雅纳公司评估结果	0.4（0.5）g [RC3]	NA	NA

注：NISTIR：美国国家标准与技术研究所联合报告；E—W 数量（E—W qty）：每层在东西方向上的数量，只列出一个方向上的构件数量表示无方向性；N—S 数量（N—S qty）：每层在南北方向上的数量（注意，只列出一个方向上的构件数量表示无方向性）；DS：破坏状态（Damage State）。其他缩写：A：面积（area）；HVAC：供暖、通风和空调（Heating, Ventilation, Air Conditioning）；IGU：中空玻璃（Insulating Glass Unit）；FT IGU：全钢化中空玻璃（Fully Tempered Insulating Glass Unit）；Ip：构件重要性系数；NA：不适用（Not Applicable）；Nq：标准数量（Norm qty），由美国国家标准和技术研究所研究所规范所规范性数量估算工具与美国联邦应急管理局性能评估计算工具相结合计算；OSHPD：加利福尼亚州全州规划与发展办公室（California Office of Statewide Planning and Development）；RC：REDi™ 修复等级（Repair Class）（Almufti and Willford, 2013）——1 表示基本功能恢复，2 表示功能恢复，3 表示完全恢复；SDC：ASCE7-10（美国土木工程师协会，2010）抗震设计标准（Seismic Design Criteria）；SSG：结构硅酮玻璃（Structural Silicone Glazing）；VAV：变风量（Variable Air Volume）；V_g：重力速度（Velocity of Gravity）；VHB™ SGT：3M™ VHB™ 结构玻璃胶带（Structural Glazing Tape）；V_o：物体速度（Velocity of Object）；W：宽翼缘梁（wide-flange beam）；WUF-B：栓焊节点（Welded Unreinforced Flange-Bolted web）。单位缩写：A：安培（A）；ft²：平方英尺；ft³/min：立方英尺每分钟；g：重力加速度；in：英寸；kV·A：千伏安；lin ft：线性英尺；mm：毫米；plf：每线性英尺。

附录 O-2　S-SF-B-43——旧金山40层钢框架建筑（基准方向）

1. S-SF-B-43 说明

本附录总结了 S-SF-B-43 建筑——旧金山一栋40层钢框架办公楼，在海沃德主震作用下的结构分析和损失评估结果，基准方向如图 O-7 所示。

2. 工程需求参数

工程需求参数（EDPs）的"最佳估计值"是基于 Yang 等（2009）开发的算法，通过非线性时程分析获得的。为捕捉模型构建的不确定性和模型原型施工质量不确定性，其在计算过程中遵循了 FEMA P-58 中有效的建筑非线性时程分析的要求。

结构响应分析表明，S-SF-B-43 建筑的加速度需求处于中低水平，非定向楼面峰值加速度中位数为 0.63g，最大层间位移角中位数为 1%，最大残余层间位移角为 0.04%。该建筑的最大侧移发生在34层（上部结构的第31层）附近，详见图 O-15 和图 O-16。这是由于梁的裂缝和局部屈曲集中在建筑靠近顶层的三分之一的位置，如图 O-17 所示。这类集中破坏的产生主要是由于20世纪70年代的抗震设计理论落后造成的，当时的抗震设计理论仅考虑结构的一阶平动模态响应，认为设计地震荷载沿建筑高度均匀分布。但值得注意的是，梁发生屈服并不一定意味着它必须要被修复。因为，虽然梁发生了一定程度的破坏，但抗震性能良好的柱几乎都保持了弹性并且所有立柱的接头也都保持了弹性。实际的楼面峰值加速度需求谱如图 O-18 所示。

3. 损失评估结果

本研究的损失评估结果以 FEMA P-58 中的概率方法（ATC，2012）为理论基础，通过1000次蒙特卡罗模拟得出。

4. 受损构件

在现实情况下若发现 S-SF-B-43 建筑中某一类型构件发生损害，这将会降低建筑修复至"安全功能恢复""基本功能恢复"或"综合功能恢复"目标的概率。如图 O-19 所示。

5. 维修费用、维修时间、功能中断期和制约因素

S-SF-B-43 建筑的维修费用中位数占重置费用的 10.8%，即 1510 万美元，而总维修费用的 90% 占建筑重置费用的 12.3%，即 1710 万美元。在本研究中，建筑重置费用是基于工程造价计算得出的刚性成本，其至少要包含建筑物中所有结构构件、非结构构件和已知易损的室内财产的重置总价。图 O-20 展示了实际的维修费用总额的中位数中，维修各类别建筑构件的费用分布情况。表 O-17 展示了该建筑的修复总时长和总功能中断时间的中位数和第90百分位数。表 O-18 展示了功能恢复制约因素造成的修复延长时间的中位数以及第90百分位数。

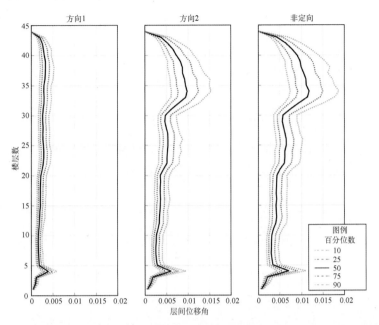

图 O-15　S-SF-B-43（位于加州旧金山的 40 层钢框架建筑；基准方向）在海沃德地震情景
M_W7.0 设定主震下实际的最大层间位移角设计需求值

置信度为 50% 的最大层间位移角设计需求值直接来自非线性时程分析结果。由于下部结构是基于真实情况
进行建模的，故第 4 层为地面首层。1 号方向是东西方向，2 号方向是南北方向

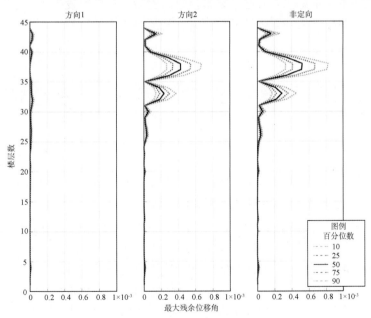

图 O-16　S-SF-B-43（位于加州旧金山的 40 层钢框架建筑；基准方向）在海沃德地震情景
M_W7.0 设定主震下实际的最大残余层间位移角设计需求值

置信度为 50% 的最大残余层间位移设计需求值直接来自非线性时程分析。由于下部结构是基于真实情况
进行建模的，故第 4 层为地面首层。1 号方向是东西方向，2 号方向是南北方向

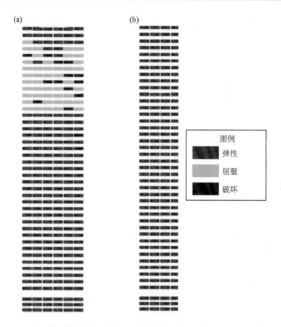

图 O−17　S−SF−B−43（位于加州旧金山的 40 层钢框架建筑；基准方向）在海沃德地震情景
M_W7.0 设定主震下梁的（a）长轴方向和（b）短轴方向性能

由于下部结构是基于真实情况进行建模的，故第 4 层为地面首层

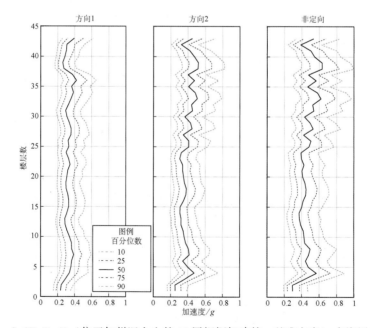

图 O−18　S−SF−B−43（位于加州旧金山的 40 层钢框架建筑；基准方向）在海沃德地震情景
M_W7.0 设定主震下实际的楼面峰值加速度设计需求值

置信度为 50% 的楼面峰值加速度设计需求值直接来自非线性时程分析。由于下部结构是基于真实情况
进行建模的，故第 4 层为地面首层。1 号方向是东西方向，2 号方向是南北方向

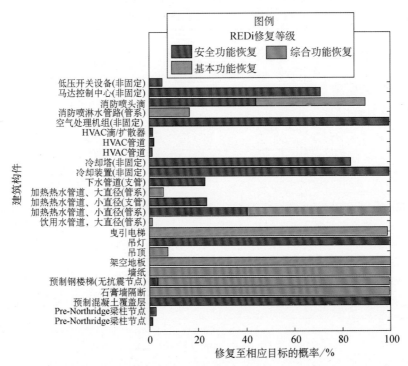

图 O-19　S-SF-B-43（位于加州旧金山的 40 层钢框架建筑；基准方向）在海沃德地震情景
M_W7.0 设定主震下建筑构件修复后可达到不同修复目标的百分比

REDi 评价体系将每个损坏的构件对应到相应的修复目标（Almufti 和 Willford，2013）
——安全功能恢复，基本功能恢复，或综合功能恢复

HVAC：采暖、通风、空调

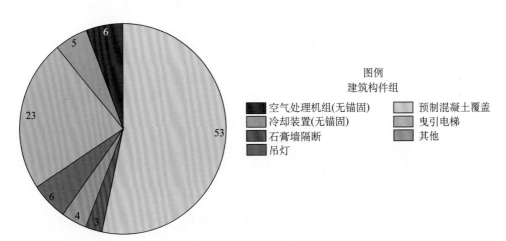

图 O-20　S-SF-B-43（位于加州旧金山的 40 层钢框架建筑，基准方向）
在海沃德地震情景 M_W7.0 设定主震下建筑维修总额中位数中维修各类别建筑构件的费用分布图

表 O‑17　S‑SF‑B‑43（位于加州旧金山的 40 层钢框架建筑，基准方向）在海沃德地震情景 M_W7.0 设定主震下，该建筑总维修时间、总功能中断时间的中位数和第 90 百分位数

修复时间	REDi 修复等级		
	安全功能恢复/天	基本功能恢复/天	综合功能恢复/天
修复时间中位数	41	45	52
功能中断时间中位数	248	288	292
修复时间第 90 百分位数	61	126	132
功能中断时间第 90 百分位数	374	388	395

表 O‑18　S‑SF‑B‑43（40 层钢框架建筑，位于加州旧金山的 40 层钢框架建筑；基准方向）在海沃德地震情景 M_W7.0 设定主震下，功能恢复制约因素造成的修复延长时间的中位数以及第 90 百分位数

制约因素	中断时间中位数/天	中断时间第 90 百分位数/天	评价
房屋震害调查	5	10	无
资金筹措	55	200	无
施工组织和准备	0	0	由于 REDi 评价体系（Almufti 和 Willford，2013）假设，随着结构部件损坏数量的减少，检查员看到结构损坏的可能性也会降低。因此即使一些梁节点发生二次损伤，施工组织和准备这一制约因素造成阻碍时间的中位数也为零
承包商调度	253	354	无
施工准许	0	0	由于 REDi 评价体系（Almufti 和 Willford，2013）假设，随着结构部件损坏数量的减少，检查员看到结构损坏的可能性也会降低。因此即使一些梁节点发生二次损伤，施工准许这一制约因素造成的中位数也为零

附录 O-3　S-SF-R-43——旧金山 40 层钢框架建筑（转置方向）

1. S-SF-R-43 说明

本附录总结了 S-SF-R-43 建筑——旧金山一栋 40 层钢框架办公楼，在海沃德主震作用下的结构分析和损失评估结果，转置方向如图 O-7 所示。结果如图 O-21 至图 O-23 所示。

2. 工程需求参数

工程需求参数遵循了 FEMA P-58 中有关建筑非线性时程分析结果的建议，该算法由 Yang 等（2009）开发。

结构响应分析表明，S-SF-R-43 建筑的加速度需求处于中低水平，非定向楼面峰值加速度中位数为 0.56g，最大层间位移角中位数为 0.7%，最大残余层间位移角为 0.025%；最大层间位移角由底层框架控制，所有的梁和柱均保持弹性，所有立柱接头保持弹性。

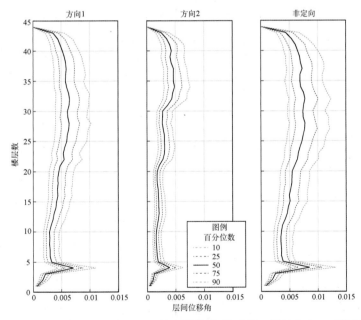

图 O-21　S-SF-R-43（位于加州旧金山的 40 层钢框架建筑；转置方向）在海沃德地震情景
M_W7.0 设定主震下实际的最大层间位移角设计需求值

置信度为 50% 的最大层间位移角设计需求值直接来自非线性时程分析。由于下部结构是基于真实情况
进行建模的，故第 4 层为地面首层。1 号方向是东西方向，2 号方向是南北方向

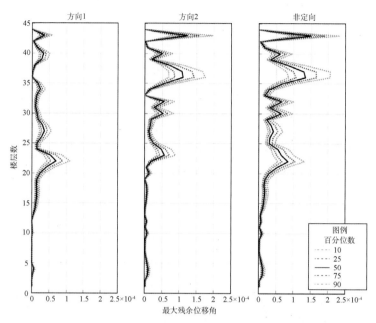

图 O-22　S-SF-R-43（位于加州旧金山的 40 层钢框架建筑；转置方向）在海沃德地震情景
M_W7.0 设定主震下实际的最大残余位移层间位移角设计需求值

置信度为 50%的最大残余位移层间位移角设计需求值直接来自非线性时程分析。由于下部结构是基于真实情况
进行建模的，故第 4 层为地面首层。1 号方向是东西方向，2 号方向是南北方向

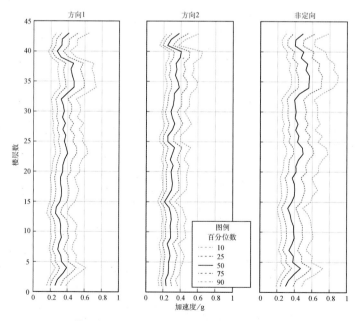

图 O-23　S-SF-R-43（位于加州旧金山的 40 层钢框架建筑；转置方向）在海沃德地震情景
M_W7.0 设定主震下实际的楼面峰值加速度设计需求值

置信度为 50%的楼面峰值加速度设计需求值直接来自非线性时程分析。由于下部结构是基于真实情况
进行建模的，故第 4 层为地面首层。1 号方向是东西方向，2 号方向是南北方向

3. 损失评估结果

本研究中的损失评估结果以 FEMAP-58 中的概率方法（ATC，2012）为理论基础，通过 1000 次蒙特卡罗模拟得出的。维修和（或）更换损坏部件的可能成本则是按照 FEMA P-58 中的方法计算得到的，而维修时间和停工时间长短的估算使用的是以 FEMA P-58 理论为基础的 REDi 评价体系中给出的方法进行的（Almufti 和 Willford，2013）。

4. 受损构件

在现实情况下若发现 S-SF-R-43 建筑中某一类型构件发生损害，这将会降低建筑修复至"安全功能恢复""基本功能恢复"或"综合功能恢复"目标的概率。结果如图 O-24 所示。

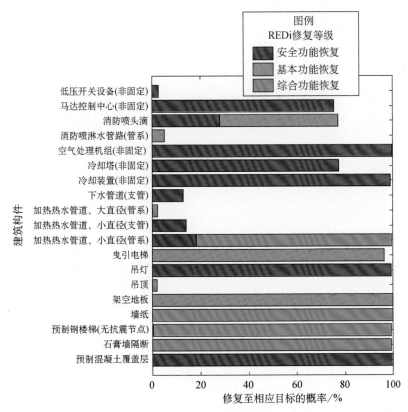

图 O-24　S-SF-R-43（位于加州旧金山的 40 层钢框架建筑；转置方向）在海沃德地震情景
$M_W 7.0$ 设定主震下建筑构件修复后可达到不同修复目标的百分比

REDi 评价体系将每个损坏的构件对应到相应的修复目标（Almufti 和 Willford，2013）
——安全功能恢复，基本功能恢复，综合功能恢复
HVAC：采暖、通风、空调

5. 修理费用、修理时间、功能中断期和制约因素

S-SF-R-43 建筑的维修费用中位数占重置费用的 9.7%，即 1350 万美元。总维修费用的 90% 占建筑重置费用的 11.3%，即 1570 万美元。在本研究中，建筑重置费用是基于工程造价计算得出的刚性成本，其至少要包含建筑物中所有结构构件、非结构构件和已知易损的室内财产的重置总价。图 O-25 展示了实际的维修费用总额的中位数中，维修各类别建筑构件的费用分布情况。表 O-19 展示了该建筑的修复总时长和总功能中断时间的中位数和第 90 百分位数，表 O-20 展示了功能恢复制约因素造成的修复延长时间中位数以及第 90 百分位数。

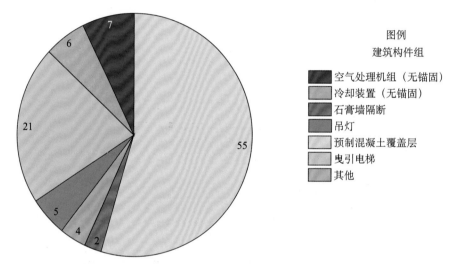

图 O-25　S-SF-R-43（位于加州旧金山的 40 层钢框架建筑；转置方向）在海沃德地震情景 $M_W7.0$ 设定主震下建筑维修总额中位数中维修各类别建筑构件的费用分布图

表 O-19　S-SF-R-43（位于加州旧金山的 40 层钢框架建筑；转置方向）在海沃德地震情景 $M_W7.0$ 设定主震下，该建筑总维修时间、总功能中断时间的中位数和第 90 百分位数

修复时间	REDi 修复等级		
	安全功能恢复/天	基本功能恢复/天	综合功能恢复/天
修复时间中位数	37	39	44
功能中断时间中位数	250	288	292
修复时间第 90 百分位数	54	102	110
功能中断时间第 90 百分位数	374	390	398

表 O‑20　S‑SF‑R‑43（位于加州旧金山的 40 层钢框架建筑；转置方向）在海沃德地震情景 $M_W 7.0$ 设定主震下，制约功能恢复因素造成的修复延长时间的中位数以及第 90 百分位数

制约因素	中断时间中位数/天	中断时间第 90 百分位数/天	评价
房屋震害调查	5	10	无
资金筹措	80	222	无
施工组织和准备	0	0	由于没有结构构件损坏，故施工组织和准备这一制约因素造成的阻碍时间中位数为零
承包商调度	255	366	无
施工准许	0	0	无结构损伤

附录 O - 4 S-SF-B-20——旧金山 20 层钢框架建筑（基准方向）

1. S-SF-B-20 说明

本附录总结了 S-SF-B-20 建筑——旧金山一栋 20 层钢框架办公楼，在海沃德主震作用下的结构分析和损失评估结果，基准方向如图 O - 7 所示。结果如图 O - 26 至图 O - 28 所示。

2. 工程需求参数

工程需求参数（EDPs）的模拟遵循了 FEMA P-58 中非线性时程分析结果的建议，通过 Yang 等（2009）提出的算法得出的。

结构响应分析表明，S-SF-B-20 建筑的加速度需求处于中低水平，非定向楼面峰值加速度中位数为 0.63g，略高于 40 层旧金山钢框架大楼。建筑的最大层间位移角中位数为 0.45%，最大残余层间位移角为 0.006%。最大层间位移角由底层框架控制。所有的梁和柱保持弹性。所有立柱接头保持弹性。

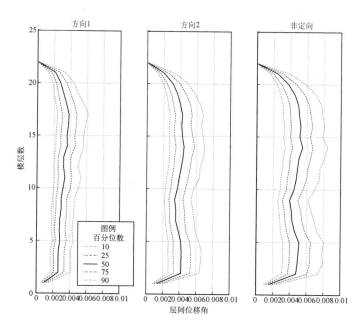

图 O - 26 S-SF-B-20（位于加州旧金山的 20 层钢架办公大楼；基准方向）在海沃德地震情景 $M_W7.0$ 设定主震下实际的最大层间位移角设计需求值

置信度为 50% 的最大层间位移角设计需求值直接来自非线性时程分析。由于下部结构是基于真实情况进行建模的，故第 2 层为地面首层。1 号方向是东西方向，2 号方向是南北方向

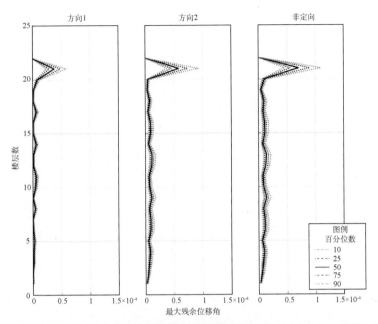

图 O-27　S-SF-B-20（位于加州旧金山的 20 层钢架办公大楼；基准方向）在海沃德地震情景
M_W7.0 设定主震下实际的最大残余层间位移角设计需求值

置信度为 50% 的最大残余层间位移角设计需求值直接来自非线性时程分析。由于下部结构是基于真实情况
进行建模的，故第 2 层为地面首层。1 号方向是东西方向，2 号方向是南北方向

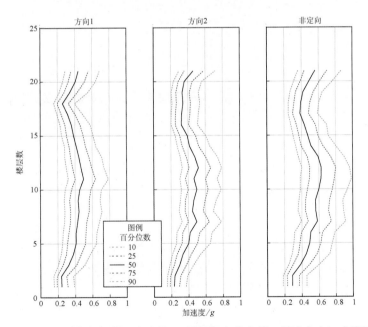

图 O-28　S-SF-B-20（位于加州旧金山的 20 层钢架办公大楼；基准方向）在海沃德地震情景
M_W7.0 设定主震下实际的楼面峰值加速度设计需求值

置信度为 50% 的楼面峰值加速度设计需求值直接来自非线性时程分析。由于下部结构是基于真实情况
进行建模的，故第 2 层为地面首层。1 号方向是东西方向，2 号方向是南北方向

3. 损失评估结果

本研究中的损失评估结果以 FEMA P-58 中的概率方法（ATC，2012）为理论基础，通过 1000 次蒙特卡罗模拟得出的。维修和（或）更换损坏部件的可能成本则是按照 FEMA P-58 中的方法计算得到的，而维修时间和停工时间长短的估算使用的是以 FEMA P-58 理论为基础的 REDi 评价体系中给出的方法进行的（Almufti 和 Willford，2013）。

4. 受损构件

在现实情况下若发现 S-SF-B-20 建筑中某一类型构件发生损害这将会降低建筑修复至"安全功能恢复""基本功能恢复"或"综合功能恢复"目标的概率。结果如图 O‐29 所示。

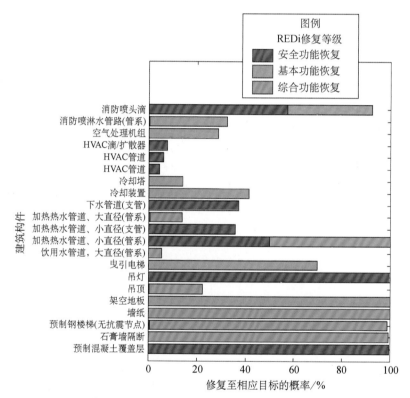

图 O‐29　S-SF-B-20（位于加州旧金山的 20 层钢架办公大楼；基准方向）在海沃德地震情景
$M_W7.0$ 设定主震下建筑构件修复后可达到不同修复目标的百分比

REDi 评价体系将每个损坏的构件对应到相应的修复等级（Almufti 和 Willford，2013）
——安全功能恢复，基本功能恢复，综合功能恢复
HVAC：采暖、通风、空调

5. 修理费用、修理时间、功能中断期和制约因素

S-SF-B-20 建筑的维修费用中位数占重置费用的 9.7%，即 510 万美元。总维修费用的
90%占建筑重置费用的 9.5%，即 660 万美元。在本研究中，建筑重置总额是基于工程造价
计算得出的刚性成本，其至少要包含建筑物中所有结构构件、非结构构件和已知易损的室内
财产的重置总价。图 O-30 展示了实际的维修费用总额的中位数中，维修各类别建筑构件
的费用分布情况。表 O-21 显示了该建筑的修复总时长和总功能中断时间的中位数和第 90
百分位数，表 O-22 展示了功能恢复制约因素造成的修复延长时间的中位数以及第 90 百分
位数。

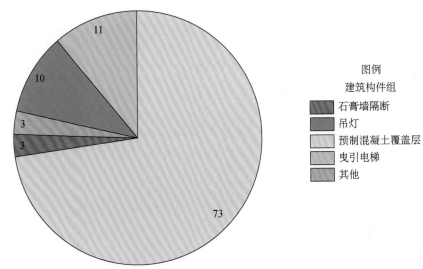

图 O-30　S-SF-B-20（位于加州旧金山的 20 层钢架办公大楼；基准方向）在海沃德情景
M_W7.0 设定主震下建筑维修总额中位数中维修各类别建筑构件的费用分布图

表 O-21　S-SF-B-20（位于加州旧金山的 20 层钢架办公大楼；基准方向）在海沃德地震情景
M_W7.0 设定主震下，该建筑总维修时间和总功能中断时间的中位数、第 90 百分位数

修复时间	REDi 修复等级		
	安全功能恢复/天	基本功能恢复/天	综合功能恢复/天
修复时间中位数	20	29	35
功能中断时间中位数	189	242	243
修复时间第 90 百分位数	39	145	159
功能中断时间第 90 百分位数	316	364	364

表 O‑22　S‑SF‑B‑20（位于加州旧金山的 20 层钢架办公大楼；基准方向）在海沃德地震情景 $M_W7.0$ 设定主震下，制约功能恢复因素造成的修复延长时间的中位数以及第 90 百分位数

制约因素	中断时间中位数/天	中断时间第 90 百分位数/天	评价
房屋震害调查	5	10	无
资金筹措	101	239	无
施工组织和准备	0	0	由于没有结构构件损坏，故施工组织和准备这一制约因素造成的阻碍时间中位数为零
承包商调动	229	347	无
施工准许	0	0	无结构损伤

附录 O–5　S-SF-R-20——旧金山 20 层钢框架建筑（转置方向）

1. S-SF-R-20 说明

本附录总结了 S-SF-R-20 建筑——旧金山一栋 20 层钢框架办公楼，在海沃德主震作用下结构分析和损失评估结果，转置方向如图 O–7 所示。结果如图 O–31 至图 O–33 所示。

2. 工程需求参数

工程需求参数遵循了 FEMA P-58 中有关建筑非线性时程分析结果的建议，该算法由 Yang 等（2009）开发。

结构响应分析表明，S-SF-R-20 建筑的加速度需求处于中低水平，非定向楼面峰值加速度中位数为 0.68g，略高于 40 层的旧金山钢框架大楼。整栋建筑的最大层间位移角中位数为 0.6%，最大残余层间位移角为 0.0075%。最大层间位移角由底层框架控制，所有的梁和柱保持弹性，所有立柱接头保持弹性。

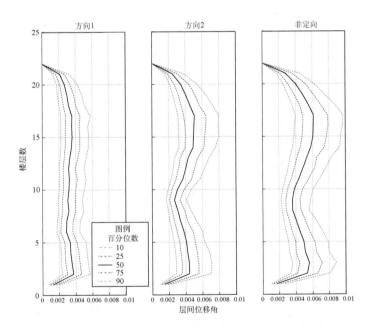

图 O–31　S-SF-R-20（位于加州旧金山的 20 层钢框架办公楼；转置方向）在海沃德地震情景
$M_W 7.0$ 设定主震下实际的最大层间位移角设计需求值

置信度为 50% 的最大层间位移角设计需求值直接来自非线性时程分析。由于下部结构是基于真实情况
进行建模的，故第 2 层为地面首层。1 号方向是东西方向，2 号方向是南北方向

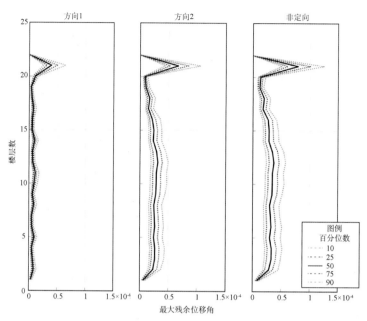

图 O‑32　S‑SF‑R‑20（位于加州旧金山的 20 层钢框架办公楼；转置方向）在海沃德地震情景
M_W7.0 设定主震下实际的最大残余层间位移角设计需求值

置信度为 50%的最大残余层间位移角设计需求值直接来自非线性时程分析。由于下部结构是基于真实情况
进行建模的，故第 2 层为地面首层。1 号方向是东西方向，2 号方向是南北方向

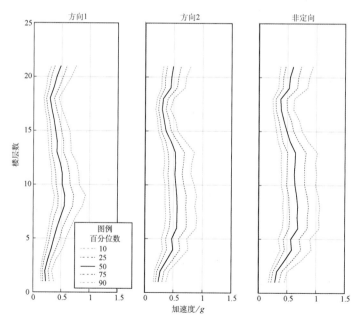

图 O‑33　S‑SF‑R‑20（位于加州旧金山的 20 层钢框架办公楼；转置方向）在海沃德地震情景
M_W7.0 设定主震下实际的楼面峰值加速度设计需求值

置信度为 50%的楼面峰值加速度设计需求值直接来自非线性时程分析。由于下部结构是基于真实情况
进行建模的，故第 2 层为地面首层。1 号方向是东西方向，2 号方向是南北方向

3. 损失评估结果

本研究中的损失评估结果以 FEMA P-58 中的概率方法（ATC，2012）为理论基础，通过 1000 次蒙特卡罗模拟得出的。维修和（或）更换损坏部件的可能成本则是按照 FEMA P-58 中的方法计算得到的，而维修时间和停工时间长短的估算使用的是以 FEMA P-58 理论为基础的 REDi 评价体系中给出的方法进行的（Almufti 和 Willford，2013）。

4. 受损构件

在现实情况下若发现 S-SF-R-20 建筑中某一类型构件发生损害，这将会降低建筑修复至"安全功能恢复""基本功能恢复"或"综合功能恢复"目标的概率。结果如图 O-34 所示。

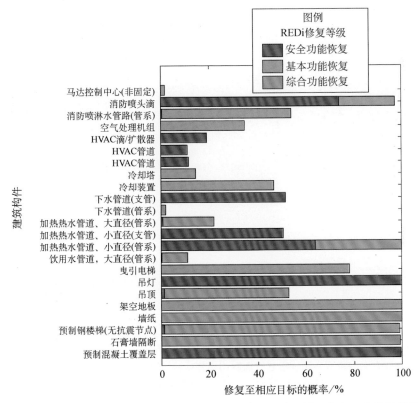

图 O-34　S-SF-R-20（位于加州旧金山的 20 层钢框架办公楼；转置方向）在海沃德地震情景 $M_W7.0$ 设定主震下建筑构件修复后可达到不同修复目标的百分比

REDi 评价体系将每个损坏的构件对应到相应的修复目标（Almufti 和 Willford，2013）
——安全功能恢复，基本功能恢复，综合功能恢复
HVAC：采暖、通风、空调

5. 修理费用、修理时间、功能中断期和制约因素

S-SF-R-20 建筑的维修费用中位数占重置费用的 8.2%，即 570 万美元。总维修费用的 90% 占建筑总重置费用的 10.4%，即 730 万美元。在本研究中，建筑重置费用是基于工程造价计算得出的刚性成本，其至少要包含建筑物中所有结构构件、非结构构件和已知易损的室内财产的重置总价。图 O-35 展示了实际的维修费用总额的中位数中，维修各类别建筑构件的费用分布情况。表 O-23 示了该建筑的修复总时长和总功能中断时间的中位数及第 90 百分位数。表 O-24 展示了功能恢复制约因素造成的修复延长时间的中位数及第 90 百分位数。

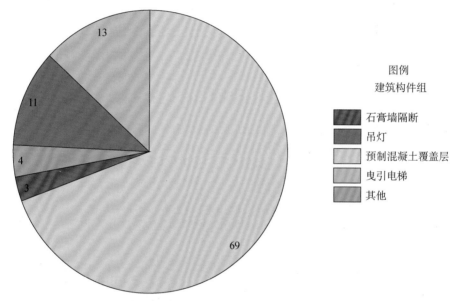

图 O-35　S-SF-R-20（位于加州旧金山的 20 层钢框架办公楼；转置方向）在海沃德地震情景 M_W7.0 设定主震下建筑维修总额中位数中维修各类别建筑构件的费用分布图

表 O-23　S-SF-R-20（位于加州旧金山的 20 层钢框架办公楼；转置方向）在海沃德地震情景 M_W7.0 设定主震下，该建筑总维修时间和总功能中断期的中位数和第 90 百分位数

修复时间	REDi 修复等级		
	安全功能恢复/天	基本功能恢复/天	综合功能恢复/天
修复时间中位数	23	33	41
功能中断时间中位数	186	251	253
修复时间第 90 百分位数	47	189	199
功能中断时间第 90 百分位数	304	361	363

表 O - 24　S-SF-R-20（位于加州旧金山的 **20** 层钢框架办公楼；转置方向）在海沃德地震情景
$M_W7.0$ 设定主震下，制约功能恢复因素造成的修复延长时间的中位数以及第 **90** 百分位数

制约因素	阻碍时间中位数/天	阻碍时间第 90 百分位数/天	评价
震后房屋调查	5	10	无
资金筹措	93	229	无
工程启动和审查和审查	0	0	工程启动和审查的中位数是零，因为没有结构部件损坏
承包商调动	237	344	无
施工许可	0	0	无结构破坏

附录 O - 6　S-OK-B-20——奥克兰 20 层钢框架建筑（基准方向）

1. S-OK-B-20 说明

本附录总结了 S-OK-B-20 建筑——奥克兰一栋 20 层钢框架办公楼，在海沃德主震作用下结构分析和损失评估结果，基准方向如图 O - 7 所示。

2. 工程需求参数

工程需求参数遵循了 FEMA P-58 中有关建筑非线性时程分析结果的建议，该算法由 Yang 等（2009）开发。

结构响应分析表明，S-OK-B-20 建筑的加速度需求处于中等水平，非定向楼面峰值加速度中位数为 1.04g，略高于旧金山地区的两栋钢框架典型建筑。建筑的最大层间位移角中位数为 1.5%，最大残余层间位移角为 0.1%，如图 O - 36 所示。最大残余位层间位移角出现在建筑长轴方向（南北方向）的 10 层左右。这是因为，建筑长轴方向的梁在建筑中部楼层附近发生了屈服和断裂，如图 O - 37 所示。但值得注意的是，梁发生屈服并不一定意味着它必须要被修复。相反，本建筑中柱的抗震性能良好，几乎所有的柱都保持弹性并且所有立柱接头也都保持弹性。实际的最大层间位移角设计需求值如图 O - 38 所示，楼层峰值加速度设计需求值如图 O - 39 所示。

3. 损失评估结果

本研究中的损失评估结果以 FEMA P-58 中的概率方法（ATC，2012）为理论基础，通过 1000 次蒙特卡罗模拟得出的。维修和（或）更换损坏部件的可能成本则是按照 FEMA P-58 中的方法计算得到的，而维修时间和停工时间长短的估算使用的是以 FEMA P-58 理论为基础的 REDi 评价体系中给出的方法进行的（Almufti 和 Willford，2013）。

4. 受损构件

在现实情况下若发现 S-OK-B-20 建筑中某一类型构件发生损害，这将会降低建筑修复至"安全功能恢复""基本功能恢复"或"综合功能恢复"目标的概率。结果如图 O - 40 所示。

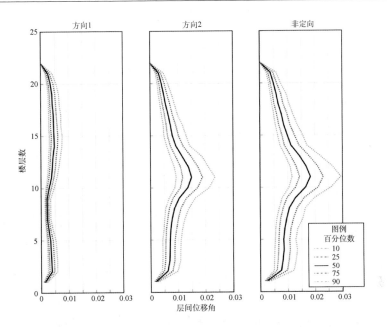

图 O-36　S-OK-B-20（位于加州奥克兰市的 20 层钢框架办公楼；基准方向）在海沃德地震情景
$M_W 7.0$ 设定主震下最大层间位移角设计需求值

置信度为 50%的最大层间位移角设计需求值直接来自非线性时程分析。由于下部结构是基于真实情况
进行建模的，故第 2 层为地面首层。1 号方向是东西方向，2 号方向是南北方向

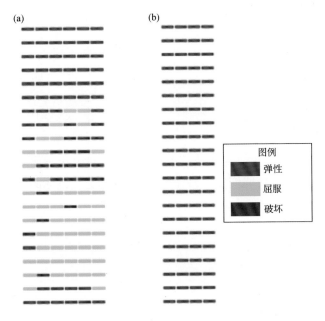

图 O-37　图 S-OK-B-20（位于加州奥克兰市的 20 层钢框架办公楼；基准方向）在海沃德地震情景
$M_W 7.0$ 设定主震下（a）长轴方向和（b）短轴方向梁的抗震性能

置信度为 50%的设计需求值直接来自非线性响应历史分析。由于下部结构是
基于真实情况进行建模的，故第 2 层为地面首层

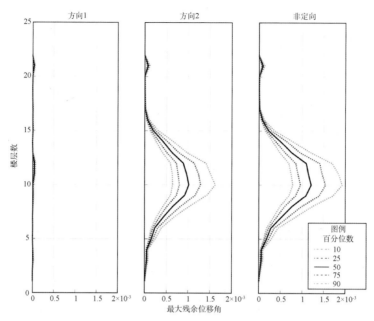

图 O‐38　S‐OK‐B‐20（位于加州奥克兰市的 20 层钢框架办公楼；基准方向）在海沃德地震情景
M_W7.0 设定主震下实际的最大残余层间位移角设计需求值

置信度为 50% 的最大残余层间位移角设计需求值直接来自非线性时程分析。由于下部结构是基于真实情况
进行建模的，故第 2 层为地面首层。1 号方向是东西方向，2 号方向是南北方向

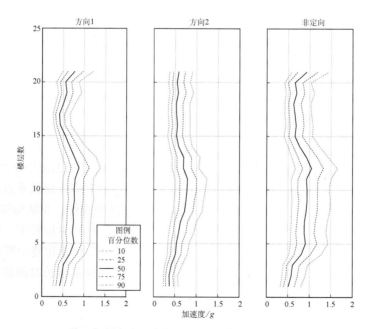

图 O‐39　S‐OK‐B‐20（位于加州奥克兰市的 20 层钢框架办公楼；基准方向）在海沃德地震情景
M_W7.0 设定主震下实际的楼面峰值加速度设计需求值

置信度为 50% 的楼面峰值加速度设计需求值直接来自非线性响应历史分析。由于下部结构是基于真实情况
进行建模的，故第 2 层为地面首层。1 号方向是东西方向，2 号方向是南北方向

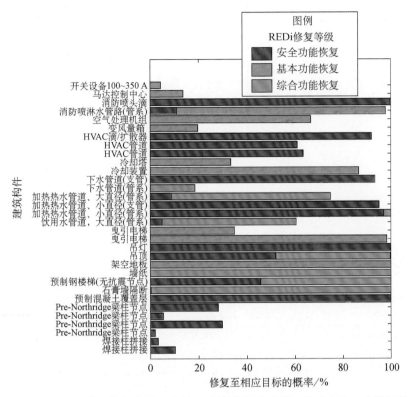

图 O-40　S-OK-B-20（位于加州奥克兰市的 20 层钢框架办公楼；基准方向）在海沃德地震情景
$M_W 7.0$ 设定主震下建筑构件修复后可达到不同修复目标的百分比

REDi 评价体系将每个损坏的构件对应到相应的修复目标（Almufti 和 Willford，2013）
——安全功能恢复，基本功能恢复，或综合功能恢复
HVAC：采暖、通风、空调

5. 修理费用、修理时间、功能中断期和制约因素

S-OK-B-20 建筑的维修费用中位数占重置费用的 17.5%，即 1220 万美元。而总维修费
用的 90% 占建筑重置总额的 20.7%，即 1440 万美元。在本研究中，建筑重置费用是基于工
程造价计算得出的刚性成本，其至少要包含建筑物中所有结构构件、非结构构件和已知易损
的室内财产的重置总价。图 O-41 展示了实际的维修费用总额的中位数中，维修各类别建
筑构件的费用分布情况。表 O-25 展示了该建筑的修复总时长和总功能中断时间的中位数
和第 90 百分位数。表 O-26 展示了功能恢复制约因素造成的修复延长时间的中位数以及第
90 百分位数。

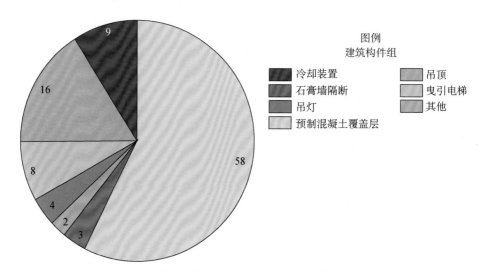

图例
建筑构件组

■ 冷却装置　　　　　　▨ 吊顶
▨ 石膏墙隔断　　　　　▨ 曳引电梯
▨ 吊灯　　　　　　　　▨ 其他
□ 预制混凝土覆盖层

图 O-41　S-OK-B-20（位于加州奥克兰市的 20 层钢框架办公楼；基准方向）在海沃德地震情景 $M_W 7.0$ 设定主震下建筑维修总额中位数额中维修各类别建筑构件的费用分布图

表 O-25　S-OK-B-20（位于加州奥克兰市的 20 层钢框架办公楼；基准方向）在海沃德地震情景 $M_W 7.0$ 设定主震下，该建筑总维修时间、总功能中断期的中位数和第 90 百分位数

修复时间	REDi 修复等级		
	安全功能恢复/天	基本功能恢复/天	综合功能恢复/天
修复时间中位数	54	92	100
功能中断时间中位数	231	273	277
修复时间第 90 百分位数	116	272	274
功能中断时间第 90 百分位数	343	385	388

表 O-26　S-OK-B-20（位于加州奥克兰市的 20 层钢框架办公楼；基准方向）在海沃德地震情景 $M_W 7.0$ 设定主震下，制约功能恢复因素造成的修复延长时间的中位数以及第 90 百分位数

制约因素	中断时间中位数/天	中断时间第 90 百分位数/天	评价
房屋震害调查	5	10	无
资金筹措	45	189	无
施工组织和准备	46	123	由结构损坏触发的施工组织和准备
承包商调度	254	363	无
施工准许	33	74	由结构损坏触发施工准许

附录 O-7　S-OK-R-20——奥克兰 20 层钢框架建筑（转置方向）

1. S-OK-R-20 说明

本附录总结了 S-OK-R-20 建筑——奥克兰一栋 20 层钢框架办公楼，在海沃德主震作用下的结构分析和损失评估结果，转置方向如图 O-7 所示。结果如图 O-42 至图 O-44 所示。

2. 工程需求参数

工程需求参数遵循了 FEMA P-58 中有关建筑非线性时程分析结果的建议，该算法由 Yang 等（2009）开发。

结构响应分析表明，S-OK-R-20 建筑的加速度需求处于中等水平，非定向楼面峰值加速度中位数为 $1.06g$，明显高于旧金山市的建筑。建筑的最大层间位移角中位数为 1.0%，最大残余层间位移角为 0.007%，大约四分之一的梁发生了屈服或断裂，而所有的柱及其接头都保持了弹性。

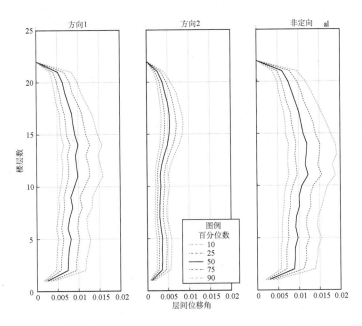

图 O-42　S-OK-R-20（位于加州奥克兰市的 20 层钢框架办公楼；转置方向）在海沃德地震情景 $M_w7.0$ 设定主震下实际的最大层间位移角设计需求值

置信度为 50% 的最大层间位移角设计需求值直接来自非线性时程分析。由于下部结构是基于真实情况进行建模的，故第 2 层为地面首层。1 号方向是东西方向，2 号方向是南北方向

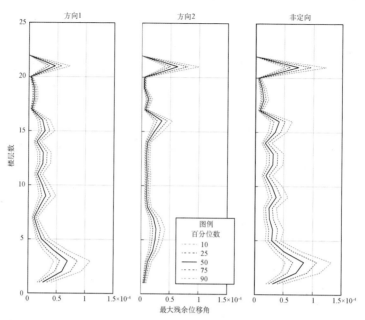

图 O-43 S-OK-R-20（位于加州奥克兰市的 20 层钢框架办公楼；转置方向）在海沃德情景
M_W7.0 设定主震下实际的最大残余位移角设计需求值

置信度为 50%的最大残余层间位移角设计需求值直接来自结构的非线性时程分析。由于下部结构是基于真实情况
进行建模的，故第 2 层为地面首层。1 号方向是东西方向，2 号方向是南北方向

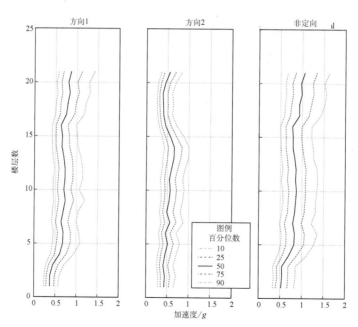

图 O-44 S-OK-R-20（位于加州奥克兰市的 20 层钢框架办公楼；转置方向）在海沃德地震情景
M_W7.0 设定主震下实际的楼面峰值加速度设计需求值

置信度为 50%的楼面峰值加速度设计需求值直接来自结构的非线性时程分析。由于下部结构是基于真实
情况进行建模的，故第 2 层为地面首层。1 号方向是东西方向，2 号方向是南北方向

3. 损失评估结果

本研究中的损失评估结果以 FEMA P-58 中的概率方法（ATC，2012）为理论基础，通过 1000 次蒙特卡罗模拟得出。维修和（或）更换损坏部件的可能成本则是按照 FEMA P-58 中的方法计算得到的，而维修时间和停工时间长短的估算使用的是以 FEMA P-58 理论为基础的 REDi 评价体系中给出的方法进行的（Almufti 和 Willford，2013）。

4. 受损构件

在现实情况下若发现 S-OK-R-20 建筑中某一类型组件发生损害，这将会降低建筑修复至"安全功能恢复""基本功能恢复"或"综合功能恢复"目标的概率。如图 O-45 所示。

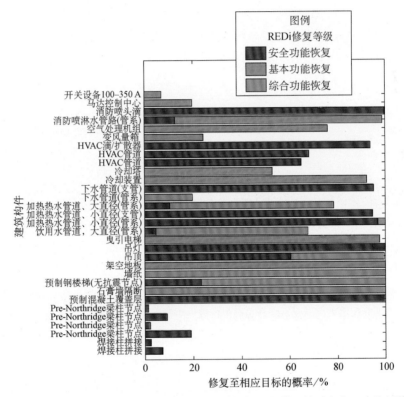

图 O-45　S-OK-R-20（位于加州奥克兰市的 20 层钢框架办公楼；转置方向）在海沃德地震情景 $M_W7.0$ 设定主震下建筑构件修复后可达到的不同修复目标的百分比

REDi 评价体系将每个损坏的构件对应到相应的修复目标（Almufti 和 Willford，2013）

——基本功能恢复，使用功能恢复，完全恢复

HVAC：采暖、通风、空调

5. 修理费用、修理时间、功能中断期和制约因素

    S-OK-R-20 建筑的维修费用中位数占重置费用的 16.5%，即 1150 万美元。而总维修费用的 90% 占建筑重置费用的 18.7%，即 1310 万美元。在本研究中，建筑重置费用是基于工程造价计算得出的刚性成本，其至少要包含建筑物中所有结构构件、非结构构件和已知易损的室内财产的重置总价。图 O-46 展示了实际的维修费用总额的中位数中，维修各类别建筑构件的费用分布情况。表 O-27 展示了该建筑的修复总时长和总功能中断时间的中位数和第 90 百分位数。表 O-28 展示了功能恢复制约因素造成的修复延长时间的中位数以及第 90 百分位数。

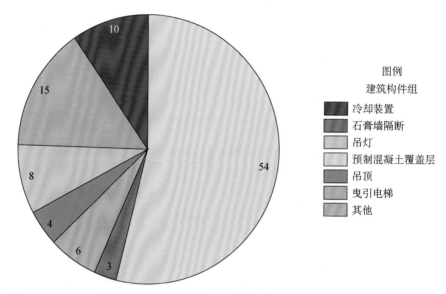

图例

建筑构件组

- 冷却装置
- 石膏墙隔断
- 吊灯
- 预制混凝土覆盖层
- 吊顶
- 曳引电梯
- 其他

图 O-46　S-OK-R-20（位于加州奥克兰市的 20 层钢框架办公楼；转置方向）在海沃德地震情景 $M_W7.0$ 设定主震下建筑维修总额中位数中维修各类别建筑构件的费用分布图

表 O-27　S-OK-R-20（位于加州奥克兰市的 20 层钢框架办公楼；转置方向）在海沃德地震情景 $M_W7.0$ 设定主震下，该建筑总维修时间和总功能中断期的中位数和第 90 百分位数

修复时间	REDi 修复等级		
	安全功能恢复/天	基本功能恢复/天	综合功能恢复/天
修复时间中位数	54	82	91
功能中断期时间中位数	224	269	274
修复时间第 90 百分位数	97	237	241
功能中断期时间第 90 百分位数	333	371	378

表 O‑28　S‑OK‑R‑20（位于加州奥克兰市的 20 层钢框架办公楼；转置方向）在海沃德地震情景 $M_\mathrm{W}7.0$ 设定主震下，制约功能恢复因素造成的修复延长时间的中位数以及第 90 百分位数

制约因素	中断时间中位数/天	中断时间第 90 百分位数/天	评价
房屋震害调查	5	10	无
资金筹措	41	175	无
施工组织和准备	0	101	由结构损坏触发的施工组织和准备
承包商调度	249	348	无
施工准许	0	67	由结构损坏触发的施工准许

附录 O‑8　C‑SF‑B‑46——旧金山 42 层钢筋混凝土建筑
（基准方向）

1. C‑SF‑B‑46 说明

本附录总结了 C‑SF‑B‑46 建筑——旧金山一栋 42 层钢筋混凝土住宅楼，在海沃德主震作用下结构分析和损失评估结果，基准方向如图 O‑10 所示。结果如图 O‑47 至图 O‑52 所示。

2. 工程需求参数

工程需求参数遵循了 FEMA P‑58 中有关建筑非线性时程分析结果的建议，该算法由 Yang 等（2009）开发。

结构响应分析表明，C‑SF‑B‑46 建筑的加速度需求处于较低水平，整体的最大层间位移角（IDR）仅为 0.4%，楼面峰值加速度为 0.9g。连梁最大扭转角为 0.006 弧度（rad），远低于剪切强度发生显著退化的点即 0.05～0.06rad。核心墙没有被压碎的迹象，核心墙的钢筋几乎没有屈服，极少数屈服的钢筋都位于核心墙的底部。

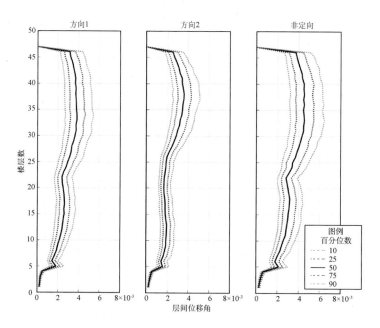

图 O‑47　C‑SF‑B‑46（位于加州旧金山 42 层钢筋混凝土住宅楼；基准方向）在海沃德地震情景 M_W7.0 设定主震下实际的最大层间位移角设计需求值

置信度为 50%的最大层间位移角设计需求值直接来自非线性时程分析。由于下部结构是基于真实情况进行建模的，故第 5 层为地面首层。1 号方向是东西方向，2 号方向是南北方向

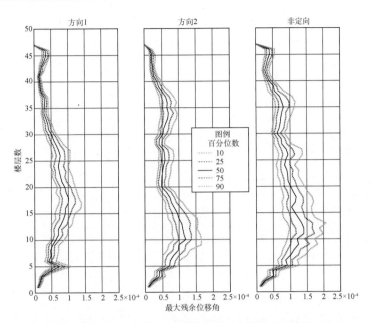

图 O-48　C-SF-B-46（位于加州旧金山 42 层钢筋混凝土住宅楼；基准方向）在海沃德地震情景
$M_W 7.0$ 设定主震下实际的最大残余层间位移角设计需求值

置信度为 50%的最大残余层间位移角设计需求值直接来自非线性时程分析。由于下部结构是基于真实情况
进行建模的，故第 5 层为地面首层。1 号方向是东西方向，2 号方向是南北方向

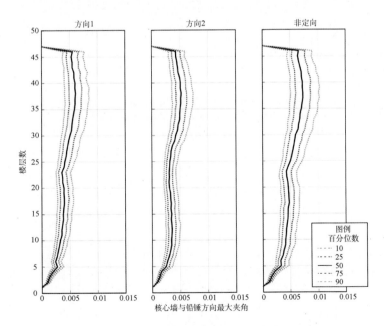

图 O-49　C-SF-B-46（位于加州旧金山 42 层钢筋混凝土住宅楼；基准方向）在海沃德地震情景
$M_W 7.0$ 设定主震下实际的核心墙与铅锤方向最大夹角设计需求值

置信度为 50%的核心墙与铅锤方向最大夹角设计需求值直接来自非线性时程分析。由于下部结构是基于真实情况
进行建模的，故第 5 层为地面首层。1 号方向是东西方向，2 号方向是南北方向

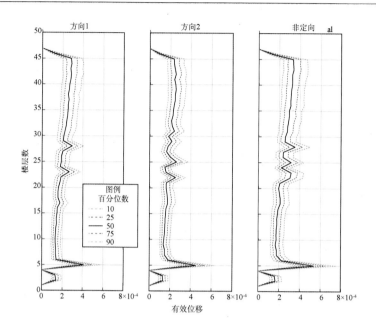

图 O‐50　C‐SF‐B‐46（位于加州旧金山 42 层钢筋混凝土住宅楼；基准方向）在海沃德地震情景
M_W7.0 设定主震下实际的最大墙面扭转角设计需求值（弧度）

置信度为 50% 的最大墙面扭转角设计需求值（弧度）直接来自非线性时程分析。由于下部结构是基于真实情况
进行建模的，故第 5 层为地面首层。1 号方向是东西方向，2 号方向是南北方向

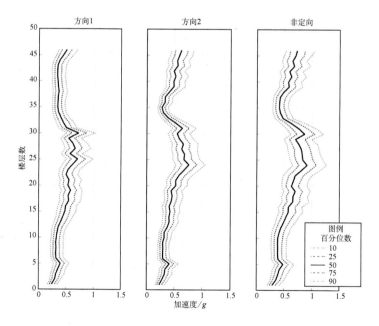

图 O‐51　C‐SF‐B‐46（位于加州旧金山 42 层钢筋混凝土住宅楼；基准方向）在海沃德地震情景
M_W7.0 设定主震下实际的楼面峰值加速度设计需求值（相当于重力加速度 g）

置信度为 50% 的楼面峰值加速度设计需求值直接来自非线性时程分析。由于下部结构是基于真实情况
进行建模的，故第 5 层为地面首层。1 号方向是东西方向，2 号方向是南北方向

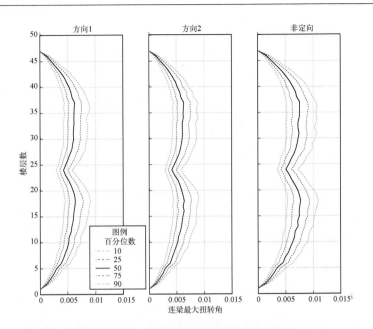

图 O−52　C−SF−B−46（位于加州旧金山 42 层钢筋混凝土住宅楼；基准方向）在海沃德地震情景
M_W7.0 设定主震下实际的连梁最大扭转角设计需求值（弧度）

置信度为 50% 的连梁最大扭转角设计需求值（弧度）直接来自非线性时程分析。由于下部结构是基于真实情况
进行建模的，故第 5 层为地面首层。1 号方向是东西方向，2 号方向是南北方向

与最大层间位移相比，隔板及板−柱节点破坏与垂直方向的倾角相关性更好。因此，垂直方向的倾角被用作评估这些构件的 EDP 参数。垂直方向的倾角与最大层间位移角（IDR）的不同之处在于它不包括刚体扭转，但其包含核心墙与周围柱之间的相对垂直运动产生的铅锤方向夹角。

关于上述设计需求参数，有一些有趣的现象值得注意。首先，图 O−50 清楚地展示了底层核心墙的塑性铰区，这一现象也可从墙体扭转分析曲线中的大尖峰得到印证。然而，在绝对意义上这个扭转峰值却又是适度的，其中位数大约为 0.00115rad。这与 ASCE 41−13（American Society of Civil Engineers，2014）中的无约束墙可接受的塑性铰旋转角度 0.001~0.002rad 相比，是相当不错的。其次，图 O−52 显示连梁的扭转角度在建筑物高度上相当恒定，但由于在第 26 层的核心墙配筋率降低了约一半，第 24 层（上部结构的第 20 层）的连梁扭转的有些倾斜。图 O−51 中的核心壁扭转曲线中的小尖峰也证明了核心壁钢筋的减少。

由于各层梁都考虑了连梁扭转需求，因此不考虑其方向性。尽管这样处理很保守，但梁的扭转量非常低，对损失和功能中断期评估几乎没有影响。

3. 损失评估结果

本研究中的损失评估结果以 FEMA P−58 中的概率方法（ATC，2012）为理论基础，通过 1000 次蒙特卡罗模拟得出的。维修和（或）更换损坏部件的可能成本则是按照 FEMA P−58 中的方法计算得到的，而维修时间和停工时间长短的估算使用的是以 FEMA P−58 理论为基础的 REDi 评价体系中给出的方法进行的（Almufti 和 Willford，2013）。

4. 受损构件

在现实情况下若发现 C-SF-B-46 建筑中某一类型构件发生损害，这将会降低建筑修复至"安全功能恢复""基本功能恢复"或"综合功能恢复"目标的概率。结果如图 O-53 所示。

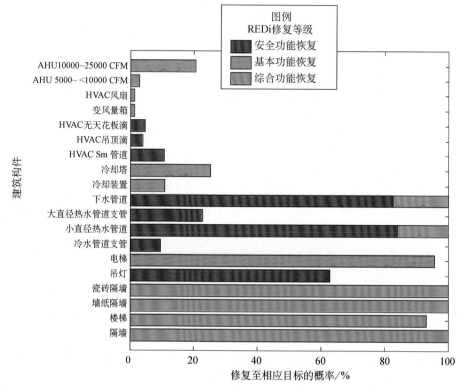

图 O-53　C-SF-B-46（位于加州旧金山 42 层钢筋混凝土住宅楼；基准方向）在海沃德地震情景 M_W7.0 设定主下建筑构件修复后可达到的不同修复目标的百分比

REDi 评价体系将每个损坏的构件对应到相应的修复目标（Almufti 和 Willford，2013）

——安全功能恢复，基本功能恢复，综合功能恢复

HVAC：采暖、通风、空调

5. 修理费用、修理时间、功能中断期和制约因素

C-SF-B-46 建筑的维修费用中位数占重置费用的 3.1%，即 550 万美元，而总维修费用的 90% 占建筑重置总额的 3.7%，即 650 万美元。在本研究中，建筑重置费用是基于工程造价计算得出的刚性成本，其至少要包含建筑物中所有结构构件、非结构构件和已知易损的室内财产的重置总价。由于住宅建筑中存在大量的隔墙，所以总维修费用主要由隔墙决定。图 O-54 展示了实际的维修费用总额的中位数中，维修各类别建筑构件的费用分布情况。表 O-29 展示了该建筑的修复总时长和总功能中断时间的中位数和第 90 百分位数。表 O-30 展示了功能恢复制约因素造成的修复延长时间的中位数以及第 90 百分位数。

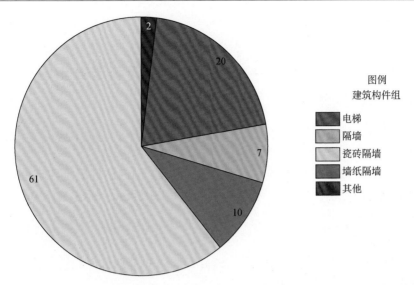

图 O-54　C-SF-B-46（位于加州旧金山 42 层钢筋混凝土住宅楼；基准方向）在海沃德地震情景
M_W7.0 设定主震下建筑维修总额中位数中维修各类别建筑构件的费用分布图

表 O-29　C-SF-B-46（位于加州旧金山 42 层钢筋混凝土住宅楼；基准方向）在海沃德地震情景
M_W7.0 设定主震下，该建筑总维修时间和总准备时间的中位数和第 90 百分位数

修复时间	REDi 修复等级		
	安全功能恢复/天	基本功能恢复/天	综合功能恢复/天
修复时间中位数	3	15	109
功能中断时间中位数	126	224	323
修复时间第 90 百分位数	5	27	155
功能中断时间第 90 百分位数	194	328	434

表 O-30　C-SF-B-46（位于加州旧金山 42 层钢筋混凝土住宅楼；基准方向）在海沃德地震情景
M_W7.0 设定主震下，制约功能恢复因素造成的修复延长时间的中位数以及第 90 百分位数

制约因素	中断时间中位数/天	中断时间第 90 百分位数/天	评价
房屋震害调查	5	10	无
资金筹措	0	0	由于预期的总维修成本的中位数和第 90 百分位数小于总重置费用的 5%，因此假设业主随时有可用的资金用维修
施工组织和准备	0	0	无结构损坏
承包商调度	210	316	无
施工准许	0	0	无结构损坏

附录 O–9　C–SF–R–46——旧金山 42 层钢筋混凝土建筑（转置方向）

1. C–SF–R–46 说明

本附录总结了 C–SF–R–46 建筑——旧金山一栋 42 层钢筋混凝土住宅楼，在海沃德主震作用下结构分析和损失评估结果，基准方向如图 O–10 所示。结果如图 O–55 至图 O–60 所示。

2. 工程需求参数

工程需求参数（EDPs）的模拟遵循了 FEMA P–58 中非线性时程分析结果的建议，通过 Yang 等（2009）提出的算法得出的。

结构响应分析表明，C–SF–R–46 建筑的加速度需求较低，建筑的最大层间位移（IDR）仅为 0.7%，楼面峰值加速度为 1.09g。连梁的最大扭转角度为 0.009 弧度（rad），远低最大层间位移（IDR）于剪切强度发生显著退化的点即 0.05 ~ 0.06rad。核心墙没有被压碎的迹象。核心墙的钢筋几乎没有屈服，极少数屈服的钢筋都位于核心墙的底部。

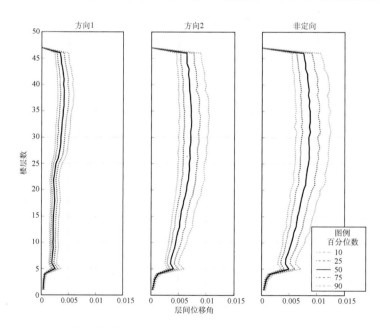

图 O–55　C–SF–R–46（位于加州旧金山 42 层钢筋混凝土住宅楼；转置方向）在海沃德地震情景 M_W7.0 设定主震下实际的最大层间位移角设计需求值

置信度为 50% 的最大层间位移角设计需求值直接来自非线性时程分析。由于下部结构是基于真实情况进行建模的，故第 5 层为地面首层。1 号方向是东西方向，2 号方向是南北方向

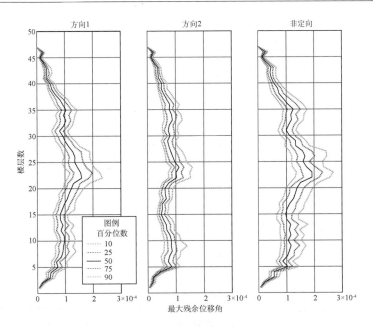

图 O‑56　C‑SF‑R‑46（位于加州旧金山 42 层钢筋混凝土住宅楼；转置方向）在海沃德地震情景
M_W7.0 设定主震下实际的最大残余层间位移角设计需求值

置信度为 50% 的最大残余层间位移角设计需求值直接来自非线性时程分析。由于下部结构是基于真实情况
进行建模的，故第 5 层为地面首层。1 号方向是东西方向，2 号方向是南北方向

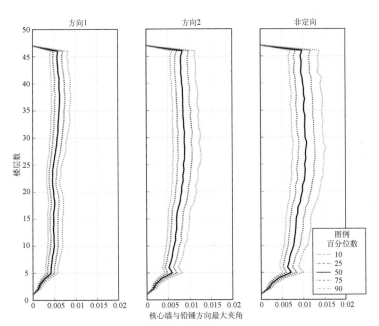

图 O‑57　C‑SF‑R‑46（位于加州旧金山 42 层钢筋混凝土住宅楼；转置方向）在海沃德地震情景
M_W7.0 设定主震下实际的核心墙与铅锤方向最大夹角设计需求值

置信度为 50% 的核心墙与铅锤方向最大夹角设计需求值直接来自非线性时程分析。由于下部结构是基于真实情况
进行建模的，故第 5 层为地面首层。1 号方向是东西方向，2 号方向是南北方向

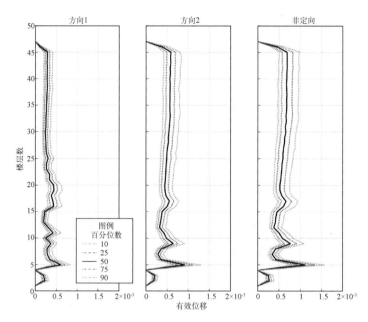

图 O - 58　C-SF-R-46（位于加州旧金山 42 层钢筋混凝土住宅楼；转置方向）在海沃德地震情景
$M_\mathrm{W}7.0$ 设定主震下实际的最大墙面扭转角设计需求值（弧度）

置信度为 50% 的最大墙面扭转角设计需求值（弧度）直接来自非线性时程分析。由于下部结构是基于真实情况
进行建模的，故第 5 层为地面首层。1 号方向是东西方向，2 号方向是南北方向

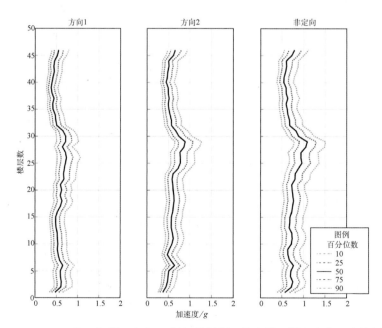

图 O - 59　C-SF-R-46（位于加州旧金山 42 层钢筋混凝土住宅楼；转置方向）在海沃德地震情景
$M_\mathrm{W}7.0$ 设定主震下实际的楼面峰值加速度设计需求值（相当于重力加速度 g）

置信度为 50% 的楼面峰值加速度设计需求值（弧度）直接来自非线性时程分析。由于下部结构是基于真实情况
进行建模的，故第 5 层为地面首层。1 号方向是东西方向，2 号方向是南北方向

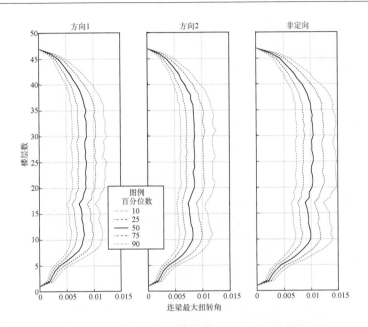

图 O-60 C-SF-R-46（位于加州旧金山 42 层钢筋混凝土住宅楼；转置方向）在海沃德地震情景
$M_W 7.0$ 设定主震下实际的连梁最大扭转角设计需求值（弧度）

置信度为 50% 的连梁最大扭转角设计需求值（弧度）直接来自非线性时程分析。由于下部结构是基于真实情况
进行建模的，故第 5 层为地面首层。1 号方向是东西方向，2 号方向是南北方向

与最大层间位移相比，隔板和板-柱节点破坏与垂直方向的倾角相关性更好。因此，垂直方向的倾角被用作这些部件 EDP 参数。垂直方向的倾角与最大层间位移（IDR）的不同之处在于它不包括刚体旋转，但其包括核心墙与周围柱之间相对垂直运动产生的铅锤方向的夹角。

关于上述设计需求参数，有一些有趣的现象值得注意。首先，图 O-58 清楚地展示了底层核心墙的塑性铰区，这一现象也可从墙体扭转分析曲线中的大尖峰得到印证。然而，在绝对意义上这个扭转峰值却又是适度的，其中位数大约为 0.00115rad。这与 ASCE 41-13（American Society of Civil Engineers, 2014）中的无约束墙可接受的塑性铰旋转角度 0.001-0.002rad 相比，是相当不错的。其次，图 O-60 显示连梁的扭转角度在建筑物高度上相当恒定，但由于 17 层（上层结构第 13 层）的核心墙和连梁的宽度突然从 32 变到 24，第 17 层的连梁扭转的有些倾斜。

各层梁都考虑了连梁的扭转需求，因此不考虑梁的方向性。尽管这样处理很保守，但梁的扭转量非常低，对损失评估结果几乎没有影响。

3. 损失评估结果

本研究中的损失评估结果以 FEMA P-58 中的概率方法（ATC, 2012）为理论基础，通过 1000 次蒙特卡罗模拟得出的。维修和（或）更换损坏部件的可能成本则是按照 FEMA P-58 中的方法计算得到的，而维修时间和停工时间长短的估算使用的是以 FEMA P-58 理论为基础的 REDi 评价体系中给出的方法进行的（Almufti 和 Willford, 2013）。

4. 受损构件

在现实情况下若发现 C-SF-R-46 建筑中某一类型构件发生损害，这将会降低建筑修复至"安全功能恢复""基本功能恢复"或"综合功能恢复"目标的概率。结果如图 O-61 所示。

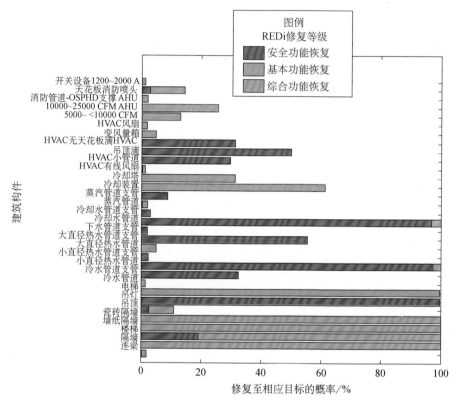

图 O-61　C-SF-R-46（位于加州旧金山 42 层钢筋混凝土住宅楼；转置方向）在海沃德地震情景
M_W7.0 设定主震下建筑构件修复后可达到不同修复目标的百分比

REDi 评价体系将每个损坏的构件对应到相应的修复目标（Almufti 和 Willford，2013）
——安全功能恢复，基本功能恢复，综合功能恢复

HVAC：采暖、通风、空调

5. 修理费用、修理时间、功能中断期和制约因素

C-SF-R-46 建筑的维修费用中位数占重置费用的 5.0%，即 890 万美元，而总维修费用的 90% 占建筑重置总额的 6.1%，即 1080 万美元。在本研究中，建筑重置费用是基于工程造价计算得出的刚性成本，其至少要包含建筑物中所有结构构件、非结构构件和已知易损的室内财产的重置总价。由于住宅建筑中存在大量的隔墙，所以总维修费用主要由隔墙决定。图 O-62 展示了实际的维修费用总额的中位数中，维修各类别建筑构件的费用分布情况。表 O-31 展示了该建筑的修复总时长和功能中断时间的中位数和第 90 百分位数。表 O-32 展示了功能恢复制约因素造成的修复延长时间的中位数以及第 90 百分位数。

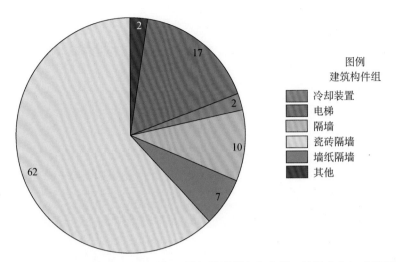

图例
建筑构件组
- 冷却装置
- 电梯
- 隔墙
- 瓷砖隔墙
- 墙纸隔墙
- 其他

图 O-62　C-SF-R-46（位于加州旧金山的 42 层钢筋混凝土住宅楼；转置方向）在海沃德地震情景
M_W7.0 设定主震下建筑维修总额中位数中维修各类别建筑构件的费用分布图

表 O-31　C-SF-R-46（位于加州旧金山的 42 层钢筋混凝土住宅；转置方向）在海沃德地震情景
M_W7.0 设定主震下，该建筑总维修时间、总功能中断期的中位数和第 90 百分位数

修复时间	REDi 修复等级		
	安全功能恢复/天	基本功能恢复/天	综合功能恢复/天
修复时间中位数	6	16	183
功能中断时间中位数	136	239	414
修复时间第 90 百分位数	11	26	251
功能中断时间第 90 百分位数	213	350	539

表 O-32　C-SF-R-46（位于加州旧金山的 42 层钢筋混凝土住宅；转置方向）在海沃德地震情景
M_W7.0 设定主震下，制约功能恢复因素造成的修复延长时间的中位数以及第 90 百分位数

制约因素	中断时间中位数/天	中断时间第 90 百分位数/天	评价
房屋震害调查	5	10	无
资金筹措	59	198	无
施工组织和准备	0	0	无结构损坏
承包商调度	223	335	无
施工准许	0	0	无结构损坏

附录 O‑10　C‑OK‑B‑46——奥克兰 42 层钢筋混凝土建筑（基准方向）

1. C‑OK‑B‑46 说明

本附录总结了 C‑OK‑B‑46 建筑——奥克兰一栋 42 层钢筋混凝土住宅楼，在海沃德主震作用下结构分析和损失评估结果，基准方向如图 O‑10 所示。结果如图 O‑63 至图 O‑68 所示。

2. 工程需求参数

工程需求参数遵循了 FEMA P‑58 中有关建筑非线性时程分析结果的建议，该算法由 Yang 等（2009）开发。

结构响应分析表明，C‑OK‑B‑46 建筑的加速度需求较低，建筑的最大层间位移角（IDR）仅为 0.4%，楼面峰值加速度为 1.06g。连梁的最大扭转角度为 0.009 弧度（rad），远低于剪切强度发生显著退化的点即 0.05~0.06rad。核心墙没有被压溃，最大压应变为 0.0017。核心墙的钢筋几乎没有屈服，只有墙底部钢筋发生了极少数屈服，屈服的最大拉应变为 0.003。

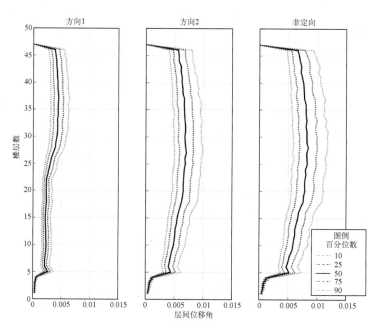

图 O‑63　C‑OK‑B‑46（位于加州奥克兰的 42 层钢筋混凝土住宅楼；基准方向）在海沃德地震情景 M_W7.0 设定主震下实际的最大层间位移角设计需求值

置信度为 50% 的最大层间位移角设计需求值直接来自非线性时程分析。由于下部结构是基于真实情况进行建模的，故第 5 层为地面首层。1 号方向是东西方向，2 号方向是南北方向

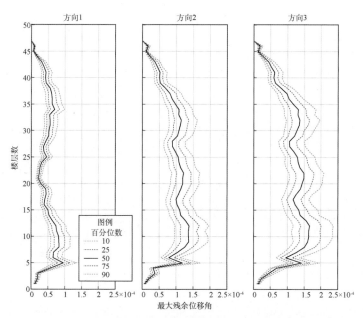

图 O-64　C-OK-B-46（位于加州奥克兰的 42 层钢筋混凝土住宅楼；基准方向）在海沃德地震情景
M_W7.0 设定主震下实际的最大残余层间位移角设计需求值

置信度为 50% 的最大残余层间位移角设计需求值直接来自非线性时程分析。由于下部结构是基于真实情况
进行建模的，故第 5 层为地面首层。1 号方向是东西方向，2 号方向是南北方向

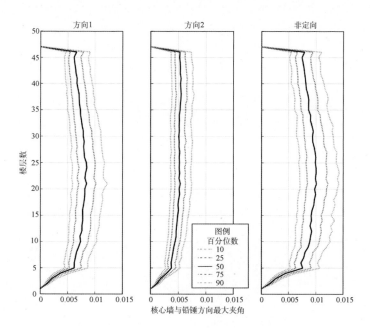

图 O-65　C-OK-B-46（位于加州奥克兰的 42 层钢筋混凝土住宅楼；基准方向）在海沃德地震情景
M_W7.0 设定主震下实际的核心墙与铅锤方向最大夹角的设计需求值

置信度为 50% 的核心墙与铅锤方向最大夹角设计需求值直接来自非线性时程分析。由于下部结构是基于真实情况
进行建模的，故第 5 层为地面首层。1 号方向是东西方向，2 号方向是南北方向

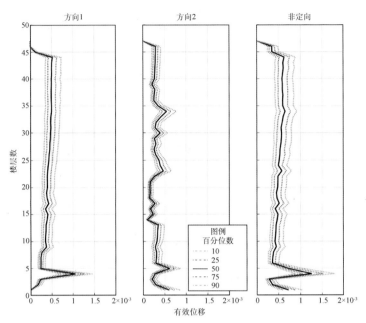

图 O‑66　C‑OK‑B‑46（位于加州奥克兰的 42 层钢筋混凝土住宅楼；基准方向）在海沃德地震情景
M_W7.0 设定主震下实际的最大墙面扭转角设计需求值（弧度）

置信度为 50% 的最大墙面扭转角设计需求值（弧度）直接来自非线性时程分析。由于下部结构是基于真实情况
进行建模的，故第 5 层为地面首层。1 号方向是东西方向，2 号方向是南北方向

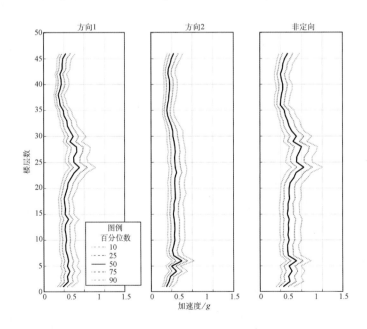

图 O‑67　C‑OK‑B‑46（位于加州奥克兰的 42 层钢筋混凝土住宅楼；基准方向）在海沃德地震情景
M_W7.0 设定主震下实际的楼面峰值加速度设计需求值（相当于重力加速度 g）

置信度为 50% 的楼面峰值加速度设计需求值（弧度）直接来自非线性时程分析。由于下部结构是基于真实情况
进行建模的，故第 5 层为地面首层。1 号方向是东西方向，2 号方向是南北方向

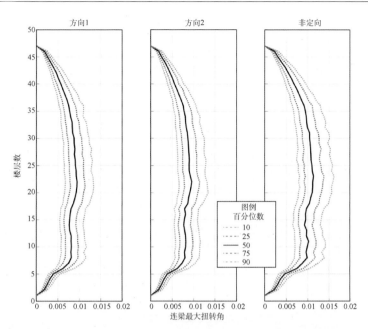

图 O‑68　C‑OK‑B‑46（位于加州奥克兰市的 42 层钢筋混凝土住宅楼；基准方向）在海沃德地震情景
M_W7.0 设定主震下实际的连梁最大扭转角设计需求值（弧度）

置信度为 50% 的连梁最大扭转角设计需求值（弧度）直接来自非线性时程分析。由于下部结构是基于真实情况
进行建模的，故第 5 层为地面首层。1 号方向是东西方向，2 号方向是南北方向

与最大层间位移相比，隔板和板‑柱节点破坏与垂直方向的倾角相关性更好。因此，垂直方向的倾角被用作这些部件的 EDP 参数。垂直方向的倾角与最大层间位移角（IDR）的不同之处在于它不包括刚体旋转，但包括核心墙与周围柱之间相对垂直运动产生的铅锤方向的夹角。

关于上述设计需求参数，有一些有趣的现象值得注意。首先，图 O‑66 清楚地展示了底层核心墙的塑性铰区，这一现象也可从墙体扭转分析曲线中的大尖峰得到印证。然而，在绝对意义上这个扭转峰值却又是适度的，其中位数大约为 0.00115rad。这与 ASCE 41‑13（American Society of Civil Engineers，2014）中的无约束墙可接受的塑性铰旋转角0.001～0.002rad 相比是相当不错的。其次，图 O‑66 显示连梁的扭转角度在建筑物高度上相当恒定。这是意料之中的，因为建筑高度内连接梁的尺寸几乎是相同的，核心墙宽度仅发生了三分之一的变化。

由于各层梁都考虑了连梁的扭转需求，因此不考虑梁的方向性。尽管这样处理很保守，但梁的扭转量非常低，这对损失评估结果几乎没有影响。

3. 损失评估结果

本研究中的损失评估结果以 FEMA P‑58 中的概率方法（ATC，2012）为理论基础，通过 1000 次蒙特卡罗模拟得出的。维修和（或）更换损坏部件的可能成本则是按照 FEMA P‑58 中的方法计算得到的，而维修时间和停工时间长短的估算使用的是以 FEMA P‑58 理论为基础的 REDi 评价体系中给出的方法进行的（Almufti 和 Willford，2013）。

4. 受损构件

在现实情况下若发现 C-OK-B-46 建筑中某一类型构件发生损害，这将会降低建筑修复至"安全功能恢复""基本功能恢复"或"综合功能恢复"目标的概率。结果如图 O-69 所示。

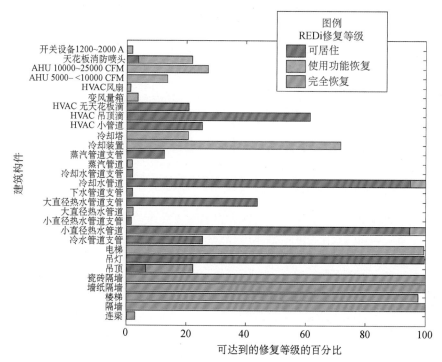

图 O-69　C-OK-B-46（位于加州奥克兰的 42 层钢筋混凝土住宅楼；基准方向）在海沃德地震情景
M_W 7.0 设定主震下建筑构件修复后可达到不同修复目标的百分比
REDi 评价体系将每个损坏的构件对应到相应的修复目标（Almufti 和 Willford，2013）
——安全功能恢复，基本功能恢复，综合功能恢复
HVAC：采暖、通风、空调

5. 修理费用、修理时间、功能中断期和制约因素

C-OK-B-46 建筑的维修费用中位数占重置费用的 4.9%，即 860 万美元，而总维修费用的 90% 占建筑重置费用的 5.3%，即 940 万美元。在本研究中，建筑重置总额是基于工程造价计算得出的刚性成本，其至少要包含建筑物中所有结构构件、非结构构件和已知易损的室内财产的重置总价。由于住宅建筑中存在大量的隔墙，所以总维修费用主要由隔墙决定。图 O-70 展示了实际的维修费用总额的中位数中，维修各类别建筑构件的费用分布情况。表 O-33 展示了该建筑的修复总时长和总功能中断时间的中位数和第 90 百分位数。表 O-34 展示了阻碍功能恢复因素造成的修复延长时间的中位数以及第 90 百分位数。

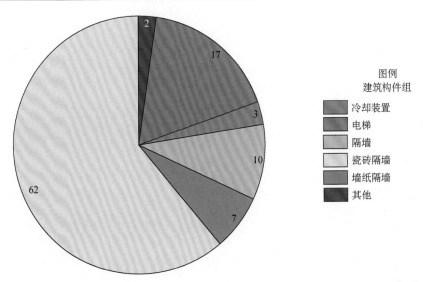

图 O-70 C-OK-B-46（位于加州奥克兰的42层钢筋混凝土住宅楼；基准方向）在海沃德地震情景
$M_W7.0$ 设定主震下建筑维修总额中中位数中维修各类别建筑构件的费用分布图

表 O-33 C-OK-B-46（位于加州奥克兰的42层钢筋混凝土住宅楼；基准方向）在海沃德地震情景
$M_W7.0$ 设定主震下，该建筑总维修时间、总功能中断期的中位数和第90百分位数

修复时间	REDi 修复等级		
	安全功能恢复/天	基本功能恢复/天	综合功能恢复/天
修复时间中位数	5	16	173
功能中断时间中位数	130	233	396
修复时间第90百分位数	9	26	242
功能中断第90百分位数	198	346	527

表 O-34 C-OK-B-46（加州奥克兰42层钢筋混凝土住宅楼；基准方向）在海沃德地震情景
$M_W7.0$ 设定主震下，制约功能恢复因素造成的修复延长时间的中位数以及90%分位数表

制约因素	中断时间中位数/天	中断时间第90百分位数/天	评价
震后房屋调查	5	10	无
资金筹措	0	162	由于预期的总维修成本的中位数和第90百分位数小于总重置费用的5%，因此假设业主随时有可用的资金用维修
工程启动和审查和审查	0	0	无结构损坏
承包商调动	219	329	无
施工许可	0	0	无结构损坏

附录 O‑11　C‑OK‑R‑46——奥克兰 42 层钢筋混凝土建筑（转置方向）

1. C‑OK‑R‑46 说明

本附录总结了 C‑OK‑R‑46 建筑——奥克兰一栋 42 层钢筋混凝土住宅楼，在海沃德主震作用下结构分析和损失评估结果，基准方向如图 O‑10 所示。结果如图 O‑71 至图 O‑76 所示。

2. 工程需求参数

工程需求参数遵循了 FEMA P‑58 中有关建筑非线性时程分析结果的建议，该算法由 Yang 等（2009）开发。

结构响应分析表明，C‑OK‑R‑46 楼的性能需求较低，建筑的最大层间位移角（IDR）仅为 0.7%，楼面峰值加速度为 1.09g。连梁的最大扭转角度为 0.009 弧度（rad），远低于剪切强度发生显著退化的点即 0.05~0.06rad。核心墙没有被压碎的迹象。核心墙的钢筋几乎没有屈服，屈服的极少数钢筋都位于核心墙的底部。

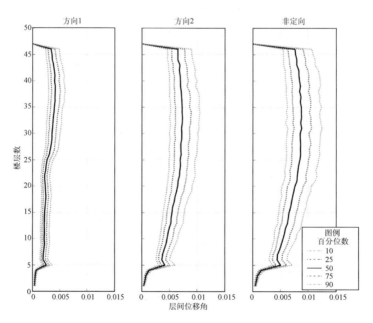

图 O‑71　C‑OK‑R‑46（位于加州的奥克兰市 42 层钢筋混凝土住宅楼；转置方向）在海沃德地震情景 M_W7.0 设定主震下实际的最大层间位移角设计需求值

置信度为 50% 的最大层间位移角设计需求值直接来自非线性时程分析。由于下部结构是基于真实情况进行建模的，故第 5 层为地面首层。1 号方向是东西方向，2 号方向是南北方向

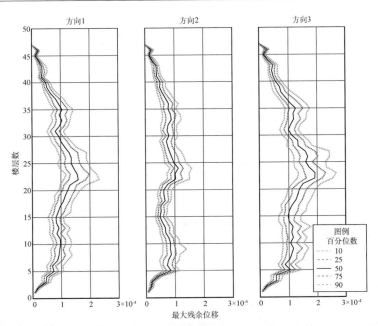

图 O-72　C-OK-R-46（位于加州奥克兰的 42 层钢筋混凝土住宅楼；转置方向）在海沃德地震情景
M_W7.0 设定主震下实际的最大残余层间位移角设计需求值

置信度为 50%的最大残余层间位移角设计需求值直接来自非线性时程分析。由于下部结构是基于真实情况
进行建模的，故第 5 层为地面首层。1 号方向是东西方向，2 号方向是南北方向

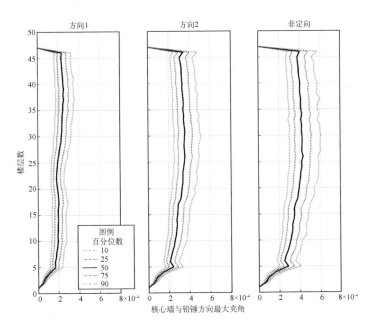

图 O-73　C-OK-R-46（位于加州奥克兰的 42 层钢筋混凝土住宅楼；转置方向）在海沃德地震情景
M_W7.0 设定主震下实际的核心墙与铅锤方向最大夹角设计需求值

置信度为 50%的核心墙与铅锤方向最大夹角设计需求值直接来自非线性时程分析。由于下部结构是基于真实情况
进行建模的，故第 5 层为地面首层。1 号方向是东西方向，2 号方向是南北方向

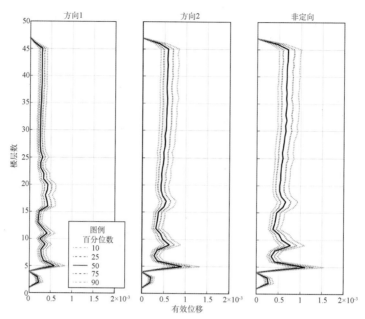

图 O-74　C-OK-R-46（位于加州奥克兰的 42 层钢筋混凝土住宅楼；转置方向）在海沃德地震情景
$M_W7.0$ 设定主震下实际的最大墙面扭转角设计需求值（弧度）

置信度为 50% 的最大墙面扭转角设计需求值（弧度）直接来自非线性时程分析。由于下部结构是基于真实情况
进行建模的，故第 5 层为地面首层。1 号方向是东西方向，2 号方向是南北方向

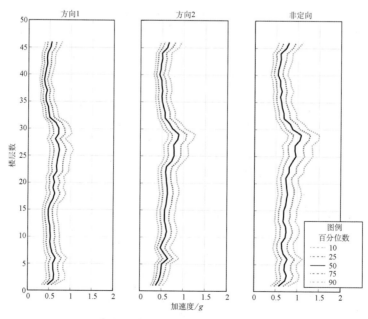

图 O-75　C-OK-R-46（位于加州奥克兰的 42 层钢筋混凝土住宅楼；转置方向）在海沃德地震情景
$M_W7.0$ 设定主震下实际的楼面峰值加速度设计需求值（相当于重力加速度 g）

置信度为 50% 的楼面峰值加速度设计需求值（弧度）直接来自非线性时程分析。由于下部结构是基于真实情况
进行建模的，故第 5 层为地面首层。1 号方向是东西方向，2 号方向是南北方向

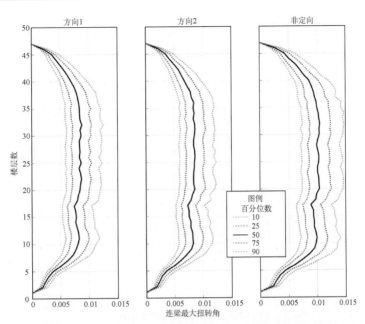

图 O-76　C-OK-R-46（位于加州奥克兰的 42 层钢筋混凝土住宅楼；转置方向）在海沃德地震情景
M_W7.0 设定主震下实际的连梁最大扭转角设计需求值（弧度）

置信度为 50% 的连梁最大扭转角设计需求值（弧度）直接来自非线性时程分析。由于下部结构是基于真实情况
进行建模的，故第 5 层为地面首层。1 号方向是东西方向，2 号方向是南北方向

与最大层间位移相比，隔板和板–柱节点破坏与垂直方向的倾角相关性更好。因此，垂直方向的倾角被用作这些部件的 EDP 参数。垂直方向的倾角与最大层间位移角（IDR）的不同之处在于它不包括刚体旋转，但包括核心墙与周围柱之间相对垂直运动产生的铅锤方向的夹角。

关于上述设计需求参数，有一些有趣的现象值得注意。首先，图 O-74 清楚地显示了底层核心墙的塑性铰区，这一现象也可从墙体扭转分析曲线中的大尖峰得到印证。然而，在绝对意义上这个扭转峰值却又是适度的，其中位数大约为 0.00105rad。这与 ASCE 41-13（American Society of Civil Engineers，2014）中的无约束墙可接受的塑性铰旋转角度 0.001~0.002rad 相比是相当不错的。其次，图 O-76 显示，连梁的扭转角度在建筑物高度上相当恒定，但由于 17 层（上层结构第 13 层）的核心墙和连梁的宽度突然从 32 变到 24，第 17 层的连梁扭转的有些倾斜。

由于各层梁都考虑了连梁的扭转需求，因此不考虑梁的方向性。尽管这样处理很保守，但梁的扭转量非常低，这对损失评估结果几乎没有影响。

3. 损失评估结果

本研究中的损失评估以 FEMAP-58 中的概率方法（ATC，2012）为理论基础，通过 1000 次蒙特卡罗模拟得出。维修和（或）更换损坏部件的可能成本则是按照 FEMA P-58 中的方法计算得到的，而对维修时间和停工时间长短的估算使用的是以 FEMA P-58 理论为基础的 REDi 评价体系中给出的方法进行的（Almufti 和 Willford，2013）。

4. 受损构件

在现实情况下若发现 C-OK-R-46 建筑中某一类型构件发生损害，这将会降低建筑修复至"安全功能恢复""基本功能恢复"或"综合功能恢复"目标的概率。结果如图 O-77 所示。

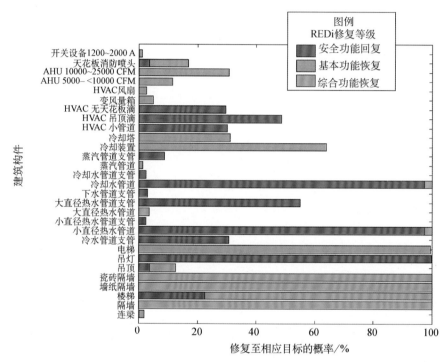

图 O-77　C-OK-R-46（加州位于奥克兰的 42 层钢筋混凝土住宅楼；转置方向）在海沃德地震情景 $M_W 7.0$ 设定主震下建筑构件修复后可达到不同修复目标的百分比

REDi 评价体系将每个损坏的构件对应到相应的修复目标（Almufti 和 Willford, 2013）

——安全功能恢复，基本功能恢复，综合功能恢复

HVAC：采暖、通风、空调

5. 修理费用、修理时间、功能中断期和制约因素

C-OK-R-46 建筑的维修费用中位数占重置总额的 5.0%，即 890 万美元。总维修费用的 90% 占建筑总重置费用的 6.2%，即 1080 万美元。在本研究中，建筑重置费用是基于工程造价计算得出的刚性成本，其至少要包含建筑物中所有结构构件、非结构构件和已知易损的室内财产的重置总价。由于住宅建筑中存在大量的隔墙，所以总维修费用主要由墙体隔墙决定。图 O-78 展示了实际的维修费用总额的中位数中，维修各类别建筑构件的费用分布情况。表 O-35 展示了该建筑的修复总时长和总功能中断时间的中位数和第 90 百分位数。表 O-36 展示了功能恢复制约因素造成的修复延长时间的中位数以及第 90 百分位数。

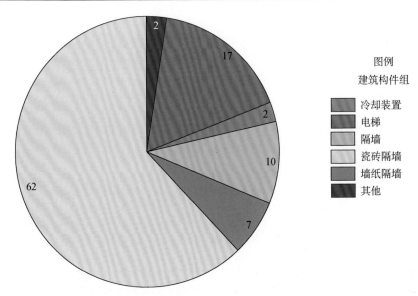

图 O - 78 C-OK-R-46（位于加州奥克兰的 42 层钢筋混凝土住宅楼；转置方向）在海沃德地震情景
M_W7.0 设定主震下建筑维修总额中中位数中维修各类别建筑构件的费用分布图

表 O - 35 C-OK-R-46（位于加州奥克兰的 42 层钢筋混凝土住宅楼；转置方向）在海沃德地震情景
M_W7.0 设定主震下，该建筑总维修时间、总功能中断期的中位数和第 90 百分位数

修复时间	REDi 修复等级		
	安全功能恢复/天	基本功能恢复/天	综合功能恢复/天
修复时间中位数	6	16	184
功能中断时间中位数	139	245	415
修复时间第 90 百分位数	11	26	251
功能中断第 90 百分位数	222	359	555

表 O - 36 C-OK-R-46（位于加州奥克兰 42 层钢筋混凝土住宅楼；转置方向）在海沃德地震情景
M_W7.0 设定主震下，制约功能恢复因素造成的修复延长时间的中位数以及 90% 分位数表

制约因素	中断时间中位数/天	中断时间第 90 百分位数/天	评价
房屋震害调查	5	11	无
资金筹措	59	204	无
施工组织和准备	0	0	无结构损坏
承包商调度	229	342	无
施工准许	0	0	无结构损坏

附录 O-12　旧金山既有高层建筑清单

　　北加州结构工程师协会（SEAONC）编制了旧金山的高层建筑清单。其中符合建筑高度大于 50m（约 160 英尺）这一要求的建筑（Molina-Hutt，2017；表 O-37）大约有 230 栋。建筑清单是按竣工年份和侧向承重系统类型进行分类的。

　　图 O-79 总结了上述信息（Molina-Hutt 等，2017）。该清单是在大约 7 或 8 年前建立的，并不是十分准确，因为其尚未得到旧金山市房屋质量检查局认证。我们尚无奥克兰高层建筑相关的数据库。

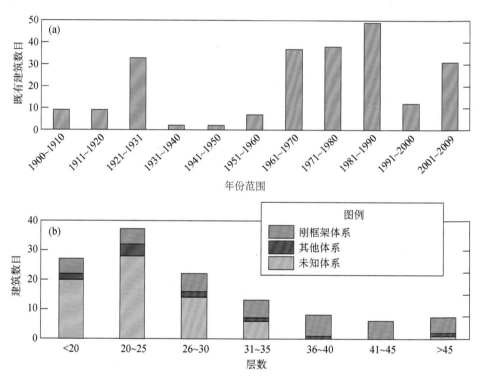

图 O-79　（a）1900 年至 2010 年之间每十年在加利福尼亚州旧金山建造的高层建筑的数量；
（b）1960 年至 1990 年之间在城市中建造的高层建筑的横向抗力系统类型
（Molina-Hutt 等（2016）修改）

表 O - 37　由北加州结构工程师协会（SEAONC）编制的加利福尼亚州旧金山市的高层建筑清单
（建筑高度大于 50m，大约 160 英尺）（Molina-Hutt, 2017）

编号	建筑名称	街道号码	街道名称	高度（m）	层数	竣工年份	是否有侧向承重系统
1	Ritz-Carlton Cluband Residences	690	市场街	95	24	1889	—
2	Mills Building	220	蒙哥马利街	52	10	1892	钢框架
3	Ferry Building	1	轮渡街	75	12	1898	—
4	Central Tower	703	市场街	91	21	1898	—
5	One Kearny Stree tBuilding	1	科尔尼街	54	12	1902	—
6	The Merchants exchange	465	加利福尼亚街	69	15	1904	—
7	The Westin St. Francis ［The Westin St. Francis］	335	鲍威尔街	60	13	1904	—
8	Whittel Building	166	基立街	60	16	1907	—
9	One Sixth Street	1	第六大道	57	15	1908	—
10	Maxwell Hotel	386	基立街	51	12	1908	—
11	Humboldt Bank Building	785	市场街	85	19	1908	—
12	Adam Grant Building	114	三桑街	64	14	1908	—
13	209 Post Building	209	邮政街	55	13	1909	—
14	Campton Place Hotel	340	斯托克顿街	53	16	1913	—
15	Hobart Building	582	市场街	87	21	1914	—
16	The Chancellor Hotel	433	鲍威尔街	59	15	1914	—
17	San Francisco City Hall	1	卡尔顿·B·古特雷街	94	4	1915	—
18	115 Sansome Street	115	三桑街	61	13	1915	—
19	Southern Pacifi Building	1	市场街	65	12	1916	—
20	300 Montgomery	300	蒙哥马利街	65	12	1917	—
21	JH Dollar Building	351	加利福尼亚街	73	16	1920	—
22	Commercial Union Assurance Building	315	蒙哥马利街	94	16	1921	—
23	Alexander Building	155	蒙哥马利街	60	15	1921	—
24	225 Bush Street	225	布什街	100	22	1922	钢框架
25	605 Market Street	605	市场街	61	15	1922	—
26	Huntington Hotel	1075	加利福尼亚街	52	12	1924	—

续表

编号	建筑名称	街道号码	街道名称	高度(m)	层数	竣工年份	是否有侧向承重系统
27	Pacifi Gas & Electric Headquarters	245	市场街	78	18	1924	钢框架
28	Kensington Park Hotel	450	邮政街	62	14	1924	—
29	Bankofthe Orient Building	233	三桑街	53	13	1924	
30	Pacifi Bell Building	140	新蒙哥马利街	133	26	1925	钢框架
31	Serrano Hotel	405	泰勒街	56	16	1925	
32	The Mark Hopkins Hotel	999	加利福尼亚街	93	20	1926	
33	Omni San Francisco Hotel	500	加利福尼亚街	66	15	1926	
34	Clift Hotel	491~499	基立街	64	15	1926	—
35	Marines' Memorial Cluband Hotel	450	邮政街	66	12	1926	
36	Crown Tower Apartments	666	邮政街	55	16	1926	—
37	220 Sansome Street	220	三桑街	66	16	1926	—
38	Hunter-Dulin Building	111	萨特街	94	22	1926	
39	1090 Chestnut Co-op	1090	板栗街	53	13	1927	
40	945 Green Street	945	格林街	53	14	1927	
41	Clay-Jones Apartments	1250	琼斯街	70	21	1927	
42	Russ Building	235	蒙哥马利街	133	32	1927	
43	Medico Dental Building	490	邮政街	64	16	1928	
44	Sir Francis Drake Hotel	450	鲍威尔街	96	22	1928	
45	Shell Building	100	布什街	115	29	1929	
46	Mc Allister Tower Apartments	100	麦卡利斯特街	94	28	1929	—
47	Hamilton Apartments	631	奥法雷尔街	64	18	1929	—
48	450 Sutter	450	萨特街	105	26	1929	
49	Cathedral Apartments	1201	加利福尼亚街	74	19	1930	
50	Bellaire Tower	1101	格林街	77	20	1930	
51	Pacifi National Bank	333~341	蒙哥马利街	93	18	1930	
52	Clarion Hotel Cosmo	761	邮政街	60	16	1930	

编号	建筑名称	街道号码	街道名称	高度（m）	层数	竣工年份	是否有侧向承重系统
53	Pacifi Coast Stock Exchange Tower	155	三桑街	60	13	1930	—
54	Mills Tower［The Mills Building］	220	布什街	92	22	1931	—
55	Bureauof Citizenshipand Immigration Building	444	华盛顿街	67	16	1944	—
56	1000 Green Apartments	1000	格林街	51	16	1950	—
57	UCSF Medical Center Parnassus	505	诗人街	77	18	1954	—
58	Medical Sciences Building	513	诗人街	70	17	1954	—
59	Equitable Life	120	蒙哥马利街	108	25	1955	钢框架
60	One Bush Plaza	1	布什街	94	20	1959	双框架 CBF/EBF 和钢框架
61	Industrial Indemnity Building	245	加利福尼亚街	70	17	1959	—
62	Philip Burton Federal Building	450	金门街	95	21	1959	—
63	Bethlehem Steel Company HQ	100	加利福尼亚街	52	13	1960	—
64	International Building	601	加利福尼亚街	107	22	1961	—
65	Green Hill Tower	1070	格林街	65	21	1961	—
66	The Comstock	1333	琼斯街	55	16	1961	—
67	Fairmont Hotel Tower［The Fairmont San Francisco］	950	石匠街	99	29	1962	—
68	Grosvenor Suites	899	杉树街	70	20	1962	—
69	66 Cleary Court	66	克利里街	61	18	1963	—
70	10 Miller	10	米勒街	70	22	1963	—
71	Nob Hill Community Apartments	1170	萨克拉门托街	61	19	1963	—

编号	建筑名称	街道号码	街道名称	高度(m)	层数	竣工年份	是否有侧向承重系统
72	Hartford Building	650	加利福尼亚街	142	34	1964	钢框架
73	One Maritime Plaza	300	克雷街	121	27	1964	双框架 CBF/EBF 和钢框架
74	Carillon Tower	1100	歌赋街	66		1964	—
75	555 Market Street [Market Center]	555	市场街	95	22	1964	—
76	Pacifi Heights Towers	2200	萨克拉门托街	65	20	1964	—
77	Macondray House [Golden Gateway Center]	405	戴维斯街	80	25	1965	双框架剪力墙和钢框架
78	Golden Gateway Center [Golden Gateway Center]	440	戴维斯街	67	22	1965	—
79	Cathedral Hill Tower	1200	歌赋街	91	27	1965	—
80	The Summit	999	格林街	96	32	1965	—
81	Buckelew House [Golden Gateway Center]	155	杰克逊街	80	25	1965	—
82	111 Pine Street	111	杉树街	76	19	1965	钢筋混凝土核心筒
83	Royal Towers	1750	泰勒街	101	29	1965	—
84	Archstone Fox Plaza	1390	市场街	108	29	1966	—
85	Beal Bank Building	180	三桑街	76	17	1966	钢框架
86	Golden Gateway Center [Golden Gateway Center]	550	炮台街	67	22	1967	—
87	Bechtel Building	50	比尔街	100	23	1967	钢框架
88	Bankof California Building	400	加利福尼亚街	95	22	1967	—
89	44 Montgomery	44	蒙哥马利街	172	43	1967	钢框架
90	Fontana West	1050	北角街	80	18	1967	—
91	Fontana East	1050	北角街	80	18	1967	—

续表

编号	建筑名称	街道号码	街道名称	高度(m)	层数	竣工年份	是否有侧向承重系统
92	Pacific Bell—Pine Street Building	555	杉树街	88	16	1967	钢筋混凝土核心筒钢重力系统
93	Insurance Center Building	450	三桑街	93	19	1967	—
94	425 California Street	425	加利福尼亚街	109	26	1968	钢框架
95	555 California Street	555	加利福尼亚街	237	52	1969	钢框架
96	One California	1	加利福尼亚街	134	32	1969	—
97	The Sequoias	1400	基立街	80	25	1969	—
98	McKesson Plaza	1	邮政街	161	38	1969	钢框架
99	Donatello Hotel	501	邮政街	54	15	1969	—
100	Pacifi Gas & Electric Building	77	比尔街	150	34	1971	钢框架
101	One Embarcadero Center [Embarcadero Center]	355	克雷街	173	45	1971	钢框架
102	Hilton Financial District	750	科尔尼街	111	30	1971	—
103	Hilton Hotel San Francisco	333	奥法雷尔街	150	46	1971	—
104	475 Sansome Street	475	三桑街	86	21	1971	钢筋混凝土核心筒钢重力系统
105	50 California Street	50	加利福尼亚街	148	37	1972	—
106	Transamerica Pyramid [Transamerica Center]	600	蒙哥马利街	260	48	1972	钢框架
107	100 Pine Center	100	杉树街	145	33	1972	钢框架
108	The Westin St. Francis Hotel	335	鲍威尔街	120	32	1972	—
109	Grand Hyatt San Francisco	345	斯托克顿街	108	35	1972	—
110	San Francisco Marriott Union Squareor Crowne Plaza	480	萨特街	95	29	1972	—
111	Holiday Inn	1500	范尼斯大道	88	26	1972	—
112	Hyatt Regency	5	英巴卡迪诺中心	85	20	1973	—
113	211 Main Street	211	主街	67	17	1973	钢框架

编号	建筑名称	街道号码	街道名称	高度（m）	层数	竣工年份	是否有侧向承重系统
114	First Market Tower	525	市场街	161	39	1973	钢框架
115	425 Market Street	425	市场街	160	38	1973	钢框架
116	Twelve Hundred California	1200	加利福尼亚街	88	27	1974	—
117	Two Embarcadero Center〔Embarcadero Center〕	255	克雷街	126	30	1974	钢框架
118	221 Main Street	221	主街	64	16	1974	钢框架
119	California Automobile Association Building	100	范尼斯大道	122	29	1974	钢框架
120	Chevron Tower〔Market Center〕	575	市场街	175	40	1975	钢框架
121	Hinode Tower	1615	萨特街	55	15	1975	—
122	Spear Tower〔One Market Plaza〕	1	市场街	172	43	1976	钢框架
123	Steuart Tower〔One Market Plaza〕	1	市场街	111	27	1976	钢框架
124	California Building	350	加利福尼亚街	99	23	1977	—
125	Three Embarcadero Center〔Embarcadero Center〕	155	克雷街	126	31	1977	钢框架
126	Bank of America Computer Center	1455	市场街	88	21	1977	—
127	1275 Market Street	1275	市场街	81	17	1977	—
128	Gramercy Towers	1177	加利福尼亚街	61	17	1978	—
129	Bechtel Building	45	弗里蒙特街	145	34	1978	框架
130	601 Montgomery Street	601	蒙哥马利街	77	20	1978	—
131	Shaklee Terraces	444	市场街	164	38	1979	钢框架
132	333 Market Street	333	市场街	144	33	1979	钢框架
133	595 Market Street	595	市场街	125	30	1979	钢框架
134	Bank of the West	180	蒙哥马利街	98	24	1979	—
135	22 4th Street	22	第四大道	67	17	1980	—

续表

编号	建筑名称	街道号码	街道名称	高度(m)	层数	竣工年份	是否有侧向承重系统
136	201 California	201	加利福尼亚街	72	17	1980	钢框架
137	Two Transamerica Center	505	三桑街	80	20	1980	钢框架
138	Providian Financial Building	201	米申街	127	30	1981	双框架剪力墙和钢框架
139	101 California Street	101	加利福尼亚街	183	48	1982	钢框架
140	Four Embarcadero Center [Embarcadero Center]	55	克雷街	174	45	1982	双框架剪力墙和钢框架
141	Telesis Tower	1	蒙哥马利街	152	38	1982	钢框架
142	353 Sacramento	353	萨克拉门托街	95	23	1982	—
143	150 Spear	150	施比尔街	79	18	1982	—
144	1 Ecker Square	1	艾克街	85	18	1983	钢框架
145	Montgomery Washington Tower	655	蒙哥马利街	91	26	1983	—
146	100 Spear Street	100	施比尔街	83	22	1983	钢框架
147	Westin San Francisco Hotel—Market Street	50	第三大道	114	34	1984	—
148	Renaissance Parc 55	55	西里尔马格宁街	107	32	1984	—
149	101 Montgomery [101 Montgomery]	101	蒙哥马利街	123	28	1984	钢框架
150	United Commercial Bank	555	蒙哥马利街	86	18	1984	—
151	Citicorp Center	1	三桑街	168	43	1984	钢框架
152	50 Fremont Center	50	弗里蒙特街	183	43	1985	钢框架
153	456 Montgomery Plaza	456	蒙哥马利街	115	26	1985	—
154	160 Spear Building	160	施比尔街	78	19	1985	—
155	Spear StreetTerrace	201	施比尔街	75	18	1985	—
156	333 Bush Street	333	布什街	151	43	1986	钢框架
157	345 California Center	345	加利福尼亚街	212	48	1986	钢框架
158	301 Howard Street	301	霍华德街	92	23	1986	钢框架
159	88 Kearny Street	88	科尔尼街	94	22	1986	—
160	135 Main Street	135	主街	90	23	1986	—

续表

编号	建筑名称	街道号码	街道名称	高度（m）	层数	竣工年份	是否有侧向承重系统
161	123 Mission Street	123	米申街	124	29	1986	—
162	Continental Center	250	蒙哥马利街	69	17	1986	—
163	33 New Montgomery	33	新蒙哥马利街	65	20	1986	双框架剪力墙和钢框架
164	90 New Montgomery	90	新蒙哥马利街	65	15	1986	—
165	580 California	580	加利福尼亚街	107	23	1987	双框架 CBF/EBF 和钢框架
166	Hawthorne Plaza	75	霍桑街	85	20	1987	—
167	Central Plaza	455	市场街	97	23	1987	—
168	388 Market	388	市场街	94	24	1987	—
169	Hotel Nikko	222	石匠街	90	28	1987	—
170	Hilton San Francisco Hotel	333	奥法雷尔街	106	22	1987	钢框架
171	JW Marriott Hotel	500	邮政街	70	20	1987	—
172	Stevenson Place	71	史蒂文森街	103	28	1987	—
173	Park Hyatt	333	炮台街	80	25	1988	—
174	100 First Plaza	100	第一大道	136	27	1988	—
175	505 Montgomery	505	蒙哥马利街	100	24	1988	—
176	49 Stevenson Street	49	史蒂文森街	61	15	1988	—
177	San Francisco Marriott	55	第四大道	133	39	1989	钢框架
178	Embarcadero West ［Embarcadero Center］	275	炮台街	123	34	1989	钢框架
179	One Daniel Burnham Court West	1	丹尼尔·伯纳姆街	62	18	1989	双系统钢筋混凝土框架和剪力墙
180	88 Howard Street	88	霍华德街	95	24	1989	—
181	Fillmore Center I	1755	奥法雷尔街	64	20	1989	—
182	101 Spear Street	101	施比尔街	95	24	1989	—
183	Hills Plaza	345	施比尔街	75	19	1989	—
184	222 Second Street	222	第二大道	69		1990	—
185	235 Pine Street	235	杉树街	110	26	1990	—
186	634 Sansome Street	634	三桑街	63	16	1990	—

续表

编号	建筑名称	街道号码	街道名称	高度(m)	层数	竣工年份	是否有侧向承重系统
187	600 California Street	600	加利福尼亚街	85	22	1992	—
188	Post International	1377	邮政街	60	14	1993	—
189	PacBell Center	611	福尔松街	80	20	1995	钢框架
190	San Francisco Towers	1661	杉树街	53	13	1997	—
191	101 Second Street	101	第二大道	108	26	1999	—
192	Second Street Towers	246	第二大道	58	17	1999	双系统钢筋混凝土框架和剪力墙
193	W Hotel	181	第三大道	96	33	1999	—
194	Avalon Towers North [Avalon Towersby the B.]	388	比尔街	76	20	1999	双系统钢筋混凝土框架和剪力墙
195	Avalon Towers South [Avalon Towersby the Bay]	388	比尔街	76	20	1999	双系统钢筋混凝土框架和剪力墙
196	150 California	150	加利福尼亚街	101	24	2000	双框架 CBF/EBF 和钢框架
196	150 California	150	加利福尼亚街	101	24	2000	双框架 CBF/EBF 和钢框架
197	199 Fremont Street	199	弗里蒙特街	111	27	2000	双框架 CBF/EBF 和钢框架
198	Hiram W Johnson State Building	455	金门街	58	14	2000	—
199	Courtyard San Francisco Downtown	299	第二大道	62	18	2001	钢筋混凝土核心筒和重力系统
200	The Brannan II	229	布兰南街	65	18	2001	钢筋混凝土框架
201	The Brannan I	219	布兰南街	65	18	2001	钢筋混凝土框架
202	Gap Building	2	福尔松街	84	14	2001	双系统钢筋混凝土框架和剪力墙
203	Four Seasons Hotel	757 or 735	市场街	121	40	2001	双框架 CBF/EBF 和钢框架
204	55 Second Street	55	第二大道	101	25	2002	钢框架

续表

编号	建筑名称	街道号码	街道名称	高度（m）	层数	竣工年份	是否有侧向承重系统
205	Bridgeview	400	比尔街	87	26	2002	双系统钢筋混凝土框架和剪力墙
206	Brannan III	239	布兰南街	66	18	2002	钢筋混凝土框架
207	JPMorgan Chase Building	560	米申街	128	31	2002	—
208	The Paramount	680	米申街	128	40	2002	其他
209	The Beacon West	250~266	国王街	57	16	2003	双系统钢筋混凝土框架和剪力墙
210	Avalonat Mission Bay	255	国王街	58	17	2003	钢筋混凝土核心筒和重力系统
211	The Metropolitan I〔The Metropolitan〕	355	第一大道	81	26	2004	—
212	The Metropolitan II〔The Metropolitan〕	333	第一大道	66	21	2004	—
213	St. Regis San Francisco	125	第三大道	148	42	2005	—
214	International Hoteland St. Mary Catholic Center	848	科尔尼街	59	15	2005	—
215	The Watermark	501	比尔街	73	22	2006	—
216	Avalonat Mission Bay IIA	301	国王街	58	17	2006	钢筋混凝土核心筒和重力系统
217	San Francisco Federal Building	1000	米申街	71	18	2007	—
218	So Ma Grand	1146~1160	米申街	71	23	2007	—
219	One Rincon Hill, South〔One Rincon Hill〕	425	第一大道	184	54	2008	带悬臂梁的钢筋混凝土核心筒
220	Arterra	320	百利街	55	16	2008	—
221	Radiance I	325	中国盆地	65	16	2008	—
222	Inter Continental San Francisco	868	霍华德街	104	32	2008	—
223	555 Mission Street	555	米申街	140	33	2008	钢框架

续表

编号	建筑名称	街道号码	街道名称	高度(m)	层数	竣工年份	是否有侧向承重系统
224	Argenta	1	波尔克街	68	20	2008	钢筋混凝土核心筒和重力系统
225	The Infinity，Phase I［The Infinity］	300	施比尔街	107	37	2008	—
226	Millennium Tower［Millennium Tower］	301	米申街	197	58	2009	双系统钢筋混凝土框架和剪力墙
227	The Infinity，Phase II［The Infinity］	300	施比尔街	137	41	2009	钢筋混凝土核心筒和重力系统
228	Health Sciences West	513	诗人街	64	16	N A	钢筋混凝土核心筒和重力系统
229	Health Sciences East	513	诗人街	64	16	N A	—
230	Fillmore Center II	1510	艾迪街	55	18	N A	—
231	680 Folsom	680	福尔松街	52	13	N A	钢框架
232	350 Mission Street	350	米申街	168		N A	

注：MF：框架；CBF：中心支撑框架；EBF：偏心支撑框架；RC：钢筋混凝土；NA：不适用；—：没有
数据。

第 P 章　海沃德情景的震后火灾分析

Charles Scawthorn [*]

一、摘要

　　加利福尼亚州的震后火灾是值得关注的重大问题。本章讨论了由海沃德情景主震引发的火灾所造成的潜在损失。该情景设定在 2018 年 4 月 18 日下午 4 点 18 分，旧金山湾区的东湾海沃德断层上发生 M_W7.0 地震（主震），旧金山大湾区的修正麦卡利烈度（Modified Mercalli Intensities，MMI）为Ⅵ~Ⅹ度，其中人口稠密、城市化高的东湾地区沿断层方向有强烈震感。该情景模拟中的风况、湿度等参数符合当地典型气候情况，通常情况下，下午的向岸风强烈，晚上逐渐平息。

　　由于震后火灾的发展过程高度非线性，其建模结果尚无法达到较高的精度，很多情况下仅可分辨火灾规模的大小。该模拟情景地震预计将引发 668 起需要消防救援的火灾，其中 450 起火灾规模较大，无法被初步救援扑灭，例如在阿拉米达（Alameda）、康特拉科斯塔（Contra Costa）和圣克拉拉（Santa Clara）等地区，数十乃至数百起大火（large fires）可能会合并为几起能够摧毁几十座街区的超级大火（conflagrations），这几起超级大火甚至会合并成几片巨大火海（super conflagrations），足以吞噬数百座街区。

　　该模拟情景中，预计发生的 450 起大型火灾最终将烧毁约 7900 万平方英尺的住宅和商业建筑，相当于 52000 个单户住宅的面积。M_W7.0 主震引发的火灾将直接导致数百人死亡，烧毁房屋的总重置价格近 160 亿美元，总经济损失高达 300 亿美元（按 2014 年美元可比价），如果以上损失已全部投保，其将成为保险业历史上最大的单次赔付损失之一，包括地方税收在内的其他经济损失近 10 亿美元。政府可采取多种措施来减少震后火灾损失，例如在建筑密集地区大幅增加震后消防用水的供应、强制安装使用燃气自动切断阀或其他地震切断装置。

二、引言

　　海沃德地震情景设定 2018 年 4 月 18 日下午 4 点 18 分，位于加利福尼亚州旧金山湾区东湾的海沃德断层上发生 M_W7.0 地震（主震），本章节主要讨论主震后海湾地区的火灾发生概率。"Fire following earthquake（震致火灾）"指的是大震引发的系列火灾事件，或由这些事件组成的随机过程。历史震害经验表明，能使生活区域产生强烈震动的地震通常都会引发火灾，但只有在木结构密集的大都市中发生的火灾才会造成恶劣影响。如若木结构密集的地区多处同时起

---

　　* SPA 风险有限责任公司。

火则可能发展成灾难性火灾*，并成为震害的主要因素。日本、新西兰、东南亚的部分地区以及北美西部地区易发生上述情形的火灾。以旧金山湾区海沃德断层上发生的 $M_W7.0$ 地震（或发生在南加州、华盛顿普吉特海峡地区、不列颠哥伦比亚平原等地区的大地震）为例，若一次大震中具备了所有引发重大火灾的必要因素，甚至极有可能引起超级灾难性火灾，例如 1906 年加利福尼亚州旧金山的 $M_W7.8$ 地震引发的次生火灾便造成了严重后果。

1. 研究目标

本章定量分析了海沃德 $M_W7.0$ 地震引发的次生火灾，重点研究灾后如何协助政府制订应急预案。设定该地震发生在 2018 年 4 月 18 日，时间为下午 4 点 18 分，风况、湿度等参数的选取符合当地四月份典型的气候特征。设定的火灾情景符合当地"实际情况"，而不是针对特殊的"极端情况"。本章将解决如下问题：

（1）起火、火势增长、火灾蔓延的真实场景是怎样的？

（2）起火之后受灾群众如何报警？消防部门如何应对？哪些因素会影响火灾的蔓延？地域之间有哪些互助措施，并且应该如何实施？

（3）震后通信、供水、交通等生命线系统的受损将对火灾应急救援响应造成怎样的影响？

（4）除了旧金山湾地区已经采取的措施外，其他地区还有哪些行之有效的减灾措施？

（5）震后火灾情景模拟的制约因素是什么？当前哪些研究能够提供更切合实际或更详细的模拟情景？

2. 研究背景

大型火灾（燃烧面积以平方英里为单位）不仅仅是由地震引起的，例如 1661 年伦敦和 1871 年芝加哥发生的大型火灾便与地震无关，同样造成了极为严重的后果，因此该类城市火灾尤其值得关注。美国消防承保局（National Board of Fire Underwriters，1905）曾自信阐述：

"19 世纪的美国频频发生大型城市火灾，以旧金山为例，尽管该地区常常发生大型火灾，但由于消防部门的恪尽职守和及时扑救，并未造成严重的后果，也没有发生大额赔偿事件，这种情形在保险行业也是不常见的。然而，面对频发的火灾，我们不能仅依赖消防部门去解决该类必不可免的灾祸。"

次年，旧金山发生 $M_W7.9$ 大地震，造成了重大的地质灾害、损毁了大量的建筑，其中近 80% 的总损失是由可预见的震后火灾造成的。随着 20 世纪消防部门的专业化以及设备、通信、组织、培训的改进，大型城市虽已不再频发火灾（National Commission on FirePrevention and Control（美国防火及控制委员会），1973），却仍没有彻底消除火灾隐患，如 1991 年东湾山大火数小时内便摧毁了 3500 座建筑物。

1906 年旧金山地震（$M_W7.9$）和 1923 年东京（$M_W7.9$）地震引发的次生火灾是人类和平时期发生的最大规模的火灾，其中东京震后火灾造成约 14 万人死亡。加州南部等地区几乎每年都会发生相较于城市火灾更大型的森林火灾，值得关注的是该类地区的主要经济损失都是大型森林火灾造成的。此外，历史上的地震并未引发过重大的森林火灾。

---

* 消防部门中对"火灾"的定义各不相同，1449 页的 2013 版美国国家消防协会术语表中并没有出现"火灾"一词（http://www.nfpa.org/~ 媒体/文件/法规和标准的术语表/glossary_ of_ terms_ 2013.pdf）。Scawthorn 等（2005）将其定义为：……在城市中，"大火"通常指蔓延到一条或多条街道的大火。

　　近年来，专业化的消防服务、改良的供水系统以及愈发完善的建筑规范几乎消除了大型城市火灾隐患，但震后火灾仍然是需要重点关注的问题。大震不仅波及范围广，还削弱了建筑物的耐火性能、降低了供水系统的水压力、破坏了通信和交通路线、导致多处同时起火，因此最初的小范围起火可能迅速发展为超出当地灭火能力的大火。消防救援的关键在于专业消防员能否在火灾初期迅速采取行之有效的应对措施，及时赶到着火点并扑灭火灾。若单处建筑起火，消防部门需要在收到报警后 4 分钟内到达起火地点。若由于应急响应迟滞或缺乏水资源而没有及时灭火，单个起火点极可能迅速蔓延到附近的建筑物，一旦发展成大型火灾，将需要投入整个市政消防资源，甚至需要协同附近地区的消防力量共同参与救援。震后火灾是小概率事件，大多数消防部门现有的规模和装备不足以应对地震所引发的火灾，即便做好万全准备仍然无法保证能够抵御灾害。当然也有例外，旧金山市、洛杉矶市、瓦列霍（Vallejo）消防局、温哥华消防与救援部门均已采取相关应急措施，下文将对此进行讨论。

三、情景地震及条件参数

　　本节描述了海沃德地震情景以及受灾区域情况，重点研究地震引发火灾的相关情况。

1. 断层、震级、烈度

　　海沃德地震情景（$M_W 7.0$）主震的影响波及整个旧金山湾区（图 P-1），东湾地区沿断层方向有强烈震感（Ⅷ～Ⅹ度）。Detweiler 和 Wein（2017）等针对该地震情景进行了讨论；Aagaard 等（2017）研究了地面峰值加速度（PGA）和修正的麦卡利烈度（MMI）分布，后文将进行介绍（图 P-2）。

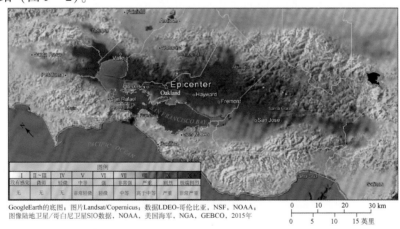

图 P-1　海沃德断层上 $M_W 7.0$ 海沃德情景主震

基于美国地质调查局 ShakeMap 与加州旧金山湾区卫星图像叠加图（亮红线表示破裂断层）

（主震数据源自 Aagaard 等（2017））

Alameda：阿拉米达；Angel Island：天使岛；Antioch：安提俄克；Berkeley：伯克利；Concord：康科德；

Contra Costa：康特拉科斯塔；Epicenter：震中；Fairfield：费尔菲尔德；Fremont：费利蒙；Hayward：海沃德；

Marin：马林；Napa：纳帕；Oakland：奥克兰；PACIFIC OCEAN：太平洋；Pacifica：帕斯菲卡；

Petaluma：佩塔卢马；Salinas：萨利纳斯；San Francisco：旧金山；SAN FRANCISCO BAY：旧金山湾；

San Jose：圣何塞；San Mateo：圣马特奥；San Rafael：圣拉斐尔；Santa Clara：圣克拉拉；

Santa Cruz：圣克鲁斯；Santa Rosa：圣罗莎；Vallejo：瓦列霍

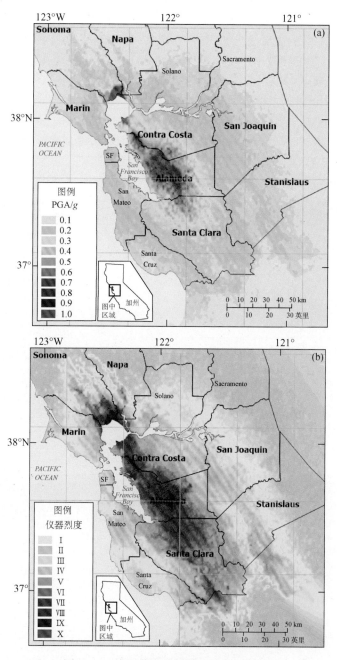

图 P-2　海沃德地震情景 $M_W 7.0$ 主震图

（a）地面峰值加速度 PGA（g）；（b）仪器烈度（近似修正麦卡利烈度）

加州旧金山湾区地图（主震数据源自 Aagaard 等（2017））

Alameda：阿拉米达；Contra Costa：康特拉科斯塔；Marin：马林；Napa：纳帕；PACIFIC OCEAN：太平洋；

Sacramento：萨克拉门托；San Francisco Bay：旧金山湾；San Joaquin：圣华金；San Mateo：圣马特奥；

Santa Clara：圣克拉拉；Santa Cruz：圣克鲁斯；SF：旧金山；Solano：索拉诺；

Sonoma：索诺马；Stanislaus：斯坦尼斯劳斯

2. 受灾地区

本章对于 10 个地区的震后火灾情况进行分析，这些地区均位于旧金山湾区，受到地震主震影响，具有人口密集和城市化程度高（图 P-3）的特点。受影响区域的人口总数约为 770 万人（表 P-1：California Department of Finance（加利福尼亚州财政部），2014 年），人口密度分布情况如图 P-4 所示，该图显示了海沃德情景中断层长度。

表 P-1　海沃德地震情景中加州旧金山湾区受灾地区及人口

地区	估算人口（2014 年）
阿拉米达	1573254
康特拉科斯塔	1087008
马林	255846
纳帕	139255
旧金山	836620
圣马特奥	745193
圣克拉拉	1868558
圣克鲁斯	271595
索拉诺	424233
索诺马	490486
总计	7692048

注：数据源于加利福尼亚州财政部（California Department of Finance，2014）。

根据2015年Google Earth底图修改

图 P-3　加州旧金山湾区卫星图

该地区城市化程度高，人口约 770 万（California Department of Finance（加利福尼亚州财政部），2014）

Oakland：奥克兰；PACIFIC OCEAN：太平洋；San Francisco：旧金山；SAN FRANCISCO BAY：旧金山湾；San Jose：圣何塞

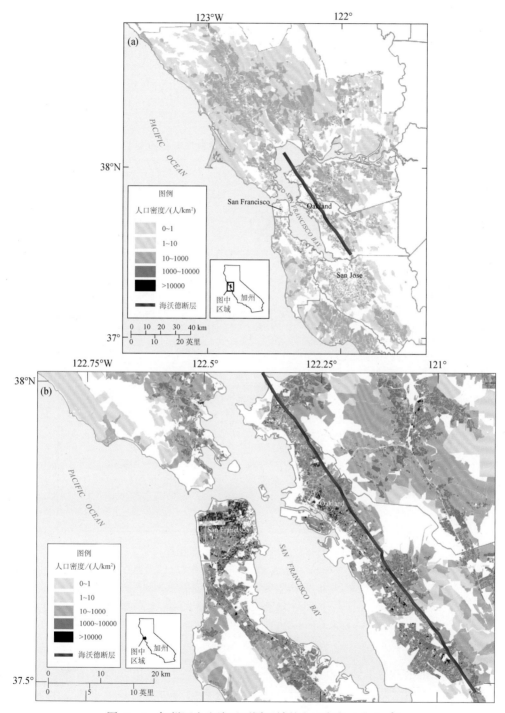

图 P-4　加州旧金山湾区不同区域的人口密度（人/km²）

（a）表 P-1 中的 10 个地区；（b）海沃德地震情景中 M_W7.0 主震断层附近地区

Oakland：奥克兰；PACIFIC OCEAN：太平洋；San Francisco：旧金山；SAN FRANCISCO BAY：旧金山湾；San Jose：圣何塞

1）承灾体

美国联邦紧急事务管理局（Federal Emergency Management Agency，FEMA）基于 Hazus-MH 数据库（FEMA，2012）估算了旧金山湾地区的建筑物承灾体数据，建筑总面积为 57.7 亿平方英尺，估价（仅包含建筑结构造价）约 1.15 万亿美元，建筑分布如图 P - 5 所示。

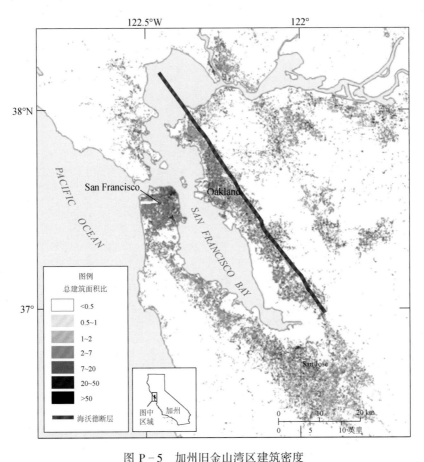

图 P - 5　加州旧金山湾区建筑密度

其中"总容积率"等于"总普查区的建筑面积"除以"普查区的面积"，

图中显示 $M_W7.0$ 海沃德情景主震中断层破裂的长度

Oakland：奥克兰；PACIFIC OCEAN：太平洋；San Francisco：旧金山；

SAN FRANCISCO BAY：旧金山湾；San Jose：圣何塞

2）消防措施

本节研究分析中考虑了约 500 个消防站（图 P - 6），图中红色线条表示 $M_W7.0$（主震）海沃德地震情景作用下断层的破裂长度。海沃德情景地震发生后，受灾最严重的地区有 229 台消防车可立即投入使用。即使多数地区消防站（及其他重要基础设施）都进行了抗震加固，但仍有大量消防站可能发生破坏（图 P - 7）。基于 Bello 等的研究成果（2006），地震工程研究所（EERI，Earthquake Engineering Research Institute）于 2006 年开展的一项关于消防站的调查研究表明：

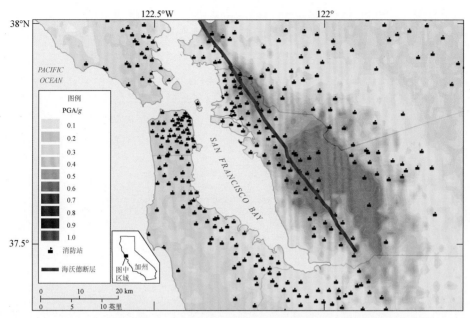

图 P-6　加州旧金山湾区海沃德 $M_W7.0$ 情景主震不同 PGA 消防站分布

图中显示海沃德情景主震中断层破裂的长度（主震数据源自 Aagaar 等（2017））

PACIFIC OCEAN：太平洋；SAN FRANCISCO BAY：旧金山湾

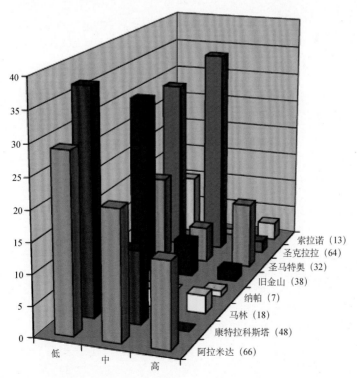

图 P-7　海沃德情景 $M_W7.0$ 设定主震下加州旧金山湾区处于低、中、高
地震破坏风险地区的消防站数量（数据源自 Bello 等（2006））

"……表明，平均 PGA 为 0.5g，52% 的消防站位于中至高级液化敏感地区，国家指定调查液化或滑坡的地震危险区域内共有 102 个消防站。共 60 余名志愿者对消防站进行现场调查，结果如下：就生命安全而言，基于建筑类型、建造年代和易损性进行评估，42% 的消防站处于中度至高度风险；就消防站功能而言，基于已有的信息（293 个消防站），67% 的消防站将面临中度乃至高度的震后功能失效风险。综上，建议对风险较高的消防站进行评估、改造，以便在下次大地震发生前更好地改善建筑物易损性和保障消防人员生命安全。"

本文基于 Voronoi 图 * 为受灾地区的每个消防站分配了相应的救援响应区域（图 P-8），后文基于如图所示的响应区域进行分析。

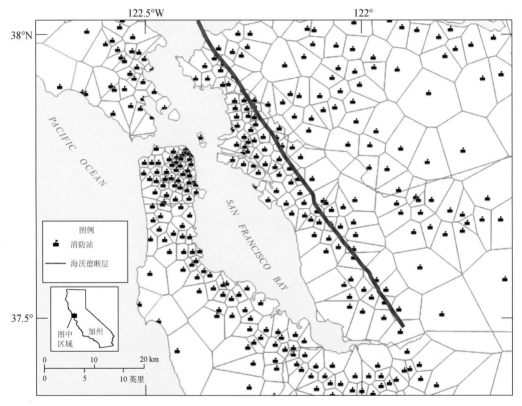

图 P-8　基于 Voronoi 图的加州旧金山湾区消防站与救援响应区域分布

利用 Voronoi 图计算各消防站主要响应区域；图中显示海沃德 M_W7.0 情景主震中断层破裂的长度

PACIFIC OCEAN：太平洋；SAN FRANCISCO BAY：旧金山湾

3）时间

火灾发生概率与时间段（白天、夜晚等）有关，人们通常在白天工作生活，因此白天起火率更高。海沃德主震设定发生在 2018 年 4 月 18 日星期三下午 4 点 18 分，并未设定发生火灾的具体时间。

---

* Voronoi 将该区域划分成多边形，多边形的每一边都与最近的两个消防站成等距（关于 Voronoi 图的解释，见 https：//en. wikipedia. org/维基/Voronoi_diagram）。

4）风况和湿度

天气情况会影响火势的增长、蔓延以及火灾产生有害物质的运动方向和距离，重要的气象参数包括风速、风向、温度、降雨和湿度。为了估算震后火灾造成的影响，本文基于 1974~2012 年的数据，将气象条件设定在 4 月（WeatherSpark，2014）。旧金山湾地区三个国际机场的平均气象状况见表 P-2 和图 P-9。关于降水情况，报告给出几种最常见的情况（例如，没有下雨），以及一天中特定时间点降水的概率和最常见的降水形式。关于风向，最常见的风向如表所示。湿度方面给出每日的平均最低、最高湿度。

表 P-2 加州旧金山湾区主要机场四月平均风况

机场 （城市/标识）	风速 （英里/小时）	风向	温度 （°F）	小雨概率 （%）	湿度 （%）
圣何塞（SJC）	7	NW	50~65	19	42~93
旧金山（SFO）	12	W	50~65	28	52~88
奥克兰（OAK）	10	W	50~65	22	56~92

注：天气数据来自 WeatherSpark（2014）；NW：西北；W：西。

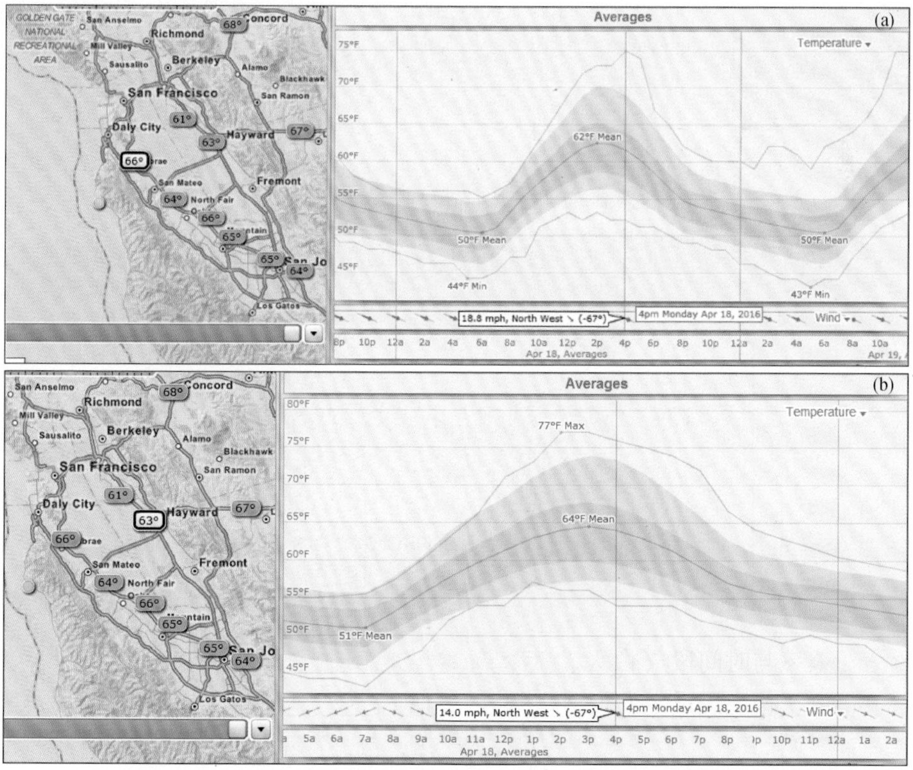

图 P-9 加州旧金山湾区 4 月 18 日平均气温、风速及相关图表
（a）旧金山国际机场；（b）旧金山海沃德行政机场

图片来自 Weather Spark（2014）；http://www.weatherspark.com，经许可使用

　　当地 4 月的风况通常由海湾地区东部的低气压槽造成，低气压槽自下午从海洋中吸收强劲、凉爽和潮湿的空气，直至晚上才逐渐平息。2012 年 4 月 18 日加利福尼亚州旧金山地区风况如图 P-10 所示，箭头代表风向和风速，强风主要出现在下午 4 点和下午 5 点，晚上 9 点较少。图 P-11 显示了 2000~2012 年下午 4 点、下午 5 点和晚上 9 点的风速累积分布函数，由图可知下午风速更强，晚上较为平静。

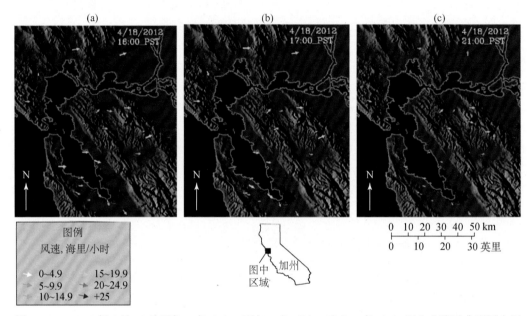

图 P-10　2012 年 4 月 18 日下午 4 点（a）、下午 5 点（b）、晚上 9 点（c）旧金山湾区典型风向图
下午强劲的西风到晚上逐渐减弱；位于距地面 10m 高处测量风速；PST：
太平洋标准时间（San Jose Uninversity（圣何塞州立大学），2014）

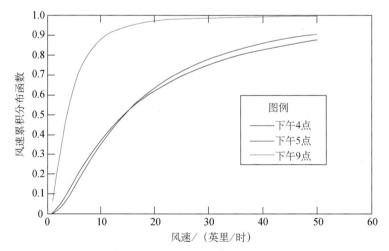

图 P-11　2000~2012 年下午 4 点、下午 5 点和晚上 9 点，旧金山湾中部地区风速累积分布函数
（San Jose Uninversity（圣何塞州立大学），2014）

　　旧金山湾区夏季偶尔会出现非典型风况，比如被当地称为"恶魔风"（Diablo winds）的强烈下降风。该类风是来自东北方向的干热离岸风，偶尔会在旧金山湾区的春秋两季出现。不同于为人熟知的南加州圣塔安娜风，"恶魔风"是由强大的内陆高压、急剧下沉的气流以及加州海岸附近的低压共同作用形成。气团自高空及加州海岸山岭（Coast Ranges）处下沉，流通至海平面上受到压缩，温度升高 20℉（11℃）而湿度下降。若气压梯度足够大，干燥的海风会变得愈加强劲，风速可以达到每小时 40 英里（每小时 64km）甚至更高，特别是沿海岸山岭山脊线和山脊背风一带尤为强烈，此处来自东部迎风侧的温暖、干燥的表面气团被抬升并越过山脊（图 P‐12）。此类风况将加剧由大型荒地火灾或城市大火所产生的上升气流，进而造成恶劣影响，如 1923 年伯克利大火和 1991 年伯克利东湾丘陵大火（East Bay Hills Fires）便是此类情况（见下文）。本情景中风速和风向设定的是典型的晚间下沉式西风，未考虑极端的"恶魔风"。

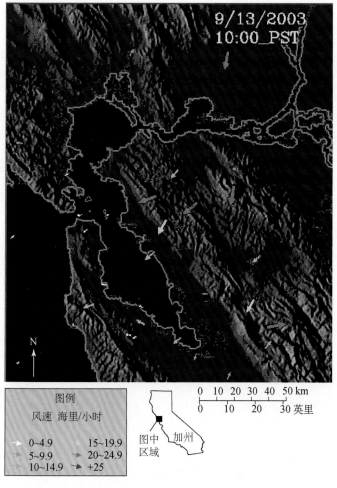

图 P‐12　2003 年 9 月 13 日上午 10 点加州旧金山湾区"恶魔风"的典型风向
风向以箭头显示；位于距地面 10m 高处测量风速；PST：太平洋标准时间
（San Jose State Uiniversity（圣何塞州立大学），2014）

5) 旧金山湾地区大火经验总结

1906 年旧金山大地震的震后火灾较为典型且有据可查，是当时历史上和平时期发生的最大规模的城市火灾，目前也仅次于 1923 年的东京震后火灾。该地震及震后火灾共造成 3000 人死亡，财产损失达 5.24 亿美元（按 1906 年美元可比价），由于震后缺乏水资源控制火势，大火整整燃烧了三天三夜。地震造成了毁灭性的破坏，共计 28000 栋建筑被摧毁，其中约 80% 的破坏是由震后火灾造成的（图 P-13）。火灾还加剧了布拉格堡（Fort Bragg）和圣罗莎（Santa Rosa）地区的经济损失（Scawthor and O'Rourke，1989；Scawthorn 等，2005；Scawthorn 等，2006）。

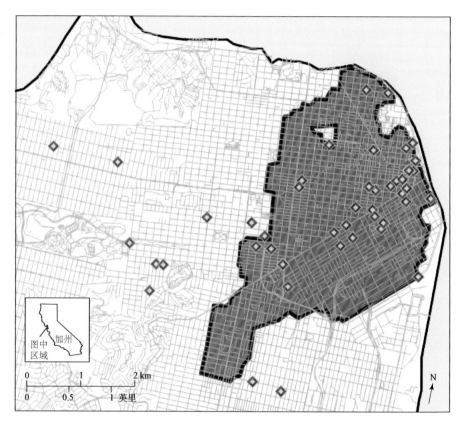

图 P-13　1906 年 1 月 7 日 M_W7.8 地震引发的次生火灾（黄橙色菱形）地图

橙色区域代表由地震及震后火灾损毁的地区（Scawthorn 和 O'Rourke（1989）以及 Scawthorn 等（2005）数据）

除 1906 年旧金山大地震引发的次生火灾，旧金山湾地区的历次大型火灾（图 P-14）大部分是由上文讨论的"恶魔风"引起的。基于希尔斯应急论坛（Hills Emergency Forum）（2005）数据，自 1923~1991 年，东湾地区平均 5 年便发生一起能够破坏 585 英亩、能够摧毁 266 所房屋的火灾（2005 年），大部分建筑损失集中在 1923 年和 1991 年的两起火灾（图 P-15，表 P-3），此类火灾大多发生在秋季（该地区起火概率最大的季节），与本研究设定的季节相反。

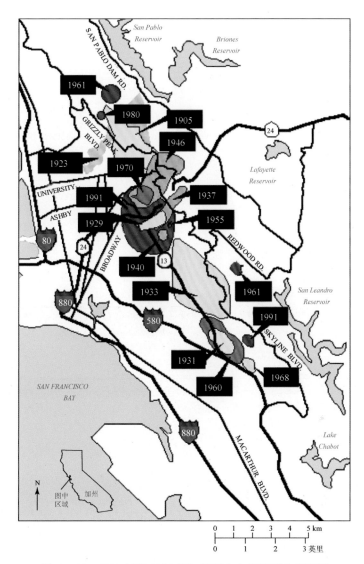

图 P－14　1923 年至 1991 年加州旧金山东湾区火灾地图
颜色仅用于区分火灾燃烧区域（希尔斯应急响应论坛修订数据，（Hills Emergency Forum，2005）
Briones Reservoir：布里昂斯水库；Lafayette Reservoir：拉斐特水库；Lake Chabot：查博特湖；
SAN FRANCISCO BAY：旧金山湾；San Leandro Reservoir：圣莱安德罗水库；San Pablo Reservoir：圣巴勃罗水库

　　旧金山湾地区近年发生的 3 场大火令人警醒：
　　（1）2010 年 9 月 9 日，在旧金山附近的圣布鲁诺（San Bruno）居民区，一条直径为 30 英寸的地下天然气高压钢管道发生爆炸。爆炸及随后引发的火灾造成 8 人死亡，58 人受伤，38栋房屋倒塌及 70 栋房屋破坏。事故发生的 50 个小时内，共计 42 个消防站，约 500 多名消防员利用 90 部消防设备进行救援。这场火灾的总损失估值约为 16 亿美元（Davidson 等，2012）。

表 P - 3　"恶魔风"引发的加州旧金山东湾地区历史大火

月/年	火灾名称/位置	死亡人数	被毁建筑物	烧毁面积（英亩）	损失估计（十亿美元）	起火原因
12 月/1923	伯克利	0	584	130	—	吸烟
11 月/1933	华金米勒（红木路）	1	20 栋住宅	1000	—	吸烟
9 月/1946	白金汉大道/诺福克路	0	0	1000	—	纵火及复燃
10 月/1960	利昂娜山	0	2 栋住宅	1200	—	未知
9 月/1970	奥克兰山	0	37 栋住宅、21 栋建筑	204	—	纵火
10 月/1991	东湾山	25	3354 栋住宅、456 栋公寓	1600	1.5	复燃

注：数据来自希尔斯应急论坛（Hills Emergency Forum，2005）；加利福尼亚州州长紧急服务办公室（California Governor's Office of Emergency Services，2013）；罗特利，nd（not dated）（未标明日期）；国家委员会（National Board of Fine Underwriters，1923 年）；—：无数据。

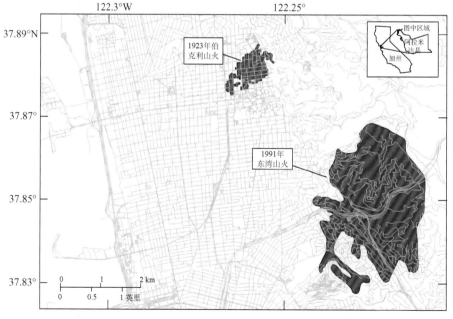

图 P - 15　1923 年伯克利大火和 1991 年东湾山大火中旧金山东湾地区燃烧区域地图（深橙色）

（2）2014 年 3 月 11 日下午 5 点左右，旧金山米申湾（Mission Bay）附近地区发生一起五级火灾。这场大火几乎摧毁了整个第五街区，该街区包含 172 个单元建筑，隶属于 360 巨型建筑群（Mega Blocks 360）。360 巨型建筑群是由旧金山 BRE 房地产公司在盆地街与第四街开发的价值 2.27 亿美元的公寓建筑群（《旧金山纪事》，San Francisco Chronicle，2014）。这次火灾中，旧金山消防站需要大量的水源扑灭火灾，水资源匮乏时可使用城市辅助供水系统进行救援。

（3）2017 年 10 月 8 日晚，"恶魔风"在旧金山湾北部的纳帕、索诺玛和索拉诺地区肆虐，并引发大型森林火灾。这场大火造成至少 43 人死亡，摧毁 8900 栋住宅及其他建筑物，烧毁约 164000 英亩，超过 10000 名消防员参与了火灾救援（维基百科，Wikipedia，2017）（由于该火灾是最近发生的，本章不再进一步讨论）。

四、情景震后火灾分析

本节介绍了海沃德情景主震引发的次生火灾及损失的估算分析，讨论了地震后的火灾建模、起火过程、初步救援响应、火势蔓延及生命线工程（例如，公共设施、交通运输等）的性能。

1. 震后火灾建模

20 世纪 70 年代末，Scawthorn 等建立了适用于分析震后火灾建模的全概率模型（Scawthorn 等，1981），该模型已应用于北美西部的主要城市（Scawthorn 和 Khater，1992）。Scawthorn 等（2005）系统地总结过震后火灾模型，这里仅作简要介绍。震后起火过程如图 P - 16 所示：

（1）发生地震——即使小件物品（如蜡烛或灯）掉落也会造成建筑物及屋内物品的损坏。

（2）起火——无论建筑结构是否损坏，地震都可能引发火灾。起火原因很多，包括热源倾倒、电线烧毁和短路、危险化学物质溢出或者物体间产生了摩擦。

（3）发现——日常生活中人们会较早注意到火情（在下文进行更详细的讨论），但地震现场较为混乱，人们发现起火的时间会较晚。

（4）报警——如果人们无法立即扑灭火灾则需要拨打 911 请求消防部门救援，然而通信系统故障或占线可能会耽误受灾群众报警。

（5）救援——消防部门接到报警后必须做出响应，但消防人员可能会因为要应对其他紧急情况（如建筑物倒塌）或交通中断而延误救援。

（6）灭火——消防部门首先必须扑灭火灾，成功灭火后继续进行其他救援行动。如果没能及时扑灭也要继续控制火势，但火势可能进一步蔓延而形成一场大火。救援的成败取决于许多因素，包括供水系统功能是否完备、建筑物的结构类型和建筑之间的密度以及当时的天气情况，例如风况和湿度。如果消防部门无法控制火势，那么直至易燃物全部烧尽或大火蔓延到防火带，火灾方能停止蔓延。

图 P - 17 是消防部门的救援流程图。接警后消防部门能否迅速做出反应对减少火灾损失至关重要。

震后火灾的发展蔓延并非是一个线性的过程，许多情况下建模结果并不十分精确，只能区分出火灾规模的大小。

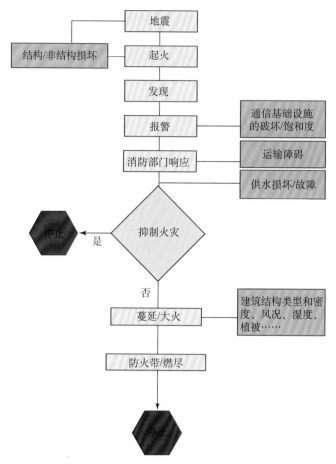

图 P-16 震后火灾流程图（Scawthorn，2005）

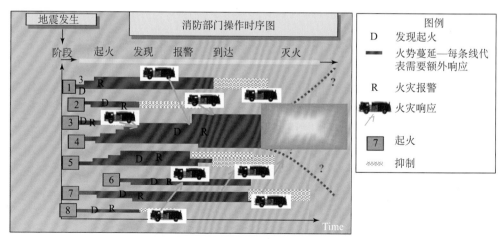

图 P-17 震后消防部门（FD）救援响应流程图
横轴表示自地震发生起的时间；红色横杠代表从起火到蔓延的
火势发展情况（由横杠的宽度及数量表示）（Scawthorn，2005）

2. 起火率估算

美国许多研究人员（Lee 等，2008）对震后起火率进行研究，Davidson（2009a、b）及 SPA 风险有限责任公司（SPA Risk LLC）（2009）分别建立了最新的震后起火率估算模型。

Davidson（2009b）从 48 个相关协变量中选取影响指标，其中 A. NB2 模型如下：

$$\ln(\mu) = \beta_0 + \beta_{ii}II + \beta_{tbldg}\ln(tbldg) + \beta_{\%CIT}x_{\%CIT} + \beta_{dens}x_{dens} + \beta_{\%URM}x_{\%URM} \qquad (P-1)$$

译者注： 较原版公式（P-1），译者进行了订正。

式中，μ 为每个人口普查点的起火次数；II 为地震烈度[①]；$x_{\%CIT}$ 为商业、工业或交通用地面积占比；$tblgd$ 为总建筑面积（km^2）；$x_{\%URM}$ 为无筋砌体（URM）的建筑面积占比；x_{dens} 为人口密度（人/km^2）。

参数（β）的估计值分别为 $\beta_0 = -15.42$，$\beta_{ii} = 1.13$，$\beta_{\%CIT} = -32.48$，$\beta_{tbldg} = 0.85$，$\beta_{\%URM} = 27.72$，$\beta_{dens} = 0.0000453$。

SPA 风险有限责任公司（SPA Risk LLC，2009）采用了 Davidson（2009b）的数据库，人口普查区的选取遵循以下原则：

（1）能够获得火灾相关数据；

（2）$MMI \geqslant Ⅵ$ 度；

（3）人口密度大于 3000 人/km^2。

基于上述条件选取数据，SPA 风险有限责任公司对震后火灾模型进行了回归分析，模型如下：

$$每百万平方英尺建筑面积的起火次数 = -0.029444PGA + 0.581895PGA^2 \qquad (P-2)$$

及

$$每百万平方英尺建筑面积的起火次数 = 1.0449 - 0.338MMI + 0.0277MMI^2 \qquad (P-3)$$

式中，PGA 是地面峰值加速度，相当于重力（g）引起的加速度。

上述两种回归模型中，Davidson 模型（式（P-1））需要数据较多且其中一些数据不易获得（例如，无筋砌体建筑物的百分比）[②]。

图 P-18a 将两种模型进行比较：红线代表 Davidson（2009b）模型（式（P-1）），该模型中的参数取中值，两条虚线分别代表中值加、减一个标准差（通过数值模拟确定），具体数值如下：$tbldg = 244.7$（164），$x_{\%CIT} = 0.027$（0.016），$x_{\%URM} = 0.013$（0.01），$x_{dens} = 3445$（4048）（括号中为标准差）；黑色实线代表式（P-3）（SPA Risk LLC，2009）。图中每个人口普查区域的建筑面积为 260 万平方英尺。

图 P-18 中，图（b）和（c）相似，均相较图（a）中 Davidson（2009b）模型（式

[①]　修正麦卡利烈度（MMI）和仪器烈度（II）定义相似。

[②]　Davidson（2009b）使用 Hazus-MH MR2（美国紧急事务管理局，2003 年）的数据来估算建筑面积和未加固砌体建筑面积。"URM"默认数据存在问题，由于加州大多数无筋砌体建筑都经过了改造，所以不清楚目前此类建筑是否进行了加固。Ding 等（2008）分析了 Hazus-MH MR2 建筑数据，发现其准确性有待商榷。即便如此，由于该数据库在区域内仍是有效的，因此戴维森使用该数据进行估算。

（P-1）) 的 $x_{\%CIT}$ 变量（商业、工业或交通（CIT）用地面积占比）变化了 $\pm 1\sigma(x_{\%CIT})$，式（P-3）的参数在所有图中均保持不变。

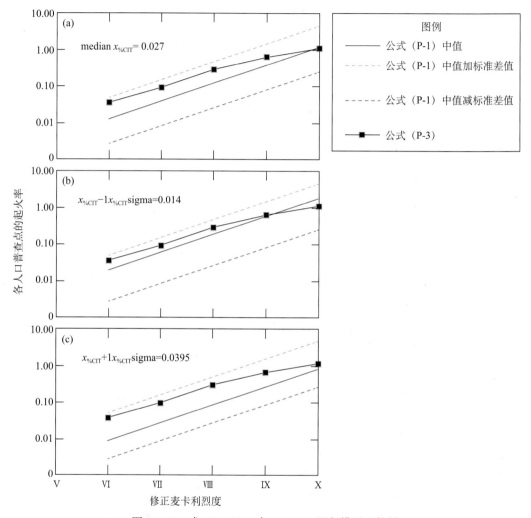

图 P-18　式（P-1）、式（P-3）回归模型比较图

译者注：较原版图（c）中公式，译者进行了订正

图（a）红线代表 Davidson（2009b）模型（式（P-1）），该模型中的参数取中值，两条虚线分别代表中值加、减一个标准差（通过数值模拟确定），具体数值如下：$tbldg = 244.7$（164），$x_{\%CIT} = 0.027$（0.016），$x_{\%URM} = 0.013$（0.01），$x_{dens} = 3445$（4048）（括号中为标准差）；黑色实线代表式（P-3）（SPA Risk LLC，2009）。图中每个人口普查区域的建筑面积为 260 万平方英尺；图（b）和（c）相较图（a）中 Davidson（2009b）模型（式（P-1））的 $x_{\%CIT}$ 变量（商业、工业或交通（CIT）用地面积占比）变化了 $\pm 1\sigma$（$x_{\%CIT}$），式（P-3）的参数在所有图中均保持不变。当 *MMI* 为Ⅵ、Ⅷ度时，SPA Risk LLC（2009）模型中起火率中值分别高出 Davidson（2009b）模型 2.8 倍、2.3 倍；图（b）中 CIT 数值较低（代表居民区），两种模型较为相近，图（c）中 CIT 数值较高，两种模型差异较大

从图 P－18a 中可以看出，当 *MMI* 为Ⅵ度、Ⅷ度时，SPA Risk LLC（2009）模型中起火率中值分别高出 Davidson（2009b）模型 2.8 倍、2.3 倍；*MMI* 为 X 度时，SPA Risk LLC（2009）模型起火率中值较低，为 0.93。

图 P－18b 中 CIT 数值较低（代表居民区），两种模型较为相近，图 P－18c 中 CIT 数值较高，两种模型差异较大。

本节利用式（P－2）估算海沃德情景主震后的起火次数，估计发生 668 次火灾，如图 P－19 和表 P－4 所示。90% 的火灾发生于阿拉米达、康特拉科斯塔和圣克拉拉地区。其中，仅阿拉米达起火次数就占全部火灾的 53%。该起火模型仅计算了需要消防救援的火灾，未包括市民能立即控制且无需报警的小型火灾。估算的 668 起火灾中，约 453 次可能蔓延为大火（超过初步消防救援能力的火灾）。

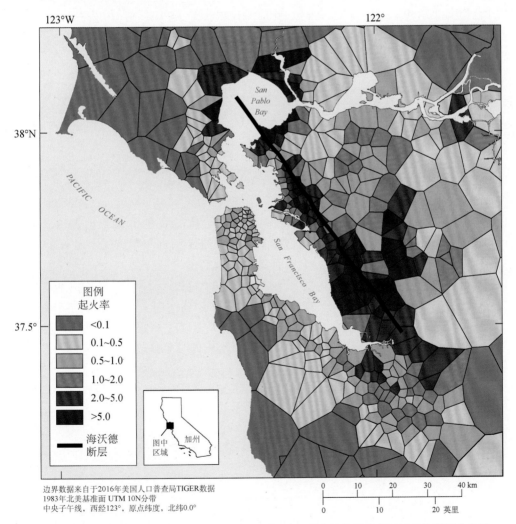

图 P－19　加州旧金山湾区海沃德 M_W7.0 情景地震后消防局主要响应区域内估算起火次数

图中显示海沃德断层的破裂长度；绿色表示起火概率小，深红色表示该区域至少发生 5 次火灾

PACIFIC OCEAN：太平洋；San Francisco Bay：旧金山湾；San Pablo Bay：圣巴勃罗湾

表 P - 4　2018 年 4 月 18 日下午 4 点 18 分 M_W7.0 海沃德地震情景的起火次数估算及损失估计（微风习习，湿度适中）

地区	承灾体TFA（百万平方英尺）	起火次数	大火次数	超级大火（多处起火）	最终烧毁的TFA（百万平方英尺）	最终损失（按 2014年可比价）	燃烧面积占比（%）	占总损失的百分比（%）
阿拉米达	1853	352	279	198	49	$ 9710	4	53
康特拉科斯塔	1480	123	60	43	10	$ 2103	1	18
马林	342	23	14	10	2	$ 500	1.1	4
纳帕	90	27	19	13	3	$ 651	5.3	4
旧金山	817	21	5	4	1	$ 177	0	3
圣马特奥	576	19	15	11	3	$ 519	1	3
圣克拉拉	1610	83	56	40	10	$ 1940	1	12
圣克鲁斯	96	1	—	—	—	—	0.01	0
索拉诺	338	12	4	3	1	$ 142	0.4	2
索诺马	38	7	0	0	0	$ 13	0.3	1
总计	7241	668	453	321	79	$ 15755	2	100

注：—：没有数据；TFA：总建筑面积（百万平方英尺）。

本次情景地震次生火灾的起火原因与 1994 年加利福尼亚州北岭地区（Northridge）M_W6.7 地震引发的次生火灾起火原因类似，那次火灾是美国近年具有完备数据的震后火灾案例。在该案例中，约一半火灾是由电力系统破坏引起的，四分之一火灾的发生与燃气相关，剩余火灾是由包括化学反应在内的其他原因造成的（表 P - 5）。此外，根据北岭地震的数据，近半数的火灾发生在单户住宅中，26%发生在多户住宅中，经统计共约 70%的火灾发生在住宅中（Scawthorn 等，1998）。教育设施引起的火灾仅占一小部分（北岭地震中的占比为 3%），而其中大部分是由化学实验室中化学物质溢出并发生放热反应引起的。

表 P - 5　1994 年加州北岭 M_W6.7 地震后的起火源（Scawthorn 等，1998）

起火源	起火比例/%
电器	56
天然气	26
其他	18

令人担忧的是，海湾北部地区遍布着大量的炼油厂、油库等相关设施，落基山脉西部约三分之一的汽油都是由上述设施提供的。强震发生时，炼油厂和油库易发生大火甚至持续燃烧数日。例如，1964 年日本新泻（Niigata）M_W7.6 地震后昭和炼油厂发生火灾（Kawasumi，

1968)、1999 年土耳其伊兹密特（İzmit）M_W7.6 地震后图普拉斯（Tüpraş）炼油厂发生火灾（Scawthorn，2000）、2003 年日本十胜冈（Tokachi-Oki）M_W8.3 地震后北海道炼油厂发生火灾（Scawthorn 等，2005）。

3. 初步响应

本节讨论地震后群众、媒体及消防部门面临起火做出的初步响应。发生火灾后迅速报警尤为重要，但报警过程仍存在一定的问题。

1）市民响应

海沃德地震情景的次生火灾中约 668 起需要消防部门进行救援。市民首先会尝试自行扑灭火灾，由于美国城市街头已经不再设置火警拉线箱，当市民意识到无法控制火势时只能打电话联系紧急服务机构。但是如果通信系统损坏、电话线路堵塞，且 9-1-1 调度中心已分身乏术，打给消防部门的电话可能根本无法接通。倘若 9-1-1 没有派遣消防队来进行救援，大概率是因为消防公司已经动身前往附近其他起火点，那么就算市民前去最近的消防站报警也几乎是徒劳的。经验表明，现场的市民将有条不紊地组织人员营救并保护附近的建筑物（承灾体）（Van Anne 和 Scawthorn，1994）。此时供水系统通常已经失效（下文进行讨论）。

2）报道火情

如上所述，海沃德主震后 9-1-1 调度中心需要尽可能将灾害事件一一分类并充分部署调度资源，此时将忙得不可开交。通常来说，在火灾发生初期，针对火灾的报道较为混乱。由于大多数消防部门没有专用直升机，对于一些重大火灾事件，消防部门可以通过电视新闻部门的直升机报道获取重要信息，但大多数其他较小的火灾鲜有报道。例如 1989 年 M_W6.9 洛马普里塔大地震后，即使已经有多家消防公司前往救援，但旧金山应急行动中心却是通过电视新闻报道首次知晓滨海火灾的情况。由此看来，迅速、准确、全面地掌控震后火灾情况的工作仍任重道远。

3）消防部门初步响应

海沃德地震情景中，消防人员在地震发生时首先需要保护自己，随后尽快打开消防站大门、出动消防设备（例如抽水机和云梯）。尽管不同消防部门应对地震的流程有所不同，但一般都会先把消防设备移动到预先指定的位置（大多需要放置在消防站前面），再检查消防站损毁情况、无线电运转情况。在 5 分钟之内，消防人员通常通过观察烟柱寻找火灾点并控制火情，或与其他消防人员成立救援突击队。

在海沃德情景的震后火灾中，消防部门即使投入当地全部的消防资源仍无法控制火势，需要从全州紧急调动消防资源，具体资源包括救援人员、软管、强化吸水软管（内嵌式金属环加固的，从无压水源中抽水时不会塌陷的软管）、灭火泡沫、轻型设备（手套、手动工具、自给式呼吸器［SCBA］等）和重型设备（起重机、推土机、反铲挖掘机）。其余消防设备（泵车和云梯）虽不是急需物品，但当其他地区救援人员赶到时仍需要此类设备。

救援初期，社区应急响应小组（Community Emergency Response Team，CERT）机制可以大量补充救援人员。若同时召回训练有素、非当值的消防员，救援力量将进一步大幅提升。海沃德主震发生后，在召回非当值消防员的情况下，救援人员预期在 3~6 小时内增加一倍，12~24 小时内增加两倍。但这些新增人员如何快速融入已有的专业救援队是值得思考的问题。随着人员的扩充，起初可能会出现协同工作效率低下的情况，但无论如何，非当值人员的加入对减轻筋疲力竭的当值人员的负担来说是非常重要的。

4. 火势蔓延

本节的分析中假设海沃德主震发生后，所有消防资源首先集中用于灭火、搜索、救援、危险品泄漏响应及其他应急响应直至扑灭火灾。主震引发的 668 起火灾不会全部发展为大型火灾，然而火情发展初期，人们无法第一时间报警，再加上消防人员在赶来救援的路上会被各种火灾引起的突发情况所阻碍，因此最终响应火灾的时间可能会超过 4 分钟。火灾救援中每分每秒的延误都会导致火势加剧，以致于救援人员到达火灾现场时需要更多消防资源开展救援。如果火灾发生当天天气干燥，且没有办法第一时间扑灭火苗，火势可能在几分钟内蔓延整个房间甚至蔓延到整栋住宅。为了保护毗邻的建筑物，救援过程通常需要两支甚至多支救援队伍。如果只能调度一支消防队，即使救援人员在民众协助下使用水炮和手提设备（消防水带）救援，也不一定能够成功保护毗邻的建筑。在震后火灾模拟中，需要一支以上的消防队进行救援的火灾称为大型火灾。本章根据以下几条原则估算起火次数：①各消防响应区域的消防用水量；②每个地区起火次数与消防车的比率。最终估计海沃德情景中预计发生 453 起大型火灾（表 P-3）。由于东湾地区地震动强度较高，且旧金山湾和东部丘陵（东湾山）之间木结构建筑分布密集，每处起火点都极易发展成大型火灾。

5. 生命线系统对火灾的影响

震后火灾中，供水、燃气、电力、通信、运输等生命线的抗震性能与救援效率密不可分，若详细介绍所有生命线系统性能对救援的影响将超出本章研究范围，下面仅简要介绍能够影响震后火灾救援的几个特定的生命线系统。

1）供水系统

本卷"供水管网抗震韧性评估新模型及其在海沃德地震情景中的应用"一章研究了海沃德情景主震对供水系统的影响（Porter，第 N 章）。由于旧金山湾区的大部分水资源均来自内华达山脉（Sierra Nevada），由数条大运河和渡槽输送过来（主要是莫克伦河（Mokelumne）和赫奇赫奇（Hetch Hetchy）渡槽（图 P-20）），因此在过去的几十年中，大多依赖于从千里之外运输过来的水资源来支撑旧金山湾区震后火灾的消防救援工作。目前，东湾市政公共事业区（East Bay Municipal Utilities District，EBMUD）、康特拉科斯塔供水区（Contra Costa Water District）和马林市政供水区（Marin Municipal Water District）已经完成了主要的抗震加固，圣克拉拉供水区（Santa Clara Valley Water District）和赫奇赫奇（Hetch Hetchy）供水系统也正有条不紊地进行加固改造，这些供水区归旧金山市所有，并为该市及西部、南部湾区的大部分地区提供水资源（图 P-21）。

供水运营商发现，加固项目主要针对大坝、水箱和输水干线上，如若升级庞大的供水系统，则会超出他们的能力范围，因此大部分供水管道抗震性能较弱，易在大震中破坏。东湾市政公共事业区（Association of Bay Area Governments，2010）最新研究指出：

……68.1%的关键供水设施……遭受到强烈的地震动影响（地面峰值加速度（PGA）> 0.6g，在未来 50 年内超越概率为 10%）……预计 95.2%的管道受到较强的地震动影响（PGA> 0.4g），62.8%的管道受到剧烈的地震动影响（PGA>0.6g）……〔东湾市政公共事

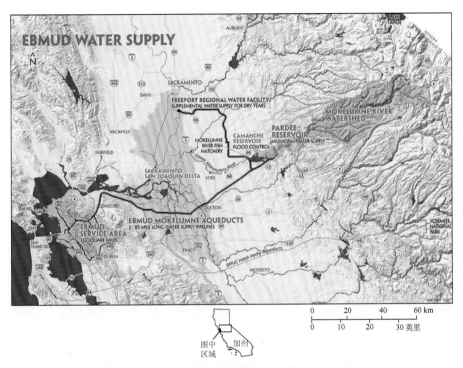

图 P－20　EBMUD 供水服务区主要供水系统地图

内华达山脉的水库供应海湾地区；莫克伦河水资源供应 EBMUD 服务区，旧金山公共事业委员会（SFPUC）
赫奇赫奇渡槽水资源供应旧金山以及西海湾和南海湾（东湾市政公共事业区，2017）

3.85 MILE LONG WATER SUPPLY PIPELINES：3.85 英里供应用水管道；332 SQUARE MILES：332 平方英里；
CAMANCHE RESERVOIR：卡曼奇水库；EBMUD MOKELUMNE AQUEDUCTS：EBMUD 墨克伦河渡槽；
EBMUD SERVICE AREA：EBMUD 服务区域；EBMUD WATER SUPPLY：EBMUD 供水公司；
FLOOD CONTROL：防洪；FREEPORT REGIONAL WATER FACILITY：自由港地区供水设施；
MOKELUMNE RIVER WATERSHED：莫克伦河分水岭；MUNICIPAL WATER SUPPLY：市政供水系统；
PARDEE RESERVOIR：帕迪水库；SUPPLEMENTAL WATER SUPPLY FOR DRY YEARS：干旱年份供水

业区］估算：海沃德情景地震中预计 6000~10000 处输水管道破裂或出现重大泄漏（洛马普里塔（Loma Prieta）地震中管道约出现 507 处破裂或泄露）……

图 P－22 显示了 1989 年洛马普里塔地震中管道的破裂情况，由于管道位于海沃德断层附近，东湾的供水系统抗震性能极弱（Association of Bay Area Governments（东湾市政公共事业区），2011）：

……地震灾害信息……根据 1994 年的一项研究中基于东湾地区供水设施的相关材料和设计情况，以及 EBMUD 的管道材料和连接方式等信息来评估供水系统。经估算，海沃德断层发生地震时，当地将面临以下风险：

（1）63%的用户即刻面临停水（包括医院和救灾中心）；

（2）消火栓停水，火灾风险增加；

（3）超过 5500 条供应家庭和企业用水的管道破裂；

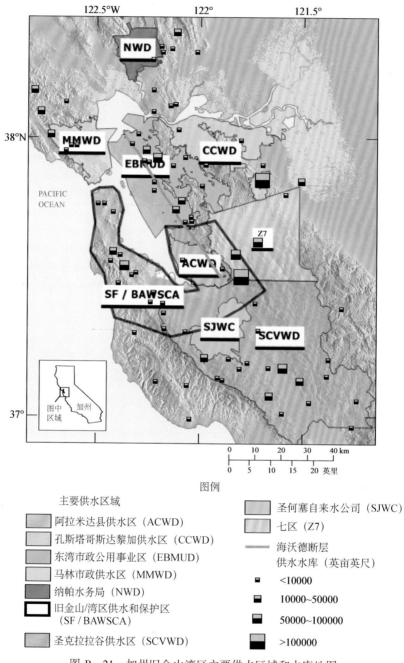

图 P‐21 加州旧金山湾区主要供水区域和水库地图

图中显示海沃德断层的破裂长度；水域与水库数据来自海湾地区供水和保护局，[n.d]；

加利福尼亚水利部，[n.d]；数据集，[n.d]

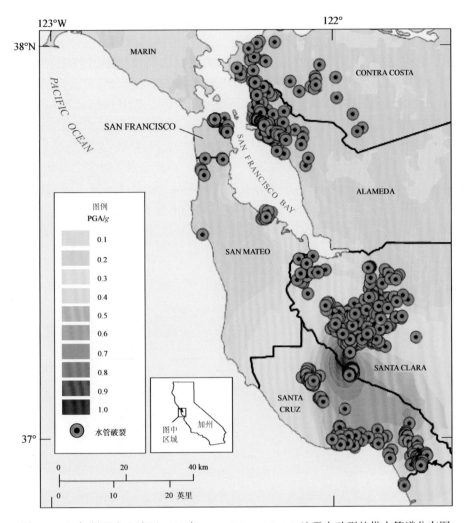

图 P-22　加州旧金山湾区 1989 年 Loma Prieta M_W6.9 地震中破裂的供水管道分布图

地图叠加地震地面峰值加速度（Lund 和 Schiff, 1992）

ALAMEDA：阿拉米达；CONTRA COSTA：康特拉科斯塔；MARIN：马林；PACIFIC OCEAN：太平洋；

SAN FRANCISCO：旧金山；SAN FRANCISCO BAY：旧金山湾；SAN MATEO：圣马特奥；

SANTA CLARA：圣克拉拉；SANTA CRUZ：圣克鲁斯

（4）6 家污水处理厂中，4 家遭到破坏，无法处理饮用水；

（5）EBMUD 最关键的输水管道——克莱蒙特隧道（Claremont Tunnel），在奥克兰/伯克利丘陵西部的分段管道面临损毁，影响 70% 的 EBMUD 用户；

（6）65 个水库和 87 个抽水厂遭受严重破坏，需要数月甚至数年的时间才能修复；

（7）由于火灾的蔓延，再加上消防用水的匮乏，无法及时扑灭火灾，区域经济损失高达 12 亿美元（按 1994 年美元可比价）；

（8）震后，供水将持续中断几周左右，一些住户在震后将面临长达 6 个月的停水。

……根据 1994 年一项针对供水系统的研究结果，EBMUD 制定了一项 1.89 亿美元的供水系统抗震改造计划，旨在形成一个具有抗震韧性的供水系统，期望在 1995～2007 年间能够减少震后供水系统的损毁。……此外，政府还大量采购了灾后所需的便携式设备，例如水泵、软管和发电机；其他设施也需要进行抗震改造升级。……由于 EBMUD 区域内道路和建筑物的破坏可能会阻碍维修进程，因此救援人员需要与维修车辆实时沟通，以确保及时修复管道及关键设施。

东湾市 2011 年开展的东湾供水管道破坏研究方法，仍是基于 1994 年的相关研究。尽管如今诸如克莱蒙特输水隧道（穿过阿拉米达地区海沃德断层）的关键设施已进行改造，但在管道的分布规划研究方面几乎仍在原地踏步（EBMUD，2014 年 10 月 30 日）。

为了研究海沃德主震对供水系统的影响，本章使用两种数据来源估算管道破裂数量及渗漏方式（Porter，本卷），估算的结果将应用在受地震影响较大的供水区域，即 EBMUD。在 EBMUD 区域外，本章使用另一种近似方法来估算供水管道的破裂数量及渗漏方式，该方法假设"供水管道在每条街道下方平均分布"。高液化敏感区域管道分布如图 P - 23 所示。

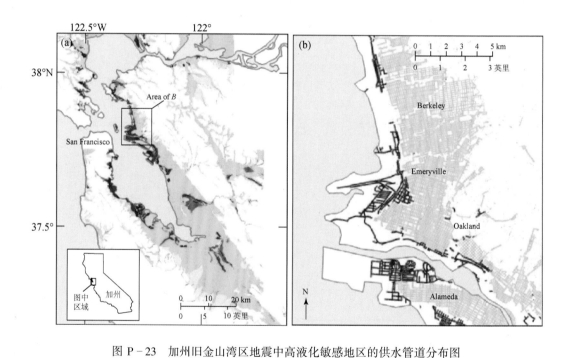

图 P - 23　加州旧金山湾区地震中高液化敏感地区的供水管道分布图

（a）旧金山湾地区概览图；（b）伯克利、埃默里维尔、奥克兰和阿拉米达等城市部分地区详细地图

假设"供水管道在每条街道下方平均分布"；液化敏感度：红色：非常高；浅红色：高；黄色：中等；粉红色：低

U. S. Census Bureau（美国人口普查局），2015；液化数据来自 Witter 等（2006），暂无旧金山地区数据

Alameda：阿拉米达；Berkeley：伯克利；Emeryville：爱莫利维尔；Oakland：奥克兰；San Francisco：旧金山

海沃德主震将造成受灾地区的供水基础设施破坏，根据上述分析可得，由于断层破裂、地震、位移等原因将造成约 9400 个埋地管道破坏*，导致东湾地区多数消防栓无法供水（图 P - 24）。

---

　*　估算出的 9400 个需要维修的地下水管数量，是根据 Porter（供水，本卷）数据与街道长度相结合得出的。

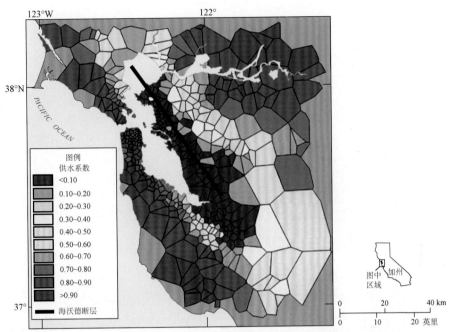

图 P - 24　海沃德 M_W7.6 情景地震下加州旧金山湾区消防站供水概率

红色区域的供水概率几乎为零；图中显示海沃德断层的破裂长度

PACIFIC OCEAN：太平洋

　　由于供水基础设施损坏，消防员不得不使用强化吸水软管从其他地方抽取水源，强化吸水软管是一种特殊的消防水带，采用内嵌式的金属环加固，使其能够承受外部压力（例如内部真空）。强化吸水软管实现在将消防车水箱内部达到真空状态下从未加压水源中（例如游泳池，河流或海湾）吸水（图 P - 25）。虽然美国国家消防协会（National Fire Protection Association）将这种强化吸水软管指定为 A 级消防车的必备设备，但近年来一些消防部门将强化吸水软管放置在消防站而不再随车携带了。本研究对旧金山湾地区的消防部门展开调查发现，只有约三分之一的部门在消防车上装有此类强化吸水软管。

2）天然气及液体燃料

　　许多现代城市都使用天然气和液体燃料，燃料的运输主要依靠地下输送管道（图 P - 26）以及相关的终端、炼油厂和罐区。一旦大型燃料输送管道出现破坏，或大型炼油厂起火，就需要消防部门投入大量消防资源展开救援，否则会造成灾难性后果。如果地震引起了燃气管道或炼油厂的火灾，消防部门可能无法第一时间赶到火灾现场进行救援。旧金山湾区的五个主要炼油厂占整个加州炼油产能的 40%，大多集中在海沃德情景破裂断层的北部。这些炼油厂在 M_W7.0 主震作用下将遭受极大的破坏，至少有一个（甚至几个）炼油厂将发生大火，如同日本 2003 年十胜冲绳 M_W8.3 地震和土耳其 1999 年伊兹密特 M_W7.6 地震中那样，断层附近的炼油厂燃烧了几天几夜。尤其在海湾地区，燃气管道几乎覆盖了所有街道并将每座建筑物相连。与天然气和液体燃料相关的起火约占震后火灾总数的 25%。

图 P - 25　加州旧金山消防员使用强化吸水软管从蓄水池中抽水

（Charles Scawthorn 拍摄）

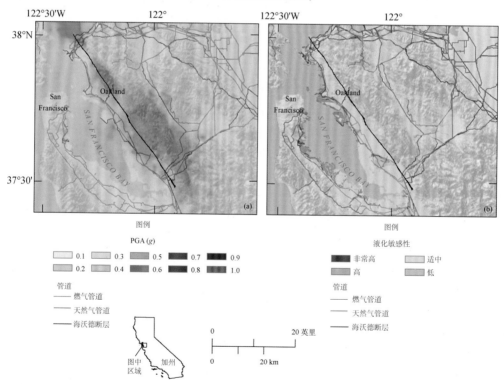

图 P - 26　加州旧金山湾区天然气和液体燃料输送管道分布地图

（a）海沃德 $M_W 7.6$ 情景主震中不同地面峰值加速度区域覆盖的管道；（b）高液化敏感区域上覆盖的管道

黑线代表海沃德情景中的破裂断层；管道数据来自美国交通部（2015）；Aagaard 等（2017）提供主震数据；

Witter 等（2006）提供地区的液化数据，不包含旧金山地区

Oakland：奥克兰；San Francisco：旧金山；SAN FRANCISCO BAY：旧金山湾

3）通信系统

通信系统尤其是电话网络将在主震作用下将遭受一定破坏，但不会影响使用功能。然而数小时甚至更久的信号拥挤问题将会严重影响电话网络的使用，导致受灾人员无法及时报火警。

4）交通运输

震后最易受到火灾影响的交通系统是公路网络，其中桥梁交叉口处最为薄弱。尽管加州交通运输部（The California Department of Transportation，Caltrans）已经针对管辖范围内几乎所有的桥梁都进行了抗震鉴定与加固，当地的公路的输送能力也具有冗余度，但大地震造成的交通拥挤，仍会严重阻碍应急人员的救援响应。若金门大桥以北的美国 101 号公路、圣何塞以南以及向西方向的 80 号、580 号的州际公路出现交通阻塞，将导致从海湾以外地区赶来的应急救援队延迟到达。

6. 区域间应急协调响应机制

海沃德情景主震主要影响的是加利福尼亚州州长紧急服务办公室（CalOES）管辖的Ⅲ区（图 P－27），对此，CalOES 将从中央山谷地区（Central Valley）组织若干支救援队，调度更适合用于荒地灭火的灌木钻机等消防资源（专门用于扑灭野火的荒地消防车），并保证其在 6~24 小时内到达受灾地区。然而通常救援队到达时火势已发展成为大型火灾，从而构成更大的威胁。

图 P－27　加州州长紧急服务办公室的互助地区分布（加利福尼亚州州长办公室，2017）

当Ⅱ区外发生火灾时，Cal OES 将从加利福尼亚南部和中部地区组织 100 个救援队并调度相应消防资源，包括消防员、大约 500 个抽水机以及其他消防设备，并且 Cal OES 也有管理数倍于上述消防资源的能力。在收到火警的 12 小时内，其中 100 支救援队伍能够迅速到达受灾地点，另 100 支队伍可能一周后到达。然而在本节的分析中，以下因素可能会导致海沃德主震发生后短期内各区之间无法互助：

1) 火灾现场响应的延迟

（1）旧金山湾地区的消防部门（例如，半岛（peninsular）和核桃溪—康科德地区（Walnut Creek-Concord））需要节约使用消防资源，且无法迅速对东湾地区做出响应。

（2）互助区域距离火灾地点较远，需要几小时才能到达受灾地区（如北加州、南加州和中部地区），且发生火灾后电力易出现大规模故障，救援队伍可能会在夜间停电的情况下到达。

2) 水资源短缺

（1）水罐车距火源有一定的距离，无法第一时间补给水资源。尽管一些消防部门（伯克利、奥克兰、瓦勒霍和旧金山）配备了便携式供水设备（PWSS），但这些设备仍不足以扑灭大型火灾。

（2）空中消防效果未知。

（3）消防泡沫属于"force-multiplier（灭火能力倍增器）"，能够大大提高消防软管射流的效率，但是各消防部门的消防泡沫供应有限。

3) 道路

（1）东湾山势陡峭，道路狭窄曲折，较难通行。

（2）山上植被茂盛、风势较大且地形复杂，将大大加快火势蔓延并阻碍消防工作。

（3）向山上高海拔地区供水较为困难。

（4）通往旧金山湾地区的道路有限。

7. 最终烧毁面积

据估计，海沃德情景主震将引起约 453 起大型火灾，大火将蔓延到建筑密集、但消防用水充足的地区。超级火灾的数量以及最终烧毁的面积将取决于建筑密度、天气状况、消防部门救援响应到达前火灾将发展的规模、消防车数量以及与消防供水相关的情况。本节估计 453 起大火中将有 321 起大火发展为超级大火，而最终烧毁的面积很大程度上取决于能否蔓延至街道并突破防火带。本情景地震引发的火灾估计最终将烧毁约 7900 万平方英尺的住宅和商业建筑，相当于 52000 多个单户住宅面积之和[①]。损失若按建筑物重置价格计算，则相当于 160 亿美元（按 2014 年美元可比价）[②]，约占全部承灾体价值的 2%（图 P-28，表 P-4），其中大部分损失集中在阿拉米达地区。

在海沃德情景设定的风况、湿度条件下，阿拉米达和圣克拉拉的部分地区受震后火灾影

---

① 假设一个单户住宅相当于 1500 平方英尺的住宅或商业建筑面积。本章以一种便于理解的方式估算总体建筑，例如，损失 150 万平方英尺的住宅和商业建筑相当于 1000 套单户住宅。相较于 150 万平方英尺的建筑面积，人们更易理解"1000 栋单户住宅"的含义。

② 按每平方英尺 200 美元的重置成本计算，这是对重置成本的保守估计。霍根（2014）估计，旧金山的建筑成本约每平方英尺 300 美元，其中不包括补贴、许可和销售费用。

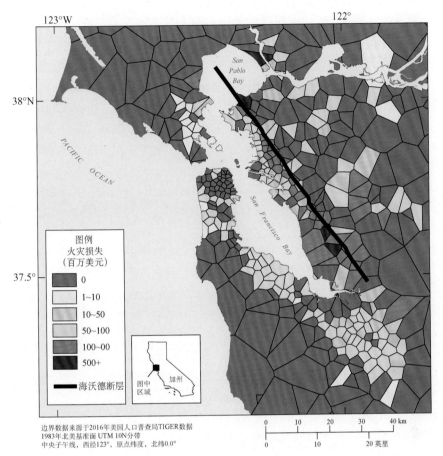

图 P-28　海沃德 M_W7.6 情景震后火灾最终的地区损失（单位为百万美元）

所示区域为 Voronoi 区域（消防站响应区域划分，见图 P-8）；图中显示海沃德断层的破裂长度

PACIFIC OCEAN：太平洋；San Francisco Bay：旧金山湾；San Pablo Bay：圣巴勃罗湾

响最为严重。该地区建筑大多低矮、分布均匀且密集，为火灾蔓延提供了温床，以至数十乃至数百场大火易合并成数十起更大型火灾，足以摧毁数十座街区。此外，还有两个问题值得关注：①如果出现"恶魔风"则会造成更大的损失（本场景未考虑该情形）；②如果存在极端情况（本场景未考虑该情形），如低处发生的火灾造成的热空气，由于密度低而向上流动，使得高热气体不断被抬升，这种由于火灾造成的热压差将导致火灾外部温度低、比重大的空气从底部被吸入（"烟囱效应"），从而形成了源源不断流动的破坏性风型（通常是称为"火风暴"）。第一种情况会引发大规模的火灾，第二种情况造成的破坏将更加严重。尽管以上两种极端情况很少发生，但都可能造成毁灭性的灾害，因此不容忽视。

　　另一个主要问题是旧金山金融区的高层建筑非常密集，在地震作用下，同时对多栋建筑物展开救援可能超出了旧金山当地消防局的能力，因而可能一连损失多栋高层建筑。

8. 不确定性分析及准确性、有效性验证

上文介绍的起火及最终燃烧面积的估算存在很大的不确定性。在过去的 50 年甚至更久远的历史中，美国市区内几乎没有发生过大地震，因此震后火灾的经验数据更为稀少。由于统计到的火灾数据（244 次中的 178 次，即 73%）大多来源于清晨发生的地震所引发的次生火灾，而这个时间段发生火灾的概率相对较低（U. S. Fire Administration（美国消防局），2008），难以找到大量清晨火灾数据进行参考，因此起火及最终燃烧面积的估算存在很大的不确定性。如图 P - 18 所示，起火次数估算值的置信区间几乎跨越了一个数量级。关于火灾的不确定性因素，本研究不作深入探讨，但根据经验，真实情况可能与本研究估算的起火次数（668 次）相差数百次。

由于 $M_W7.0$ 地震相当罕见，震后火灾数据则更为稀少，因此对海沃德地震情景中震后火灾的起火及最终燃烧面积的估计值进行准确性验证（估计值的准确性）及有效性验证（满足预期需求）是相对有难度的。

数据和经验的稀缺致使校验非常困难。下文定性地描述了过往火灾造成的损失：

（1）历史震后火灾——以下几次灾害造成了巨大损失（包括海沃德地区）：

①1906 年旧金山地震（$M_W7.8$）和 1923 年东京地震（$M_W7.9$）引发的特大火灾。

②1971 年，加利福尼亚州圣费尔南多（San Fernando），每次震后起火均超过 100 次（$M_W6.6$）；1994 加利福尼亚州北岭地震（$M_W6.7$）；1995 年日本神户（Kobe）地震（$M_W6.9$）。

③2011 年日本东北地区地震（$M_W9.0$），地震和海啸至少引发 348 次火灾，是历史上引发火灾次数最多的一次地震（Anderson 等，2016）。

④1991 年东湾山大火（East Bay Hills Fire Operations Review）（Group，1992），大火集中爆发在海沃德地区，吞没了消防部门和水务部门。

（2）根据定量分析，应用本研究方法预测（估计）得出以下结论：

①加利福尼亚州震后火灾（表 P - 6、表 P - 7、表 P - 8 和图 P - 29）数据较为完备。基本数据来源于 Davidson（2009a）中的数据集 A。

②1989 年的 Loma Prieta 地震（$M_W6.9$）和 2014 年的加州南纳帕地震（$M_W6.0$）引发的大火，是为数不多的各方面数据（消防资源，消防用水等）都较完备的震后火灾事件。

尽管这种定量验证效果非常有限，但它证实了估算的合理性，且说明了模型估算具有不确定性。采用 SPA Risk LLC（2009）和 Davidson（2009b）火灾模型均可分析得到以下信息：旧金山湾地区可用的消防资源在面对海沃德主震次生火灾时有所不足。因此本章无论使用哪种模型，结论都是相同的。

对海沃德情景震后火灾模型进行有效性验证（满足预期需求）仍是一个挑战，为更准确、深入地探究震后火灾，上述研究方法及结论已提交给震后火灾研讨会。该研讨会于 2014 年 10 月 29 日在加利福尼亚大学伯克利分校、列治文分校举行。当时，有来自 31 个消防部门和应急响应机构的 76 名代表人员参加该研讨会。随后，在研讨会上由艾莉森·马德拉（Allison Madera）等（科罗拉多大学博尔德分校自然灾害中心，书面，2016）对本研究成果进行评估，经评估显示，"几乎所有受访者（95.8%）都表示海沃德地震情景模拟准确地表达了旧金山湾区发生震后火灾的景象。"

表 P－6　自 1971 年以来加州震后火灾数据统计（SPA Risk LLC，2009，2014）

地震	起火次数	数据源
1971 圣费尔南多	91	保密数据
1983 科灵加	3	Scawthorn（1984）
1984 摩根山丘	6	Scawthorn（1985）
1986 北棕榈泉	1	地震工程研究所（1986）
1987 圣盖博河	20	Wiggins（1988）
1989 洛玛普里塔	36	Mohammadi and others（1992）；Scawthorn（1991）
1994 北岭	81	Scawthorn and others（1997）
2014 纳帕	6	SPA Risk LLC（2014）
总计	244	

注："数据源"详见 SPA 风险有限责任公司（2009，2014）。

表 P－7　基于 Davidson（2009b）和 SPA Risk LLC（2009）模型估算加州地震（1984~2014）
震后火灾次数（分别参见正文和式（P－1）和式（P－3））

地震	实际起火次数	Davidson（2009b；模型 A. NB2）估算起火次数	SPA Risk LLC（2009）估算起火次数
1984 摩根山丘	4	1.2	4.0
1986 北棕榈泉	1	2.1	4.1
1987 惠提尔	13	22.2	72.1
1989 洛玛普里塔	36	29.5	15.9
1994 北岭	81	99.0	166.4
2014 纳帕	6	—	6.24

注：1984 年的地震中，摩根山有 4 处结构着火，圣何塞有 2 处。总共有 6 处，见表 P－6。为了验证，只有摩根山模型，所以表 P－7 只显示了 4 个观察到的点火。

NA：不适用。

表 P－8　实际观测和估算北加州地区震后起火次数

消防类型	实际起火次数	估算起火次数
1989 洛玛普里塔地震[*]		
总计起火	31	24
大火	12	可以忽略不计
爆炸	1?	可以忽略不计

续表

消防类型	实际起火次数	估算起火次数
2014 纳帕地震		
总计起火	6	6.24
大火	1	可以忽略不计
爆炸	?	可以忽略不计

＊ 基于1990年人口普查数据（Davidson 数据集 A，2009a）。

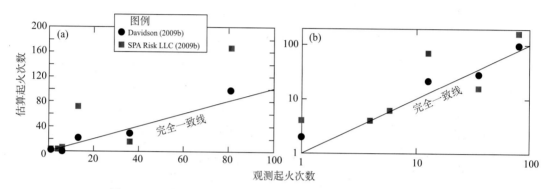

图 P-29　基于 Davidson（2009b）和 SPA Risk LLC（2009）方程

估算加州地震（1984~2014）后起火次数

（a）算术坐标轴；（b）对数-对数轴

（参见正文和方程式（P-1）和式（P-3）的讨论；有关数据参见表 P-7）

五、震后火灾影响

本节讨论震后次生火灾对人类、社会经济以及保险业产生的影响。

1. 对人类安全的影响

研究人员一直致力于构建人员伤亡模型，本文采用一种非常简单的方法估算海沃德震后火灾造成的死亡人数。1991年的东湾山大火中，大约3500座房屋被摧毁，25人丧生。预计海沃德火灾中建筑损失大约是东湾山大火的20倍，按比例计算出海沃德震后火灾中约数百人死亡。当然这种计算方法过于简单，1991年大火仅仅是火灾事件，而此次火灾情景是由地震引起的，并未考虑地震救援过程中医疗资源有限、人手不足等多种因素，因此海沃德情景的震后火灾中伤亡人数预估有50万至100万人。

2. 对经济和保险业的影响

震后火灾导致的建筑损失约160亿美元，再加上建筑内个人及其他财产（例如，园林绿化），财产损失将远不止于此。例如，保险公司估算住宅内的财产损失通常占建筑物重置费用的70%。因此，实际财产损失可能会增加110亿美元；还有另外一种损失，由于人们居住的房屋或进行经营使用的建筑被烧毁后需要另寻安身之所，这些额外的费用则由租房保险来承担，保险业一般称这种损失为"额外生活开支（additional living expenses）"，约数百亿美元。受情景主震影响，旧金山湾地区大部分建筑被烧毁，人们难以找到安全的住所，部分受灾群众只能被迫住进帐篷里，且无需为帐篷付钱。即使去掉帐篷的租金，受灾群众仍需要承担等价于房屋租金的财产损失。被迫住在帐篷里的受灾群众无法获取避难产生的住宿账单*，因此无法向保险公司索赔相应的经济损失。总而言之，这也是震后火灾损失估算中应予以考虑的一项损失。另一种近似的估算方法是，由于房屋破坏导致投保人无法居住在屋内，额外发生的住宿饮食等生活开销约占建筑物重置成本的 20%，海沃德情景模拟中该部分损失约为 30 亿美元。

美国几乎所有的建筑物都上了火灾保险，根据火灾保险政策，保险合同包括震后火灾的损失。海沃德震后火灾造成的保险赔付损失将高达 300 亿美元，约占旧金山湾区生产总值的 6%。且地震、液化和滑坡相关的灾害均加剧了建筑破坏，赔付金额可能会激增（由于重大次生灾害所增加的建筑重置成本）。美国保险业可能会承受巨大的损失赔偿（2001 年 9 月 11 日袭击造成了高达 600 亿美元的保险索赔，保险公司最终也顺利处理了该赔付）。1991 年的东湾山大火（East Bay Hills Fire）烧毁 3500 户房屋，造成约 10 亿美元的保险损失——若按通货膨胀 23 年后的估算结果，约为上述损失的 60 倍。总之，震后火灾造成的损失很可能是该情景模拟中保险赔付最多的部分，并且将是保险业历史上最大的单笔赔付损失之一。

另一方面的经济影响是房地产税收的损失，由于震后火灾，财产损失超数百亿美元，未来几年该区域内房地产税收将减少 10 亿美元。

六、震后火灾减灾措施

其他研究已讨论过减轻震后火灾的措施（Scawthorn 等，2005），此处仅提供一些特定的适用于海沃德情景的方法。

1. 消防救援措施

加州每年都发生大型森林火灾，该地区的消防部门可能是世界上处理大型火灾最有经验的部门，甚至在大震应急响应方面也表现得相对超前——其中 CERT 计划就是典型。但仍存在以下几种问题有待改进：

（1）火灾事故的评估与及时报警的能力需要增强，例如：使用无人机时刻侦察火情，直接使用手机短信向 9-1-1 报告事故。

（2）需要开发更容易获取并使用的备用消防水资源，同时增强水资源输送能力。所有消防车都应当配备强化吸水软管。与旧金山消防局的 PWSS 系统（Scawthorn 等，2006）相比，大口径软管（LDH）系统可以在区域范围内开发使用。作为海沃德项目最先提出的部分，2014 年 10 月 29 日，加利福尼亚大学的里士满场站举行研讨会，来自伯克利、奥克兰、旧金山和瓦列霍的 4 个拥有便携式供水系统（PWSS）的消防部门（图 P-30），汇合在一起进行联合演习。

（3）可以在消防部门内组建一支区域性多学科研究工作组，更深入地研究城市起火概率。

＊ 如果受灾人已投保险，公共当局可能会收回援助的费用。

图 P - 30　2014 年 10 月 29 日加州旧金山湾滨海地区的四个便携式供水系统联合演习

4 个系统分别属于伯克利、奥克兰、旧金山和瓦列霍消防局，首次联合演习照片由 Scawthorn 提供

2. 供水保障机制

加州的供水公司已经着手针对大震做应急准备，但仍任重道远（Scawthorn，2011a、b）。震后火灾的首要问题是供水机构仅提供消防栓而不负责消防，也就是说供水机构并不负责消防栓的供水问题。因此，供水机构进行系统升级时，相比于尽可能地提升供水的可靠性，更侧重于维护客户的用水需求并最大程度地减少地震对于供水系统的直接损害。有关部门可以制定一项任务授权，敦促供水机构尽快满足供水可靠性方面的需求。当然，供水机构应该可以更好地响应震后火灾，例如每个供水机构都配置和升级相应供水设备，形成具有高韧性的供水系统，以上方法都将提高社区供水的可靠性，甚至能够使用 LDH 系统为消防部门提供水源以扑灭火灾。Scawthorn（2011a、b）中对此进行了更详细的讨论。

3. 建筑设计标准

自 1906 年旧金山地震以来，建筑物在抗震和防火方面取得了重大进展，但仍有提升空间。例如，许多社区的新建住宅要求配置消防喷淋器（成本甚至低于铺设地毯），但没有要求安装洒水装置（成本较高）。同样，主管部门多考虑对较旧的商业建筑进行抗震改造，而忽视了现有的独栋住宅。诚然，对建筑的抗震改造能够减少震后起火的次数。抗震加固和消防洒水装置的安装都可以在现有建筑中得到更广泛的应用。

4. 能源安全管控

天然气行业可以开发程序，安装燃气自动切断阀（图 P - 31）或重新设计燃气表，使其具有地震自动切断功能，特别是在人口稠密的地区能够大大减少震后火灾发生的可能。如果起火次数减少 25%，发生大火的次数将减少更多，总损失也将进一步减少。例如，洛杉矶市消防局率先要求对燃气自动切断阀立法。在 1995 年神户大地震之后，日本的天然气行业同样积极采取了相关措施。

电力故障同样会引起震后火灾。在大地震中，由于电力系统自动跳闸以及系统损坏，电力经常中断。电源故障通常只要几秒钟，在此期间电源很可能变成起火源，即使切断电源，某些电器（例如带有加热元件的电器）仍会引起火灾。但此时不能进行大规模断电，因为这会导致某些通信系统和其他应急必要的设备无法使用。

在海沃德地震情景中，旧金山湾地区的炼油厂和相关设施很可能会相继引发大火，这些设施的地震应急准备的完备程度尚不清楚，需要进行进一步审查。

图 P-31　燃气表上的燃气自动切断阀（照片由 Charles Scawthorn 提供）

七、结论

历史上以及近期发生的灾害事件及分析都证实了加州震后火灾的严重性。海沃德地震情景中的 $M_W7.0$ 主震预计造成 668 次起火。在阿拉米达、康特拉科斯塔、圣克拉拉地区，数十到数百场大火可能合并成更大的火灾并摧毁数十座城市街区，其中一些可能合并为一个或多个超级大火，足以摧毁数百个城市街区。住宅和商业建筑的最终的烧毁面积总计约 7900 万平方英尺，相当于 52000 余户单户住宅面积之和，财产损失接近 300 亿美元。以上损失均已投保，并且震后火灾保险赔付将成为保险业历史上最大的单次赔付损失之一。其他经济影响还包括近 10 亿美元的地方税收损失。政府可采取多种措施来减少震后火灾损失，例如在建筑密集地区大幅增加震后消防用水的供应、强制安装使用燃气自动切断阀或其他地震切断装置。

参 考 文 献

Aagaard B T, Boatwright J L, Jones J L, MacDonald Porter K A, Wein A M, 2017, HayWired scenario mainshock ground motions, chap. C of Detweiler S T and Wein A M, eds., The HayWired earthquake scenario—Earthquake hazards: U. S. Geological Survey Scientific Investigations Report 2017-5013-A-H, 126p, accessed November 16, 2017, at https：//doi. org/10. 3133/sir20175013v1

Anderson D, Davidson R A, Himoto K and Scawthorn C, 2016, Statistical modeling of fire occurrence using data from the Tohoku, Japan earthquake and tsunami: Risk Analysis, v. 36, no. 2, p. 378–395

Association of Bay Area Governments, 2010, Taming natural disasters—Multi jurisdictional local hazard mitigation plan for the San Francisco Bay area (2010 update of 2005 plan): Association of Bay Area Governments Resilience Program web page, accessed April 28, 2015, at http：//resilience. abag. ca. gov/wp-content/documents/ThePlan-Chapters-Intro. pdf

Bay Area Water Supply and Conservation Agency, [n. d.], Member agency map: Bay Area Water Supply and Conservation Agency web page, accessed February 22, 2018, at http：//bawsca. org/members/map

Bello M, Cole C, Knudsen K L, Turner F, Parker D and Bott J, 2006, San Francisco Bay area fire stations—Seismic risk assessment, in 100th Anniversary Earthquake Conference—Conference on Earthquake Engineering, 8th, San Francisco, Calif. , April 18–22, 2006, Proceedings: Oakland, Calif. , Earthquake Engineering Research Institute, paper no. 001662, 11p

California Department of Finance, 2014, E–1 population estimates for cities, counties, and the state—January 1, 2013 and 2014: California Department of Finance web page, accessed April 28, 2015, at http：//www. dof. ca. gov/research/demographic/reports/estimates/e–1/view. php

California Department of Transportation, 2014, Seismic retrofit program: California Department of Transportation web page, accessed April 28, 2015, at http：//www. dot. ca. gov/hq/paffairs/about/retrofit. htm. California Department of Water Resources, [n. d.], Water management planning tool: California Department of Water Resources website, accessed February 22, 2018, at https：//gis. water. ca. gov/app/boundaries/

California Governor's Office of Emergency Services, 2013, California multi-hazard mitigation plan: California Governor's Office of Emergency Services, section 5. 4, p. 250, accessed April 28, 2015, at http：//www. caloes. ca. gov/cal-oes-divisions/hazard-mitigation/hazard-mitigationplanning/state-hazard-mitigation-plan/

California Governor's Office of Emergency Services, 2017, Regions: California Governor's Office of Emergency Services web page, accessed Dec 31, 2017, at http：//www. caloes. ca. gov/cal-oes-divisions/fire-rescue/regions

Datahub, [n. d.], California water district boundaries: Datahub web page, accessed February 22, 2018, at https：//old. datahub. io/dataset/california-water-district-boundaries

Davidson R A, 2009a, Generalized linear (mixed) models of post-earthquake ignitions: University of Buffalo, State University of New York, Multidisciplinary Center for Extreme Event Research, no. MCEER–09–0004, 124p

Davidson R A, 2009b, Modeling post earthquake fire ignitions using generalized linear (mixed) models: Journal of Infrastructure Systems, v. 15, p. 351–360

Davidson R A, Kendra J, Li Sizheng, Long L C, McEntire D A, Scawthorn C and Kelly J, 2012, San Bruno California, September 9, 2010 gas pipeline explosion and fire: Newark, Del. , University of Delaware, Final Project Report no. 56, 201p, accessed April 28, 2015, at http：//udspace. udel. edu/handle/19716/11337

Detweiler S T and Wein A M, eds. , 2017, The HayWired earthquake scenario—Earthquake hazards: U. S. Geological Survey Scientific Investigations Report 2017–5013–A–H, 126p, accessed November 16, 2017, at https：//doi. org/10. 3133/sir20175013v1

Ding A, White J F, Ullman P W and Fashokun A O, 2008, Evaluation of HAZUS-MH flood model with local data and other program: Natural Hazards Review, v. 9, no. 1, p. 20–28

East Bay Hills Fire Operations Review Group, 1992, The East Bay Hills Fire—Multi-agency review of the October 1991 fire in the Oakland/Berkeley Hills: California Office of Emergency Services, 74p

East Bay Municipal Utility District, 2011, Annex to 2010 Association of Bay Area Governments local hazard mitigation plan; taming natural disasters—East Bay Municipal Utility District: East Bay Municipal Utility District, 42p, accessed April 28, 2015, at http://resilience. abag. ca. gov/wp-content/documents/2010LHMP/ EBMUD-Annex-2011. pdf

East Bay Municipal Utility District, 2017, Water supply: East Bay Municipal Utility District web page, accessed November 16, 2017, at http://www. ebmud. com/water-and-drought/about-yourwater/water-supply/

Federal Emergency Management Agency, 2003, Hazus multi-hazard loss estimation methodology, earthquake model, Hazus ® −MH 2. 1 technical manual: Federal Emergency Management Agency, Mitigation Division, 718p [Also available at https:// www. fema. gov/media-library-data/20130726−1820−25045−6286/hzmh2_1_eq_tm. pdf]

Hills Emergency Forum, 2005, Fires in the Oakland – Berkeley Hills: Hills Emergency Forum web page, accessed April 28, 2015, at http://www. hillsemergencyforum. org/docs/fire%20history%20eastbay%20hills. pdf

Hogan, Mark, 2014, The real costs of building housing: The Urbanist web page, accessed April 28, 2015, at http://www. spur. org/publications/article/2014−02−11/real-costs-building-housing

Kawasumi H, ed. , 1968, General report on the Niigata Earthquake of 1964: Tokyo, Tokyo Electrical Engineering College Press, 648p

Lee S, Davidson R, Ohnishi N and Scawthorn C, 2008, Fire following earthquake—Reviewing the state-of-the-art of modeling: Earthquake Spectra, v. 24, no. 4, p. 933−967

Lund L V and Schiff A J, 1992, TCLEE pipeline failure database: New York, Technical Council on Lifeline Earthquake Engineering, American Society of Civil Engineers

National Board of Fire Underwriters, 1905, Report of National Board of Fire Underwriters by its Committee of Twenty on the City of San Francisco, Cal. : New York, 64p

National Board of Fire Underwriters, 1923 Report on the Berkeley, California conflagration of September 17, 1923: New York, National Board of Fire Underwriters, Committee on Fire Prevention and Engineering Standards, 9p

National Commission on Fire Prevention and Control, 1973, America burning—The report of the National Commission on Fire Prevention and Control: Washington D C, U. S. Government Printing Office, 191p

Routley J G, [n. d.], The East Bay Hills Fire, Oakland-Berkeley, California: Federal Emergency Management Agency, U. S. Fire Administration, USFA-TR-060, 130p, accessed November 16, 2017, at https:// www. usfa. fema. gov/downloads/pdf/publications/tr−060. pdf

San Francisco Chronicle, 2014, Huge San Francisco fire destroys six-story building: San Francisco Chronicle SFGATE website, accessed November 14, 2017, at http://www. sfgate. com/bayarea/article/Huge-San-Francisco-fire-destroys-six-story-5308589. php

San Jose State University, 2014, San Francisco Bay wind archives: San Jose State University WeatherSpark website, accessed October 21, 2014, at http://www. met. sjsu. edu/cgi-bin/wind/new_windarchive. cgi? data = obs; year = 2012; month = 4; day = 18; hour = 16

Scawthorn C, 2000, ed. , The Marmara, Turkey earthquake of August 17, 1999: University at Buffalo, State University of New York, Multidisciplinary Center for Earthquake Engineering Research Reconnaissance Report 00−0001, 169p, accessed accessed April 28, 2015, at https://mceer. buffalo. edu/pdf/report/00−0001. pdf

Scawthorn C, 2011a, Fire following earthquake: Pacific Earthquake Engineering Research Center graphic handout, 4p, accessed accessed April 28, 2015, at http://peer. berkeley. edu/publications/peer_reports/reports_2011/ Fire Following Earthquake-online-view-layout-sm. pdf

Scawthorn C, 2011b, Water supply in regard to fire following earthquake: Pacific Earthquake Engineering Research Center PEER Report 2011/08, 173p, accessed accessed April 28, 2015, at http://peer. berkeley. edu/publications/peer_reports/reports_2011/webPEER−2011−08−Scawthorn. pdf

Scawthorn C, Cowell A D and Borden F, 1998, Fire-related aspects of the Northridge Earthquake: National Institute of Standards and Technology Grant/Contract Report 98-743, 165p

Scawthorn C, Eidinger J M and Schiff A J, 2005, Fire following earthquake: Technical Council on Lifeline Earthquake Engineering Monograph no. 26, 345p, Scawthorn C and Khater M, 1992, Fire following earthquake—Conflagration potential in the greater Los Angeles, San Francisco, Seattle and Memphis areas: EQE International, prepared for the Natural Disaster Coalition, Boston

Scawthorn C and O'Rourke T D, 1989, Effects of ground failure on water supply and fire following earthquake—The 1906 San Francisco earthquake, in O'Rourke T D and Hamada M, eds. , U. S. -Japan Workshop on Liquefaction, Large Ground Deformation and Their Effects on Lifelines, 2nd, September 26-29, 1989, Proceedings: Buffalo, N. Y. , National Center for Earthquake Engineering Research, Technical Report 89-0032, p. 16-35

Scawthorn C, O'Rourke T D and Blackburn F T, 2006, The 1906 San Francisco earthquake and fire—Enduring lessons for fire protection and water supply: Earthquake Spectra, v. 22, no. S2, p. 135-158

Scawthorn C, Yamada Y and Iemura H, 1981, A model for urban post-earthquake fire hazard: Disasters, v. 5, no. 2, p. 125-132

SPA Risk LLC, 2009, Enhancements in Hazus-MH, Fire following earthquake—Task 3, Updated Ignition Equation: SPA Risk LLC, 74p

SPA Risk LLC, 2014, 24 August 2014 South Napa Mw 6 Earthquake Reconnaissance Report: SPA Risk LLC, 63p, accessed accessed April 28, 2015, at http: //www. sparisk. com/pubs/SPA-2014-Napa-Report. pdf

U. S. Census Bureau, 2015, TIGER/line shapefiles: U. S. CensusBureau, accessed April 2015, at https: //www. census. gov/geo/maps-data/data/tiger-line. html

U. S. Department of Transportation, 2015, National Pipeline Mapping System public viewer: National U. S. Department of Transportation website, accessed accessed April 28, 2015, at https: //www. npms. phmsa. dot. gov/PublicViewer/

U. S. Fire Administration, 2008, Residential structure and building fires: U. S. Fire Administration, Federal Emergency Management Agency, 84p

Van Anne C and Scawthorn C, eds. , 1994, The Loma Prieta, California, earthquake of October 17, 1989—Fire police transportation and hazardous materials, chap. C of Mileti D S, coord. , Societal Response: U. S. Geological Survey Professional Paper 1553, 44p, accessed April 28, 2015, at https: //pubs. usgs. gov/pp/pp1553/

Weather Spark, 2014, The typical weather anywhere on Earth: Weather Spark website, accessed October 21, 2014, at http: //www. weatherspark. com

Wikipedia, 2017, October 2017 northern California wildfires: Wikipedia web page, accessed November 14, 2017, at https: //en. wikipedia. org/wiki/October_2017_Northern_California_wildfires

Witter R C, Knudsen K L, Sowers J M, Wentworth C M, Koehler R D and Randolph C E, 2006, Maps of Quaternary deposits and liquefaction susceptibility in the central San Francisco Bay region, California, part 3—Description of mapping and liquefaction interpretation: U. S. Geological Survey Open-File Report 2006-1037, ver. 1. 1, https: //pubs. usgs. gov/of/2006/1037/

第 Q 章　地震预警和"伏地、遮挡、手抓牢"措施在海沃德情景中可以使多少人员免于受伤?

一、摘要

　　地震预警（Earthquake Early Warning, EEW）有诸多潜在效益，其中之一是在地震发生时为人们赢得更多的时间去完成"伏地、遮挡、手抓牢"（"Drop, Cover, and Hold On"，DCHO）等一系列自我保护措施。出于美国政府保护公众利益的角度，本章对 EEW 和 DCHO 在海沃德情景中的潜在效益进行了初步评估，并分析了采取这两种措施对于减少震后受伤人员的作用以及为此付出的可接受投入费用。海沃德地震情景是设定在 2018 年 4 月 18 日下午 4 时 18 分，位于加利福尼亚州旧金山湾区东湾的海沃德断层上发生 M_W7.0 地震（主震）。根据海沃德情景中估计的地震预警（EEW）时间、DCHO 所需完成时间以及 Hazus-MH（FEMA, 2012）程序估算的受伤人数，可知地震预期造成约 18000 人受伤，其中 1500 人可以在强震到来前因采取 DCHO 措施而避免受伤，由此避免的损失价值约为 3 亿美元。该结果与基于概率分析的 EEW 和 DCHO 效益计算结果不同，它是针对海沃德地震情景的一次确定性分析，未考虑其他可能发生的地震。尽管如此，它仍旧是评估地震预警（EEW）潜在效益的一个有效指标。该评估结果（避免 1500 人受伤以及因此而减少的 3 亿美元损失估值）为潜在效益的上限值，因为我们无法准确预估实际可接收到地震预警（EEW）的人数，以及 DCHO 措施在避免人员受伤方面的有效程度。

二、引言

　　海沃德地震情景是设定 2018 年 4 月 18 日下午 4 时 18 分在加利福尼亚州旧金山湾区东湾的海沃德断层上发生的 M_W7.0 地震（主震）。该设定地震的震中位于奥克兰，其引发的强烈地面震动会对整个大湾区造成严重影响。

1. 背景

　　地震预警（EEW）可以在引起地面强烈震动的地震波到达前的数秒发出警报。在这宝贵的数秒时间内，接收到预警的人可以采取适当的自我保护措施。本章采用美国红十字会（American Red Cross）、地震国家联盟（Earthquake Country Alliance）等机构推荐的一套完整的自我保护措施，被称为"伏地、遮挡、手抓牢"（DCHO）。其含义是指地震发生时人们所做出的一系列自我保护措施，即人们用手和膝盖进行支撑，迅速伏倒在地面上，手臂弯曲上抬保护头部和颈部，如果附近有坚固的家具（例如桌子）可以爬到其下躲藏，并抓牢桌腿，以确保桌子（遮挡物）不会因滑移而失去保护作用。DCHO 涵盖了人们位于户外、车内、体育场内等多种情况下，在地震时该怎样进行自我保护的各种附加建议。地震国家联盟提倡使用 DCHO 作为降低伤害风险的措施，尤其可避免因物体坠落造成的伤害。（例如，参见 https：//earthquakecountry. org/step5/）。

基于 DCHO 能够有效减少受伤风险的前提，倘若能够在地震动到达并引起物品晃动掉落前，尽早地通过地震预警（EEW）发出警告将能进一步减少在地震中受伤的人数。据我们所知，目前还没有人对 DCHO 的效益进行量化研究，无法确定 DCHO 能够在多大程度上降低地震引发的受伤风险。我们假设 DCHO 可以避免地震中所有与坠落相关的伤害，包括结构坍塌、非结构构件脱落、受困人员跳窗以及试图抓住坠落物体所造成的伤害，基于以上假设，我们对 DCHO 的效益进行了量化分析。

2. 目标

在海沃德情景主震研究中，假设旧金山湾区已经配备地震预警（EEW）系统，且该地区所有人都接受过 DCHO 培训并熟练掌握。通过估算可以避免的受伤人数及其经济价值来表征地震预警（EEW）的效益。然而，本研究不考虑地震预警（EEW）在其他方面的应用（例如地震发生时告知火车停运）。

三、文献综述

地震预警（EEW）方面的研究始于 1995 年以前，其众多目标之一是减少地震人员伤亡（Anderson 等，1995；Lee 等，1996；Gasparini 等，2007）。EEW 已在日本得到应用，该国推出了一种适用于 Android 和 iOS 设备的地震预警（EEW）免费应用程序，并将其命名为 Yurekuru Call（Sung，2011）。美国地质调查局（USGS）与大学合作伙伴联盟正在开发和测试一种名为 ShakeAlert 的地震预警（EEW）系统，并将该系统应用于美国西海岸（Burkett 等，2014）。

如果地震预警（EEW）可以帮助人们避免伤害，则可以进一步为避免的伤害赋予经济价值。自 1993 年以来，公众要求美国政府公开修订法规带来的成本效益，例如旨在增强公共安全的法规（Clinton，1993）。为了满足这一要求，必须提供避免"统计意义上的死亡和受伤"的可接受成本价值。"统计意义上的死亡和受伤"是指在某个不确定的未来日期，可能会发生的不确定的人员伤亡，而不是特定某个人在现在或过去遭受的伤害。

虽然美国的不同政府机构采取不同的赋值方式，但是结果大致相似。美国交通部最近认定，按 2013 年美元价值计算，避免每起死亡事故的平均价值为 910 万美元，受伤事故的价值相对较低，2013 年以后的年通货膨胀系数为 1.18%（U. S. Department of Transportation（美国交通部），2014）。其中受伤程度采用美国汽车医学促进协会（Association for the Advancement of Automotive Medicine，AAAM）的"简明创伤定级标准"（Abbreviated Injury Scale，AIS）进行度量（Gennarelli 和 Wodzin，2005）。

在《Natural Hazard Mitigation Saves — An Independent Study to Assess the Future Savings From Mitigation Activities》（Multihazard Mitigation Councl（多灾种减灾委员会），2005）这篇文章中，Porter 及其同事采用 Hazus-MH（FEMA，2012）的死亡和受伤的估算结果，估算自然灾害防灾减灾的成本效益，该研究表明 FEMA 在自然灾害防灾减灾方面每投入 1 美元，就可以减少 4 美元损失。为了表征这个价值量，将 Hazus-MH 的受伤严重程度评级的 4 个等级与"简明创伤定级标准"（AIS）的 6 个等级相关联，共同得出自然灾害防灾减灾成本效益（多灾种减灾委员会，2005）。

减少地震中受伤人员的数目所带来的经济效益是巨大的。Porter 等（2006）的研究表明，1994 年 1 月 17 日发生在加州南部的 M_W6.7 北岭地震造成人员受伤的经济价值约为 20~30 亿美元（2005 年美元可比价）。也就意味着美国政府可以接受投入 20 亿至 30 亿美元以避免北岭地震造成的人员受伤。这项工作借鉴了 Shoaf 等（1998）的研究，该研究提供了包括 1994 年北岭地震在内的几个地震的受伤人数、严重程度、伤亡原因的统计数据。其研究表明，在北岭地震中，55% 的伤亡是由非结构性破坏造成的，22% 是由"地震动作用"造成的，12% 是由跳窗等行为造成的，1% 是由"结构构件"造成的，10% 是由其他原因造成的。这些统计数据可以加深对 DHCO 可预防或避免的伤害比例的理解。Johnston 等（2014）提供了两个地震的类似统计数据。这两个地震分别是 2010 年 9 月 4 日新西兰达菲尔德（Darfield）M_W7.1 地震和 2011 年 2 月 22 日新西兰克莱斯特彻奇（Christchuch）M_W6.3 地震。

在世界各地每年举行的 ShakeOut 地震演练（ShakeOut exercise）中，练习 DCHO 是其关键环节。"练习 DCHO"是 ShakeOut.org（https://www.shakeout.org）网站的第一个搜索条目，该网站可协助全球用户进行网站注册，并提供 DCHO 的练习指导等资源。McBride 等（2014）调查了新西兰 ShakeOut 用户的 DCHO 掌握程度，其调查结果表明：60% 以上的人积极参与练习 DCHO。在未参与练习的人群中，身体残疾和年龄（太年幼或太年长）是主要原因。同时该调查也指出，有些人不参加是因为感到尴尬。Becker 等（2017）的研究表明，2015 年新西兰 ShakeOut 用户的 DCHO 参与程度有所增加，65% 的受访者表示"每人都会练习 DCHO"，约 35% 的受访者表示"不是每人都练习 DCHO"或"没有人练习 DCHO"。作者同时指出，该年份由于身体残疾而不愿意练习 DCHO 的人减少了 10%，这归因于新西兰民防应急管理部（New Zealand Ministry of Civil Defence and Emergency Management）为行动不便的人提供了练习 DCHO 的帮助信息。此外，也可能是因为 2012 年新西兰举行过 ShakeOut 演练，2015 年再次举行演练时，参与者不再感觉那么尴尬，遂参与者人数高于往年。

Lindell 等（2016）对经历过 2011 年克莱斯特彻奇（Christchuch）地震的 257 人和经历过 2011 年东京地震的 332 人进行了调查。调查结果显示，相当一部分人在地震来临时的第一反应是惊呆在原地（38% 的克莱斯特彻奇（Christchuch）地震经历者），而没有采取诸如 DCHO 等的自我保护措施（仅 17% 的克莱斯特彻奇（Christchuch）地震经历者采取了自我保护措施）。值得注意的是，在 2011 年之前新西兰尚未参与 ShakeOut 演习（旨在推广 DCHO 的培训与练习），所以很少有人能够采取 DCHO 自我保护措施。Lambie 等（2017）通过闭路电视记录观察了 2011 年克莱斯特彻奇（Christchuch）地震期间 213 人的反应，无一人采取 DCHO 措施。

四、研究方法

新西兰和日本东北部的经验表明，在 ShakeOut 演习大范围推广以前，很少有人能在地震中真正完成 DCHO，即使在 ShakeOut 演习期间，有些人也不愿意尝试 DCHO 措施。地震预警（EEW）系统通过以下两种方式增加人们的 DCHO 参与程度：①通过提供预警时间（预警时间内足以完成 DCHO），使人们在地震波到来之前完成 DCHO；②在警报信息中提示人们如何实施 DCHO。假设 DCHO 培训、地震预警（EEW）信息和其他准备工作能够有效激励人们在地震中采取相应行动，那么几乎所有人都愿意尝试练习并掌握 DCHO。在实际地震中，地震预警（EEW）和 DCHO 结合减少人员受伤的潜在效益上限是怎样的？

为了预估地震中可避免的受伤人数，可先估算在接到地震预警（EEW）信息后，在强烈的地震动到来前能够完成 DCHO 的人数。我们统计了 400 多名线上培训参与者所记录的完成 DCHO 的时间数据，用于估计人们完成 DCHO 所需的时间。我们使用 Hazus-MH 程序，基于地理分区估算在没有地震预警（EEW）和 DCHO 情况下的受伤人数。最终，为预估地震中可避免伤害的人数，还需对成功完成 DCHO 可以避免伤害的人员比例进行估算。实际上，以上估算可能存在一些问题。我们谨慎地做出以下合理假设，即认为在建筑物倒塌时 DCHO 不具有保护作用，但如果建筑物没有倒塌，DCHO 可以避免大部分的非致命伤害。我们根据上述假设给出如下方法：

1. 可避免受伤人数的评估

以旧金山湾区所有人都能接收到地震预警（EEW）信息并且接受了良好的 DCHO 培训以及演练为前提，本章目标是对海沃德地震情景中受伤人数的减少值做出上限估计。将这个减少量定义为 EEW 与 DCHO 组合（或称 EEW+DCHO）的减伤收益，用 B 来表示。本研究中将人员死亡与结构倒塌相关联，并假设 DCHO 几乎不能避免因结构倒塌造成的死亡，由此得出 EEW + DCHO 收益仅表示除结构倒塌以外原因造成的受伤。我们将任意地理位置 i 的收益 B 表示为以下三个量的乘积：

（1）I 表示原有条件下（不采用地震预警 EEW）的受伤人数；

（2）$F(t)$ 表示接收到地震预警（EEW）之后且地震波到来前的 t 秒内能够完成 DCHO 措施的人数占总人数的比例；

（3）f 表示 DCHO 可以避免受伤的比例。

由此，在某次地震中，可避免的受伤人数的上限为：

$$B = \sum_{i=1}^{N} I_i \times F(t_i) \times f \tag{Q-1}$$

式中，I_i 表示在地理位置 i（例如，按人口普查区或邮政编码分区）区域内估计的非致命伤害的人数；$F(t_i)$ 表示地理位置 i 区域中可在预警时间（t_i）内采取有效自我保护措施的人员比例。公式中参数估算方法如下：使用 Hazus-MH（FEMA，2012）估算 I_i，t_i 是 i 区域的警报时间（地震预警（EEW）警报开始到 S 波到达之间的时间）。附录 Q-2 提供了断层破裂期间的警报时间计算方法。式（Q-2）可以用来估算位置 i 处的警报时间：

$$t_i = \frac{R_i}{V} - t_l \tag{Q-2}$$

式中，R_i 是震源与 i 区域中心的距离，海沃德主震的震源深度为 8km；V 是岩石的剪切波速（3.4km/s）；t_l 是延迟时间（从地震成核到发出警报的时间，5s）。$F(t_i)$ 可以由区域 i 内民众在警报时间（t_i）内完成 DCHO 措施的时间（从一个人群调查问卷中得到）的累积分布函数得到。

DCHO 可以避免的非致命伤害的比例 f 可以根据北岭（Northridge）地震和其他地震中人员受伤数据来估算。Shoaf 等（1998）提供了以下数据——55% 的伤害是由于非结构构件造成的，22% 是由于地震作用造成的，12% 是由于受灾人员自身行为造成的。理论上讲，有效的 DCHO 措施可以避免地震发生时室内物品所造成的伤害，如书柜、电视机等掉落或滑动造成的伤害。同时，DCHO 要求在地震发生时人们手和膝盖着地并伏倒，这样可以避免由于地震作用导致人被甩飞或跌倒造成的伤害。此外，DCHO 可避免跳窗和试图抓住坠落的物体这类行为造成的伤害（这两种行为是北岭地震中因自身行为而导致受伤的两个典型示例）。综上所述，DCHO 理论上可以预防 55%+22%+12% = 89% 的伤害，即 $f = 0.89$。北岭（Northridge）地震中其余 11% 的伤害是由于结构构件（1%）和其他原因（10%）造成的。尽管在历史地震中某些家具（例如，学校大楼中的钢制办公桌）成功挡住了下落的结构构件，但趋于保守估计，我们认为这是非普遍情况，因此我们估计 DCHO 潜在收益时不考虑与结构构件相关的 1% 伤害。Shoaf 等（1998）的研究未提供其他原因（10%）造成伤害的详细信息，我们假设 DCHO 也无法避免这部分伤害。目前并没有关于 DCHO 有效性的研究，因此将 $f = 0.89$ 视为 DCHO 在实践中可避免的受伤数量与所有受伤数量的比例上限。由于 $f = 0.89$ 有两位有效数字，这可能使人们认为其是一个精确数值，事实上它可能仅精确到一位小数，即 $f = 0.9$，但是通常工程实践要求所得结果多保留一位有效数字，以减少累积舍入误差。

值得注意的是，Johnston 等（2014）对伤害原因的分类与 Shoaf 等（1998）不同，包含地震期间及震后的伤害（例如帮助他人时受到的伤害和玻璃划伤）。因此，基于 Johnston 等（2014）研究计算得到的 f 存在一定问题。根据 DCHO 措施的有效性，对伤害分类进行选取，可以估算 f 在 69% 到 99% 之间（范围涵盖 89%），因此与 Shoaf 等（1998）研究结果并不矛盾。

2. 避免伤害潜在价值的评估

可通过计算给出避免伤害的可接受成本 B_2，多灾种减灾委员会（Multihazard Mitigation Councl，2005）的建议如下所示：

$$B_2 = \sum_{j=1}^{3} B_i \times V_j \qquad (Q-3)$$

式中，B_i 表示避免的严重性为 j 的伤害数量；V_j 表示美国政府为避免严重性为 j 的伤害的可接受投入费用。根据美国交通运输部 2014 年统计的可避免伤害价值，将其按通货膨胀系数换算为 2015 年美元可比价（2015USD），根据多灾种减灾委员会（2005）的表 F-5，并将它们映射为 Hazus-MH 伤害严重程度等级。具体数值可见表 Q-1，四舍五入保留两位有效数字，以避免精度过高。

表 Q - 1　避免伤害的可接受投入费用

（Multihazard Mitigation Councl（多灾种减灾委员会），2005）

Hazus 伤害严重程度[1]	避免伤害的可接受投入费用 （2015 年美元可比价）[2]
1. 辅助性专业人员提供的基本医疗援助	28000
2. 重于 1 但不危及生命	660000
3. 危及生命但不会立即致命	3700000
4. 致命	9400000

注：①FEMA，2012。

　　②U. S. Department of Transportation（美国交通运输部），2014。

3. 调查问卷设计

科罗拉多大学博尔德分校（University of Colorado Boulder）开发了一种数据收集协议，基于网络调查工具收集地震发生时人们完成 DCHO 的时间数据（具体见附录 Q - 1 的问卷调查）。此协议已于 2015 年 11 月 17 日获得机构审查委员会（IRB）的批准。调查问卷分为六个部分：

（1）介绍调查目的、程序、风险、收益、保密性和询问受访者是否同意参与；

（2）DCHO 的相关培训材料、文档和 YouTube 短视频；

（3）关于受调查者所处位置以及如何记录自己完成 DCHO 时间的说明；

（4）根据 Hazus-MH 住房分类，来确定志愿者进行 DCHO 练习环境的问题；

（5）用于检验培训效果的一系列问题；

（6）人口统计相关问题。

通过 Twitter 和社交媒体招募了初期调查研究的志愿者。由于初期调查仅收到 65 份回复，因此我们忽略了这部分早期样本，并且通过 Qualtrics Panels 招募了 500 多名受访者（Qualtrics Panels 是科罗拉多大学博尔德分校提供的一项付费服务）。随后的研究结果仅参考 Qualtrics Panels 的回复。

五、调查结果

由于身体灵活性和距离保护性家具远近的差异，以及地震发生时间的差异，所以人们完成 DCHO 所需的时间应该不同。调查结果证明了这一预想。

1. DCHO 完成时间分布研究

在 2015 年 12 月 18~23 日期间，使用附录 Q - 1 基于网络调查工具收集的 DCHO 完成时间数据。撰写本章时，我们从大量样本中提取数据——发送的 638 份调查问卷中 525 人进行了回复，答复率为 82%。为了避免与今后类似研究数据混淆，我们将此次大样本调查所得的 DCHO 完成时间数据称为第一轮调查的完成时间。数据似乎反映了部分受访者对"停止计时"的理解有误或数据录入错误——38 位受访者报告的完成时间超过 20s，有的甚至长达 200s。除却这 38 个答复，其余的 487 个答复结果如图 Q-1 所示，该图还表明这 487 个数据服从对数正态分布。

非专业读者可以对图 Q-1 进行如下解读。阶梯状虚线表示调查对象的完成时间。例如，

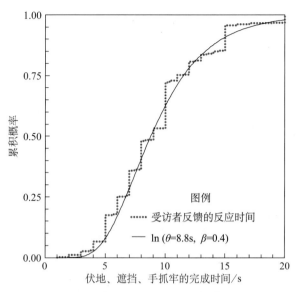

图 Q-1 "伏地、遮挡和手抓牢"（DCHO）完成时间的累积概率分布图

DCHO 完成时间数据为附录 Q-1 基于网络调查问卷收集的受访者数据。红色阶梯状虚线显示了 487 位受访者的报告完成时间分布（除却报告 DCHO 时间超过 20s 的 38 位受访者）。黑色曲线表示对数正态分布——ln 为对数正态分布；θ 中位数，β_i 为标准差

他们中的 10%能够在 5s 以内完成 DCHO（参见虚线 $x=5s$，$y=0.10$），50%受访者在 9s 以内完成（$x=9s$，$y=0.50$），90%受访者在 15s 以内完成（$x=15s$，$y=0.90$）。平滑的 S 形曲线为对数正态累积分布函数。该分布用简洁的数学方程拟合阶梯状虚线。它与我们熟悉的钟型分布（即正态分布或高斯分布）密切相关。对数正态累积分布函数的形状由两个变量确定，其中一个变量为中位数，其决定与曲线中点关联的 x 值（与 $y=0.50$ 关联的 x 值），另一个变量为自然对数标准差（或对数标准偏差），其决定 S 形曲线的宽度。

对数正态分布是地震工程中最常用的参数概率分布。专业人员常使用这个分布的原因如下：

（1）如本研究所示，该分布通常在一定程度上符合现实中对变量的观察结果；

（2）和许多实际变量一样，该分布的样本只能取正值，并且具有可指定的中位数和对数标准差；

（3）只需要较少的实际样本信息，即仅需确定中位数和对数标准差的值；

（4）传统的延续——工程师自 20 世纪 80 年代起开始使用对数正态分布来表征地震中建筑构件的震害。

通过调查，我们估算出完成时间近似服从对数正态分布，中位数为 8.8s，自然对数标准差为 0.40，如图 Q-1 所示。通过 Lilliefors（1967）拟合优度检验，对数正态分布可以作为样本数据的合理近似。

受访者的年龄介于 18~95 岁，平均年龄为 35 岁。多数受访者（57%）为女性，对比美国女性人口比例 50.8%（U.S. Census（美国人口普查），2015）。大多数受访者（69%）为白人或高加索人（占美国人口的 73.6%），13%为非裔（占美国人口的 14%），10%为西班

牙裔（占美国人口的 17%），8%为亚裔（占美国人口的 6%），3%为美洲原住民（占美国人口的 2%），1%为太平洋岛民（占美国人口的 1%），4%受访者为其他种族或族裔（除上述族裔外的其他人群）。大多数受访者（56%）接受过专科教育（占美国人口的 61%），33%拥有 2 年或 4 年大学学位（占美国人口的 28%），11%拥有硕士学位、专业学位或博士学位（占美国人口的 10%）（美国人口受教育程度百分比，U. S. Census Bureau（美国人口普查局），2015b）。受访者的平均年收入略低于美国人口的平均年收入——53%的家庭年收入总额低于 40000 美元（美国家庭年收入中位数为 53657 美元），91%的家庭年收入总额低于 110000 美元（美国 90%家庭年收入为 155000 美元）（美国一般家庭收入数据，U. S. Census Bureau（美国人口普查局），2015a）。

2. 组合效益评估

本章使用上述过程来评估 EEW 和 DCHO 组合在海沃德情景主震下的效益。式（Q-2）中的主震预警时间 t_i 如图 Q-2 所示，图 Q-2 的推导过程请参见本章附录 Q-2。

基于 Hazus-MH（FEMA，2012）对海沃德情景主震的分析以及人口普查数据汇编了 I_i。使用式（Q-1）和式（Q-3）计算了每个人口普查区域中心的 R_i，取 $V=3.4$km/s 和 $t_L=5$s（如附录 Q-2 所示），并对 $F(t)$ 进行理想化处理，完成时间中位数为 8.8s，对数标准差为 0.40，得到式（Q-4）：

$$F(t) = \Phi\left[\frac{\ln(t/8.8\text{s})}{0.40}\right] \qquad (Q-4)$$

据估计，海沃德情景主震造成的非致命伤害总数为 18130* 例，地震预警（EEW）可以避免多达 1468 例非致命伤害，占总数的 8%（表 Q-2）。表 Q-2 中"价值（美元）"四舍五入，保留两位有效数字。表 Q-2 指出，如果地震预警（EEW）得到全面实施，且旧金山湾区所有居民都在海沃德情景主震发生前接受了 DCHO 培训并能够熟练运用，则多达 1500 人可在地震波到达之前因完成 DCHO 而避免非致命伤害。（表 Q-2 中避免伤害的值为 1468 例，但我们近似使用"1500"以避免精确度过高。）避免这些伤害的可接受投入费用约为 3 亿美元。表 Q-2 的结果基于完成 DCHO 可有效地避免 89%（上限值）伤害的假设，实际效果低于这个比例上限。还需注意的是，倘若没有地震预警（EEW），DCHO 也可以避免表中第一栏中的部分伤害，由于 Hazus 的地震人员受伤计算模型建立时，DCHO 培训还未普遍推广，因此模型没有考虑 DCHO 的减伤效益。在没有 EEW 的情况下，DCHO 的效益可能会降低，因为人们可能会在地面剧烈晃动时采取行动，这可能导致其在完成 DCHO 之前受伤。我们不考虑缺少地震预警（EEW）的情况下，DCHO 避免的伤害。

距离震中越远的人收到地震预警（EEW）信息时间相对较早（图 Q-3a），但伤害往往更集中于震中附近的地区。如图 Q-3b 所示，在震中附近区域（尽管 EEW 提供了一定的预警时间，但震动剧烈足以威胁生命安全），EEW 与 DCHO 措施相结合可以最大限度地减少伤害。

---

　　* Hazus-MH 评估了海沃德主震震动和液化造成的损失，给出了非致命伤害总数。此值与 Seligson 等（第 J 章）给出的海沃德地震序列主震造成 16000 人受伤不同，因为在地震序列中只有地震危险性数据是一致可用的。

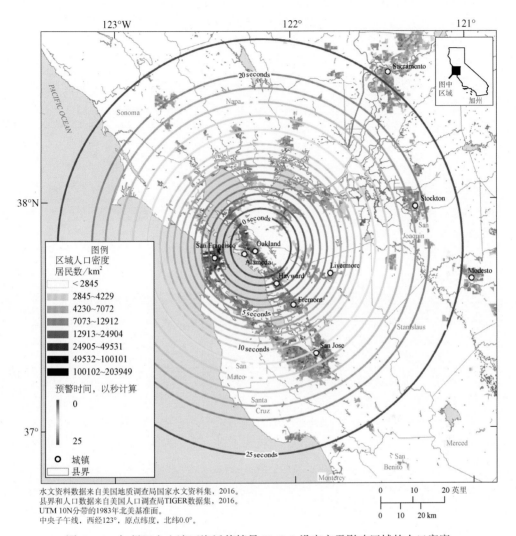

图 Q-2　加州旧金山湾区海沃德情景 M_W7.0 设定主震影响区域的人口密度

（居民数/km^2）和预警时间（t_i 参见式（Q-2））

Alameda：阿拉米达；Fremont：费利蒙；Hayward：海沃德；Livermore：利弗莫尔；Merced：默塞德；

Modesto：莫德斯托；Monterey：蒙特雷；Napa：纳帕；Oakland：奥克兰；PACIFIC OCEAN：太平洋；

Sacramento：萨克拉门托；San Benito：圣贝尼托；San Francisco：旧金山；San Joaquin：圣华金；

San Jose：圣何塞；San Mateo：圣马特奥；Santa Cruz：圣克鲁斯；Sonoma：索诺玛；

Stanislaus：斯坦尼斯劳斯；Stockton：斯托克顿

表 Q‑2　加州旧金山湾区海沃德情景 $M_\mathrm{W}7.0$ 设定地震的 EEW 和 DCHO 相结合
可避免伤害的数量和价值上限值

Hazus 伤害严重程度分类[①]	受伤人数	避免受伤人数的上限值	每例避免伤害的可接受投入费用（美元，2015 年美元可比价[②]）	总避免伤害的可接受投入费用（百万美元，2015 年美元可比价）
（1）辅助性专业人员提供的基本医疗援助	14081	1216	28000	34
（2）超过 1 但不危及生命	3491	218	660000	144
（3）威胁生命但不会立即致命	558	34	3700000	127
（4）致命	971	0	9400000	0
合计	19101	1468	不适用	305

注：①美国联邦应急管理局（2012）。
　　②美国交通运输部（2014）。

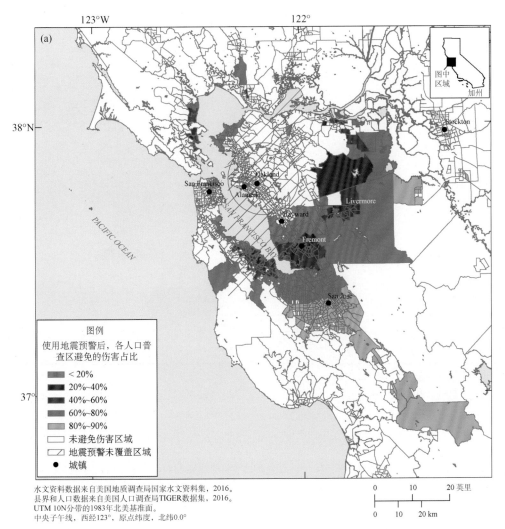

水文资料数据来自美国地质调查局国家水文资料集，2016。
县界和人口数据来自美国人口调查局TIGER数据集，2016。
UTM 10N分带的1983年北美基准面。
中央子午线，西经123°，原点纬度，北纬0.0°

图 Q - 3　加州旧金山湾区海沃德情景 $M_W7.0$ 设定主震中地震预警（EEW）和

DCHO 相结合可避免的伤害

（a）使用地震预警（EEW）可能避免伤害人数的比例（%）

Alameda：阿拉米达；Fremont：费利蒙；Hayward：海沃德；Livermore：利弗莫尔；Oakland：奥克兰；

PACIFIC OCEAN：太平洋；San Francisco：旧金山；SAN FRANCISCO BAY：旧金山湾；

San Jose：圣何塞；Stockton：斯托克顿

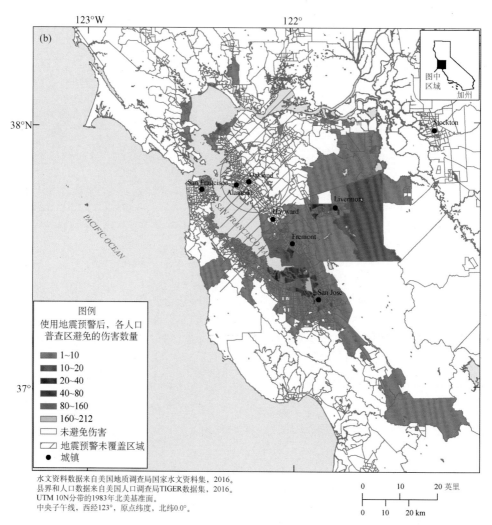

图 Q - 3　加州旧金山湾区海沃德情景 M_w7.0 设定主震中地震预警（EEW）和

DCHO 相结合可避免的伤害

（b）使用地震预警避免伤害人数的上限值

Alameda：阿拉米达；Fremont：费利蒙；Hayward：海沃德；Livermore：利弗莫尔；Oakland：奥克兰；

PACIFIC OCEAN：太平洋；San Francisco：旧金山；SAN FRANCISCO BAY：旧金山湾；

San Jose：圣何塞；Stockton：斯托克顿

六、结论

我们不知道 DCHO 在预防地震伤害方面有多大效果，也不知道人员反应过程会额外增加多少 DCHO 的完成时间。然而，为了估算 EEW 和 DCHO 的效益，我们假设培训和演练可以将人员反应过程时间缩短至几乎为零。我们不考虑没有 EEW 时的 DCHO 效益，并假设在强震到来之前完成 DCHO 可以预防几乎所有（$f=89\%$）的非致命地震伤害。通过以上简化假设，我们可以估计 EEW 和 DCHO 组合的效益最大值。如果旧金山湾区每个人都接受了 DCHO 培训且进行了演习，并在海沃德情景主震到来之前都收到了地震预警（EEW）信息，那么 EEW 提供的预警时间将足以使 18000 人中的 1500 人在强震到达前采取 DCHO 措施，并成功地避免受伤。为避免此类非致命伤害，美国政府可接受的投入费用（防灾减灾措施）约为 3 亿美元（2015 年美元可比价）。

七、研究局限性和展望

本章研究并不是说地震预警（EEW）和 DCHO 的预期效益为 3 亿美元。原因包含以下几点：该数值为最大值，而不是平均值。它以一次确定性的地震（海沃德情景主震）为研究对象，而事实上此类地震何时发生是不确定的，并且未考虑其他可能发生地震的 EEW 和 DCHO 组合概率效益。但是，"避免 1500 人受伤"和"减少 3 亿美元损失"这些数字有助于理解地震预警（EEW）和 DCHO 的潜在效益。

目前还没有关于 DCHO 措施避免伤害有效性的公开研究或相关证据。例如，我们不知道采取 DCHO 措施，实际上可以避免多少与非结构构件、地震作用或人类行为相关的伤害。

其他重要但未得到解决的问题包括以下几点：①DCHO 可以避免百分之多少的致命伤害？②相较于人们有条不紊地进行地震演练，真实的大地震发生时人们完成 DCHO 所需时间会有多大的不同？③没有地震预警（EEW）的情况下，即如果人们在感觉到地面震动时才开始进行 DCHO，可以多大程度地避免人员受到伤害？④地面强烈震动开始多久后会对人们造成伤害？（该问题的答案主要取决于地面震动的强烈程度）

人们可以尝试采用人体模拟（假人碰撞测试）、有限元分析等方法对以上问题进行实验探究，但目前尚未开展类似实验。根据美国国家科学基金会（National Science Foundation，NSF）计划的说法，美国国家科学基金会似乎没有关于地震造成的伤害的研究计划（David Mendonca，NSF，书面交流，2015 年 12 月 8 日），我们也无法在美国国立卫生研究院（National Institutes of Health）内部找到相关研究项目的记录。

参 考 文 献

Anderson S, Kobara S, Mathis B, Rosing D and Shafrir E, 1995, SYNERGIES—A vision of information products working together, in Miller J, ed., Conference companion on human factors in computing systems: New York, Asso ciation for Computing Machinery, p. 423-424

Becker J S, Coomer M, Potter S H, McBride S K, Lambie E, Johnston D M, Cheesman B, Guard J and Walker A, 2016, Evaluating New Zealand's ShakeOut national earthquake drills—A comparative analysis of the 2012 and 2015 events: Proceedings, 2016 New Zealand Society for Earthquake Engineering (NZSEE) Conference,

Christchurch NZ, April 1-3, 2016

Burkett E R, Given D G and Jones L M, 2014, ShakeAlert—An earthquake early warning system for the United States West Coast: U. S. Geological Survey Fact Sheet 2014-3083, 4p, accessed December 20, 2015, at https://doi. org/10. 3133/fs20143083

Clinton W J, 1993, Executive Order 12866 of September 30, 1993—Regulatory Planning and Review: Washington D C, Federal Register, v. 58, no. 190, accessed December 20, 2015, at http://www. archives. gov/federal_register/execu-tive_orders/pdf/12866. pdf

Federal Emergency Management Agency, 2012, Hazus multi- hazard loss estimation methodology, earthquake model, Hazus ® -MH 2. 1 technical manual: Federal Emergency Management Agency, Mitigation Division, accessed July 18, 2017, 718p, at https://www. fema. gov/media-library-data/20130726-1820-25045-6286/hzmh2_1_eq_tm. pdf

Gasparini P, Manfredi G and Zschau J, 2007, Earthquake early warning systems: Berlin, Springer, 350p

Gennarelli T A and Wodzin E, eds. , 2005, Abbreviated injury scale (AIS) 2005: Barrington, Ill. , Association for the Advancement of Automotive Medicine, 68p

Johnston D, Standring S, Ronan K, Lindell M, Wilson T, Cousins J, Aldridge E, Ardagh M W, Deely J M, Jensen S, Kirsch T and Bissell R, 2014, The 2010/2011 Canterbury earthquakes—Context and cause of injury: Natural Hazards, v. 73, no. 2, p. 627-637, accessed Decem-ber 20, 2015, at https://doi. org/10. 1007/s11069-014-1094-7

Lee W H K, Shin T C and Teng T L, 1996, Design and implementation of earthquake early warning systems in Taiwan: 11th World Conference on Earthquake Engineering, Acapulco, Mexico, paper no. 2133, accessed December 20, 2015, at http://www. iitk. ac. in/nicee/wcee/article/11_2133

Lilliefors H W, 1967, On the Kolmogorov-Smirnov test for normality with mean and variance unknown: Journal of the American Statistical Association, v. 62, no. 318, p. 399-402, accessed December 20, 2015, at https://doi. org/10. 108 0/01621459. 1967. 10482916

Lindell M K, Prater C S, Wu H C, Huang S-K, Johnston D M, Becker J S and Shiroshita H, 2016, Immedi-ate behavioural responses to earthquakes in Christchurch, New Zealand, and Hitachi, Japan: Disasters, v. 40, no. 1, p. 85-111

McBride S K, Becker J M, Coomer M A, Tipler K and Johnston D M, 2014, New Zealand ShakeOut observation e-valuation report—A summary of initial findings: GNS Sci- ence Report 2013/61, Institute of Geological and Nuclear Sciences Ltd, Lower Hutt, New Zealand, 39p

Multihazard Mitigation Council, 2005, Natural hazard mitigation saves—An independent study to assess the future savings from mitigation activities—vol. 1 and 2: Washington D C, National Institute of Building Sciences, 161p, accessed December 20, 2015, at http://www. nibs. org/? page=mmc_projects#nhms

Porter K A, Shoaf K and Seligson H, 2006, Value of injuries in the Northridge earthquake: Earthquake Spectra, v. 22, no. 2, p. 555-563

Shoaf K I, Sareen H R, Nguyen L H and Bourque L B, 1998, Injuries as a result of California earthquakes in the past decade: Disasters, v. 22, no. 3, p. 218-235

Sung S J, 2011, How can we use mobile apps for disaster communications in Taiwan—Problems and possible practice: 8th International Telecommunications Society (ITS) Asia-Pacific Regional Conference, Taiwan, 26-28 June, 2011, accessed December 20, 2015, at https://www. econstor. eu/bits tream/10419/52323/1/67297973X. pdf

U. S. Census, 2015, QuickFacts—United States: U. S. Census Quick Facts website, accessed December 20, 2015, at https：// www. census. gov/quickfacts/

U. S. Census Bureau, 2015a, Current population survey (CPS)：U. S. Census Bureau web page, accessed January 4, 2016, at http：//www. census. gov/hhes/www/cpstables/032015/hhinc/ hinc01_000. htm

U. S. Census Bureau, 2015b, Educational attainment in the United States—2014：U. S. Census Bureau web page, accessed January 4, 2016, at https：//www. census. gov/data/tables/2014/demo/educational-attainment/cps-detailed-tables. html

U. S. Department of Transportation, 2014, Guidance on treat- ment of the economic value of a statistical life (VSL), in U. S. Department of Transportation Analyses—2014 adjust-ment：Washington D C, U. S. Department of Transportation, accessed November 30, 2015, at https：//www. transportation. gov/sites/dot. gov/files/docs/ VSL_Guidance_2014. pdf

附录 Q-1　DCHO 完成时间问卷调查

2015 年 12 月科罗拉多大学博尔德分校（University of Colorado Boulder）使用 Qualtrics Panels 服务对参与者进行了调查。调查收集协议已于 2015 年 11 月 17 日获得机构审查委员会（IRB）的批准。

完成"伏地、遮挡和手抓牢"（DCHO）需要多长时间？
感谢您浏览"评估地震预警（EEW）自我保护措施完成时间"项目链接。
生命安全与地震应急准备息息相关，通过参与本项调查，可以提高您对地震发生前预警信息和地震发生时自我保护措施潜在效益的认识，也可以提高您在地震中的自我保护能力。
您需要记录自己完成"伏地、遮挡、手抓牢"（DCHO）的时间。参与调查大约需要 10 分钟。
流程：您需要：①阅读 DCHO 的简要说明和观看两个教学短视频；②记录自己完成 DCHO 的时间；③填写调查问卷，其中包含完成 DCHO 的时间、地点和培训有效性等信息。您可以在朋友的帮助下计时和拍摄 DCHO 练习过程，并与研究人员分享视频。
风险：参与本项研究不存在风险。
好处：本项调查有助于参与者更好地了解如何实施 DCHO 措施，并且有助于研究人员了解人们在收到地震预警信息后需要多少时间来采取适当的自我保护措施。
自愿参与：参与本项研究是自愿的。如果您拒绝参与，也不会受到影响。
保密：您的身份信息是保密的，且不会出现在任何报告中。如果您选择提供视频记录，可以将视频上传到 YouTube，并只与我们分享链接。我们建议您将隐私设置为"不公开"，这样只有收到链接的人才能够查找和观看视频。（如果您将隐私设置为"公开"，其他人就可以观看您的视频。）我们不会下载或存储您的 YouTube 视频，也不会将其展示给任何人。我们只通过观看视频来抽查训练的效果和完成时间。您可以随时从 YouTube 上删除视频。
问题：如果您现在或将来有关于参与本研究的任何问题，请联系科罗拉多大学博尔德分校 Keith. porter @ colorado. edu。如果您对作为研究参与者的权利有疑问，或者您有不愿与研究小组讨论的顾虑或抱怨，可以联系机构审查委员会（IRB），IRB 独立于研究团队。IRB 电话号码：（303）735-3702，电子邮件：irbadmin@ colorado. edu。
不参与调查群体：以下群体不参与调查：未满 18 岁的儿童、美国地区以外的人、不讲英语的人、囚犯、孕妇、认知障碍和教育弱势群体。

参与同意：本人已阅读以上研究项目的全部信息，并没有任何疑问。点击"同意参与"按钮，确认本人属于可参与调查群体，并同意填写调查问卷。

☐同意参与

☐拒绝参与

感谢您同意参与这项关于 DCHO 完成时间的研究。请阅读培训材料，并观看以下视频。

链接——地震发生时，伏地、遮挡和手抓牢

采取诸如"伏地、遮挡、手抓牢"的措施，可以在地震发生时挽救生命并减少受伤风险。你应该学习和练习地震应急措施以应对各种场合，如居家、工作、学校和旅行。在大多数情况下，采取以下措施可以减少地震受伤风险。

（1）**双手和膝盖着地**（在地震中摔倒之前）。在地震中这个姿势可以防止摔倒或保障逃生。

（2）**寻找遮挡物保护头和脖子**（尽可能保护整个身体），如坚固的桌子。如果附近没有遮挡物，你可以爬到内墙附近（或不会砸到你的低矮家具附近），用手臂和手保护头和脖子。

（3）**抓牢遮挡物**（或用手臂和手保护头和脖子）直到震动停止。如果地震使你的遮挡物发生移动，做好一起移动的准备。

专业救援人员和地震应急专家等都认为，在大多数情况下，"伏地、遮挡、手抓牢"是地震中的最佳自我保护措施。值得注意的是，无论你位于何种场合，在地震发生时你都需要考虑自我保护措施，比如在开车、在电影院、在床上、在海滩上等。阅读以下建议：

地震发生时

建筑物外墙附近的区域是最危险的地方。窗户、立面和建筑细部构造往往是建筑物首先倒塌的部位。请远离这个危险区域。

室内：伏地、遮挡和手抓牢。趴到地上，躲在坚固的桌子下，并紧紧抓住它。准备好跟着它移动，直到震动停止。如果你不在桌子附近，趴在靠近内墙的地上，用手臂保护你的头和脖子。远离墙壁、窗户、悬挂物、镜子、高大的家具、大型电器、有重物或玻璃的厨柜。不要出去!

床：如果你在床上，躺着别动，用枕头保护头部。待在原地不动，受伤的可能性更小。那些滚到地上或试图跑到门口的人可能因地上的碎玻璃而受伤。

高层建筑：伏地、遮挡和手抓牢。远离窗户和其他危险区域。不要使用电梯。如果自动喷水灭火系统或火灾警报启动，保持冷静不要惊慌失措。

户外：如果安全的话，移动到空旷的地方；远离电线、树木、标志牌、建筑物、车辆和其他危险区域。

驾驶：靠边停车，踩下驻车刹车。远离立交桥、桥梁、电线、标志牌等危险区域。待在车内直到震动停止。如果电线掉落在车上，待在车里直到专业人员移除电线。

体育场或剧院：坐在座位上，用手臂保护头和脖子。震动停止前不要试图离开，然后慢慢走出场馆，小心余震中可能会掉落的物件。

海岸附近：伏地、遮挡和手抓牢直到震动停止。估计震动持续时间，如果强烈震动持续20s 及以上，立即疏散到高地，因为地震可能会引发海啸。立即向内陆 3km（2 英里）或至少高于海平面 30m（100 英尺）的地方移动。不要等待官方警告信息。快走，不要驾车，远离交通、碎石和其他危险区域。

水坝下游：大坝在大地震时可能会倒塌。虽然不太可能发生灾难性崩塌，但是如果住在大坝的下游区域，你应该了解有关洪泛区信息，并做好疏散准备。

现在，请观看这两个视频，然后点击"下一步"。每个视频将打开一个新的浏览器窗口或标签页。完成后，导航回到本页面。

（1）如果附近有坚固的桌子

（2）如果附近没有坚固的桌子

"下一步"

你可以自己记录或寻求朋友的帮助（携带智能手机或摄像机）。选取一个在工作日下午两点你通常会去的地方，携带计时手表完成调查记录。不要去危险或非法的地方。

如果由朋友来记录，他需要携带手表，在开始录像后告诉你"准备好了"，并从他说"开始"计时。如果由自己来记录，下蹲时开始计时。

如果你没有找到遮挡物，当你遮住头和脖子时，停止计时。如果你找到了遮挡物，当你抓住遮挡物时，停止计时。

从计时开始到停止，共用了多长时间（以秒为单位）？

请输入一个数字。例如，如果用时 10s，则输入数字 10 或 10.0。

> [   ]

下面哪个选项最符合你计时的场景。（单选）

住宅

□独立住宅

□活动住宅

□公寓

□酒店或汽车旅馆

□集体宿舍（军队或大学）或监狱

□养老院

商业机构

□商场

□仓库

□商店或服务站

□专业或技术服务办公室

□银行或金融机构

□医院

□医务室或诊所

□娱乐或休闲场所（例如，餐馆或酒吧）

□剧院
□停车场或车库

工业场所

□重工业

□轻工业

□食品、药品或化工厂

□金属或矿物加工厂

□高技术工厂

□建设办公室

农业

□农业设施,如农场或牧场

宗教或非营利组织

□教堂、清真寺、犹太教堂、食品分发处或其他非营利组织

政府

□一般事务,如政府机关

□应急响应,如警察局或消防队

教育

□学校(幼稚园至 12 岁)

□学院或大学(除宿舍外)

可选:上传你的视频到 Youtube,设置隐私为"不公开",并粘贴链接到下面的方框。(如何上传视频的说明在"这里"。即将打开一个新的浏览器窗口或标签页。完成后,请导航回到这个页面。)

教学材料的评价

"使用说明"和"教学视频"使我认识到在强烈地震发生时采取适当自我保护措施的重要性(单选)。

非常不赞同	不赞同	不赞同也不反对	赞同	非常赞同

"使用说明"和"教学视频"清楚地说明了如果发生强烈地震,大多数情况下该怎么做(单选)。

非常不赞同	不赞同	不赞同也不反对	赞同	非常赞同

当发生强烈地震时,大多数情况下,自我保护措施应该是(单选):

□去室外,远离电线和树木。

□趴到地上，寻找遮挡物保护头和脖子并抓住遮挡物，或用手臂保护头和脖子。

□根据应急管理人员的指示，寻找疏散路线并开车去往安全区域。

□躲在没有窗户的外墙附近。

"使用说明"和"教学视频"清楚地说明了当地震发生时，如果躺在床上该怎么做（单选）。

非常不赞同	不赞同	不赞同也不反对	赞同	非常赞同

当地震发生时，如果躺在床上，自我保护措施应该是（单选）：

□去室外，远离电线和树木。

□跳下床趴到地上，寻找坚固的遮挡物保护头和脖子并抓住坚固的家具，或用手臂保护头和脖子。

□躺在床上等待，用枕头保护头。

□躲在没有窗户的外墙附近。

"使用说明"和"教学视频"清楚地说明了当地震发生时，如果在高层建筑中该怎么做（单选）。

非常不赞同	不赞同	不赞同也不反对	赞同	非常赞同

当地震发生时，如果在高层建筑中，自我保护措施应该是（单选）：

□走楼梯到一楼，离开大楼，去室外没有电线和树木的地方。

□趴到地上，寻找坚固的遮挡物保护头和脖子并抓住坚固的家具，或用手臂保护头和脖子。

□走楼梯到一楼，离开大楼，在应急管理人员的指导下开车去往安全区域。

□躲在没有窗户的外墙附近。

"使用说明"和"教学视频"清楚地说明了当地震发生时，如果在户外该怎么做（单选）。

非常不赞同	不赞同	不赞同也不反对	赞同	非常赞同

当强烈地震发生时，如果在户外，自我保护措施应该是（单选）：

□去没有电线和树木的地方。

□进入建筑并趴在地上，寻找坚固的遮挡物保护头和脖子并抓住坚固的家具，或用手臂保护头和脖子。

□根据应急管理人员的指示，寻找疏散路线并开车去往安全区域。

□待在原地，趴到地上，护住头和脖子并抓住树或其他坚固的物体。

"使用说明"和"教学视频"清楚地说明了当地震发生时，如果在开车该怎么做（单选）。

非常不赞同	不赞同	不赞同也不反对	赞同	非常赞同

当强烈地震发生时，如果在开车，自我保护措施应该是（单选）：
□去没有电线和树木的地方。
□靠边停车，踩下驻车刹车，留在车内。
□靠边停车，踩下驻车刹车。下车趴在地上，护住头和脖子。
□根据应急管理人员的指示，寻找疏散路线并开车去往安全区域。

"使用说明"和"教学视频"清楚地说明了当地震发生时，如果在体育场或剧院该怎么做（单选）。

非常不赞同	不赞同	不赞同也不反对	赞同	非常赞同

当强烈地震发生时，如果在体育场或剧院里，自我保护措施应该是（单选）：
□去室外，远离电线和树木。
□趴到地上，护住头和脖子，抓住座位。
□根据应急管理人员的指示，寻找疏散路线并开车去往安全区域。
□待在座位上，用手臂保护头和脖子。

"使用说明"和"教学视频"清楚地说明了当地震发生时，如果在海岸附近该怎么做（单选）。

非常不赞同	不赞同	不赞同也不反对	赞同	非常赞同

当强烈地震发生时，如果在海岸附近，自我保护措施应该是（单选）：
□去没有电线和树木的地方。
□趴到地上，护住头和脖子，直到震动停止。然后撤离到高地。
□根据应急管理人员的指示，寻找疏散路线并开车去往安全区域。
□进入附近的建筑并趴在地上，护住头和脖子，抓住坚固的物体。

"使用说明"和"教学视频"清楚地说明了当地震发生时，如果居住在水坝下游该怎么做（单选）。

非常不赞同	不赞同	不赞同也不反对	赞同	非常赞同

当强烈地震发生时，如果居住在水坝下游，自我保护措施应该是（单选）：

□去室外，远离电线和树木。

□待在室内，趴到地上，寻找坚固的遮挡物保护头和脖子并抓住坚固的家具，或用手臂保护头和脖子。

□了解洪泛区信息，并在发出警告时撤离该区域。

□了解高地势地区信息，并前往洪泛区的地势最高区域。

通过阅读"使用说明"和观看"教学视频"，我有信心当强烈地震发生时采取适当的自我保护措施（单选）。

非常不赞同	不赞同	不赞同也不反对	赞同	非常赞同

您认为"使用说明"和"教学视频"的哪些内容是特别有帮助的？

您认为如何改进"使用说明"和"教学视频"可以提高它的教学意义？

人口统计问题，以检查受访者在普通民众中的代表性。
您是哪年出生的？

您的性别？
□男
□女

您的种族或民族（单选/多选）？
□白人/高加索人
□非裔
□西班牙裔
□亚裔
□印第安人
□太平洋岛民
□其他

您的受教育水平？
□高中以下
□高中/普通教育水平（GED）
□学院
□两年制大学学位
□四年制大学学位
□硕士学位
□博士学位
□专业学位（法学博士，医学博士）

您的家庭总收入？
□ $ 20000 以下
□ $ 20000 ~ $ 29999
□ $ 30000 ~ $ 39999
□ $ 40000 ~ $ 49999
□ $ 50000 ~ $ 59999
□ $ 60000 ~ $ 69999
□ $ 70000 ~ $ 79999
□ $ 80000 ~ $ 89999
□ $ 90000 ~ $ 99999
□ $ 100000 ~ $ 109999
□ $ 110000 ~ $ 119999
□ $ 120000 ~ $ 129999
□ $ 130000 ~ $ 139999
□ $ 140000 ~ $ 149999
□ $ 150000 以上

完成！感谢您参与调查问卷。如果您有任何宝贵建议，请在此处输入。请务必点击
"下一步"按钮。

附录 Q – 2　海沃德情景主震预警时间评估

Elizabeth S. Cochran[1] Anne M. Wein[1] Erin R. Burkett[1] Douglas D. Given[1] Keith Porter[2]

基于 2015 年 8 月 17 日加州皮埃蒙特（Piedmont）M4.0 地震的 "ShakeAlert（震动警报）" 演示系统（https：//www. shakealert. org）的性能，我们评估了海沃德 M7.0 主震的地震预警（EEW）能力。因为初始警报延迟（地震发生时间和第一次警报发出时间之间的时间差）主要取决于当地台站的密度，皮埃蒙特地震的震中距离海沃德主震的震中只有 6km，所以用其评估海沃德情景主震的预警能力较为合理。2015 年皮埃蒙特地震的初始警报延迟时间为 4.8s。警报延迟包含以下内容：①P 波到达地面并传至 4 个地震台站的时间；②波形数据传输到数据处理中心的时间（通常为 1s 以内，加州综合地震台网，California Integrated Seismic Network，CISN，皮埃蒙特地震附近台站）；③计算地震震级和位置的时间。海沃德情景主震的震源深度（8km）比皮埃蒙特地震的震源深度（4.9km）多 3km，这使得 P 波传至地面的时间约增加 0.5s（加州地区 P 波平均速度为 6km/s）。综上，我们估计海沃德情景主震的初始警报延迟（海沃德断层开始破裂后）大约为 5.3s。

作者提出了一系列简化假设用于评估海沃德情景主震的预警能力。假设用于估算海沃德情景主震震级的波段长度与皮埃蒙特地震相似。在皮埃蒙特地震中，最近的台站距离震源 6.2km，P 波从震源传至台站的时间约为 1s。假设网络传输延迟为 1s，在发出警报之前，该台站大约有 3s 的地震波形可供分析。"ShakeAlert（震动警报）" 系统可使用单个台站的波形数据估算震级。大约 3s 震源持续时间（捕捉 P 波的前 3s）可以提供 M5.5 以上地震的初始震级估值（例如，Meier 等，2016）。因此，预计在海沃德情景主震发生 5.3s 后，系统会发布 M5.5 地震的初始警报，随着破裂的持续开展，震级估值随后将更新为 M7.0。

"ShakeAlert（震动警报）" 系统计划在震级（基于地震动观测数据估算得出）达到警报阈值时（例如，M>4.5 级），向地震烈度超过阈值（例如，MMI≥Ⅱ度）地区的公众发布警报。假设当海沃德情景主震的初始震级估值为 M5.5 时，向 MMI 估值大于或等于 Ⅱ度的地区发出第一次警报。这一区域内的民众无论是否受到伤害，可能都会感觉到地面震动。基于标准烈度关系（Atkinson 等，2014）计算的初始警报区域，作者发现 M5.5 地震中 MMI 大于等于 Ⅱ度的区域大约延伸 250km。

作者以 S 波（波速为 3.4 km/s）传播用时（0 到 250km 区域）减去警报延迟时间（5.3s）估算初始警报区域的预警时间。大约在地震发生 5.3s 后发出初始警报，此时 S 波约传播至距离震源 17km 处（或距离震中 15km 处）。因此，以震中为圆心，以 15km 为半径的圆形区域内无法预警，距离震中超过 15km 的区域，"ShakeAlert（震动警报）" 系统用户可在 S 波到达前收到警报。值得注意的是，作者忽略了警报的发布时间。

假设 S 波速度不变且没有警报发布延迟，初始警报区域的预警时间为 0~60s 以上。当

---

① 美国地质调查局。
② 科罗拉多大学博尔德学校。

最终确定震级为 $M7.0$ 时，初始警报区域的 MMI 为Ⅲ度及以上。由于低于此强度的震动造成破坏的可能性不高，作者没有考虑整个断裂演化过程。然而，随着地震震级的增大，警报区域在初始警报后的几秒内随之扩大。假设"ShakeAlert（震动警报）"算法准确地估算了地震震级为 $M7.0$，那么警报区域为距震中 575km 的圆形区域。此处，作者基于点源算法对"ShakeAlert（震动警报）"系统能力进行评估，但是目前正在研发一种更符合实际情况的线源算法，该算法可给出非圆形警报区域。

地震产生的 P 波沿垂直于地面的方向震动，而 S 波沿水平方向震动。P 波的振幅相较于S 波更小，且建筑物、桥梁和其他基础设施抵抗垂直方向震动的能力相较于水平方向更强。由于以上原因，传播速度较慢、到达较晚、强度较大的水平震动 S 波往往比传播速度较快但强度较小的垂直震动 P 波对建筑物、桥梁和其他基础设施造成破坏更严重。这也解释了为什么通常以警报发出到 S 波传至地面的时间衡量预警时间。然而，值得注意的是，断裂附近区域的 P 波震动也很强烈，因此采取措施的时间可能更短（Meier，2017；Minson 等，2018）。此外，如果 S 波到达后超过震动阈值，预警时间可能更长（Meier，2017；Minson 等，2018）。给定位置的预警时间取决于以下因素：①破裂开展的时间（破裂持续几秒到几十秒的大地震的最终震级无法提前预测）；②触发警报的震级和烈度的阈值；③警报更新频率（随着破裂开展而更新）；④发出警报所需时间；⑤警报接收者与震源的距离（Minson 等，2018）。

表 Q-3 列出了在海沃德 $M7.0$ 设定地震的 S 波到达前，主要城市的地震烈度和地震预警时间。图 Q-4 为海沃德仪器地震烈度图和 S 波到达前预警时间的等值线图。

表 Q-3　加州旧金山湾区海沃德情景 $M7.0$ 设定主震中选定城市的地震预警时间和地震烈度估值

城市	北纬 （°）	西经 （°）	震中距离 （英里）	震中距离 （km）	预警时间 （s）	烈度
奥克兰	37.80	122.27	5	8	0.0	Ⅷ
伯克利	37.87	122.27	7	11	0.0	Ⅸ
海沃德	37.67	122.08	11	17	0.7	Ⅸ
旧金山	37.78	122.42	13	21	1.8	Ⅶ
圣马特奥	37.55	122.31	19	30	4.3	Ⅶ
菲蒙	37.55	122.99	21	33	5.2	Ⅸ
瓦列霍	38.11	122.24	21	35	5.8	Ⅶ
雷德伍德城	37.48	122.24	23	36	6.0	Ⅶ
圣拉斐尔	37.97	122.53	23	36	6.0	Ⅶ
利弗莫尔	37.68	122.77	24	39	6.9	Ⅷ
圣何塞	37.34	121.89	36	58	12.4	Ⅷ

注：修正的麦卡利地震烈度。

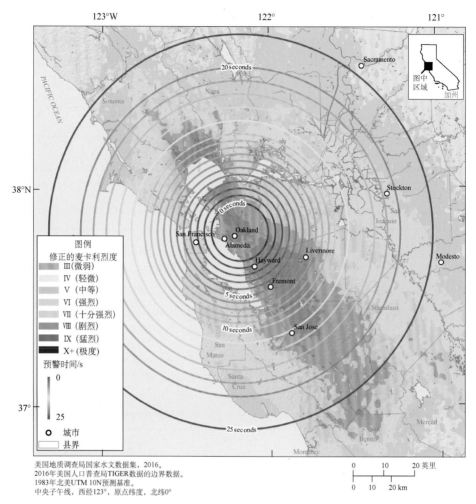

图 Q-4　加州旧金山湾区海沃德情景 7.0 级设定主震的地震烈度（*MMI*）和预警时间等值线图

该情景中初始警报区域从震中延伸 250km，超出了图片的边界。在 P 波到达时，特别是靠近断裂处，
可能发生强烈震动，这将减少采取保护措施和执行减灾措施的时间

Alameda：阿拉米达；Fremont：费利蒙；Hayward：海沃德；Livermore：利弗莫尔；Merced：默塞德；

Modesto：莫德斯托；Monterey：蒙特利；Napa：纳帕；Oakland：奥克兰；PACIFIC OCEAN：太平洋；

Sacramento：萨克拉门托；San Benito：圣贝尼托；San Francisco：旧金山；San Joaquin：圣华金；

San Jose：圣何塞；San Mateo：圣马特奥；Santa Clara：圣克拉拉；Santa Cruz：圣克鲁斯；

Sonoma：索诺玛；Stanislaus：斯坦尼斯劳斯；Stockton：斯托克顿

参 考 文 献

Atkinson G M, Worden B and Wald D J, 2014, Intensity prediction equations for North America: Bulletin of the
　　Seismological Society of America, v. 104, no. 6, p. 3084-3093, doi: 10. 1785/0120140178

Meier M-A, 2017, How "good" are real-time ground motion predictions from earthquake early warning systems:
　　Journal of Geophysical Research—Solid Earth, v. 122, no. 7, p. 5561-5577, doi: 10. 1002/2017JB014025

Meier M-A, Heaton T and Clinton J, 2016, Evidence for universal earthquake rupture initiation behavior: Geophysi-
　　cal Research Letters, v. 43, no. 15, p. 7991-7996, doi: 10. 1002/2016GL070081

Minson S E, Meier M-A, Baltay A S, Hanks T C and Cochran E S, 2018, The limits of earthquake early warning—
　　Timeliness of ground motion estimates: Science Advances, v. 4, no. 3, doi: 10. 1126/sciadv. aaq0504